3차원 토목캐드 연습

3차원 토목캐드 연습

철근상세도

함경재 저

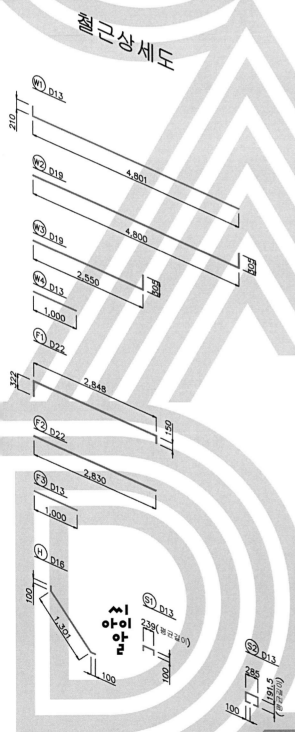

토목구조물에 대한 전반적인 개념파악과 이에 따른 도면의 이해 및 설계능력을 좀 더 향상시키기 위해서는 도면을 3차원으로 작성하여 보는 것이 필요하다.

이 책은 AutoCAD 2008을 기준으로 하였으며, 단순히 기술된 내용을 순서대로 따라 해보는 것만으로도 캐드의 개념을 이해할 수 있을 뿐만 아니라 3차원 캐드작업을 수행할 수 있는 능력을 갖출 수 있도록 하였다.

씨아이알

머 리 말

토목 분야처럼 캐드를 많이 사용하는 분야도 그리 흔하지 않으며 현재 토목의 실무도면 대부분이 캐드로 작성된다. 토목을 전공하는 학생 또는 토목 분야에 종사하는 기술자가 토목구조물에 대한 전반적인 개념 파악과 이에 따른 도면의 이해도 및 설계능력을 좀 더 향상시키기 위해 건설실무에 사용하는 도면을 3차원으로 작성하여 보는 것이 중요하다.

이 교재는 AutoCAD 2008을 기준으로 하였으며, 단순히 책에 기술된 대로 혼자 따라해보는 것만으로도 캐드의 개념을 이해할 수 있을 뿐만 아니라 3차원 캐드작업을 수행할 수 있는 능력을 갖출 수 있도록 하였다.

교재의 각 장들은 관련 명령어들의 설명과 이와 관련된 따라하기 및 예제를 수록하고 있으며 마지막 부분에 사용된 명령어를 다시 요약 정리함으로써 연습의 효율을 높이도록 하였다. 또한 따라하기 및 예제의 각 그림에서 개체 요소는 점 P(Point), 선 L(Line), 원 C(Circle), 호 A(Arc), 3차원 면 F(Face), 3차원 솔리드 S(Solid)로 구별하여 이해하기 쉽도록 하였다.

1장에는 캐드의 기초적인 내용 및 기본적인 캐드 명령어를 간략히 수록하였다.

2장은 3차원 캐드 사용에 있어서 기초가 되는 좌표계 운영 및 전반적으로 사용되는 보조명령어에 관하여 설명하였다.

3장은 표면으로 되어 있는 surface 관련 명령 그리고 4장은 속이 차 있는 solid 관련 명령어를 다루었다.

5장에서는 layout 및 관련 명령어의 간단한 예제를 따라함으로써 도면의 레이아웃을 작성하는 데 도움이 되도록 하였다.

7장에서는 6장에 수록된 2차원 도면 중 L형 옹벽을 선택하여 3차원으로 작도해봄으로써 토목구조물의 이해를 높이는 동시에 캐드 명령어를 정리하는 기회가 될 수 있도록 하였다.

필요에 따라서는 7장에 앞서 6장의 도면을 한 번 작업하여보는 것이 연습의 효율을 증대시킬 수 있을 것이며 또한 6장의 도면들은 3차원 도면 작성 시 그대로 사용할 수 있다. **그리고 본 교재에서 사용되는** 4129_boxedsolid.dwg, 4129_boxedsolid_layout.dwg, 61_L형옹벽2D.dwg, 709_L형옹벽3D.dwg 파일은 http://www.circom.co.kr/에서 다운로드할 수 있다.

교재에 부족한 부분이 있으면 많은 지도편달을 부탁드리며, 토목을 전공으로 하는 사람들에게 도면을 이해하고 이와 관련된 작업을 수행하는 데 작은 도움이 되기를 바란다.

2016. 8. 저자

일러두기

이 책의 따라하기 부분은 명령을 명령행에서 실행하는 것을 기본으로 하였으며, 다음과 같이 작성하여야 할 대상물을 나타내는 그림 영역, 키보드로 입력하는 명령행 영역, 그리고 마우스를 이용하는 선택 영역의 세 부분으로 구성되어 있다.

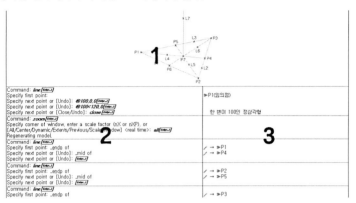

1. 그림 영역

작업할 객체를 그림으로 나타낸 것이며, 대상물이 점인 경우 P, 선인 경우 L, 원인 경우 C, 호인 경우 A, 표면인 경우 F, 솔리드인 경우 S로 구분하여 표기하였다.

2. 명령행 영역

키보드를 이용하여 이탤릭체 볼드처리된 부분만 입력한다. 그 외는 캐드 프로그램에서 출력하는 내용이다.

예)
```
Command: line [Enter↵]                           : line 입력하고 엔터키
Specify first point: 0,0,0 [Enter↵]               : 0,0,0 입력하고 엔터키
Specify next point or [Undo]: @10,0,0 [Enter↵]    : @10,0,0 엔터키
Specify next point or [Undo]: @10<120,0 [Enter↵]  : @10<120,0 입력하고 엔터키
Specify next point or [Close/Undo]: close [Enter↵] : close 입력하고 엔터키
```

3. 선택 영역

마우스 왼쪽 버튼을 이용하여 선택하는 영역이며, 들여쓰기 되어 있는 부분은 설명이다.

예)
```
Properties Toolbar → Color control → ■ Red         : Red 선택 후 마우스 클릭
    면이 아니기 때문에 가려지는 선이 없다.           : 나타나는 선에 대한 설명
≫P1                                               : 점 P1 클릭
≫P3                                               : 점 P3 클릭
```

선택할 대상은 ≫와 같이 사용되었으며 마우스 왼쪽 버튼을 클릭하여 선택한다. 대상물이 점인 경우 ≫P, 선인 경우 ≫L, 원인 경우 ≫C, 호인 경우 ≫A, 표면인 경우 ≫F, 솔리드인 경우 ≫S 로 구분하여 표기하였다.

예)
```
≫P1                                               : P1 점 선택
```

필요에 따라 좀 더 정확하게 대상을 선택하여야 할 경우에는 대상물 선택 전에 → 표기를 사용하여 Object Snap Toolbar의 아이콘을 선택한 후 대상물을 선택하도록 하였다.

예)
```
𝄈 → ≫P1                                          : Snap To Endpoint 아이콘 클릭 후
                                                    P1 점 선택
```

4. 풀다운 메뉴

파일 작업을 위한 풀다운 메뉴는 ▶ 표기를 사용하였다.

예)   File ▶ New...   : 풀다운 메뉴의 File을 클릭 후 New... 선택

예)   File ▶ Open...[filename: 2141_3dframe]   : 풀다운 메뉴의 File을 클릭 Open... 선택 후
                                                    파일 2141_3dframe 불러오기

예)   File ▶ Save As...[filename: 2146_cube]   : 풀다운 메뉴의 File을 클릭 Save As... 선택 후

목차

3. SURFACE 모델링

4. SOLID 모델링

5. 레이아웃

6. 2차원 토목설계도면

7. 3차원 도면 작성

1

시작하기 전에

1. 시작하기 전에

1.1 화면구성

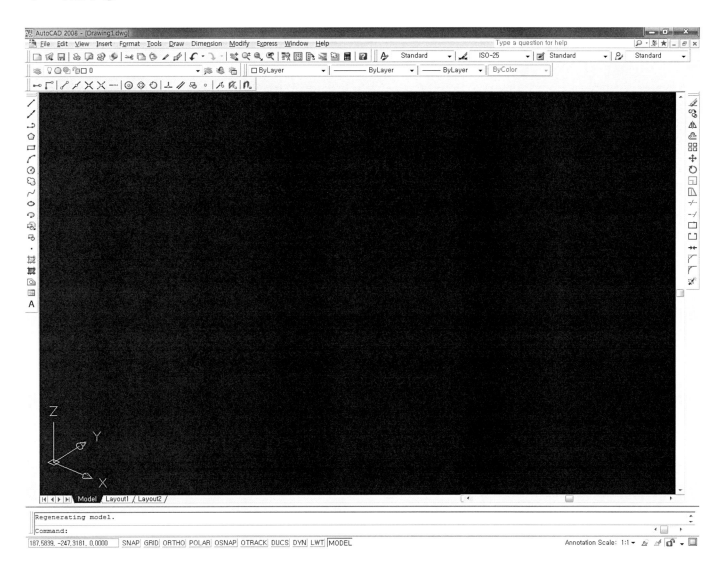

1.2 기본조작

1.2.1 풀다운 메뉴
캐드의 주 메뉴가 나열되어 있고, 마우스로 클릭하면 관련 메뉴가 스크롤되어 아래로 나타난다.

1.2.2 메뉴 아이콘
필요에 따라 마우스로 드래그하여 위치를 옮겨놓고 쓸 수 있으며 뷰/도구막대에서 메뉴를 보이게 하거나 보이지 않게 설정할 수도 있다.

1.2.3 좌표계

객체를 3D로 작성하는 경우 직교, 원통형 또는 구형 좌표에서 점을 지정한다

3D 직교 좌표 입력

직교 좌표계에는 X, Y 및 Z와 같은 세 개의 축이 있다. 좌표값을 입력하면 좌표계 원점(0,0,0)을 기준으로 X, Y 및 Z축을 따라 점의 거리(단위) 및 점의 방향(+ 또는 -)을 지정한다.

2D에서는 작업평면으로도 불리는 XY 평면에 점을 지정한다. 작업평면은 모눈종이와 유사하다. 직교 좌표의 X 값은 수평 거리를 지정하며 Y 값은 수직 거리를 지정한다. 원점(0,0)은 두 축이 교차하는 점을 나타낸다.

극좌표는 거리와 각도를 사용하여 점을 지정한다. 직교 좌표와 극좌표에서는 원점(0,0)을 기준으로 절대 좌표를 입력하거나 지정한 마지막 점을 기준으로 상대 좌표를 입력할 수 있다.

상대 좌표를 입력하는 다른 방법은 커서를 이동하여 방향을 지정한 다음 거리를 직접 입력하는 것이다. 이 방법을 직접 거리 입력이라고 한다.

과학 표기법, 십진 표기법, 공학 표기법, 건축 표기법 또는 분수 표기법 등으로 좌표를 입력할 수 있다. 각도는 그래드, 라디안, 측량사 단위 또는 도/분/초로 입력할 수 있다. UNITS 명령은 단위 형식을 조정한다.

3D 직교 좌표에서는 세 개의 좌표값(X, Y, Z)을 사용하여 정확한 위치를 지정한다.

3D 직교 좌표값(X,Y,Z)을 입력하는 과정은 2D 좌표값(X,Y)을 입력하는 과정과 유사하다. X 및 Y 값을 지정하고 덧붙여 다음과 같은 형식으로 Z 값도 지정한다.

     X,Y,Z

주 동적 입력에서는 # 머리글을 사용하여 절대 좌표를 지정한다.

3,2,5의 좌표값은 양의 X축 방향으로 3단위, 양의 Y축 방향으로 2단위, 양의 Z축 방향으로 5단위의 점을 나타낸다.

기본 Z값 사용

X,Y 형식으로 좌표를 입력할 때 Z 값은 마지막으로 입력한 점에서 복사된다. 따라서 X,Y,Z 형식으로 하나의 위치를 입력한 다음 Z 값이 상수로 남아 있는 상태에서 X,Y 형식을 사용하여 이후 위치를 입력할 수 있다. 예를 들어, 선에 대해 다음과 같은 좌표를 입력하면

시작점: 0,0,5
끝점: 3,4

선의 두 끝점은 Z 값으로 5를 가진다. 도면을 시작하거나 열 때 Z의 초기 기본값은 0보다 크다.

절대 및 상대 좌표 사용

2D 좌표의 경우와 같이 원점을 기준으로 하는 절대 좌표값을 입력하거나 마지막으로 입력한 점을 기준으로 하는 상대 좌표값을 입력할 수 있다. 상대 좌표를 입력하려면 @ 기호를 머리글로 사용한다. 예를 들어, 이전 점에서 양의 X 방향으로 1단위의 위치에 있는 점을 입력하려면 @1,0,0을 사용한다. 명령 프롬프트에서 절대 좌표를 입력할 경우 머리글이 필요하지 않다.

좌표 디지타이즈

디지타이즈 하여 좌표를 입력하면 모든 좌표에 대한 UCS Z 값은 0이다. ELEV를 사용하면 기본 높이를 Z = 0 평면 위나 아래로 설정하여 UCS를 이동하지 않고 디지타이즈 할 수 있다.

원통형 좌표 입력

3D 원통형 좌표는 XY 평면에서 UCS 원점과의 거리, XY 평면에서 X축과의 각도 및 Z 값으로 정확한 위치를 설명한다.

원통형 좌표 입력에서는 2D와 3D 극좌표 입력이 동일하다. XY 평면에 수직인 축 위에 추가 좌표가 지정된다. 원통형 좌표는 XY 평면에서 UCS 원점과의 거리, XY 평면에서 X축과의 각도 및 해당 Z 값으로 점을 정의한다. 다음과 같은 구문으로 절대 원형 좌표를 사용하여 임의의 지점을 지정한다.

     X〈[X축에서의 각도],Z

주 동적 입력에서는 # 머리글을 사용하여 절대 좌표를 지정한다.

5〈30,6은 현재 UCS 원점에서 5단위, XY 평면에서 X축과 30도, Z축 방향으로 6단위의 점을 나타낸다.

UCS 원점보다는 이전 점에 근거하여 점을 정의할 필요가 있을 경우, @ 접두어를 달아 상대 원통형 좌표값으로 입력할 수 있다. 예를 들어, @4〈45,5는 최근 입력된 지점에서 XY 평면에서 4단위, 양의 X 방향으로 45도 각도, 양의 Z 방향으로 5단위 연장한 점을 지정한다.

구형 좌표 입력

3D 구형 좌표는 현재 UCS 원점과의 거리, XY 평면에서 X축과의 각도, XY 평면과의 각도로 위치를 지정한다.

3D 구형 좌표 입력은 2D 극좌표 입력과 유사하다. 현재 UCS 원점과의 거리, XY 평면에서 X축과의 각도, XY 평면과의 각도를 지정하여 점을 표현한다. 다음 형식과 같이 각도는 열린 꺾쇠괄호(〈) 뒤에 놓인다.

     X〈[X축에서의 각도]〈[XY 평면에서의 각도]

주 다음 예에서는 동적 입력이 꺼졌거나 좌표를 명령행에 입력한 것으로 가정한다. 동적 입력에서는 # 머리글을 사용하여 절대 좌표를 지정한다.

8〈60〈30은 XY 평면의 현재 UCS 원점에서 8단위, XY 평면에서 X축과 60도, XY 평면에서 Z축 방향으로 30도 위의 점을 나타낸다. 5〈45〈15는 원점에서 5단위, XY 평면에서 X축과 45도, XY 평면에서 15도 위의 점을 나타낸다.
이전 점을 기준으로 점을 정의해야 하는 경우, @ 기호를 앞에 추가한 상대 구형 좌표값을 입력한다.

1.2.4 좌표계 아이콘

사용자 좌표계 아이콘을 표시하면 해당 사용자 좌표계의 현재 방향을 시각화할 수 있다. 여러 버전의 아이콘을 사용할 수 있으며 크기, 위치 및 색상을 변경할 수 있다.

UCS의 위치 및 방향을 나타내기 위해 UCS 원점 또는 현재 뷰포트의 왼쪽 아래 구석에 UCS 아이콘이 표시된다. 세 가지 아이콘 스타일 중 하나를 선택하여 UCS를 나타낼 수 있다.

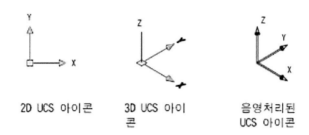

UCSICON 명령을 사용하여 2D 또는 3D UCS 아이콘 표시 여부를 선택한다. 음영처리된 3D 뷰에 대해 음영 UCS 아이콘이 표시된다. UCS의 원점과 방향을 나타내기 위해 UCSICON 명령을 사용하여 UCS 원점에서 UCS 아이콘을 표시할 수 있다.

아이콘이 현재 UCS의 원점에 표시되면 해당 아이콘에 십자선(+)이 나타난다. 아이콘이 뷰포트의 왼쪽 아래 구석에 표시되면 아이콘에 십자선이 나타나지 않는다.

다중 뷰포트의 경우 각 뷰포트에는 자체 UCS 아이콘이 표시된다.

UCS 아이콘은 작업평면의 방향을 시각화할 수 있도록 여러 방법으로 표시된다. 다음 그림에서는 아이콘 화면표시의 몇 가지 예를 보여준다.

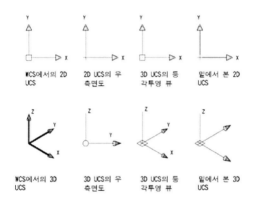

UCSICON 명령을 사용하여 2D UCS 아이콘과 3D UCS 아이콘 사이를 전환할 수 있다. 또한 해당 명령을 사용하여 3D UCS 아이콘의 크기, 색상, 화살촉 유형 및 아이콘 선 폭을 변경할 수 있다.

잘라진 연필 모양의 UCS 아이콘은 관측 방향이 UCS XY 평면과 평행인 평면에 있는 경우 2D UCS 아이콘으로 대치된다. 잘라진 연필 모양의 아이콘은 XY 평면의 모서리가 관측 방향에 거의 수직임을 나타낸다. 이 아이콘은 좌표 입력 장치를 사용하여 좌표를 지정하지 않도록 경고한다.

좌표 입력 장치를 사용하여 점을 지정하면 일반적으로 해당 점은 XY 평면에 배치된다. UCS가 회전되어 Z축이 관측 평면에 평행한 평면에 있는 경우, 즉 XY 평면이 뷰어의 모서리에 있는 경우 점이 지정되는 위치를 시각화하는 것이 어려울 수 있다. 이런 경우 해당 점은 UCS 원점도 포함되어 있는 관측 평면에 평행한 평면 위에 배치된다. 예를 들어, 관측 방향이 X축 방향인 경우 좌표 입력 장치로 지정한 좌표는 UCS 원점이 포함되어 있는 YZ 평면 위에 배치된다.

3D UCS 아이콘을 사용하여 이 좌표가 투영되는 평면을 시각화할 수 있다. 3D UCS 아이콘은 잘라진 연필 아이콘을 사용하지 않는다.

1.2.5 명령어 라인

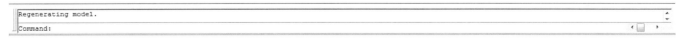

TEXT박스, 명령어 입력창이다.

1.2.6 상황표시줄

| 187.5839, -247.3181, 0.0000 | SNAP GRID ORTHO POLAR OSNAP OTRACK DUCS DYN LWT MODEL | Annotation Scale: 1:1 ▾ |

- 가장 아래 부분의 줄
- 마우스 커서가 움직이는 좌표를 나타내 준다.
- SNAP/ GRID/ ORTHO/ POLAR/ OSNAP 등의 활성화 여부 표시

<table>
<tr><th colspan="4" align="center">명 령 옵 션</th></tr>
<tr>
<td>SNAP</td>
<td colspan="3">커서의 움직임을 지정된 간격으로 제한한다.

    Command: snap
    Specify snap spacing or [ON/OFF/Aspect/Style/Type] ⟨10.0000⟩: 거리를 지정하거나, 옵션을 입력하거나, 엔터키</td>
</tr>
<tr>
<td></td>
<td>스냅 간격두기</td>
<td colspan="2">지정한 값으로 스냅 모드를 활성화한다.

    Specify snap spacing or [ON/OFF/Aspect/Style/Type] ⟨10.0000⟩: 거리 지정</td>
</tr>
<tr>
<td></td>
<td>켜기</td>
<td colspan="2">스냅 모눈의 현재 설정 값을 사용하여 스냅 모드를 활성화한다.

    Specify snap spacing or [ON/OFF/Aspect/Style/Type] ⟨10.0000⟩: on</td>
</tr>
<tr>
<td></td>
<td>끄기</td>
<td colspan="2">스냅 모드를 끄지만 현재 설정 값을 유지한다.

    Specify snap spacing or [ON/OFF/Aspect/Style/Type] ⟨10.0000⟩: off</td>
</tr>
<tr>
<td></td>
<td>종횡</td>
<td colspan="2">X와 Y 방향의 간격을 다르게 지정한다. 이 옵션은 현재 스냅 스타일이 등각투영이면 사용할 수 없다.

    Specify snap spacing or [ON/OFF/Aspect/Style/Type] ⟨10.0000⟩: aspect
    Specify horizontal spacing ⟨10.0000⟩: 거리를 지정하거나 엔터키
    Specify vertical spacing ⟨10.0000⟩: 거리를 지정하거나 엔터키</td>
</tr>
<tr>
<td></td>
<td>회전(구형)</td>
<td colspan="2">스냅 모눈의 원점과 회전을 설정한다.

    Specify snap spacing or [ON/OFF/Aspect/Style/Type] ⟨10.0000⟩: rotate

주 대신 모눈 원점 및 회전을 조정하려면 UCS를 사용하는 것이 좋다.
회전 각도는 현재 UCS를 기준으로 측정된다. 회전 각도를 −90도와 90도 사이에서 지정할 수 있다. 양의 각도는 모눈을 기준점을 중심으로 시계 반대 방향으로 회전시킨다. 음의 각도는 모눈을 시계 방향으로 회전시킨다.

    Specify base point ⟨0.0000,0.0000⟩: 점을 지정하거나 엔터키
    Specify rotation angle ⟨0⟩: 각도 거리를 지정하거나 엔터키</td>
</tr>
<tr>
<td></td>
<td>스타일</td>
<td colspan="2">스냅 모눈의 형식을 표준 또는 등각투영으로 지정한다.

    Specify snap spacing or [ON/OFF/Aspect/Style/Type] ⟨10.0000⟩: style
    Enter snap grid style [Standard/Isometric] ⟨S⟩: s를 입력하거나, i를 입력하거나, 엔터키</td>
</tr>
<tr>
<td></td>
<td></td>
<td>표준</td>
<td>현재 UCS의 XY 평면에 평행하는 직사각형 스냅 모눈을 설정한다. X와 Y의 간격은 다를 수 있다.

    Enter snap grid style [Standard/Isometric] ⟨S⟩: standard
    Specify snap spacing or [Aspect] ⟨10.0000⟩: 거리를 지정하거나, a를 입력하거나, 엔터키</td>
</tr>
<tr>
<td></td>
<td></td>
<td colspan="2">
<table>
<tr><td>간격두기</td><td>스냅 모눈의 전체적인 간격을 지정한다.

    Specify snap spacing or [Aspect] ⟨10.0000⟩: 거리 지정</td></tr>
<tr><td>종횡</td><td>스냅 모눈의 수평 간격과 수직 간격을 각각 지정한다.

    Specify snap spacing or [Aspect] ⟨10.0000⟩: aspect
    Specify horizontal spacing ⟨10.0000⟩: 거리를 지정하거나 엔터키
    Specify vertical spacing ⟨10.0000⟩: 거리를 지정하거나 엔터키</td></tr>
</table>
</td>
</tr>
<tr>
<td></td>
<td></td>
<td>등각투영</td>
<td>스냅 위치가 처음에 30도와 150도 각도인 등각투영 스냅 모눈을 설정한다. 등각투영 스냅은 다른 종횡 값을 가질 수 없다. 선이 있는 모눈은 등각투영 스냅 모눈을 따르지 않는다.

    Enter snap grid style [Standard/Isometric] ⟨S⟩: isometric
    Specify vertical spacing ⟨10.0000⟩: 거리를 지정하거나 엔터키

ISOPLANE은 십자선이 맨 위 등각투영 평면(30도 및 150도), 왼쪽 등각투영 평면(90도 및 150도), 오른쪽 등각투영 평면(30도 및 90도) 중 어디에 놓이는지 결정한다.</td>
</tr>
<tr>
<td></td>
<td>유형</td>
<td colspan="2">스냅 유형을 원형 또는 직사각형으로 지정한다. 이 설정은 SNAPTYPE 시스템 변수에 의해서도 제어된다.

    Specify snap spacing or [ON/OFF/Aspect/Style/Type] ⟨10.0000⟩: type
    Enter snap type [Polar/Grid] ⟨Grid⟩: p 또는 g를 입력</td>
</tr>
<tr>
<td></td>
<td></td>
<td>극좌표</td>
<td>스냅을 POLARANG 시스템 변수에서 설정되는 극좌표 추적 각도로 설정한다.

    Enter snap type [Polar/Grid] ⟨Polar⟩: polar
    Enter polar snap tracking distance ⟨0.0000⟩: 거리 지정</td>
</tr>
<tr>
<td></td>
<td></td>
<td>모눈</td>
<td>스냅을 모눈으로 설정한다. 점을 지정하면 커서가 수직 또는 수평 모눈 점을 따라 스냅된다.

    Enter snap type [Polar/Grid] ⟨Polar⟩: grid</td>
</tr>
<tr>
<td>GRID</td>
<td colspan="3">현재 뷰포트에 플롯되지 않은 모눈을 표시한다.

    Command: grid
    Specify grid spacing(X) or [ON/OFF/Snap/Major/aDaptive/Limits/Follow/Aspect] ⟨10.0000⟩: 값을 지정하거나 옵션 입력</td>
</tr>
<tr>
<td></td>
<td>모눈 간격두기
(X)</td>
<td colspan="2">지정된 값에 모눈을 설정한다. 값 다음에 x를 입력하면 지정된 값에 스냅 간격을 곱한 값으로 모눈 간격이 설정된다.

    Specify grid spacing(X) or [ON/OFF/Snap/Major/aDaptive/Limits/Follow/Aspect] ⟨10.0000⟩: 값 지정</td>
</tr>
<tr>
<td></td>
<td>켜기</td>
<td colspan="2">현재 간격을 사용하는 모눈을 켠다.

    Specify grid spacing(X) or [ON/OFF/Snap/Major/aDaptive/Limits/Follow/Aspect] ⟨10.0000⟩: on</td>
</tr>
</table>

끄기	모눈을 끈다.	
	Specify grid spacing(X) or [ON/OFF/Snap/Major/aDaptive/Limits/Follow/Aspect] 〈10.0000〉: **off**	
스냅	SNAP 명령으로 지정한 스냅 간격으로 모눈 간격을 설정한다.	
	Specify grid spacing(X) or [ON/OFF/Snap/Major/aDaptive/Limits/Follow/Aspect] 〈10.0000〉: **snap**	
주	보조 모눈선과 비교한 주 모눈선의 빈도를 지정한다. 2D 와이어프레임을 제외한 모든 뷰 스타일에 모눈점이 아닌 모눈선이 표시된다(GRIDMAJOR 시스템 변수).	
	Specify grid spacing(X) or [ON/OFF/Snap/Major/aDaptive/Limits/Follow/Aspect] 〈10.0000〉: **major**	
적응성	줌 확대 또는 축소할 때 모눈선의 밀도를 조정한다.	
	Specify grid spacing(X) or [ON/OFF/Snap/Major/aDaptive/Limits/Follow/Aspect] 〈10.0000〉: **adaptive** Turn adaptive behavior on [Yes/No] 〈Yes〉: **Y 또는 N을 입력**	
	줌 축소할 때 모눈선 및 모눈점의 밀도를 제한한다. 이 설정 값은 GRIDDISPLAY 시스템 변수에 의해 영향을 받는다.	
	Allow subdivision below grid spacing [Yes/No] 〈No〉: **Y 또는 N을 입력**	
	켜는 경우 줌 확대할 때 간격이 보다 근접한 모눈선 및 모눈점을 추가로 생성한다. 이 모눈선의 빈도는 주 모눈선의 빈도에 의해 결정된다.	
한계	LIMITS 명령이 지정한 영역을 초과하여 모눈을 표시한다.	
	Specify grid spacing(X) or [ON/OFF/Snap/Major/aDaptive/Limits/Follow/Aspect] 〈10.0000〉: **limits**	
따름	동적 UCS의 XY 평면을 따르도록 모눈 평면을 변경한다. 이 설정 값은 또한 GRIDDISPLAY 시스템 변수에 의해 영향을 받는다.	
	Specify grid spacing(X) or [ON/OFF/Snap/Major/aDaptive/Limits/Follow/Aspect] 〈10.0000〉: **follow**	
종횡	모눈 간격을 X 및 Y 방향으로 변경한다.	
	Specify grid spacing(X) or [ON/OFF/Snap/Major/aDaptive/Limits/Follow/Aspect] 〈10.0000〉: **aspect** Specify the horizontal spacing(X) 〈10.0000〉: **값을 입력하거나 엔터키** Specify the vertical spacing(Y) 〈10.0000〉: **값을 입력하거나 엔터키**	
	어느 한쪽 값 다음에 x를 입력하면 도면 단위가 아닌 스냅 간격의 배수로 정의된다. 현재 스냅 스타일이 등각투영이면 종횡비 옵션을 사용할 수 없다.	

ORTHO	커서 이동을 수평 또는 수직 방향으로 제한한다.
	Command: **ortho** Enter mode [ON/OFF] 〈OFF〉: **on 또는 off를 입력하거나 엔터키**
	좌표 입력 장치를 사용하여 두 점을 통해 각도나 거리를 지정할 때 직교 모드가 사용된다. 직교 모드에서는 UCS와 관련하여 커서의 이동이 수평 또는 수직 방향으로 제한된다.
	수평은 UCS의 X축에 평행한 것으로, 수직은 Y축에 평행한 것으로 정의된다.
	3D 뷰에서 ORTHO는 UCS의 Z축과 평행하도록 추가적으로 정의되고 툴팁은 Z축의 방향에 따라 각도에 대한 +Z 및 −Z를 표시한다.

OTRACK	특정 각도 또는 정렬 경로라는 특정 방향을 기준으로 다른 객체와의 특정 관계 내에서 객체를 그릴 수 있다.	
	AutoTrack™을 사용하면 특정 각도 또는 다른 객체와의 특정 관계 내에서 객체를 그릴 수 있다. AutoTrack을 켜면 임시 정렬 경로를 사용하여 정밀 위치 및 각도로 객체를 작성할 수 있다. AutoTrack에는 극좌표 추적과 객체 스냅 추적의 두 가지 추적 옵션이 있다.	
	상태 막대에서 극좌표 및 OTRACK 버튼으로 AutoTrack을 켜거나 끌 수 있다. 임시 재지정 키를 사용하여 객체 스냅 추적을 설정/해제하거나 모든 스냅과 추적을 설정/해제할 수 있다. 객체 스냅 설정 재지정의 키보드 그림을 참고한다.	
	객체 스냅 추적은 객체 스냅과 함께 작동한다. 객체의 스냅점에서 추적할 수 있으려면 객체 스냅을 설정해야 한다.	
	객체 스냅 추적	객체 스냅 추적을 사용하여 객체 스냅점을 기준으로 하는 정렬 경로를 따라 추적할 수 있다. 획득한 점에는 작은 더하기 기호(+)가 표시되며 한 번에 최대 7개의 추적점을 획득할 수 있다. 점을 획득한 다음 커서를 도면 경로 위로 이동하면 해당 점에 상대적인 수평, 수직 또는 극좌표 정렬 경로가 표시된다. 예를 들어, 객체 끝점, 중간점 또는 객체 사이의 교차점을 기준으로 하는 경로를 따라 점을 선택할 수 있다.
	객체 스냅 추적 설정 값 변경	기본적으로 객체 스냅 추적은 직교로 설정된다. 정렬 경로는 획득한 객체 점에서 0, 90, 180, 270도 각도로 표시된다. 그러나 대신에 극좌표 추적 각도를 사용할 수 있다. 객체 스냅 추적의 경우 객체 점이 자동으로 획득된다. 그러나 Shift 키를 누를 때만 점을 획득할 수 있다.
	정렬 경로 화면 표시 변경	AutoTrack에서 정렬 경로를 표시하는 방법 및 객체 스냅 추적을 위해 객체 점을 획득하는 방법을 변경할 수 있다. 기본적으로 정렬 경로는 도면 윈도우의 끝까지 표시된다. 정렬 경로의 화면표시를 축약된 길이로 변경하거나 길이를 표시하지 않을 수 있다.
	객체 스냅 추적 사용에 대한 팁	AutoTrack(극좌표 스냅 추적 및 객체 스냅 추적)을 사용하는 동안 특정 설계 업무를 쉽게 수행할 수 있는 기술을 발견하게 된다. 다음을 연습해 본다. • 객체 스냅 추적과 함께 수직점, 끝점 및 중간점 객체 스냅을 사용하여 객체의 끝점과 중간점에 수직인 점을 그린다. • 객체 스냅 추적과 함께 접점과 끝점 객체 스냅을 사용하여 호의 끝점에 접하는 점을 그린다. • 임시 추적점과 함께 객체 스냅 추적을 사용한다. 점에 대한 프롬프트에서 tt를 입력한 다음 임시 추적점을 지정한다. 점에 작은 + 기호가 나타난다. 커서를 이동하면 AutoTrack 정렬 경로가 임시점에 기준으로 표시된다. 점을 제거하려면 커서를 + 위로 다시 이동한다. • 객체 스냅점을 획득한 다음에는 직접 거리를 사용하여, 획득한 객체 스냅점으로부터 정렬 경로를 따라 정밀한 거리에서 점을 지정한다. 점 프롬프트를 지정하려면 객체 스냅을 선택하고 커서를 이동하여 정렬 경로를 표시한 다음 명령 프롬프트에서 거리를 입력한다. **주** 객체 스냅 추적을 위해 임시 재지정 키를 사용하고 있는 동안에는 직접 거리 입력 방법을 사용할 수 없다. • 옵션 대화상자의 제도 탭에서 설정한 [자동 및 Shift 키로 획득] 옵션을 사용하여 점 획득을 관리한다. 기본적으로 점 획득은 자동으로 설정된다. 가까운 사분점에서 작업할 때 Shift 키를 누르면 임시적으로 점이 획득되지 않는다.

1.2.7 작업영역

흑색의 바탕화면 색상을 풀다운 메뉴 Tools ▶ Options...를 선택한 후 Display 탭에서 조정할 수 있다.

1.3 AutoCAD에서 명령어 실행하기

- 키보드의 [Enter↵]
- 키보드의 [Space Bar]
- 마우스의 오른쪽 버튼 클릭
- 명령상태에서 [Enter↵]나 [Space Bar]를 누르면 이전에 바로 사용했던 명령을 반복 실행할 수 있다.

1.4 AutoCAD에서 2버튼 마우스의 용도 및 사용방법

1.4.1 왼쪽 버튼
- 위치 지정
- 편집하기 위한 객체 선택
- 메뉴 옵션, 대화상자 버튼 및 필드 선택

1.4.2 오른쪽 버튼
- 진행 중인 명령 종료
- 단축 메뉴 표시
- 객체 스냅 메뉴 표시
- 도구막대 대화상자 표시

1.4.3 마우스 휠
- 휠 굴리기 - 객체 확대 축소
- 휠 클릭 후 드래그 - 화면 이동
- 휠 더블 클릭 - 객체를 한 화면에 꽉 차게 보여줌

1.5 도구막대

도구막대를 표시하고, 숨기며, 사용자화 한다. 3차원 그래픽에서는 작업의 특성상 Object Snap Toolbar와 Layers Toolbar 그리고 Properties Toolbar를 아래의 방법을 이용하여 화면에 나타나도록 하는 것이 필요하다.

1.5.1 명령행에서 실행

명령 프롬프트에서 -toolbar를 입력하면 TOOLBAR는 명령행에 프롬프트를 표시한다.

Command: -toolbar

명 령 옵 션	
Enter toolbar name or [ALL]: 이름을 입력하거나 all 입력	

도구막대
이름
	표시하거나, 닫거나, 위치를 지정할 도구막대를 지정한다.
	
	유효한 도구막대 이름을 입력한다. 기본 메뉴가 로드되는 경우 사용 가능한 이름은 다음과 같다.
	
	3d_orbit layouts shade ucs_ii
	cad_standards modify solids view
	dimension modify_ii solids_editing viewports
	draw object_snap standard_toolbar web
	draw_order properties styles workspaces
	inquiry refedit surfaces zoom
	insert reference text
	layers render ucs
	
	    Enter toolbar name or [ALL]: **draw**
	    Enter an option [Show/Hide/Left/Right/Top/Bottom/Float] ⟨Show⟩: **옵션을 입력하거나 엔터키**	

표시	지정한 도구막대를 표시한다. Enter an option [Show/Hide/Left/Right/Top/Bottom/Float] ⟨Show⟩: **show**	
숨기기	지정한 도구막대를 닫는다. Enter an option [Show/Hide/Left/Right/Top/Bottom/Float] ⟨Show⟩: **hide**	

좌측면	지정한 도구막대를 화면의 왼쪽에 고정한다.
	
	    Enter an option [Show/Hide/Left/Right/Top/Bottom/Float] ⟨Show⟩: **left**
	    Enter new position (horizontal,vertical) ⟨0,0⟩: **위치를 지정하거나 엔터키**
	
	새로운 위치 입력 프롬프트는 도구막대의 위치를 도구막대 고정 위치를 기준으로 열과 행으로 설정한다. 첫 번째 값은 수평, 두 번째 값은 수직이다.	

우측면	지정한 도구막대를 화면의 오른쪽에 고정한다.
	
	    Enter an option [Show/Hide/Left/Right/Top/Bottom/Float] ⟨Show⟩: **right**
	    Enter new position (horizontal,vertical) ⟨0,0⟩: **위치를 지정하거나 엔터키**
	
	새로운 위치 입력 프롬프트는 도구막대의 위치를 도구막대 고정 위치를 기준으로 열과 행으로 설정한다. 첫 번째 값은 수평, 두 번째 값은 수직이다.	

맨 위	지정한 도구막대를 화면의 맨 위에 고정한다.
	
	    Enter an option [Show/Hide/Left/Right/Top/Bottom/Float] ⟨Show⟩: **top**
	    Enter new position (horizontal,vertical) ⟨0,0⟩: **위치를 지정하거나 엔터키**
	
	새로운 위치 입력 프롬프트는 도구막대의 위치를 도구막대 고정 위치를 기준으로 열과 행으로 설정한다. 첫 번째 값은 수평이다. 두 번째 값은 수직이다.	

맨 아래	지정한 도구막대를 화면의 맨 아래에 고정한다.
	
	    Enter an option [Show/Hide/Left/Right/Top/Bottom/Float] ⟨Show⟩: **bottom**
	    Enter new position (horizontal,vertical) ⟨0,0⟩: **위치를 지정하거나 엔터키**
	
	새로운 위치 입력 프롬프트는 도구막대의 위치를 도구막대 고정 위치를 기준으로 열과 행으로 설정한다. 첫 번째 값은 수평, 두 번째 값은 수직이다.	

부동	도구막대를 고정 상태에서 부동 상태로 변경한다.
	
	    Enter an option [Show/Hide/Left/Right/Top/Bottom/Float] ⟨Show⟩: **float**
	    Enter new position (screen coordinates) ⟨0,0⟩: **위치를 지정하거나 엔터키**
	    Enter number of rows for toolbar ⟨1⟩: **값을 입력**
	
	새로운 위치 입력 프롬프트는 부동 도구막대의 위치를 화면 좌표값으로 설정한다. 도구막대에 대한 행의 수 입력 프롬프트는 부동 도구막대의 행의 수를 지정한다.	

모두	모든 도구막대를 표시하거나 닫는다.
	
	    Enter toolbar name or [ALL]: **all**
	    Enter an option [Show/Hide]: **s 또는 h 입력**	

	표시	모든 도구막대를 표시한다. Enter an option [Show/Hide]: **show**
	숨기기	모든 도구막대를 닫는다. Enter an option [Show/Hide]: **hide**

1.5.2 캐드 화면에서 실행

임의의 두구막대 혹은 빈 영역에서 마우스 오른쪽 버튼으로 클릭한 다음 [사용자화]를 선택하여 실행한다.

a) 도구막대를 마우스 오른쪽 버튼으로 클릭

b) 빈 영역에서 마우스 오른쪽 버튼을 클릭한 경우

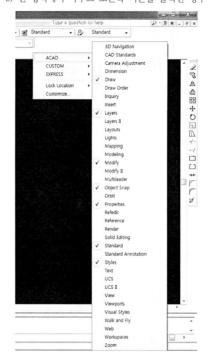

1.6 오토캐드 명령어 모음

명령어	설 명	옵 션	
Arc	다양한 호를 그린다.	3Point	기본적인 호 그리기 방법으로, 세 점을 이용하여 호를 그린다.
		St,C,End	시작점, 중심점, 끝점을 이용하여 그린다.
		St,C,Ang	시작점, 중심점, 각도를 이용하여 그린다.
		St,C,Len	시작점, 중심점, 길이를 이용하여 그린다.
		St,E,Ang	시작점, 끝점, 각도를 이용하여 그린다.
		St,E,Dia	시작점, 끝점, 방향을 이용하여 그린다. 방향은 접점의 위치를 이용하는 방향이다.
		St,E,Rad	시작점, 끝점, 반지름을 이용하여 그린다.
		Ce,S,End	중심점, 시작점, 끝점을 이용하여 그린다.
		Ce,S,Ang	중심점, 시작점, 각도를 이용하여 그린다.
		Ce,S,Len	중심점, 시작점, 길이를 이용하여 그린다.
		ArcCont	연속으로 호를 그릴 때 이용
		LinCone	호의 끝 위치에서 선을 이어서 그릴 때 이용
ARray	선택된 객체를 배열	Rectangular	가로(열), 세로(행) 방향으로서의 선형 배열
		Polar	중심점을 기준으로 원을 타고 가는 원형 배열
CHAMFER	각진 모서리를 만든다. Line이나 Pline에서만 가능	Polyline	Pline의 각진 모서리를 일시에 처리
		Distance	모따기 처리의 거리를 조정
		Angle	각도를 이용하여 모따기
		Trim	모따기 후 객체의 잔존 여부를 조정
		Method	모따기 방법을 조정(Distance, Angle)
Circle	다양한 방법으로 원을 그린다.	3P	세 점을 이용하여 원을 그린다.
		2P	2점을 이용하여 원을 그린다.
		Ttr	접점, 접점, 반지름을 이용하여 원을 그린다.
CLOSE	현재 작업 중인 화면을 닫는다.		
COLOR	색상을 사용 오토캐드는 256색상 사용		
COpy	선택된 객체를 복사한다.	Multiple	선택된 객체를 다중으로 복사
COPYBASE	COPYCLIP 명령과 같이 클립보드에 복사하지만 기준점을 지정할 수 있다.		

DDEDIT	문자나 속성의 내용을 수정한다.		
DOnut	다양한 도넛 모양을 만든다.		
DRAWORDER	겹쳐 있는 객체의 위, 아래를 조정	Above object	현재 객체의 위치보다 한 단계 위로
		Under object	현재 객체의 위치보다 한 단계 아래로
		Front	맨 위로
		Back	맨 아래로
DSVIEWER	Zoom 기능을 도와주는 명령으로 화면을 Dynamic하게 조정		
DText	도면 작성용 문자 쓰기		
ELlipse	타원 그리기	Arc	타원이 잘린 호 형태의 타원을 그린다.
		Center	중심점을 이용하여 타원을 그린다.
		Rotation	두 점 사이의 회전 값으로 타원을 조정
Erase	선택된 객체를 지운다.		
EXtend	연장선 만들기		
Fillet	2차원 또는 3차원 객체의 모서리를 둥글게 처리 Fillet 명령은 Circle의 Ttr옵션과 Trim명령이 합쳐진 형태이다.	Polyline	Pline 객체를 모서리 처리할 때 이용
		Radius	모서리 처리할 반지름 지정
		Trim	모서리 처리 후 원본 객체의 존재유무
Fl(i)lter	조건식을 이용하여 도면의 객체를 다양하게 선택한다.		
FILL	색을 칠한 부분의 색상을 채우거나 이를 취소		
FIND	도면에서 문자를 찾거나 바꾼다.		
GRID	눈금을 조절 단축키 [F7]	ON	
		OFF	
		Snap	눈금 간격을 Snap 간격에 맞춤
		Aspect	눈금의 가로, 세로를 다르게 지정한다.
Group	group 만들기 Select Object를 좀 더 다양하게 사용할 수 있는 명령어		
LIMITS	도면 영역을 지정한다.	ON	영역 체크 기능을 활성화(지정영역 밖에서 도면 그릴 수 없음)
		OFF	영역 체크 기능 끄기
Line	직선을 그린다.	Close	현재 점을 시작점으로 닫는다.
		Undo	조금 전에 그린 선을 취소한다.
MIrror	선택된 객체를 대칭 복사	Delete source object ? [Yes/No]	Y를 입력하면 원본 객체가 없어짐
Move	선택된 객체를 이동		
MText	문장 단위의 문자를 작성		
MULTIPLE	명령을 반복하게 함		
NEW	새로운 도면을 만든다.		
Offset	객체를 지정한 간격으로 복사	Through	일정한 거리를 입력하지 않고 임의의 간격 띄우기를 한다.
OPEN	저장된 도면을 부른다.		
ORTHO	직교 모드 사용 단축키 [F8]		
OSNAP	Object Snap의 약자 객체의 정확한 점을 찾을 때 사용하는 명령어 Shift+마우스 오른쪽 버튼	ENDpoint	선, 호 등의 끝점을 찾기
		MIDpoint	선, 호 등의 가운데 점 찾기
		CENter	원, 호 등의 중심점 찾기
		NODe	point, measure, divide 명령으로 생성된 점(point) 선택
		QUAdrant	원의 사분점 찾기
		INTersection	모든 객체의 교차점 찾기
		EXTension	선이나 호의 연장선을 이용
		INSertion	Block, Text 등의 삽입점이나 기준점 찾기
		PERpendicular	수직점 찾기
		TANgent	접점 찾기
		Nearest	선택한 점에서 가장 가까운 점 찾기
		APParent intersection	가상으로 만나는 점 찾기
		PARallel	기존선에 평행이 되는 새로운 선 그리기
Pan	화면을 이동		
PLine	polyline을 그림	Arc	호를 그리는 모드로 들어감

		Close	처음 점으로 닫기
		Halfwidth	전체 두께의 반값을 이용하여 두께 조정
		Length	그려지고 있는 선이나 호의 방향으로 지정한 길이만큼 더 그린다.
		Undo	취소
		Width	선의 전체 두께를 지정
POLygon	다양한 정다각형을 그림	Edge	한 변의 길이를 이용하여 정다각형을 그린다.
		Inscribed in circle	원에 내접하는 정다각형을 그린다.
		Circumscribed about circle	원에 외접하는 정다각형을 그린다.
QSAVE	도면을 빠르게 저장		
QSELECT	객체의 특성을 이용하여 빠르게 객체를 선택		
QTEXT	문자를 박스 형태로 만들어 데이터 양을 줄인다. Regen 명령을 실행해야 적용됨		
QUIT	오토캐드 프로그램 종료		
RAY	한쪽 방향으로 무한 연장선을 그린다.		
RECtang	다양한 사각형을 그린다. Pline의 성격을 갖는 객체이다.	Chamfer	각진 모서리 따기의 사각형 그리기
		Elevation	사각형이 그려질 높이를 지정
		Fillet	둥근 모서리 처리의 사각형 그리기
		Thickness	3차원 두께를 가지는 사각형
		Width	선의 두께 지정
REDRAW ALL	화면 분할 작업 시 전체 화면 정리		
Redraw	화면을 정리		
REGEN ALL	분할된 화면에 모두 REgen		
REGEN AUTO	도면 재생성하는 Regen의 상황을 조정		
REgen	도면의 데이터베이스 내용을 다시 정리		
ROtate	객체를 회전		
SAVE	도면을 저장한다.		
SAVEAS	도면을 다른 이름으로 저장		
SCale	선택된 객체의 크기(축척)을 조정		
Select	객체를 선택함 옵션을 보려면 'o'를 침		
SNAP	커서의 간격 띄우기 단축키 [F9]		
SOlid	각진 부분에 색칠		
SPell	철자를 검사		
STyle	다양한 문자체 사용		
SYSWINDOWS	도면창을 다양한 방법으로 정리한다.		
Text	문자를 입력한다.		
TRACE	두께를 가진 선을 그림		
TRim	객체의 교차점을 기준으로 자름		
View	작업 화면을 저장하거나 저장된 화면을 불러낸다.		
VIEWRES	화면에 그려지는 객체의 정확도 조정		
XLine	양쪽 방향으로 무한 연장선을 그린다.	Hor	수평 방향으로 무한 연장선 그리기
		Ver	수직 방향으로 무한 연장선 그리기
		Ang	지정한 각도로 무한 연장선 그리기
		Bisect	지정한 각도에 이분각을 기준으로 연장선 그리기
		Offset	연장선 간격 띄우기
Zoom	화면을 조정한다.	All	화면에 limits영역 모두 보이게
		Center	다음에 보여줄 화면의 가운데 점을 선택
		Dynamic	화면을 동적으로 조정
		Extents	화면을 꽉 차게 보여줌
		Previous	전에 보고 있던 화면 상태로 돌아감
		Scale	숫자를 이용한 축척을 지정
		Window	보고 싶은 영역을 박스로 지정

2

3차원
명령어

2. 3차원 명령어

2.1 좌표

AutoCAD에는 두 개의 좌표 시스템이 있다. 고정좌표계인 WCS(표준좌표계)와 이동할 수 있는 좌표계인 UCS(사용자 좌표계)를 사용할 수 있다. UCS는 좌표를 입력하고, 도면 평면을 정의하고, 뷰를 설정하는 데 사용한다. UCS를 변경해도 관측점은 변경되지 않는다. 이 경우 좌표계의 방향과 기울기만 변경된다.
3D 객체를 만드는 경우 UCS를 재지정하여 작업을 단순화할 수 있다. 예를 들어, 3D 상자를 만든 경우 편집할 때 UCS를 각 면에 대해 정렬하면 여섯 개의 면을 쉽게 편집할 수 있다.

원점의 위치, XY 평면의 방향 및 Z축을 선택하여 UCS를 재지정한다. 3D 공간에서는 위치에 관계없이 UCS를 지정하고 방향을 설정할 수 있다. 지정된 시점마다 하나의 UCS만 현재 UCS가 되며 모든 좌표 입력과 화면표시는 현재 UCS에 연관되어 있다. 다중 뷰포트가 표시되는 경우 해당 뷰포트는 현재 UCS를 공유한다. UCSVP 시스템 변수가 켜지면 UCS를 뷰포트에 잠글 수 있으며 해당 뷰포트가 현재 뷰포트가 될 때마다 자동으로 UCS가 복원된다.

3D에서 그릴 때 WCS(표준좌표계) 또는 현재 UCS(사용자 좌표계)에 X, Y 및 Z 좌표값을 지정한다.
WCS 및 UCS는 보통 일치한다. 즉 해당 축과 원점이 정확하게 겹친다. UCS의 방향을 재지정하더라도 UCS 명령의 표준 옵션을 사용하여 해당 UCS를 WCS와 일치되도록 만들 수 있다.

오른손 법칙 적용

3D 좌표계에서 X 및 Y축의 방향을 아는 경우 오른손 법칙을 사용하여 Z축에 대한 양의 축 방향을 결정할 수 있다. 화면에 오른손의 등을 대고 엄지로 양의 X축 방향을 가리킨다. 검지와 중지를 펴고 검지로 양의 Y축 방향을 가리킨다. 그런 다음 중지로 양의 Z축 방향을 가리킨다. 손을 회전하면 UCS를 변경할 때 X, Y 및 Z축이 회전하는 유형을 확인할 수 있다.

또한 오른손 법칙을 사용하여 3D 공간에서 축에 대한 양의 회전 방향을 결정할 수도 있다. 오른손 엄지로 양의 축 방향을 가리키고 손가락을 구부린다. 그러면 구부린 손가락들이 축에 대한 양의 회전 방향을 가리키게 된다.

2.2 UCS

사용자 좌표계를 관리한다.

명 령	
메뉴	메뉴 도구(T) ▶ 명명된 UCS(U)...
명령행	ucs
도구막대	⌞

Command: ucs
Current ucs name: *WORLD*

명 령 옵 션	
Specify origin of UCS or [Face/NAmed/OBject/Previous/View/World/X/Y/Z/ZAxis] ⟨World⟩: 원점을 지정하거나 옵션 입력	
원점 지정	한 개, 두 개 또는 세 개의 점을 사용하여 새 UCS를 정의한다. 하나의 점을 지정할 경우 X, Y 및 Z축의 방향을 변경하지 않고 현재 UCS의 원점을 이동한다. Specify origin of UCS or [Face/NAmed/OBject/Previous/View/World/X/Y/Z/ZAxis] ⟨World⟩: **첫 번째 점을 지정** Specify point on X-axis or ⟨Accept⟩: **두 번째 점을 지정하거나 엔터키를 눌러 단일 점에 대한 입력을 제한** 두 번째 점을 지정할 경우 UCS는 이전에 지정한 원점 주위를 회전하므로 UCS의 양의 X축이 점을 통과한다. Specify point on the XY plane or ⟨Accept⟩: **세 번째 점을 지정하거나 엔터키를 눌러 두 점에 대한 입력을 제한** 세 번째 점을 지정할 경우 UCS는 X축의 주위를 회전하므로 UCS XY 평면의 양의 Y 반축이 점을 포함한다. **주** 한 점의 좌표를 입력하고 Z 좌표값을 지정하지 않으면 현재 Z 값이 사용된다.

면	3D 솔리드의 선택한 면에 UCS를 정렬한다. 면을 선택하려면 면의 경계 내부 또는 모서리를 클릭한다. 면이 강조되고 첫 번째 찾은 면의 가장 가까운 모서리에 UCS X축이 정렬된다.

```
Specify origin of UCS or [Face/NAmed/OBject/Previous/View/World/X/Y/Z/ZAxis] <World>: face
Select face of solid object: 객체의 면 선택
Enter an option [Next/Xflip/Yflip] <accept>: 옵션을 입력하거나 엔터키
```

	다음	인접 면 또는 선택한 모서리의 뒷면에 UCS를 배치한다.

```
Enter an option [Next/Xflip/Yflip] <accept>: next
```

	X반전	UCS를 X축 둘레로 180도 회전한다.

```
Enter an option [Next/Xflip/Yflip] <accept>: xflip
```

	Y반전	UCS를 Y축 둘레로 180도 회전한다.

```
Enter an option [Next/Xflip/Yflip] <accept>: yflip
```

	승인	엔터키를 누르면 위치를 승인한다. 프롬프트는 사용자가 위치를 승인할 때까지 반복된다.

```
Enter an option [Next/Xflip/Yflip] <accept>: 엔터키
```

명명된	자주 사용되는 UCS 방향을 이름별로 저장하고 복원한다.

```
Specify origin of UCS or [Face/NAmed/OBject/Previous/View/World/X/Y/Z/ZAxis] <World>: named
Enter an option [Restore/Save/Delete/?]: 옵션 지정
```

	복원	저장된 UCS를 현재 UCS가 되도록 복원한다.

```
Enter an option [Restore/Save/Delete/?]: restore
Enter name of UCS to restore or [?]: 이름을 입력하거나 ? 를 입력
```

		이름	명명된 UCS를 지정한다.

```
Enter name of UCS to restore or [?]: 이름 입력
```

		?—UCS 나열	현재 정의된 UCS의 이름을 나열한다.

```
Enter name of UCS to restore or [?]: ?
Enter name(s) to list (*): 이름 리스트를 입력하거나 엔터키를 눌러 모든 UCS를 나열
```

	저장	현재 UCS를 지정한 이름으로 저장한다. 이름은 최대 255자를 포함할 수 있으며, 문자, 숫자, 공백 및 Microsoft® Windows® 및 이 프로그램에서 다른 목적으로 사용하지 않는 특수 문자를 포함할 수 있다.

```
Enter an option [Restore/Save/Delete/?]: save
Enter name to save current UCS or [?]: 이름을 입력하거나 ?를 입력
```

		이름	현재 UCS를 지정한 이름으로 저장한다.

```
Enter name to save current UCS or [?]: 이름 입력
```

		?—UCS 나열	현재 정의된 UCS의 이름을 나열한다.

```
Enter name to save current UCS or [?]: ?
Enter UCS name(s) to list (*): 이름 리스트를 입력하거나 엔터키를 눌러 모든 UCS를 나열
```

	삭제	지정한 UCS를 저장된 사용자 좌표계 리스트에서 제거한다.

```
Enter an option [Restore/Save/Delete/?]: delete
Enter UCS name(s) to delete <none>: 이름 리스트를 입력하거나 엔터키
```

현재 명명된 UCS를 삭제하면 현재 UCS는 UNNAMED로 이름이 바뀐다.

	?—UCS 나열	사용자 좌표계의 이름을 나열하고 현재 UCS를 기준으로 저장된 각 UCS의 원점 및 X, Y, Z축을 제공한다. 현재 UCS가 명명되지 않은 경우 WCS와 같은지 여부에 따라 WORLD 또는 UNNAMED로 나열된다.

```
Enter an option [Restore/Save/Delete/?]: ?
Enter UCS name(s) to list <*>: 이름 입력
```

객체	선택한 3D 객체를 기준으로 새로운 좌표계를 정의한다. 새로운 UCS는 선택한 객체의 돌출 방향과 동일한 돌출 방향(양의 Z축)을 갖는다.

```
Specify origin of UCS or [Face/NAmed/OBject/Previous/View/World/X/Y/Z/ZAxis] <World>: object
Select object to align UCS: 객체 선택
```

3D 폴리선 객체, 3D 메쉬 객체 및 x선 객체는 이 옵션으로 사용할 수 없다.

대부분 객체의 경우 새 UCS의 원점은 객체를 선택한 위치에서 가장 가까운 정점에 배치되며 X축은 모서리에 정렬되거나 모서리와 접한다. 평면형 객체의 경우 UCS의 XY 평면은 객체가 위치한 평면에 정렬된다. 복합 객체의 경우 원점은 재배치되지만 축의 현재 방향은 유지된다.

새로운 UCS는 다음 표에서와 같이 정의된다.

객체	UCS를 결정하는 방법
호	호의 중심이 새로운 UCS 원점이 된다. X축은 선택 점에서 가장 가까운 호 끝점을 통과한다.
원	원의 중심이 새로운 UCS 원점이 된다. X축은 선택 점을 통과한다.
치수	치수 문자의 중간점이 새로운 UCS 원점이 된다. 새로운 X축의 방향은 해당 치수가 그려질 때 사용 중인 UCS의 X축에 평행한다.
선	선택 점에 가장 가까운 끝점이 새로운 UCS 원점이 된다. AutoCAD는 선이 새로운 UCS의 XZ 평면에 놓이도록 새로운 X축을 선택한다. 선의 두 번째 끝점은 새로운 좌표계에서 Y 좌표가 0이다.
점	점이 새로운 UCS 원점이 된다.
2d 폴리선	폴리선의 시작점이 새로운 UCS 원점이 된다. X축은 시작점부터 다음 정점까지 선 세그먼트를 따라 연장된다.
솔리드	솔리드의 첫 번째 점이 새로운 UCS 원점을 결정한다. 새로운 X축은 첫 두 점 사이의 선을 따라 놓인다.
두께선	두께선의 시작점은 UCS 원점이 되며, X축은 이들의 중심선을 따라 놓인다.
3D면	새로운 UCS 원점은 첫 번째 점, 첫 두 점으로부터의 X축 및 첫 번째와 네 번째 점으로부터의 Y의 양의 면으로부터 받아드린다. Z축은 오른손 법칙을 적용해서 결정된다.
쉐이프, 문자 블록 참조, 속성 정의	객체의 삽입점이 새로운 UCS 원점이 되며 새로운 X축은 객체의 돌출 방향 둘레로 객체를 회전하여 정의된다. 새로운 UCS를 설정하기 위해 선택한 객체는 새로운 UCS에서 회전 각도가 0이다.

이전	이전 UCS를 복원한다. 프로그램은 도면 공간에서 작성된 마지막 10개의 좌표계와 모형 공간에서 작성된 마지막 10개의 좌표계를 유지한다. 이 옵션을 반복하면 현재 공간에 따라 한 세트의 좌표계 또는 다른 한 세트의 좌표계를 차례로 거슬러 되돌아간다.

```
Specify origin of UCS or [Face/NAmed/OBject/Previous/View/World/X/Y/Z/ZAxis] <World>: previous
```

개별 뷰포트에 서로 다른 UCS 설정 값을 저장하고 뷰포트 사이를 전환하면 서로 다른 UCS가 이전 리스트에 유지되지 않는다. 그러나 뷰포트

	내에서 UCS 설정 값을 변경하면 마지막 UCS 설정 값은 이전 리스트에 유지된다. 예를 들어, UCS를 표준에서 UCS1로 변경하면 이전 리스트의 맨 위에 표준좌표계가 유지된다. 그런 다음 뷰포트의 현재 UCS를 정면으로 전환하고 다시 UCS를 우측면으로 변경하면 정면 UCS가 이전 리스트의 맨 위에 유지된다. 이후 이 뷰포트에서 UCS 이전 옵션을 두 번 선택하면 UCS 설정 값이 정면도로 변경된 다음 다시 표준좌표계로 되돌아 간다. UCSVP 시스템 변수를 참고한다.
뷰	관측 방향에 수직인(화면에 평행인) XY 평면으로 새로운 좌표계를 설정한다. UCS 원점은 변경되지 않고 유지된다. Specify origin of UCS or [Face/NAmed/OBject/Previous/View/World/X/Y/Z/ZAxis] 〈World〉: **view**
표준	현재 사용자 좌표계를 표준좌표계로 설정한다. WCS는 모든 사용자 좌표계의 기준이며 다시 정의할 수 없다. Specify origin of UCS or [Face/NAmed/OBject/Previous/View/World/X/Y/Z/ZAxis] 〈World〉: **world 혹은 엔터키**
X, Y, Z	지정한 축을 중심으로 현재 UCS를 회전한다. Specify origin of UCS or [Face/NAmed/OBject/Previous/View/World/X/Y/Z/ZAxis] 〈World〉: **x** Specify rotation angle about X axis 〈90〉: **각도 지정** 프롬프트에서 n은 X, Y 또는 Z이다. 양의 각도 또는 음의 각도를 입력하여 UCS를 회전한다. 원점과 X, Y 또는 Z축 둘레로 하나 이상의 회전을 지정하여 모든 UCS를 정의할 수 있다.

축	지정된 양의 Z축으로 UCS를 정의한다. Specify origin of UCS or [Face/NAmed/OBject/Previous/View/World/X/Y/Z/ZAxis] 〈World〉: **zaxis** Specify new origin point or [Object] 〈0,0,0〉: **점을 지정하거나 o를 입력** Specify point on positive portion of Z-axis 〈0.0000,0.0000,1.0000〉: **점을 지정** 새로운 원점과 새로운 양의 Z축에 놓인 점을 지정한다. Z축 옵션은 XY 평면을 기울어지게 한다.	
	원점지정	Specify new origin point or [Object] 〈0,0,0〉: **원점 지정** Specify point on positive portion of Z-axis 〈0.0000,0.0000,1.0000〉: **점을 지정**
	객체	객체를 선택한 위치에서 가장 가까운 끝점에 접하는 방향으로 Z축을 정렬한다. 양의 Z축은 객체의 반대쪽을 가리킨다. Specify new origin point or [Object] 〈0,0,0〉: **object** Select object: **개방형 객체를 선택**

적용	다른 뷰포트가 저장된 다른 UCS를 가지고 있는 경우, 지정한 뷰포트 또는 모든 활성 뷰포트에 현재 UCS 설정 값을 적용한다. UCSVP 시스템 변수는 UCS가 뷰포트에 저장될지 여부를 결정한다. Specify origin of UCS or [Face/NAmed/OBject/Previous/View/World/X/Y/Z/ZAxis] 〈World〉: **apply** Pick viewport to apply current UCS or [All]〈current〉: **뷰포트 내부를 클릭하여 지정하고 a를 입력하거나 엔터키**	
	뷰포트	지정한 뷰포트에 현재 UCS를 적용하고 UCS 명령을 종료한다. Pick viewport to apply current UCS or [All]〈current〉: **뷰포트 선택**
	전체	모든 활성 뷰포트에 현재 UCS를 적용한다. Pick viewport to apply current UCS or [All]〈current〉: **all**

2.3 UCSICON

UCS 아이콘은 사용자 좌표계(UCS) 축의 방향과 현재 UCS 원점의 위치를 나타낸다. 또한 현재 관측 방향을 XY 평면을 기준으로 나타낸다.

UCSVP 시스템 변수가 해당 뷰포트에 대해 1로 설정된 경우 UCS를 그 뷰포트에 저장할 수 있다.

서로 다른 좌표계 아이콘이 도면 공간과 모형 공간에 표시된다. 두 경우 모두 아이콘이 현재 UCS의 원점에 놓이면 기준 아이콘에 더하기 기호(+)가 나타난다. 글자 W는 현재 UCS가 표준좌표계(WCS)와 동일할 경우 아이콘의 Y 부분에 나타난다.

3D UCS 아이콘의 경우 UCS가 표준좌표계와 같으면 XY 평면의 원점에 사각형이 표시된다.

사용자가 UCS를 위쪽에서(양의 Z 방향) 바라보는 경우 기준 아이콘에 상자가 형성된다. UCS를 아래쪽에서 바라보는 경우에는 상자가 사라진다.

3D UCS 아이콘의 경우 XY 평면의 위쪽에서 바라볼 때는 Z축은 실선으로 표시되고 XY 평면의 아래쪽에서 바라볼 때는 대쉬선으로 표시된다.

UCS를 회전시켜 Z축을 관측 평면과 평행한 면 안에 놓으면(즉, XY 평면에 뷰어에 대한 모서리가 생기면) 잘라진 연필 아이콘이 2D UCS 아이콘을 대치한다.

3D UCS 아이콘은 잘라진 연필 아이콘을 사용하지 않는다.

명 령	
메뉴	메뉴 뷰(V) ▶ 화면표시(L) ▶ UCS 아이콘(U) ▶ 켜기(O)
명령행	ucsicon
도구막대	

Command: **ucsicon**

명 령 옵 선	
Enter an option [ON/OFF/All/Noorigin/ORigin/Properties] 〈ON〉: **옵션을 입력하거나 엔터키**	
켜기	UCS 아이콘을 표시한다. Enter an option [ON/OFF/All/Noorigin/ORigin/Properties] 〈ON〉: **on**
끄기	UCS 아이콘의 표시를 끈다. Enter an option [ON/OFF/All/Noorigin/ORigin/Properties] 〈ON〉: **off**
전체	변경 사항을 모든 활성 뷰포트의 아이콘에 적용한다. 그렇지 않을 경우 UCSICON은 현재 뷰포트에만 영향을 준다. Enter an option [ON/OFF/All/Noorigin/ORigin/Properties] 〈ON〉: **all** Enter an option [ON/OFF/Noorigin/ORigin/Properties] 〈ON〉: **모든 활성 뷰포트에 적용할 옵션을 입력하거나 엔터키**
원점 없음	UCS 원점의 위치에 관계없이 아이콘을 뷰포트의 왼쪽 아래 구석에 표시한다. Enter an option [ON/OFF/All/Noorigin/ORigin/Properties] 〈ON〉: **noorigin**
원점	아이콘을 현재 좌표계의 원점(0,0,0)에 표시한다. 원점이 화면 밖에 있거나 아이콘을 원점에 위치시키면 뷰포트의 모서리에서 잘리는 경우에는 뷰포트의 왼쪽 아래 구석에 표시된다. Enter an option [ON/OFF/All/Noorigin/ORigin/Properties] 〈ON〉: **origin**
특성	UCS 아이콘의 스타일, 가시성 및 위치를 조정할 수 있는 UCS 아이콘 대화상자를 표시한다. Enter an option [ON/OFF/All/Noorigin/ORigin/Properties] 〈ON〉: **properties**

2.4 VPOINT

도면의 3차원 시각화를 위한 관측 방향을 설정한다.
VPOINT는 공간의 지정된 점에서 원점(0,0,0)을 뒤돌아보는 것처럼 도면을 보게 되는 위치에 관측자를 둔다. VPOINT는 도면 공간에서는 사용할 수 없다.

명 령	
메뉴	메뉴 뷰(V) ▶ 3D 뷰(3) ▶ 관측점(V)
명령행	vpoint
도구막대	

Command: **vpoint**
Current view direction: VIEWDIR=0.0000,0.0000,1.0000

명 령 옵 선	
Specify a view point or [Rotate] 〈display compass and tripod〉: **한 점을 지정하거나, r을 입력하거나, 엔터키를 눌러 나침반 및 축 삼각대를 표시한다.**	
관측점	입력하는 X, Y, Z 좌표를 사용하여, 도면을 관측할 수 있는 방향을 정의하는 벡터를 작성한다. 정의된 뷰는 마치 관측자가 점으로부터 원점(0,0,0)을 뒤돌아보는 것 같다. Specify a view point or [Rotate] 〈display compass and tripod〉: **점 지정**
회전	두 개의 각도를 사용하여 새로운 관측 방향을 지정한다. Specify a view point or [Rotate] 〈display compass and tripod〉: **rotate** Enter angle in XY plane from X axis 〈270〉: **각도 지정** 첫 번째 각도는 XY 평면에서 X축을 기준으로 지정된다. Enter angle from XY plane 〈90〉: **각도 지정** 두 번째 각도는 XY 평면으로부터 위쪽으로 또는 아래쪽으로 지정된다.
나침반과 축 삼각대	뷰포트에서 관측 방향을 정의하는 데 사용하는 나침반과 축 삼각대를 표시한다. Specify a view point or [Rotate] 〈display compass and tripod〉: **엔터키** 나침반은 구체를 2차원으로 표현한 것이다. 중심점은 북극(0,0,n)을, 안쪽 원은 적도(n,n,0)를, 바깥쪽 전체 원은 남극(0,0,n)을 나타낸다. 나침반의 작은 십자선을 좌표 입력 장치를 사용하여 구체의 어느 부분으로든 이동할 수 있다. 십자선을 이동함에 따라 축 삼각대가 나침반에서 지시되는 관측 방향에 따라 회전한다. 관측 방향을 선택하려면 좌표 입력 장치를 구체 위의 위치로 이동한 다음 클릭한다.

VPOINT 관찰 시점

정면도	VPOINT (0,-1,0)	배면도	VPOINT (0,1,0)
좌측면도	VPOINT (-1,0,0)	우측면도	VPOINT (1,0,0)
평면도	VPOINT (0,0,1)	밑면도	VPOINT (0,0,-1)

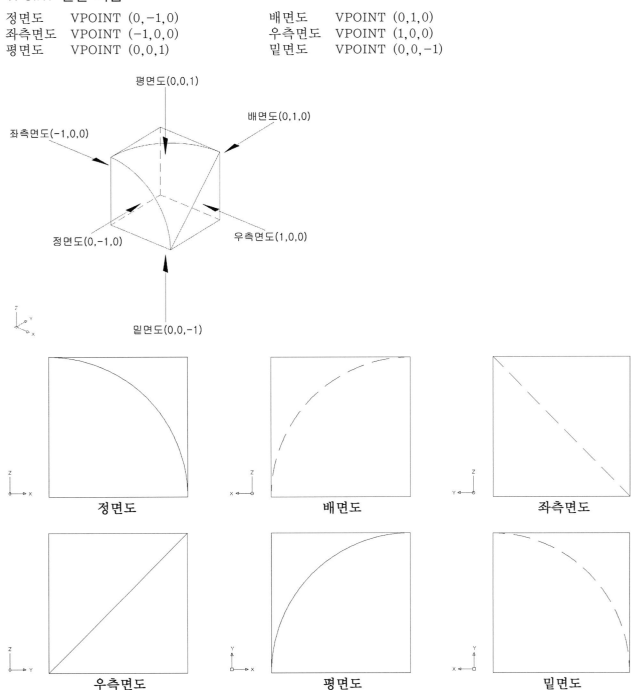

2.5 3DORBIT

3D에서 객체의 대화식 관측을 조정한다.

명 령	
메뉴	메뉴 뷰(V) ▶ 궤도(B) ▶ 제한된 경로(C)
명령행	3dorbit
도구막대	⚓

Command: **3dorbit**
Press ESC or ENTER to exit, or right-click to display shortcut-menu.

3DORBIT는 현재 뷰포트에서 3D 궤도 뷰를 활성화한다. 전체 도면을 보거나 아니면 명령을 시작하기 전에 하나 이상의 객체를 선택할 수 있다.

3DORBIT 명령이 활성화되면 뷰의 대상은 고정된 상태에 놓이며 카메라 위치 또는 뷰 점이 대상 주위를 돈다. 그러나 마우스 커서를 끌 때 3D 모형이 회전하는 것처럼 보인다. 이러한 방법으로 모형의 모든 뷰를 지정할 수 있다.

3D 궤도 커서 아이콘이 나타난다. 커서를 수평으로 끄는 경우 카메라는 표준좌표계(WCS)의 XY 평면과 평행으로 이동한다. 커서를 수직으로 끄는 경우 카메라는 Z축을 따라 이동한다.

XY 평면을 따라 회전하려면 도면을 클릭하고 커서를 왼쪽이나 오른쪽으로 끈다. Z축을 따라 회전하려면 해당 도면을 클릭하고 커서를 위로 또는 아래로 끈다. XY 평면과 Z축을 따라 무제한 궤도를 허용하려면 커서를 끈 채로 Shift 키를 누른다. 원호구가 나타나며 3D 자유 궤도(3DFORBIT) 상호 작용을 사용할 수 있다.

주 3DORBIT 명령이 활성화된 동안에는 객체를 편집할 수 없다.

명령이 활성화되어 있는 동안 도면 영역에서 마우스 오른쪽 버튼으로 클릭하거나 3D 검색 도구막대의 버튼을 선택하여 바로 가기 메뉴에서 추가적인 3DORBIT를 추가로 사용할 수 있다.

명 령 옵 션	
Press ESC or ENTER to exit, or right-click to display shortcut-menu. 3DORBIT 명령(또는 3D 검색 명령이나 모드)이 활성화되면 3D 궤도 바로 가기 메뉴의 여러 옵션을 사용할 수 있다. 3D 궤도 바로 가기 메뉴를 사용하려면 **3D 궤도 뷰에서 마우스 오른쪽 버튼 클릭**한다.	
현재 모드: 현재	현재 모드를 표시한다.
기타 검색 모드	다음 3D 검색 모드 중 하나를 선택한다. • 제한된 궤도(1) : XY 평면 또는 Z 방향으로 궤도를 제한한다. • 자유 궤도(2) : XY 평면이나 Z 방향에 제한받지 않고 모든 방향의 궤도를 허용한다. 3DFORBIT를 참고한다. • 연속 궤도(3) : 커서의 모양이 두 개의 연속선으로 둘러싸인 구로 변경되고 객체를 연속 동작으로 설정할 수 있다. 3DCORBIT를 참고한다. • 거리 조정(4) : 카메라를 객체와 더 가깝게 또는 멀리 이동하도록 시뮬레이트 한다. 3DDISTANCE를 참고한다. • 회전(5) : 커서를 휘어진 모양의 화살표로 변경하고 카메라 회전 효과를 시뮬레이트 한다. 3DSWIVEL을 참고한다. • 보행시선(6) : 커서를 더하기 기호로 변경하며, 카메라의 위치 및 표적을 동적으로 조정하여 XY 평면 위의 고정된 높이로 모형에서 "보행시선"을 수행할 수 있다. 3DWALK를 참고한다. • 조감뷰(7) : 커서를 더하기 기호로 변경하며, XY 평면 위의 고정된 높이로 제한하지 않고 모형을 "플라이쓰루"할 수 있다. 3DFLY를 참고한다. • 줌(8) : 더하기(+) 기호와 빼기(–) 기호를 사용하여 커서를 돋보기로 변경하며, 카메라를 객체와 더 가깝게 또는 멀리 이동하도록 시뮬레이트한다. 거리 조정 옵션처럼 동작한다. 3DZOOM을 참고한다. • 초점이동(9) : 커서를 손모양 커서로 변경하고 끄는 방향으로 뷰를 이동한다. 3DPAN을 참고한다. **팁** 바로 가기 메뉴를 사용하거나 이름 뒤에 표시되는 번호를 입력하여 어떠한 모드로도 전환할 수 있다.
궤도 자동 대상 작동 가능	뷰포트 중심에 있는 대상점이 아닌 보려는 객체에 있는 대상점을 유지한다. 기본적으로 이 기능은 켜진다.
애니메이션 설정	애니메이션 파일을 저장하기 위한 설정 값을 지정할 수 있는 애니메이션 설정 대화상자가 열린다.
줌 윈도우	커서가 윈도우 아이콘으로 변경되며 줌 확대할 특정 영역을 선택할 수 있다. 커서가 변경되면 시작점과 끝점을 클릭하여 줌 윈도우를 정의한다. 도면이 확대되고 선택한 영역에 초점이 맞추어진다.
줌 범위	뷰를 중앙에 위치시키고 모든 객체가 표시되도록 크기를 조정한다.
줌 이전	이전 뷰를 표시한다.
평행	도면의 두 평행선이 수렴하지 않도록 객체를 표시한다. 도면의 쉐이프들은 항상 일정하며 서로 가까워질 때 왜곡되어 표시되지 않는다.
원근	모든 평행선이 한 점에 모아지도록 객체를 원근법에 의해 표시한다. 객체가 일정 거리만큼 후퇴되어 보이지만 객체의 일부는 더 크고 가깝게 보인다. 객체가 너무 가까우면 쉐이프가 다소 왜곡되어 보인다. 이 뷰는 사용자가 보는 것과 가장 밀접하게 상호 작용한다. PERSPECTIVE를 참고한다.
뷰 재설정	3DORBIT를 처음 시작할 때 뷰를 현재 뷰로 다시 재설정한다.
뷰 미리 설정	평면도, 밑면도 및 남서 등각투영 뷰 등의 미리 정의된 뷰 리스트를 표시한다. 모형의 현재 뷰를 변경하려면 리스트에서 뷰를 참고한다.
명명된 뷰	도면에 명명된 뷰의 리스트를 표시한다. 모형의 현재 뷰를 변경하려면 리스트에서 명명된 뷰를 선택한다.
뷰 스타일	객체를 음영처리하는 방법을 제공한다. 뷰 스타일에 대한 자세한 정보는 Use a Visual Style to Display Your Model를 참고한다. • 3D 숨김 : 객체를 3D 와이어프레임 표현을 사용하여 표시하고 뒷면을 표현하는 선을 숨긴다. • 3D 와이어프레임 : 경계를 나타내는 선과 곡선을 사용하여 객체를 표시한다. • 개념 : 객체를 음영처리하며 다각형 면 사이의 모서리를 부드럽게 만든다. 효과는 그다지 실제적이지 않으나 모형의 상세를 쉽게 확인할 수 있도록 해 준다. • 실제 : 객체를 음영처리하며 다각형 면 사이의 모서리를 부드럽게 만든다.
화면 도구	객체를 시각화하기 위한 도구를 제공한다. • 나침반 : X축, Y축 및 Z축을 나타내는 3개의 선으로 구성된 3D 구를 그린다. • 모눈 : 그래프용지와 유사한 2차원 배열의 선을 표시한다. 이 모눈은 X 및 Y축을 따라 맞춰진다. **주** 3DORBIT을 시작하기 전에, GRID 명령을 사용하여 모눈 화면표시를 조정하는 시스템 변수를 설정한다. 주 모눈선의 개수는 GRID 명령의 모눈 간격두기 옵션을 사용하여 설정한 값에 해당되며 이 설정 값은 GRIDUNIT 시스템 변수에 저장된다. 10개의 수평선 및 10개의 수직선이 주요 선 사이에 그려진다. • UCS 아이콘 음영처리된 3D UCS 아이콘을 표시한다. 각 축에는 X, Y 또는 Z 레이블이 붙는다. X축은 빨간색, Y축은 초록색, Z축은 파란색이다.

2.6 VPORTS

활성 뷰포트의 수와 배치 및 연관된 설정을 뷰포트 구성이라고 한다.

VPORTS는 모형 공간 및 도면 공간(배치) 환경의 뷰포트 구성을 결정한다. 모형 공간(모형탭)에서 다중 모형 뷰포트 구성을 작성할 수 있다. 도면 공간(배치탭)에서 다중 배치 뷰포트 구성을 작성할 수 있다.

명 령	
메뉴	메뉴 뷰(V) ▶ 뷰포트(V) ▶ 명명된 뷰포트(N)...
명령행	vports
도구막대	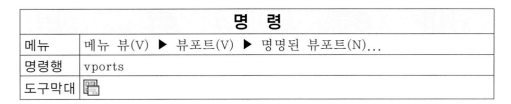

새로운 뷰포트 구성을 작성하거나 모형 뷰포트 구성을 명명하고 저장한다. 이 대화상자에서 사용할 수 있는 옵션은 (모형탭에서) 모형 뷰포트를 구성 중인지 (배치탭에서) 배치 뷰포트를 구성 중인지에 따라 다르다.

명령행에서 사용할 수 있는 프롬프트는 (모형탭에서) 모형 뷰포트를 구성 중인지 (배치탭에서) 배치 뷰포트를 구성 중인지에 따라 다르다.

2.6.1 VPORTS

모형 공간 또는 도면 공간에서 다중 뷰포트 작성

Command: **vports**

뷰포트 대화상자가 표시된다.

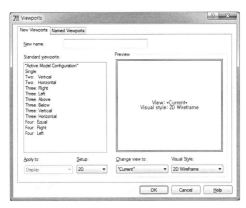

명 령 옵 션	
새로운 뷰포트 탭 – 모형 공간(뷰포트 대화상자) 표준 뷰포트 구성 리스트를 표시하고 모형 공간 뷰포트를 구성한다.	
새로운 이름	작성하는 새로운 모형 공간 뷰포트 구성의 이름을 지정한다. 이름을 입력하지 않으면 작성한 뷰포트 구성은 적용은 되지만 저장되지는 않는다. 뷰포트 구성이 저장되지 않으면 배치에서 사용할 수 없다.
표준 뷰포트	현재 구성인 CURRENT를 포함하여 표준 뷰포트 구성을 나열하고 설정한다.
미리보기	선택한 뷰포트 구성의 미리보기와 구성에 포함된 개별 뷰포트 각각에 지정된 기본 뷰를 표시한다.
적용 대상	모형 공간 뷰포트 구성을 전체 화면표시 또는 현재 뷰포트에 적용한다. • 표시 : 뷰포트 구성을 전체 모형탭 표시에 적용한다. 표시는 기본 설정이다. • 현재 뷰포트 : 뷰포트 구성을 현재 뷰포트에만 적용한다.
설정	2D 또는 3D 설정을 지정한다. 2D를 선택하면 초기 단계의 새로운 뷰포트 구성은 모든 뷰포트의 현재 뷰로 이루어진다. 3D를 선택하면 구성하는 뷰포트에 표준 직교 3D 뷰 세트가 적용된다.
뷰 변경	선택한 뷰포트의 뷰를 리스트에서 선택한 뷰로 대치한다. 명명된 뷰를 선택할 수 있으며, 3D 설정을 선택한 경우에는 표준 뷰 리스트에서 선택할 수 있다. 선택한 뷰를 미리보기에서 확인한다.
뷰 스타일	뷰포트에 뷰 스타일을 적용한다.
명명된 뷰포트 탭 – 모형 공간(뷰포트 대화상자) 도면에 저장된 모든 뷰포트 구성을 표시한다. 뷰포트 구성을 선택하면 저장된 구성의 배치가 미리보기에 표시된다.	
현재 이름	현재 뷰포트 구성의 이름을 표시한다.
새로운 뷰포트 탭 – 배치(뷰포트 대화상자) 표준 뷰포트 구성 리스트를 표시하고 배치 뷰포트를 구성한다.	

표준 뷰포트	표준 뷰포트 구성 리스트를 표시하고 배치 뷰포트를 구성한다.
미리보기	선택한 뷰포트 구성의 미리보기와 구성에 포함된 개별 뷰포트 각각에 지정된 기본 뷰를 표시한다.
뷰포트 간격두기	구성 중인 배치 뷰포트들 사이에 적용할 간격을 지정한다.
설정	2D 또는 3D 설정을 지정합니다. 2D를 선택하면 초기 단계의 새로운 뷰포트 구성은 모든 뷰포트의 현재 뷰로 이루어진다. 3D를 선택하면 구성하는 뷰포트에 표준 직교 3D 뷰 세트가 적용된다.
뷰 변경	선택한 뷰포트의 뷰를 리스트에서 선택한 뷰로 대치한다. 명명된 뷰를 선택할 수 있으며, 3D 설정을 선택한 경우에는 표준 뷰 리스트에서 선택할 수 있습니다. 선택한 뷰를 미리보기에서 확인한다.
명명된 뷰포트 탭 – 배치(뷰포트 대화상자) 현재 배치에서 사용할 저장된 모든 명명된 모형 공간 뷰포트 구성을 표시한다. 배치 뷰포트 구성은 저장 및 명명할 수 없다.	

2.6.2 VPORTS – Model tab

모형탭의 명령 프롬프트에 -vports를 입력하면 VPORTS는 명령행에 프롬프트를 표시한다.

Command: **-vports**

활성 뷰포트의 수와 배치 및 연관된 설정을 뷰포트 구성이라고 한다.

<table>
<tr><td colspan="2" align="center">명 령 옵 션</td></tr>
<tr><td colspan="2">Enter an option [Save/Restore/Delete/Join/SIngle/?/2/3/4] 〈3〉: 옵션 입력</td></tr>
<tr><td>저장</td><td>지정한 이름을 사용하여 현재 뷰포트 구성을 저장한다.

Enter an option [Save/Restore/Delete/Join/SIngle/?/2/3/4] 〈3〉: save
Enter name for new viewport configuration or [?]: 이름을 입력하거나 ?를 입력하여 저장된 뷰포트 구성을 나열</td></tr>
<tr><td>복원</td><td>이전에 저장된 뷰포트 구성을 복원한다.

Enter an option [Save/Restore/Delete/Join/SIngle/?/2/3/4] 〈3〉: restore
Enter name of viewport configuration to restore or [?]: 이름을 입력하거나 ?를 입력하여 저장된 뷰포트 구성을 나열</td></tr>
<tr><td>삭제</td><td>명명된 뷰포트 구성을 삭제한다.

Enter an option [Save/Restore/Delete/Join/SIngle/?/2/3/4] 〈3〉: delete
Enter name(s) of viewport configurations to delete 〈none〉: 이름을 입력하거나 ?를 입력하여 저장된 뷰포트 구성을 나열</td></tr>
<tr><td>결합</td><td>인접한 두 뷰포트를 결합하여 하나의 더 큰 뷰포트를 만든다. 결과로 생성된 뷰포트는 주 뷰포트의 뷰를 상속한다.

Enter an option [Save/Restore/Delete/Join/SIngle/?/2/3/4] 〈3〉: join
Select dominant viewport 〈current viewport〉: 엔터키를 누르거나 뷰포트를 선택
Select viewport to join: 뷰포트 선택</td></tr>
<tr><td>단일</td><td>현재 뷰포트의 뷰를 사용하여 도면을 단일 뷰포트 뷰로 반환한다.

Enter an option [Save/Restore/Delete/Join/SIngle/?/2/3/4] 〈3〉: single</td></tr>
<tr><td>?-뷰포트
구성 나열</td><td>활성 뷰포트의 식별 번호와 화면에서의 위치를 표시한다.

Enter an option [Save/Restore/Delete/Join/SIngle/?/2/3/4] 〈3〉: ?
Enter name(s) of viewport configuration(s) to list 〈*〉: 이름을 입력하거나 엔터키

뷰포트의 왼쪽 아래 및 오른쪽 위 구석이 뷰포트의 위치를 정의한다. 이들 구석에 대해 AutoCAD는 0,0,0,0 (도면 영역의 왼쪽 아래 구석)과 1,0,1,0 (구석의 오른쪽 위) 사이의 값을 사용한다. 현재 뷰포트가 첫 번째로 나열된다.</td></tr>
<tr><td>2</td><td>현재 뷰포트를 절반 크기로 분할한다.

Enter an option [Save/Restore/Delete/Join/SIngle/?/2/3/4] 〈3〉: 2
Enter a configuration option [Horizontal/Vertical] 〈Vertical〉: h를 입력하거나 엔터키</td></tr>
<tr><td>3</td><td>현재 뷰포트를 3개의 뷰포트로 분할한다.

Enter an option [Save/Restore/Delete/Join/SIngle/?/2/3/4] 〈3〉: 3
Enter a configuration option [Horizontal/Vertical/Above/Below/Left/Right] 〈Right〉: 옵션을 입력하거나 엔터키

수평 옵션과 수직 옵션은 영역을 1/3 크기로 분할한다. 위, 아래, 왼쪽 및 오른쪽 옵션은 더 큰 뷰포트가 배치되는 위치를 지정한다.</td></tr>
<tr><td>4</td><td>현재 뷰포트를 동일한 크기를 갖는 4개의 뷰포트로 분할한다.

Enter an option [Save/Restore/Delete/Join/SIngle/?/2/3/4] 〈3〉: 4
Regenerating model.</td></tr>
</table>

2.6.3 VPORTS – Layout tab

배치탭의 명령 프롬프트에 -vports를 입력하면 VPORTS는 명령행에 프롬프트를 표시한다.

Command: **-vports**

활성 뷰포트의 수와 배치 및 연관된 설정을 뷰포트 구성이라고 한다.

명 령 옵 션

	Specify corner of viewport or [ON/OFF/Fit/Shadeplot/Lock/Object/Polygonal/Restore/LAyer/2/3/4] ⟨Fit⟩: 옵션 입력			
켜기	뷰포트를 켜서 활성화하고 객체가 보이게 만든다.			
	Specify corner of viewport or [ON/OFF/Fit/Shadeplot/Lock/Object/Polygonal/Restore/LAyer/2/3/4] ⟨Fit⟩: **on**			
끄기	뷰포트를 끈다. 뷰포트가 꺼지면 객체가 표시되지 않으며 이 뷰포트를 현재 뷰포트로 만들 수 없다.			
	Specify corner of viewport or [ON/OFF/Fit/Shadeplot/Lock/Object/Polygonal/Restore/LAyer/2/3/4] ⟨Fit⟩: **off**			
맞춤	사용 가능한 표시 영역을 채우는 하나의 뷰포트를 작성한다. 뷰포트의 실제 크기는 도면 공간 뷰의 치수에 따라 다르다.			
	Specify corner of viewport or [ON/OFF/Fit/Shadeplot/Lock/Object/Polygonal/Restore/LAyer/2/3/4] ⟨Fit⟩: **fit**			
음영 플롯	배치의 뷰포트가 플롯되는 방법을 지정한다.			
	Specify corner of viewport or [ON/OFF/Fit/Shadeplot/Lock/Object/Polygonal/Restore/LAyer/2/3/4] ⟨Fit⟩: **shadeplot** Shade plot? [As displayed/Wireframe/Hidden/Rendered] ⟨As displayed⟩: 옵션 입력			
	표시	뷰포트의 화면표시 그대로 플롯한다.		
		Shade plot? [As displayed/Wireframe/Hidden/Rendered] ⟨As displayed⟩: **as**		
	와이어프레임	화면표시에 관계없이 와이어프레임을 플롯한다.		
		Shade plot? [As displayed/Wireframe/Hidden/Rendered] ⟨As displayed⟩: **wireframe**		
	숨김	화면표시에 관계없이 은선을 제거하고 플롯한다.		
		Shade plot? [As displayed/Wireframe/Hidden/Rendered] ⟨As displayed⟩: **hidden**		
	렌더링 됨	화면표시에 관계없이 렌더링된 이미지로 플롯한다.		
		Shade plot? [As displayed/Wireframe/Hidden/Rendered] ⟨As displayed⟩: **rendered**		
잠금	현재 뷰포트를 잠근다. 이 옵션은 도면층 잠금과 유사하다.			
	Specify corner of viewport or [ON/OFF/Fit/Shadeplot/Lock/Object/Polygonal/Restore/LAyer/2/3/4] ⟨Fit⟩: **lock** Viewport View Locking [ON/OFF]: **on** 또는 **off** 입력			
	on	Viewport View Locking [ON/OFF]: **on** Select objects: **단일 또는 다중 뷰포트를 선택하고 엔터키**		
	off	Viewport View Locking [ON/OFF]: **on** Select objects: **단일 또는 다중 뷰포트를 선택하고 엔터키**		
객체	닫힌 폴리선, 타원, 스플라인, 영역 또는 원을 지정하여 뷰포트로 변환한다. 지정하는 폴리선은 닫혀 있어야 하며 최소한 세 개의 정점이 있어야 한다. 폴리선은 자체 교차할 수 있으며 호와 선 세그먼트를 포함할 수 있다.			
	Specify corner of viewport or [ON/OFF/Fit/Shadeplot/Lock/Object/Polygonal/Restore/LAyer/2/3/4] ⟨Fit⟩: **object** Select object to clip viewport: **객체 선택**			
다각형	점을 지정하여 정의되는 불규칙한 모양의 뷰포트를 작성한다. 이 옵션에 대한 설명은 XCLIP에서 다각형 옵션을 참고.			
	Specify corner of viewport or [ON/OFF/Fit/Shadeplot/Lock/Object/Polygonal/Restore/LAyer/2/3/4] ⟨Fit⟩: **polygonal** Specify start point: **옵션 입력** Specify next point or [Arc/Length/Undo]: **옵션 입력** Specify next point or [Arc/Close/Length/Undo]: **옵션 또는 엔터키 입력** Enter an arc boundary option[Angle/CEnter/Direction/Line/Radius/Second pt/Undo/Endpoint of arc] ⟨Endpoint⟩: **옵션을 입력**			
복원	이전에 저장된 뷰포트 구성을 복원한다.			
	Specify corner of viewport or [ON/OFF/Fit/Shadeplot/Lock/Object/Polygonal/Restore/LAyer/2/3/4] ⟨Fit⟩: **restore** Enter viewport configuration name or [?] ⟨*Active⟩: **이름을 입력하거나 ?를 입력하여 저장된 뷰포트 구성을 나열**			
도면층	선택한 뷰포트에 대한 도면층 특성 재지정을 전역 도면층 특성으로 재설정한다.			
	Specify corner of viewport or [ON/OFF/Fit/Shadeplot/Lock/Object/Polygonal/Restore/LAyer/2/3/4] ⟨Fit⟩: **layer** Reset viewport layer property overrides back to global properties? [Yes/No]: **y 또는 n 입력**			
	yes	Reset viewport layer property overrides back to global properties? [Yes/No]: **yes**		
		yes	Reset viewport layer property overrides back to global properties? [Yes/No]: **yes** 모든 도면층 특성 재지정을 제거하려면 Y를 입력한다. Select objects: **단일 또는 다중 뷰포트를 선택하고 엔터키**	
		no	Reset viewport layer property overrides back to global properties? [Yes/No]: **no**	
	no	Reset viewport layer property overrides back to global properties? [Yes/No]: **no**		
2	현재 뷰포트를 절반 크기로 분할한다.			
	Specify corner of viewport or [ON/OFF/Fit/Shadeplot/Lock/Object/Polygonal/Restore/LAyer/2/3/4] ⟨Fit⟩: **2** Enter viewport arrangement [Horizontal/Vertical] ⟨Vertical⟩: **h를 입력하거나 엔터키**			
3	현재 뷰포트를 3개의 뷰포트로 분할한다.			
	Specify corner of viewport or [ON/OFF/Fit/Shadeplot/Lock/Object/Polygonal/Restore/LAyer/2/3/4] ⟨Fit⟩: **3** Enter viewport arrangement [Horizontal/Vertical/Above/Below/Left/Right] ⟨Right⟩: **옵션을 입력하거나 엔터키**			
	수평과 수직은 영역을 1/3 크기로 분할한다. 나머지 옵션은 사용 가능한 영역의 절반에는 하나의 큰 뷰포트를 작성하고 나머지 절반에는 두 개의 더 작은 뷰포트를 작성한다. 위, 아래, 왼쪽 및 오른쪽 옵션은 더 큰 뷰포트가 배치되는 위치를 지정한다.			
4	현재 뷰포트를 동일한 크기를 갖는 4개의 뷰포트로 분할한다.			
	Specify corner of viewport or [ON/OFF/Fit/Shadeplot/Lock/Object/Polygonal/Restore/LAyer/2/3/4] ⟨Fit⟩: **4** Specify first corner or [Fit] ⟨Fit⟩: **구석점 또는 엔터키 입력**			
	구석점	Specify first corner or [Fit] ⟨Fit⟩: **구석점 선택** Specify opposite corner: **반대 구석점 선택**		
	fit	Specify first corner or [Fit] ⟨Fit⟩: **구석점 선택**		

2.7 ELEV

새로운 객체의 고도 및 돌출 두께를 설정한다.

명 령	
메뉴	
명령행	elev
도구막대	

Command: **elev**
Specify new default elevation ⟨0.0000⟩: **거리를 지정하거나 엔터키**

3D점에 대한 X 및 Y값만을 지정할 경우 현재 고도는 새로운 객체에 대한 기본 Z값이다.

고도 설정은 사용자 좌표계(UCS)에 관계없이 모든 뷰포트에 대하여 동일하다. 새로운 객체는 뷰포트에서 현재 UCS를 기준으로 지정된 Z값에서 작성된다.

Specify new default thickness ⟨0.0000⟩: **거리를 지정하거나 엔터키**

두께는 AutoCAD가 2D 객체를 그 고도 위나 아래 방향으로 돌출하는 거리를 설정한다. 양의 값은 양의 Z축 방향으로 돌출하며 음의 값은 음의 Z축 방향으로 돌출한다.

ELEV는 새 객체에 대해서만 조정하며 기존 객체에는 영향을 주지 않는다. 좌표계를 표준좌표계(WCS)로 변경할 때마다 고도는 0.0으로 재설정된다.

2.8 3DFACE

3D 공간 어디에서나 3점 또는 4점이 꼭짓점이 되는 곡면을 작성한다.

명 령	
메뉴	메뉴 그리기(D) ▶ 모델링(M) ▶ 메쉬(M) ▶ 3D 면(F)
명령행	3dface
도구막대	

Command: **3dface**

명 령 옵 션	
Specify first point or [Invisible]: **점(1)을 지정하거나 i를 입력**	
첫 번째 점 지정	3D 곡면의 첫 번째 점을 정의한다. 첫 번째 점을 입력한 다음 시계 방향 또는 시계 반대 방향으로 남은 점들을 입력하여 일반적인 3D 면을 작성한다. 4개의 점을 모두 동일한 평면에 배치한 경우, AutoCAD는 영역 객체와 유사한 평면형 면을 작성한다. 객체를 음영처리하거나 렌더하면 평면형 면이 채워진다. 　　　　Specify first point or [Invisible]: **점(1) 지정**
숨김	구멍을 가진 객체를 정확하게 모델링하기 위해 3D 면의 모서리에 대한 가시성을 제어한다. 모서리의 첫 번째 점을 입력하기 전에 i 또는 invisible을 먼저 입력하면 모서리가 숨겨진다. 　　　　Specify first point or [Invisible]: **invisible** 숨김 지정은 모든 객체 스냅 모드, XYZ 필터 또는 해당 모서리에 대한 좌표 입력보다 우선해서 지정해야 한다. 모든 모서리가 숨겨진 3D 면을 작성할 수 있다. 그런 면은 와이어프레임 표현에서 표시되지 않지만 선 도면에서 재질을 숨길 수 있는 팬텀이다. 3D 면은 음영처리된 렌더링에서 나타난다.
여러 개의 3D 면을 혼합하여 복합 3D 곡면을 모델링할 수 있다. 　Specify second point or [Invisible]: **점(2)을 지정하거나 i를 입력** 　Specify third point or [Invisible] ⟨exit⟩: **점(3)을 지정하거나 i를 입력하거나 엔터키 입력** 　Specify fourth point or [Invisible] ⟨create three-sided face⟩: **점(4)을 지정하거나 i를 입력하거나 엔터키 입력** 엔터키를 누르기 전까지 세 번째 점 및 네 번째 점 프롬프트가 반복된다. 이런 반복 프롬프트에서 점 5와 6을 지정한다. 점 입력을 마친 경우 엔터키를 누른다.	

2.9 EDGE

3차원 면 모서리의 가시성을 변경한다.

명 령	
메뉴	메뉴 그리기(D) ▶ 모델링(M) ▶ 메쉬(M) ▶ 모서리(E)
명령행	edge
도구막대	◇

Command: edge

명 령 옵 션	
Specify edge of 3dface to toggle visibility or [Display]: 모서리 지정 또는 모서리를 선택하거나 d를 입력	
모서리	선택한 모서리의 가시성을 조정한다. 　Specify edge of 3dface to toggle visibility or [Display]: **모서리 선택** 엔터키를 누를 때까지 프롬프트가 반복된다. 하나 이상의 3D 면의 모서리가 동일선상에 있는 경우에는 동일선상의 모서리 각각의 가시성이 변경된다.

화면표시	3D 면의 숨긴 모서리를 선택하여 다시 표시한다. 　Specify edge of 3dface to toggle visibility or [Display]: **display** 　Enter selection method for display of hidden edges [Select/All] ⟨All⟩: **옵션을 입력하거나 엔터키**	
	전체	도면에 있는 모든 3D 면의 숨겨진 모서리를 선택하여 다시 표시한다. 3D 면의 모서리가 다시 보이도록 하려면 모서리 옵션을 사용하며, 모서리가 표시되도록 하려면 좌표 입력 장치를 사용하여 각 모서리를 선택해야 한다. AutoSnap™ 표식기나 스냅 팁이 자동으로 표시되어 각각의 숨긴 모서리 상의 정확한 스냅 위치를 표시한다. 　Enter selection method for display of hidden edges [Select/All] ⟨All⟩: **all** 　Regenerating 3DFACE objects...done. 　Specify edge of 3dface to toggle visibility or [Display]: **모서리 선택** 이 프롬프트는 엔터키를 누를 때까지 계속된다.
	선택	부분적으로 보이는 3D 면의 숨겨진 모서리를 선택하여 다시 표시한다. 3D 면의 모서리가 다시 보이도록 하려면 모서리 옵션을 사용한다. 모서리가 표시되도록 하려면 좌표 입력 장치를 사용하여 각 모서리를 선택해야 한다. AutoSnap 표식기나 스냅 팁이 자동으로 표시되어 각각의 숨긴 모서리 상의 정확한 스냅 위치를 표시한다. 　Enter selection method for display of hidden edges [Select/All] ⟨All⟩: **select** 　Select objects: **모서리 선택** 이 프롬프트는 엔터키를 누를 때까지 계속된다.

2.10 3D OBJECT

3차원의 다각형 메쉬 객체를 작성한다.

3D는 상자, 원추, 접시, 돔, 메쉬, 피라미드, 구, 원환, 그리고 삼각기둥 등의 일반적인 기하학적 모양으로 3차원 다각형 메쉬 객체를 작성한다.
3D를 사용해 다각형 메쉬 객체를 구성하는 경우, 결과로 만들어진 객체의 곡면은 숨겨지거나 음영처리되거나 렌더될 수 있다.

명 령	
메뉴	메뉴 그리기(D) ▶ 모델링(M) ▶ 메쉬(M) ▶ 3D 면(F)
명령행	3d
도구막대	

Command: 3d

명 령 옵 션	
Enter an option [Box/Cone/DIsh/DOme/Mesh/Pyramid/Sphere/Torus/Wedge]: 옵션 입력	
상자	3D 상자 다각형 메쉬를 작성한다. 　Enter an option [Box/Cone/DIsh/DOme/Mesh/Pyramid/Sphere/Torus/Wedge]: **box** 　Specify corner point of box: **구석점 지정** 　Specify length of box: **거리 지정** 　Specify width of box or [Cube]: **거리를 지정하거나 c 입력**

	폭	상자의 폭을 지정한다. 거리를 입력하거나 상자의 구석점을 기준으로 한 점을 지정한다.		
		Specify height of box: **거리 지정** Specify rotation angle of box about the Z axis or [Reference]: **가도를 기정하기가 ▪ 입력**		
		회전 각도	지정된 첫 번째 구석을 기준으로 상자를 회전한다. 0을 입력하면 상자가 현재 X축 및 Y축에 직교 상태로 남게 된다.	
		참조	상자를 도면의 다른 객체들에 맞게 정리하거나 지정한 각도를 기준으로 정렬한다. 회전 기준점은 상자의 첫 번째 구석이다.	
			Specify rotation angle of box about the Z axis or [Reference]: **reference** Specify the reference angle 〈0〉: **한 점을 지정하고 각도를 입력하거나 엔터키**	
			두 점을 지정하거나 XY 평면의 X축으로부터 각도를 지정하여 참조 각도를 정의할 수 있다. 예를 들어, 상자에 지정한 두 점을 다른 객체의 한 점에 정렬하기 위해 해당 상자를 회전할 수 있다. 참조 각도를 정의한 후에 참조 각도를 정렬할 한 점을 지정한다. 그러면 상자는 첫 번째 구석을 기준으로 참조 각도로 지정한 회전 각도만큼 회전한다. 참조 각도를 0으로 지정한 경우에는 새 각도에 의해서만 상자의 회전이 결정된다.	
			Specify the new angle or [Points] 〈0〉: **한 점을 지정하거나 각도를 입력**	
			새로운 회전 각도를 지정하려면 기준점을 기준으로 한 점을 지정한다. 회전 기준점은 상자의 첫 번째 구석이다. 상자는 참조 각도와 새 각도의 각도 차이만큼 회전한다. 상자를 다른 객체에 맞춰 정렬하려면 대상 객체 위의 두 점을 지정하여 상자에 대한 새로운 회전 각도를 정의한다. 회전의 참조 각도가 0인 경우 상자는 상자의 첫 번째 구석을 기준으로 입력했던 각도만큼 회전한다.	
	입방체	상자의 폭과 높이에 대한 길이를 사용하여 입방체를 작성한다.		
		Specify width of box or [Cube]: **cube** Specify rotation angle of box about the Z axis or [Reference]: **각도를 입력하거나 엔터키**		
		회전 각도	상자의 첫 번째 구석을 기준으로 입방체를 회전한다. 0을 입력하면 상자가 현재 X축 및 Y축에 직교 상태로 남게 된다.	
		참조	상자를 도면의 다른 객체들에 맞게 정리하거나 지정한 각도를 기준으로 정렬한다. 회전 기준점은 상자의 첫 번째 구석이다.	
			Specify rotation angle of box about the Z axis or [Reference]: **reference** Specify the reference angle 〈0〉: **한 점을 지정하고 각도를 입력하거나 엔터키**	
			두 점을 지정하거나 XY 평면의 X축으로부터 각도를 지정하여 참조 각도를 정의할 수 있다. 예를 들어, 상자에 지정한 두 점을 다른 객체의 한 점에 정렬하기 위해 해당 상자를 회전할 수 있다. 참조 각도를 정의한 후에 참조 각도를 정렬할 한 점을 지정한다. 그러면 상자는 첫 번째 구석을 기준으로 참조 각도로 지정한 회전 각도만큼 회전한다. 참조 각도를 0으로 지정한 경우에는 새 각도에 의해서만 상자의 회전이 결정된다.	
			Specify the new angle or [Points] 〈0〉: **한 점을 지정하거나 각도 입력**	
			새로운 회전 각도를 지정하려면 기준점을 기준으로 한 점을 지정한다. 회전 기준점은 상자의 첫 번째 구석이다. 상자는 참조 각도와 새 각도의 각도 차이만큼 회전한다. 상자를 다른 객체에 맞춰 정렬하려면 대상 객체 위의 두 점을 지정하여 상자에 대한 새로운 회전 각도를 정의한다. 회전의 참조 각도가 0인 경우 상자는 상자의 첫 번째 구석점을 기준으로 입력했던 각도만큼 회전한다.	
원추	원뿔 모양의 다각형 메쉬를 작성한다.			
	Enter an option [Box/Cone/DIsh/DOme/Mesh/Pyramid/Sphere/Torus/Wedge]: **cone** Specify center point for base of cone: **점(1)을 지정** Specify radius for base of cone or [Diameter]: **거리를 지정하거나 d 입력**			
	밑면 반지름	반지름으로 원뿔의 밑면을 정의한다.		
		Specify radius for top of cone or [Diameter] 〈0〉: **거리를 지정하거나 엔터키**		
		윗면 반지름	반지름으로 원뿔의 윗면을 정의한다. 값이 0이면 원뿔이 만들어진다. 값이 0 이상이면 끝이 잘려진 원뿔이 만들어진다.	
			Specify height of cone: **거리 지정** Enter number of segments for surface of cone 〈16〉: **1 이상의 값을 입력하거나 엔터키**	
		윗면 지름	지름으로 원뿔의 윗면을 정의한다. 값이 0이면 원뿔이 만들어진다. 값이 0 이상이면 끝이 잘려진 원뿔이 만들어진다.	
			Specify radius for top of cone or [Diameter] 〈0〉: **diameter** Specify diameter for top of cone 〈0〉: **거리를 지정하거나 엔터키** Specify height of cone: **거리 지정** Enter number of segments for surface of cone 〈16〉: **1 이상의 값을 입력하거나 엔터키**	
	밑면 지름	지름으로 원뿔의 밑면을 정의한다.		
		Specify center point for base of cone: **거리 지정** Specify radius for base of cone or [Diameter]: **diameter** Specify diameter for base of cone: **거리를 지정** Specify radius for top of cone or [Diameter] 〈0〉: **거리를 지정하거나 d 입력**		
		윗면 반지름	반지름으로 원뿔의 윗면을 정의한다. 값이 0이면 원뿔이 만들어진다. 값이 0 이상이면 끝이 잘려진 원뿔이 만들어진다.	
			Specify radius for top of cone or [Diameter] 〈0〉: **거리 지정** Specify height of cone: 원뿔 높이 지정: **거리 지정** Enter number of segments for surface of cone 〈16〉: **1 이상의 값을 입력하거나 엔터키**	
		윗면 지름	지름으로 원뿔의 윗면을 정의한다. 값이 0이면 원뿔이 만들어진다. 값이 0 이상이면 끝이 잘려진 원뿔이 만들어진다.	
			Specify radius for top of cone or [Diameter] 〈0〉: **diameter** Specify diameter for top of cone 〈0〉: **거리 지정** Specify height of cone: **거리 지정** Enter number of segments for surface of cone 〈16〉: **1 이상의 값을 입력하거나 엔터키**	
접시	구형 다각형 메쉬의 아래쪽 반을 작성한다.			
	Enter an option [Box/Cone/DIsh/DOme/Mesh/Pyramid/Sphere/Torus/Wedge]: **dish**			

		Specify center point of dish: 점(1) 지정 Specify radius of dish or [Diameter]: 거리를 지정하거나 d 입력
	반지름	반지름으로 접시를 정의한다. Specify radius of dish or [Diameter]: 거리 지정 Enter number of longitudinal segments for surface of dish 〈16〉: 1 이상의 값을 입력하거나 엔터키 Enter number of latitudinal segments for surface of dish 〈8〉: 1 이상의 값을 입력하거나 엔터키
	지름	지름으로 접시를 정의한다. Specify radius of dish or [Diameter]: diameter Enter number of longitudinal segments for surface of dish 〈16〉: 1 이상의 값을 입력하거나 엔터키 Enter number of latitudinal segments for surface of dish 〈8〉: 1 이상의 값을 입력하거나 엔터키
돔		구형 다각형 메쉬의 위쪽 반을 작성한다. Enter an option [Box/Cone/DIsh/DOme/Mesh/Pyramid/Sphere/Torus/Wedge]: dome Specify center point of dome: 점(1) 지정 Specify radius of dome or [Diameter]: 거리를 지정하거나 d 입력
	반지름	반지름으로 돔을 정의한다. Specify radius of dome or [Diameter]: 거리 지정 Enter number of longitudinal segments for surface of dome 〈16〉: 1 이상의 값을 입력하거나 엔터키 Enter number of latitudinal segments for surface of dome 〈8〉 1 이상의 값을 입력하거나 엔터키
	지름	지름으로 돔을 정의한다. Specify radius of dome or [Diameter]: diameter Enter number of longitudinal segments for surface of dome 〈16〉: 1 이상의 값을 입력하거나 엔터키 Enter number of latitudinal segments for surface of dome 〈8〉: 1 이상의 값을 입력하거나 엔터키
메쉬		메쉬를 따라 각 방향으로 그릴 선의 수를 결정하는 M 및 N 크기를 가진 평면형 메쉬를 작성한다. M 및 N 방향은 XY 평면의 X 및 Y축과 유사하다. Enter an option [Box/Cone/DIsh/DOme/Mesh/Pyramid/Sphere/Torus/Wedge]: mesh Specify first corner point of mesh: 점(1)을 지정 Specify second corner point of mesh: 점(2)를 지정 Specify third corner point of mesh: 점(3)을 지정 Specify fourth corner point of mesh: 점(4)를 지정 Enter mesh size in the M direction: 2와 256 사이의 값을 입력 Enter mesh size in the N direction: 2와 256 사이의 값을 입력
피라미드		피라미드 또는 사면체를 작성한다. Enter an option [Box/Cone/DIsh/DOme/Mesh/Pyramid/Sphere/Torus/Wedge]: pyramid Specify first corner point for base of pyramid: 점(1) 지정 Specify second corner point for base of pyramid: 점(2) 지정 Specify third corner point for base of pyramid: 점(3) 지정 Specify fourth corner point for base of pyramid or [Tetrahedron]: 점(4)를 지정하거나 t를 입력
	네 번째 구석점	피라미드 밑면의 네 번째 구석점을 정의한다. Specify fourth corner point for base of pyramid or [Tetrahedron]: 점(4)를 지정 Specify apex point of pyramid or [Ridge/Top]: 점(5)를 지정하거나 옵션 입력 지정된 점의 Z 값은 피라미드의 꼭대기 점, 맨 위 또는 능선의 높이를 결정한다.
		꼭대기 점 / 피라미드의 맨 위를 꼭대기 점으로 정의한다. Specify apex point of pyramid or [Ridge/Top]: 점(5) 지정
		능선 / 피라미드의 맨 위를 능선으로 정의한다. 자체 교차하는 와이어프레임이 되지 않도록 하기 위해 능선의 양 끝점이 밑면의 점들과 같은 방향에 놓여야 한다. Specify apex point of pyramid or [Ridge/Top]: ridge Specify first ridge end point of pyramid: 점(1) 지정 Specify second ridge end point of pyramid: 점(2) 지정
		맨 위 / 피라미드의 맨 위를 직사각형으로 정의한다. 맨 윗점들은 교차하는 경우 자체 교차하는 다각형 메쉬를 작성한다. Specify apex point of pyramid or [Ridge/Top]: top Specify first corner point for top of pyramid: 점 지정 Specify second corner point for top of pyramid: 점 지정 Specify third corner point for top of pyramid: 점 지정 Specify fourth corner point for top of pyramid: 점 지정
	사면체	사면체 다각형 메쉬를 작성한다. Specify fourth corner point for base of pyramid or [Tetrahedron]: tetrahedron Specify apex point of tetrahedron or [Top]: 점을 지정하거나 t를 입력
		꼭대기 점 / 사면체의 맨 위를 꼭대기 점으로 정의한다. Specify apex point of tetrahedron or [Top]: 점 지정
		맨 위 / 사면체의 맨 위를 삼각형으로 정의한다. 맨 윗점들은 교차하는 경우 자체 교차하는 다각형 메쉬를 작성한다. Specify apex point of tetrahedron or [Top]: top Specify first corner point for top of tetrahedron: 점(1) 지정 Specify second corner point for top of tetrahedron: 점(2) 지정 Specify third corner point for top of tetrahedron: 점(3) 지정
구		구형 다각형 메쉬를 작성한다. Enter an option [Box/Cone/DIsh/DOme/Mesh/Pyramid/Sphere/Torus/Wedge]: sphere Specify center point of sphere: 점(1) 지정 Specify radius of sphere or [Diameter]: 거리를 지정하거나 d 입력
	반지름	반지름으로 구를 정의한다. Enter number of longitudinal segments for surface of sphere 〈16〉: 1 이상의 값을 입력하거나 엔터키

			Enter number of latitudinal segments for surface of sphere ⟨16⟩: **1 이상의 값을 입력하거나 엔터키**
	지름		지름으로 구를 정의한다. Specify radius of sphere or [Diameter]: **diameter** Specify diameter of sphere: **거리 지정** Enter number of longitudinal segments for surface of sphere ⟨16⟩: **1 이상의 값을 입력하거나 엔터키** Enter number of latitudinal segments for surface of sphere ⟨16⟩: **1 이상의 값을 입력하거나 엔터키**
원환	현재 UCS의 XY 평면에 평행한 원환 모양의 다각형 메쉬를 작성한다. Enter an option [Box/Cone/DIsh/DOme/Mesh/Pyramid/Sphere/Torus/Wedge]: **torus** Specify center point of torus: **점(1) 지정** Specify radius of torus or [Diameter]: **거리를 지정하거나 d를 입력** 원환의 반지름은 원환의 중심점에서 튜브의 중심까지가 아닌 그 바깥쪽 모서리까지 측정한 거리이다.		
	반지름		반지름으로 원환을 정의한다. Specify radius of tube or [Diameter]: **거리를 지정하거나 d를 입력** 원환 튜브의 반지름은 튜브의 중심에서 바깥 모서리 쪽으로 측정한다.
		반지름	반지름으로 튜브를 정의한다. Specify radius of tube or [Diameter]: **거리 지정** Enter number of segments around tube circumference ⟨16⟩: **1 이상의 값을 입력하거나 엔터키** Enter number of segments around torus circumference ⟨16⟩: **1 이상의 값을 입력하거나 엔터키**
		지름	지름으로 튜브를 정의한다. Specify radius of tube or [Diameter]: **diameter** Specify diameter of tube: **거리 지정** Enter number of segments around tube circumference ⟨16⟩: **1 이상의 값을 입력하거나 엔터키** Enter number of segments around torus circumference ⟨16⟩: **1 이상의 값을 입력하거나 엔터키**
	지름		지름으로 원환을 정의한다. Specify radius of torus or [Diameter]: **diameter** Specify diameter of torus: **거리 지정** Specify radius of tube or [Diameter]: **거리를 지정하거나 d를 입력** 원환 튜브의 반지름은 튜브의 중심에서 바깥 모서리 쪽으로 측정한다.
		반지름	반지름으로 튜브를 정의한다. Specify radius of tube or [Diameter]: **거리 지정** Enter number of segments around tube circumference ⟨16⟩: **1 이상의 값을 입력하거나 엔터키** Enter number of segments around torus circumference ⟨16⟩: **1 이상의 값을 입력하거나 엔터키**
		지름	지름으로 튜브를 정의한다. Specify radius of tube or [Diameter]: **diameter** Specify diameter of tube: **거리 지정** Enter number of segments around tube circumference ⟨16⟩: **1 이상의 값을 입력하거나 엔터키** Enter number of segments around torus circumference ⟨16⟩: **1 이상의 값을 입력하거나 엔터키**
삼각기둥	X축을 따라 테이퍼하는 경사진 면을 가진, 직각 삼각기둥 모양의 다각형 메쉬를 작성한다. Enter an option [Box/Cone/DIsh/DOme/Mesh/Pyramid/Sphere/Torus/Wedge]: **wedge** Specify corner point of wedge: **점(1) 지정** Specify length of wedge: **거리 지정** Specify width of wedge: **거리 지정** Specify height of wedge: **거리 지정** Specify rotation angle of wedge about the Z axis: **각도 지정** 회전 기준점은 쐐기의 구석점이다. 0을 입력한 경우 쐐기는 현재 UCS 평면에 직교 상태로 남게 된다.		

2.11 HIDE

억제된 은선으로 3차원 와이어프레임 모형을 재생성한다.

명 령	
메뉴	메뉴 뷰(V) ▶ 숨기기(H)
명령행	hide
도구막대	

Command: **hide**
Regenerating model.

명 령 옵 션
2D 도면의 3D 뷰를 작성하기 위해 VPOINT, DVIEW 또는 VIEW를 사용하면 와이어프레임이 현재 뷰포트에 표시된다. 다른 객체에 의해 가려진 은선을 포함하여 모든 선이 제공된다. HIDE는 은선을 화면에서 제거한다. 3D 도면에서 HIDE를 사용하면 VSCURRENT가 시작되며 현재 뷰포트에서 뷰 스타일이 3D 숨기기로 설정된다. 뷰 스타일 관리자에서 3D 숨기기의 모든 설

정 값을 볼 수 있다.

HIDE는 객체를 숨기기 위해 원, 솔리드, 추적, 문자, 영역, 굵은 폴리선 세그먼트, 3D 면, 다각형 메쉬 및 두께가 0(영)이 아닌 객체의 돌출된 모서리를 불투명한 곡면으로 처리한다.

이들이 돌출된 경우, 원, 솔리드, 추적 및 굵은 폴리선 세그먼트가 윗면과 아랫면을 가진 솔리드 객체로 처리된다. 동결된 도면층을 가진 객체에 대해서는 HIDE를 사용할 수 없지만 도면층이 꺼진 객체에 대해서는 HIDE를 사용할 수 있다.

DTEXT, MTEXT 또는 TEXT를 사용하여 작성된 문자를 숨기려면 HIDETEXT 시스템 변수가 1로 설정되거나 문자에 두께 값이 지정되어야 한다.

HIDE 명령을 사용할 때 INTERSECTIONDISPLAY 시스템 변수가 켜져 있는 경우, 3D 곡면의 면과 면의 교차선이 폴리선으로 표시된다.

3D 숨기기 뷰 스타일은 INTERSECTIONDISPLAY의 설정을 고려하지 않는다.

DISPSILH 시스템 변수가 켜져 있는 경우, HIDE는 윤곽 모서리만 사용하여 3D 솔리드 객체를 표시한다. 깎인면이 있는 객체에 의해 생성된 내부 모서리는 표시되지 않는다.

HIDETEXT 시스템 변수가 꺼진 경우, HIDE는 숨겨진 뷰를 생성할 때 문자 객체를 무시한다. 문자 객체는 다른 객체에 의해 가려 있든 아니든 항상 표시되며 문자 객체에 의해 가려진 객체는 영향을 받지 않는다.

2.12 REGEN

현재 뷰포트에서 전체 도면을 재생성한다.

명 령	
메뉴	메뉴 뷰(V) ▶ 재생성(G)
명령행	regen
도구막대	

Command: **regen**
Regenerating model.

REGEN은 전체 도면을 재생성하고 현재 뷰포트에서 모든 객체의 화면 좌표를 다시 계산한다. 또한 최적의 화면표시 및 객체 선택 성능을 위해 도면 데이터베이스를 다시 색인화한다.

2.13 SHADEMODE(VSCURRENT)

현재 뷰포트의 뷰 스타일을 설정한다.

명 령	
메뉴	
명령행	shademode, vscurrent
도구막대	

Command: **shademode**
VSCURRENT

주 점 광원, 거리 광원, 스포트라이트 또는 일영을 표시하려면 음영처리된 객체와 함께 뷰 스타일을 실제, 개념 또는 사용자 뷰 스타일로 설정한다.

명 령 옵 션	
Enter an option [2dwireframe/3dwireframe/3dHidden/Realistic/Conceptual/Other] 〈2dwireframe〉:	옵션 입력
2D 와이어 프레임	경계를 나타내는 선과 곡선을 사용하여 객체를 표시한다. 래스터와 OLE 객체, 선 종류 및 선가중치를 볼 수 있다. COMPASS 시스템 변수의 값이 1로 설정되었더라도 나침반이 2D 와이어프레임 뷰에 나타나지 않는다. Enter an option [2dwireframe/3dwireframe/3dHidden/Realistic/Conceptual/Other] 〈2dwireframe〉: **2dwireframe**
3D 와이어 프레임	경계를 나타내는 선과 곡선을 사용하여 객체를 표시한다. 음영처리된 3D UCS 아이콘을 표시한다. COMPASS 시스템 변수를 1로 설정하면 나침반을 볼 수 있다. 객체에 적용된 재질 색상이 표시된다. Enter an option [2dwireframe/3dwireframe/3dHidden/Realistic/Conceptual/Other] 〈2dwireframe〉: **3dwireframe**
3D 숨김	객체를 3D 와이어프레임 표현을 사용하여 표시하고 뒷면을 표현하는 선을 숨긴다. Enter an option [2dwireframe/3dwireframe/3dHidden/Realistic/Conceptual/Other] 〈2dwireframe〉: **3dhidden**
사실	다각형 면들 사이의 객체를 음영처리한다. 객체가 구로 음영처리 객체보다 더 평면적이고 덜 부드럽게 보인다. 객체에 적용된 재질이 객체가

	단순 음영처리될 때 표시된다.
	Enter an option [2dwireframe/3dwireframe/3dHidden/Realistic/Conceptual/Other] ⟨2dwireframe⟩: **realistic**
개념	객체를 음영처리하며 다각형 면들 사이의 모서리를 부드럽게 만든다. 이 옵션는 색세가 부르럽고 시일럭스르 보이게 핀비. 벡재세 긱용딘 재깅이 객체가 구로 음영처리될 때 표시된다.
	Enter an option [2dwireframe/3dwireframe/3dHidden/Realistic/Conceptual/Other] ⟨2dwireframe⟩: **conceptual**
기타	단순 음영처리와 와이어프레임 옵션을 결합한다. 와이어프레임이 보이는 상태로 객체가 단순하게 음영처리된다.
	Enter an option [2dwireframe/3dwireframe/3dHidden/Realistic/Conceptual/Other] ⟨2dwireframe⟩: **other** Enter a visual style name or [?]: 현재 도면의 뷰 스타일 이름을 입력하거나 ?를 입력하여 이름 리스트를 표시하고 프롬프트를 반복

뷰 스타일	Enter a visual style name or [?]: 뷰 스타일 이름 입력
?	Enter a visual style name or [?]: ? 　2D Wireframe 　3D Hidden 　3D Wireframe 　Conceptual 　Realistic Enter a visual style name or [?]:

2.14 따라하기

2.14.1 3D 프레임

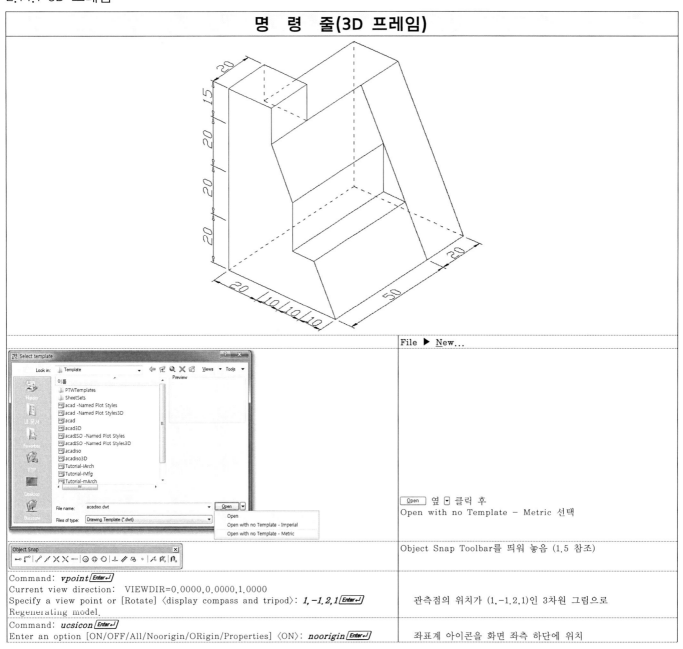

	File ▶ New...
	[Open] 옆 ⏷ 클릭 후 Open with no Template – Metric 선택
	Object Snap Toolbar를 띄워 놓음 (1.5 참조)
Command: **vpoint** [Enter↵] Current view direction: VIEWDIR=0.0000,0.0000,1.0000 Specify a view point or [Rotate] ⟨display compass and tripod⟩: **1,-1.2,1** [Enter↵] Regenerating model.	관측점의 위치가 (1,-1.2,1)인 3차원 그림으로
Command: **ucsicon** [Enter↵] Enter an option [ON/OFF/All/Noorigin/ORigin/Properties] ⟨ON⟩: **noorigin** [Enter↵]	좌표계 아이콘을 화면 좌측 하단에 위치

Command: *line* [Enter↵] Specify first point: Specify next point or [Undo]: *@50,0* [Enter↵] Specify next point or [Undo]: *@0,70* [Enter↵] Specify next point or [Close/Undo]: *@-50,0* [Enter↵] Specify next point or [Close/Undo]: *@0,-70* [Enter↵] Specify next point or [Close/Undo]: [Enter↵]	≫P1(임의점)
Command: *line* [Enter↵] Specify first point: _endp of Specify next point or [Undo]: *@0,0,75* [Enter↵] Specify next point or [Undo]: *@20,0,0* [Enter↵] Specify next point or [Undo/Undo]: *@0,0,-15* [Enter↵] Specify next point or [Close/Undo]: *@10,0,-20* [Enter↵] Specify next point or [Close/Undo]: *@0,0,-20* [Enter↵] Specify next point or [Close/Undo]: *@10,0,0* [Enter↵] Specify next point or [Close/Undo]: *@10,0,-20* [Enter↵] Specify next point or [Close/Undo]: [Enter↵]	✐ → ≫P1
Command: *zoom* [Enter↵] Specify corner of window, enter a scale factor (nX or nXP), or [All/Center/Dynamic/Extents/Previous/Scale/Window] ⟨real time⟩: *all* [Enter↵]	
Command: *line* [Enter↵] Specify first point: _endp of Specify next point or [Undo]: *@0,20,0* [Enter↵] Specify next point or [Undo]: *@0,0,-15* [Enter↵] Specify next point or [Close/Undo]: *@0,50,0* [Enter↵] Specify next point or [Close/Undo]: *@0,0,-60* [Enter↵] Specify next point or [Close/Undo]: [Enter↵]	✐ → ≫P2
Command: *line* [Enter↵] Specify first point: _endp of Specify next point or [Undo]: *@20,0,0* [Enter↵] Specify next point or [Undo]: *@30,0,-60* [Enter↵] Specify next point or [Close/Undo]: [Enter↵]	✐ → ≫P3
Command: *line* [Enter↵] Specify first point: _endp of Specify next point or [Undo]: *@20,0,0* [Enter↵] Specify next point or [Undo]: *@0,-20,0* [Enter↵] Specify next point or [Close/Undo]: [Enter↵]	✐ → ≫P4
Command: *line* [Enter↵] Specify first point: _endp of Specify next point or [Undo]: *@0,70,0* [Enter↵] Specify next point or [Undo]: [Enter↵]	✐ → ≫P5
Command: *line* [Enter↵] Specify first point: _endp of Specify next point or [Undo]: *@0,0,-15* [Enter↵] Specify next point or [Undo]: *@-20,0,0* [Enter↵] Specify next point or [Close/Undo]: [Enter↵]	✐ → ≫P6
Command: *copy* [Enter↵] Select objects: 1 found Select objects: [Enter↵] Current settings: Copy mode = Multiple Specify base point or [Displacement/mOde] ⟨Displacement⟩: _endp of Specify second point or ⟨use first point as displacement⟩: *@0,-20,0* [Enter↵] Specify second point or [Exit/Undo] ⟨Exit⟩: [Enter↵]	≫L1 ✐ → ≫P7
Command: *copy* [Enter↵] Select objects: 1 found Select objects: 1 found, 2 total Select objects: [Enter↵] Current settings: Copy mode = Multiple Specify base point or [Displacement/mOde] ⟨Displacement⟩: _endp of Specify second point or ⟨use first point as displacement⟩: *@0,50,0* [Enter↵] Specify second point or [Exit/Undo] ⟨Exit⟩: [Enter↵]	≫L2 ≫L3 ✐ → ≫P9
Command: *line* [Enter↵] Specify first point: _endp of Specify next point or [Undo]: _endp of Specify next point or [Undo]: [Enter↵]	✐ → ≫P9 ✐ → ≫P12
Command: *line* [Enter↵] Specify first point: _endp of Specify next point or [Undo]: _endp of Specify next point or [Undo]: [Enter↵]	✐ → ≫P10 ✐ → ≫P13

Command: *line* `Enter↵` Specify first point: _endp of Specify next point or [Undo]: _endp of Specify next point or [Undo]: `Enter↵`	✐ → ≫P11 ✐ → ≫P14
	File ▶ Save As... [filename: 2141_3dframe]

2.14.2 3dface

명 령 줄(3dface)

	File ▶ Open...[filename: 2141_3dframe]

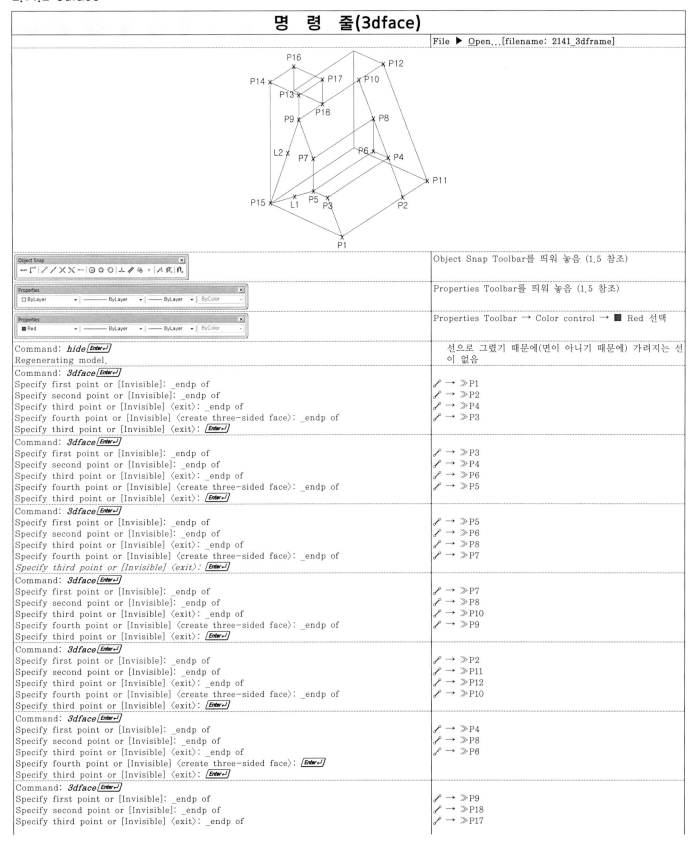

Object Snap 툴바 (Object Snap Toolbar)	Object Snap Toolbar를 띄워 놓음 (1.5 참조)
Properties 툴바 □ByLayer	Properties Toolbar를 띄워 놓음 (1.5 참조)
Properties 툴바 ■Red	Properties Toolbar → Color control → ■ Red 선택
Command: *hide* `Enter↵` Regenerating model.	선으로 그렸기 때문에(면이 아니기 때문에) 가려지는 선 이 없음
Command: *3dface* `Enter↵` Specify first point or [Invisible]: _endp of Specify second point or [Invisible]: _endp of Specify third point or [Invisible] ⟨exit⟩: _endp of Specify fourth point or [Invisible] ⟨create three-sided face⟩: _endp of Specify third point or [Invisible] ⟨exit⟩: `Enter↵`	✐ → ≫P1 ✐ → ≫P2 ✐ → ≫P4 ✐ → ≫P3
Command: *3dface* `Enter↵` Specify first point or [Invisible]: _endp of Specify second point or [Invisible]: _endp of Specify third point or [Invisible] ⟨exit⟩: _endp of Specify fourth point or [Invisible] ⟨create three-sided face⟩: _endp of Specify third point or [Invisible] ⟨exit⟩: `Enter↵`	✐ → ≫P3 ✐ → ≫P4 ✐ → ≫P6 ✐ → ≫P5
Command: *3dface* `Enter↵` Specify first point or [Invisible]: _endp of Specify second point or [Invisible]: _endp of Specify third point or [Invisible] ⟨exit⟩: _endp of Specify fourth point or [Invisible] ⟨create three-sided face⟩: _endp of *Specify third point or [Invisible] ⟨exit⟩:* `Enter↵`	✐ → ≫P5 ✐ → ≫P6 ✐ → ≫P8 ✐ → ≫P7
Command: *3dface* `Enter↵` Specify first point or [Invisible]: _endp of Specify second point or [Invisible]: _endp of Specify third point or [Invisible] ⟨exit⟩: _endp of Specify fourth point or [Invisible] ⟨create three-sided face⟩: _endp of Specify third point or [Invisible] ⟨exit⟩: `Enter↵`	✐ → ≫P7 ✐ → ≫P8 ✐ → ≫P10 ✐ → ≫P9
Command: *3dface* `Enter↵` Specify first point or [Invisible]: _endp of Specify second point or [Invisible]: _endp of Specify third point or [Invisible] ⟨exit⟩: _endp of Specify fourth point or [Invisible] ⟨create three-sided face⟩: _endp of Specify third point or [Invisible] ⟨exit⟩: `Enter↵`	✐ → ≫P2 ✐ → ≫P11 ✐ → ≫P12 ✐ → ≫P10
Command: *3dface* `Enter↵` Specify first point or [Invisible]: _endp of Specify second point or [Invisible]: _endp of Specify third point or [Invisible] ⟨exit⟩: _endp of Specify fourth point or [Invisible] ⟨create three-sided face⟩: `Enter↵` Specify third point or [Invisible] ⟨exit⟩: `Enter↵`	✐ → ≫P4 ✐ → ≫P8 ✐ → ≫P6
Command: *3dface* `Enter↵` Specify first point or [Invisible]: _endp of Specify second point or [Invisible]: _endp of Specify third point or [Invisible] ⟨exit⟩: _endp of	✐ → ≫P9 ✐ → ≫P18 ✐ → ≫P17

Specify fourth point or [Invisible] 〈create three-sided face〉: _endp of Specify third point or [Invisible] 〈exit〉: [Enter↵]	✐ → ≫P13
Command: *3dface* [Enter↵] Specify first point or [Invisible]: _endp of Specify second point or [Invisible]: _endp of Specify third point or [Invisible] 〈exit〉: _endp of Specify fourth point or [Invisible] 〈create three-sided face〉: _endp of Specify third point or [Invisible] 〈exit〉: [Enter↵]	✐ → ≫P13 ✐ → ≫P17 ✐ → ≫P16 ✐ → ≫P14
Command: *hide* [Enter↵] Regenerating model.	안 보이는 선 제거
Command: *3dface* [Enter↵] Specify first point or [Invisible]: _endp of Specify second point or [Invisible]: _endp of Specify third point or [Invisible] 〈exit〉: _endp of Specify fourth point or [Invisible] 〈create three-sided face〉: _endp of Specify third point or [Invisible] 〈exit〉: [Enter↵]	✐ → ≫P1 ✐ → ≫P3 ✐ → ≫P5 ✐ → ≫P15
Command: *3dface* [Enter↵] Specify first point or [Invisible]: _endp of Specify second point or [Invisible]: _endp of Specify third point or [Invisible] 〈exit〉: _endp of Specify fourth point or [Invisible] 〈create three-sided face〉: _endp of Specify third point or [Invisible] 〈exit〉: [Enter↵]	✐ → ≫P5 ✐ → ≫P7 ✐ → ≫P9 ✐ → ≫P15
Command: *3dface* [Enter↵] Specify first point or [Invisible]: _endp of Specify second point or [Invisible]: _endp of Specify third point or [Invisible] 〈exit〉: _endp of Specify fourth point or [Invisible] 〈create three-sided face〉: _endp of Specify third point or [Invisible] 〈exit〉: [Enter↵]	✐ → ≫P9 ✐ → ≫P13 ✐ → ≫P14 ✐ → ≫P15
Command: *edge* [Enter↵] Specify edge of 3dface to toggle visibility or [Display]: Specify edge of 3dface to toggle visibility or [Display]: Specify edge of 3dface to toggle visibility or [Display]: [Enter↵]	≫L1 ≫L2
Command: *hide* [Enter↵] Regenerating model.	안 보이는 선 제거
Command: *shademode* [Enter↵] VSCURRENT Enter an option [2dwireframe/3dwireframe/3dHidden/Realistic/Conceptual/Other] 〈2dwireframe〉: *conceptual* [Enter↵]	도형의 면처리 여부 확인
Command: *shademode* [Enter↵] VSCURRENT Enter an option [2dwireframe/3dwireframe/3dHidden/Realistic/Conceptual/Other] 〈2dwireframe〉: *2d* [Enter↵]	초기 상태로
Command: *vpoint* [Enter↵] Current view direction: VIEWDIR=1.0000,-1.2000,1.0000 Specify a view point or [Rotate] 〈display compass and tripod〉: *-1,1.2,-1* [Enter↵] Regenerating model.	현재 안 보이는 면 작업을 위한 좌표 변경

Command: *3dface* [Enter↵] Specify first point or [Invisible]: _endp of Specify second point or [Invisible]: _endp of Specify third point or [Invisible] 〈exit〉: _endp of Specify fourth point or [Invisible] 〈create three-sided face〉: _endp of Specify third point or [Invisible] 〈exit〉: [Enter↵]	✐ → ≫P1 ✐ → ≫P15 ✐ → ≫P19 ✐ → ≫P11
Command: *3dface* [Enter↵] Specify first point or [Invisible]: _endp of Specify second point or [Invisible]: _endp of Specify third point or [Invisible] 〈exit〉: _endp of Specify fourth point or [Invisible] 〈create three-sided face〉: _endp of Specify third point or [Invisible] 〈exit〉: [Enter↵]	✐ → ≫P11 ✐ → ≫P19 ✐ → ≫P20 ✐ → ≫P12
Command: *hide* [Enter↵] Regenerating model.	안 보이는 선 제거
Command: *3dface* [Enter↵] Specify first point or [Invisible]: _endp of Specify second point or [Invisible]: _endp of Specify third point or [Invisible] 〈exit〉: _endp of Specify fourth point or [Invisible] 〈create three-sided face〉: _endp of Specify third point or [Invisible] 〈exit〉: [Enter↵]	✐ → ≫P19 ✐ → ≫P15 ✐ → ≫P21 ✐ → ≫P20
Command: *3dface* [Enter↵] Specify first point or [Invisible]: _endp of Specify second point or [Invisible]: _endp of Specify third point or [Invisible] 〈exit〉: _endp of	✐ → ≫P15 ✐ → ≫P14 ✐ → ≫P16

Specify fourth point or [Invisible] ⟨create three-sided face⟩: _endp of Specify third point or [Invisible] ⟨exit⟩: [Enter↵]	✐ → ≫P21
Command: *edge*[Enter↵] Specify edge of 3dface to toggle visibility or [Display]: Specify edge of 3dface to toggle visibility or [Display]: [Enter↵]	≫ L
Command: *hide*[Enter↵] Regenerating model.	안 보이는 선 제거
Command: *shademode*[Enter↵] VSCURRENT Enter an option [2dwireframe/3dwireframe/3dHidden/Realistic/Conceptual/Other] ⟨2dwireframe⟩: *conceptual*[Enter↵]	도형의 면처리 여부 확인
Command: *shademode*[Enter↵] VSCURRENT Enter an option [2dwireframe/3dwireframe/3dHidden/Realistic/Conceptual/Other] ⟨2dwireframe⟩: *2d*[Enter↵]	원래 상태로
Command: *vpoint*[Enter↵] Current view direction: VIEWDIR=1.0000,-1.2000,1.0000 Specify a view point or [Rotate] ⟨display compass and tripod⟩: *1,1,2,1*[Enter↵] Regenerating model.	현재 안 보이는 면 작업을 위한 관측점 변경

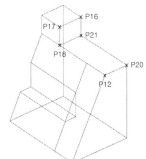

Command: *hide*[Enter↵] Regenerating model.	안 보이는 선 제거
Command: *3dface*[Enter↵] Specify first point or [Invisible]: _endp of Specify second point or [Invisible]: _endp of Specify third point or [Invisible] ⟨exit⟩: _endp of Specify fourth point or [Invisible] ⟨create three-sided face⟩: _endp of Specify third point or [Invisible] ⟨exit⟩: [Enter↵]	✐ → ≫P12 ✐ → ≫P20 ✐ → ≫P21 ✐ → ≫P18
Command: *3dface*[Enter↵] Specify first point or [Invisible]: _endp of Specify second point or [Invisible]: _endp of Specify third point or [Invisible] ⟨exit⟩: _endp of Specify fourth point or [Invisible] ⟨create three-sided face⟩: _endp of Specify third point or [Invisible] ⟨exit⟩: [Enter↵]	✐ → ≫P18 ✐ → ≫P21 ✐ → ≫P16 ✐ → ≫P17
Command: *hide*[Enter↵] Regenerating model.	안 보이는 선 제거
Command: *shademode*[Enter↵] VSCURRENT Enter an option [2dwireframe/3dwireframe/3dHidden/Realistic/Conceptual/Other] ⟨2dwireframe⟩: *conceptual*[Enter↵]	도형의 면처리 여부 확인
Command: *shademode*[Enter↵] VSCURRENT Enter an option [2dwireframe/3dwireframe/3dHidden/Realistic/Conceptual/Other] ⟨2dwireframe⟩: *2d*[Enter↵]	2d frame 상태로
Command: *vpoint*[Enter↵] Current view direction: VIEWDIR=-1.000,1.200,-1.000 Specify a view point or [Rotate] ⟨display compass and tripod⟩: *1,-1,2,1*[Enter↵] Regenerating model.	관측점의 위치가 (1,-1.2,1)인 3차원 그림으로
	File ▶ Save As...[filename: 2142_3dface]

2.14.3 vpoint, hide

<table>
<tr><th colspan="2" style="text-align:center">명 령 줄(vpoint, hide)</th></tr>
<tr><td></td><td>File ▶ Open...[filename: 2142_3dface]</td></tr>
<tr><td>Command: zoom[Enter↵]
Specify corner of window, enter a scale factor (nX or nXP), or
[All/Center/Dynamic/Extents/Previous/Scale/Window] ⟨real time⟩: all[Enter↵]</td><td></td></tr>
<tr><td>Command: hide[Enter↵]
Regenerating model.</td><td></td></tr>
<tr><td>Command: vpoint[Enter↵]
Current view direction: VIEWDIR=1.000,-1.200,1.000
Specify a view point or [Rotate] ⟨display compass and tripod⟩: 0,-1,0[Enter↵]
Regenerating model.</td><td>정면도 상태로 함</td></tr>
</table>

Command: *hide* [Enter↵] Regenerating model.	
Command: *undo* [Enter↵] Current settings: Auto = On, Control = All, Combine = Yes Enter the number of operations to undo or [Auto/Control/BEgin/End/Mark/Back] ⟨1⟩: *2* [Enter↵] HIDE	원래 상태로 되돌림
Command: *vpoint* [Enter↵] Current view direction: VIEWDIR=1.000,−1.200,1.000 Specify a view point or [Rotate] ⟨display compass and tripod⟩: *1,0,0* [Enter↵] Regenerating model.	우측면도 상태로 함
Command: *undo* [Enter↵] Current settings: Auto = On, Control = All, Combine = Yes Enter the number of operations to undo or [Auto/Control/BEgin/End/Mark/Back] ⟨1⟩: *1* [Enter↵] VPOINT Regenerating model.	
Command: *vpoint* [Enter↵] Current view direction: VIEWDIR=1.000,−1.200,1.000 Specify a view point or [Rotate] ⟨display compass and tripod⟩: *0,0,1* [Enter↵] Regenerating model.	도면을 평면도 상태로 함
Command: *undo* [Enter↵] Current settings: Auto = On, Control = All, Combine = Yes Enter the number of operations to undo or [Auto/Control/BEgin/End/Mark/Back] ⟨1⟩: *1* [Enter↵] VPOINT Regenerating model.	
Command: *hide* [Enter↵] Regenerating model.	
Command: *regen* [Enter↵] Regenerating model.	

2.14.4 vports

명 령 줄(vports)	
	File ▶ Open... [filename: 2142_3dface]
	Object Snap Toolbar를 띄워 놓음 (1.5 참조)
	Properties Toolbar를 띄워 놓음 (1.5 참조)
Command: *vports* [Enter↵] Regenerating model.	
	Standard viewports: 에서 Three: Right Setup: 에서 2D 선택 후 [OK]
	왼쪽 위 화면 클릭
Command: *vpoint* [Enter↵] Current view direction: VIEWDIR=1.000,−1.200,1.000 Specify a view point or [Rotate] ⟨display compass and tripod⟩: *0,0,1* [Enter↵] Regenerating model.	왼쪽 위 화면을 위에서 보는 화면으로
	왼쪽 아래 화면 클릭
Command: *vpoint* [Enter↵] Current view direction: VIEWDIR=1.000,−1.200,1.000 Specify a view point or [Rotate] ⟨display compass and tripod⟩: *0,−1,0* [Enter↵] Regenerating model.	왼쪽 아래 화면을 정면도로
	오른쪽 화면 클릭
Command: *zoom* [Enter↵] Specify corner of window, enter a scale factor (nX or nXP), or [All/Center/Dynamic/Extents/Previous/Scale/Window] ⟨real time⟩: *extents* [Enter↵]	도형을 화면에 꽉 차게 확대
	Properties Toolbar → Color control → ■ Green 선택

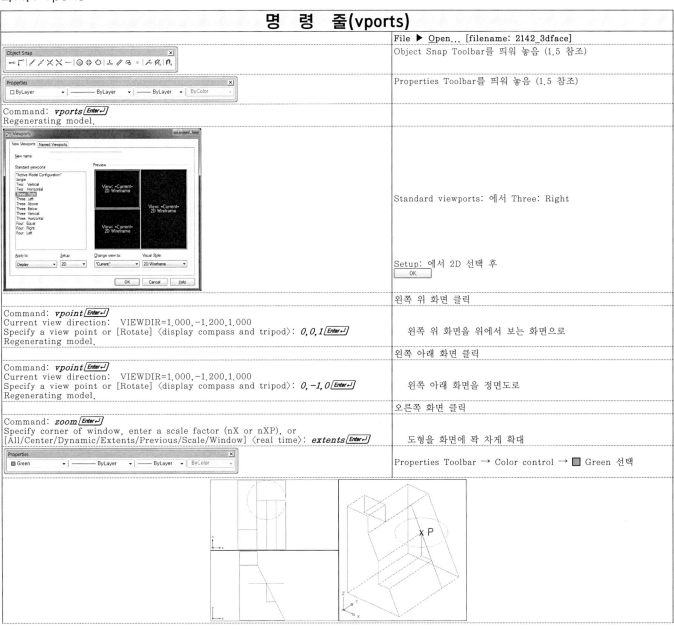

Command: *circle* `Enter←` Specify center point for circle or [3P/2P/Ttr (tan tan radius)]: _endp of Specify radius of circle or [Diameter]: *20* `Enter←`	✎ → ≫P
	File ▶ Save As... [filename: 2144_vports]

2.14.5 ucsicon

<table>
<tr><td colspan="2" align="center"><h2>명 령 줄(ucsicon)</h2></td></tr>
<tr>
<td>Command: ucsicon `Enter←`
Enter an option [ON/OFF/All/Noorigin/ORigin/Properties] ⟨ON⟩: all `Enter←`
Enter an option [ON/OFF/All/Noorigin/ORigin/Properties] ⟨ON⟩: off `Enter←`</td>
<td>분할된 화면 모두에 좌표계 적용
좌표계 아이콘 삭제</td>
</tr>
<tr>
<td>Command: *ucsicon* `Enter←`
Enter an option [ON/OFF/All/Noorigin/ORigin/Properties] ⟨OFF⟩: *all* `Enter←`
Enter an option [ON/OFF/Noorigin/ORigin/Properties] ⟨OFF⟩: *on* `Enter←`</td>
<td>분할된 화면 모두에 좌표계 적용
좌표계 표시를 화면에 표시</td>
</tr>
<tr>
<td>Command: *ucsicon* `Enter←`
Enter an option [ON/OFF/All/Noorigin/ORigin/Properties] ⟨ON⟩: *noorigin* `Enter←`</td>
<td>좌표계 아이콘을 화면 좌측 하단에 위치</td>
</tr>
</table>

2.14.6 3d object

<table>
<tr><td colspan="2" align="center"><h2>명 령 줄(3d object)</h2></td></tr>
<tr>
<td rowspan="2"></td>
<td>File ▶ New...</td>
</tr>
<tr>
<td>`Open` 옆 ⊡ 클릭 후
Open with no Template - Metric 선택</td>
</tr>
<tr>
<td>Command: *vpoint* `Enter←`
Current view direction: VIEWDIR=0.0000,0.0000,1.0000
Specify a view point or [Rotate] ⟨display compass and tripod⟩: *1,-1.2,1* `Enter←`
Regenerating model.</td>
<td>관측점의 위치가 (1,-1.2,1)인 3차원 그림으로
좌표계 아이콘을 3d 상태로</td>
</tr>
<tr>
<td>Command: *ucsicon* `Enter←`
Enter an option [ON/OFF/All/Noorigin/ORigin/Properties] ⟨ON⟩: *noorigin* `Enter←`</td>
<td>좌표계 아이콘을 화면 좌측 하단에 위치</td>
</tr>
<tr>
<td>Command: *3d* `Enter←`
Initializing... 3D Objects loaded.
Enter an option [Box/Cone/DIsh/DOme/Mesh/Pyramid/Sphere/Torus/Wedge]: *box* `Enter←`
Specify corner point of box:
Specify length of box: *100* `Enter←`
Specify width of box or [Cube]: *cube* `Enter←`
Specify rotation angle of box about the Z axis or [Reference]: *0* `Enter←`</td>
<td>육면체
≫P(임의점)
100: 변의 길이

P를 기준으로 한 회전각</td>
</tr>
<tr>
<td>Command: *hide* `Enter←`
Regenerating model.</td>
<td>면처리 확인(속은 비어있음)</td>
</tr>
<tr>
<td></td>
<td></td>
</tr>
<tr>
<td></td>
<td>File ▶ Save As... [filename: 2146_cube]</td>
</tr>
<tr>
<td rowspan="2"></td>
<td>File ▶ New...</td>
</tr>
<tr>
<td>`Open` 옆 ⊡ 클릭 후
Open with no Template Metric 선택</td>
</tr>
<tr>
<td>Command: *vpoint* `Enter←`
Current view direction: VIEWDIR=0.0000,0.0000,1.0000
Specify a view point or [Rotate] ⟨display compass and tripod⟩: *1,-1.2,1* `Enter←`
Regenerating model.</td>
<td>관측점의 위치가 (1,-1.2,1)인 3차원 그림으로
좌표계 아이콘을 3d 상태로</td>
</tr>
</table>

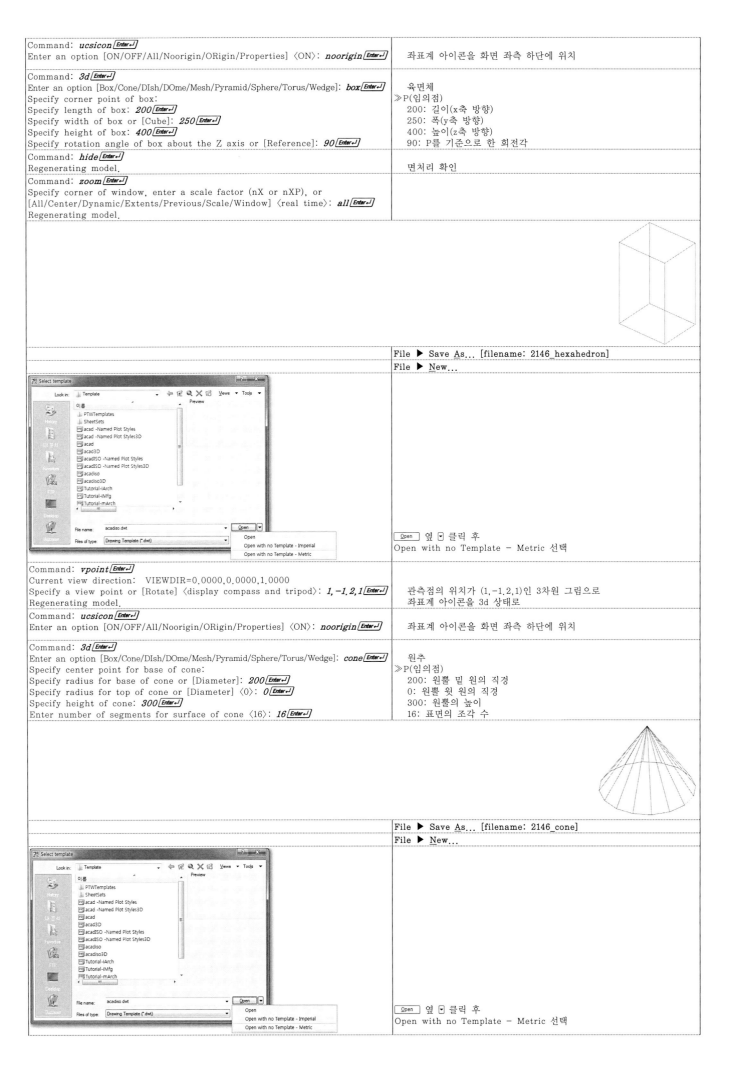

Command: ***ucsicon*** [Enter↵] Enter an option [ON/OFF/All/Noorigin/ORigin/Properties] ⟨ON⟩: ***noorigin*** [Enter↵]	좌표계 아이콘을 화면 좌측 하단에 위치
Command: ***3d*** [Enter↵] Enter an option [Box/Cone/DIsh/DOme/Mesh/Pyramid/Sphere/Torus/Wedge]: ***box*** [Enter↵] Specify corner point of box: Specify length of box: ***200*** [Enter↵] Specify width of box or [Cube]: ***250*** [Enter↵] Specify height of box: ***400*** [Enter↵] Specify rotation angle of box about the Z axis or [Reference]: ***90*** [Enter↵]	육면체 ≫P(임의점) 200: 길이(x축 방향) 250: 폭(y축 방향) 400: 높이(z축 방향) 90: P를 기준으로 한 회전각
Command: ***hide*** [Enter↵] Regenerating model.	면처리 확인
Command: ***zoom*** [Enter↵] Specify corner of window, enter a scale factor (nX or nXP), or [All/Center/Dynamic/Extents/Previous/Scale/Window] ⟨real time⟩: ***all*** [Enter↵] Regenerating model.	
	File ▶ Save As... [filename: 2146_hexahedron]
	File ▶ New...
	Open 옆 ⏷ 클릭 후 Open with no Template - Metric 선택
Command: ***vpoint*** [Enter↵] Current view direction: VIEWDIR=0.0000,0.0000,1.0000 Specify a view point or [Rotate] ⟨display compass and tripod⟩: ***1,-1.2,1*** [Enter↵] Regenerating model.	관측점의 위치가 (1,-1.2,1)인 3차원 그림으로 좌표계 아이콘을 3d 상태로
Command: ***ucsicon*** [Enter↵] Enter an option [ON/OFF/All/Noorigin/ORigin/Properties] ⟨ON⟩: ***noorigin*** [Enter↵]	좌표계 아이콘을 화면 좌측 하단에 위치
Command: ***3d*** [Enter↵] Enter an option [Box/Cone/DIsh/DOme/Mesh/Pyramid/Sphere/Torus/Wedge]: ***cone*** [Enter↵] Specify center point for base of cone: Specify radius for base of cone or [Diameter]: ***200*** [Enter↵] Specify radius for top of cone or [Diameter] ⟨0⟩: ***0*** [Enter↵] Specify height of cone: ***300*** [Enter↵] Enter number of segments for surface of cone ⟨16⟩: ***16*** [Enter↵]	원추 ≫P(임의점) 200: 원뿔 밑 원의 직경 0: 원뿔 윗 원의 직경 300: 원뿔의 높이 16: 표면의 조각 수
	File ▶ Save As... [filename: 2146_cone]
	File ▶ New...
	Open 옆 ⏷ 클릭 후 Open with no Template - Metric 선택

Command: *vpoint* `Enter↵` Current view direction: VIEWDIR=0.0000,0.0000,1.0000 Specify a view point or [Rotate] ⟨display compass and tripod⟩: *1,-1.2,1* `Enter↵` Regenerating model.	관측점의 위치가 (1,-1.2,1)인 3차원 그림으로 좌표계 아이콘을 3d 상태로
Command: *ucsicon* `Enter↵` Enter an option [ON/OFF/All/Noorigin/ORigin/Properties] ⟨ON⟩: *noorigin* `Enter↵`	좌표계 아이콘을 화면 좌측 하단에 위치
Command: *3d* `Enter↵` Enter an option [Box/Cone/DIsh/DOme/Mesh/Pyramid/Sphere/Torus/Wedge]: *cone* `Enter↵` Specify center point for base of cone: Specify radius for base of cone or [Diameter]: *200* `Enter↵` Specify radius for top of cone or [Diameter] ⟨0⟩: *200* `Enter↵` Specify height of cone: *400* `Enter↵` Enter number of segments for surface of cone ⟨16⟩: *16* `Enter↵`	원추 ≫P(임의점) 200: 원뿔 밑 원의 직경 200: 원뿔 윗 원의 직경 400: 원뿔의 높이 16: 표면의 조각 수
Command: *hide* `Enter↵` Regenerating model.	실린더의 윗면이 없음을 확인
	File ▶ Save As... [filename: 2146_cylinder]
	File ▶ New...
	`Open` 옆 ⊡ 클릭 후 Open with no Template - Metric 선택
	Object Snap Toolbar를 띄워 놓음 (1.5 참조)
Command: *vpoint* `Enter↵` Current view direction: VIEWDIR=0.0000,0.0000,1.0000 Specify a view point or [Rotate] ⟨display compass and tripod⟩: *1,-1.2,1* `Enter↵` Regenerating model.	관측점의 위치가 (1,-1.2,1)인 3차원 그림으로 좌표계 아이콘을 3d 상태로
Command: *ucsicon* `Enter↵` Enter an option [ON/OFF/All/Noorigin/ORigin/Properties] ⟨ON⟩: *noorigin* `Enter↵`	좌표계 아이콘을 화면 좌측 하단에 위치

Command: *ortho* `Enter↵` Enter mode [ON/OFF] ⟨OFF⟩: *on* `Enter↵`	직교모드 켬
Command: *line* `Enter↵` Specify first point: Specify next point or [Undo]: Specify next point or [Undo]: `Enter↵`	≫P1 ≫P2
Command: *line* `Enter↵` Specify first point: Specify next point or [Undo]: Specify next point or [Undo]: `Enter↵`	≫P3 ≫P4
Command: *ortho* `Enter↵` Enter mode [ON/OFF] ⟨ON⟩: *off* `Enter↵`	직교모드 끔
Command: *3d* `Enter↵` Enter an option [Box/Cone/DIsh/DOme/Mesh/Pyramid/Sphere/Torus/Wedge]: *cone* `Enter↵` Specify center point for base of cone: _int of Specify radius for base of cone or [Diameter]: *100* `Enter↵` Specify radius for top of cone or [Diameter] ⟨0⟩: *40* `Enter↵` Specify height of cone: *400* `Enter↵` Enter number of segments for surface of cone ⟨16⟩: *16* `Enter↵`	원추 ╳ → ≫P5 100: 원뿔의 밑 지름 40: 원뿔의 윗지름 400: 원뿔의 높이 16: 표면 세로 조각 개수
Command: *hide* `Enter↵` Regenerating model.	원추의 윗변이 없음을 확인
Command: *regen* `Enter↵` Regenerating model.	
Command: *circle* `Enter↵` Specify center point for circle or [3P/2P/Ttr (tan tan radius)]: _int of Specify radius of circle or [Diameter] ⟨40.0000⟩: *40* `Enter↵`	╳ → ≫P5 40: 원뿔의 윗 직경

Command: *move* `Enter↵` Select objects: 1 found Select objects: `Enter↵` Specify base point or [Displacement] ⟨Displacement⟩: Specify second point or ⟨use first point as displacement⟩: *@0,0,400* `Enter↵`	≫C1 ≫P5 400: 원뿔 높이, 선택된 원을 z축 방향을 따라 400 이동
Command: *hide* `Enter↵` Regenerating model.	윗면이 생겼음을 확인
	File ▶ Save As... [filename: 2146_conewithlid]
	File ▶ New...
	`Open` 옆 🔽 클릭 후 Open with no Template - Metric 선택
Command: *vpoint* `Enter↵` Current view direction: VIEWDIR=0.0000,0.0000,1.0000 Specify a view point or [Rotate] ⟨display compass and tripod⟩: *1,-1.2,1* `Enter↵` Regenerating model.	관측점의 위치가 (1,-1.2,1)인 3차원 그림으로 좌표계 아이콘을 3d 상태로
Command: *ucsicon* `Enter↵` Enter an option [ON/OFF/All/Noorigin/ORigin/Properties] ⟨ON⟩: *noorigin* `Enter↵`	좌표계 아이콘을 화면 좌측 하단에 위치
command: *3d* `Enter↵` Enter an option [Box/Cone/DIsh/DOme/Mesh/Pyramid/Sphere/Torus/Wedge]: *dish* `Enter↵` Specify center point of dish: Specify radius of dish or [Diameter]: *200* `Enter↵` Enter number of longitudinal segments for surface of dish ⟨16⟩: *16* `Enter↵` Enter number of latitudinal segments for surface of dish ⟨8⟩: *8* `Enter↵`	접시 ≫P(임의점) 200: 접시 직경 16: 표면 세로 조각 개수 8: 표면 가로 조각 개수
Command: *hide* `Enter↵` Regenerating model.	
Command: *3d* `Enter↵` Enter an option [Box/Cone/DIsh/DOme/Mesh/Pyramid/Sphere/Torus/Wedge]: *dome* `Enter↵` Specify center point of dome: Specify radius of dome or [Diameter]: *200* `Enter↵` Enter number of longitudinal segments for surface of dome ⟨16⟩: *16* `Enter↵` Enter number of latitudinal segments for surface of dome ⟨8⟩: *8* `Enter↵`	돔 ≫P(임의점) 200: 돔 직경 16: 표면 세로 조각 개수 8: 표면 가로 조각 개수
Command: *hide* `Enter↵` Regenerating model.	
Command: *3d* `Enter↵` Enter an option [Box/Cone/DIsh/DOme/Mesh/Pyramid/Sphere/Torus/Wedge]: *sphere* `Enter↵` Specify center point of sphere: Specify radius of sphere or [Diameter]: *300* `Enter↵` Enter number of longitudinal segments for surface of sphere ⟨16⟩: *16* `Enter↵` Enter number of latitudinal segments for surface of sphere ⟨16⟩: *16* `Enter↵`	구 ≫P(임의점) 300: 구의 직경 16: 표면 세로 조각 개수 16: 표면 가로 조각 개수
Command: *hide* `Enter↵` Regenerating model.	
	File ▶ Save As... [filename: 2146_dishdomesphere]
	File ▶ New...
	`Open` 옆 🔽 클릭 후 Open with no Template - Metric 선택

Command: **vpoint** [Enter↵] Current view direction: VIEWDIR=0.0000,0.0000,1.0000 Specify a view point or [Rotate] ⟨display compass and tripod⟩: **1,-1.2,1** [Enter↵] Regenerating model.	관측점의 위치가 (1,-1.2,1)인 3차원 그림으로 좌표세 아이콘을 3d 싱베고
Command: **ucsicon** [Enter↵] Enter an option [ON/OFF/All/Noorigin/ORigin/Properties] ⟨ON⟩: **noorigin** [Enter↵]	좌표계 아이콘을 화면 좌측 하단에 위치
Command: **3d** [Enter↵] Enter an option [Box/Cone/DIsh/DOme/Mesh/Pyramid/Sphere/Torus/Wedge]: **torus** [Enter↵] Specify center point of torus: Specify radius of torus or [Diameter]: **200** [Enter↵] Specify radius of tube or [Diameter]: **60** [Enter↵] Enter number of segments around tube circumference ⟨16⟩: **16** [Enter↵] Enter number of segments around torus circumference ⟨16⟩: **16** [Enter↵]	토러스 ≫P(임의점) 200: 토러스 반지름 60: 튜브 반지름 16: 튜브 원주의 조각 수 16: 토러스 원주의 조각 수
Command: **hide** [Enter↵] Regenerating model.	
Command: **3d** [Enter↵] Enter an option [Box/Cone/DIsh/DOme/Mesh/Pyramid/Sphere/Torus/Wedge]: **torus** [Enter↵] Specify center point of torus: Specify radius of torus or [Diameter]: **200** [Enter↵] Specify radius of tube or [Diameter]: **100** [Enter↵] Enter number of segments around tube circumference ⟨16⟩: **16** [Enter↵] Enter number of segments around torus circumference ⟨16⟩: **16** [Enter↵]	토러스 ≫P(임의점) 200: 토러스 반지름 100: 튜브 반지름 16: 튜브 원주의 조각 수 16: 토러스 원주의 조각 수
Command: **hide** [Enter↵] Regenerating model.	
	File ▶ Save As... [filename: 2146_torus]
	File ▶ New...
	Open 옆 ⊡ 클릭 후 Open with no Template – Metric 선택
Command: **vpoint** [Enter↵] Current view direction: VIEWDIR=0.0000,0.0000,1.0000 Specify a view point or [Rotate] ⟨display compass and tripod⟩: **1,-1.2,1** [Enter↵] Regenerating model.	관측점의 위치가 (1,-1.2,1)인 3차원 그림으로 좌표계 아이콘을 3d 상태로
Command: **ucsicon** [Enter↵] Enter an option [ON/OFF/All/Noorigin/ORigin/Properties] ⟨ON⟩: **noorigin** [Enter↵]	좌표계 아이콘을 화면 좌측 하단에 위치
Command: **3d** [Enter↵] Enter an option [Box/Cone/DIsh/DOme/Mesh/Pyramid/Sphere/Torus/Wedge]: **wedge** [Enter↵] Specify corner point of wedge: Specify length of wedge: **200** [Enter↵] Specify width of wedge: **100** [Enter↵] Specify height of wedge: **50** [Enter↵] Specify rotation angle of wedge about the Z axis: **0** [Enter↵]	쐐기 ≫P(임의점) 200: x축 방향 길이 100: y축 방향 길이 50: z축 방향 길이 0: 회전각
Command: **hide** [Enter↵] Regenerating model.	
	File ▶ Save As... [filename: 2146_wedge]

명 령 줄(tetrahedron)

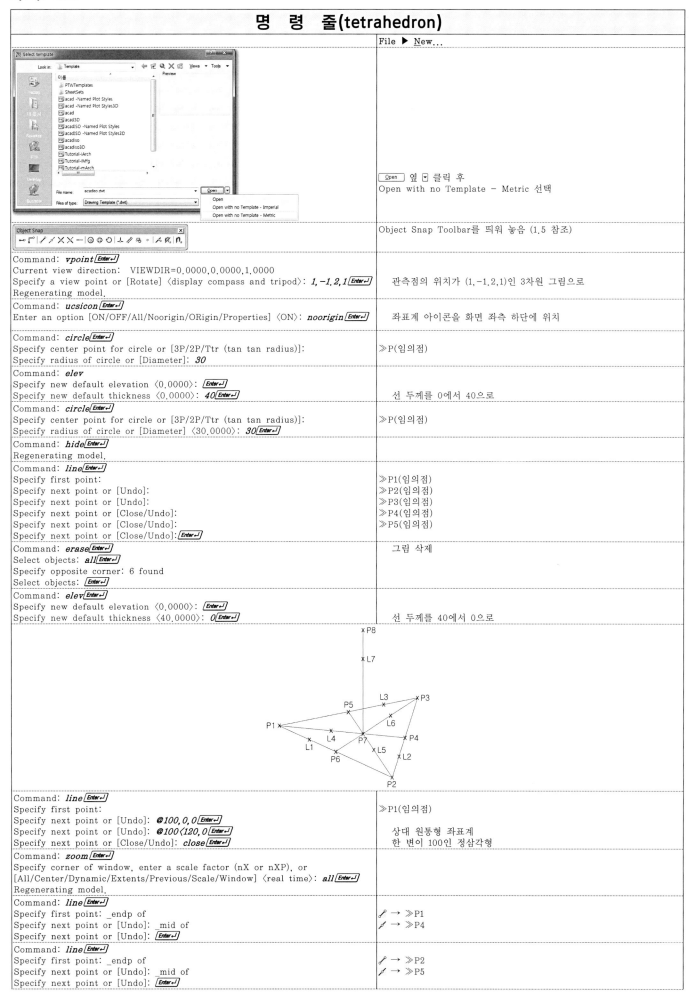

	File ▶ New...
	Open 옆 ⊡ 클릭 후 Open with no Template - Metric 선택
	Object Snap Toolbar를 띄워 놓음 (1.5 참조)
Command: *vpoint* Enter⏎ Current view direction: VIEWDIR=0.0000,0.0000,1.0000 Specify a view point or [Rotate] ⟨display compass and tripod⟩: *1,-1.2,1* Enter⏎ Regenerating model.	관측점의 위치가 (1,-1.2,1)인 3차원 그림으로
Command: *ucsicon* Enter⏎ Enter an option [ON/OFF/All/Noorigin/ORigin/Properties] ⟨ON⟩: *noorigin* Enter⏎	좌표계 아이콘을 화면 좌측 하단에 위치
Command: *circle* Enter⏎ Specify center point for circle or [3P/2P/Ttr (tan tan radius)]: Specify radius of circle or [Diameter]: *30*	≫P(임의점)
Command: *elev* Specify new default elevation ⟨0.0000⟩: Enter⏎ Specify new default thickness ⟨0.0000⟩: *40* Enter⏎	선 두께를 0에서 40으로
Command: *circle* Enter⏎ Specify center point for circle or [3P/2P/Ttr (tan tan radius)]: Specify radius of circle or [Diameter] ⟨30.0000⟩: *30* Enter⏎	≫P(임의점)
Command: *hide* Enter⏎ Regenerating model.	
Command: *line* Enter⏎ Specify first point: Specify next point or [Undo]: Specify next point or [Undo]: Specify next point or [Close/Undo]: Specify next point or [Close/Undo]: Specify next point or [Close/Undo]: Enter⏎	≫P1(임의점) ≫P2(임의점) ≫P3(임의점) ≫P4(임의점) ≫P5(임의점)
Command: *erase* Enter⏎ Select objects: *all* Enter⏎ Specify opposite corner: 6 found Select objects: Enter⏎	그림 삭제
Command: *elev* Enter⏎ Specify new default elevation ⟨0.0000⟩: Enter⏎ Specify new default thickness ⟨40.0000⟩: *0* Enter⏎	선 두께를 40에서 0으로

Command: *line* Enter⏎ Specify first point: Specify next point or [Undo]: *@100,0,0* Enter⏎ Specify next point or [Undo]: *@100⟨120,0* Enter⏎ Specify next point or [Close/Undo]: *close* Enter⏎	≫P1(임의점) 상대 원통형 좌표계 한 변이 100인 정삼각형
Command: *zoom* Enter⏎ Specify corner of window, enter a scale factor (nX or nXP), or [All/Center/Dynamic/Extents/Previous/Scale/Window] ⟨real time⟩: *all* Enter⏎ Regenerating model.	
Command: *line* Enter⏎ Specify first point: _endp of Specify next point or [Undo]: _mid of Specify next point or [Undo]: Enter⏎	⌀ → ≫P1 ⌀ → ≫P4
Command: *line* Enter⏎ Specify first point: _endp of Specify next point or [Undo]: _mid of Specify next point or [Undo]: Enter⏎	⌀ → ≫P2 ⌀ → ≫P5

Command: *line* `Enter↵` Specify first point: _endp of Specify next point or [Undo]: _mid of Specify next point or [Undo]: `Enter↵`	✏ → ≫P3 ✏ → ≫P6
Command: *line* `Enter↵` Specify first point: _int of Specify next point or [Undo]: *@0,0,81.6* `Enter↵` Specify next point or [Undo]: `Enter↵`	✕ → ≫P7 81.6: 정사면체의 높이
Command: *erase* `Enter↵` Select objects: 1 found Select objects: 1 found, 2 total Select objects: 1 found, 3 total Select objects: `Enter↵`	≫L1 ≫L2 ≫L3
Command: *zoom* `Enter↵` Specify corner of window, enter a scale factor (nX or nXP), or [All/Center/Dynamic/Extents/Previous/Scale/Window] ⟨real time⟩: *all* `Enter↵` Regenerating model.	
Command: *3dface* `Enter↵` Specify first point or [Invisible]: _endp of Specify second point or [Invisible]: _endp of Specify third point or [Invisible] ⟨exit⟩: _endp of Specify fourth point or [Invisible] ⟨create three-sided face⟩: `Enter↵` Specify third point or [Invisible] ⟨exit⟩: `Enter↵`	✏ → ≫P1 ✏ → ≫P8 ✏ → ≫P3
Command: *3dface* `Enter↵` Specify first point or [Invisible]: _endp of Specify second point or [Invisible]: _endp of Specify third point or [Invisible] ⟨exit⟩: _endp of Specify fourth point or [Invisible] ⟨create three-sided face⟩: `Enter↵` Specify third point or [Invisible] ⟨exit⟩: `Enter↵`	✏ → ≫P2 ✏ → ≫P8 ✏ → ≫P3
Command: *erase* `Enter↵` Select objects: 1 found Select objects: 1 found, 2 total Select objects: 1 found, 3 total Select objects: 1 found, 4 total Select objects: `Enter↵`	≫L4 ≫L5 ≫L6 ≫L7
Command: *3dface* `Enter↵` Specify first point or [Invisible]: _endp of Specify second point or [Invisible]: _endp of Specify third point or [Invisible] ⟨exit⟩: _endp of Specify fourth point or [Invisible] ⟨create three-sided face⟩: `Enter↵` Specify third point or [Invisible] ⟨exit⟩: `Enter↵`	✏ → ≫P1 ✏ → ≫P8 ✏ → ≫P2
Command: *hide* `Enter↵` Regenerating model.	면처리 확인
Command: *regen* `Enter↵` Regenerating model.	
Command: *3dface* `Enter↵` Specify first point or [Invisible]: _endp of Specify second point or [Invisible]: _endp of Specify third point or [Invisible] ⟨exit⟩: _endp of Specify fourth point or [Invisible] ⟨create three-sided face⟩: `Enter↵` Specify third point or [Invisible] ⟨exit⟩: `Enter↵`	✏ → ≫P1 ✏ → ≫P2 ✏ → ≫P3

Command: *vpoint* `Enter↵` Current view direction: VIEWDIR=1.0000,−1.0000,−0.5000 Specify a view point or [Rotate] ⟨display compass and tripod⟩: *1,−1,0.5* `Enter↵` Regenerating model.	
Command: *line* `Enter↵` Specify first point: _endp of Specify next point or [Undo]: _mid of Specify next point or [Undo]: _endp of Specify next point or [Close/Undo]: `Enter↵`	✏ → ≫P1 ✏ → ≫P5 ✏ → ≫P3
Command: *line* `Enter↵` Specify first point: _mid of Specify next point or [Undo]: _endp of Specify next point or [Undo]: _mid of Specify next point or [Close/Undo]: `Enter↵`	✏ → ≫P6 ✏ → ≫P4 ✏ → ≫P7
Command: *hide* `Enter↵` Regenerating model.	
Command: *ucs* `Enter↵` Current ucs name: *NO NAME* Specify origin of UCS or	

[Face/NAmed/OBject/Previous/View/World/X/Y/Z/ZAxis] ⟨World⟩: _endp of	✐ → ≫P1
Specify point on X-axis or ⟨Accept⟩: _endp of	✐ → ≫P2
Specify point on the XY plane or ⟨Accept⟩: _endp of	✐ → ≫P4　　좌측 하단 ucsicon이 바뀐 것을 확인
Command: *elev* [Enter↵]	
Specify new default elevation ⟨0.0000⟩: [Enter↵]	
Specify new default thickness ⟨0.0000⟩: *40* [Enter↵]	40: 선 두께
Command: *circle* [Enter↵]	
Specify center point for circle or [3P/2P/Ttr (tan tan radius)]: _int of	✕ → ≫P8
Specify radius of circle or [Diameter]: *15* [Enter↵]	
Command: *hide* [Enter↵]	
Regenerating model.	
Command: *ucs* [Enter↵]	
Current ucs name: *NO NAME*	
Specify origin of UCS or	
[Face/NAmed/OBject/Previous/View/World/X/Y/Z/ZAxis] ⟨World⟩: _endp of	✐ → ≫P2
Specify point on X-axis or ⟨Accept⟩: _endp of	✐ → ≫P3
Specify point on the XY plane or ⟨Accept⟩: _endp of	✐ → ≫P4　　좌측 하단 ucsicon이 바뀐 것을 확인
Command: *circle* [Enter↵]	
Specify center point for circle or [3P/2P/Ttr (tan tan radius)]: _int of	✕ → ≫P9
Specify radius of circle or [Diameter] ⟨15.0000⟩: *15* [Enter↵]	
Command: *hide* [Enter↵]	
Regenerating model.	
Command: *elev* [Enter↵]	
Specify new default elevation ⟨0.0000⟩: [Enter↵]	
Specify new default thickness ⟨40.0000⟩: *0* [Enter↵]	0: 선 두께, 40에서 0으로

Command: *vpoint* [Enter↵]	
Current view direction: VIEWDIR=1.0000,−1.0000,−0.5000	
Specify a view point or [Rotate] ⟨display compass and tripod⟩: *−1,1,−0.5* [Enter↵]	
Regenerating model.	
Command: *hide* [Enter↵]	
Regenerating model.	
Command: *line* [Enter↵]	
Specify first point: _endp of	✐ → ≫P2
Specify next point or [Undo]: _mid of	✐ → ≫P5
Specify next point or [Undo]: _endp of	✐ → ≫P4
Specify next point or [Close/Undo]: [Enter↵]	
Command: *line* [Enter↵]	
Specify first point: _mid of	✐ → ≫P6
Specify next point or [Undo]: _endp of	✐ → ≫P3
Specify next point or [Undo]: _mid of	✐ → ≫P7
Specify next point or [Close/Undo]: [Enter↵]	
Command: *elev* [Enter↵]	
Specify new default elevation ⟨0.0000⟩: [Enter↵]	
Specify new default thickness ⟨0.0000⟩: *40* [Enter↵]	40: 선 두께를 0에서 40으로
Command: *ucs* [Enter↵]	
Current ucs name: *NO NAME*	
Specify origin of UCS or	
[Face/NAmed/OBject/Previous/View/World/X/Y/Z/ZAxis] ⟨World⟩: _endp of	✐ → ≫P2
Specify point on X-axis or ⟨Accept⟩: _endp of	✐ → ≫P1
Specify point on the XY plane or ⟨Accept⟩: _endp of	✐ → ≫P3　　좌측 하단 ucsicon이 바뀐 것을 확인
Command: *circle* [Enter↵]	
Specify center point for circle or [3P/2P/Ttr (tan tan radius)]: _int of	✕ → ≫P8
Specify radius of circle or [Diameter] ⟨15.0000⟩: *15* [Enter↵]	
Command: *hide* [Enter↵]	
Regenerating model.	
Command: *ucs* [Enter↵]	
Current ucs name: *NO NAME*	
Specify origin of UCS or	
[Face/NAmed/OBject/Previous/View/World/X/Y/Z/ZAxis] ⟨World⟩: _endp of	✐ → ≫P3
Specify point on X-axis or ⟨Accept⟩: _endp of	✐ → ≫P1
Specify point on the XY plane or ⟨Accept⟩: _endp of	✐ → ≫P4　　좌측 하단 ucsicon이 바뀐 것을 확인
Command: *circle* [Enter↵]	
Specify center point for circle or [3P/2P/Ttr (tan tan radius)]: _int of	✕ → ≫P9
Specify radius of circle or [Diameter] ⟨15.0000⟩: *15* [Enter↵]	
Command: *hide* [Enter↵]	
Regenerating model.	
Command: *elev* [Enter↵]	
Specify new default elevation ⟨0.0000⟩: [Enter↵]	

Specify new default thickness ⟨40.0000⟩: *0* [Enter⏎]	0: 선 두께, 40에서 0으로
Command: *ucs* [Enter⏎] Current ucs name: *NO NAME* Specify origin of UCS or [Face/NAmed/OBject/Previous/View/World/X/Y/Z/ZAxis] ⟨World⟩: *world* [Enter⏎]	UCS를 표준좌표계(WCS)로
Command: *vpoint* [Enter⏎] Current view direction: VIEWDIR=0.0000,0.0000,1.0000 Specify a view point or [Rotate] ⟨display compass and tripod⟩: *1,-1.2,1* [Enter⏎] Regenerating model.	관측점의 위치가 (1,-1.2,1)인 3차원 그림으로
Command: *zoom* [Enter⏎] Specify corner of window, enter a scale factor (nX or nXP), or [All/Center/Dynamic/Extents/Previous/Scale/Window] ⟨real time⟩: *all* [Enter⏎] Regenerating model.	
Command: *hide* [Enter⏎] Regenerating model.	
	File ▶ Save <u>A</u>s... [filename: 2147_tetrahedron_4cylinders]

2.14.8 3dface text

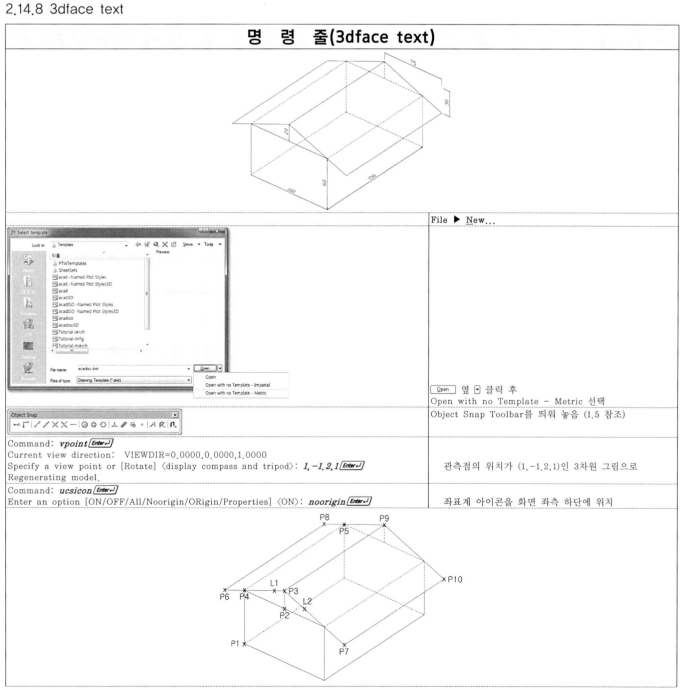

<table>
<tr><td colspan="2" align="center">명 령 줄(3dface text)</td></tr>
<tr><td></td><td>File ▶ New...</td></tr>
<tr><td></td><td></td></tr>
<tr><td></td><td>[Open] 옆 ⊡ 클릭 후
Open with no Template - Metric 선택</td></tr>
<tr><td></td><td>Object Snap Toolbar를 띄워 놓음 (1.5 참조)</td></tr>
<tr><td>Command: vpoint [Enter⏎]
Current view direction: VIEWDIR=0.0000,0.0000,1.0000
Specify a view point or [Rotate] ⟨display compass and tripod⟩: 1,-1.2,1 [Enter⏎]
Regenerating model.</td><td>관측점의 위치가 (1,-1.2,1)인 3차원 그림으로</td></tr>
<tr><td>Command: ucsicon [Enter⏎]
Enter an option [ON/OFF/All/Noorigin/ORigin/Properties] ⟨ON⟩: noorigin [Enter⏎]</td><td>좌표계 아이콘을 화면 좌측 하단에 위치</td></tr>
<tr><td colspan="2"></td></tr>
</table>

Command: *3d* ⏎
Enter an option [Box/Cone/DIsh/DOme/Mesh/Pyramid/Sphere/Torus/Wedge]: *box* ⏎
Specify corner point of box:
Specify length of box: *100* ⏎
Specify width of box or [Cube]: *150* ⏎
Specify height of box: *60* ⏎
Specify rotation angle of box about the Z axis or [Reference]: *0* ⏎
	≫P1(임의점)
	  100: 길이(x축 방향)
	  150: 폭(y축 방향)
	  60: 높이(z축 방향)
	  90: P1을 기준으로 한 회전각

Command: *hide* ⏎ Regenerating model.	
Command: *line* ⏎ Specify first point: _mid of Specify next point or [Undo]: *@0,0,20* ⏎ Specify next point or [Undo]: *@75,0,−29.9* ⏎ Specify next point or [Close/Undo]: ⏎	✐ → ≫P2
Command: *line* ⏎ Specify first point: _endp of Specify next point or [Undo]: *@−75,0,−29.9* ⏎ Specify next point or [Undo]: ⏎	✐ → ≫P3
Command: *zoom* ⏎ Specify corner of window, enter a scale factor (nX or nXP), or [All/Center/Dynamic/Extents/Previous/Scale/Window] ⟨real time⟩: *all* ⏎ Regenerating model.	
Command: *copy* ⏎ Select objects: 1 found Select objects: 1 found, 2 total Select objects: ⏎ Current settings: Copy mode = Multiple Specify base point or [Displacement/mOde] ⟨Displacement⟩: _endp of Specify second point or ⟨use first point as displacement⟩: _endp of Specify second point or [Exit/Undo] ⟨Exit⟩: ⏎	≫L1 ≫L2 ✐ → ≫P4 ✐ → ≫P5
Command: *line* ⏎ Specify first point: _endp of Specify next point or [Undo]: _endp of Specify next point or [Undo]: ⏎	✐ → ≫P6 ✐ → ≫P8
Command: *line* ⏎ Specify first point: _endp of Specify next point or [Undo]: _endp of Specify next point or [Undo]: ⏎	✐ → ≫P3 ✐ → ≫P9
Command: *line* ⏎ Specify first point: _endp of Specify next point or [Undo]: _endp of Specify next point or [Undo]: ⏎	✐ → ≫P7 ✐ → ≫P10
Command: *hide* ⏎ Regenerating model.	

Command: *3dface* ⏎ Specify first point or [Invisible]: _endp of Specify second point or [Invisible]: _endp of Specify third point or [Invisible] ⟨exit⟩: _endp of Specify fourth point or [Invisible] ⟨create three-sided face⟩: _endp of Specify third point or [Invisible] ⟨exit⟩: ⏎	✐ → ≫P1 ✐ → ≫P2 ✐ → ≫P3 ✐ → ≫P4
Command: *3dface* ⏎ Specify first point or [Invisible]: _endp of Specify second point or [Invisible]: _endp of Specify third point or [Invisible] ⟨exit⟩: _endp of Specify fourth point or [Invisible] ⟨create three-sided face⟩: _endp of Specify third point or [Invisible] ⟨exit⟩: ⏎	✐ → ≫P2 ✐ → ≫P3 ✐ → ≫P5 ✐ → ≫P6
Command: *3dface* ⏎ Specify first point or [Invisible]: _endp of Specify second point or [Invisible]: _endp of Specify third point or [Invisible] ⟨exit⟩: _endp of Specify fourth point or [Invisible] ⟨create three-sided face⟩: ⏎ Specify third point or [Invisible] ⟨exit⟩: ⏎	✐ → ≫P2 ✐ → ≫P7 ✐ → ≫P8
Command: *hide* ⏎ Regenerating model.	
Command: *shademode* ⏎ VSCURRENT Enter an option [2dwireframe/3dwireframe/3dHidden/Realistic/Conceptual/Other] ⟨2dwireframe⟩: *conceptual* ⏎	
Command: *shademode* ⏎ VSCURRENT Enter an option [2dwireframe/3dwireframe/3dHidden/Realistic/Conceptual/Other] ⟨2dwireframe⟩: *2d* ⏎	

Command: *vpoint* `Enter↵` Current view direction: VIEWDIR=-1.0000,1.2000,1.0000 Specify a view point or [Rotate] ⟨display compass and tripod⟩: *-1,1.2,-1* `Enter↵` Regenerating model.	
Command: *hide* `Enter↵` Regenerating model.	

Command: *3dface* `Enter↵` Specify first point or [Invisible]: _endp of Specify second point or [Invisible]: _endp of Specify third point or [Invisible] ⟨exit⟩: _endp of Specify fourth point or [Invisible] ⟨create three-sided face⟩: `Enter↵` Specify third point or [Invisible] ⟨exit⟩: `Enter↵`	✐ → ≫P1 ✐ → ≫P2 ✐ → ≫P3
Command: *hide* `Enter↵` Regenerating model.	
Command: *vpoint* `Enter↵` Current view direction: VIEWDIR=1.0000,-1.2000,2.0000 Specify a view point or [Rotate] ⟨display compass and tripod⟩: *1,-1.2,1* `Enter↵` Regenerating model.	관측점의 위치가 (1,-1.2,1)인 3차원 그림으로

Command: *hide* `Enter↵` Regenerating model.	
Command: *ucs* `Enter↵` Current ucs name: *WORLD* Specify origin of UCS or [Face/NAmed/OBject/Previous/View/World/X/Y/Z/ZAxis] ⟨World⟩: _endp of Specify point on X-axis or ⟨Accept⟩: _endp of Specify point on the XY plane or ⟨Accept⟩: _endp of	✐ → ≫P1 ✐ → ≫P2 ✐ → ≫P3
Command: *dtext* `Enter↵` Current text style: "Standard" Text height: 50.1961 Specify start point of text or [Justify/Style]: *justify* `Enter↵` Enter an option [Align/Fit/Center/Middle/Right/TL/TC/TR/ML/MC/MR/BL/BC /BR]: *fit* `Enter↵` Specify first endpoint of text baseline: Specify second endpoint of text baseline: Specify height ⟨20.0000⟩: *15* `Enter↵` Enter text: *CIV & ENV* `Enter↵` Enter text: `Enter↵`	 ≫B1(임의점) ≫B2(임의점)
Command: *ucs* `Enter↵` Current ucs name: *WORLD* Specify origin of UCS or [Face/NAmed/OBject/Previous/View/World/X/Y/Z/ZAxis] ⟨World⟩: `Enter↵`	좌표계를 표준좌표계(WCS)로

File ▶ Save As... [filename: 2148_3dtext]

3

SURFACE
모델링

3. SURFACE 모델링

3.1 RULESURF

두 곡선 사이에 직선보간 곡면을 작성한다.

명 령	
메뉴	그리기(D) ▶ 모델링(M) ▶ 메쉬(M) ▶ 직선보간 메쉬(R)
명령행	rulesurf
도구막대	◿

Command: **rulesurf**
Current wire frame density: SURFTAB1=6

명 령 옵 션
Select first defining curve: 첫 번째 정의 곡선 선택 Select second defining curve: 두 번째 정의 곡선 선택

선택한 객체가 직선보간 곡면의 모서리를 정의한다. 객체는 점, 선, 스플라인, 원, 호 또는 폴리선일 수 있다. 경계 중 하나가 닫히면 다른 쪽 경계도 닫혀야 한다. 점을 열린 곡선 또는 닫힌곡선의 다른 쪽 경계로 사용할 수 있지만 경계 곡선 중 한 쪽만이 점일 수 있다. 0,0 정점은 각 곡선에서 그 곡선을 선택하기 위해 사용한 점에 가장 가까운 끝점이다.

닫힌곡선의 경우에는 선택은 중요하지 않는다. 곡선이 원인 경우 직선보간 곡면은 현재 X축과 SNAPANG 시스템 변수의 현재 값에 의해 결정된 0도 사분점에서 시작한다. 닫힌 폴리선의 경우 직선보간 곡면은 마지막 정점에서 시작되어 폴리선의 세그먼트를 따라 거꾸로 진행된다. 원과 닫힌 폴리선 사이에 직선보간 곡면을 작성하는 것은 혼란스러울 수 있다. 원을 닫힌 반원형 폴리선으로 대체하는 것이 바람직할 수도 있다.

직선보간 곡면은 2 × N 다각형 메쉬로 구성된다. RULESURF는 메쉬 정점들 중 절반은 하나의 정의 곡선을 따라 동일한 간격으로 배치하고 나머지 절반은 다른 한 곡선을 따라 동일한 간격으로 배치한다. 간격의 수는 SURFTAB1 시스템 변수에 의해 지정된다. 간격의 수는 각 곡선에 대해 동일하므로 두 곡선의 길이가 다르면 곡선을 따라 배치되는 정점들 사이의 거리가 다르다.

메쉬의 N 방향은 경계 곡선의 방향이다. 두 경계가 모두 닫힌 경우 또는 한 경계는 닫히고 다른 경계는 점인 경우 결과로 생성된 다각형 메쉬는 N 방향으로 닫히고 N은 SURFTAB1과 동일하다. 곡선을 n 부분으로 분할하려면 n + 1 방향 벡터가 필요하기 때문에 두 경계가 모두 열린 경우 N은 SURFTAB1 + 1과 동일하다.

객체를 같은 쪽 끝에서 선택하면 다각형 메쉬가 작성된다.

객체를 서로의 반대쪽 끝에서 선택하면 자체 교차하는 다각형 메쉬가 작성된다.

3.2 REVSURF

선택된 축을 중심으로 회전된 곡면을 작성한다.

REVSURF는 경로가 되는 곡선 또는 윤곽(선, 원, 호, 타원, 타원형 호, 폴리선, 또는 스플라인, 닫힌 폴리선, 다각형, 닫힌 스플라인, 도넛)을 지정한 축 둘레로 회전하여 회전 곡면과 유사한 다각형 메쉬를 구성한다.

명 령	
메뉴	그리기(D) ▶ 모델링(M) ▶ 메쉬(M) ▶ 회전메쉬(M)
명령행	revsurf
도구막대	⬭

Command: **revsurf**
Current wire frame density: SURFTAB1=6 SURFTAB2=6

명 령 옵 션
Select object to revolve: 선, 호, 원 또는 2D/3D 폴리선을 선택 Select object that defines the axis of revolution: 선 또는 열린 2D/3D 폴리선을 선택

경로가 되는 곡선은 선택된 축 둘레로 스윕되어 곡면을 정의한다. 경로 곡선은 곡면 메쉬의 N 방향을 정의한다. 원 또는 닫힌 폴리선을 경로 곡선으로 선택하면 메쉬가 N 방향으로 닫힌다.

폴리선의 첫 번째 정점에서 최종 정점으로의 벡터가 회전축을 설정한다. 중간 정점은 무시된다. 회전축은 메쉬의 M 방향을 결정한다.

시작 각도	Specify start angle ⟨0⟩: 값을 입력하거나 엔터키
	시작 각도를 0이 아닌 값으로 지정하면 생성 경로 곡선에서 그 각도만큼 간격띄우기 한 위치에서 회전 곡면이 시작된다.
사이각	Specify included angle (+=ccw, -=cw) ⟨360⟩: 값을 입력하거나 엔터키
	곡면이 회전축을 중심으로 얼마나 밀리 연장될지를 지정한다.

시작 각도를 지정하면 생성 경로 곡선에서 그 각도만큼 간격띄우기 한 위치에서 회전 곡면이 시작된다. 사이각은 경로 곡선이 스윕되는 거리이다.

완전 원보다 작은 사이각을 입력하면 원이 닫히지 않는다.

회전축을 선택하기 위해 사용하는 점은 회전 방향에 영향을 준다.

생성되는 메쉬의 밀도는 SURFTAB1과 SURFTAB2 시스템 변수에 의해 조정된다. SURFTAB1은 회전 방향으로 그려지는 방향 벡터 선의 수를 지정한다. 경로 곡선이 선, 호, 원 또는 스플라인 맞춤 폴리선인 경우에는 SURFTAB2가 동일한 크기의 간격으로 등분분되어 그려지는 방향 벡터 선의 수를 지정한다. 경로 곡선이 스플라인 맞춤되지 않은 폴리선인 경우에는 방향 벡터 선이 직선 세그먼트의 양 끝점에 그려지며 각 호 세그먼트는 SURFTAB2에 의해 지정된 간격 수로 등분분될된다.

3.3 TABSURF

경로 곡선 및 방향 벡터로부터 방향 벡터 곡면을 작성한다.
TABSURF는 경로 곡선 및 방향 벡터에 의해 정의된 일반 방향 벡터 곡면을 표현하는 다각형 메쉬를 구성한다.

명 령	
메뉴	그리기(D) ▶ 모델링(M) ▶ 메쉬(M) ▶ 방향벡터 메쉬(T)
명령행	tabsurf
도구막대	〰

Command: **tabsurf**
Current wire frame density: SURFTAB1=6

명 령 옵 션	
Select object for path curve: **객체 선택**	

경로 곡선은 다각형 메쉬의 곡면을 정의한다. 경로 곡선은 선, 호, 원, 타원 또는 2D/3D 폴리선일 수 있다. AutoCAD®는 선택 점에 가장 가까운 경로 곡선 위의 점에서 시작되는 곡면을 그린다.

Select object for direction vector: 선 또는 열린 폴리선 선택

AutoCAD는 폴리선의 첫 번째 점과 마지막 점만을 고려하고 중간 정점은 무시한다. 방향 벡터는 돌출될 쉐이프의 방향 및 길이를 나타낸다. 폴리선 또는 선에서 선택된 끝점이 돌출 방향을 결정한다. 원래 경로 곡선은 방향 벡터가 방향 벡터 곡면의 구성을 지시하는 방법을 쉽게 시각화하기 위해 폭을 가진 선으로 그려진다.

TABSURF는 2×n 다각형 메쉬를 구성하며 여기에서 n은 SURFTAB1 시스템 변수에 의해 결정된다. 메쉬의 M 방향은 항상 2이며 방향 벡터의 방향이다. N 방향은 경로 곡선의 방향이다. 경로 곡선이 선, 호, 원, 타원 또는 스플라인 맞춤 폴리선인 경우 AutoCAD는 SURFTAB1에 의해 설정된 동일한 크기의 간격으로 경로 곡선을 등분분하는 방향 벡터 선을 그린다. 경로 곡선이 스플라인 맞춤되지 않은 폴리선인 경우 AutoCAD는 직선 세그먼트의 끝점에 방향 벡터 선을 그리며 각 호 세그먼트는 SURFTAB1에 의해 설정된 간격으로 등분분할 된다.

3.4 EDGESURF

3차원 다각형 메쉬를 작성한다.

EDGESURF는 4개의 인접 모서리를 사용하여 작성된 Coon 곡면 패치 메쉬와 유사하게 묘사한 3차원(3D) 다각형 메쉬를 구성한다. Coon 곡면 패치 메쉬는 4개의 인접 모서리(일반 공간 곡선도 가능) 사이에 삽입된 이중 입방체 곡면이다. Coon 곡면 패치 메쉬는 정의된 모서리의 구석에서 만날 뿐 아니라 각 모서리에 접하므로, 생성될 곡면 패치의 경계에 대한 조정을 제공한다.

명 령	
메뉴	그리기(D) ▶ 모델링(M) ▶ 메쉬(M) ▶ 모서리 메쉬(D)
명령행	edgesurf
도구막대	🗗

Command: **edgesurf**
Current wire frame density: SURFTAB1=6 SURFTAB2=6

Select object 1 for surface edge: 인접 모서리(1) 선택
Select object 2 for surface edge: 인접 모서리(2) 선택
Select object 3 for surface edge: 인접 모서리(3) 선택
Select object 4 for surface edge: 인접 모서리(4) 선택

메쉬 패치를 정의하는 4개의 인접 모서리를 선택해야 한다. 선, 호, 스플라인 또는 열린 2D 또는 3D 폴리선을 모서리로 사용할 수 있다. 모서리는 닫힌 위상 직각의 경로를 형성하도록 끝점에서 서로 만나야 한다.

임의의 순서로 네 개의 모서리를 선택할 수 있다. 첫 번째 모서리(SURFTAB1)는 생성된 메쉬의 M 방향을 결정하는데, 이는 선택 점에서 가장 가까운 끝점으로부터 다른 끝점까지 연장되는 방향이다. 첫 번째 모서리와 만나는 두 개의 모서리는 메쉬의 N 모서리(SURFTAB2)를 형성한다.

3.5 SURFACE 시스템변수

메쉬는 평면의 깎인면을 사용하여 객체의 곡면을 나타낸다. 메쉬 밀도 또는 깎인면의 수는 행과 열로 구성된 모눈과 유사한 M과 N 정점의 행렬식으로 정의된다. M과 N은 각각 주어진 정점의 열과 행 위치를 지정한다. 2D와 3D에서 모두 메쉬를 작성할 수 있지만 주로 3D에서 사용된다.

3.5.1 surftab1

유형: 정수
저장 위치: 도면
초기값: 6
RULESURF 및 TABSURF 명령에 대해 생성되는 테이블 수를 설정한다. REVSURF 및 EDGESURF 명령에 대한 M 방향의 메쉬 밀도를 설정한다.

3.5.2 surftab2

유형: 정수
저장 위치: 도면
초기값: 6
REVSURF 및 EDGESURF 명령에 대한 N 방향의 메쉬 밀도를 설정한다.

3.6 LAYER

3.6.1 LAYER 특성 관리자

명 령	
메뉴	형식 메뉴(O) ▶ 도면층(L)...
명령행	layer
도구막대	🗇

Command: layer

선택한 기준을 바탕으로 도면층을 필터링한다. 도면층 특성 관리자의 트리 뷰에서 도면층 필터를 선택하면, 필터 기준에 일치하는 도면층이 리스트 뷰에 표시된다.

도면의 도면층 리스트와 도면층의 특성을 표시한다. 도면층을 추가하거나 삭제 및 이름을 변경하고, 도면층의 특성을 변경하거나 설명을 추가할 수 있다. 도면층 필터는 리스트에 어떤 도면층이 표시되는지 조정하며, 한 번에 두 개 이상의 도면층을 변경할 때도 사용할 수 있다.

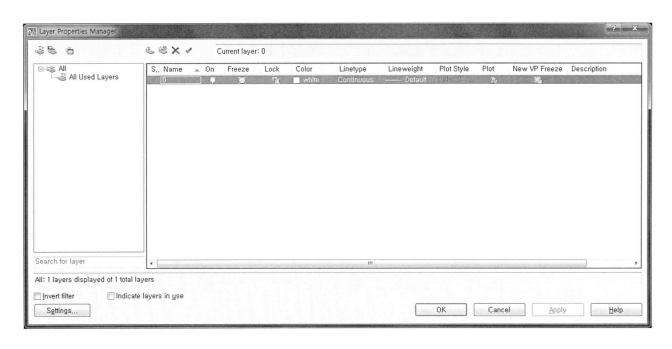

옵 션			
새 특성 필터	도면층 필터 특성 대화상자를 표시한다. 여기서 하나 이상의 도면층 특성을 기준으로 도면층 필터를 작성할 수 있다.		
새 그룹 필터	선택하여 필터에 추가한 도면층이 들어 있는 도면층 필터를 작성한다.		
도면층 상태 관리자	도면층 상태 관리자를 표시한다. 여기서 명명된 도면층 상태에 있는 도면층에 대해 현재 특성 설정 값을 저장할 수 있으며 저장한 설정 값을 나중에 복원할 수 있다.		
새 도면층	새 도면층을 작성한다. 리스트에 LAYER1이라는 도면층이 표시된다. 이름을 선택하여 새 도면층 이름을 즉시 입력할 수 있다. 새 도면층은 도면층 리스트에서 현재 선택된 도면층의 특성(색상, 켜기 또는 끄기 상태 등)을 상속 받는다.		
도면층 삭제	삭제하기 위해 선택된 도면층을 표시한다. 적용 또는 확인을 클릭하면 도면층이 삭제된다. 참조되지 않은 도면층만 삭제할 수 있다. 참조된 도면층에는 도면층 0 및 DEFPOINTS, 객체(블록 정의의 객체 포함)가 포함된 도면층, 현재 도면층 및 외부참조 종속 도면층이 포함된다. 일부가 열린 도면의 도면층은 참조된 것으로 간주되므로 삭제할 수 없다. 주 공유 프로젝트에서 도면 작업을 하거나 도면층 표준 세트를 기준으로 하는 도면에서 작업하는 경우, 도면층을 삭제할 때 주의해야 한다.		
현재로 설정	선택된 도면층을 현재 도면층으로 설정한다. 작성한 객체는 현재 도면층에 그려진다(CLAYER 시스템 변수) .		
현재 도면층	현재 도면층의 이름을 표시한다.		
도면층 검색	문자를 입력하면, 이름별로 도면층 리스트를 신속하게 필터한다. 도면층 특성 관리자를 종료하면, 이 필터는 저장되지 않는다.		
상태 행	현재 필터의 이름, 리스트 뷰에 표시된 도면층의 수, 도면에 있는 도면층의 수를 표시한다.		
필터 반전	선택된 도면층 특성 필터의 기준에 맞지 않는 모든 도면층을 표시한다.		
도면층 도구막대에 적용	현재 도면층 필터를 적용하여 도면층 도구 막대에 있는 도면층 리스트의 도면층 표시를 조정한다.		
적용	도면층과 필터 변경사항을 적용하지만 대화상자는 종료되지 않는다.		
LAYER 필터 특성 대화상자	필터 이름	도면층 특성 필터 이름을 입력할 수 있는 공간을 제공한다.	
	예 표시	도면층 필터 예에 도면층 특성 필터 정의의 예를 표시한다.	
	필터 정의	도면층의 특성을 표시한다. 하나 이상의 특성을 사용하여 필터를 정의할 수 있다. 예를 들어, 빨간색 또는 파란색이며 사용 중인 모든 도면층을 표시하는 필터를 정의할 수 있다. 둘 이상의 색상, 선 종류 또는 선가중치를 포함하려면, 다음 행에서 필터를 복제하고 다른 설정 값을 선택한다.	
		상태	사용 중 아이콘 또는 사용 중이 아님 아이콘을 클릭한다.
		이름	와일드카드 문자를 사용하여 도면층 이름을 필터한다. 예를 들어, *mech*를 입력하여 이름에 mech 문자가 있는 모든 도면층을 포함한다. 모든 와일드카드 문자는 도면층 리스트 필터 및 정렬에 있는 테이블에 나열되어 있다.
		켜기	켜기 또는 끄기 아이콘을 클릭한다.
		동결	동결 또는 동결해제 아이콘을 클릭한다.
		잠금	잠금 또는 잠금해제 아이콘을 클릭한다.
		색상	… 버튼을 클릭하여 색상 선택 대화상자를 표시한다.
		선 종류	… 버튼을 클릭하여 선 종류 선택 대화상자를 표시한다.
		선가중치	… 버튼을 클릭하여 선가중치 대화상자를 표시한다.
		플롯 유형	… 버튼을 클릭하여 플롯 유형 선택 대화상자를 표시한다.
		플롯	플롯 아이콘 또는 플롯하지 않음 아이콘을 클릭한다.
	필터 미리보기	필터를 정의하면 필터 결과가 표시된다. 필터 미리보기는 이 필터를 선택했을 때 도면층 특성 관리자의 도면층 리스트에 어떤 도면층이 표시되는지 보여준다.	

3.6.2 LAYER 명령행

Command: -layer
Current layer: "0"

주 플롯 스타일 옵션은 명명된 플롯 스타일을 사용하고 있을 때에만 표시된다.

명 령 옵 션		
Enter an option [?/Make/Set/New/ON/OFF/Color/Ltype/LWeight/Plot/Freeze/Thaw/LOck/Unlock/stAte]:		**옵션 입력**
?-도면층 나열	현재 정의된 도면층의 이름, 상태, 색상 번호, 선 종류, 선가중치 및 외부 종속 도면층인지 여부를 보여주는 리스트를 표시한다. Enter an option [?/Make/Set/New/ON/OFF/Color/Ltype/LWeight/Plot/Freeze/Thaw/LOck/Unlock/stAte]: **?** Enter layer name(s) to list 〈*〉: **이름 리스트를 입력하거나 엔터키를 눌러 모든 도면층을 나열**	
만들기	도면층을 작성하고 작성한 도면층을 현재 도면층으로 만든다. 새로운 객체는 현재 도면층에 그려진다. Enter an option [?/Make/Set/New/ON/OFF/Color/Ltype/LWeight/Plot/Freeze/Thaw/LOck/Unlock/stAte]: **make** Enter name for new layer (becomes the current layer) 〈0〉: **이름을 입력하거나 엔터키** 입력한 이름에 해당하는 도면층이 없으면 AutoCAD가 해당 이름으로 새 도면층을 작성한다. 기본적으로 새 도면층은 켜져 있고 다음 특성을 사용한다. 색상 번호 7, CONTINUOUS 선 종류, DEFAULT 선가중치. 도면층이 존재하지만 꺼져 있으면 AutoCAD가 도면층을 켠다.	
설정	Enter an option [?/Make/Set/New/ON/OFF/Color/Ltype/LWeight/Plot/Freeze/Thaw/LOck/Unlock/stAte]: **set** 새로운 현재 도면층을 지정하며, 도면층이 없더라도 도면층을 작성하지 않는다. 도면층이 꺼져 있으면 AutoCAD가 도면층을 켜고 현재 도면층으로 만든다. 동결된 도면층은 현재 도면층으로 만들 수 없다. Enter layer name to make current or 〈select object〉: **이름을 입력하거나 엔터키** Select object: **객체 선택**	
신규	도면층을 작성한다. 이름들을 쉼표로 구분해서 입력하여 둘 이상의 도면층을 작성할 수 있다. Enter an option [?/Make/Set/New/ON/OFF/Color/Ltype/LWeight/Plot/Freeze/Thaw/LOck/Unlock/stAte]: **new** Enter name list for new layer(s): **새 도면층(들)의 이름 리스트 입력**	
켜기	선택한 도면층을 보이게 하고 플롯할 수 있게 한다. Enter an option [?/Make/Set/New/ON/OFF/Color/Ltype/LWeight/Plot/Freeze/Thaw/LOck/Unlock/stAte]: **on** Enter name list of layer(s) to turn on: **켤 도면층(들)의 이름 리스트 입력**	
끄기	선택한 도면층을 보이지 않게 하고 플롯 대상에서 제외한다. Enter an option [?/Make/Set/New/ON/OFF/Color/Ltype/LWeight/Plot/Freeze/Thaw/LOck/Unlock/stAte]: **off** Enter name list of layer(s) to turn off or 〈select objects〉: **이름 리스트를 입력하거나 엔터키** Select objects: **객체 선택**	
색상	도면층과 연관된 색상을 변경한다. Enter an option [?/Make/Set/New/ON/OFF/Color/Ltype/LWeight/Plot/Freeze/Thaw/LOck/Unlock/stAte]: **color** New color [Truecolor/COlorbook]: **색상 이름 또는 1부터 255까지의 숫자 중에서 하나를 입력하거나 t를 입력하거나 co를 입력**	
	트루컬러	선택된 객체에 사용될 트루컬러를 지정한다. New color [Truecolor/COlorbook]: **truecolor** Red,Green,Blue: **트루컬러를 지정하려면 0에서 255사이의 정수 값 3개를 쉼표로 구분하여 입력**
	색상표	로드된 색상표에서 선택된 객체에 사용할 색상을 지정한다. New color [Truecolor/COlorbook]: **colorbook** Enter Color Book name: **PANTONE과 같이 설치된 색상표 이름 입력** 색상표 이름을 입력하면 색상표의 색상 이름을 입력할지 여부에 대해 프롬프트를 표시한다. Enter color name: **PANTONE 573과 같이 선택한 색상표 내의 색상 이름 입력** Enter name list of layer(s) for color PANTONE 17-5734 TC 〈0〉: **이름을 입력하거나 이름 리스트를 쉼표로 구분하여 입력하거나 또는 엔터키**
	색상이 도면층에 지정되고 도면층이 켜진다. 색상을 지정하지만 도면층을 끄려면 색상 앞에 빼기 기호(-)를 넣는다.	
선 종류	도면층과 연관된 선 종류를 변경한다. Enter an option [?/Make/Set/New/ON/OFF/Color/Ltype/LWeight/Plot/Freeze/Thaw/LOck/Unlock/stAte]: **ltype** Enter loaded linetype name or [?] 〈Continuous〉: **현재 로드된 선 종류 이름을 입력하거나 ?를 입력하거나 엔터키**	
	선 종류를 입력하거나 엔터키를 누르면, 다음 프롬프트가 표시된다. Enter name list of layer(s) for linetype "Continuous" 〈0〉: **와일드카드 패턴, 이름 또는 쉼표로 구분한 이름 리스트를 입력 또는 엔터키**	
	로드된 선 종류 이름 입력 프롬프트에서 ?를 입력하면, 다음 프롬프트가 표시된다. Enter loaded linetype name or [?] 〈Continuous〉: **?** Enter linetype name(s) to list 〈*〉: **와일드카드 패턴을 입력하거나 엔터키 눌러 도면의 모든 선 종류 이름을 나열**	
선가중치	도면층과 연관된 선가중치를 변경한다. Enter an option [?/Make/Set/New/ON/OFF/Color/Ltype/LWeight/Plot/Freeze/Thaw/LOck/Unlock/stAte]: **lweight** Enter lineweight (0.0mm - 2.11mm): **선가중치 입력** 유효한 선가중치를 입력하면 현재 선가중치가 새 값으로 설정된다. 유효하지 않은 선가중치를 입력한 경우, 현재 선가중치는 고정된 선가중치 값에 가장 가까운 값으로 설정된다. 고정된 선가중치 값 리스트에 없는 사용자 폭을 가진 객체를 플롯하려는 경우, 플롯 스타일 테이블 편집기를 사용하여 플롯 선가중치를 사용자화할 수 있다.	

플롯	Enter name list of layers(s) for lineweight 1.00mm 〈0〉: 이름 리스트를 입력하거나 엔터키
	
	선가중치가 도면층에 지정된다.
	보이는 도면층의 플롯 여부를 제어한다. 도면층이 플롯되도록 설정되었더라도 현재 동결되었거나 꺼져 있으면 도면층은 플롯되지 않는다.
	
	    Enter an option [?/Make/Set/New/ON/OFF/Color/Ltype/LWeight/MATerial/Plot/Freeze/Thaw/LOck/Unlock /stAte]: plot
	    Enter a plotting preference [Plot/No plot] 〈Plot〉: 옵션을 입력하거나 엔터키
	    Enter layer name(s) for this plot preference 〈0〉: 이름 리스트를 입력하거나 엔터키
	
	플롯 설정이 도면층에 지정된다.

플롯
스타일
	도면층에 지정된 플롯 스타일을 설정한다. 현재 도면에서 색상 종속 플롯 스타일을 사용 중인 경우 (PSTYLEPOLICY 시스템 변수가 1로 설정) 에는 이 옵션을 사용할 수 없다(플롯 스타일을 사용하여 플롯된 객체 조정 참고).
	
	    Enter plot style or [?] 〈Normal〉: 이름을 입력하거나 ?를 입력하여 기존 플롯 스타일을 나열하거나 엔터키를 누른다.
	
	NORMAL 이외의 플롯 유형을 선택하는 경우, 다음 프롬프트가 표시된다.
	
	    Enter name list of layer(s) for plot style current 〈current〉: 이 플롯 스타일을 사용할 도면층의 이름을 입력하거나 엔터키를 눌러
	    현재 도면층에만 플롯 스타일을 적용한다.

동결	도면층을 동결하여 도면층을 보이지 않게 하고 재생성과 플로팅에서 그 도면층을 제외한다.
	
	    Enter an option [?/Make/Set/New/ON/OFF/Color/Ltype/LWeight/MATerial/Plot/Freeze/Thaw/LOck/Unlock/stAte]: freeze
	    Enter name list of layer(s) to freeze or 〈select objects〉: 이름 리스트를 입력하거나 엔터키
	    Select objects: 객체 선택

동결해제	동결된 도면층을 동결해제하여 도면층을 보이게 하고 재생성과 플로팅 될 수 있게 한다.
	
	    Enter an option [?/Make/Set/New/ON/OFF/Color/Ltype/LWeight/MATerial/Plot/Freeze/Thaw/LOck/Unlock/stAte]: thaw
	    Enter name list of layer(s) to thaw: 동결해제할 도면층(들)의 이름 리스트 입력

잠금	도면층을 잠가 해당 도면층의 객체가 편집되지 못하게 한다.
	
	    Enter an option [?/Make/Set/New/ON/OFF/Color/Ltype/LWeight/MATerial/Plot/Freeze/Thaw/LOck/Unlock/stAte]: lock
	    Enter name list of layer(s) to lock or 〈select objects〉: 이름 리스트를 입력하거나 엔터키
	    Select objects: 객체 선택

잠금해제	선택된 잠근 도면층을 잠금해제하여 해당 도면층의 객체를 편집 가능하게 한다.
	
	    Enter an option [?/Make/Set/New/ON/OFF/Color/Ltype/LWeight/MATerial/Plot/Freeze/Thaw/LOck/Unlock/stAte]: unlock
	    Enter name list of layer(s) to unlock or 〈select objects〉: 이름 리스트를 입력하거나 엔터키
	    Select objects: 객체 선택

상태	도면에 있는 도면층의 상태 및 특성 설정을 저장하거나 복원한다.
	
	    Enter an option [?/Make/Set/New/ON/OFF/Color/Ltype/LWeight/MATerial/Plot/Freeze/Thaw/LOck/Unlock/stAte]: state
	    Enter an option [?/Save/Restore/Edit/Name/Delete/Import/EXport]:

	?-명명된 도면층 상태 나열	도면 지원 경로에 명명된 도면층 상태(LAS) 파일을 나열한다. Enter an option [?/Save/Restore/Edit/Name/Delete/Import/EXport]: ?

	저장	도면에 있는 도면층의 상태 및 특성 설정을 지정된 도면층 상태 이름으로 저장한다. 도면층 상태를 저장할 때, 나중에 도면층 상 태를 복원하게 되면 영향을 받는 도면층 설정을 지정한다.
		
		    Enter an option [?/Save/Restore/Edit/Name/Delete/Import/EXport]: save
		    Enter new layer state name: 이름을 입력하고 엔터키
		
		    Enter states to change [On/Frozen/Lock/Plot/Newvpfreeze/Color/lineType/lineWeight/plotStyle]: 저장하려는 설정을
		    입력한 다음 엔터키

	복원	모든 도면층의 상태 및 특성 설정을 이전에 저장된 설정으로 복원한다. 도면층 상태를 저장할 때 선택한 도면층 상태 및 특성 설 정만 복원한다.
		
		    Enter an option [?/Save/Restore/Edit/Name/Delete/Import/EXport]: restore
		    Enter name of layer state to restore or [?]: 도면층 상태 이름 혹은 ?를 입력하여 저장된 도면층 상태 리스트 확인

	편집	지정된 도면층 상태에 대해 저장된 도면층 설정을 변경한다. 도면층 상태를 복원하면 지정된 설정이 사용된다.
		
		    Enter an option [?/Save/Restore/Edit/Name/Delete/Import/EXport]: edit
		    Enter name of layer state to edit or [?]: 도면층 상태 이름 혹은 ?를 입력하여 저장된 도면층 상태 리스트 확인
		    Enter states to change [On/Frozen/Lock/Plot/Newvpfreeze/Color/lineType/lineWeight/plotStyle]: 변경하려는 설정을
		    입력한 다음 엔터키

	이름	저장된 도면층 상태의 이름을 변경한다.
		
		    Enter an option [?/Save/Restore/Edit/Name/Delete/Import/EXport]: name
		    Enter name of layer state to rename or [?]: 도면층 상태 이름 혹은 ?를 입력하여 저장된 도면층 상태 리스트 확인
		    Enter new layer state name: 새 도면층 상태 이름 입력

	삭제	저장된 도면층 상태를 제거한다.
		
		    Enter an option [?/Save/Restore/Edit/Name/Delete/Import/EXport]: delete
		    Enter name of layer state to delete or [?]: 도면층 상태 이름을 입력하거나 ?를 입력하여 저장된 도면층 상태 리스트 확인

	가져오기	이전에 내보낸 도면층 상태(LAS) 파일을 현재 도면에 로드한다. 도면층 상태 파일을 가져온 결과로 추가 도면층이 작성될 수 있다.
		
		    Enter an option [?/Save/Restore/Edit/Name/Delete/Import/EXport]: import
		    Enter file name to import 〈Drawing1〉: 가져올 파일 이름 입력

	내보내기	선택된 명명된 도면층 상태를 도면층 상태(LAS) 파일에 저장한다.
		
		    Enter an option [?/Save/Restore/Edit/Name/Delete/Import/EXport]: export
		    Enter name of layer state to export or [?]: 도면층 상태 이름을 입력하거나 ?를 입력하여 저장된 도면층 상태 리스트 확인
		    Export state to file name 〈civil〉: 파일 이름으로 상태 내보내기

3.7 따라하기

3.7.1 rulesurf

<table>
<tr><td colspan="2" align="center"><h2>명 령 줄(rulesurf)</h2></td></tr>
<tr><td></td><td>File ▶ <u>N</u>ew...</td></tr>
<tr><td>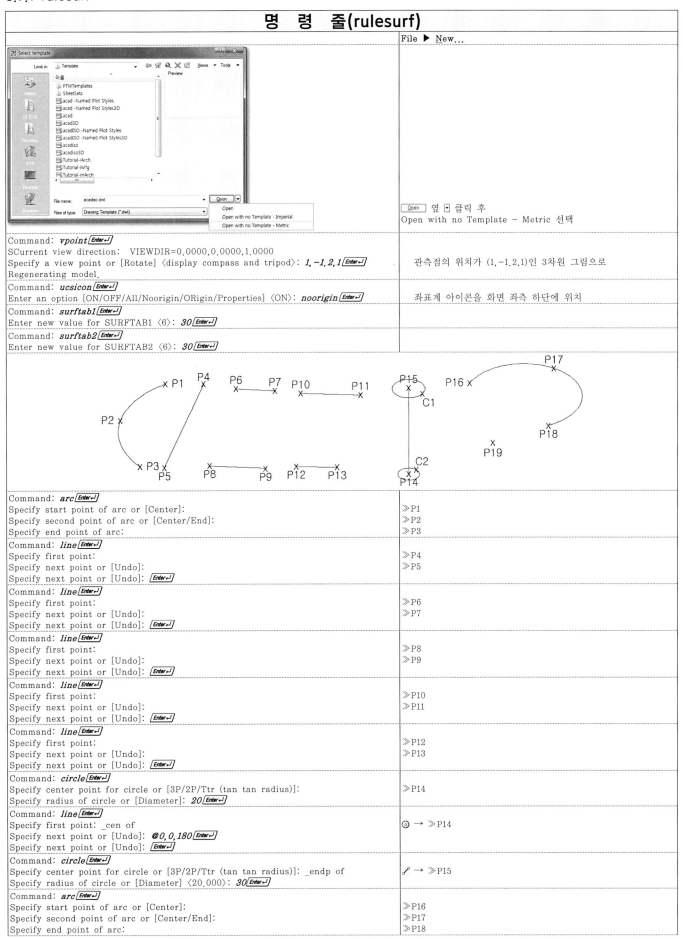</td><td>

Open 옆 🔽 클릭 후
Open with no Template - Metric 선택</td></tr>
<tr>
<td>Command: vpoint [Enter↵]
SCurrent view direction: VIEWDIR=0.0000,0.0000,1.0000
Specify a view point or [Rotate] ⟨display compass and tripod⟩: 1,-1.2,1 [Enter↵]
Regenerating model.</td>
<td>관측점의 위치가 (1,-1.2,1)인 3차원 그림으로</td>
</tr>
<tr>
<td>Command: ucsicon [Enter↵]
Enter an option [ON/OFF/All/Noorigin/ORigin/Properties] ⟨ON⟩: noorigin [Enter↵]</td>
<td>좌표계 아이콘을 화면 좌측 하단에 위치</td>
</tr>
<tr>
<td>Command: surftab1 [Enter↵]
Enter new value for SURFTAB1 ⟨6⟩: 30 [Enter↵]</td>
<td></td>
</tr>
<tr>
<td>Command: surftab2 [Enter↵]
Enter new value for SURFTAB2 ⟨6⟩: 30 [Enter↵]</td>
<td></td>
</tr>
<tr>
<td colspan="2" align="center">

X P1 X P4   X P6   X P7   P10   P11
                              X   X
P2 X
                                              P17
                                              X
X P3 X   X   X   X   X   P16 X   P15 X
  P5   P8   P9   P12   P13   C1

X P19
P18 X

C2
X P14

</td>
</tr>
<tr>
<td>Command: arc [Enter↵]
Specify start point of arc or [Center]:
Specify second point of arc or [Center/End]:
Specify end point of arc:</td>
<td>≫P1
≫P2
≫P3</td>
</tr>
<tr>
<td>Command: line [Enter↵]
Specify first point:
Specify next point or [Undo]:
Specify next point or [Undo]: [Enter↵]</td>
<td>≫P4
≫P5</td>
</tr>
<tr>
<td>Command: line [Enter↵]
Specify first point:
Specify next point or [Undo]:
Specify next point or [Undo]: [Enter↵]</td>
<td>≫P6
≫P7</td>
</tr>
<tr>
<td>Command: line [Enter↵]
Specify first point:
Specify next point or [Undo]:
Specify next point or [Undo]: [Enter↵]</td>
<td>≫P8
≫P9</td>
</tr>
<tr>
<td>Command: line [Enter↵]
Specify first point:
Specify next point or [Undo]:
Specify next point or [Undo]: [Enter↵]</td>
<td>≫P10
≫P11</td>
</tr>
<tr>
<td>Command: line [Enter↵]
Specify first point:
Specify next point or [Undo]:
Specify next point or [Undo]: [Enter↵]</td>
<td>≫P12
≫P13</td>
</tr>
<tr>
<td>Command: circle [Enter↵]
Specify center point for circle or [3P/2P/Ttr (tan tan radius)]:
Specify radius of circle or [Diameter]: 20 [Enter↵]</td>
<td>≫P14</td>
</tr>
<tr>
<td>Command: line [Enter↵]
Specify first point: _cen of
Specify next point or [Undo]: @0,0,180 [Enter↵]
Specify next point or [Undo]: [Enter↵]</td>
<td>⊚ → ≫P14</td>
</tr>
<tr>
<td>Command: circle [Enter↵]
Specify center point for circle or [3P/2P/Ttr (tan tan radius)]: _endp of
Specify radius of circle or [Diameter] ⟨20.000⟩: 30 [Enter↵]</td>
<td>𝄐 → ≫P15</td>
</tr>
<tr>
<td>Command: arc [Enter↵]
Specify start point of arc or [Center]:
Specify second point of arc or [Center/End]:
Specify end point of arc:</td>
<td>≫P16
≫P17
≫P18</td>
</tr>
</table>

Command: *point* [Enter↵] Current point modes: PDMODE=0 PDSIZE=0.000 Specify a point:	≫P19
Command: *rulesurf* [Enter↵] Current wire frame density: SURFTAB1=30 Select first defining curve: Select second defining curve:	≫P1 ≫P4
Command: *rulesurf* [Enter↵] Current wire frame density: SURFTAB1=30 Select first defining curve: Select second defining curve:	≫P6 ≫P8
Command: *rulesurf* [Enter↵] Current wire frame density: SURFTAB1=30 Select first defining curve: Select second defining curve:	≫P10 ≫P13
Command: *rulesurf* [Enter↵] Current wire frame density: SURFTAB1=30 Select first defining curve: Select second defining curve:	≫P17 ≫P19
Command: *rulesurf* [Enter↵] Current wire frame density: SURFTAB1=30 Select first defining curve: Select second defining curve:	≫C1 ≫C2
Command: *hide* [Enter↵] Regenerating model.	면처리 확인

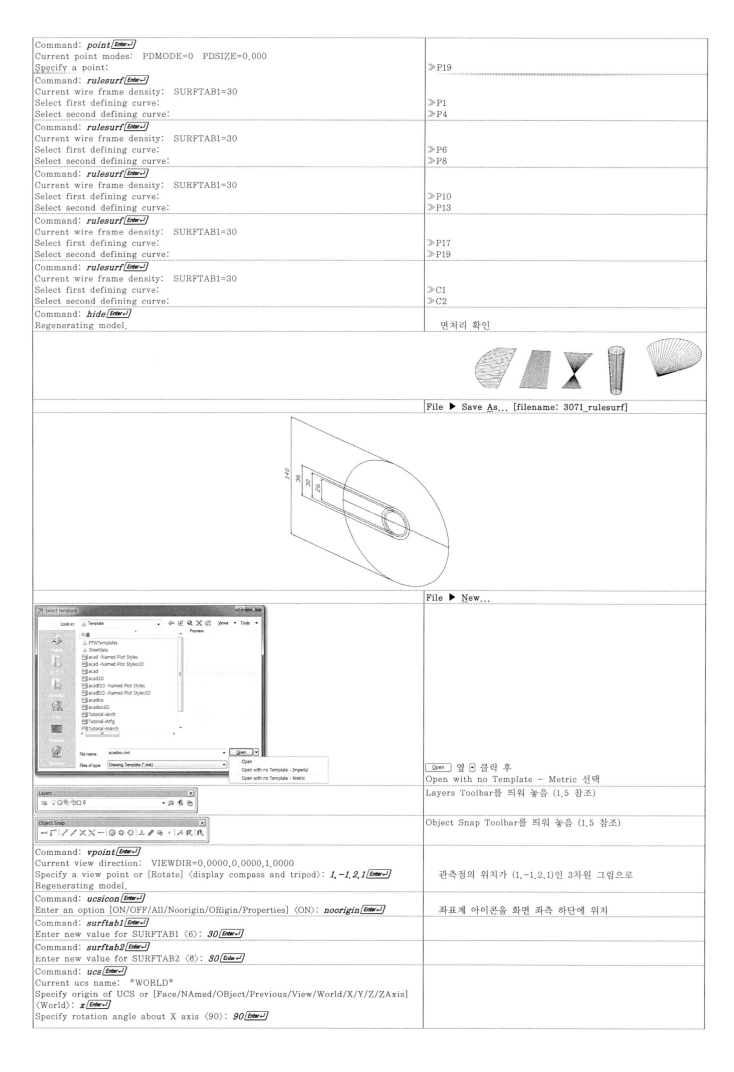

	File ▶ Save As... [filename: 3071_rulesurf]
	File ▶ New...
	[Open] 옆 ⊡ 클릭 후 Open with no Template − Metric 선택
	Layers Toolbar를 띄워 놓음 (1.5 참조)
	Object Snap Toolbar를 띄워 놓음 (1.5 참조)
Command: *vpoint* [Enter↵] Current view direction: VIEWDIR=0.0000,0.0000,1.0000 Specify a view point or [Rotate] 〈display compass and tripod〉: *1,−1.2,1* [Enter↵] Regenerating model.	관측점의 위치가 (1,−1.2,1)인 3차원 그림으로
Command: *ucsicon* [Enter↵] Enter an option [ON/OFF/All/Noorigin/ORigin/Properties] 〈ON〉: *noorigin* [Enter↵]	좌표계 아이콘을 화면 좌측 하단에 위치
Command: *surftab1* [Enter↵] Enter new value for SURFTAB1 〈6〉: *30* [Enter↵]	
Command: *surftab2* [Enter↵] Enter new value for SURFTAB2 〈6〉: *30* [Enter↵]	
Command: *ucs* [Enter↵] Current ucs name: *WORLD* Specify origin of UCS or [Face/NAmed/OBject/Previous/View/World/X/Y/Z/ZAxis] 〈World〉: *x* [Enter↵] Specify rotation angle about X axis 〈90〉: *90* [Enter↵]	

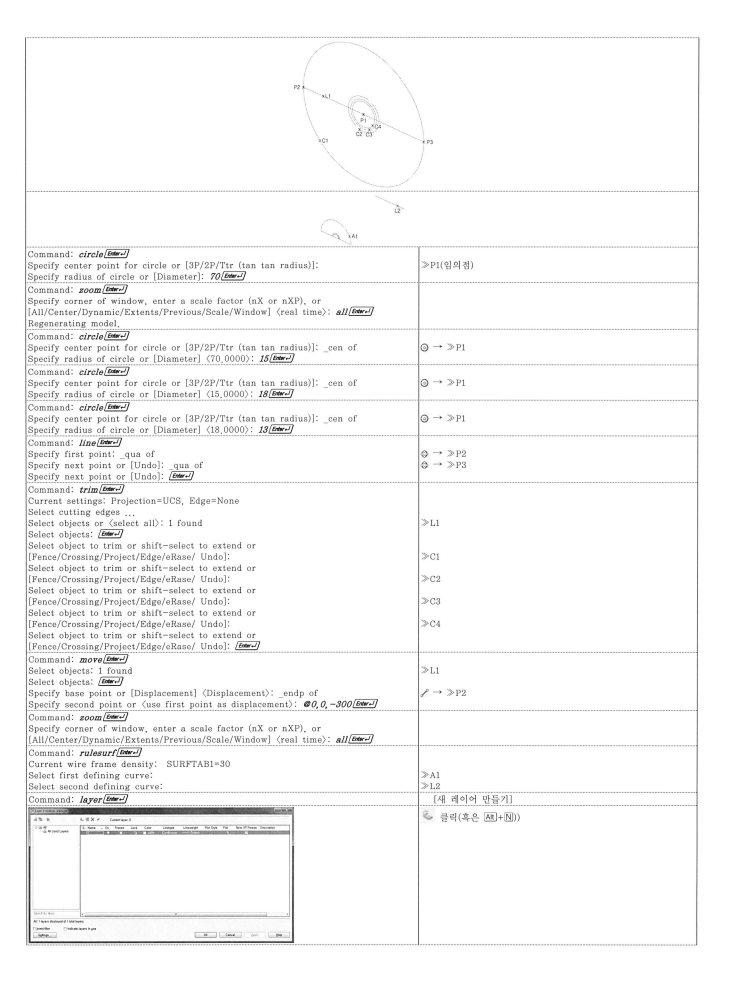

Command: *circle* [Enter↵] Specify center point for circle or [3P/2P/Ttr (tan tan radius)]: Specify radius of circle or [Diameter]: *70* [Enter↵]	≫P1(임의점)
Command: *zoom* [Enter↵] Specify corner of window, enter a scale factor (nX or nXP), or [All/Center/Dynamic/Extents/Previous/Scale/Window] ⟨real time⟩: *all* [Enter↵] Regenerating model.	
Command: *circle* [Enter↵] Specify center point for circle or [3P/2P/Ttr (tan tan radius)]: _cen of Specify radius of circle or [Diameter] ⟨70.0000⟩: *15* [Enter↵]	◎ → ≫P1
Command: *circle* [Enter↵] Specify center point for circle or [3P/2P/Ttr (tan tan radius)]: _cen of Specify radius of circle or [Diameter] ⟨15.0000⟩: *18* [Enter↵]	◎ → ≫P1
Command: *circle* [Enter↵] Specify center point for circle or [3P/2P/Ttr (tan tan radius)]: _cen of Specify radius of circle or [Diameter] ⟨18.0000⟩: *13* [Enter↵]	◎ → ≫P1
Command: *line* [Enter↵] Specify first point: _qua of Specify next point or [Undo]: _qua of Specify next point or [Undo]: [Enter↵]	◇ → ≫P2 ◇ → ≫P3
Command: *trim* [Enter↵] Current settings: Projection=UCS, Edge=None Select cutting edges ... Select objects or ⟨select all⟩: 1 found Select objects: [Enter↵] Select object to trim or shift-select to extend or [Fence/Crossing/Project/Edge/eRase/ Undo]: Select object to trim or shift-select to extend or [Fence/Crossing/Project/Edge/eRase/ Undo]: Select object to trim or shift-select to extend or [Fence/Crossing/Project/Edge/eRase/ Undo]: Select object to trim or shift-select to extend or [Fence/Crossing/Project/Edge/eRase/ Undo]: Select object to trim or shift-select to extend or [Fence/Crossing/Project/Edge/eRase/ Undo]: [Enter↵]	 ≫L1 ≫C1 ≫C2 ≫C3 ≫C4
Command: *move* [Enter↵] Select objects: 1 found Select objects: [Enter↵] Specify base point or [Displacement] ⟨Displacement⟩: _endp of Specify second point or ⟨use first point as displacement⟩: *@0,0,−300* [Enter↵]	≫L1 ⌁ → ≫P2
Command: *zoom* [Enter↵] Specify corner of window, enter a scale factor (nX or nXP), or [All/Center/Dynamic/Extents/Previous/Scale/Window] ⟨real time⟩: *all* [Enter↵]	
Command: *rulesurf* [Enter↵] Current wire frame density: SURFTAB1=30 Select first defining curve: Select second defining curve:	 ≫A1 ≫L2
Command: *layer* [Enter↵]	[새 레이어 만들기]
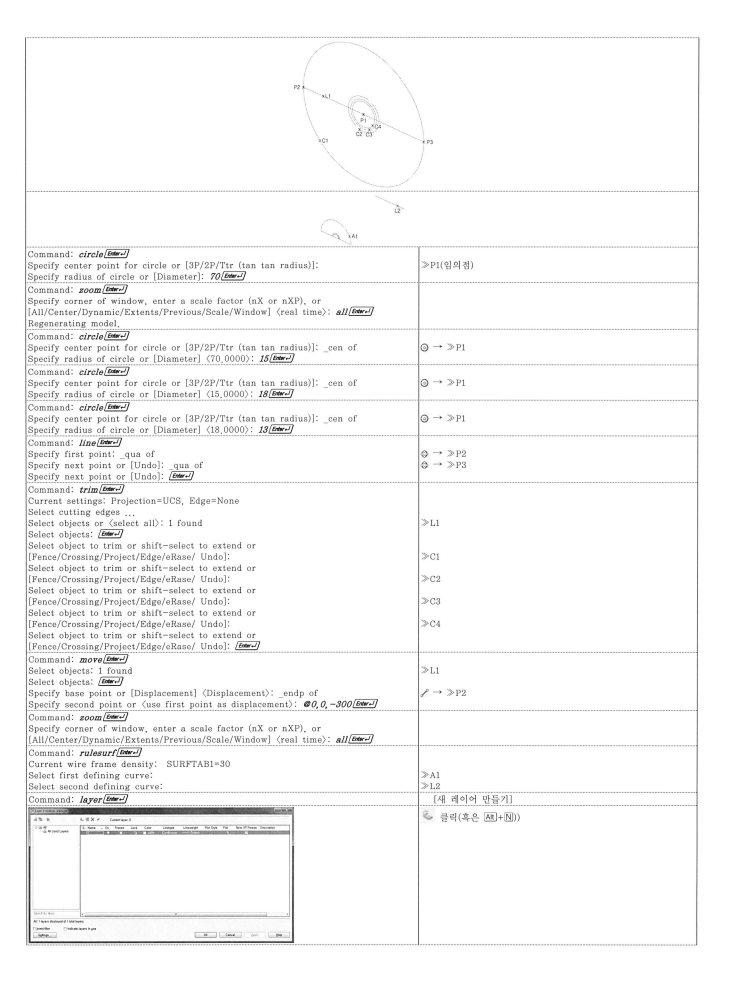	🔖 클릭(혹은 [Alt]+[N]))

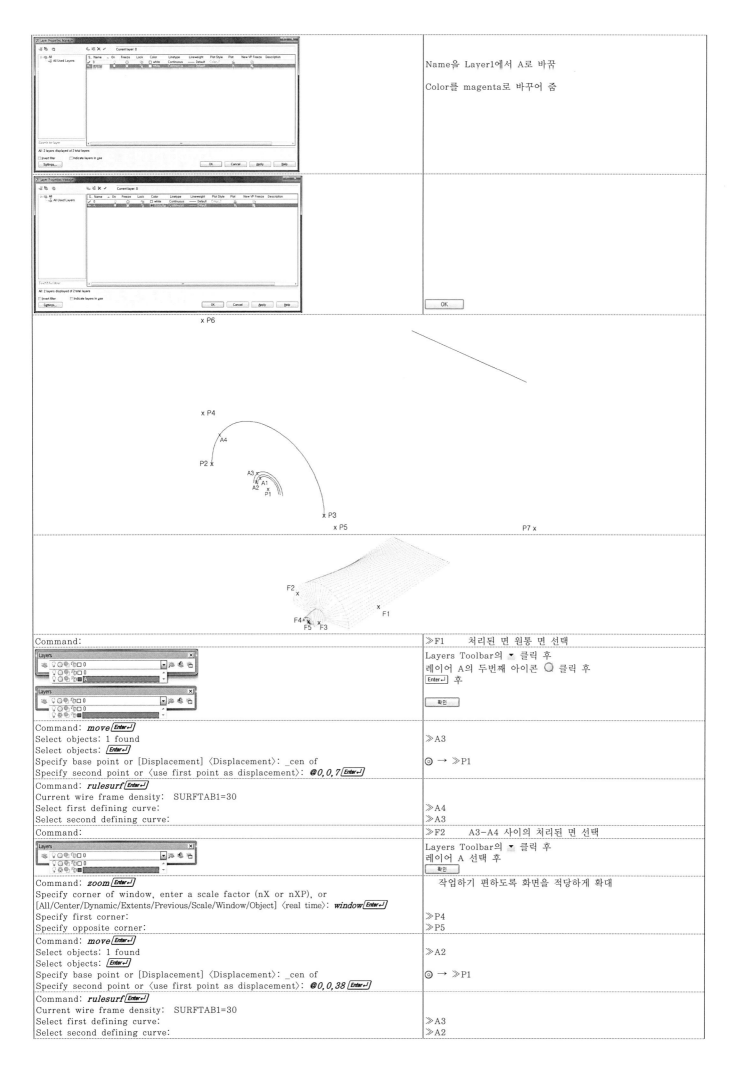

	Name을 Layer1에서 A로 바꿈
	Color를 magenta로 바꾸어 줌
	OK
x P6	

Command:	≫F1 처리된 면 원통 면 선택
	Layers Toolbar의 ▼ 클릭 후 레이어 A의 두번째 아이콘 ◯ 클릭 후 Enter↵ 후
	확인
Command: move Enter↵	
Select objects: 1 found	≫A3
Select objects: Enter↵	
Specify base point or [Displacement] ⟨Displacement⟩: _cen of	⊙ → ≫P1
Specify second point or ⟨use first point as displacement⟩: @0,0,7 Enter↵	
Command: rulesurf Enter↵	
Current wire frame density: SURFTAB1=30	
Select first defining curve:	≫A4
Select second defining curve:	≫A3
Command:	≫F2 A3-A4 사이의 처리된 면 선택
	Layers Toolbar의 ▼ 클릭 후 레이어 A 선택 후
	확인
Command: zoom Enter↵	작업하기 편하도록 화면을 적당하게 확대
Specify corner of window, enter a scale factor (nX or nXP), or	
[All/Center/Dynamic/Extents/Previous/Scale/Window/Object] ⟨real time⟩: window Enter↵	
Specify first corner:	≫P4
Specify opposite corner:	≫P5
Command: move Enter↵	
Select objects: 1 found	≫A2
Select objects: Enter↵	
Specify base point or [Displacement] ⟨Displacement⟩: _cen of	⊙ → ≫P1
Specify second point or ⟨use first point as displacement⟩: @0,0,38 Enter↵	
Command: rulesurf Enter↵	
Current wire frame density: SURFTAB1=30	
Select first defining curve:	≫A3
Select second defining curve:	≫A2

Command:	≫F3　　A2-A3 사이의 처리된 면 선택
(Layers toolbar dialog)	Layers Toolbar의 ▼ 클릭 후 레이어 A 선택 후 확인
Command: *move* Enter↵ Select objects: 1 found Select objects: Enter↵ Specify base point or [Displacement] ⟨Displacement⟩: _cen of Specify second point or ⟨use first point as displacement⟩: *@0,0,35* Enter↵	≫A1 ◎ → ≫P1
Command: *rulesurf* Enter↵ Current wire frame density:　SURFTAB1=30 Select first defining curve: Select second defining curve:	 ≫A2 ≫A1
Command:	≫F4　　A1-A2 사이의 처리된 면 선택
(Layers toolbar dialog)	Layers Toolbar의 ▼ 클릭 후 레이어 A 선택 후 확인
Command: *point* Enter↵ Current point modes: PDMODE=0　PDSIZE=0.0000 Specify a point: _cen of	 ◎ → ≫P1 (이동된 A1의 중심)
Command: *rulesurf* Enter↵ Current wire frame density:　SURFTAB1=30 Select first defining curve: Select second defining curve: _cen of	 ≫A1 ◎ → ≫P1 (이동된 A1의 중심)
Command:	≫F5　　P1-A1 사이의 처리된 면 선택
(Layers toolbar dialogs)	Layers Toolbar의 ▼ 클릭 후 레이어 A의 두 번째 아이콘 ☀ 클릭 후 Enter↵
Command: *hide* Enter↵ Regenerating model.	
Command: *zoom* Enter↵ Specify corner of window, enter a scale factor (nX or nXP), or [All/Center/Dynamic/Extents/Previous/Scale/Window] ⟨real time⟩: *all* Enter↵	
Command: *mirror* Enter↵ Select objects: Specify opposite corner: 11 found Select objects: Enter↵ Specify first point of mirror line: _endp of Specify second point of mirror line: _endp of Delete source objects? [Yes/No] ⟨N⟩: *no* Enter↵	≫P7 ≫P6　　그림 전체 선택 ∮ → ≫P2 ∮ → ≫P3
Command: *hide* Enter↵ Regenerating model.	
	File ▶ Save As... [filename: 3071_toothpaste]

surftab1 - RULESURF 및 TABSURF 명령에 대해 생성되는 테이블 수를 설정한다. REVSURF 및 EDGESURF 명령에 대한 M 방향의 메쉬 밀도를 정한다.
surftab2 - REVSURF 및 EDGESURF 명령에 대한 N 방향의 메쉬 밀도를 설정한다.

3.7.2 revsurf

명　령　줄(revsurf)	
	File ▶ New...
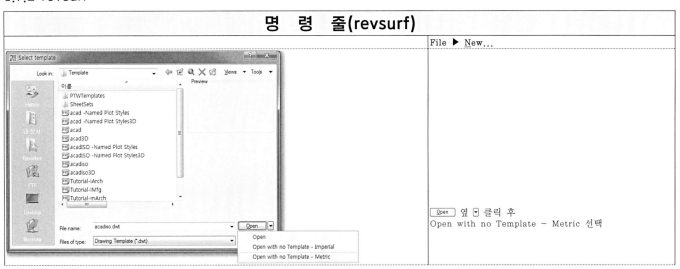	 Open 옆 ⊡ 클릭 후 Open with no Template - Metric 선택

Command: *vpoint* Enter↵ Current view direction: VIEWDIR=0.0000,0.0000,1.0000 Specify a view point or [Rotate] 〈display compass and tripod〉: *1,-1,2,1* Enter↵ Regenerating model.	관측점의 위치가 (1,-1,2,1)인 3차원 그림으로
Command: *ucsicon* Enter↵ Enter an option [ON/OFF/All/Noorigin/ORigin/Properties] 〈ON〉: *noorigin* Enter↵	좌표계 아이콘을 화면 좌측 하단에 위치
Command: *surftab1* Enter↵ Enter new value for SURFTAB1 〈6〉: *30* Enter↵	
Command: *surftab2* Enter↵ Enter new value for SURFTAB2 〈6〉: *30* Enter↵	

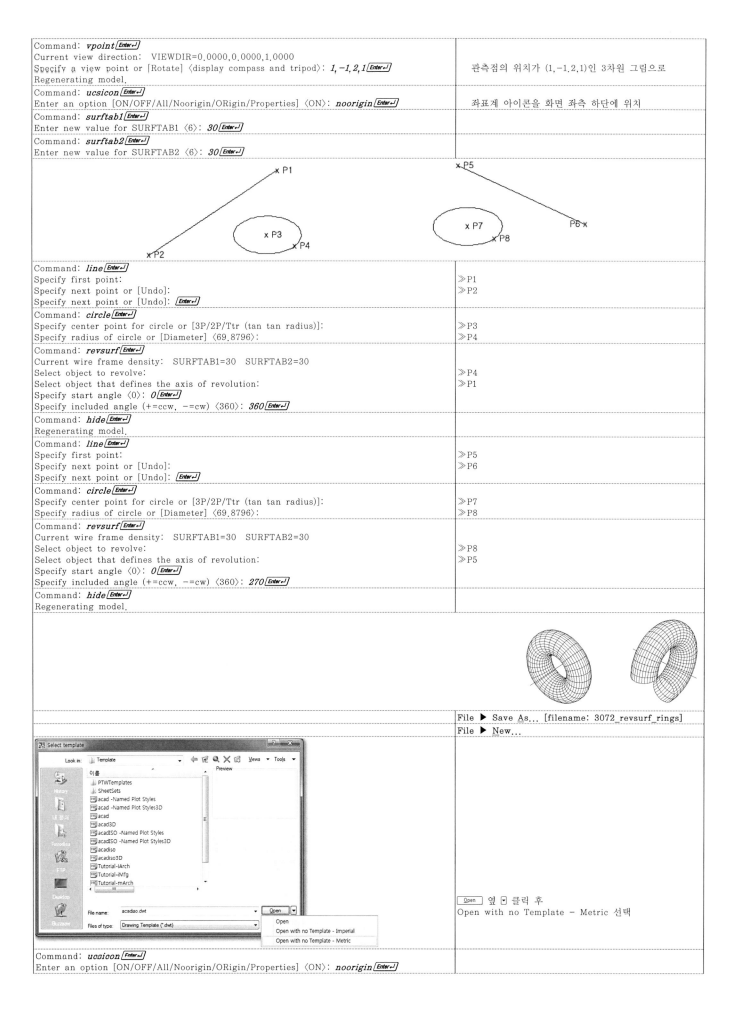

Command: *line* Enter↵ Specify first point: Specify next point or [Undo]: Specify next point or [Undo]: Enter↵	≫P1 ≫P2
Command: *circle* Enter↵ Specify center point for circle or [3P/2P/Ttr (tan tan radius)]: Specify radius of circle or [Diameter] 〈69.8796〉:	≫P3 ≫P4
Command: *revsurf* Enter↵ Current wire frame density: SURFTAB1=30 SURFTAB2=30 Select object to revolve: Select object that defines the axis of revolution: Specify start angle 〈0〉: *0* Enter↵ Specify included angle (+=ccw, -=cw) 〈360〉: *360* Enter↵	≫P4 ≫P1
Command: *hide* Enter↵ Regenerating model.	
Command: *line* Enter↵ Specify first point: Specify next point or [Undo]: Specify next point or [Undo]: Enter↵	≫P5 ≫P6
Command: *circle* Enter↵ Specify center point for circle or [3P/2P/Ttr (tan tan radius)]: Specify radius of circle or [Diameter] 〈69.8796〉:	≫P7 ≫P8
Command: *revsurf* Enter↵ Current wire frame density: SURFTAB1=30 SURFTAB2=30 Select object to revolve: Select object that defines the axis of revolution: Specify start angle 〈0〉: *0* Enter↵ Specify included angle (+=ccw, -=cw) 〈360〉: *270* Enter↵	≫P8 ≫P5
Command: *hide* Enter↵ Regenerating model.	
	File ▶ Save As... [filename: 3072_revsurf_rings] File ▶ New...
	Open 옆 ⊟ 클릭 후 Open with no Template - Metric 선택
Command: *ucsicon* Enter↵ Enter an option [ON/OFF/All/Noorigin/ORigin/Properties] 〈ON〉: *noorigin* Enter↵	

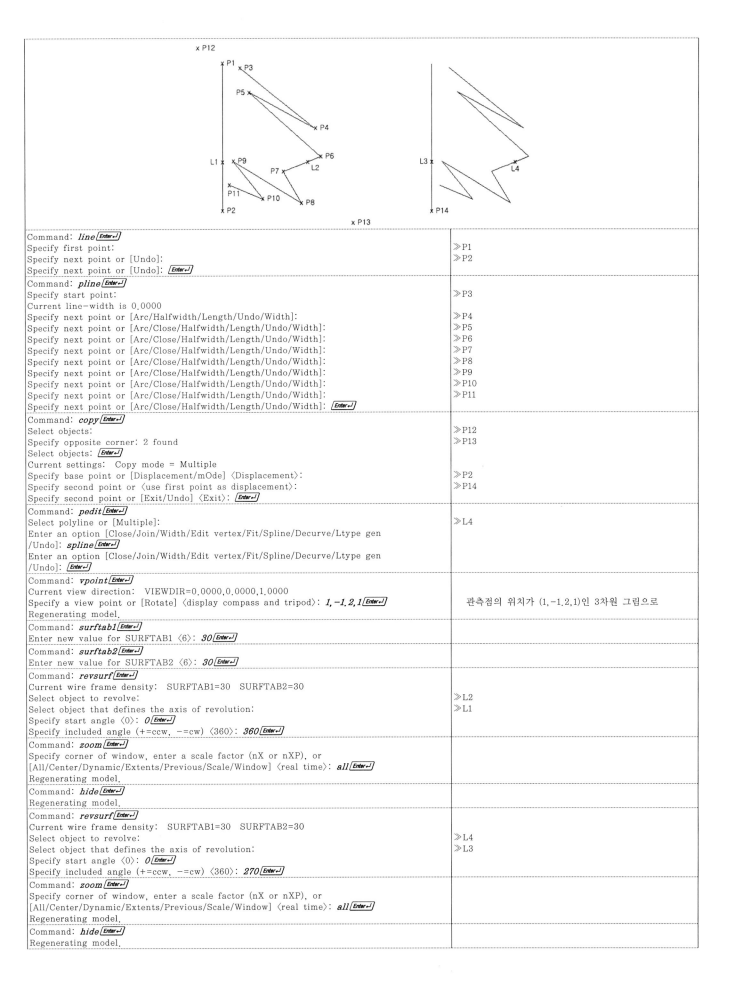

Command	
Command: *line* Enter↵	
Specify first point:	≫P1
Specify next point or [Undo]:	≫P2
Specify next point or [Undo]: Enter↵	
Command: *pline* Enter↵	
Specify start point:	≫P3
Current line−width is 0.0000	
Specify next point or [Arc/Halfwidth/Length/Undo/Width]:	≫P4
Specify next point or [Arc/Close/Halfwidth/Length/Undo/Width]:	≫P5
Specify next point or [Arc/Close/Halfwidth/Length/Undo/Width]:	≫P6
Specify next point or [Arc/Close/Halfwidth/Length/Undo/Width]:	≫P7
Specify next point or [Arc/Close/Halfwidth/Length/Undo/Width]:	≫P8
Specify next point or [Arc/Close/Halfwidth/Length/Undo/Width]:	≫P9
Specify next point or [Arc/Close/Halfwidth/Length/Undo/Width]:	≫P10
Specify next point or [Arc/Close/Halfwidth/Length/Undo/Width]:	≫P11
Specify next point or [Arc/Close/Halfwidth/Length/Undo/Width]: Enter↵	
Command: *copy* Enter↵	
Select objects:	≫P12
Specify opposite corner: 2 found	≫P13
Select objects: Enter↵	
Current settings: Copy mode = Multiple	
Specify base point or [Displacement/mOde] 〈Displacement〉:	≫P2
Specify second point or 〈use first point as displacement〉:	≫P14
Specify second point or [Exit/Undo] 〈Exit〉: Enter↵	
Command: *pedit* Enter↵	
Select polyline or [Multiple]:	≫L4
Enter an option [Close/Join/Width/Edit vertex/Fit/Spline/Decurve/Ltype gen /Undo]: *spline* Enter↵	
Enter an option [Close/Join/Width/Edit vertex/Fit/Spline/Decurve/Ltype gen /Undo]: Enter↵	
Command: *vpoint* Enter↵	
Current view direction: VIEWDIR=0.0000,0.0000,1.0000	
Specify a view point or [Rotate] 〈display compass and tripod〉: *1,−1.2,1* Enter↵	관측점의 위치가 (1,−1.2,1)인 3차원 그림으로
Regenerating model.	
Command: *surftab1* Enter↵	
Enter new value for SURFTAB1 〈6〉: *30* Enter↵	
Command: *surftab2* Enter↵	
Enter new value for SURFTAB2 〈6〉: *30* Enter↵	
Command: *revsurf* Enter↵	
Current wire frame density: SURFTAB1=30 SURFTAB2=30	
Select object to revolve:	≫L2
Select object that defines the axis of revolution:	≫L1
Specify start angle 〈0〉: *0* Enter↵	
Specify included angle (+=ccw, −=cw) 〈360〉: *360* Enter↵	
Command: *zoom* Enter↵	
Specify corner of window, enter a scale factor (nX or nXP), or	
[All/Center/Dynamic/Extents/Previous/Scale/Window] 〈real time〉: *all* Enter↵	
Regenerating model.	
Command: *hide* Enter↵	
Regenerating model.	
Command: *revsurf* Enter↵	
Current wire frame density: SURFTAB1=30 SURFTAB2=30	
Select object to revolve:	≫L4
Select object that defines the axis of revolution:	≫L3
Specify start angle 〈0〉: *0* Enter↵	
Specify included angle (+=ccw, −=cw) 〈360〉: *270* Enter↵	
Command: *zoom* Enter↵	
Specify corner of window, enter a scale factor (nX or nXP), or	
[All/Center/Dynamic/Extents/Previous/Scale/Window] 〈real time〉: *all* Enter↵	
Regenerating model.	
Command: *hide* Enter↵	
Regenerating model.	

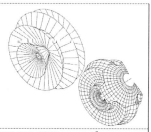

	File ▶ Save As... [filename: 3072_revsurf]

surftab1 – RULESURF 및 TABSURF 명령에 대해 생성되는 테이블 수를 설정한다. REVSURF 및 EDGESURF 명령에 대한 M 방향의 메쉬 밀도를 정한다.

surftab2 – REVSURF 및 EDGESURF 명령에 대한 N 방향의 메쉬 밀도를 설정한다.

3.7.3 tabsurf

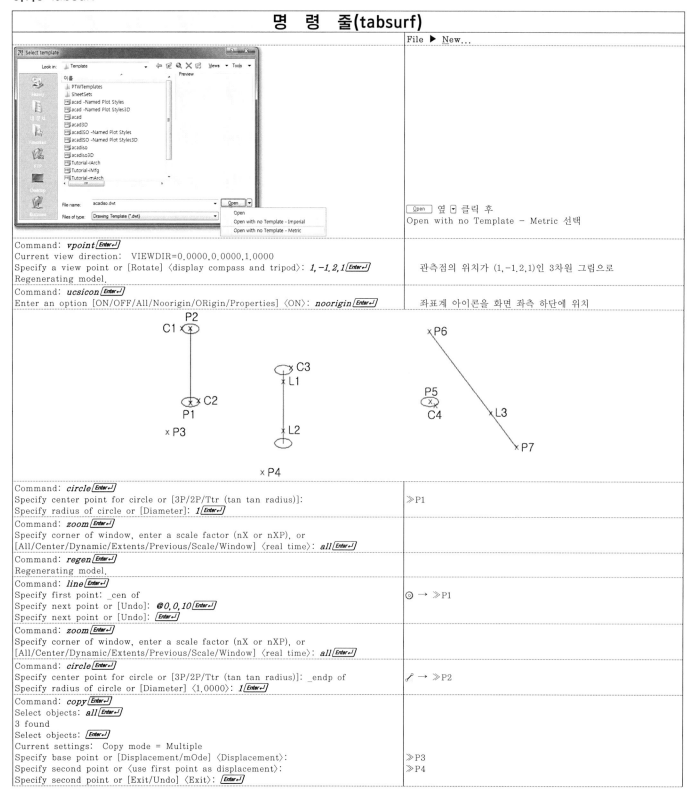

명 령 줄(tabsurf)	
	File ▶ New...
	Open 옆 ☐ 클릭 후 Open with no Template – Metric 선택
Command: *vpoint* [Enter↵] Current view direction: VIEWDIR=0.0000,0.0000,1.0000 Specify a view point or [Rotate] ⟨display compass and tripod⟩: *1, -1.2, 1* [Enter↵] Regenerating model.	관측점의 위치가 (1,-1.2,1)인 3차원 그림으로
Command: *ucsicon* [Enter↵] Enter an option [ON/OFF/All/Noorigin/ORigin/Properties] ⟨ON⟩: *noorigin* [Enter↵]	좌표계 아이콘을 화면 좌측 하단에 위치
Command: *circle* [Enter↵] Specify center point for circle or [3P/2P/Ttr (tan tan radius)]: Specify radius of circle or [Diameter]: *1* [Enter↵]	≫P1
Command: *zoom* [Enter↵] Specify corner of window, enter a scale factor (nX or nXP), or [All/Center/Dynamic/Extents/Previous/Scale/Window] ⟨real time⟩: *all* [Enter↵]	
Command: *regen* [Enter↵] Regenerating model.	
Command: *line* [Enter↵] Specify first point: _cen of Specify next point or [Undo]: *@0,0,10* [Enter↵] Specify next point or [Undo]: [Enter↵]	⊙ → ≫P1
Command: *zoom* [Enter↵] Specify corner of window, enter a scale factor (nX or nXP), or [All/Center/Dynamic/Extents/Previous/Scale/Window] ⟨real time⟩: *all* [Enter↵]	
Command: *circle* [Enter↵] Specify center point for circle or [3P/2P/Ttr (tan tan radius)]: _endp of Specify radius of circle or [Diameter] ⟨1.0000⟩: *1* [Enter↵]	∮ → ≫P2
Command: *copy* [Enter↵] Select objects: *all* [Enter↵] 3 found Select objects: [Enter↵] Current settings: Copy mode = Multiple Specify base point or [Displacement/mOde] ⟨Displacement⟩: Specify second point or ⟨use first point as displacement⟩: Specify second point or [Exit/Undo] ⟨Exit⟩: [Enter↵]	≫P3 ≫P4

Command: *circle* [Enter↵] Specify center point for circle or [3P/2P/Ttr (tan tan radius)]: Specify radius of circle or [Diameter] ⟨1.0000⟩: *1* [Enter↵]	≫P5
Command: *line* [Enter↵] Specify first point: Specify next point or [Undo]: Specify next point or [Undo]: [Enter↵]	≫P6 ≫P7
Command: *surftab1* [Enter↵] Enter new value for SURFTAB1 ⟨6⟩: *30* [Enter↵]	
Command: *surftab2* [Enter↵] Enter new value for SURFTAB2 ⟨6⟩: *30* [Enter↵]	
Command: *rulesurf* [Enter↵] Current wire frame density: SURFTAB1=30 Select first defining curve: Select second defining curve:	≫C1 ≫C2
Command: *hide* [Enter↵] Regenerating model	
Command: *zoom* [Enter↵] Specify corner of window, enter a scale factor (nX or nXP), or [All/Center/Dynamic/Extents/Previous/Scale/Window] ⟨real time⟩: *all* [Enter↵] Regenerating model.	
Command: *tabsurf* [Enter↵] Current wire frame density: SURFTAB1=30 Select object for path curve: Select object for direction vector:	≫C3 ≫L1 원통이 아래로 만들어짐
Command: *hide* [Enter↵] Regenerating model.	
Command: *erase* [Enter↵] Select objects: 1 found Select objects: [Enter↵]	≫ 그려진 원통 선택
Command: *hide* [Enter↵] Regenerating model.	
Command: *tabsurf* [Enter↵] Current wire frame density: SURFTAB1=30 Select object for path curve: Select object for direction vector:	≫C3 ≫L2 원통이 위로 만들어짐
Command: *hide* [Enter↵] Regenerating model.	
Command: *tabsurf* [Enter↵] Current wire frame density: SURFTAB1=30 Select object for path curve: Select object for direction vector:	≫C4 ≫L3
Command: *hide* [Enter↵] Regenerating model.	
	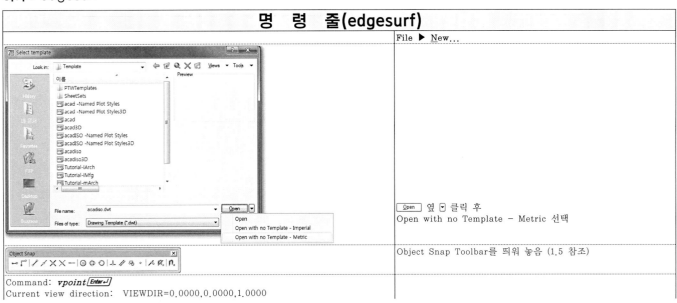 File ▶ Save As... [filename: 3073_tabsurf]

surftab1 – RULESURF 및 TABSURF 명령에 대해 생성되는 테이블 수를 설정한다. REVSURF 및 EDGESURF
　　　　명령에 대한 M 방향의 메쉬 밀도를 정한다.
surftab2 – REVSURF 및 EDGESURF 명령에 대한 N 방향의 메쉬 밀도를 설정한다.

3.7.4 edgesurf

명 령 줄(edgesurf)	
	File ▶ New...
![Select template dialog]	
	Open 옆 ⊡ 클릭 후 Open with no Template – Metric 선택
[Object Snap Toolbar]	Object Snap Toolbar를 띄워 놓음 (1.5 참조)
Command: *vpoint* [Enter↵] Current view direction: VIEWDIR=0.0000,0.0000,1.0000	

Specify a view point or [Rotate] ⟨display compass and tripod⟩: *1,−1.2,1* [Enter↵] Regenerating model.	
Command: *ucsicon* [Enter↵] Enter an option [ON/OFF/All/Noorigin/ORigin/Properties] ⟨ON⟩: *noorigin* [Enter↵]	
Command: *ortho* [Enter↵] Enter mode [ON/OFF] ⟨OFF⟩: *on* [Enter↵]	직교모드 켬

x P2

L4 L3

x P9

P1 L2

L1

L7

L8 A4 A3

P3 x A3

L6

P8 L6

P7 L5 P6

P4 A1 A2

P5 P10 x

Command: *line* [Enter↵] Specify first point: Specify next point or [Undo]: *7* [Enter↵] Specify next point or [Undo]: *7* [Enter↵] Specify next point or [Close/Undo]: *7* [Enter↵] Specify next point or [Close/Undo]: *close* [Enter↵]	≫P1(임의점) 마우스를 x축 + 방향으로 한 후 7입력 (UCSICON 참조) 마우스를 y축 + 방향으로 한 후 7입력 (UCSICON 참조) 마우스를 x축 − 방향으로 한 후 7입력 (UCSICON 참조)
Command: *copy* [Enter↵] Select objects: Specify opposite corner: 4 found Select objects: [Enter↵] Current settings: Copy mode = Multiple Specify base point or [Displacement/mOde] ⟨Displacement⟩: Specify second point or ⟨use first point as displacement⟩: Specify second point or [Exit/Undo] ⟨Exit⟩: [Enter↵]	≫P3 ≫P2 (사각형 전체 선택) ≫P1 ≫P4
Command: *ortho* [Enter↵] Enter mode [ON/OFF] ⟨ON⟩: *off* [Enter↵]	직교모드 끔
Command: *copy* [Enter↵] Select objects: Specify opposite corner: 4 found Select objects: [Enter↵] Current settings: Copy mode = Multiple Specify base point or [Displacement/mOde] ⟨Displacement⟩: Specify second point or ⟨use first point as displacement⟩: *@0,0,3* [Enter↵] Specify second point or [Exit/Undo] ⟨Exit⟩: [Enter↵]	≫P10 ≫P9 (사각형 전체 선택) ≫P4
Command: *zoom* [Enter↵] Specify corner of window, enter a scale factor (nX or nXP), or [All/Center/Dynamic/Extents/Previous/Scale/Window] ⟨real time⟩: *all* [Enter↵] Regenerating model.	
Command: *ucs* [Enter↵] Current ucs name: *WORLD* Specify origin of UCS or [Face/NAmed/OBject/Previous/View/World/X/Y/Z/ZAxis] ⟨World⟩: *x* [Enter↵] Specify rotation angle about X axis ⟨90⟩: *90* [Enter↵]	ucsicon 확인 2차원 캐드명령은 x−y 평면에서 정상적으로 작동
Command: *arc* [Enter↵] Specify start point of arc or [Center]: _endp of Specify second point of arc or [Center/End]: _mid of Specify end point of arc: _endp of	✎ → ≫P5 ✎ → ≫P7 ✎ → ≫P4
Command: *copy* [Enter↵] Select objects: Specify opposite corner: 1 found Select objects: [Enter↵] Current settings: Copy mode = Multiple Specify base point or [Displacement/mOde] ⟨Displacement⟩: _endp of Specify second point or ⟨use first point as displacement⟩: _endp of Specify second point or [Exit/Undo] ⟨Exit⟩: [Enter↵]	≫A1 ✎ → ≫P5 ✎ → ≫P6
Command: *ucs* [Enter↵] Current ucs name: *NO NAME* Specify origin of UCS or [Face/NAmed/OBject/Previous/View/World/X/Y/Z/ZAxis] ⟨World⟩: *y* [Enter↵] Specify rotation angle about Y axis ⟨90⟩: *90* [Enter↵]	ucsicon 확인 2차원 캐드명령은 x−y 평면에서 정상적으로 작동
Command: *arc* [Enter↵] Specify start point of arc or [Center]: _endp of Specify second point of arc or [Center/End]: _mid of Specify end point of arc: _endp of	✎ → ≫P5 ✎ → ≫P8 ✎ → ≫P6
Command: *copy* [Enter↵] Select objects: Specify opposite corner: 1 found Select objects: [Enter↵] Current settings: Copy mode = Multiple Specify base point or [Displacement/mOde] ⟨Displacement⟩: _endp of Specify second point or ⟨use first point as displacement⟩: _endp of	≫A2 ✎ → ≫P5 ✎ → ≫P4

Specify second point or [Exit/Undo] ⟨Exit⟩: *Enter↵*	
Command: *ucs* *Enter↵* Current ucs name: *NO NAME* Specify origin of UCS or [Face/NAmed/OBject/Previous/View/World/X/Y/Z/ZAxis] ⟨World⟩: *world* *Enter↵*	좌표계를 표준좌표계(WCS)로
Command: *erase* *Enter↵* Select objects: 1 found Select objects: 1 found, 2 total Select objects: 1 found, 3 total Select objects: 1 found, 4 total Select objects: *Enter↵*	≫L5 ≫L6 ≫L7 ≫L8
Command: *surftab1* *Enter↵* Enter new value for SURFTAB1 ⟨6⟩: *30* *Enter↵*	
Command: *surftab2* *Enter↵* Enter new value for SURFTAB2 ⟨6⟩: *30* *Enter↵*	
Command: *edgesurf* *Enter↵* Current wire frame density: SURFTAB1=30 SURFTAB2=30 Select object 1 for surface edge: Select object 2 for surface edge: Select object 3 for surface edge: Select object 4 for surface edge:	 ≫L1 ≫L2 ≫L3 ≫L4
Command: *edgesurf* *Enter↵* Current wire frame density: SURFTAB1=30 SURFTAB2=30 Select object 1 for surface edge: Select object 2 for surface edge: Select object 3 for surface edge: Select object 4 for surface edge:	 ≫A1 ≫A2 ≫A3 ≫A4
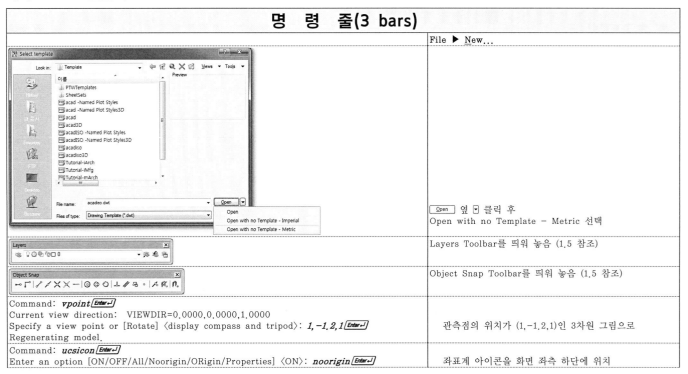	
	File ▶ Save As... [filename: 3074_edgesurf]

surftab1 – RULESURF 및 TABSURF 명령에 대해 생성되는 테이블 수를 설정한다. REVSURF 및 EDGESURF
　　　　　명령에 대한 M 방향의 메쉬 밀도를 정한다.
surftab2 – REVSURF 및 EDGESURF 명령에 대한 N 방향의 메쉬 밀도를 설정한다.

3.8 SURFACE 예제

3.8.1 3 bar 만들기

명　령　줄(3 bars)	
	File ▶ New...
	Open 옆 ⊡ 클릭 후 Open with no Template – Metric 선택
	Layers Toolbar를 띄워 놓음 (1.5 참조)
	Object Snap Toolbar를 띄워 놓음 (1.5 참조)
Command: *vpoint* *Enter↵* Current view direction: VIEWDIR=0.0000,0.0000,1.0000 Specify a view point or [Rotate] ⟨display compass and tripod⟩: *1,−1.2,1* *Enter↵* Regenerating model.	관측점의 위치가 (1,−1.2,1)인 3차원 그림으로
Command: *ucsicon* *Enter↵* Enter an option [ON/OFF/All/Noorigin/ORigin/Properties] ⟨ON⟩: *noorigin* *Enter↵*	좌표계 아이콘을 화면 좌측 하단에 위치

Command	
Command: *line* [Enter↵] Specify first point: Specify next point or [Undo]: *@30,0* [Enter↵] Specify next point or [Undo]: *@90,0* [Enter↵] Specify next point or [Close/Undo]: [Enter↵]	≫P1(임의점)
Command: *line* [Enter↵] Specify first point: _endp of Specify next point or [Undo]: *@30⟨120* [Enter↵] Specify next point or [Undo]: *@90⟨120* [Enter↵] Specify next point or [Close/Undo]: [Enter↵]	✎ → ≫P1
Command: *line* [Enter↵] Specify first point: _endp of Specify next point or [Undo]: *@30⟨-120* [Enter↵] Specify next point or [Undo]: *@90⟨-120* [Enter↵] Specify next point or [Close/Undo]: [Enter↵]	✎ → ≫P1
Command: *zoom* [Enter↵] Specify corner of window, enter a scale factor (nX or nXP), or [All/Center/Dynamic/Extents/Previous/Scale/Window] ⟨real time⟩: *all* [Enter↵] Regenerating model.	
Command: *ucs* [Enter↵] Current ucs name: *WORLD* Specify origin of UCS or [Face/NAmed/OBject/Previous/View/World/X/Y/Z/ZAxis] ⟨World⟩: *zaxis* [Enter↵] Specify new origin point or [Object] ⟨0,0,0⟩: _endp of Specify point on positive portion of Z-axis ⟨0.0000,0.0000,1.0000⟩: _endp of	✎ → ≫P1 ✎ → ≫P3
Command: *circle* [Enter↵] Specify center point for circle or [3P/2P/Ttr (tan tan radius)]: _endp of Specify radius of circle or [Diameter]: *10* [Enter↵]	✎ → ≫P2
Command: *circle* [Enter↵] Specify center point for circle or [3P/2P/Ttr (tan tan radius)]: _endp of Specify radius of circle or [Diameter] ⟨10.0000⟩: *10* [Enter↵]	✎ → ≫P3
Command: *ucs* [Enter↵] Current ucs name: *NO NAME* Specify origin of UCS or [Face/NAmed/OBject/Previous/View/World/X/Y/Z/ZAxis] ⟨World⟩: *zaxis* [Enter↵] Specify new origin point or [Object] ⟨0,0,0⟩: _endp of Specify point on positive portion of Z-axis ⟨0.0000,0.0000,1.0000⟩: _endp of	✎ → ≫P1 ✎ → ≫P5
Command: *circle* [Enter↵] Specify center point for circle or [3P/2P/Ttr (tan tan radius)]: _endp of Specify radius of circle or [Diameter] ⟨10.0000⟩: *10* [Enter↵]	✎ → ≫P4
Command: *circle* [Enter↵] Specify center point for circle or [3P/2P/Ttr (tan tan radius)]: _endp of Specify radius of circle or [Diameter] ⟨10.0000⟩: *10* [Enter↵]	✎ → ≫P5
Command: *ucs* [Enter↵] Current ucs name: *NO NAME* Specify origin of UCS or [Face/NAmed/OBject/Previous/View/World/X/Y/Z/ZAxis] ⟨World⟩: *zaxis* [Enter↵] Specify new origin point or [Object] ⟨0,0,0⟩: _endp of Specify point on positive portion of Z-axis ⟨0.0000,0.0000,1.0000⟩: _endp of	✎ → ≫P1 ✎ → ≫P7
Command: *circle* [Enter↵] Specify center point for circle or [3P/2P/Ttr (tan tan radius)]: _endp of Specify radius of circle or [Diameter] ⟨10.0000⟩: *10* [Enter↵]	✎ → ≫P6
Command: *circle* [Enter↵] Specify center point for circle or [3P/2P/Ttr (tan tan ra/dius)]: _endp of Specify radius of circle or [Diameter] ⟨10.0000⟩: *10* [Enter↵]	✎ → ≫P7
Command: *ucs* [Enter↵] Current ucs name: *WORLD* Specify origin of UCS or [Face/NAmed/OBject/Previous/View/World/X/Y/Z/ZAxis] ⟨World⟩: *world* [Enter↵]	좌표계를 표준좌표계(WCS)로
Command: *surftab1* [Enter↵] Enter new value for SURFTAB1 ⟨6⟩: *20* [Enter↵]	
Command: *surftab2* [Enter↵] Enter new value for SURFTAB1 ⟨6⟩: *20* [Enter↵]	
Command: *rulesurf* [Enter↵] Current wire frame density: SURFTAB1=20 Select first defining curve: Select second defining curve:	 ≫C1 ≫C2
Command: *tabsurf* [Enter↵] Current wire frame density: SURFTAB1=20 Select object for path curve: Select object for direction vector:	 ≫C3 ≫L

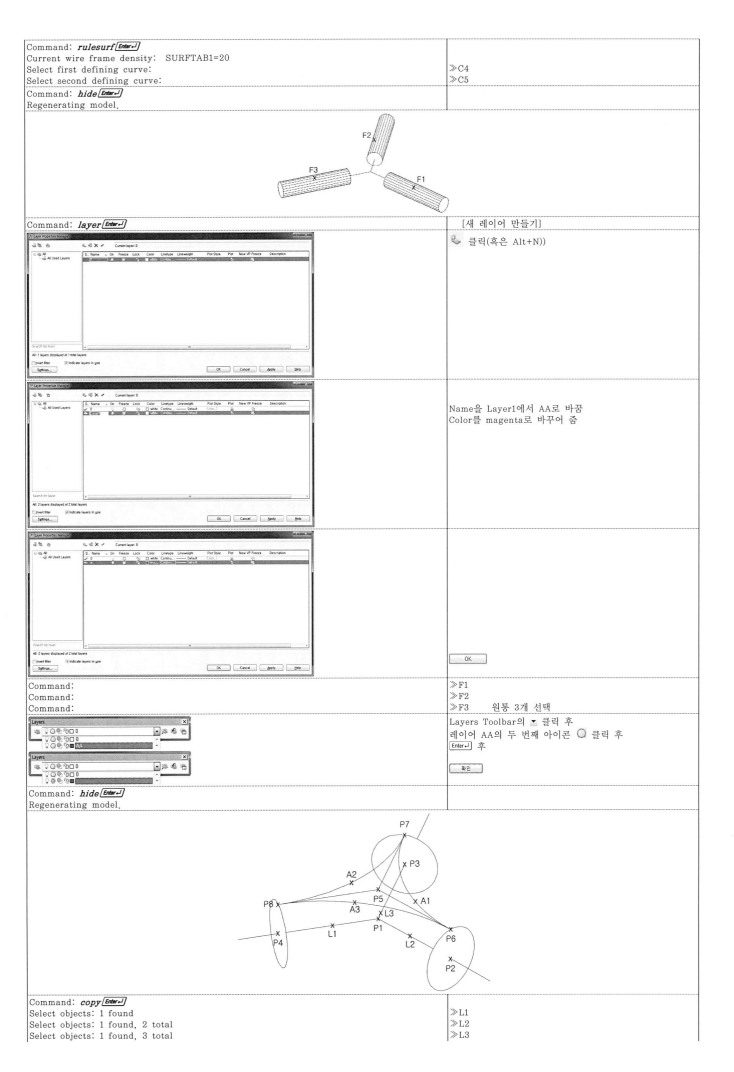

Command: *rulesurf* Enter↵
Current wire frame density: SURFTAB1=20
Select first defining curve: ≫C4
Select second defining curve: ≫C5
Command: *hide* Enter↵
Regenerating model.

Command: *layer* Enter↵   [새 레이어 만들기]

🐾 클릭(혹은 Alt+N))

Name을 Layer1에서 AA로 바꿈
Color를 magenta로 바꾸어 줌

OK

Command: ≫F1
Command: ≫F2
Command: ≫F3   원통 3개 선택
                                                               Layers Toolbar의 ▼ 클릭 후
                                                               레이어 AA의 두 번째 아이콘 ◯ 클릭 후
                                                               Enter↵ 후

                                                               확인

Command: *hide* Enter↵
Regenerating model.

Command: *copy* Enter↵
Select objects: 1 found   ≫L1
Select objects: 1 found, 2 total   ≫L2
Select objects: 1 found, 3 total   ≫L3

Select objects: `Enter↵`	
Current settings: Copy mode = Multiple	
Specify base point or [Displacement/mOde] 〈Displacement〉: endp of	✎ → ≫P1
Specify second point or 〈use first point as displacement〉: @0,0,10 `Enter↵`	
Specify second point or [Exit/Undo] 〈Exit〉: `Enter↵`	
Command: arc `Enter↵`	
Specify start point of arc or [Center]: _endp of	✎ → ≫P6
Specify second point of arc or [Center/End]: e `Enter↵`	
Specify end point of arc: _endp of	✎ → ≫P7
Specify center point of arc or [Angle/Direction/Radius]: direction `Enter↵`	
Specify tangent direction for the start point of arc: _endp of	✎ → ≫P5
Command: arc `Enter↵`	
Specify start point of arc or [Center]: _endp of	✎ → ≫P7
Specify second point of arc or [Center/End]: e `Enter↵`	
Specify end point of arc: _endp of	✎ → ≫P8
Specify center point of arc or [Angle/Direction/Radius]: direction `Enter↵`	
Specify tangent direction for the start point of arc: _endp of	✎ → ≫P5
Command: arc `Enter↵`	
Specify start point of arc or [Center]: _endp of	✎ → ≫P8
Specify second point of arc or [Center/End]: e `Enter↵`	
Specify end point of arc: _endp of	✎ → ≫P6
Specify center point of arc or [Angle/Direction/Radius]: direction `Enter↵`	
Specify tangent direction for the start point of arc: _endp of	✎ → ≫P5
Command: copy `Enter↵`	
Select objects: 1 found	≫A1
Select objects: 1 found, 2 total	≫A2
Select objects: 1 found, 3 total	≫A3
Select objects: `Enter↵`	
Current settings: Copy mode = Multiple	
Specify base point or [Displacement/mOde] 〈Displacement〉: _endp of	✎ → ≫P5
Specify second point or 〈use first point as displacement〉: @0,0,-20 `Enter↵`	
Specify second point or [Exit/Undo] 〈Exit〉: `Enter↵`	

Command: break `Enter↵`	
Select object:	≫C1
Specify second break point or [First point]: first `Enter↵`	
Specify first break point: _endp of	✎ → ≫P1
Oblique, non-uniformly scaled objects were ignored.	
Specify second break point: _endp of	✎ → ≫P2
Oblique, non-uniformly scaled objects were ignored.	
Command: mirror `Enter↵`	
Select objects: 1 found	≫C1
Select objects: `Enter↵`	
Specify first point of mirror line: _endp of	✎ → ≫P5
Specify second point of mirror line: _endp of	✎ → ≫P6
Delete source objects? [Yes/No] 〈N〉: n `Enter↵`	
Command: break `Enter↵`	
Select object:	≫C2
Specify second break point or [First point]: first `Enter↵`	
Specify first break point: _endp of	✎ → ≫P3
Oblique, non-uniformly scaled objects were ignored.	
Specify second break point: _endp of	✎ → ≫P4
Oblique, non-uniformly scaled objects were ignored.	
Command: mirror `Enter↵`	
Select objects: 1 found	≫C2
Select objects: `Enter↵`	
Specify first point of mirror line: _endp of	✎ → ≫P5
Specify second point of mirror line: _endp of	✎ → ≫P7
Delete source objects? [Yes/No] 〈N〉: n `Enter↵`	
Command: edgesurf `Enter↵`	
Current wire frame density: SURFTAB1=20 SURFTAB2=20	
Select object 1 for surface edge:	≫C1
Select object 2 for surface edge:	≫A1
Select object 3 for surface edge:	≫C2
Select object 4 for surface edge:	≫A2

Command: *layer* `Enter↵`	[새 레이어 만들기]
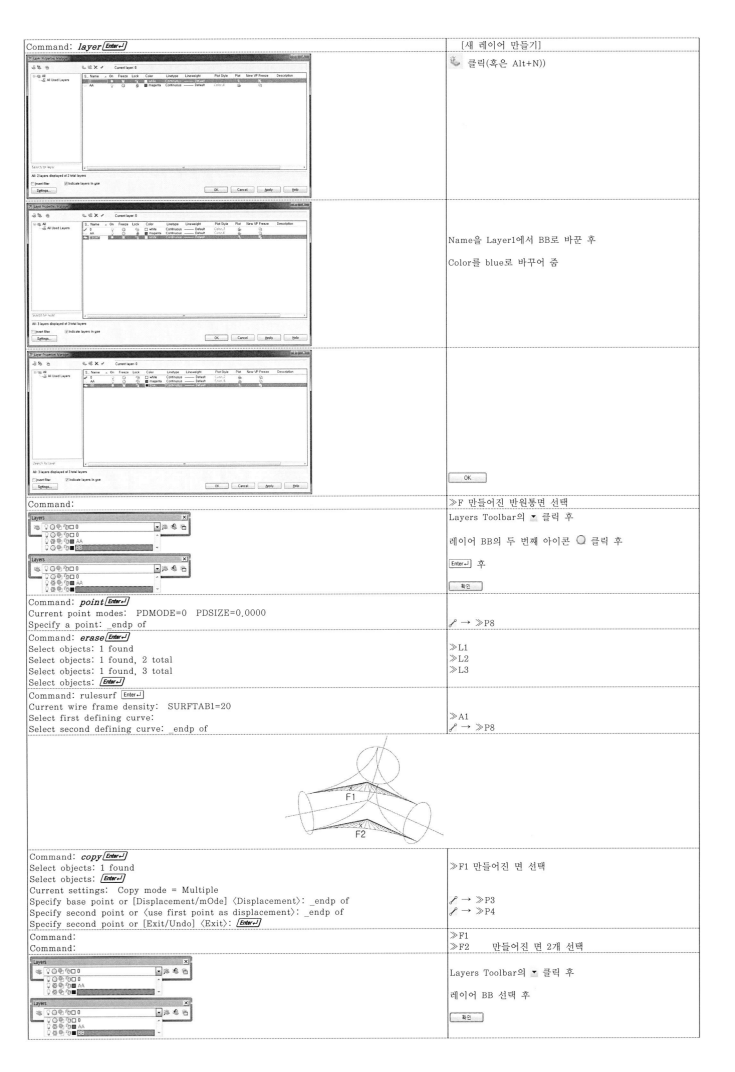	🔖 클릭(혹은 Alt+N))
	Name을 Layer1에서 BB로 바꾼 후 Color를 blue로 바꾸어 줌
	OK
Command:	≫F 만들어진 반원통면 선택
	Layers Toolbar의 ▼ 클릭 후 레이어 BB의 두 번째 아이콘 ◯ 클릭 후 `Enter↵` 후 확인
Command: *point* `Enter↵` Current point modes: PDMODE=0 PDSIZE=0.0000 Specify a point: _endp of	✏ → ≫P8
Command: *erase* `Enter↵` Select objects: 1 found Select objects: 1 found, 2 total Select objects: 1 found, 3 total Select objects: `Enter↵`	≫L1 ≫L2 ≫L3
Command: rulesurf `Enter↵` Current wire frame density: SURFTAB1=20 Select first defining curve: Select second defining curve: _endp of	≫A1 ✏ → ≫P8
Command: *copy* `Enter↵` Select objects: 1 found Select objects: `Enter↵` Current settings: Copy mode = Multiple Specify base point or [Displacement/mOde] ⟨Displacement⟩: _endp of Specify second point or ⟨use first point as displacement⟩: _endp of Specify second point or [Exit/Undo] ⟨Exit⟩: `Enter↵`	≫F1 만들어진 면 선택 ✏ → ≫P3 ✏ → ≫P4
Command: Command:	≫F1 ≫F2 만들어진 면 2개 선택
	Layers Toolbar의 ▼ 클릭 후 레이어 BB 선택 후 확인

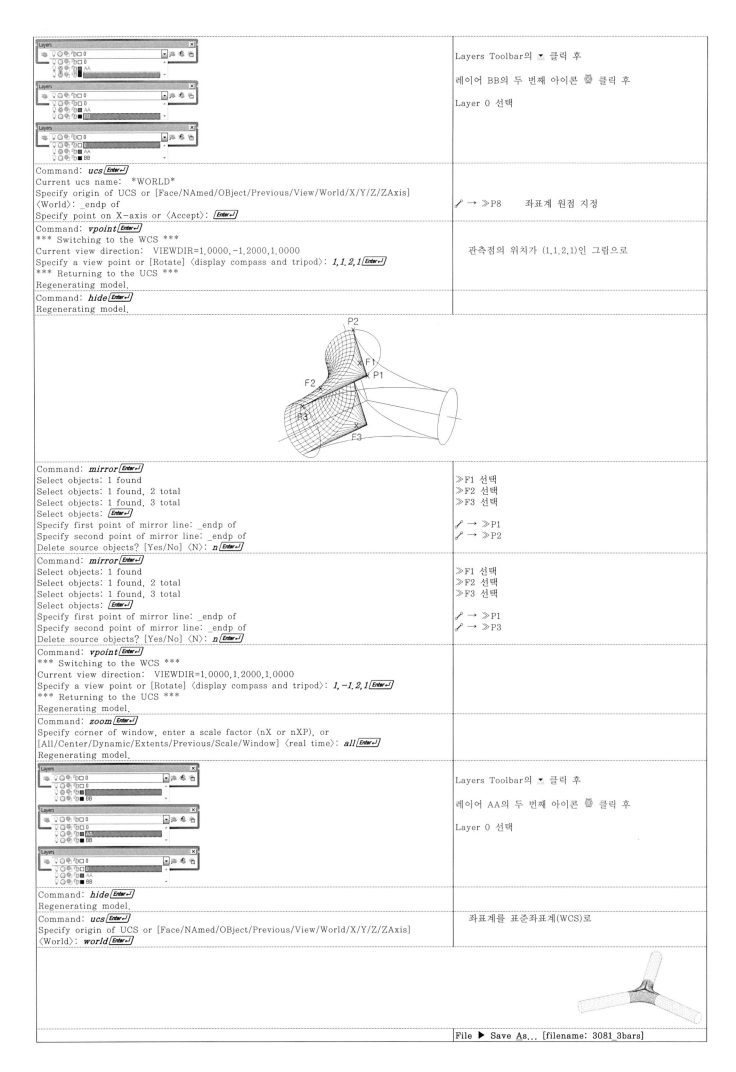

	Layers Toolbar의 ▾ 클릭 후
	레이어 BB의 두 번째 아이콘 🌣 클릭 후
	Layer 0 선택

```
Command: ucs Enter↵
Current ucs name: *WORLD*
Specify origin of UCS or [Face/NAmed/OBject/Previous/View/World/X/Y/Z/ZAxis]
⟨World⟩: _endp of
Specify point on X-axis or ⟨Accept⟩: Enter↵
```

✎ → ≫P8   좌표계 원점 지정

```
Command: vpoint Enter↵
*** Switching to the WCS ***
Current view direction: VIEWDIR=1.0000,-1.2000,1.0000
Specify a view point or [Rotate] ⟨display compass and tripod⟩: 1,1.2,1 Enter↵
*** Returning to the UCS ***
Regenerating model.
```

관측점의 위치가 (1,1.2,1)인 그림으로

```
Command: hide Enter↵
Regenerating model.
```

```
Command: mirror Enter↵
Select objects: 1 found
Select objects: 1 found, 2 total
Select objects: 1 found, 3 total
Select objects: Enter↵
Specify first point of mirror line: _endp of
Specify second point of mirror line: _endp of
Delete source objects? [Yes/No] ⟨N⟩: n Enter↵
```

≫F1 선택
≫F2 선택
≫F3 선택

✎ → ≫P1
✎ → ≫P2

```
Command: mirror Enter↵
Select objects: 1 found
Select objects: 1 found, 2 total
Select objects: 1 found, 3 total
Select objects: Enter↵
Specify first point of mirror line: _endp of
Specify second point of mirror line: _endp of
Delete source objects? [Yes/No] ⟨N⟩: n Enter↵
```

≫F1 선택
≫F2 선택
≫F3 선택

✎ → ≫P1
✎ → ≫P3

```
Command: vpoint Enter↵
*** Switching to the WCS ***
Current view direction: VIEWDIR=1.0000,1.2000,1.0000
Specify a view point or [Rotate] ⟨display compass and tripod⟩: 1,-1.2,1 Enter↵
*** Returning to the UCS ***
Regenerating model.
```

```
Command: zoom Enter↵
Specify corner of window, enter a scale factor (nX or nXP), or
[All/Center/Dynamic/Extents/Previous/Scale/Window] ⟨real time⟩: all Enter↵
Regenerating model.
```

	Layers Toolbar의 ▾ 클릭 후
	레이어 AA의 두 번째 아이콘 🌣 클릭 후
	Layer 0 선택

```
Command: hide Enter↵
Regenerating model.
```

```
Command: ucs Enter↵
Specify origin of UCS or [Face/NAmed/OBject/Previous/View/World/X/Y/Z/ZAxis]
⟨World⟩: world Enter↵
```

좌표계를 표준좌표계(WCS)로

File ▶ Save As... [filename: 3081_3bars]

surftab1 – RULESURF 및 TABSURF 명령에 대해 생성되는 테이블 수를 설정한다. REVSURF 및 EDGESURF 명령에 대한 M 방향의 메쉬 밀도를 설정한다.
surftab2 – REVSURF 및 EDGESURF 명령에 대한 N 방향의 메쉬 밀도를 설정한다.

3.8.2 6 bar 만들기

<table>
<tr><th colspan="2" style="text-align:center">명 령 줄(6 bars)</th></tr>
<tr><td>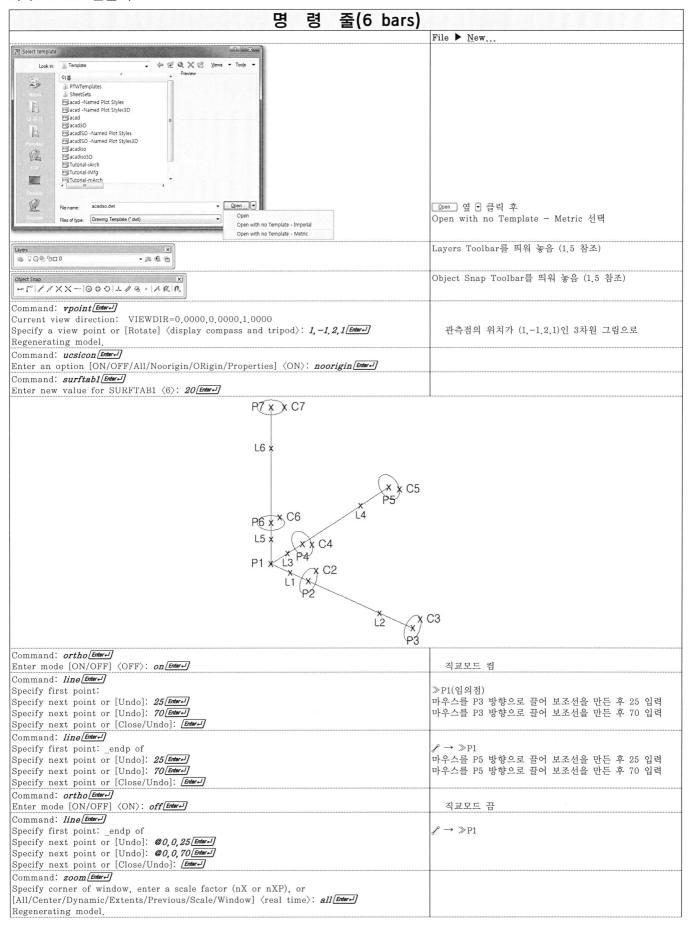</td><td>File ▶ New...

[Open] 옆 □ 클릭 후
Open with no Template – Metric 선택</td></tr>
</table>

Layers 툴바	Layers Toolbar를 띄워 놓음 (1.5 참조)
Object Snap 툴바	Object Snap Toolbar를 띄워 놓음 (1.5 참조)
Command: **vpoint** [Enter↵] Current view direction: VIEWDIR=0.0000,0.0000,1.0000 Specify a view point or [Rotate] ⟨display compass and tripod⟩: **1,-1.2,1** [Enter↵] Regenerating model. Command: **ucsicon** [Enter↵] Enter an option [ON/OFF/All/Noorigin/ORigin/Properties] ⟨ON⟩: **noorigin** [Enter↵]	관측점의 위치가 (1,-1.2,1)인 3차원 그림으로
Command: **surftab1** [Enter↵] Enter new value for SURFTAB1 ⟨6⟩: **20** [Enter↵]	

P7 × × C7
L6 ×
× × C5
P5
P6 × × C6
L5 ×
× × C4
P1 × L3 × P4
L1 × × C2
P2
L2 ×
× C3
P3

Command: **ortho** [Enter↵] Enter mode [ON/OFF] ⟨OFF⟩: **on** [Enter↵]	직교모드 켬
Command: **line** [Enter↵] Specify first point: Specify next point or [Undo]: **25** [Enter↵] Specify next point or [Undo]: **70** [Enter↵] Specify next point or [Close/Undo]: [Enter↵]	≫P1(임의점) 마우스를 P3 방향으로 끌어 보조선을 만든 후 25 입력 마우스를 P3 방향으로 끌어 보조선을 만든 후 70 입력
Command: **line** [Enter↵] Specify first point: _endp of Specify next point or [Undo]: **25** [Enter↵] Specify next point or [Undo]: **70** [Enter↵] Specify next point or [Close/Undo]: [Enter↵]	↗ → ≫P1 마우스를 P5 방향으로 끌어 보조선을 만든 후 25 입력 마우스를 P5 방향으로 끌어 보조선을 만든 후 70 입력
Command: **ortho** [Enter↵] Enter mode [ON/OFF] ⟨ON⟩: **off** [Enter↵]	직교모드 끔
Command: **line** [Enter↵] Specify first point: _endp of Specify next point or [Undo]: **@0,0,25** [Enter↵] Specify next point or [Undo]: **@0,0,70** [Enter↵] Specify next point or [Close/Undo]: [Enter↵]	↗ → ≫P1
Command: **zoom** [Enter↵] Specify corner of window, enter a scale factor (nX or nXP), or [All/Center/Dynamic/Extents/Previous/Scale/Window] ⟨real time⟩: **all** [Enter↵] Regenerating model.	

Command: *ucs* [Enter↵] Current ucs name: *WORLD* Specify origin of UCS or [Face/NAmed/OBject/Previous/View/World/X/Y/Z/ZAxis] ⟨World⟩: *y* [Enter↵] Specify rotation angle about Y axis ⟨90⟩: *90* [Enter↵]	
Command: *circle* [Enter↵] Specify center point for circle or [3P/2P/Ttr (tan tan radius)]: _endp of Specify radius of circle or [Diameter]: *7* [Enter↵]	✐ → ≫P2
Command: *circle* [Enter↵] Specify center point for circle or [3P/2P/Ttr (tan tan radius)]: _endp of Specify radius of circle or [Diameter] ⟨7.0000⟩: *7* [Enter↵]	✐ → ≫P3
Command: *ucs* [Enter↵] Current ucs name: *NO NAME* Specify origin of UCS or [Face/NAmed/OBject/Previous/View/World/X/Y/Z/ZAxis] ⟨World⟩: *x* [Enter↵] Specify rotation angle about X axis ⟨90⟩: *90* [Enter↵]	
Command: *circle* [Enter↵] Specify center point for circle or [3P/2P/Ttr (tan tan radius)]: _endp of Specify radius of circle or [Diameter] ⟨7.0000⟩: *7* [Enter↵]	✐ → ≫P4
Command: *circle* [Enter↵] Specify center point for circle or [3P/2P/Ttr (tan tan radius)]: _endp of Specify radius of circle or [Diameter] ⟨7.0000⟩: *7* [Enter↵]	✐ → ≫P5
Command: *ucs* [Enter↵] Current ucs name: *NO NAME* Specify origin of UCS or [Face/NAmed/OBject/Previous/View/World/X/Y/Z/ZAxis] ⟨World⟩: *y* [Enter↵] Specify rotation angle about Y axis ⟨90⟩: *90* [Enter↵]	
Command: *circle* [Enter↵] Specify center point for circle or [3P/2P/Ttr (tan tan radius)]: _endp of Specify radius of circle or [Diameter] ⟨7.0000⟩: *7* [Enter↵]	✐ → ≫P6
Command: *circle* [Enter↵] Specify center point for circle or [3P/2P/Ttr (tan tan radius)]: _endp of Specify radius of circle or [Diameter] ⟨7.0000⟩: *7* [Enter↵]	✐ → ≫P7
Command: *ucs* [Enter↵] Specify origin of UCS or [Face/NAmed/OBject/Previous/View/World/X/Y/Z/ZAxis] ⟨World⟩: *world* [Enter↵]	좌표계를 표준좌표계(WCS)로
Command: *zoom* [Enter↵] Specify corner of window, enter a scale factor (nX or nXP), or [All/Center/Dynamic/Extents/Previous/Scale/Window] ⟨real time⟩: *all* [Enter↵] Regenerating model.	
Command: *hide* [Enter↵] Regenerating model.	
Command: *ucs* [Enter↵] Current ucs name: *WORLD* Specify origin of UCS or [Face/NAmed/OBject/Previous/View/World/X/Y/Z/ZAxis] ⟨World⟩: _endp of Specify point on X-axis or ⟨Accept⟩: [Enter↵]	✐ → ≫P1　　　좌표계 원점 지정
Command: *mirror* [Enter↵] Select objects: 1 found Select objects: 1 found, 2 total Select objects: 1 found, 3 total Select objects: 1 found, 4 total Select objects: [Enter↵] Specify first point of mirror line: _endp of Specify second point of mirror line: _endp of Delete source objects? [Yes/No] ⟨N⟩: *n* [Enter↵]	≫L1 ≫C2 ≫L2 ≫C3 ✐ → ≫P1 ✐ → ≫P5
Command: *mirror* [Enter↵] Select objects: 1 found Select objects: 1 found, 2 total Select objects: 1 found, 3 total Select objects: 1 found, 4 total Select objects: [Enter↵] Specify first point of mirror line: _endp of Specify second point of mirror line: _endp of Delete source objects? [Yes/No] ⟨N⟩: [Enter↵]	≫L3 ≫C4 ≫L4 ≫C5 ✐ → ≫P1 ✐ → ≫P3
Command: *ucs* [Enter↵] Current ucs name: *NO NAME* Specify origin of UCS or [Face/NAmed/OBject/Previous/View/World/X/Y/Z/ZAxis] ⟨World⟩: *x* [Enter↵] Specify rotation angle about X axis ⟨90⟩: *90* [Enter↵]	
Command: *mirror* [Enter↵] Select objects: 1 found Select objects: 1 found, 2 total Select objects: 1 found, 3 total Select objects: 1 found, 4 total Select objects: [Enter↵] Specify first point of mirror line: _endp of Specify second point of mirror line: _endp of Delete source objects? [Yes/No] ⟨N⟩: *n* [Enter↵]	≫L5 ≫C6 ≫L6 ≫C7 ✐ → ≫P1 ✐ → ≫P3
Command: *ucs* [Enter↵] Specify origin of UCS or [Face/NAmed/OBject/Previous/View/World/X/Y/Z/ZAxis] ⟨World⟩: *world* [Enter↵]	좌표계를 표준좌표계(WCS)로
Command: *zoom* [Enter↵] Specify corner of window, enter a scale factor (nX or nXP), or [All/Center/Dynamic/Extents/Previous/Scale/Window] ⟨real time⟩: *all* [Enter↵] Regenerating model.	

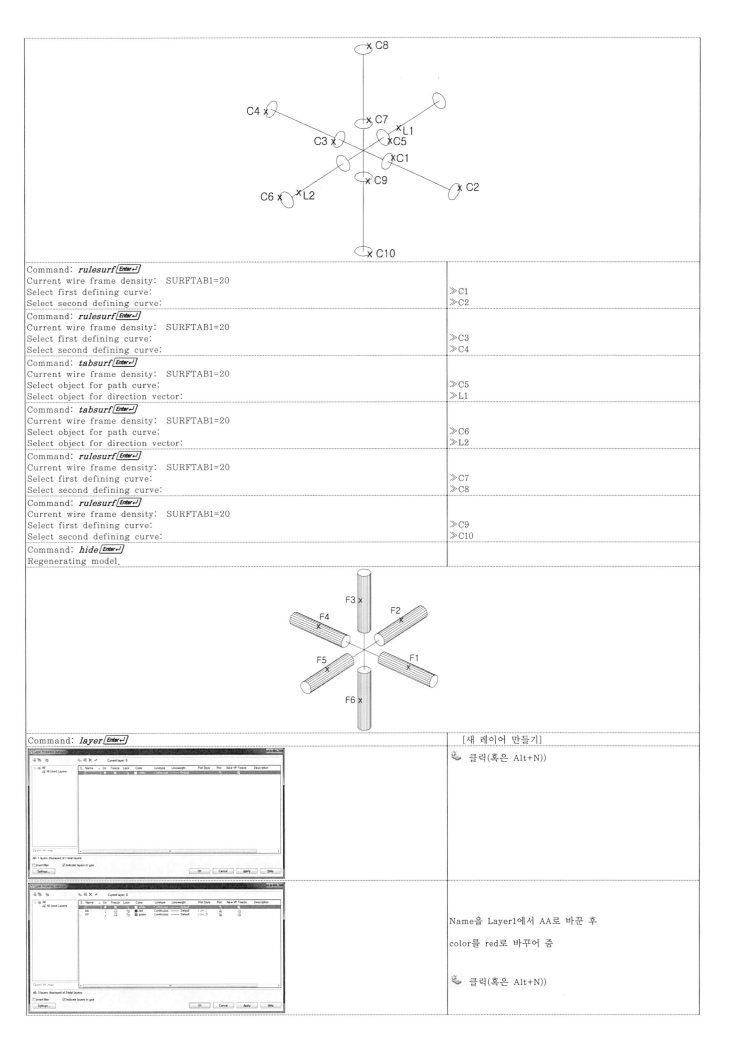

Command: *rulesurf* Enter↵	
Current wire frame density: SURFTAB1=20	
Select first defining curve:	≫C1
Select second defining curve:	≫C2
Command: *rulesurf* Enter↵	
Current wire frame density: SURFTAB1=20	
Select first defining curve:	≫C3
Select second defining curve:	≫C4
Command: *tabsurf* Enter↵	
Current wire frame density: SURFTAB1=20	
Select object for path curve:	≫C5
Select object for direction vector:	≫L1
Command: *tabsurf* Enter↵	
Current wire frame density: SURFTAB1=20	
Select object for path curve:	≫C6
Select object for direction vector:	≫L2
Command: *rulesurf* Enter↵	
Current wire frame density: SURFTAB1=20	
Select first defining curve:	≫C7
Select second defining curve:	≫C8
Command: *rulesurf* Enter↵	
Current wire frame density: SURFTAB1=20	
Select first defining curve:	≫C9
Select second defining curve:	≫C10
Command: *hide* Enter↵	
Regenerating model.	

Command: *layer* Enter↵	[새 레이어 만들기]
	클릭(혹은 Alt+N))
	Name을 Layer1에서 AA로 바꾼 후 color를 red로 바꾸어 줌
	클릭(혹은 Alt+N))

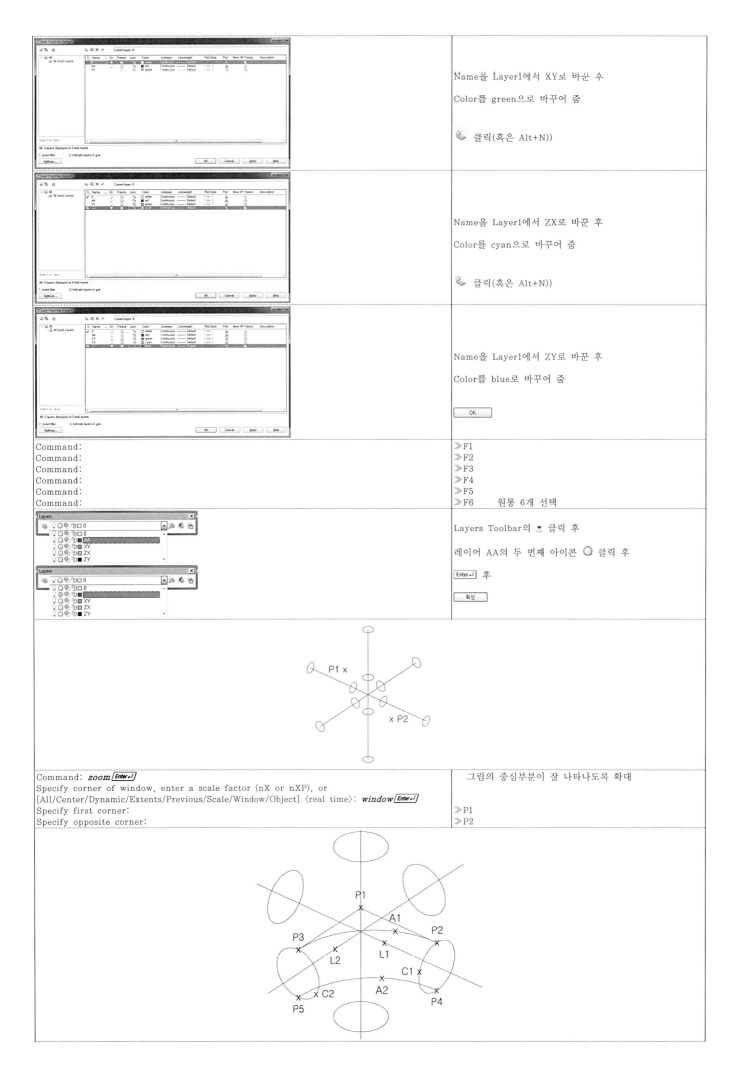

	Name을 Layer1에서 XY로 바꾼 후 Color를 green으로 바꾸어 줌 🐾 클릭(혹은 Alt+N))
	Name을 Layer1에서 ZX로 바꾼 후 Color를 cyan으로 바꾸어 줌 🐾 클릭(혹은 Alt+N))
	Name을 Layer1에서 ZY로 바꾼 후 Color를 blue로 바꾸어 줌 [OK]

Command: Command: Command: Command: Command: Command:	≫F1 ≫F2 ≫F3 ≫F4 ≫F5 ≫F6 원통 6개 선택

	Layers Toolbar의 ▾ 클릭 후 레이어 AA의 두 번째 아이콘 ◯ 클릭 후 [Enter↵] 후 [확인]

Command: *zoom* [Enter↵] Specify corner of window, enter a scale factor (nX or nXP), or [All/Center/Dynamic/Extents/Previous/Scale/Window/Object] ⟨real time⟩: *window* [Enter↵] Specify first corner: Specify opposite corner:	그림의 중심부분이 잘 나타나도록 확대 ≫P1 ≫P2

Command: *copy* `Enter↵` Select objects: 1 found Select objects: 1 found, 2 total Select objects: `Enter↵` Current settings: Copy mode = Multiple Specify base point or [Displacement/mOde] 〈Displacement〉: Specify second point or 〈use first point as displacement〉: *@0,0,7* `Enter↵` Specify second point or [Exit/Undo] 〈Exit〉: `Enter↵`	≫L1 ≫L2 ≫P (임의점)
Command: *arc* `Enter↵` Specify start point of arc or [Center]: _endp of Specify second point of arc or [Center/End]: *e* `Enter↵` Specify end point of arc: _endp of Specify center point of arc or [Angle/Direction/Radius]: *direction* `Enter↵` Specify tangent direction for the start point of arc: _endp of	✐ → ≫P2 ✐ → ≫P3 ✐ → ≫P1
Command: *copy* `Enter↵` Select objects: 1 found Select objects: `Enter↵` Current settings: Copy mode = Multiple Specify base point or [Displacement/mOde] 〈Displacement〉: _endp of Specify second point or 〈use first point as displacement〉: *@0,0,-14* `Enter↵` Specify second point or [Exit/Undo] 〈Exit〉: `Enter↵`	≫A1 ✐ → ≫P1
Command: *break* `Enter↵` Select object: Specify second break point or [First point]: *first* `Enter↵` Specify first break point: _endp of Specify second break point: _endp of	≫C1 ✐ → ≫P4 ✐ → ≫P2
Command: *break* `Enter↵` Select object: Specify second break point or [First point]: *first* `Enter↵` Specify first break point: _endp of Specify second break point: _endp of	≫C2 ✐ → ≫P5 ✐ → ≫P3
Command: *edgesurf* `Enter↵` Current wire frame density: SURFTAB1=20 SURFTAB2=6 Select object 1 for surface edge: Select object 2 for surface edge: Select object 3 for surface edge: Select object 4 for surface edge:	 ≫C1 ≫A1 ≫C2 ≫A2
Command: *ucs* `Enter↵` Current ucs name: *WORLD* Specify origin of UCS or [Face/NAmed/OBject/Previous/View/World/X/Y/Z/ZAxis] 〈World〉: _endp of Specify point on X-axis or 〈Accept〉: `Enter↵`	 ✐ → ≫P1 좌표계 원점 지정

Command: *mirror* `Enter↵` Select objects: Specify opposite corner: 1 found Select objects: `Enter↵` Specify first point of mirror line: _endp of Specify second point of mirror line: _endp of Delete source objects? [Yes/No] 〈N〉: *n* `Enter↵`	≫F1 ✐ → ≫P1 ✐ → ≫P2
Command: *mirror* `Enter↵` Select objects: 1 found Select objects: 1 found, 2 total Select objects: `Enter↵` Specify first point of mirror line: _endp of Specify second point of mirror line: _endp of Delete source objects? [Yes/No] 〈N〉: *n* `Enter↵`	≫F1 ≫F2 ✐ → ≫P1 ✐ → ≫P3
Command: *erase* `Enter↵` Select objects: 1 found Select objects: 1 found, 2 total Select objects: `Enter↵`	≫L1 ≫L2
Command: *ucs* `Enter↵` Specify origin of UCS or [Face/NAmed/OBject/Previous/View/World/X/Y/Z/ZAxis] 〈World〉: *world* `Enter↵`	좌표계를 표준좌표계(WCS)로
Command: *zoom* `Enter↵` Specify corner of window, enter a scale factor (nX or nXP), or [All/Center/Dynamic/Extents/Previous/Scale/Window] 〈real time〉: *all* `Enter↵` Regenerating model.	
Command: *hide* `Enter↵` Regenerating model.	

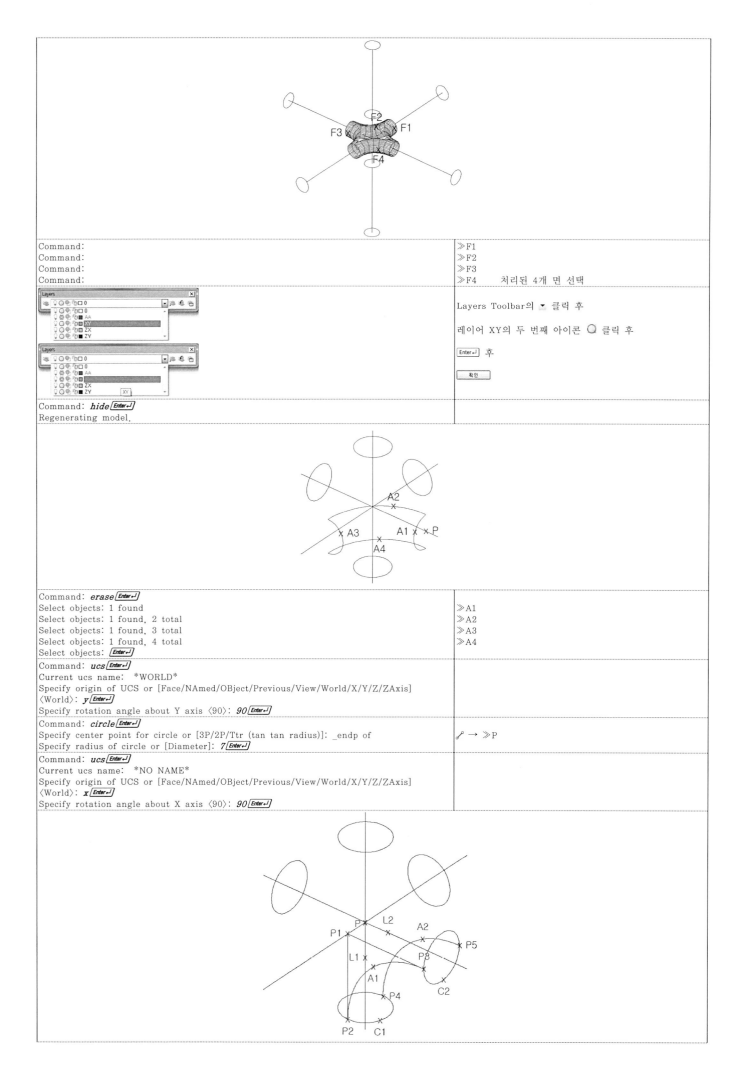

Command: Command: Command: Command:	≫F1 ≫F2 ≫F3 ≫F4　　처리된 4개 면 선택
	Layers Toolbar의 ▾ 클릭 후 레이어 XY의 두 번째 아이콘 ◯ 클릭 후 Enter↵ 후 확인
Command: *hide* Enter↵ Regenerating model.	

Command: *erase* Enter↵ Select objects: 1 found Select objects: 1 found, 2 total Select objects: 1 found, 3 total Select objects: 1 found, 4 total Select objects: Enter↵	 ≫A1 ≫A2 ≫A3 ≫A4
Command: *ucs* Enter↵ Current ucs name:　*WORLD* Specify origin of UCS or [Face/NAmed/OBject/Previous/View/World/X/Y/Z/ZAxis] ⟨World⟩: *y* Enter↵ Specify rotation angle about Y axis ⟨90⟩: *90* Enter↵	
Command: *circle* Enter↵ Specify center point for circle or [3P/2P/Ttr (tan tan radius)]: _endp of Specify radius of circle or [Diameter]: *7* Enter↵	✗ → ≫P
Command: *ucs* Enter↵ Current ucs name:　*NO NAME* Specify origin of UCS or [Face/NAmed/OBject/Previous/View/World/X/Y/Z/ZAxis] ⟨World⟩: *x* Enter↵ Specify rotation angle about X axis ⟨90⟩: *90* Enter↵	

Command: *copy* `Enter↵`	
Select objects: 1 found	≫L1
Select objects: 1 found, 2 total	≫L2
Select objects: `Enter↵`	
Current settings: Copy mode = Multiple	
Specify base point or [Displacement/mOde] ⟨Displacement⟩:	≫P
Specify second point or ⟨use first point as displacement⟩: *@0,0,7* `Enter↵`	
Specify second point or [Exit/Undo] ⟨Exit⟩: `Enter↵`	
Command: *arc* `Enter↵`	
Specify start point of arc or [Center]: _endp of	✎ → ≫P2
Specify second point of arc or [Center/End]: *e* `Enter↵`	
Specify end point of arc: _endp of	✎ → ≫P3
Specify center point of arc or [Angle/Direction/Radius]: *direction* `Enter↵`	
Specify tangent direction for the start point of arc: _endp of	✎ → ≫P1
Command: *copy* `Enter↵`	
Select objects: 1 found	≫A1
Select objects: `Enter↵`	
Current settings: Copy mode = Multiple	
Specify base point or [Displacement/mOde] ⟨Displacement⟩: _endp of	✎ → ≫P1
Specify second point or ⟨use first point as displacement⟩: *@0,0,−14* `Enter↵`	
Specify second point or [Exit/Undo] ⟨Exit⟩: `Enter↵`	
Command: *break* `Enter↵`	
Select object:	≫C1
Specify second break point or [First point]: *first* `Enter↵`	
Specify first break point: _endp of	✎ → ≫P4
Specify second break point: _endp of	✎ → ≫P2
Command: *break* `Enter↵`	
Select object:	≫C2
Specify second break point or [First point]: *first* `Enter↵`	
Specify first break point: _endp of	✎ → ≫P5
Specify second break point: _endp of	✎ → ≫P3
Command: *edgesurf* `Enter↵`	
Current wire frame density: SURFTAB1=20 SURFTAB2=6	
Select object 1 for surface edge:	≫C1
Select object 2 for surface edge:	≫A1
Select object 3 for surface edge:	≫C2
Select object 4 for surface edge:	≫A2

Command: *ucs* `Enter↵`	
Current ucs name: *NO NAME*	
Specify origin of UCS or [Face/NAmed/OBject/Previous/View/World/X/Y/Z/ZAxis] ⟨World⟩: _endp of	✎ → ≫P1 좌표계 원점 지정
Specify point on X−axis or ⟨Accept⟩: `Enter↵`	
Command: *erase* `Enter↵`	
Select objects: 1 found	≫L1
Select objects: 1 found, 2 total	≫L2
Select objects: `Enter↵`	
Command: *mirror* `Enter↵`	
Select objects: Specify opposite corner: 1 found	≫F1
Select objects: `Enter↵`	
Specify first point of mirror line: _endp of	✎ → ≫P1
Specify second point of mirror line: _endp of	✎ → ≫P2
Delete source objects? [Yes/No] ⟨N⟩: *n* `Enter↵`	
Command: *mirror* `Enter↵`	
Select objects: 1 found	≫F1
Select objects: 1 found, 2 total	≫F2
Select objects: `Enter↵`	
Specify first point of mirror line: _endp of	✎ → ≫P1
Specify second point of mirror line: _endp of	✎ → ≫P3
Delete source objects? [Yes/No] ⟨N⟩: *n* `Enter↵`	
Command: *ucs* `Enter↵`	좌표계를 표준좌표계(WCS)로
Specify origin of UCS or [Face/NAmed/OBject/Previous/View/World/X/Y/Z/ZAxis] ⟨World⟩: *world* `Enter↵`	
Command: *hide* `Enter↵`	
Regenerating model.	

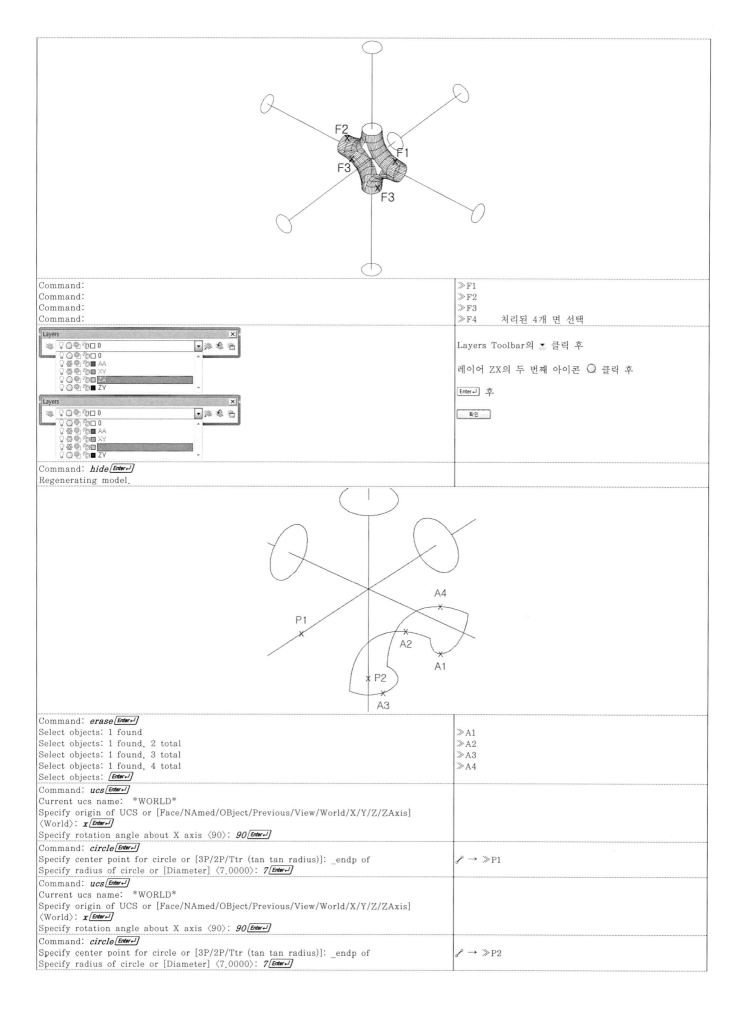

Command:	≫F1
Command:	≫F2
Command:	≫F3
Command:	≫F4　　처리된 4개 면 선택

Layers Toolbar의 ▼ 클릭 후

레이어 ZX의 두 번째 아이콘 ◯ 클릭 후

Enter↵ 후

확인

Command: *hide* Enter↵
Regenerating model.

Command: *erase* Enter↵	
Select objects: 1 found	≫A1
Select objects: 1 found, 2 total	≫A2
Select objects: 1 found, 3 total	≫A3
Select objects: 1 found, 4 total	≫A4
Select objects: Enter↵	

Command: *ucs* Enter↵
Current ucs name: *WORLD*
Specify origin of UCS or [Face/NAmed/OBject/Previous/View/World/X/Y/Z/ZAxis]
⟨World⟩: *x* Enter↵
Specify rotation angle about X axis ⟨90⟩: *90* Enter↵

Command: *circle* Enter↵	
Specify center point for circle or [3P/2P/Ttr (tan tan radius)]: _endp of	⌁ → ≫P1
Specify radius of circle or [Diameter] ⟨7.0000⟩: *7* Enter↵	

Command: *ucs* Enter↵
Current ucs name: *WORLD*
Specify origin of UCS or [Face/NAmed/OBject/Previous/View/World/X/Y/Z/ZAxis]
⟨World⟩: *x* Enter↵
Specify rotation angle about X axis ⟨90⟩: *90* Enter↵

Command: *circle* Enter↵	
Specify center point for circle or [3P/2P/Ttr (tan tan radius)]: _endp of	⌁ → ≫P2
Specify radius of circle or [Diameter] ⟨7.0000⟩: *7* Enter↵	

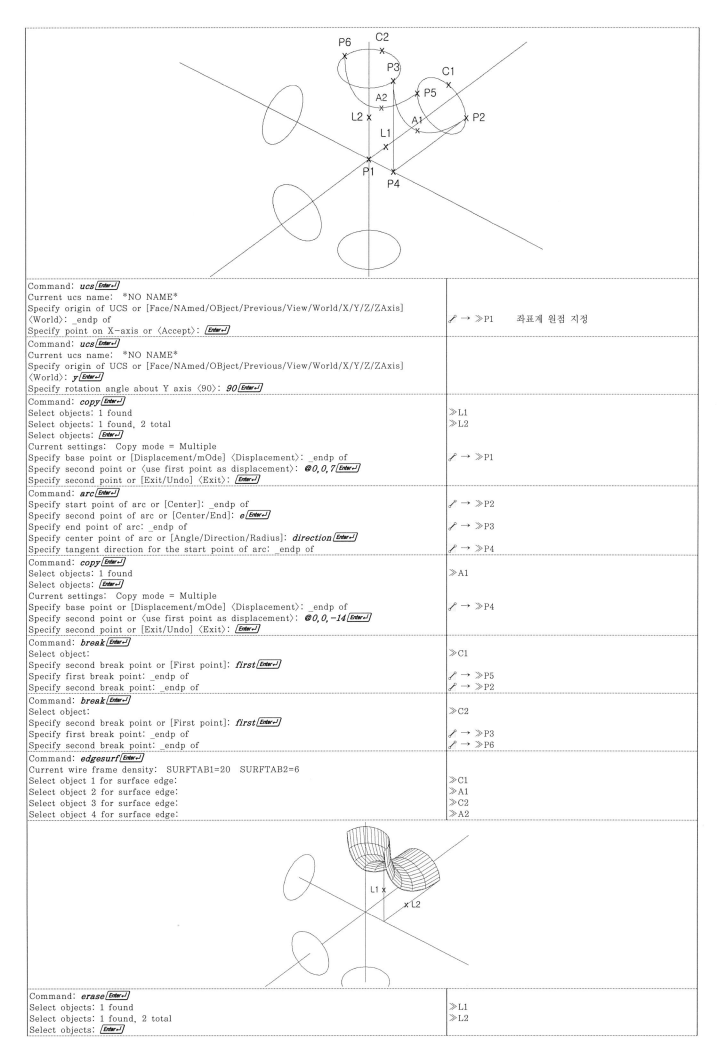

Command: *ucs* [Enter↵] Current ucs name: *NO NAME* Specify origin of UCS or [Face/NAmed/OBject/Previous/View/World/X/Y/Z/ZAxis] 〈World〉: _endp of Specify point on X-axis or 〈Accept〉: [Enter↵]	✐ → ≫P1 좌표계 원점 지정
Command: *ucs* [Enter↵] Current ucs name: *NO NAME* Specify origin of UCS or [Face/NAmed/OBject/Previous/View/World/X/Y/Z/ZAxis] 〈World〉: *y* [Enter↵] Specify rotation angle about Y axis 〈90〉: *90* [Enter↵]	
Command: *copy* [Enter↵] Select objects: 1 found Select objects: 1 found, 2 total Select objects: [Enter↵] Current settings: Copy mode = Multiple Specify base point or [Displacement/mOde] 〈Displacement〉: _endp of Specify second point or 〈use first point as displacement〉: *@0,0,7* [Enter↵] Specify second point or [Exit/Undo] 〈Exit〉: [Enter↵]	≫L1 ≫L2 ✐ → ≫P1
Command: *arc* [Enter↵] Specify start point of arc or [Center]: _endp of Specify second point of arc or [Center/End]: *e* [Enter↵] Specify end point of arc: _endp of Specify center point of arc or [Angle/Direction/Radius]: *direction* [Enter↵] Specify tangent direction for the start point of arc: _endp of	✐ → ≫P2 ✐ → ≫P3 ✐ → ≫P4
Command: *copy* [Enter↵] Select objects: 1 found Select objects: [Enter↵] Current settings: Copy mode = Multiple Specify base point or [Displacement/mOde] 〈Displacement〉: _endp of Specify second point or 〈use first point as displacement〉: *@0,0,−14* [Enter↵] Specify second point or [Exit/Undo] 〈Exit〉: [Enter↵]	≫A1 ✐ → ≫P4
Command: *break* [Enter↵] Select object: Specify second break point or [First point]: *first* [Enter↵] Specify first break point: _endp of Specify second break point: _endp of	≫C1 ✐ → ≫P5 ✐ → ≫P2
Command: *break* [Enter↵] Select object: Specify second break point or [First point]: *first* [Enter↵] Specify first break point: _endp of Specify second break point: _endp of	≫C2 ✐ → ≫P3 ✐ → ≫P6
Command: *edgesurf* [Enter↵] Current wire frame density: SURFTAB1=20 SURFTAB2=6 Select object 1 for surface edge: Select object 2 for surface edge: Select object 3 for surface edge: Select object 4 for surface edge:	≫C1 ≫A1 ≫C2 ≫A2
Command: *erase* [Enter↵] Select objects: 1 found Select objects: 1 found, 2 total Select objects: [Enter↵]	≫L1 ≫L2

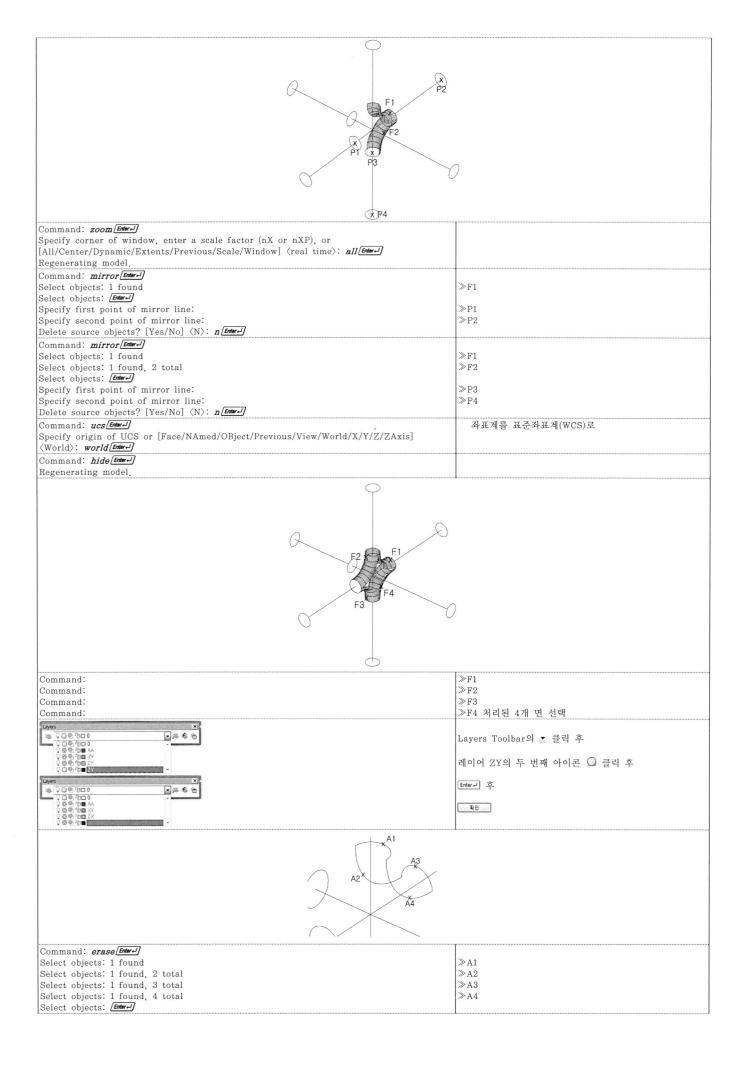

Command: *zoom* Enter↵	
Specify corner of window, enter a scale factor (nX or nXP), or [All/Center/Dynamic/Extents/Previous/Scale/Window] ⟨real time⟩: *all* Enter↵ Regenerating model.	
Command: *mirror* Enter↵	
Select objects: 1 found	≫F1
Select objects: Enter↵	
Specify first point of mirror line:	≫P1
Specify second point of mirror line:	≫P2
Delete source objects? [Yes/No] ⟨N⟩: *n* Enter↵	
Command: *mirror* Enter↵	
Select objects: 1 found	≫F1
Select objects: 1 found, 2 total	≫F2
Select objects: Enter↵	
Specify first point of mirror line:	≫P3
Specify second point of mirror line:	≫P4
Delete source objects? [Yes/No] ⟨N⟩: *n* Enter↵	
Command: *ucs* Enter↵	좌표계를 표준좌표계(WCS)로
Specify origin of UCS or [Face/NAmed/OBject/Previous/View/World/X/Y/Z/ZAxis] ⟨World⟩: *world* Enter↵	
Command: *hide* Enter↵	
Regenerating model.	

Command:	≫F1
Command:	≫F2
Command:	≫F3
Command:	≫F4 처리된 4개 면 선택
	Layers Toolbar의 ▾ 클릭 후
	레이어 ZY의 두 번째 아이콘 ◯ 클릭 후
	Enter↵ 후
	확인

Command: *erase* Enter↵	
Select objects: 1 found	≫A1
Select objects: 1 found, 2 total	≫A2
Select objects: 1 found, 3 total	≫A3
Select objects: 1 found, 4 total	≫A4
Select objects: Enter↵	

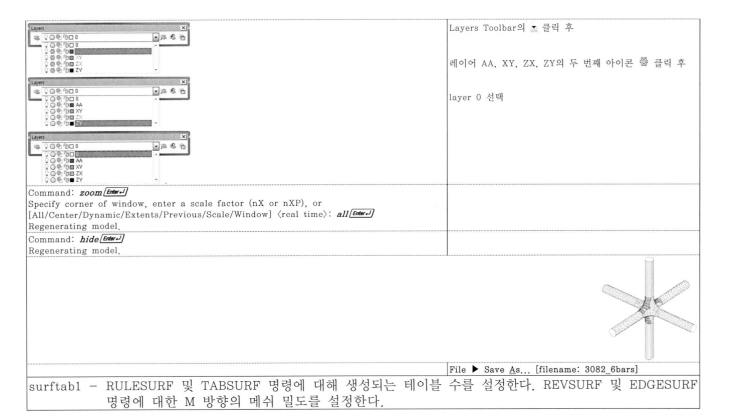

	Layers Toolbar의 ▾ 클릭 후
	레이어 AA, XY, ZX, ZY의 두 번째 아이콘 🏵 클릭 후
	layer 0 선택

Command: *zoom* [Enter↵]
Specify corner of window, enter a scale factor (nX or nXP), or
[All/Center/Dynamic/Extents/Previous/Scale/Window] 〈real time〉: *all* [Enter↵]
Regenerating model.

Command: *hide* [Enter↵]
Regenerating model.

File ▶ Save As... [filename: 3082_6bars]

surftab1 - RULESURF 및 TABSURF 명령에 대해 생성되는 테이블 수를 설정한다. REVSURF 및 EDGESURF
명령에 대한 M 방향의 메쉬 밀도를 설정한다.

3.8.3 coil 만들기

명 령 줄(surface coil)

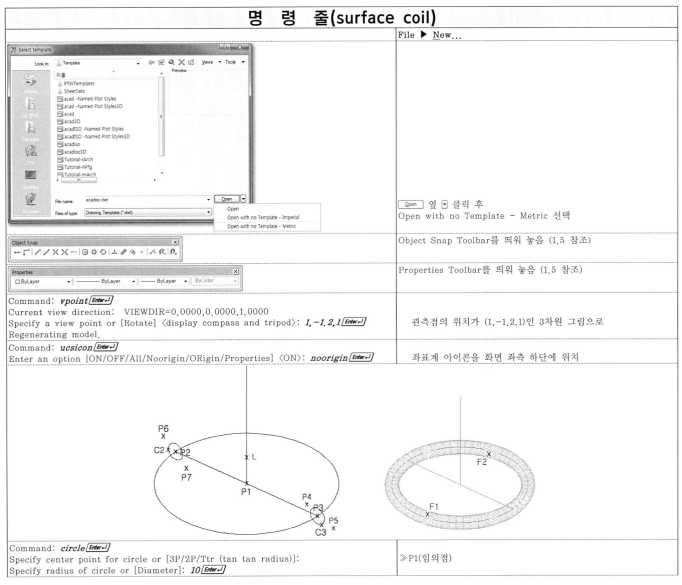

	File ▶ New...
	[Open] 옆 ▾ 클릭 후 Open with no Template - Metric 선택
	Object Snap Toolbar를 띄워 놓음 (1.5 참조)
	Properties Toolbar를 띄워 놓음 (1.5 참조)

Command: *vpoint* [Enter↵]
Current view direction: VIEWDIR=0.0000,0.0000,1.0000
Specify a view point or [Rotate] 〈display compass and tripod〉: *1,-1.2,1* [Enter↵] — 관측점의 위치가 (1,-1.2,1)인 3차원 그림으로
Regenerating model.

Command: *ucsicon* [Enter↵]
Enter an option [ON/OFF/All/Noorigin/ORigin/Properties] 〈ON〉: *noorigin* [Enter↵] — 좌표계 아이콘을 화면 좌측 하단에 위치

Command: *circle* [Enter↵]
Specify center point for circle or [3P/2P/Ttr (tan tan radius)]: — ≫P1(임의점)
Specify radius of circle or [Diameter]: *10* [Enter↵]

Command: *zoom* `Enter↵` Specify corner of window, enter a scale factor (nX or nXP), or [All/Center/Dynamic/Extents/Previous/Scale/Window] ⟨real time⟩: *all* `Enter↵`	
Command: *line* `Enter↵` Specify first point: _qua of Specify next point or [Undo]: _qua of Specify next point or [Undo]: `Enter↵`	◈ → ≫P2 ◈ → ≫P3
Command: *ucs* `Enter↵` Current ucs name: *WORLD* Specify origin of UCS or [Face/NAmed/OBject/Previous/View/World/X/Y/Z/ZAxis] ⟨World⟩: *x* `Enter↵` Specify rotation angle about X axis ⟨90⟩: *90* `Enter↵`	
Command: *circle* `Enter↵` Specify center point for circle or [3P/2P/Ttr (tan tan radius)]: _endp of Specify radius of circle or [Diameter] ⟨10.0000⟩: *1* `Enter↵`	✐ → ≫P2
Command: *circle* `Enter↵` Specify center point for circle or [3P/2P/Ttr (tan tan radius)]: _endp of Specify radius of circle or [Diameter] ⟨1.0000⟩: *1* `Enter↵`	✐ → ≫P3
Command: *line* `Enter↵` Specify first point: _mid of Specify next point or [Undo]: *@0,15,0* `Enter↵` Specify next point or [Undo]: `Enter↵`	✐ → ≫P1
Command: *surftab1* `Enter↵` Enter new value for SURFTAB1 ⟨6⟩: *30* `Enter↵`	
Command: *surftab2* `Enter↵` Enter new value for SURFTAB2 ⟨6⟩: *30* `Enter↵`	
Command: *revsurf* `Enter↵` Current wire frame density: SURFTAB1=30 SURFTAB2=30 Select object to revolve: Select object that defines the axis of revolution: Specify start angle ⟨0⟩: *0* `Enter↵` Specify included angle (+=ccw, -=cw) ⟨360⟩: *180* `Enter↵`	≫C2 ≫L
Command:	≫F1 만들어진 반원통 선택
	Properties Toolbar → Color control → ■ Green 선택 후 `Esc`
Command: *ucs* `Enter↵` Current ucs name: *NO NAME* Specify origin of UCS or [Face/NAmed/OBject/Previous/View/World/X/Y/Z/ZAxis] ⟨World⟩: *world* `Enter↵`	좌표계를 표준좌표계(WCS)로
Command: *mirror* `Enter↵` Select objects: 1 found Select objects: `Enter↵` Specify first point of mirror line: _endp of Specify second point of mirror line: _endp of Delete source objects? [Yes/No] ⟨N⟩: *no* `Enter↵`	≫F1 ✐ → ≫P2 ✐ → ≫P3
Command: *ucs* `Enter↵` Current ucs name: *WORLD* Specify origin of UCS or [Face/NAmed/OBject/Previous/View/World/X/Y/Z/ZAxis] ⟨World⟩: *x* `Enter↵` Specify rotation angle about X axis ⟨90⟩: *90* `Enter↵`	rotate 명령은 2D 명령이기 때문에 x-y 평면에서 실행되므로 도넛을 위로 틀어 들어올리기 위하여 좌표계를 변환시킨다. y축이 위를 향하게 함으로써 위로 들어 올릴 수 있게 된다.
Command: *rotate* `Enter↵` Current positive angle in UCS: ANGDIR=counterclockwise ANGBASE=0 Select objects: 1 found Select objects: Specify opposite corner: 1 found, 2 total Select objects: `Enter↵` Specify base point: _endp of Specify rotation angle or [Copy/Reference]: *10* `Enter↵`	≫F1 왼쪽(아래쪽) 원통 선택 ≫P4 ≫P5 원통의 오른쪽 단면인 원 선택 　속이 빈 도형이므로 나중에 단면의 중심 찾기를 용이하게 ✐ → ≫P2
Command: *circle* `Enter↵` Specify center point for circle or [3P/2P/Ttr (tan tan radius)]: _endp of Specify radius of circle or [Diameter] ⟨1.0000⟩: *1* `Enter↵`	오른쪽(위쪽) 원통의 보이는 면에 원을 넣어 줌 ✐ → ≫P3
Command: *rotate* `Enter↵` Current positive angle in UCS: ANGDIR=counterclockwise ANGBASE=0 Select objects: 1 found Select objects: Specify opposite corner: 1 found, 2 total Select objects: `Enter↵` Specify base point: _endp of Specify rotation angle or [Copy/Reference]: *-10* `Enter↵`	반대쪽을 들어 올림 ≫F2 오른쪽(위쪽) 원통 선택 ≫P6 ≫P7 원통의 왼쪽 단면 원 선택 　속이 빈 도형이므로 나중에 단면의 중심 찾기를 용이하게 ✐ → ≫P3
Command: *zoom* `Enter↵` Specify corner of window, enter a scale factor (nX or nXP), or [All/Center/Dynamic/Extents/Previous/Scale/Window] ⟨real time⟩: *all* `Enter↵`	
Command: *hide* `Enter↵` Regenerating model.	

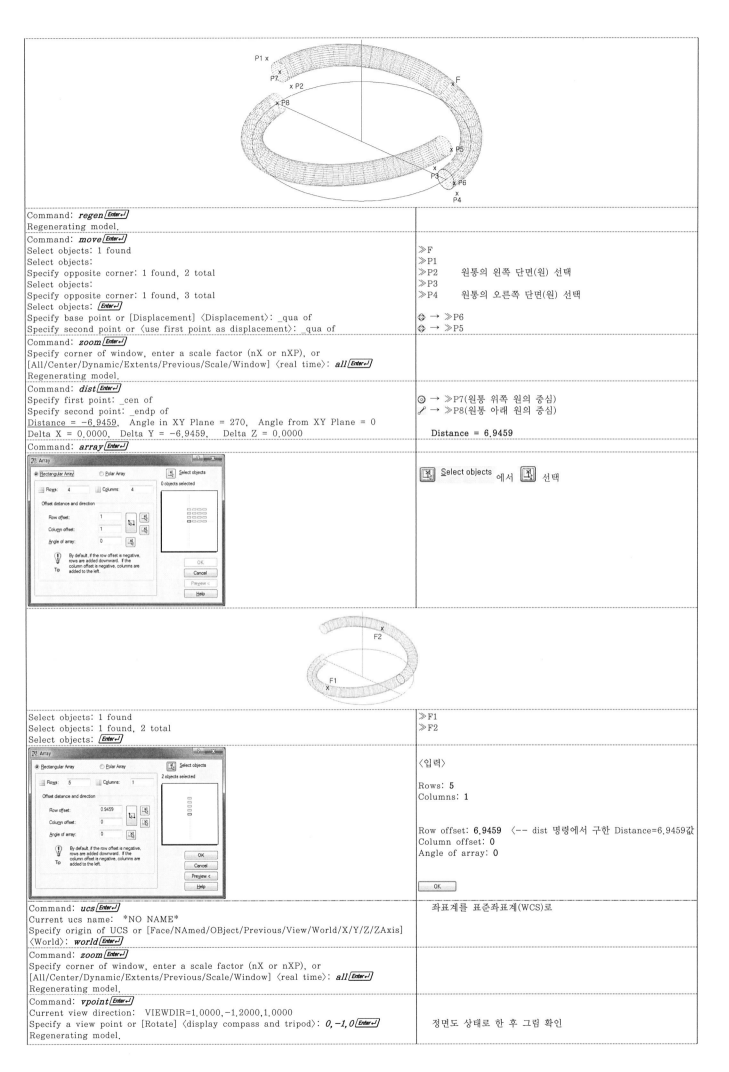

Command: *regen* Enter↵	
Regenerating model.	
Command: *move* Enter↵	≫F
Select objects: 1 found	≫P1
Select objects:	≫P2 원통의 왼쪽 단면(원) 선택
Specify opposite corner: 1 found, 2 total	≫P3
Select objects:	≫P4 원통의 오른쪽 단면(원) 선택
Specify opposite corner: 1 found, 3 total	
Select objects: Enter↵	◈ → ≫P6
Specify base point or [Displacement] ⟨Displacement⟩: _qua of	◈ → ≫P5
Specify second point or ⟨use first point as displacement⟩: _qua of	

Command: *zoom* Enter↵	
Specify corner of window, enter a scale factor (nX or nXP), or	
[All/Center/Dynamic/Extents/Previous/Scale/Window] ⟨real time⟩: *all* Enter↵	
Regenerating model.	

Command: *dist* Enter↵	◎ → ≫P7(원통 위쪽 원의 중심)
Specify first point: _cen of	✎ → ≫P8(원통 아래 원의 중심)
Specify second point: _endp of	
Distance = -6.9459, Angle in XY Plane = 270, Angle from XY Plane = 0	Distance = 6.9459
Delta X = 0.0000, Delta Y = -6.9459, Delta Z = 0.0000	

| Command: *array* Enter↵ | |
| | Select objects 에서 선택 |

Select objects: 1 found	≫F1
Select objects: 1 found, 2 total	≫F2
Select objects: Enter↵	

⟨입력⟩

Rows: **5**
Columns: **1**

Row offset: **6.9459**   ⟨-- dist 명령에서 구한 Distance=6.9459값
Column offset: **0**
Angle of array: **0**

Command: *ucs* Enter↵	좌표계를 표준좌표계(WCS)로
Current ucs name: *NO NAME*	
Specify origin of UCS or [Face/NAmed/OBject/Previous/View/World/X/Y/Z/ZAxis]	
⟨World⟩: *world* Enter↵	

Command: *zoom* Enter↵	
Specify corner of window, enter a scale factor (nX or nXP), or	
[All/Center/Dynamic/Extents/Previous/Scale/Window] ⟨real time⟩: *all* Enter↵	
Regenerating model.	

Command: *vpoint* Enter↵	
Current view direction: VIEWDIR=1.0000,-1.2000,1.0000	
Specify a view point or [Rotate] ⟨display compass and tripod⟩: *0,-1,0* Enter↵	정면도 상태로 한 후 그림 확인
Regenerating model.	

Command: *hide* Enter↵ Regenerating model.	
Command: *vpoint* Enter↵ Current view direction: VIEWDIR=0.0000,−1.0000,0.0000 Specify a view point or [Rotate] ⟨display compass and tripod⟩: *0,0,1* Enter↵ Regenerating model.	윗면도 상태로 한 후 그림 확인
Command: *hide* Enter↵ Regenerating model.	
Command: *vpoint* Enter↵ Current view direction: VIEWDIR=0.0000,0.0000,1.0000 Specify a view point or [Rotate] ⟨display compass and tripod⟩: *1,−1.2,1* Enter↵ Regenerating model.	윗면도 상태로 한 후 그림 확인
Command: *hide* Enter↵ Regenerating model.	
	File ▶ Save As... [filename: 3083_surfacecoil]

surftab1 - RULESURF 및 TABSURF 명령에 대해 생성되는 테이블 수를 설정한다. REVSURF 및 EDGESURF
  명령에 대한 M 방향의 메쉬 밀도를 설정한다.
surftab2 - REVSURF 및 EDGESURF 명령에 대한 N 방향의 메쉬 밀도를 설정한다.

3.8.4 나사 만들기

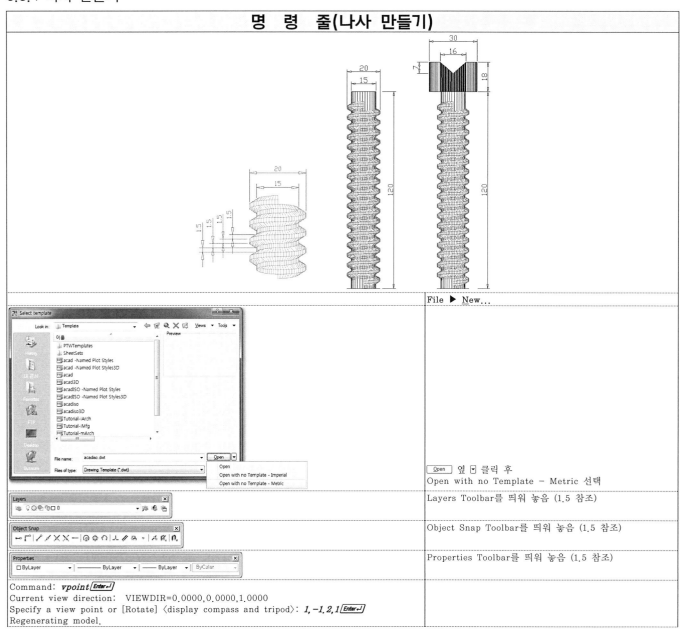

명 령 줄(나사 만들기)	
	File ▶ New...
	Open 옆 ⏷ 클릭 후 Open with no Template - Metric 선택
	Layers Toolbar를 띄워 놓음 (1.5 참조)
	Object Snap Toolbar를 띄워 놓음 (1.5 참조)
	Properties Toolbar를 띄워 놓음 (1.5 참조)
Command: *vpoint* Enter↵ Current view direction: VIEWDIR=0.0000,0.0000,1.0000 Specify a view point or [Rotate] ⟨display compass and tripod⟩: *1,−1.2,1* Enter↵ Regenerating model.	

Command: *ucsicon* [Enter↵] Enter an option [ON/OFF/All/Noorigin/ORigin/Properties] ⟨ON⟩: *noorigin* [Enter↵]	

Command: *circle* [Enter↵] Specify center point for circle or [3P/2P/Ttr (tan tan radius)]: Specify radius of circle or [Diameter]: *diameter* [Enter↵] Specify diameter of circle: *15* [Enter↵]	≫P1(임의점)
Command: *zoom* [Enter↵] Specify corner of window, enter a scale factor (nX or nXP), or [All/Center/Dynamic/Extents/Previous/Scale/Window] ⟨real time⟩: *extents* [Enter↵]	
Command: *circle* [Enter↵] Specify center point for circle or [3P/2P/Ttr (tan tan radius)]: _cen of Specify radius of circle or [Diameter] ⟨7.5000⟩: *diameter* [Enter↵] Specify diameter of circle ⟨15.0000⟩: *20* [Enter↵]	◎ → ≫P1
Command: *line* [Enter↵] Specify first point: _qua of Specify next point or [Undo]: *@0,0,1.5* [Enter↵] Specify next point or [Undo]: [Enter↵]	◇ → ≫P2
Command: *line* [Enter↵] Specify first point: _qua of Specify next point or [Undo]: *@0,0,3* [Enter↵] Specify next point or [Undo]: [Enter↵]	◇ → ≫P3
Command: *line* [Enter↵] Specify first point: _qua of Specify next point or [Undo]: *@0,0,4.5* [Enter↵] Specify next point or [Undo]: [Enter↵]	◇ → ≫P4
Command: *line* [Enter↵] Specify first point: _qua of Specify next point or [Undo]: *@0,0,6* [Enter↵] Specify next point or [Undo]: [Enter↵]	◇ → ≫P5
Command: *copy* [Enter↵] Select objects: 1 found Select objects: [Enter↵] Current settings: Copy mode = Multiple Specify base point or [Displacement/mOde] ⟨Displacement⟩: _endp of Specify second point or ⟨use first point as displacement⟩: _qua of Specify second point or [Exit/Undo] ⟨Exit⟩: [Enter↵]	≫L1 ℱ → ≫P2 ◇ → ≫P6
Command: *copy* [Enter↵] Select objects: 1 found Select objects: [Enter↵] Current settings: Copy mode = Multiple Specify base point or [Displacement/mOde] ⟨Displacement⟩: _endp of Specify second point or ⟨use first point as displacement⟩: _qua of Specify second point or [Exit/Undo] ⟨Exit⟩: [Enter↵]	≫L2 ℱ → ≫P3 ◇ → ≫P7
Command: *copy* [Enter↵] Select objects: 1 found Select objects: [Enter↵] Current settings: Copy mode = Multiple Specify base point or [Displacement/mOde] ⟨Displacement⟩: _endp of Specify second point or ⟨use first point as displacement⟩: _qua of Specify second point or [Exit/Undo] ⟨Exit⟩: [Enter↵]	≫L3 ℱ → ≫P4 ◇ → ≫P8
Command: *copy* [Enter↵] Select objects: 1 found Select objects: [Enter↵] Current settings: Copy mode = Multiple Specify base point or [Displacement/mOde] ⟨Displacement⟩: _endp of Specify second point or ⟨use first point as displacement⟩: _qua of Specify second point or [Exit/Undo] ⟨Exit⟩: [Enter↵]	≫L4 ℱ → ≫P5 ◇ → ≫P9
Command: *zoom* [Enter↵] Specify corner of window, enter a scale factor (nX or nXP), or [All/Center/Dynamic/Extents/Previous/Scale/Window] ⟨real time⟩: *extents* [Enter↵]	
Command: *ucs* [Enter↵] Current ucs name: *NO NAME* Specify origin of UCS or [Face/NAmed/OBject/Previous/View/World/X/Y/Z/ZAxis] ⟨World⟩: _endp of Specify point on X-axis or ⟨Accept⟩: _endp of Specify point on the XY plane or ⟨Accept⟩: _endp of	 ℱ → ≫P10 ℱ → ≫P11 ℱ → ≫P5

Command: **arc** [Enter↵] Specify start point of arc or [Center]: _endp of Specify second point of arc or [Center/End]: _endp of Specify end point of arc: _endp of	✐ → ≫P5 ✐ → ≫P10 ✐ → ≫P11
Command: **ucs** [Enter↵] Current ucs name: *NO NAME* Specify origin of UCS or [Face/NAmed/OBject/Previous/View/World/X/Y/Z/ZAxis] ⟨World⟩: _endp of Specify point on X-axis or ⟨Accept⟩: _endp of Specify point on the XY plane or ⟨Accept⟩: _endp of	 ✐ → ≫P12 ✐ → ≫P13 ✐ → ≫P11
Command: **arc** [Enter↵] Specify start point of arc or [Center]: _endp of Specify second point of arc or [Center/End]: _endp of Specify end point of arc: _endp of	✐ → ≫P11 ✐ → ≫P12 ✐ → ≫P13
Command: **ucs** [Enter↵] Current ucs name: *NO NAME* Specify origin of UCS or [Face/NAmed/OBject/Previous/View/World/X/Y/Z/ZAxis] ⟨World⟩: _endp of Specify point on X-axis or ⟨Accept⟩: _endp of Specify point on the XY plane or ⟨Accept⟩: _endp of	 ✐ → ≫P14 ✐ → ≫P15 ✐ → ≫P9
Command: **arc** [Enter↵] Specify start point of arc or [Center]: _endp of Specify second point of arc or [Center/End]: _endp of Specify end point of arc: _endp of	✐ → ≫P9 ✐ → ≫P14 ✐ → ≫P15
Command: **ucs** [Enter↵] Current ucs name: *NO NAME* Specify origin of UCS or [Face/NAmed/OBject/Previous/View/World/X/Y/Z/ZAxis] ⟨World⟩: _endp of Specify point on X-axis or ⟨Accept⟩: _endp of Specify point on the XY plane or ⟨Accept⟩: _endp of	 ✐ → ≫P16 ✐ → ≫P17 ✐ → ≫P15
Command: **arc** [Enter↵] Specify start point of arc or [Center]: _endp of Specify second point of arc or [Center/End]: _endp of Specify end point of arc: _endp of	✐ → ≫P15 ✐ → ≫P16 ✐ → ≫P17
Command: **ucs** [Enter↵] Current ucs name: *NO NAME* Specify origin of UCS or [Face/NAmed/OBject/Previous/View/World/X/Y/Z/ZAxis] ⟨World⟩: **world** [Enter↵]	좌표계를 표준좌표계(WCS)로

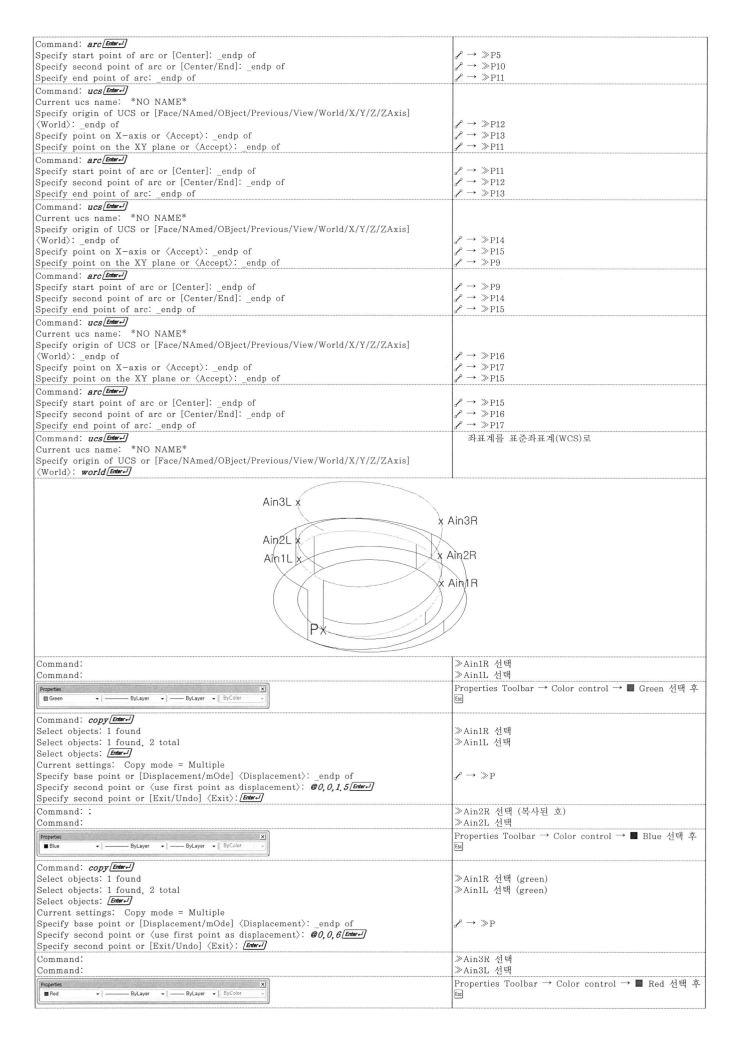

Command: Command:	≫Ain1R 선택 ≫Ain1L 선택
Properties [Green ▼ —— ByLayer ▼ —— ByLayer ▼ ByColor ▼]	Properties Toolbar → Color control → ■ Green 선택 후 [Esc]
Command: **copy** [Enter↵] Select objects: 1 found Select objects: 1 found, 2 total Select objects: [Enter↵] Current settings: Copy mode = Multiple Specify base point or [Displacement/mOde] ⟨Displacement⟩: _endp of Specify second point or ⟨use first point as displacement⟩: **@0,0,1.5** [Enter↵] Specify second point or [Exit/Undo] ⟨Exit⟩: [Enter↵]	 ≫Ain1R 선택 ≫Ain1L 선택 ✐ → ≫P
Command: ; Command:	≫Ain2R 선택 (복사된 호) ≫Ain2L 선택
Properties [Blue ▼ —— ByLayer ▼ —— ByLayer ▼ ByColor ▼]	Properties Toolbar → Color control → ■ Blue 선택 후 [Esc]
Command: **copy** [Enter↵] Select objects: 1 found Select objects: 1 found, 2 total Select objects: [Enter↵] Current settings: Copy mode = Multiple Specify base point or [Displacement/mOde] ⟨Displacement⟩: _endp of Specify second point or ⟨use first point as displacement⟩: **@0,0,6** [Enter↵] Specify second point or [Exit/Undo] ⟨Exit⟩: [Enter↵]	 ≫Ain1R 선택 (green) ≫Ain1L 선택 (green) ✐ → ≫P
Command: Command:	≫Ain3R 선택 ≫Ain3L 선택
Properties [Red ▼ —— ByLayer ▼ —— ByLayer ▼ ByColor ▼]	Properties Toolbar → Color control → ■ Red 선택 후 [Esc]

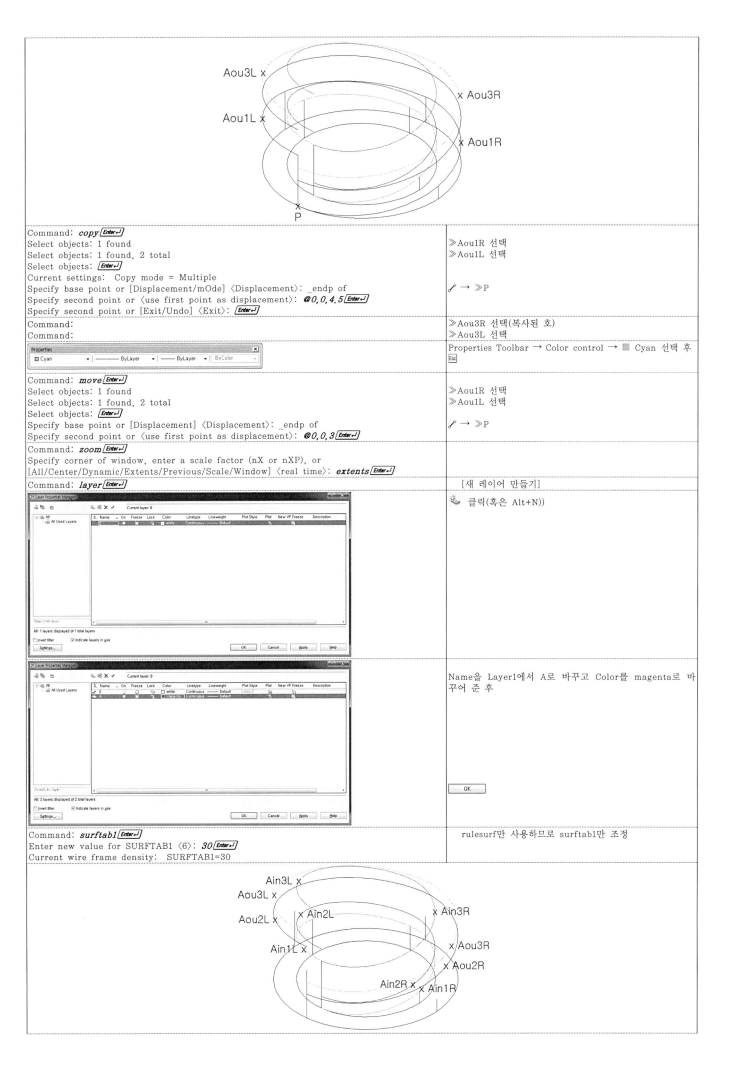

Command: *copy* [Enter↵]	≫Aou1R 선택
Select objects: 1 found	≫Aou1L 선택
Select objects: 1 found, 2 total	
Select objects: [Enter↵]	
Current settings: Copy mode = Multiple	
Specify base point or [Displacement/mOde] ⟨Displacement⟩: _endp of	⌀ → ≫P
Specify second point or ⟨use first point as displacement⟩: *@0,0,4.5* [Enter↵]	
Specify second point or [Exit/Undo] ⟨Exit⟩: [Enter↵]	
Command:	≫Aou3R 선택(복사된 호)
Command:	≫Aou3L 선택
	Properties Toolbar → Color control → ■ Cyan 선택 후 [Esc]
Command: *move* [Enter↵]	≫Aou1R 선택
Select objects: 1 found	≫Aou1L 선택
Select objects: 1 found, 2 total	
Select objects: [Enter↵]	
Specify base point or [Displacement] ⟨Displacement⟩: _endp of	⌀ → ≫P
Specify second point or ⟨use first point as displacement⟩: *@0,0,3* [Enter↵]	
Command: *zoom* [Enter↵]	
Specify corner of window, enter a scale factor (nX or nXP), or [All/Center/Dynamic/Extents/Previous/Scale/Window] ⟨real time⟩: *extents* [Enter↵]	
Command: *layer* [Enter↵]	[새 레이어 만들기]
	클릭(혹은 Alt+N))
	Name을 Layer1에서 A로 바꾸고 Color를 magenta로 바꾸어 준 후
	OK
Command: *surftab1* [Enter↵]	rulesurf만 사용하므로 surftab1만 조정
Enter new value for SURFTAB1 ⟨6⟩: *30* [Enter↵]	
Current wire frame density: SURFTAB1=30	

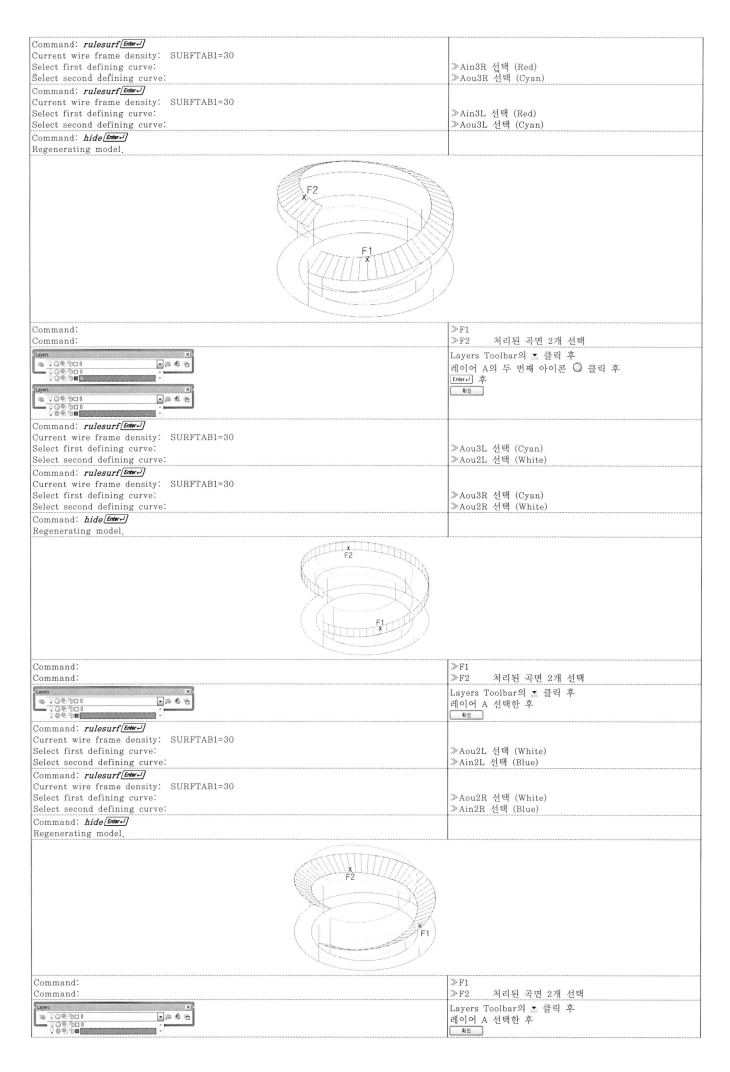

Command: *rulesurf* [Enter↵] Current wire frame density: SURFTAB1=30 Select first defining curve: Select second defining curve:	≫Ain3R 선택 (Red) ≫Aou3R 선택 (Cyan)
Command: *rulesurf* [Enter↵] Current wire frame density: SURFTAB1=30 Select first defining curve: Select second defining curve:	≫Ain3L 선택 (Red) ≫Aou3L 선택 (Cyan)
Command: *hide* [Enter↵] Regenerating model.	

Command: Command:	≫F1 ≫F2　　처리된 곡면 2개 선택
	Layers Toolbar의 ▼ 클릭 후 레이어 A의 두 번째 아이콘 ◯ 클릭 후 [Enter↵] 후 [확인]
Command: *rulesurf* [Enter↵] Current wire frame density: SURFTAB1=30 Select first defining curve: Select second defining curve:	≫Aou3L 선택 (Cyan) ≫Aou2L 선택 (White)
Command: *rulesurf* [Enter↵] Current wire frame density: SURFTAB1=30 Select first defining curve: Select second defining curve:	≫Aou3R 선택 (Cyan) ≫Aou2R 선택 (White)
Command: *hide* [Enter↵] Regenerating model.	

Command: Command:	≫F1 ≫F2　　처리된 곡면 2개 선택
	Layers Toolbar의 ▼ 클릭 후 레이어 A 선택한 후 [확인]
Command: *rulesurf* [Enter↵] Current wire frame density: SURFTAB1=30 Select first defining curve: Select second defining curve:	≫Aou2L 선택 (White) ≫Ain2L 선택 (Blue)
Command: *rulesurf* [Enter↵] Current wire frame density: SURFTAB1=30 Select first defining curve: Select second defining curve:	≫Aou2R 선택 (White) ≫Ain2R 선택 (Blue)
Command: *hide* [Enter↵] Regenerating model.	

Command: Command:	≫F1　　처리된 곡면 2개 선택 ≫F2
	Layers Toolbar의 ▼ 클릭 후 레이어 A 선택한 후 [확인]

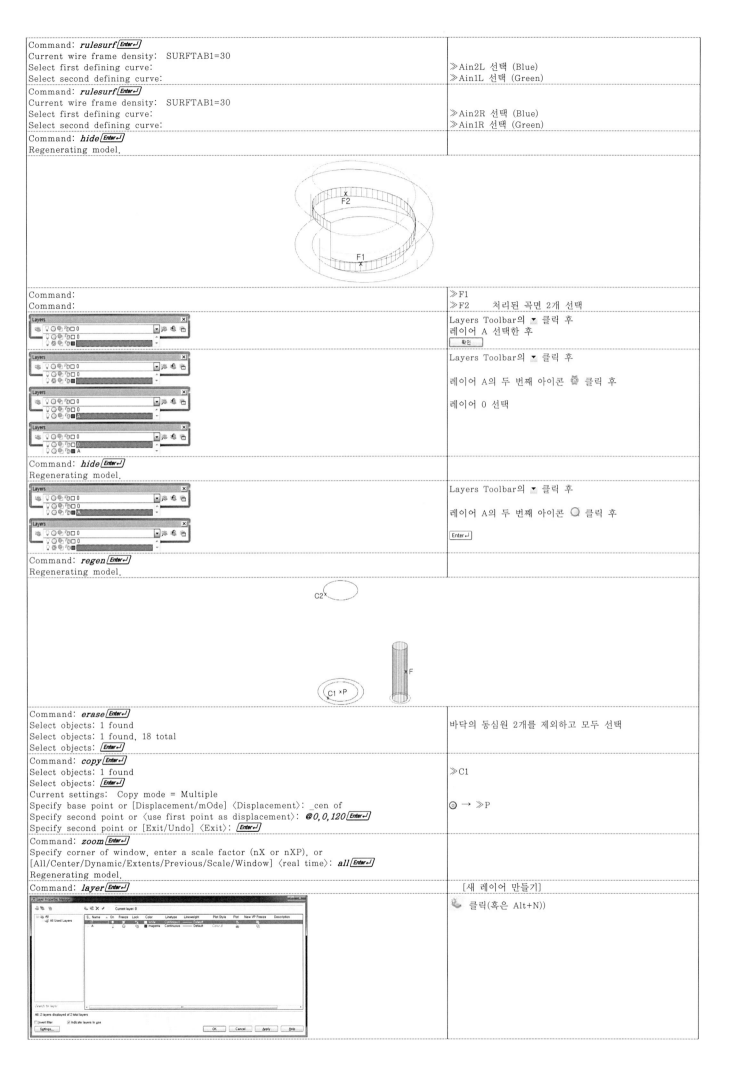

Command: *rulesurf* [Enter←] Current wire frame density: SURFTAB1=30 Select first defining curve: Select second defining curve:	 ≫Ain2L 선택 (Blue) ≫Ain1L 선택 (Green)
Command: *rulesurf* [Enter←] Current wire frame density: SURFTAB1=30 Select first defining curve: Select second defining curve:	 ≫Ain2R 선택 (Blue) ≫Ain1R 선택 (Green)
Command: *hide* [Enter←] Regenerating model.	

Command: Command:	≫F1 ≫F2　　처리된 곡면 2개 선택
	Layers Toolbar의 ▾ 클릭 후 레이어 A 선택한 후 [확인]
	Layers Toolbar의 ▾ 클릭 후 레이어 A의 두 번째 아이콘 🦕 클릭 후 레이어 0 선택
Command: *hide* [Enter←] Regenerating model.	
	Layers Toolbar의 ▾ 클릭 후 레이어 A의 두 번째 아이콘 ◯ 클릭 후 [Enter←]
Command: *regen* [Enter←] Regenerating model.	

Command: *erase* [Enter←] Select objects: 1 found Select objects: 1 found, 18 total Select objects: [Enter←]	바닥의 동심원 2개를 제외하고 모두 선택
Command: *copy* [Enter←] Select objects: 1 found Select objects: [Enter←] Current settings: Copy mode = Multiple Specify base point or [Displacement/mOde] ⟨Displacement⟩: _cen of Specify second point or ⟨use first point as displacement⟩: *@0,0,120* [Enter←] Specify second point or [Exit/Undo] ⟨Exit⟩: [Enter←]	≫C1 ☺ → ≫P
Command: *zoom* [Enter←] Specify corner of window, enter a scale factor (nX or nXP), or [All/Center/Dynamic/Extents/Previous/Scale/Window] ⟨real time⟩: *all* [Enter←] Regenerating model.	
Command: *layer* [Enter←]	[새 레이어 만들기]
	🦕 클릭(혹은 Alt+N))

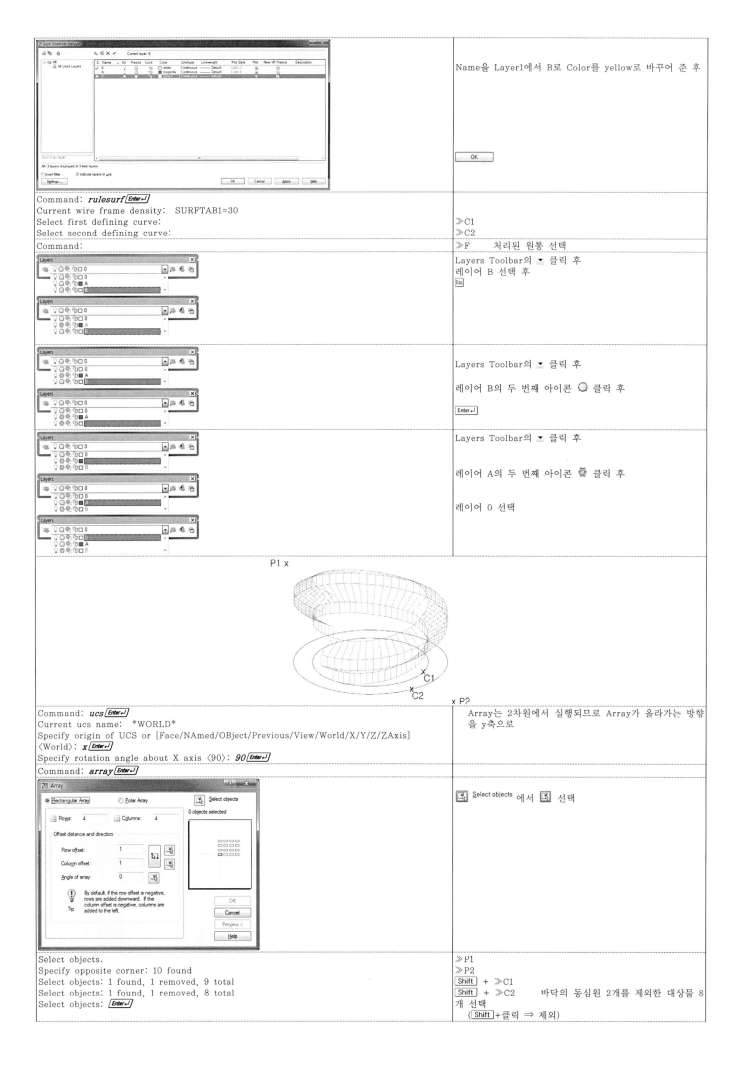

	Name을 Layer1에서 B로 Color를 yellow로 바꾸어 준 후
	OK
Command: *rulesurf* Enter↵	
Current wire frame density: SURFTAB1=30	
Select first defining curve:	≫C1
Select second defining curve:	≫C2
Command:	≫F 처리된 원통 선택
	Layers Toolbar의 ▼ 클릭 후 레이어 B 선택 후 Esc
	Layers Toolbar의 ▼ 클릭 후 레이어 B의 두 번째 아이콘 ○ 클릭 후 Enter↵
	Layers Toolbar의 ▼ 클릭 후 레이어 A의 두 번째 아이콘 ☼ 클릭 후 레이어 0 선택

P1 x

C1
C2

x P2

Command: *ucs* Enter↵	Array는 2차원에서 실행되므로 Array가 올라가는 방향을 y축으로
Current ucs name: *WORLD*	
Specify origin of UCS or [Face/NAmed/OBject/Previous/View/World/X/Y/Z/ZAxis]	
⟨World⟩: *x* Enter↵	
Specify rotation angle about X axis ⟨90⟩: *90* Enter↵	
Command: *array* Enter↵	
	[Select objects] 에서 선택
Select objects.	≫P1
Specify opposite corner: 10 found	≫P2
Select objects: 1 found, 1 removed, 9 total	Shift + ≫C1
Select objects: 1 found, 1 removed, 8 total	Shift + ≫C2 바닥의 동심원 2개를 제외한 대상물 8
Select objects: Enter↵	개 선택 (Shift+클릭 ⇒ 제외)

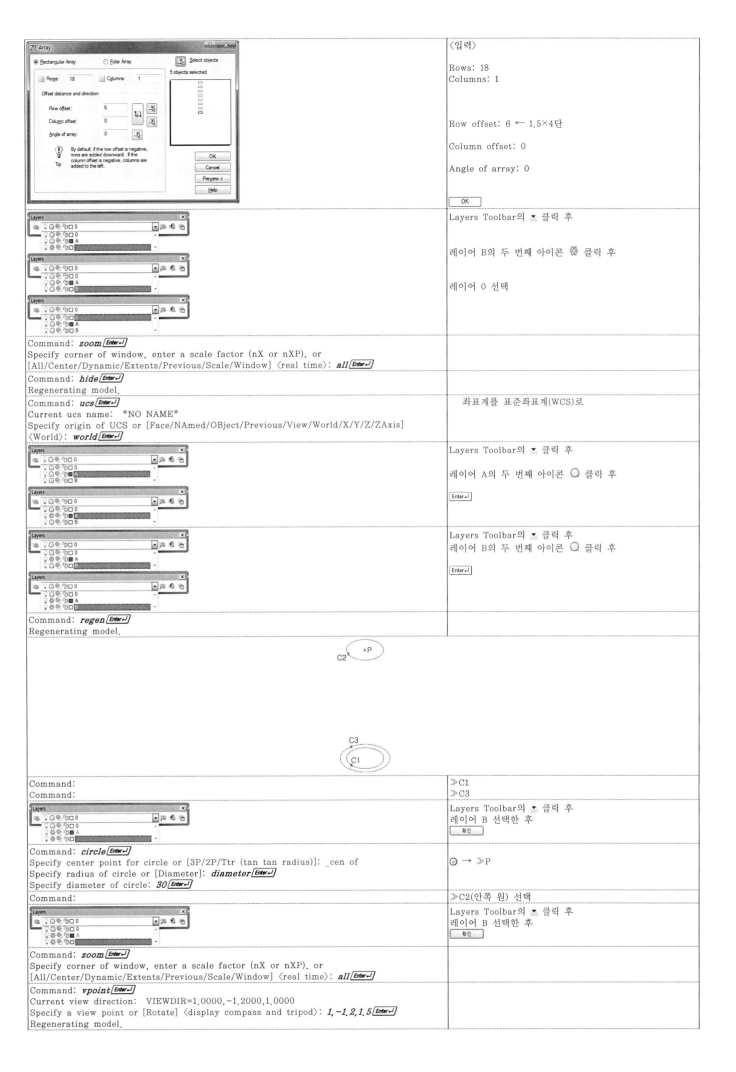

〈입력〉

Rows: 18
Columns: 1

Row offset: 6 ← 1.5×4단

Column offset: 0

Angle of array: 0

| OK |

Layers Toolbar의 ▾ 클릭 후

레이어 B의 두 번째 아이콘 ⚙ 클릭 후

레이어 0 선택

Command: *zoom* [Enter↵]
Specify corner of window, enter a scale factor (nX or nXP), or
[All/Center/Dynamic/Extents/Previous/Scale/Window] 〈real time〉: *all* [Enter↵]

Command: *hide* [Enter↵]
Regenerating model.

Command: *ucs* [Enter↵]   좌표계를 표준좌표계(WCS)로
Current ucs name: *NO NAME*
Specify origin of UCS or [Face/NAmed/OBject/Previous/View/World/X/Y/Z/ZAxis]
〈World〉: *world* [Enter↵]

Layers Toolbar의 ▾ 클릭 후

레이어 A의 두 번째 아이콘 ◯ 클릭 후

[Enter↵]

Layers Toolbar의 ▾ 클릭 후
레이어 B의 두 번째 아이콘 ◯ 클릭 후

[Enter↵]

Command: *regen* [Enter↵]
Regenerating model.

C2 ×̇ × P

C3 ×̇
C1 ×̇

Command: ≫C1
Command: ≫C3

Layers Toolbar의 ▾ 클릭 후
레이어 B 선택한 후
| 확인 |

Command: *circle* [Enter↵]   ⊙ → ≫P
Specify center point for circle or [3P/2P/Ttr (tan tan radius)]: _cen of
Specify radius of circle or [Diameter]: *diameter* [Enter↵]
Specify diameter of circle: *30* [Enter↵]

Command: ≫C2(안쪽 원) 선택

Layers Toolbar의 ▾ 클릭 후
레이어 B 선택한 후
| 확인 |

Command: *zoom* [Enter↵]
Specify corner of window, enter a scale factor (nX or nXP), or
[All/Center/Dynamic/Extents/Previous/Scale/Window] 〈real time〉: *all* [Enter↵]

Command: *vpoint* [Enter↵]
Current view direction: VIEWDIR=1.0000,−1.2000,1.0000
Specify a view point or [Rotate] 〈display compass and tripod〉: *1,−1.2,1.5* [Enter↵]
Regenerating model.

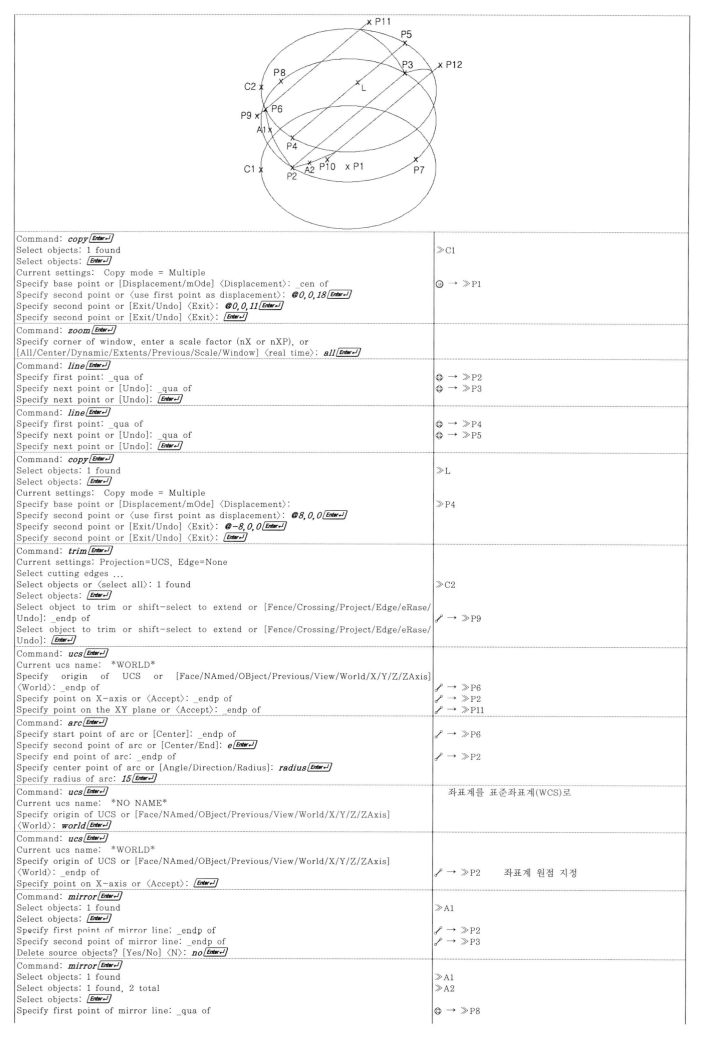

Command	
Command: *copy* `Enter↵`	
Select objects: 1 found	≫C1
Select objects: `Enter↵`	
Current settings: Copy mode = Multiple	
Specify base point or [Displacement/mOde] ⟨Displacement⟩: _cen of	⊙ → ≫P1
Specify second point or ⟨use first point as displacement⟩: *@0,0,18* `Enter↵`	
Specify second point or [Exit/Undo] ⟨Exit⟩: *@0,0,11* `Enter↵`	
Specify second point or [Exit/Undo] ⟨Exit⟩: `Enter↵`	
Command: *zoom* `Enter↵`	
Specify corner of window, enter a scale factor (nX or nXP), or	
[All/Center/Dynamic/Extents/Previous/Scale/Window] ⟨real time⟩: *all* `Enter↵`	
Command: *line* `Enter↵`	
Specify first point: _qua of	◈ → ≫P2
Specify next point or [Undo]: _qua of	◈ → ≫P3
Specify next point or [Undo]: `Enter↵`	
Command: *line* `Enter↵`	
Specify first point: _qua of	◈ → ≫P4
Specify next point or [Undo]: _qua of	◈ → ≫P5
Specify next point or [Undo]: `Enter↵`	
Command: *copy* `Enter↵`	
Select objects: 1 found	≫L
Select objects: `Enter↵`	
Current settings: Copy mode = Multiple	
Specify base point or [Displacement/mOde] ⟨Displacement⟩:	≫P4
Specify second point or ⟨use first point as displacement⟩: *@8,0,0* `Enter↵`	
Specify second point or [Exit/Undo] ⟨Exit⟩: *@-8,0,0* `Enter↵`	
Specify second point or [Exit/Undo] ⟨Exit⟩: `Enter↵`	
Command: *trim* `Enter↵`	
Current settings: Projection=UCS, Edge=None	
Select cutting edges ...	
Select objects or ⟨select all⟩: 1 found	≫C2
Select objects: `Enter↵`	
Select object to trim or shift-select to extend or [Fence/Crossing/Project/Edge/eRase/Undo]: _endp of	↗ → ≫P9
Select object to trim or shift-select to extend or [Fence/Crossing/Project/Edge/eRase/Undo]: `Enter↵`	
Command: *ucs* `Enter↵`	
Current ucs name: *WORLD*	
Specify origin of UCS or [Face/NAmed/OBject/Previous/View/World/X/Y/Z/ZAxis] ⟨World⟩: _endp of	↗ → ≫P6
Specify point on X-axis or ⟨Accept⟩: _endp of	↗ → ≫P2
Specify point on the XY plane or ⟨Accept⟩: _endp of	↗ → ≫P11
Command: *arc* `Enter↵`	
Specify start point of arc or [Center]: _endp of	↗ → ≫P6
Specify second point of arc or [Center/End]: *e* `Enter↵`	
Specify end point of arc: _endp of	↗ → ≫P2
Specify center point of arc or [Angle/Direction/Radius]: *radius* `Enter↵`	
Specify radius of arc: *15* `Enter↵`	
Command: *ucs* `Enter↵`	좌표계를 표준좌표계(WCS)로
Current ucs name: *NO NAME*	
Specify origin of UCS or [Face/NAmed/OBject/Previous/View/World/X/Y/Z/ZAxis] ⟨World⟩: *world* `Enter↵`	
Command: *ucs* `Enter↵`	
Current ucs name: *WORLD*	
Specify origin of UCS or [Face/NAmed/OBject/Previous/View/World/X/Y/Z/ZAxis] ⟨World⟩: _endp of	↗ → ≫P2 좌표계 원점 지정
Specify point on X-axis or ⟨Accept⟩: `Enter↵`	
Command: *mirror* `Enter↵`	
Select objects: 1 found	≫A1
Select objects: `Enter↵`	
Specify first point of mirror line: _endp of	↗ → ≫P2
Specify second point of mirror line: _endp of	↗ → ≫P3
Delete source objects? [Yes/No] ⟨N⟩: *no* `Enter↵`	
Command: *mirror* `Enter↵`	
Select objects: 1 found	≫A1
Select objects: 1 found, 2 total	≫A2
Select objects: `Enter↵`	
Specify first point of mirror line: _qua of	◈ → ≫P8

Specify second point of mirror line: _qua of Delete source objects? [Yes/No] ⟨N⟩: *no* [Enter⏎]	✧ → ≫P7
Command: *trim* [Enter⏎] Current settings: Projection=UCS, Edge=None Select cutting edges … Select objects or ⟨select all⟩: 1 found Select objects: [Enter⏎] Select object to trim or shift-select to extend or [Fence/Crossing/Project/Edge/eRase/ Undo]: _endp of Select object to trim or shift-select to extend or [Fence/Crossing/Project/Edge/eRase/ Undo]: _endp of Select object to trim or shift-select to extend or [Fence/Crossing/Project/Edge/eRase/ Undo]: _endp of Select object to trim or shift-select to extend or [Fence/Crossing/Project/Edge/eRase/ Undo]: [Enter⏎]	≫C2 ℱ → ≫P10 ℱ → ≫P11 ℱ → ≫P12

Command: *erase* [Enter⏎] Select objects: 1 found Select objects: [Enter⏎]	≫L1
Command: *trim* [Enter⏎] Current settings: Projection=View, Edge=None Select cutting edges … Select objects or ⟨select all⟩: 1 found Select objects: 1 found, 2 total Select objects: [Enter⏎] Select object to trim or shift-select to extend or [Fence/Crossing/Project/Edge/eRase /Undo]: Select object to trim or shift-select to extend or [Fence/Crossing/Project/Edge/eRase /Undo]: Select object to trim or shift-select to extend or [Fence/Crossing/Project/Edge/eRase /Undo]: [Enter⏎]	 ≫L2 ≫L3 ≫A1 ≫A2
Command: *erase* [Enter⏎] Select objects: 1 found Select objects: [Enter⏎]	≫C1
Command: *copy* [Enter⏎] Select objects: 1 found Select objects: 1 found, 2 total Select objects: [Enter⏎] Current settings: Copy mode = Multiple Specify base point or [Displacement/mOde] ⟨Displacement⟩: Specify second point or ⟨use first point as displacement⟩ *@0,0,-18* [Enter⏎] Specify second point or [Exit/Undo] ⟨Exit⟩: [Enter⏎]	≫L2 ≫L3 ≫P1
Command: *line* [Enter⏎] Specify first point: _endp of Specify next point or [Undo]: _endp of Specify next point or [Undo]: [Enter⏎]	ℱ → ≫P1 ℱ → ≫P2
Command: *line* [Enter⏎] Specify first point: _endp of Specify next point or [Undo]: _endp of Specify next point or [Undo]: [Enter⏎]	ℱ → ≫P3 ℱ → ≫P4
Command: *line* [Enter⏎] Specify first point: _endp of Specify next point or [Undo]: _endp of Specify next point or [Undo]: [Enter⏎]	ℱ → ≫P5 ℱ → ≫P6
Command: *line* [Enter⏎] Specify first point: _endp of Specify next point or [Undo]: _endp of Specify next point or [Undo]: [Enter⏎]	ℱ → ≫P7 ℱ → ≫P8

Command: *vpoint* Enter↵ Current view direction: VIEWDIR=1.0000,-1.2000,1.5000 Specify a view point or [Rotate] ⟨display compass and tripod⟩: *1,-1.2,0.7* Enter↵ Regenerating model.	
Command: *copy* Enter↵ Select objects: 1 found Select objects: Enter↵ Current settings: Copy mode = Multiple Specify base point or [Displacement/mOde] ⟨Displacement⟩: Specify second point or ⟨use first point as displacement⟩: *@0,0,-11* Enter↵ Specify second point or [Exit/Undo] ⟨Exit⟩: Enter↵	≫L5 ≫P1
Command: *line* Enter↵ Specify first point: _endp of Specify next point or [Undo]: _endp of Specify next point or [Undo]: Enter↵	✐ → ≫P1 ✐ → ≫P3
Command: *line* Enter↵ Specify first point: _endp of Specify next point or [Undo]: _endp of Specify next point or [Undo]: Enter↵	✐ → ≫P2 ✐ → ≫P4
Command: *trim* Enter↵ Current settings: Projection=View, Edge=None Select cutting edges ... Select objects or ⟨select all⟩: 1 found Select objects: Enter↵ Select object to trim or shift-select to extend or [Fence/Crossing/Project/Edge/eRase /Undo]: Select object to trim or shift-select to extend or [Fence/Crossing/Project/Edge/eRase /Undo]: Enter↵	C2를 원호들로 분해하여야 하는데 연결된 한 개의 원이 기 때문에 break 할 수 없으므로 호 A5를 삭제 ≫L1 ≫A5
Command: *break* Enter↵ Select object: Specify second break point or [First point]: *first* Enter↵ Specify first break point: _endp of Specify second break point: *@* Enter↵	≫C2 ✐ → ≫P3
Command: *break* Enter↵ Select object: Specify second break point or [First point]: *first* Enter↵ Specify first break point: _endp of Specify second break point: *@* Enter↵	≫C2 ✐ → ≫P5
Command: *break* Enter↵ Select object: Specify second break point or [First point]: *first* Enter↵ Specify first break point: _endp of Specify second break point: *@* Enter↵	≫C2 ✐ → ≫P4
Command: *break* Enter↵ Select object: Specify second break point or [First point]: *first* Enter↵ Specify first break point: _endp of Specify second break point: *@* Enter↵	≫C2 ✐ → ≫P6
Command: *mirror* Enter↵ Select objects: 1 found Select objects: Enter↵ Specify first point of mirror line: _endp of Specify second point of mirror line: _endp of Delete source objects? [Yes/No] ⟨N⟩: *no* Enter↵	삭제된 호 A5 복원 ≫A2 ✐ → ≫P1 ✐ → ≫P2
Command: *rulesurf* Enter↵ Current wire frame density: SURFTAB1=30 Select first defining curve: Select second defining curve:	 ≫L4 ≫L5
Command: *rulesurf* Enter↵ Current wire frame density: SURFTAB1=30 Select first defining curve: Select second defining curve:	 ≫L6 ≫A9
Command: *mirror* Enter↵ Select objects: 1 found Select objects: Enter↵ Specify first point of mirror line: _endp of Specify second point of mirror line: _endp of Delete source objects? [Yes/No] ⟨N⟩: *n* Enter↵	≫F1 ✐ → ≫P1 ✐ → ≫P2
Command: *mirror* Enter↵ Select objects: 1 found Select objects: Enter↵	≫F2

Specify first point of mirror line: _endp of Specify second point of mirror line: _endp of Delete source objects? [Yes/No] ⟨N⟩: n `Enter↵`	✗ → ≫P1 ✗ → ≫P2
Command: Command: Command: Command:	≫F1 ≫F2 ≫F3 ≫F4　　처리된 면 4개 선택
	Layers Toolbar의 ▾ 클릭 후 레이어 B 선택한 후 확인
Command: rulesurf `Enter↵` Current wire frame density: SURFTAB1=30 Select first defining curve: Select second defining curve:	≫A9 ≫A2
Command: mirror `Enter↵` Select objects: 1 found Select objects: `Enter↵` Specify first point of mirror line: _endp of Specify second point of mirror line: _endp of Delete source objects? [Yes/No] ⟨N⟩: no `Enter↵`	≫F5 ✗ → ≫P1 ✗ → ≫P2
Command: Command:	≫F5 ≫F6　　처리된 원통 면 2개 선택
	Layers Toolbar의 ▾ 클릭 후 레이어 B 선택한 후 확인
Command: ucs `Enter↵` Current ucs name: *NO NAME* Specify origin of UCS or [Face/NAmed/OBject/Previous/View/World/X/Y/Z/ZAxis] ⟨World⟩: _endp of Specify point on X−axis or ⟨Accept⟩: `Enter↵`	✗ → ≫P3　　좌표계 원점 지정
Command: rulesurf `Enter↵` Current wire frame density: SURFTAB1=30 Select first defining curve: Select second defining curve:	≫A7 ≫A4
Command: rulesurf `Enter↵` Current wire frame density: SURFTAB1=30 Select first defining curve: Select second defining curve:	≫A8 ≫A3
Command: mirror `Enter↵` Select objects: 1 found Select objects: 1 found, 2 total Select objects: `Enter↵` Specify first point of mirror line: _qua of Specify second point of mirror line: _qua of Oblique, non−uniformly scaled objects were ignored. Delete source objects? [Yes/No] ⟨N⟩: no `Enter↵`	≫F7 ≫F8 ✛ → ≫P7 ✛ → ≫P8
Command: Command: Command: Command:	≫F7 ≫F8 ≫F9 ≫F10　　처리된 원통 면 4개
	Layers Toolbar의 ▾ 클릭 후 레이어 B 선택한 후 확인
Command: erase `Enter↵` Select objects: 1 found Select objects: 1 found, 2 total Select objects: 1 found, 3 total Select objects: `Enter↵`	≫L1 ≫L2 ≫L3
Command: circle `Enter↵` Specify center point for circle or [3P/2P/Ttr (tan tan radius)]: _cen of Specify radius of circle or [Diameter]: diameter `Enter↵` Specify diameter of circle: 15 `Enter↵`	⊙ → ≫P9
Command: erase `Enter↵` Select objects: 1 found Select objects: 1 found, 2 total Select objects: 1 found, 3 total Select objects: 1 found, 4 total Select objects: 1 found, 5 total Select objects: 1 found, 6 total Select objects: `Enter↵`	≫A1 ≫A2 ≫A3 ≫A4 ≫A5 ≫A6
Command: circle `Enter↵` Specify center point for circle or [3P/2P/Ttr (tan tan radius)]: _cen of Specify radius of circle or [Diameter] ⟨7.5000⟩: diameter `Enter↵` Specify diameter of circle ⟨15.0000⟩: 30 `Enter↵`	⊙ → ≫P9
Command: rulesurf `Enter↵` Current wire frame density: SURFTAB1=30 Select first defining curve: Select second defining curve: Command:	≫C1 ≫C2 ≫F11 선택
	Layers Toolbar의 ▾ 클릭 후 레이어 B 선택한 후 확인

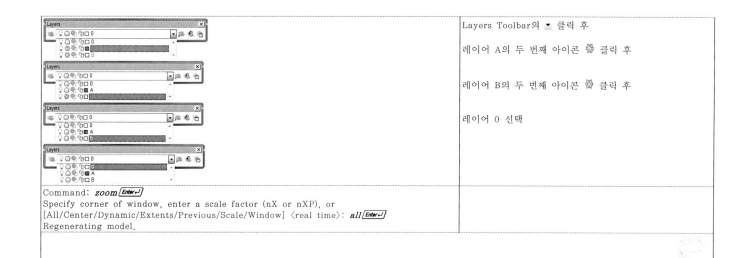

	Layers Toolbar의 ▾ 클릭 후
	레이어 A의 두 번째 아이콘 ⚙ 클릭 후
	레이어 B의 두 번째 아이콘 ⚙ 클릭 후
	레이어 0 선택

Command: **zoom** [Enter↵]
Specify corner of window, enter a scale factor (nX or nXP), or
[All/Center/Dynamic/Extents/Previous/Scale/Window] ⟨real time⟩: **all** [Enter↵]
Regenerating model.

File ▶ Save As… [filename: 3084_rivet]

surftab1 – RULESURF 및 TABSURF 명령에 대해 생성되는 테이블 수를 설정한다. REVSURF 및 EDGESURF
명령에 대한 M 방향의 메쉬 밀도를 설정한다.

4

SOLID
모델링

4. SOLID 모델링

4.1 ROTATE3D

3차원 축을 중심으로 객체를 이동한다.

명 령	
메뉴	
명령행	rotate3d
도구막대	

Command: **rotate3d**
Current positive angle: ANGDIR=counterclockwise ANGBASE=0

<table>
<tr><th colspan="4">명 령 옵 션</th></tr>
<tr><td colspan="4">Select objects: 종료할 때 객체 선택 방법을 사용하고 엔터키
Specify first point on axis or define axis by [Object/Last/View/Xaxis/Yaxis/Zaxis/2points]: 점을 지정
하거나, 옵션을 입력하거나, 엔터키 입력</td></tr>
<tr><td>객체</td><td colspan="3">회전축을 기존 객체에 정렬한다.

Specify first point on axis or define axis by [Object/Last/View/Xaxis/Yaxis/Zaxis/2points]: object
Select a line, circle, arc, or 2D-polyline segment: 선, 원, 호 또는 2D 폴리선 세그먼트를 선택</td></tr>
<tr><td></td><td>선</td><td colspan="2">회전축을 선택된 선에 정렬한다.

Select a line, circle, arc, or 2D-polyline segment: 선 선택
Specify rotation angle or [Reference]: 회전 각도 또는 r 입력</td></tr>
<tr><td></td><td></td><td>회전 각도</td><td>선택한 축을 중심으로 현재 방향으로 지정된 만큼 객체를 회전한다.

Specify rotation angle or [Reference]: 회전 각도 입력</td></tr>
<tr><td></td><td></td><td>참조</td><td>참조 각도와 새로운 각도를 지정한다.

Specify rotation angle or [Reference]: reference
Specify the reference angle ⟨0⟩: 시작 각도 지정
Specify the new angle: 끝 각도 지정

시작 각도와 끝 각도의 차가 계산된 회전 각도이다.</td></tr>
<tr><td></td><td>원</td><td colspan="2">회전축을 원의 3D축(원의 평면에 수직이고 원의 중심을 통과하는 축)에 정렬한다.

Select a line, circle, arc, or 2D-polyline segment: 원 선택
Specify rotation angle or [Reference]: 회전 각도 또는 r 입력</td></tr>
<tr><td></td><td></td><td>회전 각도</td><td>선택한 축을 중심으로 현재 방향으로 지정된 만큼 객체를 회전한다.

Specify rotation angle or [Reference]: 회전 각도 입력</td></tr>
<tr><td></td><td></td><td>참조</td><td>참조 각도와 새로운 각도를 지정한다.

Specify rotation angle or [Reference]: reference
Specify the reference angle ⟨0⟩: 시작 각도 지정
Specify the new angle: 끝 각도 지정

시작 각도와 끝 각도의 차가 계산된 회전 각도이다.</td></tr>
<tr><td></td><td>호</td><td colspan="2">회전축을 호의 3D축(호의 평면에 수직이고 호의 중심을 통과하는 축)에 정렬한다.

Select a line, circle, arc, or 2D-polyline segment: 호 선택
Specify rotation angle or [Reference]: 회전 각도 또는 r 입력</td></tr>
<tr><td></td><td></td><td>회전 각도</td><td>선택한 축을 중심으로 현재 방향으로 지정된 만큼 객체를 회전한다.

Specify rotation angle or [Reference]: 회전 각도 입력</td></tr>
<tr><td></td><td></td><td>참조</td><td>참조 각도와 새로운 각도를 지정한다.

Specify rotation angle or [Reference]: reference
Specify the reference angle ⟨0⟩: 시작 각도 지정
Specify the new angle: 끝 각도 지정

시작 각도와 끝 각도의 차가 계산된 회전 각도이다.</td></tr>
<tr><td></td><td>2D 폴리선
세그먼트</td><td colspan="2">회전축을 폴리선 세그먼트에 정렬한다. 직선 세그먼트를 선 세그먼트로 간주한다. 호 세그먼트를 호로 간주한다.

Select a line, circle, arc, or 2D-polyline segment: 원 선택
Specify rotation angle or [Reference]: 회전 각도 또는 r 입력</td></tr>
<tr><td></td><td></td><td>회전 각도</td><td>선택한 축을 중심으로 현재 방향으로 지정된 만큼 객체를 회전한다.

Specify rotation angle or [Reference]: 회전 각도 입력</td></tr>
<tr><td></td><td></td><td>참조</td><td>참조 각도와 새로운 각도를 지정한다.</td></tr>
</table>

			Specify rotation angle or [Reference]: **reference** Specify the reference angle ⟨0⟩: **시작 각도 지정** Specify the new angle: **끝 각도 지정** 시작 각도와 끝 각도의 차가 계산된 회전 각도이다.
마지막	마지막 회전축을 사용한다. Specify first point on axis or define axis by [Object/Last/View/Xaxis/Yaxis/Zaxis/2points]: **last** Specify rotation angle or [Reference]: **회전 각도 또는 r 입력**		
	회전 각도	선택한 축을 중심으로 현재 방향으로 지정된 만큼 객체를 회전한다. Specify rotation angle or [Reference]: **회전 각도 입력**	
	참조	Specify rotation angle or [Reference]: **reference** Specify the reference angle ⟨0⟩: **시작 각도 지정** Specify the new angle: **끝 각도 지정** 시작 각도와 끝 각도의 차가 계산된 회전 각도이다.	
뷰	회전축을 선택한 점을 통과하는 현재 뷰포트의 관측 방향에 정렬한다. Specify first point on axis or define axis by [Object/Last/View/Xaxis/Yaxis/Zaxis/2points]: **view** Specify a point on the view direction axis ⟨0,0,0⟩: **점 지정** Specify rotation angle or [Reference]: **회전 각도 또는 r 입력**		
	회전 각도	선택한 축을 중심으로 현재 방향으로 지정된 만큼 객체를 회전한다. Specify rotation angle or [Reference]: **회전 각도 입력**	
	참조	참조 각도와 새로운 각도를 지정한다. Specify rotation angle or [Reference]: **reference** Specify the reference angle ⟨0⟩: **시작 각도 지정** Specify the new angle: **끝 각도 지정** 시작 각도와 끝 각도의 차가 계산된 회전 각도이다.	
X축, Y축, Z축	선택한 점을 통과하는 축(X, Y 또는 Z) 중 하나에 회전축을 정렬한다. Specify first point on axis or define axis by [Object/Last/View/Xaxis/Yaxis/Zaxis/2points]: **xaxis** Specify a point on the X axis ⟨0,0,0⟩: **점(1) 지정** Specify rotation angle or [Reference]: **회전 각도 또는 r 입력**		
	회전 각도	선택한 축을 중심으로 현재 방향으로 지정된 만큼 객체를 회전한다. Specify rotation angle or [Reference]: **회전 각도 입력**	
	참조	참조 각도와 새로운 각도를 지정한다. Specify rotation angle or [Reference]: **reference** Specify the reference angle ⟨0⟩: **시작 각도 지정** Specify the new angle: **끝 각도 지정** 시작 각도와 끝 각도의 차가 계산된 회전 각도이다.	
2 점	두 점을 사용하여 회전축을 정의한다. 주 ROTATE3D 프롬프트에서 엔터키를 누르면 다음과 같은 프롬프트가 표시된다. 주 프롬프트에서 점을 지정하면 첫 번째 점에 대한 프롬프트가 생략된다. Specify first point on axis or define axis by [Object/Last/View/Xaxis/Yaxis/Zaxis/2points]: **2points** Specify first point on axis: **점(1) 지정** Specify second point on axis: **점(2) 지정** Specify rotation angle or [Reference]: **회전 각도 또는 r 입력**		
	회전 각도	선택한 축을 중심으로 현재 방향으로 지정된 만큼 객체를 회전한다. Specify rotation angle or [Reference]: **회전 각도 입력**	
	참조	참조 각도와 새로운 각도를 지정한다. Specify rotation angle or [Reference]: **reference** Specify the reference angle ⟨0⟩: **시작 각도 지정** Specify the new angle: **끝 각도 지정** 시작 각도와 끝 각도의 차가 계산된 회전 각도이다.	

4.2 3D 솔리드 작성

4.2.1 폴리솔리드

3D 폴리솔리드 작성

명 령	
메뉴	메뉴 그리기(D) ▶ 모델링(M) ▶ 폴리솔리드(P)
명령행	polysolid
도구막대	

POLYSOLID 명령을 사용하여 기존 선, 2D 폴리선, 호 또는 원을 직사각형 프로파일이 있는 솔리드로 변환할 수 있다. 폴리솔리드는 곡선 세그먼트를 가질 수 있으나 윤곽은 항상 기본적으로 직사각형이다.

폴리선처럼 POLYSOLID를 사용하여 솔리드를 그릴 수 있다. PSOLWIDTH 시스템 변수는 솔리드의 기본 폭을 설정한다. PSOLHEIGHT 시스템 변수는 솔리드의 기본 높이를 설정한다.

```
Command: polysolid
Height = 80.0000, Width = 5.0000, Justification = Center
```

<table>
<tr><td colspan="4" align="center">명 령 옵 션</td></tr>
<tr><td colspan="4">Specify start point or [Object/Height/Width/Justify] ⟨Object⟩: 솔리드 프로파일의 시작점을 지정하고
엔터키를 눌러 솔리드로 변환할 객체를 지정하거나 옵션을 입력</td></tr>
<tr><td rowspan="9">시작점</td><td colspan="3">Specify start point or [Object/Height/Width/Justify] ⟨Object⟩: 시작점 지정</td></tr>
<tr><td colspan="3">Specify next point or [Arc/Undo]: 다음점 지정하거나 옵션 입력
Specify next point or [Arc/Undo]: 다음점 지정하거나 옵션 입력
Specify next point or [Arc/Close/Undo]: 다음점 지정하거나 옵션 입력</td></tr>
<tr><td rowspan="7">호</td><td colspan="2">솔리드에 호 세그먼트를 추가한다. 호의 기본 시작 방향은 마지막으로 그린 세그먼트에 접한다. 방향 옵션을 사용하여 다른 시작 방향을 지정할 수 있다.

    Specify next point or [Arc/Undo]: arc
    Specify endpoint of arc or [Direction/Line/Second point/Undo]: 끝점을 지정하거나 옵션 입력
    Specify endpoint of arc or [Close/Direction/Line/Second point/Undo]: 끝점을 지정하거나 옵션 입력</td></tr>
<tr><td>닫기</td><td>지정된 마지막 점에서 솔리드의 시작점까지 선 또는 호 세그먼트를 작성하여 솔리드를 닫는다. 이 옵션을 사용하려면 점을 두 개 이상 지정해야 한다.

    Specify endpoint of arc or [Close/Direction/Line/Second point/Undo]: close</td></tr>
<tr><td>방향</td><td>호 세그먼트의 시작 방향을 지정한다.

    Specify endpoint of arc or [Direction/Line/Second point/Undo]: direction
    Specify the tangent direction for the start point of arc: 점을 지정
    Specify endpoint of arc or [Direction/Line/Second point/Undo]: 점을 지정하거나 옵션 입력</td></tr>
<tr><td>선</td><td>호 옵션에서 나가 처음의 POLYSOLID 명령 프롬프트로 복귀한다.

    Specify endpoint of arc or [Direction/Line/Second point/Undo]: line</td></tr>
<tr><td>두 번째 점</td><td>3점 호 세그먼트의 두 번째 점과 끝점을 지정한다.

    Specify endpoint of arc or [Direction/Line/Second point/Undo]: 점을 지정
    Specify next point or [Arc/Undo]: Specify endpoint of arc or
    [Close/Direction/Line/Second point/Undo]: 점을 지정하거나 옵션 입력</td></tr>
<tr><td>명령취소</td><td>가장 최근에 솔리드에 추가한 호 세그먼트를 제거한다.

    Specify endpoint of arc or [Direction/Line/Second point/Undo]: undo</td></tr>
<tr><td>닫기</td><td colspan="2">지정된 마지막 점에서 솔리드의 시작점까지 선 또는 호 세그먼트를 작성하여 솔리드를 닫는다. 이 옵션을 사용하려면 점을 세 개 이상 지정해야 한다.

    Specify next point or [Arc/Close/Undo]: close</td></tr>
<tr><td>명령취소</td><td colspan="2">가장 최근에 솔리드에 추가한 호 세그먼트를 제거한다.

    Specify next point or [Arc/Undo]: undo</td></tr>
<tr><td>객체</td><td colspan="3">솔리드로 변환할 객체를 선택한다. 다음을 변환할 수 있다.

• 선
• 호
• 2D 폴리선
• 원

Specify start point or [Object/Height/Width/Justify] ⟨Object⟩: object
Select object: 솔리드로 변환할 객체를 선택</td></tr>
<tr><td>높이</td><td colspan="3">솔리드의 높이를 지정한다. 기본 높이는 현재 PSOLHEIGHT 설정 값으로 설정된다.

Specify start point or [Object/Height/Width/Justify] ⟨Object⟩: height
Specify height ⟨80.0000⟩: 높이 값을 지정하거나 엔터키를 눌러 기본 값을 지정
Height = 80.0000, Width = 5.0000, Justification = Center
Specify start point or [Object/Height/Width/Justify] ⟨Object⟩:

지정된 높이 값이 PSOLHEIGHT 설정을 업데이트한다.</td></tr>
<tr><td>폭</td><td colspan="3">솔리드의 폭을 지정한다. 기본 폭은 현재 PSOLWIDTH 설정 값으로 설정된다.

Specify start point or [Object/Height/Width/Justify] ⟨Object⟩: width
Specify width ⟨5.0000⟩: 값을 입력하거나 두 점을 지정하여 폭의 값을 지정하거나 또는 엔터키를 눌러 현재 폭 값을 지정
Height = 80.0000, Width = 5.0000, Justification = Center
Specify start point or [Object/Height/Width/Justify] ⟨Object⟩:

지정된 높이 값이 PSOLWIDTH 설정을 업데이트 한다.</td></tr>
<tr><td>자리맞추기</td><td colspan="3">명령을 사용하여 프로파일을 정의할 경우, 솔리드의 폭 및 높이를 왼쪽, 오른쪽 또는 중심 자리맞추기로 설정한다. 자리맞추기는 프로파일의 첫 번째 세그먼트의 시작 방향을 기준으로 한다.

Specify start point or [Object/Height/Width/Justify] ⟨Object⟩: justify
Enter justification [Left/Center/Right] ⟨Center⟩: 자리맞추기 옵션을 입력하거나 엔터키를 눌러 중심 자리맞추기를 지정
Height = 80.0000, Width = 5.0000, Justification = Center
Specify start point or [Object/Height/Width/Justify] ⟨Object⟩:</td></tr>
</table>

4.2.2 상자

3차원 솔리드 상자를 작성한다.

상자를 작성한 후에는 상자를 늘리거나 그 크기를 변경할 수 없다. 하지만, SOLIDEDIT을 사용해 상자의 면을 돌출시킬 수 있다.

명 령	
메뉴	메뉴 그리기(D) ▶ 모델링(M) ▶ 상자(B)
명령행	box
도구막대	🧊

Command: **box**

명 령 옵 션			
Specify first corner or [Center]: **구석점을 지정하거나 c를 입력하여 중심을 지정**			
상자의 구석	상자의 첫 번째 구석을 정의한다. Specify first corner or [Center]: **점(1) 지정** Specify other corner or [Cube/Length]: **점(2)를 지정하거나 옵션을 입력**		
	구석	Specify corner or [Cube/Length]: **점(2) 지정** Specify height or [2Point] ⟨50.0000⟩: **높이를 지정하거나 2점 옵션에 대해 2P를 입력** 양의 값을 입력하면 현재 UCS의 양의 Z축을 따라 높이가 그려진다. 음의 값을 입력하면 음의 Z축을 따라 높이가 그려진다.	
		높이 지정	Specify height or [2Point] ⟨50.0000⟩: **높이 지정**
		2Point	상자의 높이가 지정된 두 점 사이의 거리가 되도록 지정한다. Specify height or [2Point] ⟨20.0000⟩: **2point** Specify first point: **점 지정** Specify second point: **점 지정**
	입방체	변의 길이가 동일한 상자를 작성한다. Specify other corner or [Cube/Length]: **cube** Specify length ⟨50.0000⟩: **거리 지정** 양의 값을 입력하면 현재 UCS의 양의 X, Y 및 Z축을 따라 길이가 그려진다. 음의 값을 입력하면 음의 X, Y 및 Z을 따라 길이가 그려진다.	
	길이	지정한 길이, 폭 및 높이 값이 있는 상자를 작성한다. 길이는 X축에 해당하며 폭은 Y축, 높이는 Z축에 해당한다. Specify other corner or [Cube/Length]: **length** Specify length ⟨50.0000⟩: **거리 지정** Specify width ⟨40.0000⟩: **거리 지정** Specify height or [2Point] ⟨50.0000⟩: **높이를 지정하거나 2점 옵션에 대해 2P를 입력** 양의 값을 입력하면 현재 UCS의 양의 X, Y 및 Z축을 따라 길이, 폭 및 높이가 그려진다. 음의 값을 입력하면 음의 X, Y 및 Z축을 따라 길이, 폭, 높이가 그려진다.	
		높이 지정	Specify height or [2Point] ⟨50.0000⟩: **높이 지정**
		2Point	상자의 높이가 지정된 두 점 사이의 거리가 되도록 지정한다. Specify height or [2Point] ⟨20.0000⟩: **2point** Specify first point: **점 지정** Specify second point: **점 지정**
중심	지정된 중심점을 사용하여 상자를 작성한다. Specify first corner or [Center]: **c** Specify center: **점(1) 지정** Specify corner or [Cube/Length]: **점을 지정하거나 옵션 입력**		
	구석	상자의 구석에 대한 점을 지정한다. Specify corner or [Cube/Length]: **점 지정** Specify height or [2Point] ⟨50.0000⟩: **높이를 지정하거나 2점 옵션에 대해 2P를 입력** 양의 값을 입력하면 현재 UCS의 양의 Z축을 따라 높이가 그려진다. 음의 값을 입력하면 음의 Z축을 따라 높이가 그려진다.	
		높이 지정	Specify height or [2Point] ⟨50.0000⟩: **높이 지정**
		2Point	상자의 높이가 지정된 두 점 사이의 거리가 되도록 지정한다. Specify height or [2Point] ⟨20.0000⟩: **2point** Specify first point: **점 지정** Specify second point: **점 지정**

	입방체	변 길이가 모두 같은 상자를 작성한다.
		Specify corner or [Cube/Length]: **cube** Specify length: **값을 입력하거나 점을 선택하여 XY 평면에서 상자의 길이 및 회전을 지정**
	길이	지정된 길이 값, 폭 값 및 높이 값으로 상자를 작성한다. 길이는 X축, 폭은 Y축, 높이는 Z축에 해당한다.
		Specify corner or [Cube/Length]: **length** Specify length ⟨50.0000⟩: **값을 입력하거나 점을 선택하여 XY 평면에서 상자의 길이 및 회전 지정** Specify width: **거리 지정** Specify height or [2Point] ⟨50.0000⟩: **높이를 지정하거나 2점 옵션에 대해 2P를 입력**
	높이 지정	Specify height or [2Point] ⟨50.0000⟩: **높이 지정**
	2Point	상자의 높이가 지정된 두 점 사이의 거리가 되도록 지정한다.
		Specify height or [2Point] ⟨20.0000⟩: **2point** Specify first point: **점 지정** Specify second point: **점 지정**

4.2.3 삼각기둥

지정된 점을 사용하여 삼각기둥을 작성한다.
X축을 따라 테이퍼되는 경사진 면이 있는 3D 솔리드를 작성한다.

명 령	
메뉴	메뉴 그리기(D) ▶ 모델링(M) ▶ 쐐기(W)
명령행	wedge
도구막대	🔺

Command: **wedge**

삼각기둥의 다른 구석이 첫 번째 구석과 다른 Z 값으로 지정된 경우 높이에 대한 프롬프트가 표시되지 않는다.

양의 값을 입력하면 현재 UCS의 Z축 양의 방향을 따라 높이가 그려진다. 음의 값을 입력하면 Z축 음의 방향을 따라 높이가 그려진다.

명 령 옵 션		
Specify first corner or [Center]: 점을 지정하거나 c 입력		
구석점	지정된 구석점을 사용하여 삼각기둥을 작성한다.	
	Specify first corner or [Center]: **점(1) 지정** Specify other corner or [Cube/Length]: **점을 지정하거나 옵션 입력**	
	입방체	변의 길이가 동일한 삼각기둥을 작성한다.
		Specify corner or [Cube/Length]: **cube** Specify length: **값을 입력하거나 점을 선택하여 XY 평면에서 삼각기둥의 길이 및 회전을 지정**
	길이	지정한 길이, 폭 및 높이의 값으로 삼각기둥을 작성한다. 길이는 X축, 폭은 Y축, 높이는 Z축에 해당한다. 점을 선택하여 길이를 지정할 경우 XY 평면에서 회전도 지정한다.
		Specify corner or [Cube/Length]: **length** Specify length ⟨50.0000⟩: **값을 입력하거나 점을 선택하여 XY 평면에서 삼각기둥의 길이 및 회전을 지정** Specify width: **거리 지정** Specify height or [2Point] ⟨50.0000⟩: **거리 지정하거나 옵션 입력**
	2Point	삼각기둥의 높이가 지정된 두 점 사이의 거리가 되도록 지정한다.
		Specify height or [2Point] ⟨328.9414⟩: **2point** Specify first point: **점 지정** Specify second point: **점 지정**
중심점	지정된 중심점을 사용하여 삼각기둥을 작성한다.	
	Specify first corner or [Center]: **c** Specify center: **점(1) 지정** Specify corner or [Cube/Length]: **점을 지정하거나 옵션 입력**	
	입방체	변의 길이가 동일한 삼각기둥을 작성한다.
		Specify corner or [Cube/Length]: **cube** Specify length: **값을 입력하거나 점을 선택하여 XY 평면에서 삼각기둥의 길이 및 회전을 지정**
	길이	지정한 길이, 폭 및 높이의 값으로 삼각기둥을 작성한다. 길이는 X축, 폭은 Y축, 높이는 Z축에 해당한다. 점을 선택하여 길이를 지정할 경우 XY 평면에서 회전도 지정한다.
		Specify corner or [Cube/Length]: **length** Specify length ⟨50.0000⟩: **값을 입력하거나 점을 선택하여 XY 평면에서 삼각기둥의 길이 및 회전을 지정**

		Specify width: **거리 지정**	
		Specify height or [2Point] 〈50.0000〉: **거리 지정하거나 옵션 입력**	
	2Point	삼각기둥의 높이가 지정된 두 점 사이의 거리가 되도록 지정한다. Specify height or [2Point] 〈328.9414〉: **2point** Specify first point: **점 지정** Specify second point: **점 지정**	

4.2.4 원추

대칭적으로 점, 원형 또는 타원형 평면을 향해 점점 줄어드는 원형 또는 타원형 밑면을 사용하여 3D 솔리드를 생성한다.

명 령	
메뉴	메뉴 그리기(D) ▶ 모델링(M) ▶ 원추(O)
명령행	cone
도구막대	🔺

Command: **cone**

명 령 옵 션		
Specify center point of base or [3P/2P/Ttr/Elliptical]: **점(1)을 지정하거나 옵션 입력**		
3P (세 점)	세 점을 지정하여 원추의 밑면 원주 및 밑면 평면을 정의한다. Specify center point of base or [3P/2P/Ttr/Elliptical]: **3p** Specify first point: **점 지정** Specify second point: **점 지정** Specify third point: **점 지정** Specify height or [2Point/Axis endpoint/Top radius] 〈50.0000〉: **높이 지정, 옵션 입력, 또는 엔터키를 눌러 기본 높이 값 지정** 최초에 기본 높이는 어떤 값으로도 설정되지 않는다. 도면 세션 동안 높이에 대한 기본 값은 항상 임의의 솔리드 기본체에 대해 이전에 입력한 높이 값이다.	
	2점	원추의 높이가 지정된 두 점 사이의 거리가 되도록 지정한다. Specify height or [2Point/Axis endpoint/Top radius] 〈50.0000〉: **2point** Specify first point: **점 지정** Specify second point: **점 지정**
	축 끝점	원추 축에 대한 끝점 위치를 지정한다. 축 끝점은 원추의 맨 위 점 또는 원추 절두체(상단 반지름 옵션)의 상단 면의 중심점이다. 축 끝점은 3D 공간의 어떤 곳이라도 위치할 수 있다. 축 끝점은 원추의 길이 및 방향을 정의한다. Specify height or [2Point/Axis endpoint/Top radius] 〈50.0000〉: **axis** Specify axis endpoint: **점 지정**
	상단 반지름	원추 절두체를 작성하면서 원추의 상단 반지름을 지정한다. Specify height or [2Point/Axis endpoint/Top radius] 〈50.0000〉: **top** Specify top radius 〈0.0000〉: **값을 지정하거나 엔터키를 눌러 기본 값 지정** Specify height or [2Point/Axis endpoint] 〈50.0000〉: **값을 지정하거나 옵션 입력** 최초에 기본 상단 반지름은 어떤 값으로도 설정되지 않는다. 도면 세션 동안 상단 반지름에 대한 기본 값은 항상 임의의 솔리드 기본체에 대해 이전에 입력한 상단 반지름 값이다.
2P (두 점)	두 점을 지정하여 원추의 밑면 지름을 정의한다. Specify center point of base or [3P/2P/Ttr/Elliptical]: **2p** Specify first end point of diameter: **점 지정** Specify second end point of diameter: **점 지정** Specify height or [2Point/Axis endpoint/Top radius] 〈50.0000〉: **높이 지정, 옵션 입력, 또는 엔터키를 눌러 기본 높이 값 지정** 최초에 기본 높이는 어떤 값으로도 설정되지 않는다. 도면 세션 동안 높이에 대한 기본 값은 항상 임의의 솔리드 기본체에 대해 이전에 입력한 높이 값이다.	
	2점	원추의 높이가 지정된 두 점 사이의 거리가 되도록 지정한다. Specify height or [2Point/Axis endpoint/Top radius] 〈139.0042〉: **2point** Specify first point: **점 지정** Specify second point: **점 지정**
	축 끝점	원추 축에 대한 끝점 위치를 지정한다. 축 끝점은 원추의 맨 위 점 또는 원추 절두체(상단 반지름 옵션)의 상단 면의 중심점이다. 축 끝점은 3D 공간의 어떤 곳이라도 위치할 수 있다. 축 끝점은 원추의 길이 및 방향을 정의한다. Specify height or [2Point/Axis endpoint/Top radius] 〈50.0000〉: **axis** Specify axis endpoint: **점 지정**
	상단 반지름	원추 절두체를 작성하면서 원추의 상단 반지름을 지정한다. Specify height or [2Point/Axis endpoint/Top radius] 〈50.0000〉: **top** Specify top radius 〈0.0000〉: **값을 지정하거나 엔터키를 눌러 기본 값 지정** Specify height or [2Point/Axis endpoint] 〈50.0000〉: **값을 지정하거나 옵션 입력**

		최초에 기본 상단 반지름은 어떤 값으로도 설정되지 않는다. 도면 세션 동안 상단 반지름에 대한 기본 값은 항상 임의의 솔리드 기본체에 대해 이전에 입력한 상단 반지름 값이다.
TTR (접선, 접선, 반지름)		두 객체에 접하는 지정된 반지름을 갖는 원추의 밑면을 정의한다. Specify center point of base or [3P/2P/Ttr/Elliptical]: **ttr** Specify point on object for first tangent: **객체 위의 점 선택** Specify point on object for second tangent: **객체 위의 점 선택** Specify radius of circle 〈50.0000〉: **기준 반지름을 지정하거나 엔터키를 눌러 기본 기준 반지름 값 지정** Specify height or [2Point/Axis endpoint/Top radius] 〈50.0000〉: **높이 지정, 옵션 입력, 또는 엔터키를 눌러 기본 높이 값 지정** 종종 지정된 기준에 두 개 이상의 밑면이 일치하기도 한다. 프로그램은 선택한 점에 가장 근접한 접점이 있는 지정된 반지름을 가진 밑면을 그린다. Specify height or [2Point/Axis endpoint/Top radius] 〈50.0000〉: **높이 지정, 옵션 입력, 또는 엔터키를 눌러 기본 높이 값 지정** 최초에 기본 높이는 어떤 값으로도 설정되지 않는다. 도면 세션 동안 높이에 대한 기본 값은 항상 임의의 솔리드 기본체에 대해 이전에 입력한 높이 값이다.
	2점	원추의 높이가 지정된 두 점 사이의 거리가 되도록 지정한다. Specify height or [2Point/Axis endpoint/Top radius] 〈50.0000〉: **2point** Specify first point: **점 지정** Specify second point: **점 지정**
	축 끝점	원추 축에 대한 끝점 위치를 지정한다. 축 끝점은 원추의 맨 위 점 또는 원추 절두체(상단 반지름 옵션)의 상단 면의 중심점이다. 축 끝점은 3D 공간의 어떤 곳이라도 위치할 수 있다. 축 끝점은 원추의 길이 및 방향을 정의한다. Specify height or [2Point/Axis endpoint/Top radius] 〈50.0000〉: **axis** Specify axis endpoint: **점 지정**
	상단 반지름	원추 절두체를 작성하면서 원추의 상단 반지름을 지정한다. Specify height or [2Point/Axis endpoint/Top radius] 〈50.0000〉: **top** Specify top radius 〈0.0000〉: **값을 지정하거나 엔터키를 눌러 기본 값 지정** Specify height or [2Point/Axis endpoint] 〈50.0000〉: **값을 지정하거나 옵션 입력** 최초에 기본 상단 반지름은 어떤 값으로도 설정되지 않는다. 도면 세션 동안 상단 반지름에 대한 기본 값은 항상 임의의 솔리드 기본체에 대해 이전에 입력한 상단 반지름 값이다.
타원형		원추에 대해 타원형 밑면을 지정한다. Specify center point of base or [3P/2P/Ttr/Elliptical]: **elliptical** Specify endpoint of first axis or [Center]: **점을 지정하거나 c 입력**
	끝점	Specify endpoint of first axis or [Center]: **점 지정** Specify other endpoint of first axis: **점 지정** Specify endpoint of second axis: **점 지정** Specify height or [2Point/Axis endpoint/Top radius] 〈50.0000〉: **높이 지정, 옵션 입력, 또는 엔터키를 눌러 기본 높이 값 지정** 최초에 기본 높이는 어떤 값으로도 설정되지 않는다. 도면 세션 동안 높이에 대한 기본 값은 항상 임의의 솔리드 기본체에 대해 이전에 입력한 높이 값이다.
	2점	원추의 높이가 지정된 두 점 사이의 거리가 되도록 지정한다. Specify height or [2Point/Axis endpoint/Top radius] 〈50.0000〉: **2point** Specify first point: **점 지정** Specify second point: **점 지정**
	축 끝점	원추 축에 대한 끝점 위치를 지정한다. 축 끝점은 원추의 맨 위 점 또는 원추 절두체(상단 반지름 옵션)의 상단 면의 중심점이다. 축 끝점은 3D 공간의 어떤 곳이라도 위치할 수 있다. 축 끝점은 원추의 길이 및 방향을 정의한다. Specify height or [2Point/Axis endpoint/Top radius] 〈50.0000〉: **axis** Specify axis endpoint: **점 지정**
	상단 반지름	원추 절두체를 작성하면서 원추의 상단 반지름을 지정한다. Specify height or [2Point/Axis endpoint/Top radius] 〈50.0000〉: **top** Specify top radius 〈0.0000〉: **값을 지정하거나 엔터키를 눌러 기본 값 지정** Specify height or [2Point/Axis endpoint] 〈50.0000〉: **값을 지정하거나 옵션 입력** 최초에 기본 상단 반지름은 어떤 값으로도 설정되지 않는다. 도면 세션 동안 상단 반지름에 대한 기본 값은 항상 임의의 솔리드 기본체에 대해 이전에 입력한 상단 반지름 값이다.
	중심	지정한 중심점을 사용하여 원추의 밑면을 작성한다. Specify endpoint of first axis or [Center]: **c** Specify center point: **점 지정** Specify distance to first axis 〈50.0000〉: **거리를 지정하거나 엔터키를 눌러 기본 거리 값 지정** Specify endpoint of second axis: **점 지정** Specify height or [2Point/Axis endpoint/Top radius] 〈50.0000〉: **높이 지정, 옵션 입력, 또는 엔터키를 눌러 기본 높이 값 지정** 최초에 기본 높이는 어떤 값으로도 설정되지 않는다. 도면 세션 동안 높이에 대한 기본 값은 항상 임의의 솔리드 기본체에 대해 이전에 입력한 높이 값이다.
	2점	원추의 높이가 지정된 두 점 사이의 거리가 되도록 지정한다. Specify height or [2Point/Axis endpoint/Top radius] 〈50.0000〉: **2point** Specify first point: **점 지정** Specify second point: **점 지정**
	축 끝점	원추 축에 대한 끝점 위치를 지정한다. 축 끝점은 원추의 맨 위 점 또는 원추 절두체(상단 반지름 옵션)의 상단 면의 중심점이다. 축 끝점은 3D 공간의 어떤 곳이라도 위치할 수 있다. 축 끝점은 원추의 길이 및 방향을 정의한다.

			Specify height or [2Point/Axis endpoint/Top radius] 〈50.0000〉: **axis** Specify axis endpoint: **점 지정**
		상단 반지름	원추 절두체를 작성하면서 원추의 상단 반지름을 지정한다. Specify height or [2Point/Axis endpoint/Top radius] 〈50.0000〉: **top** Specify top radius 〈0.0000〉: **값을 지정하거나 엔터키를 눌러 기본 값 지정** Specify height or [2Point/Axis endpoint] 〈50.0000〉: **값을 지정하거나 옵션 입력** 최초에 기본 상단 반지름은 어떤 값으로도 설정되지 않는다. 도면 세션 동안 상단 반지름에 대한 기본 값은 항상 임의의 솔리드 기본체에 대해 이전에 입력한 상단 반지름 값이다.

4.2.5 구

3차원 솔리드 구를 작성한다.

구는 중심축이 현재 사용자 좌표계(UCS)의 Z축에 평행하도록 위치된다. 위도선은 XY 평면에 평행한다.

명 령	
메뉴	메뉴 그리기(D) ▶ 모델링(M) ▶ 구(S)
명령행	sphere
도구막대	●

Command: **sphere**

명 령 옵 션		
Specify center point or [3P/2P/Ttr]: **점을 지정하거나 옵션 입력**		
중심점	Specify center point or [3P/2P/Ttr]: **구의 중심점 지정** 중심점을 지정할 때 구는 중심축이 현재 UCS(user coordinate system: 사용자 좌표계)의 Z축에 평행하도록 배치된다. 위도선은 XY 평면 에 평행하다. Specify radius or [Diameter]: **거리를 지정하거나 d를 입력**	
	반지름	구의 반지름을 정의한다. Specify radius of sphere or [Diameter]: **간격 지정**
	지름	구의 지름을 정의한다. Specify radius of sphere or [Diameter]: **diameter** Specify diameter: **거리 지정**
3P (세 점)	3D 공간의 임의 위치에 3개 점을 지정하여 구의 원주를 정의한다. 3개의 지정된 점은 원주의 평면도 정의한다. Specify center point or [3P/2P/Ttr]: **3p** Specify first point: **점(1) 지정** Specify second point: **점(2) 지정** Specify third point: **점(3) 지정**	
2P (두 점)	3D 공간의 임의 위치에 2개 점을 지정하여 구의 원주를 정의한다. 원주의 평면은 첫 번째 점의 Z 값으로 정의한다. Specify center point or [3P/2P/Ttr]: **2p** Specify first end point of diameter: **점(1) 지정** Specify second end point of diameter: **점(2) 지정**	
TTR (접선, 접선, 반지름)	두 객체에 접하며 지정된 반지름을 갖는 원을 그린다. 지정된 접점은 현재 UCS에 투영된다. Specify center point or [3P/2P/Ttr]: **ttr** Specify point on object for first tangent: **객체에 점을 선택** Specify point on object for second tangent: **객체에 점을 선택** Specify radius of circle 〈82.7500〉: **반지름을 지정하거나 엔터키를 눌러 기본 반지름 값 지정** 처음에는 기본 반지름은 임의 값으로도 설정되지 않는다. 그리기 세션이 진행되는 동안에 반지름에 대한 기본 값은 항상 임의의 솔리드 기 본체에 이전에 입력한 반지름 값이다.	

4.2.6 원통

3차원 솔리드 원통을 작성한다.

원통이란 테이퍼되지 않은 상태로 원 또는 타원이 돌출된 형태와 유사한 솔리드 기본체이다.

명 령	
메뉴	메뉴 그리기(D) ▶ 모델링(M) ▶ 원통(C)
명령행	cylinder
도구막대	▉

Command: **cylinder**

최초에 기본 밑면 반지름은 어떤 값으로도 설정되지 않는다. 도면 세션 동안 밑면 반지름에 대한 기본 값은 항상 임의의 솔리드 기본체에 대해 이전에 입력한 밑면 반지름 값이다.

명 령 옵 션		
Specify center point of base or [3P/2P/Ttr/Elliptical]: 점(1)을 지정하거나 옵션 입력		
중심점	세 점을 지정하여 원통의 밑면 원주 및 밑면 평면을 정의한다. Specify center point of base or [3P/2P/Ttr/Elliptical]: **점 지정** Specify base radius or [Diameter] ⟨1243.6209⟩: **값을 지정하거나 d 입력**	
	반경	Specify base radius or [Diameter] ⟨1243.6209⟩: **값을 지정**
	직경	Specify base radius or [Diameter] ⟨290.3555⟩: **diameter** Specify diameter ⟨580.7109⟩: **값을 지정**
	Specify height or [2Point/Axis endpoint] ⟨1771.7184⟩: 값을 입력하거나 옵션 입력	
	2점	원통의 높이가 지정된 두 점 사이의 거리가 되도록 지정한다. Specify height or [2Point/Axis endpoint] ⟨50.0000⟩: **2point** Specify first point: **점 지정** Specify second point: **점 지정**
	축 끝점	원통 축에 대한 끝점 위치를 지정한다. 이 끝점은 원통 상단 면의 중심점이다. 축 끝점은 3D 공간의 어떤 곳이라도 위치할 수 있다. 축 끝점은 원통의 길이 및 방향을 정의한다. Specify height or [2Point/Axis endpoint] ⟨50.0000⟩: **axis** Specify axis endpoint: **점 지정**
3P (세 점)	세 점을 지정하여 원통의 밑면 원주 및 밑면 평면을 정의한다. Specify center point of base or [3P/2P/Ttr/Elliptical]: **3p** Specify first point: **점 지정** Specify second point: **점 지정** Specify third point: **점 지정** Specify height or [2Point/Axis endpoint]: **높이를 지정하거나 옵션을 입력하거나 엔터키** 최초에 기본 높이는 어떤 값으로도 설정되지 않는다. 도면 세션 동안 높이에 대한 기본 값은 항상 임의의 솔리드 기본체에 대해 이전에 입력한 높이 값이다.	
	2점	원통의 높이가 지정된 두 점 사이의 거리가 되도록 지정한다. Specify height or [2Point/Axis endpoint] ⟨50.0000⟩: **2point** Specify first point: **점 지정** Specify second point: **점 지정**
	축 끝점	원통 축에 대한 끝점 위치를 지정한다. 이 끝점은 원통 상단 면의 중심점이다. 축 끝점은 3D 공간의 어떤 곳이라도 위치할 수 있다. 축 끝점은 원통의 길이 및 방향을 정의한다. Specify height or [2Point/Axis endpoint] ⟨50.0000⟩: **axis** Specify axis endpoint: **점 지정**
2P (두 점)	두 점을 지정하여 원통의 밑면 지름을 정의한다. Specify center point of base or [3P/2P/Ttr/Elliptical]: **2p** Specify first end point of diameter: **점 지정** Specify second end point of diameter: **점 지정** Specify height or [2Point/Axis endpoint] ⟨50.0000⟩: **높이를 지정하거나 옵션을 입력하거나 엔터키** 최초에 기본 높이는 어떤 값으로도 설정되지 않는다. 도면 세션 동안 높이에 대한 기본 값은 항상 임의의 솔리드 기본체에 대해 이전에 입력한 높이 값이다.	
	2점	원통의 높이가 지정된 두 점 사이의 거리가 되도록 지정한다. Specify height or [2Point/Axis endpoint] ⟨50.0000⟩: **2point** Specify first point: **점 지정** Specify second point: **점 지정**
	축 끝점	원통 축에 대한 끝점 위치를 지정한다. 이 끝점은 원통 상단 면의 중심점이다. 축 끝점은 3D 공간의 어떤 곳이라도 위치할 수 있다. 축 끝점은 원통의 길이 및 방향을 정의한다. Specify height or [2Point/Axis endpoint] ⟨50.0000⟩: **axis** Specify axis endpoint: **점 지정**
TTR (접선, 접선, 반지름)	두 객체에 접하는 지정된 반지름을 갖는 원통의 밑면을 정의한다. Specify center point of base or [3P/2P/Ttr/Elliptical]: **ttr** Specify point on object for first tangent: **객체 위의 점 선택** Specify point on object for second tangent: **객체 위의 점 선택** Specify radius of circle ⟨50.0000⟩: **밑면 반지름을 지정하거나 엔터키를 눌러 기본 밑면 반지름 값 지정** 종종 지정된 기준에 두 개 이상의 밑면이 일치하기도 한다. 프로그램은 선택한 점에 가장 근접한 접점이 있는 지정된 반지름을 가진 밑면을 그린다. Specify height or [2Point/Axis endpoint] ⟨50.0000⟩: **높이를 지정하거나 옵션을 입력하거나 엔터키** 최초에 기본 높이는 어떤 값으로도 설정되지 않는다. 도면 세션 동안 높이에 대한 기본 값은 항상 임의의 솔리드 기본체에 대해 이전에 입력한 높이 값이다.	
	2점	통의 높이가 지정된 두 점 사이의 거리가 되도록 지정한다. Specify height or [2Point/Axis endpoint] ⟨50.0000⟩: **2point** Specify first point: **점 지정** Specify second point: **점 지정**
	축 끝점	원통 축에 대한 끝점 위치를 지정한다. 이 끝점은 원통 상단 면의 중심점이다. 축 끝점은 3D 공간의 어떤 곳이라도 위치할 수 있다. 축 끝점은 원통의 길이 및 방향을 정의한다.

		Specify height or [2Point/Axis endpoint] ⟨50.0000⟩: **axis** Specify axis endpoint: 점 지정
타원형	원통에 대해 타원형 밑면을 지정한다. Specify center point of base or [3P/2P/Ttr/Elliptical]: **elliptical** Specify endpoint of first axis or [Center]: 점을 지정하거나 c 입력	
	끝점지정	Specify endpoint of first axis or [Center]: 점(1) 지정 Specify other endpoint of first axis: 점 지정 Specify endpoint of second axis: 점 지정
	중심	지정한 중심점을 사용하여 원통의 밑면을 작성한다. Specify endpoint of first axis or [Center]: **c** Specify center point: 점 지정 Specify distance to first axis ⟨50.0000⟩: 거리를 지정하거나 엔터키를 눌러 기본 거리 값을 지정 Specify endpoint of second axis: 점 지정
	Specify height or [2Point/Axis endpoint] ⟨50.0000⟩: 높이를 지정하거나 옵션을 입력하거나 엔터키 입력 최초에 기본 높이는 어떤 값으로도 설정되지 않는다. 도면 세션 동안 높이에 대한 기본 값은 항상 임의의 솔리드 기본체에 대해 이전에 입력한 높이 값이다.	
	2점	원통의 높이가 지정된 두 점 사이의 거리가 되도록 지정한다. Specify height or [2Point/Axis endpoint] ⟨50.0000⟩: **2point** Specify first point: 점 지정 Specify second point: 점 지정
	축 끝점	원통 축에 대한 끝점 위치를 지정한다. 이 끝점은 원통 상단 면의 중심점이다. 축 끝점은 3D 공간의 어떤 곳이라도 위치할 수 있다. 축 끝점은 원통의 길이 및 방향을 정의한다. Specify height or [2Point/Axis endpoint] ⟨50.0000⟩: **axis** Specify axis endpoint: 점 지정

4.2.7 원환

도넛형 솔리드를 작성한다.

원환은 두 개의 반지름 값, 즉 튜브의 반지름 값과 원환의 중심에서 튜브의 중심까지의 거리에 대한 반지름 값으로 정의된다.

또는 자체 교차되는 원환도 작성할 수 있다. 자체 교차되는 원환은 중심에 구멍이 없다. 즉 튜브의 반지름이 원환의 반지름보다 크다. 두 반지름이 모두 양의 값이고 튜브의 반지름이 원환의 반지름보다 크면 결과의 모양은 각 극 부분이 함몰된 구처럼 보인다. 원환의 반지름이 음의 값이고 튜브의 반지름이 원환의 반지름보다 큰 양의 크기이면 결과의 모양은 끝이 뾰족한 구처럼 보인다.

명 령	
메뉴	메뉴 그리기(D) ▶ 모델링(M) ▶ 토러스(T)
명령행	torus
도구막대	◉

Command: **torus**

중심점을 지정할 경우 원환은 해당 중심축이 UCS(사용자 좌표계)의 Z축에 평행되도록 배치된다. 원환은 현재 작업평면의 XY 평면에 평행하며 해당 평면에 의해 이등분된다.

최초에 기본 반지름은 어떤 값으로도 설정되지 않는다. 도면 세션 동안 반지름에 대한 기본 값은 항상 임의의 솔리드 기본체에 대해 이전에 입력한 반지름 값이다.

명 령 옵 션			
Specify center point or [3P/2P/Ttr]: 점(1)을 지정하거나 옵션을 입력			
점(1) 지정	Specify center point or [3P/2P/Ttr]: 점(1) 지정 Specify radius or [Diameter] ⟨50.0000⟩: 거리를 지정하거나 d 입력		
	반지름	원환의 반지름 정의: 원환의 중심에서 튜브의 중심까지의 거리 음의 반지름을 사용하면 미식 축구공 모양의 솔리드가 작성된다. Specify radius or [Diameter] ⟨50.0000⟩: 거리를 지정하거나 d 입력 최초에 기본 반지름은 어떤 값으로도 설정되지 않는다. 도면 세션 동안 반지름에 대한 기본 값은 항상 임의의 솔리드 기본체에 대해 이전에 입력한 반지름 값이다.	
		반지름	튜브의 반지름을 정의한다. Specify tube radius or [2Point/Diameter] ⟨50.0000⟩: 거리 지정
		지름	튜브의 지름을 정의한다. Specify tube radius or [2Point/Diameter] ⟨50.0000⟩: **diameter** Specify tube diameter ⟨50.0000⟩: 0이 아닌 거리 지정

	지름	원환의 지름을 정의한다.
		Specify radius or [Diameter] ⟨50.0000⟩: **diameter** Specify diameter of torus ⟨50.0000⟩: **거리 지정**
		최초에 기본 지름은 어떤 값으로도 설정되지 않는다. 도면 세션 동안 지름에 대한 기본 값은 항상 임의의 솔리드 기본체에 대해 이전에 입력한 반지름 값이다.
	반지름	튜브의 반지름을 정의한다.
		Specify tube radius or [2Point/Diameter] ⟨50.0000⟩: **거리 지정**
	지름	튜브의 지름을 정의한다.
		Specify tube radius or [2Point/Diameter] ⟨50.0000⟩: **diameter** Specify tube diameter ⟨50.0000⟩: **0이 아닌 거리 지정**
3P (세 점)		지정한 3점을 가진 원환의 원주를 정의한다. 또한 지정된 3개의 점은 원주의 평면을 정의한다. Specify center point or [3P/2P/Ttr]: **3p** Specify first point: **점(1) 지정** Specify second point: **점(2) 지정** Specify third point: **점(3) 지정** Specify tube radius or [2Point/Diameter] ⟨50.0000⟩: **거리를 지정하거나 옵션 입력**
	반지름	튜브의 반지름을 정의한다.
		Specify tube radius or [2Point/Diameter] ⟨50.0000⟩: **거리 지정**
	지름	튜브의 지름을 정의한다.
		Specify tube radius or [2Point/Diameter] ⟨50.0000⟩: **diameter** Specify tube diameter ⟨50.0000⟩: **0이 아닌 거리 지정**
2P (두 점)		지정한 2점을 가진 원환의 원주를 정의한다. 원주의 평면은 첫 번째 점의 Z 값으로 정의한다. Specify center point or [3P/2P/Ttr]: **2p** Specify first end point of diameter: **점(1) 지정** Specify second end point of diameter: **점(2) 지정** Specify tube radius or [2Point/Diameter] ⟨50.0000⟩: **거리를 지정하거나 옵션 입력**
	반지름	튜브의 반지름을 정의한다.
		Specify tube radius or [2Point/Diameter] ⟨50.0000⟩: **거리 지정**
	지름	튜브의 지름을 정의한다.
		Specify tube radius or [2Point/Diameter] ⟨50.0000⟩: **diameter** Specify tube diameter ⟨50.0000⟩: **0이 아닌 거리 지정**
TTR (접선, 접선, 반지름)		지정된 반지름이 두 객체에 접하는 원환을 그린다. 지정된 접점은 현재 UCS에 투영된다. Specify center point or [3P/2P/Ttr]: **ttr** Specify point on object for first tangent: **객체의 점 선택** Specify point on object for second tangent: **객체의 점 선택** Specify radius of circle ⟨50.0000⟩: **반지름을 지정하거나 엔터키를 눌러 기본 반지름 값 지정** Specify tube radius or [2Point/Diameter] ⟨50.0000⟩: **거리를 지정하거나 옵션 입력** 처음에는 기본 반지름은 임의 값으로도 설정되지 않는다. 도면 세션 동안 반지름에 대한 기본 값은 항상 임의의 솔리드 기본체에 대해 이전에 입력한 반지름 값이다.
	반지름	튜브의 반지름을 정의한다.
		Specify tube radius or [2Point/Diameter] ⟨50.0000⟩: **거리 지정**
	지름	튜브의 지름을 정의한다.
		Specify tube radius or [2Point/Diameter] ⟨50.0000⟩: **diameter** Specify tube diameter ⟨50.0000⟩: **0이 아닌 거리 지정**

4.2.8 피라미드

3D 솔리드 피라미드작성

명 령	
메뉴	메뉴 그리기(D) ▶ 모델링(M) ▶ 피라미드(Y)
명령행	pyramid
도구막대	◭

Command: **pyramid**
4 sides Circumscribed

명 령 옵 선			
Specify center point of base or [Edge/Sides]: **점을 지정하거나 옵션 입력**			
중심점	Specify center point of base or [Edge/Sides]: **점 지정** Specify base radius or [Inscribed] ⟨347.5311⟩: **반경을 지정하거나 i 입력**		
	반경	Specify base radius or [Inscribed] ⟨347.5311⟩: **반경 입력** Specify height or [2Point/Axis endpoint/Top radius] ⟨1191.7499⟩: **높이를 지정하거나 옵션을 입력하거나 엔터키를 눌러**	

	내접 또는 외접	내접: 피라미드의 기준 반지름 주변에 피라미드가 내접하도록(그려지도록) 지정한다. 외접: 피라미드의 기준 반지름 주변에 피라미드가 외접하도록(그려지도록) 지정한다. Specify base radius or [Inscribed] ⟨347.5311⟩: **inscribed** Specify base radius or [Circumscribed] ⟨347.5311⟩: **반경을 입력하거나 c를 입력하거나 엔터키** Specify height or [2Point/Axis endpoint/Top radius] ⟨1191.7499⟩: **높이를 지정하거나 옵션을 입력하거나 엔터키를 눌러 기본 높이 값을 지정**
모서리		피라미드 밑면의 한 모서리 길이를 지정한다. 두 점을 선택할 수 있다. Specify center point of base or [Edge/Sides]: **edge** Specify first endpoint of edge: **점 지정** Specify second endpoint of edge: **점 지정** Specify height or [2Point/Axis endpoint/Top radius]: **높이를 지정하거나 옵션을 입력하거나 엔터키를 눌러 기본 높이 값을 지정**
면		피라미드 면의 수를 지정한다. 3에서 32 사이의 수를 입력할 수 있다. Specify center point of base or [Edge/Sides]: **sides** Enter number of sides ⟨4⟩: **면 수를 입력하거나 엔터키** Specify center point of base or [Edge/Sides]: **점을 지정하거나 옵션 입력** 최초에 피라미드 면의 수는 4로 설정된다. 도면 세션 동안에 면의 수에 대한 기본 값은 항상 이전에 면의 수에 대해 입력된 값이다.

Specify height or [2Point/Axis endpoint/Top radius]: 높이를 지정하거나 옵션을 입력하거나 엔터키를 눌러 기본 높이 값을 지정		
2Point		피라미드의 높이는 두 개의 지정된 점 사이의 거리로 지정한다. Specify height or [2Point/Axis endpoint/Top radius] ⟨516.4834⟩: **2point** Specify first point: **점 지정** Specify second point: **점 지정**
축 끝점		피라미드 축의 끝점 위치를 지정한다. 이 끝점은 피라미드의 맨 위이다. 축 끝점은 3D 공간의 모든 곳에 위치할 수 있다. 축 끝점은 피라미드의 길이 및 방향을 정의한다. Specify height or [2Point/Axis endpoint/Top radius] ⟨1562.2397⟩: **axis** Specify axis endpoint: **점 지정**
상단 반지름		피라미드의 상단 반지름을 지정하여 피라미드 절두체를 작성한다. Specify height or [2Point/Axis endpoint/Top radius] ⟨1543.9031⟩: **top** 최초에 기본 상단 반지름은 어떠한 값으로도 설정되지 않는다. 도면 세션 동안에 상단 반지름에 대한 기본 값은 항상 이전에 솔리드 기본체에 대해 입력된 상단 반지름 값이다. Specify top radius ⟨0.0000⟩: **반지름 입력** Specify height or [2Point/Axis endpoint] ⟨1543.9031⟩: **높이를 지정하거나 옵션을 입력하거나, 엔터키를 눌러 기본 높이 값 지정**
	2Point	피라미드의 높이는 두 개의 지정된 점 사이의 거리로 지정한다. Specify height or [2Point/Axis endpoint/Top radius] ⟨516.4834⟩: **2point** Specify first point: **점 지정** Specify second point: **점 지정**
	축 끝점	피라미드 축의 끝점 위치를 지정한다. 이 끝점은 피라미드의 맨 위이다. 축 끝점은 3D 공간의 모든 곳에 위치할 수 있다. 축 끝점은 피라미드의 길이 및 방향을 정의한다. Specify height or [2Point/Axis endpoint] ⟨545.2703⟩: **axis** Specify axis endpoint: **점 지정**

4.3 SOLID

솔리드로 채워진 삼각형과 사변형을 작성한다.

명 령	
메뉴	메뉴 그리기(D) ▶ 모델링(M) ▶ 메쉬(M) ▶ 2D 솔리드(2)
명령행	solid
도구막대	▽

Command: **solid**

명 령 옵 션
Specify first point: **점(1) 지정** Specify second point: **점(2) 지정** 첫 번째 두 점은 다각형의 한 모서리를 정의한다. Specify third point: **점(3)을 지정** Specify fourth point or ⟨exit⟩: **점(4)를 지정하거나 엔터키**

네 번째 점 프롬프트에서 엔터키를 누르면 채우기 된 삼각형이 작성된다. 점(5)를 지정하면 사변형 영역이 작성된다.

마지막 두 점이 다음 채우기 된 영역의 첫 번째 모서리를 형성한다. AutoCAD는 세 번째 점 프롬프트와 네 번째 점 프롬프트를 반복한다. 세 번째와 네 번째 점을 연속적으로 지정하면 계속 연결되는 삼각형과 사변형 다각형이 단일 솔리드 객체로 작성된다. 엔터키를 누르면 SOLID가 종료된다.

2D 솔리드는 FILLMODE 시스템 변수가 켜져 있고 관측 방향이 2D 솔리드에 직각인 경우에만 채우기 된다.

4.4 SOLIDEDIT

3D 솔리드 객체의 면과 모서리를 편집한다.

SOLIDEDIT를 사용하면 면과 모서리를 돌출, 이동, 회전, 간격띄우기, 테이퍼, 복사, 색상 변경, 분리, 쉘링, 정리, 검사 또는 삭제하여 솔리드 객체를 편집할 수 있다.
경계 세트(솔리드의 면 위 내부 점을 선택하면 면이 선택됨), 교차 다각형, 교차 윈도우, 울타리, 개별 면 또는 모서리 선택 중 한 가지 선택 방법을 사용하여 솔리드 객체를 선택할 수 있다. 사용자 안내서의 객체 선택을 참고한다.

명 령	
메뉴	메뉴 수정(M) ▶ 솔리드 편집(N)
명령행	solidedit
도구막대	

Command: **solidedit**
Solids editing automatic checking: SOLIDCHECK=1

명 령 옵 션				
Enter a solids editing option [Face/Edge/Body/Undo/eXit] ⟨eXit⟩: **옵션을 입력하거나 엔터키**				
면	돌출, 이동, 회전, 간격띄우기, 테이퍼, 삭제, 복사 또는 선택한 면의 색상을 변경하여 3D 솔리드 면을 편집한다. 　　Enter a solids editing option [Face/Edge/Body/Undo/eXit] ⟨eXit⟩: **face** 　　Enter a face editing option [Extrude/Move/Rotate/Offset/Taper/Delete/Copy/coLor/Undo/eXit] **옵션을 입력하거나 엔터키**			
	돌출	3D 솔리드 객체의 선택된 평면형 면을 지정한 높이로 또는 경로를 따라서 돌출시킨다. 한 번에 여러 개의 면을 선택할 수 있다. 　　Enter a face editing option [Extrude/Move/Rotate/Offset/Taper/Delete/Copy/coLor/Undo/eXit] ⟨eXit⟩: **extrude** 　　Select faces or [Undo/Remove]:		
		명령취소	가장 최근에 선택 세트에 추가한 면의 선택을 취소한다. 그런 다음 AutoCAD는 이전의 프롬프트를 표시한다. 모든 면이 제거되었으면 다음과 같은 프롬프트가 표시된다. 　　Select faces or [Undo/Remove]: **undo** 　　Face selection has been completely undone.	
		제거	선택 세트에서 이전에 선택한 면을 제거한다. 그런 다음, 다음과 같은 프롬프트가 표시된다. 　　Select faces or [Undo/Remove/ALL]: **remove** 　　Remove faces or [Undo/Add/ALL]:	
			Undo	가장 최근에 선택 세트에 추가한 면의 선택을 취소한다. 그런 다음 AutoCAD는 이전의 프롬프트를 표시한다. 모든 면이 제거되었으면 다음과 같은 프롬프트가 표시된다. 　　Remove faces or [Undo/Add/ALL]: **undo** 　　Face selection has been completely undone
			추가	선택 세트에 면을 추가한다. 　　Remove faces or [Undo/Add/ALL]: **add** 　　Select faces or [Undo/Remove/ALL]:
				명령취소: 가장 최근에 선택 세트에 추가한 면의 선택을 취소한다. 그런 다음 AutoCAD는 이전의 프롬프트를 표시한다.
				제거: 이전에 선택한 면을 제거한다. 그런 다음 AutoCAD는 이전의 프롬프트를 표시한다.
				전체: 모든 면을 선택하여 선택 세트에 추가한다. 그런 다음 AutoCAD는 이전의 프롬프트를 표시한다.
			전체	모든 면을 선택하여 선택 세트에 추가한다.
		전체	모든 면을 선택하여 선택 세트에 추가한다. 면을 선택하거나 옵션을 선택하면 다음과 같은 프롬프트가 표시된다. 　　Select faces or [Undo/Remove/ALL]: **all** 　　4 faces found. 　　Select faces or [Undo/Remove/ALL]: **하나 이상의 면(1)을 선택하거나, 옵션을 입력하거나, 엔터키** 　　Specify height of extrusion or [Path]:	
		돌출 높이	돌출의 방향과 높이를 설정한다. 양의 값을 입력하면 해당 면의 법선 방향으로 면이 돌출된다. 음의 값을 입력하면 법선의 반대 방향으로 면이 돌출된다. 　　Specify height of extrusion or [Path]: **거리를 지정**	

			Specify angle of taper for extrusion 〈0〉: −90도와 +90도 사이의 각도를 지정하거나 엔터키 선택한 면을 양의 각도로 테이퍼하면 면이 안쪽으로 테이퍼되고, 음의 각도를 사용하면 면이 바깥쪽으로 테이퍼된다. 기본 각도 0을 사용하면 면이 그 평면에 수직으로 돌출된다. 선택 세트에 포함된 모든 선택된 면이 같은 값으로 테이퍼 된다. 큰 테이퍼 각도나 높이를 지정하면 면이 돌출 높이에 도달하기도 전에 점으로 테이퍼 될 가능성이 있다.
		경로	지정한 선이나 곡선을 기준으로 돌출 경로의 경로를 설정한다. 선택한 면의 모든 윤곽이 선택한 경로를 따라 돌출되어 돌출부가 만들어진다. Specify height of extrusion or [Path]: **path** Select extrusion path: **객체 선택 방법을 사용** 선, 원, 호, 타원, 타원형 호, 폴리선 또는 스플라인이 경로가 될 수 있다. 경로는 윤곽과 같은 평면에 있어서는 안 되며 높은 곡률의 영역을 가져서도 안 된다. 돌출 면은 윤곽의 평면에서 시작하여 경로 끝점에 있는 경로에 수직인 평면에서 끝난다. 경로의 끝점 중 하나는 윤곽의 평면 위에 있어야 한다. 그렇지 않을 경우, 경로가 윤곽의 중심으로 이동된다. 경로가 스플라인이면 경로는 윤곽의 평면에 및 경로의 끝점 중 하나에서 수직이어야 한다. 그렇지 않을 경우, 스플라인 경로에 수직이 되도록 윤곽이 회전된다. 스플라인의 끝점 중 하나가 면의 평면 위에 있으면 면은 이 점을 중심으로 회전한다. 그렇지 않을 경우, 스플라인 경로가 윤곽의 중심으로 이동되고 윤곽은 이 중심을 기준으로 회전한다. 경로에 포함된 세그먼트 중에 서로 접하지 않는 세그먼트가 있으면 객체는 각 세그먼트를 따라 돌출된 후 세그먼트 사이의 각도를 이등분하여 평면을 따라 접합부가 연귀 이음된다. 경로가 닫히면 윤곽이 연귀 평면에 놓인다. 이는 솔리드의 처음 및 끝 섹션이 일치하도록 허용한다. 윤곽이 연귀 평면에 놓이지 않으면 연귀 평면에 놓일 때까지 경로가 회전된다.
이동	3D 솔리드 객체의 선택한 면을 지정한 높이 또는 거리까지 이동한다. 한 번에 여러 개의 면을 선택할 수 있다. Enter a face editing option [Enter a face editing option Extrude/Move/Rotate/Offset/Taper/Delete/Copy/coLor/Undo/eXit] 〈eXit〉: **move** Select faces or [Undo/Remove]: **하나 이상의 면을 선택하거나 옵션을 입력** 명령취소, 제거, 추가 및 전체 옵션에 대한 설명은 돌출 아래에 있는 해당 옵션의 설명과 일치한다. 면을 선택하거나 옵션을 입력하면 다음과 같은 프롬프트가 표시된다. Select faces or [Undo/Remove]: **하나 이상의 면(1)을 선택하거나 옵션을 입력** Select faces or [Undo/Remove/ALL]: **하나 이상의 면을 선택하거나, 옵션을 입력하거나 엔터키** Specify a base point or displacement: **기준점(2) 지정** Specify a second point of displacement: **점(3) 지정하거나 엔터키** 지정한 두 점이 선택된 면의 이동 거리와 방향을 나타내는 변위 벡터를 정의한다. 첫 번째 점이 기준점으로 사용되며 그 기준점을 기준으로 하나의 사본이 배치된다. 일반적으로 좌표로 입력되는 단일 점을 지정한 다음 엔터키를 누르면 이 좌표가 새 위치로 사용된다.		
회전	솔리드의 하나 이상의 면 또는 피처 집합을 지정한 축을 중심으로 회전한다. Enter a face editing option [Extrude/Move/Rotate/Offset/Taper/Delete/Copy/coLor/Undo/eXit] 〈eXit〉: **rotate** Select faces or [Undo/Remove]: **하나 이상의 면을 선택하거나 옵션 입력** 명령취소, 제거, 추가 및 전체 옵션에 대한 설명은 돌출 아래에 있는 해당 옵션의 설명과 일치한다. 면을 선택하거나 옵션을 입력하면 다음과 같은 프롬프트가 표시된다. Select faces or [Undo/Remove/ALL]: **하나 이상의 면을 선택하거나, 옵션을 입력하거나, 엔터키** Specify an axis point or [Axis by object/View/Xaxis/Yaxis/Zaxis] 〈2points〉:		
		축 점, 2 점	2개의 점을 사용하여 회전축을 정의한다. 회전의 주 프롬프트에서 엔터키를 누르면 다음과 같은 프롬프트가 표시된다. 주 프롬프트에서 점을 지정하면 첫 번째 점에 대한 프롬프트가 생략된다. Specify an axis point or [Axis by object/View/Xaxis/Yaxis/Zaxis] 〈2points〉: **2points** Specify the first point on the rotation axis: **점(1) 지정** Specify the second point on the rotation axis: **점(2) 지정** Specify a rotation angle or [Reference]: **각도를 지정하거나 r을 입력**
		회전 각도	선택한 축을 중심으로 현재 방향으로 지정된 만큼 객체를 회전한다.
		참조	참조 각도와 새로운 각도를 지정한다. Specify a rotation angle or [Reference]: **reference** Specify the reference (starting) angle 〈0〉: **시작 각도 지정** Specify the ending angle: **끝 각도를 지정** 시작 각도와 끝 각도의 차가 계산된 회전 각도이다.
		객체의 축	회전축을 기존 객체에 정렬한다. 다음과 같은 객체를 선택할 수 있다. • 선 : 축을 선택된 선에 정렬한다. • 원 : 원의 3D축(원의 평면에 수직이고 원의 중심을 통과하는 축)에 정렬한다. • 호 : 호의 3D축(호의 평면에 수직이고 호의 중심을 통과하는 축)에 정렬한다. • 타원 : 타원의 3D축(타원의 평면에 수직이고 타원의 중심을 통과하는 축)에 정렬한다. • 2D 폴리선 : 폴리선의 시작점과 끝점에 의해 형성된 3D축에 정렬한다. • 3D 폴리선 : 폴리선의 시작점과 끝점에 의해 형성된 3D축에 정렬한다. • LW 폴리선 : 폴리선의 시작점과 끝점에 의해 형성된 3D축에 정렬한다. • 스플라인 : 스플라인의 시작점과 끝점에 의해 형성된 3D축에 정렬한다. Specify an axis point or [Axis by object/View/Xaxis/Yaxis/Zaxis] 〈2points〉: **axis** Select a curve to be used for the axis: **객체 선택 방법 사용** Specify a rotation angle or [Reference]: **각도를 지정하거나 r 입력**
		회전 각도	선택한 축을 중심으로 현재 방향으로 지정된 만큼 객체를 회전한다.
		참조	참조 각도와 새로운 각도를 지정한다. Specify a rotation angle or [Reference]: **reference** Specify the reference (starting) angle 〈0〉: **시작 각도 지정** Specify the ending angle: **끝 각도 지정** 시작 각도와 끝 각도의 차가 계산된 회전 각도이다.

	뷰	회전축을 선택한 점을 통과하는 현재 뷰포트의 관측 방향에 정렬한다.
		Specify an axis point or [Axis by object/View/Xaxis/Yaxis/Zaxis] 〈2points〉: **view** Specify the origin of the rotation 〈0,0,0〉: **점을 지정** Specify a rotation angle or [Reference]: **각도를 지정하거나 r을 입력**

	회전 각도	선택한 축을 중심으로 현재 방향으로 지정된 만큼 객체를 회전한다.
		Specify a rotation angle or [Reference]: **각도를 지정**

	참조	참조 각도와 새로운 각도를 지정한다.
		Specify a rotation angle or [Reference]: **reference** Specify the reference (starting) angle 〈0〉: **시작 각도를 지정** Specify the ending angle: **끝 각도를 지정** 시작 각도와 끝 각도의 차가 계산된 회전 각도이다.

	X축, Y축, Z축	회전축을 선택된 점을 통과하는 축(X, Y 또는 Z)에 정렬한다.
		Specify an axis point or [Axis by object/View/Xaxis/Yaxis/Zaxis] 〈2points〉: **xaxis** Specify the origin of the rotation 〈0,0,0〉: **점을 지정**

	회전 각도	선택한 축을 중심으로 현재 방향으로 지정된 만큼 객체를 회전한다.
		Specify a rotation angle or [Reference]: **각도 지정**

	참조	참조 각도와 새로운 각도를 지정한다.
		Specify a rotation angle or [Reference]: **reference** Specify the reference (starting) angle 〈0〉: **시작 각도 지정** Specify the ending angle: **끝 각도 지정** 시작 각도와 끝 각도의 차가 계산된 회전 각도이다.

간격띄우기	면을 지정한 거리만큼 또는 지정한 점을 통해 동일하게 간격띄우기 한다. 양의 값을 지정하면 솔리드의 크기 또는 체적이 확대되고 음의 값을 지정하면 솔리드의 크기 또는 체적이 축소된다.
	Enter a face editing option [Extrude/Move/Rotate/Offset/Taper/Delete/Copy/coLor/Undo/eXit] 〈eXit〉: **offset** Select faces or [Undo/Remove]: **하나 이상의 면을 선택하거나 옵션(1)을 입력** 명령취소, 제거, 추가 및 전체 옵션에 대한 설명은 돌출 아래에 있는 해당 옵션의 설명과 일치한다. 면을 선택하거나 옵션을 입력하면 다음과 같은 프롬프트가 표시된다. Select faces or [Undo/Remove/ALL]: **하나 이상의 면을 선택하거나, 옵션을 입력하거나, 엔터키** Specify the offset distance: **거리 지정** 양의 값을 지정하여 솔리드의 크기를 확대하거나 음의 값을 지정하여 솔리드의 크기를 축소한다. **주** 솔리드 객체 내부의 구멍은 솔리드의 체적이 커질수록 작게 간격 띄우기 된다.

테이퍼	각도를 사용하여 면을 테이퍼한다. 테이퍼 각도의 회전은 선택한 벡터를 따라 기준점과 두 번째 점을 선택한 순서에 의해 결정된다.
	Enter a face editing option [Extrude/Move/Rotate/Offset/Taper/Delete/Copy/coLor/Undo/eXit] 〈eXit〉: **taper** Select faces or [Undo/Remove]: **하나 이상의 면을 선택하거나 옵션을 입력** 명령취소, 제거, 추가 및 전체 옵션에 대한 설명은 돌출 아래에 있는 해당 옵션의 설명과 일치한다. 면을 선택하거나 옵션을 입력하면 다음과 같은 프롬프트가 표시된다. Select faces or [Undo/Remove/ALL]: **하나 이상의 면(1)을 선택하거나, 옵션을 입력하거나, 엔터키** Specify the base point: **기준점(2) 지정** Specify another point along the axis of tapering: **점(3)을 지정** Specify the taper angle: **-90도와 +90도 사이의 각도 지정** 하나 이상의 면(1)을 선택하거나, 옵션을 입력하거나, 엔터키를 누른다. 선택한 면을 양의 각도로 테이퍼하면 면이 안쪽으로 테이퍼되고, 음의 각도를 사용하면 면이 바깥쪽으로 테이퍼된다. 기본 각도 0을 사용하면 면이 해당 평면에 수직으로 돌출된다. 선택 세트에 포함된 모든 선택된 면이 같은 값으로 테이퍼된다.

삭제	모깎기와 모따기를 비롯해 가공된 면을 삭제하거나 제거한다.
	Enter a face editing option Extrude/Move/Rotate/Offset/Taper/Delete/Copy/coLor/Undo/eXit] 〈eXit〉: **delete** Select faces or [Undo/Remove]: **하나 이상의 면을 선택** 명령취소, 제거, 추가 및 전체 옵션에 대한 설명은 돌출 아래에 있는 해당 옵션의 설명과 일치한다. 면을 선택하거나 옵션을 입력하면 다음과 같은 프롬프트가 표시된다. Select faces or [Undo/Remove/ALL]: **하나 이상의 면(1)을 선택하거나, 옵션을 입력하거나 엔터키** Solid validation started. Solid validation completed.

복사	영역이나 본체의 면을 복사한다. 2개의 점을 지정하면 첫 번째 점이 기준점으로 사용되며 그 기준점을 기준으로 하나의 사본이 배치된다. (일반적으로 좌표로 입력되는) 단일 점을 지정한 다음 엔터키를 누르면 이 좌표가 새 위치로 사용된다.
	Enter a face editing option [Extrude/Move/Rotate/Offset/Taper/Delete/Copy/coLor/Undo/eXit] 〈eXit〉: **copy** Select faces or [Undo/Remove]: **하나 이상의 면 선택** 명령취소, 제거, 추가 및 전체 옵션에 대한 설명은 돌출 아래에 있는 해당 옵션의 설명과 일치한다. 면을 선택하거나 옵션을 입력하면 다음과 같은 프롬프트가 표시된다. Select faces or [Undo/Remove/ALL]: **하나 이상의 면(1)을 선택하거나, 옵션을 입력하거나 엔터키** Specify a base point or displacement: **기준점(2)를 지정** Specify a second point of displacement: **점(3)을 지정**

색상	면의 색상을 변경한다.
	Enter a face editing option [Extrude/Move/Rotate/Offset/Taper/Delete/Copy/coLor/Undo/eXit] 〈eXit〉: **color** Select faces or [Undo/Remove]: **하나 이상의 면 선택**

		명령취소, 제거, 추가 및 전체 옵션에 대한 설명은 돌출 아래에 있는 해당 옵션의 설명과 일치한다. 면을 선택하거나 옵션을 입력하면 다음과 같은 프롬프트가 표시된다. Select faces or [Undo/Remove/ALL]: **하나 이상의 면을 선택하거나, 옵션을 입력하거나, 엔터키** 색상 선택 대화상자가 표시된다.
	명령취소	SOLIDEDIT 세션이 시작된 시점까지로 작업을 되돌린다. Enter a face editing option [Extrude/Move/Rotate/Offset/Taper/Delete/Copy/coLor/Undo/eXit] **undo**
	나가기	면 편집 옵션을 끝내고 솔리드 편집 옵션 입력 프롬프트를 표시한다. Enter a face editing option [Extrude/Move/Rotate/Offset/Taper/Delete/Copy/coLor/Undo/eXit] **exit**
모서리		색상을 변경하거나 각 모서리를 복사하여 3D 솔리드 객체를 편집한다. Command: **solidedit** Solids editing automatic checking: SOLIDCHECK=1 Enter a solids editing option [Face/Edge/Body/Undo/eXit] ⟨eXit⟩: **edge** Enter an edge editing option [Copy/coLor/Undo/eXit] ⟨eXit⟩:
	복사	3D 모서리를 복사한다. 모든 3D 솔리드 모서리는 선, 호, 원, 타원 또는 스플라인 객체로 복사된다. Enter an edge editing option [Copy/coLor/Undo/eXit] ⟨eXit⟩: **copy** Select edges or [Undo/Remove]: **하나 이상의 모서리를 선택하거나 옵션을 입력** 면을 선택하거나 옵션을 입력하면 다음과 같은 프롬프트가 표시된다. Select edges or [Undo/Remove]: **하나 이상의 모서리(1)을 선택하거나 엔터키** Specify a base point or displacement: **기준점(2) 지정** Specify a second point of displacement: **기준점(3) 지정**
	명령취소	가장 최근에 선택 세트에 추가한 모서리의 선택을 취소한다. 그런 다음 AutoCAD는 이전의 프롬프트를 표시한다. 모든 모서리가 제거되었으면 다음과 같은 프롬프트가 표시된다. Select edges or [Undo/Remove]: **undo** 모서리 선택 작업이 완전히 취소되었다.
	제거	이전에 선택한 모서리를 선택 세트에서 제거한다. 그런 다음 이전의 프롬프트가 표시된다. Select edges or [Undo/Remove]: **remove** Remove edges or [Undo/Add]: **하나 이상의 모서리를 선택하거나, 옵션을 입력하거나, 엔터키**
		명령취소 가장 최근에 선택 세트에 추가한 모서리의 선택을 취소한다. 그런 다음 AutoCAD는 이전의 프롬프트를 표시한다. 현재 선택된 모서리가 없으면 다음과 같은 프롬프트가 표시된다. Remove edges or [Undo/Add]: **undo** Edge selection has been completely undone. 모서리 선택 작업이 완전히 취소되었다.
		추가 모서리를 선택 세트에 추가한다. Remove edges or [Undo/Add]: **add** Select edges or [Undo/Remove]: **하나 이상의 모서리를 선택하거나 옵션을 입력**
		명령취소 가장 최근에 선택 세트에 추가한 모서리의 선택을 취소한다. 그런 다음 AutoCAD는 이전의 프롬프트를 표시한다. Select edges or [Undo/Remove]: **undo**
		제거 이전에 선택한 모서리를 제거한다. 그런 다음 AutoCAD는 이전의 프롬프트를 표시한다. Select edges or [Undo/Remove]: **remove**
	색상	모서리의 색상을 변경한다. Enter an edge editing option [Copy/coLor/Undo/eXit] ⟨eXit⟩: **color** Select edges or [Undo/Remove]: **하나 이상의 모서리를 선택하거나 옵션 입력** 명령취소, 제거, 추가 및 전체 옵션에 대한 설명은 복사 아래에 있는 해당 옵션의 설명과 일치한다. 모서리를 선택하거나 옵션을 입력하면 색상 선택 대화상자가 표시된다.
	명령취소	SOLIDEDIT 세션이 시작된 시점까지로 작업을 되돌린다. Enter an edge editing option [Copy/coLor/Undo/eXit] ⟨eXit⟩: **undo**
	나가기	면 편집 옵션을 끝내고 솔리드 편집 옵션 입력 프롬프트를 표시한다. Enter an edge editing option [Copy/coLor/Undo/eXit] ⟨eXit⟩: **exit**
본체		솔리드에 다른 형상을 각인하여, 솔리드를 개별 솔리드 객체로 분리하여, 또는 선택한 솔리드를 쉘링, 정리 또는 확인하여 전체 솔리드 객체를 편집한다. Enter a solids editing option [Face/Edge/Body/Undo/eXit] ⟨eXit⟩: **body** Enter a body editing option [Imprint/sePerate solids/Shell/cLean/Check/Undo/eXit] ⟨eXit⟩: **옵션을 입력하거나 엔터키**
	각인	선택한 솔리드에 객체를 각인한다. 각인이 성공적으로 이루어지기 위해서는 각인되는 객체가 선택된 솔리드의 하나 이상의 면과 교차해야 한다. 각인은 호, 원, 선, 2D 및 3D 폴리선, 타원, 스플라인, 영역, 본체 및 3D 솔리드 객체로 제한된다. Enter a body editing option [Imprint/sePerate solids/Shell/cLean/Check/Undo/eXit] ⟨eXit⟩: **imprint** Select a 3D solid: **객체(1) 선택** Select an object to imprint: **객체(1) 선택** Delete the source object [Yes/No] ⟨N⟩: **y를 입력하거나 엔터키** Select an object to imprint: **객체를 선택하거나 엔터키**
	솔리드 분리	분해된 체적이 있는 3D 솔리드 객체를 개별 3D 솔리드 객체로 분리한다. 솔리드 객체가 연결되어 있지는 않으나 논리적으로 단일 객체로 되어 있는 경우 별개의 솔리드로 분리하고자 할 때 사용한다. Select a 3D solid: **객체 선택** **주** 솔리드를 분리를 사용해도 단일 체적을 형성한 부울 연산 객체는 분리되지 않는다.

쉘	쉘은 지정한 두께를 가진 속이 비고 얇은 벽을 작성한다. 모든 면에 대해 일정한 벽 두께를 지정할 수 있다. 특정 면을 선택해 쉘에서 제외할 수도 있다. 3D 솔리드는 하나의 쉘만을 가질 수 있다. 기존의 면을 원래 위치에서 바깥쪽으로 간격띄우기 하여 새로운 면이 작성된다.	
	Enter a body editing option [Imprint/sePerate solids/Shell/cLean/Check/Undo/eXit] ⟨eXit⟩: **shell** Select a 3D solid: **객체 선택** Remove faces or [Undo/Add/ALL]: **하나 이상의 면을 선택하거나 옵션 입력** 명령취소, 제거, 추가 및 전체 옵션에 대한 설명은 돌출 아래에 있는 해당 옵션의 설명과 일치한다. 면을 선택하거나 옵션을 입력하면 다음과 같은 프롬프트가 표시된다. Remove faces or [Undo/Add/ALL]: **하나 이상의 면(1)을 선택하거나, 옵션을 입력하거나, 엔터키** Enter the shell offset distance: **거리 지정** 양의 값을 지정하면 솔리드의 둘레 안쪽으로 쉘이 작성되고, 음의 값을 지정하면 솔리드의 둘레 바깥쪽으로 쉘이 작성된다.	
정비	모서리나 정점의 양쪽에서 같은 곡면 또는 곡선 정의를 갖는 공유 모서리나 정점을 제거한다. 각인되고 사용되지 않은 형상인 모든 중복 모서리와 정점을 제거한다.	
	Enter a body editing option [Imprint/sePerate solids/Shell/cLean/Check/Undo/eXit] ⟨eXit⟩: **clean** Select a 3D solid: **객체(1) 선택**	
확인	3D 솔리드 객체를 SOLIDCHECK 설정에 관계없이 유효한 ShapeManager 솔리드로 확인한다.	
	Enter a body editing option [Imprint/sePerate solids/Shell/cLean/Check/Undo/eXit] ⟨eXit⟩: **check** Select a 3D solid: **객체를 선택** This object is a valid ShapeManager solid.	
명령취소	편집 작업을 취소한다.	
	Enter a body editing option [Imprint/sePerate solids/Shell/cLean/Check/Undo/eXit] ⟨eXit⟩: **undo**	
나가기	면 편집 옵션을 끝내고 솔리드 편집 옵션 입력 프롬프트를 표시한다.	
	Enter a body editing option [Imprint/sePerate solids/Shell/cLean/Check/Undo/eXit] ⟨eXit⟩: **exit**	
명령취소	편집 작업을 취소한다. Enter a solids editing option [Face/Edge/Body/Undo/eXit] ⟨eXit⟩: **undo**	
끝내기	SOLIDEDIT 명령을 끝낸다. Enter a solids editing option [Face/Edge/Body/Undo/eXit] ⟨eXit⟩: **exit**	

4.5 UNION

선택된 영역 또는 솔리드를 합집합에 의해 결합한다.

복합 영역은 두 개 이상의 기존 영역의 전체 면적을 결합하여 만들어진다. 복합 솔리드는 두 개 이상의 기존 솔리드의 전체 체적을 결합하여 만들어진다. 공통의 면적 또는 체적을 공유하지 않는 영역이나 솔리드를 결합할 수 있다.

명 령	
메뉴	메뉴 수정(M) ▶ 솔리드 편집(N) ▶ 합집합(U)
명령행	union
도구막대	◍

Command: **union**
Select objects: **객체 선택 방법을 사용하고 객체 선택을 마치면 엔터키**

명 령 옵 션
선택 세트에는 수에 제한 없이 임의의 평면에 놓인 영역 및 솔리드가 포함될 수 있다. AutoCAD는 선택 세트를 각기 결합된 하위 세트로 나눈다. 솔리드는 첫 번째 하위 세트에 그룹화된다. 첫 번째로 선택된 영역 및 그 영역과 동일 평면에 있는 다음의 모든 영역이 두 번째 세트에 그룹화된다. 첫 번째 영역과 동일 평면에 있지 않은 다음 영역과 그 영역과 동일 평면에 있는 다음의 모든 영역이 세 번째 영역에 그룹화 되는 식으로 모든 영역이 하위 세트에 속할 때까지 계속된다. 결과로 생성된 복합 영역은 선택한 모든 솔리드에 의해 둘러싸인 체적을 포함한다. 결과로 생성된 복합 영역 각각에는 하위 세트에 있는 모든 영역의 면적이 들어 있다.

4.6 SUBTRACT

선택된 영역 또는 솔리드를 차집합에 의해 결합한다.

명 령	
메뉴	메뉴 수정(M) ▶ 솔리드 편집(N) ▶ 차집합(S)
명령행	subtract
도구막대	◎◎

Command: **subtract**

명 령 옵 션
Select objects: **객체 선택 방법을 사용한 다음, 마쳤으면 엔터키**
뺄 솔리드와 영역 선택… Select solids and regions to subtract from .. Select objects: **객체 선택** Select solids and regions to subtract .. **객체 선택 방법을 사용한 다음, 마쳤으면 엔터키를 누름** AutoCAD는 첫 번째 선택 세트의 객체에서 두 번째 선택 세트의 객체를 뺀다. 단일 새 솔리드 또는 영역이 작성된다. 같은 평면에 있는 다른 영역에서만 영역을 뺄 수 있다. 그러나 서로 다른 평면의 영역 세트를 선택하여 동시에 SUBTRACT 작업을 수행할 수 있다. AutoCAD는 각 평면에 각각의 뺀 영역을 생성한다. AutoCAD는 기타 선택된 동일 평면 영역이 없는 영역을 거부한다.

4.7 INTERSECT

둘 이상의 솔리드 또는 영역의 교차 부분을 사용하여 복합 솔리드 또는 영역을 작성하고 교차 부분의 바깥 영역을 제거한다.

명 령	
메뉴	메뉴 수정(M) ▶ 솔리드 편집(N) ▶ 교집합(I)
명령행	intersect
도구막대	◎◎

Command: **intersect**

명 령 옵 션
Select objects: **객체 선택 방법을 사용한 다음, 마쳤으면 엔터키를 누름**
INTERSECT 명령을 사용하면 영역과 솔리드만 선택할 수 있다. INTERSECT는 둘 이상의 기존 영역에 대한 중첩 면적 및 둘 이상의 기존 솔리드에 대한 공통 체적을 계산한다. 선택 세트에는 임의의 개수의 임의의 평면에 놓여 있는 영역 및 솔리드가 들어 있다. AutoCAD는 선택 세트를 여러 하위 세트로 나눈 다음 각 하위 세트에 대해 교차 부분이 있는지 점검한다. 첫 번째 하위 세트에는 선택 세트 내의 모든 솔리드가 들어 있다. 두 번째 하위 세트에는 처음 선택된 영역과 동일 평면상의 모든 후속 영역이 포함된다. 세 번째 하위 세트에는 모든 영역이 하위 세트에 포함될 때까지, 첫 번째 영역과 동일 평면상이 아닌 다음 영역과 동일 평면상의 모든 후속 영역 등이 포함된다.

4.8 EXTRUDE

선택한 객체를 돌출시켜 솔리드와 곡면을 작성할 수 있다. EXTRUDE 명령을 사용하여 객체의 일반 윤곽에서 솔리드 또는 곡면을 작성한다.

닫힌 객체를 돌출시키는 경우, 결과 객체는 솔리드이며, 열린 객체를 돌출시키는 경우, 결과 객체는 곡면이다.

EXTRUDE 명령을 사용하면 선택된 객체를 돌출시켜(두께를 추가) 솔리드를 작성할 수 있다. 경로를 따라 객체를 돌출시키거나 높이 값과 테이퍼 각도를 지정할 수 있다.
EXTRUDE 명령을 사용하여 기어나 톱니바퀴와 같은 객체의 일반적인 윤곽에서 솔리드를 작성할 수 있다. EXTRUDE는 특히 모깎기, 모따기, 그리고 윤곽에서가 아니면 재생성하기 힘든 다른 세부사항을 포함하고 있는 객체의 경우에 유용하다. 선 또는 호를 사용하여 윤곽을 작성하는 경우 PEDIT의 결합 옵션을 사용하면 EXTRUDE를 사용하기 전에 단일 폴리선 객체로 변환하거나 영역으로 만들 수 있다.

명 령	
메뉴	메뉴 그리기(D) ▶ 모델링(M) ▶ 돌출(X)
명령행	extrude
도구막대	🗇

Command: **extrude**
Current wire frame density: ISOLINES=4

명 령 옵 션	

돌출하려는 객체를 지정한다. 다음 객체 및 하위 객체를 돌출할 수 있다.
 	
• 선
• 호
• 타원형 호
• 2D 폴리선
• 2D 스플라인
• 원
• 타원
• 2D 솔리드
• 추적
• 영역
• Planar 3D 폴리선
• 3D 편평면
• 평면 곡면
• 솔리드의 편평면
 	
주 CTRL 키를 누른 상태에서 이러한 하위 객체를 선택하여 솔리드의 면을 선택할 수 있다.
 	
블록에 포함된 객체나 교차 또는 자체 교차하는 세그먼트가 있는 폴리선은 돌출할 수 없다.
 	
선택된 폴리선이 폭을 가진 경우 그 폭은 무시되며 폴리선은 해당 폴리선 경로의 중심으로부터 돌출된다. 선택된 객체가 두께를 가진 경우 그 두께는 무시된다.
 	
주 CONVTOSOLID를 사용하여 두께를 가진 폴리선 및 원을 솔리드로 변환할 수 있다. CONVTOSURFACE를 사용하여 두께를 가진 선과 호, 그리고 두께를 가지며 폭이 0인 열린 폴리선을 곡면으로 변환할 수 있다.
 	
  Select objects to extrude: **객체 선택**
  Specify height of extrusion or [Direction/Path/Taper angle] 〈20.0000〉: **거리를 지정하거나 옵션 입력**	

돌출 높이	양수 값을 입력하면 객체 좌표계에서 양의 Z축을 따라 객체가 돌출된다. 음수 값을 입력하면 객체는 음의 Z축을 기준으로 돌출된다. 객체는 동일한 평면과 평행하지 않아도 된다. 모든 객체가 같은 평면에 있는 경우에는 객체가 평면의 법선 방향으로 돌출된다. 기본적으로 평면 객체는 객체의 법선 방향으로 돌출된다. Specify height of extrusion or [Direction/Path/Taper angle] 〈20.0000〉: **점을 지정하거나 거리 입력**

방향	지정한 두 점을 가진 돌출의 길이 및 방향을 지정한다.
	
	  Specify height of extrusion or [Direction/Path/Taper angle] 〈20.0000〉: **direction**
	  Specify start point of direction: **점 지정**
	  Specify end point of direction: **점 지정**

경로	지정된 객체를 기준으로 돌출 경로를 선택한다. 경로는 윤곽의 중심으로 이동한다. 그런 다음 선택한 객체의 윤곽은 선택한 경로를 따라 돌출되어 솔리드 또는 곡면을 작성한다.
	
	  Specify height of extrusion or [Direction/Path/Taper angle] 〈99.3011〉: **path**
	  Select extrusion path or [Taper angle]: **객체 선택 방법 사용**
	
	다음 객체가 경로가 될 수 있다.
	
	• 선
	• 원
	• 호
	• 타원
	• 타원형 호
	• 2D 폴리선
	• 3D 폴리선
	• 2D 스플라인
	• 3D 스플라인
	• 솔리드 모서리
	• 곡면 모서리
	• 나선
	
	주 CTRL 키를 누른 상태에서 이러한 하위 객체를 선택하여 솔리드의 면과 모서리를 선택할 수 있다. 경로는 객체와 같은 평면에 있어서는 안 되며 경로에 높은 곡률의 영역이 있어서도 안 된다.
	
	돌출된 솔리드는 객체의 평면에서 시작하며 경로에 상대적인 방향을 유지한다.
	
	경로가 접선이 아닌 세그먼트를 포함하는 경우, 프로그램은 각 세그먼트를 기준으로 객체를 돌출시킨 다음 세그먼트에 의해 형성된 각도를 양분하는 평면을 기준으로 접합부를 연결한다. 경로가 닫힌 경우 객체는 연귀 평면에 놓여야 한다. 따라서 솔리드의 처음 섹션과 끝 섹션이 일치된다. 객체가 연귀 평면상에 있지 않은 경우, 연귀 평면상에 놓이게 될 때까지 회전한다.
	
	다중 루프가 있는 객체가 돌출되어 모든 루프는 돌출된 솔리드의 끝 단면에서 동일 평면에 나타난다.

테이퍼 각도	Specify height of extrusion or [Direction/Path/Taper angle] 〈0〉: **taper** Specify angle of taper for extrusion 〈0〉: **−90도와 +90도 사이의 각도를 지정하거나 엔터키를 누르거나 점을 지정**

		값을 입력하는 대신 테이퍼 각도의 점을 지정하는 경우 두 번째 점을 선택해야 한다. 테이퍼 각도에 적용되는 높이는 지정된 두 점 사이의 거리이다.
		Specify second point: **두 번째 점을 선택**
	Specify height of extrusion or [Direction/Path/Taper angle] 〈20.0000〉: **거리를 지정하거나 옵션 입력**	
	양의 각도는 기준 객체에서 안쪽으로 테이퍼한다. 음의 각도는 바깥쪽으로 테이퍼한다. 기본 각도 값 0은 2D 객체를 그 2D 평면에 수직으로 돌출시킨다. 선택된 모든 객체 및 루프는 동일한 값으로 테이퍼된다.	
	큰 테이퍼 각도 또는 긴 돌출 높이를 지정하면 돌출 높이에 도달하기 전에 객체 또는 객체의 일부가 한 점으로 테이퍼 될 수 있다.	
	한 영역의 개별 루프는 항상 동일한 높이로 돌출된다.	
	테이퍼된 돌출의 일부가 호이면, 호의 각도는 일정하게 유지되며 호의 반지름은 변경된다.	

4.9 REVOLVE

축을 중심으로 2차원 객체를 회전시켜 솔리드를 작성한다.

폴리선, 다각형, 원, 타원, 닫힌 스플라인, 도넛 및 영역을 회전할 수 있다. 블록 내부에 포함된 객체를 회전시킬 수 없다. 걸쳐 있거나 자체 교차하는 세그먼트를 가진 폴리선은 회전할 수 없다. 한 번에 하나의 객체만을 회전시킬 수 있다.
오른손 규칙은 회전의 양의 방향을 결정한다. 사용자 안내서의 3D에서 표준 및 사용자 좌표계 사용을 참고한다.

명 령	
메뉴	메뉴 그리기(D) ▶ 모델링(M) ▶ 회전(R)
명령행	revolve
도구막대	🔄

Command: **revolve**
Current wire frame density: ISOLINES=4

REVOLVE는 폴리선의 폭을 무시하며 폴리선 경로의 중심에서 회전한다.

명 령 옵 션	
Select objects: **객체 선택 방식을 사용** Specify axis start point or define axis by [Object/X/Y/Z] 〈Object〉: **점을 지정하거나 엔터키를 눌러 축의 객체를 선택하거나 옵션을 입력**	
축의 시작점	회전축의 첫 번째 점과 두 번째 점을 지정한다. 양의 축 방향은 첫 번째 점에서 두 번째 점을 향하는 방향이다. Specify axis start point or define axis by [Object/X/Y/Z] 〈Object〉: **점(1) 지정** Specify axis endpoint: **점(2) 지정** Specify angle of revolution or [STart angle] 〈360〉: **회전 각도를 지정하거나 엔터키** AutoCAD는 영역의 개별 루프를 지정한 각도까지 회전한다.
객체	선택한 객체를 회전할 축을 정의하는 기존 객체를 선택할 수 있다. 양의 축 방향은 이 객체의 가장 가까운 끝점에서 가장 먼 끝점까지의 방향이다. 다음 객체는 축으로 사용될 수 있다. • 선 • 선형 폴리선 세그먼트 • 솔리드 또는 곡면의 선형 모서리 **주** Ctrl 키를 누른 상태에서 모서리를 선택하여 솔리드의 모서리를 선택할 수 있다. Specify axis start point or define axis by [Object/X/Y/Z] 〈Object〉: **object** Select an object: **객체 선택 방법을 사용** Specify angle of revolution or [STart angle] 〈360〉: **각도를 지정하거나 엔터키**
X	현재 UCS의 양의 X축을 양의 축 방향으로 사용한다. Specify axis start point or define axis by [Object/X/Y/Z] 〈Object〉: **x** Specify angle of revolution or [STart angle] 〈360〉: **각도를 지정하거나 엔터키**
Y	현재 UCS의 양의 Y축을 양의 축 방향으로 사용한다. Specify axis start point or define axis by [Object/X/Y/Z] 〈Object〉: **y** Specify angle of revolution or [STart angle] 〈360〉: **각도를 지정하거나 엔터키**
Z	현재 UCS의 양의 Z축을 양의 축 방향으로 사용한다. Specify axis start point or define axis by [Object/X/Y/Z] 〈Object〉: **z** Specify angle of revolution or [STart angle] 〈360〉: **각도를 지정하거나 엔터키**

4.10 SLICE

평면 또는 곡면으로 솔리드를 자른다.

명 령	
메뉴	메뉴 수정(M) ▶ 3D 작업(3) ▶ 슬라이스(S)
명령행	slice
도구막대	⬚

Command: **slice**

<table>
<tr><td colspan="3" align="center">명 령 옵 션</td></tr>
<tr><td colspan="3">Select objects to slice: 객체 선택 방법을 사용하고 마치면 엔터키
Specify start point of slicing plane or [planar Object/Surface/Zaxis/View/XY/YZ/ZX/3points]
⟨3points⟩: 점을 지정하거나, 옵션을 입력하거나, 엔터키</td></tr>
<tr><td>평면 객체</td><td colspan="2">절단 평면을 원, 타원, 원형 또는 타원형 호, 2D 스플라인 또는 2D 폴리선 세그먼트에 정렬한다.

   Specify start point of slicing plane or [planar Object/Surface/Zaxis/View/XY/YZ/ZX/3points] ⟨3points⟩: object
   Select a circle, ellipse, arc, 2D-spline, 2D-polyline to define the slicing plane: 원, 타원, 호, 2D 스플라인 또는 2D 폴리선 선택

슬라이스 된 솔리드의 두 반쪽 모두 또는 지정한 반쪽을 유지할 수 있다. 슬라이스 된 솔리드는 원래 솔리드의 도면층과 색상 특성을 유지한다. 그러나 결과 솔리드는 작성된 원래 형태의 사용 내역을 유지하지 않는다.

   Specify a point on desired side or [keep Both sides] ⟨Both⟩: 점을 지정하거나 b를 입력</td></tr>
<tr><td></td><td>원하는 면에 점</td><td>슬라이스 된 솔리드 중 도면에 유지할 쪽을 점을 사용하여 결정한다. 절단 평면에는 점이 놓일 수 없다.

   Specify a point on desired side or [keep Both sides] ⟨Both⟩: 점 지정</td></tr>
<tr><td></td><td>양쪽 유지</td><td>슬라이스 된 솔리드의 양쪽 모두를 유지한다. 단일 솔리드를 두 조각으로 슬라이스하면 평면의 양쪽 조각들에서 두 개의 솔리드가 작성된다. SLICE는 선택한 각 솔리드에 대해 새로운 복합 솔리드를 두 개 이상 작성한다.

   Specify a point on desired side or [keep Both sides] ⟨Both⟩: both</td></tr>
<tr><td>곡면</td><td colspan="2">절단 평면을 곡면으로 정렬한다.

   Specify start point of slicing plane or [planar Object/Surface/Zaxis/View/XY/YZ/ZX/3points] ⟨3points⟩: surface
   Select a surface: 곡면 선택

주 EDGESURF, REVSURF, RULESURF 및 TABSURF 명령을 사용하여 작성된 메쉬를 선택할 수 없다.

슬라이스 된 솔리드의 두 반쪽 모두 또는 지정한 반쪽을 유지할 수 있다. 슬라이스 된 솔리드는 원래 솔리드의 도면층과 색상 특성을 유지한다. 그러나 결과 솔리드는 작성된 원래 형태의 사용내역을 유지하지 않는다.

   Specify a point on desired side or [keep Both sides] ⟨Both⟩: 결과 솔리드 중에서 하나를 선택하거나 b를 입력</td></tr>
<tr><td></td><td>원하는 면에 점</td><td>슬라이스 된 솔리드 중 도면에 유지할 쪽을 점을 사용하여 결정한다. 절단 평면에는 점이 놓일 수 없다.

   Specify a point on desired side or [keep Both sides] ⟨Both⟩: 점 지정</td></tr>
<tr><td></td><td>양쪽 유지</td><td>슬라이스 된 솔리드의 양쪽 모두를 유지한다. 단일 솔리드를 두 조각으로 슬라이스하면 평면의 양쪽 조각들에서 두 개의 솔리드가 작성된다. SLICE는 선택한 각 솔리드에 대해 새로운 복합 솔리드를 두 개 이상 작성한다.

   Specify a point on desired side or [keep Both sides] ⟨Both⟩: both</td></tr>
<tr><td>Z축</td><td colspan="2">평면 위의 점과 평면의 Z축(법선) 위에 또 한 점을 지정하여 절단 평면을 정의한다.

   Specify start point of slicing plane or [planar Object/Surface/Zaxis/View/XY/YZ/ZX/3points] ⟨3points⟩: zaxis
   Specify a point on the section plane: 점(1) 지정
   Specify a point on the Z-axis (normal) of the plane: 점(2) 지정

슬라이스 된 솔리드의 두 반쪽 모두 또는 지정한 반쪽을 유지할 수 있다. 슬라이스 된 솔리드는 원래 솔리드의 도면층과 색상 특성을 유지한다.

   Specify a point on desired side or [keep Both sides] ⟨Both⟩: 점을 지정하거나 b를 입력</td></tr>
<tr><td></td><td>원하는 면에 점</td><td>슬라이스 된 솔리드 중 도면에 유지할 쪽을 점을 사용하여 결정한다. 절단 평면에는 점이 놓일 수 없다.

   Specify a point on desired side or [keep Both sides] ⟨Both⟩: 점 지정</td></tr>
<tr><td></td><td>양쪽 유지</td><td>슬라이스 된 솔리드의 양쪽 모두를 유지한다. 단일 솔리드를 두 조각으로 슬라이스하면 평면의 양쪽 조각들에서 두 개의 솔리드가 작성된다. SLICE는 선택한 각 솔리드에 대해 새로운 복합 솔리드를 두 개 이상 작성한다.

   Specify a point on desired side or [keep Both sides] ⟨Both⟩: both</td></tr>
<tr><td>뷰</td><td colspan="2">절단 평면을 현재 뷰포트의 뷰 평면에 정렬한다. 점을 지정하면 절단 평면의 위치가 정의된다.

   Specify start point of slicing plane or [planar Object/Surface/Zaxis/View/XY/YZ/ZX/3points] ⟨3points⟩: view
   Specify a point on the current view plane ⟨0,0,0⟩: 점(1)을 지정하거나 엔터키

슬라이스 된 솔리드의 두 반쪽 모두 또는 지정한 하나의 반쪽을 유지할 수 있다. 슬라이스 된 솔리드는 원래 솔리드의 도면층과 색상 특성을 유지한다.

   Specify a point on desired side or [keep Both sides] ⟨Both⟩: 점을 지정하거나 b를 입력</td></tr>
<tr><td></td><td>원하는 면에 점</td><td>슬라이스 된 솔리드 중 도면에 유지할 쪽을 점을 사용하여 결정한다. 절단 평면에는 점이 놓일 수 없다.

   Specify a point on desired side or [keep Both sides] ⟨Both⟩: 점 지정</td></tr>
</table>

	양쪽 유지	슬라이스 된 솔리드의 양쪽 모두를 유지한다. 단일 솔리드를 두 조각으로 슬라이스하면 평면의 양쪽 조각들에서 두 개의 솔리드가 작성된다. SLICE는 선택한 각 솔리드에 대해 새로운 복합 솔리드를 두 개 이상 작성한다.
		Specify a point on desired side or [keep Both sides] 〈Both〉: **both**
XY		절단 평면을 현재 UCS(사용자 좌표계)의 XY 평면에 정렬한다. 점을 지정하면 절단 평면의 위치가 정의된다.
		Specify start point of slicing plane or [planar Object/Surface/Zaxis/View/XY/YZ/ZX/3points] 〈3points〉: **xy** Specify a point on the XY-plane 〈0,0,0〉: **점(1)을 지정하거나 엔터키**
		슬라이스 된 솔리드의 두 반쪽 모두 또는 지정한 반쪽을 유지할 수 있다. 슬라이스 된 솔리드는 원래 솔리드의 도면층과 색상 특성을 유지한다.
		Specify a point on desired side or [keep Both sides] 〈Both〉: **점을 지정하거나 b를 입력**
	원하는 면에 점	슬라이스 된 솔리드 중 도면에 유지할 쪽을 점을 사용하여 결정한다. 절단 평면에는 점이 놓일 수 없다.
		Specify a point on desired side or [keep Both sides] 〈Both〉: **점 지정**
	양쪽 유지	슬라이스 된 솔리드의 양쪽 모두를 유지한다. 단일 솔리드를 두 조각으로 슬라이스하면 평면의 양쪽 조각들에서 두 개의 솔리드가 작성된다. SLICE는 선택한 각 솔리드에 대해 새로운 복합 솔리드를 두 개 이상 작성한다.
		Specify a point on desired side or [keep Both sides] 〈Both〉: **both**
YZ		절단 평면을 현재 UCS의 YZ 평면에 정렬한다. 점을 지정하면 절단 평면의 위치가 정의된다.
		Specify start point of slicing plane or [planar Object/Surface/Zaxis/View/XY/YZ/ZX/3points] 〈3points〉: **yz** Specify a point on the YZ-plane 〈0,0,0〉: **점(1)을 지정하거나 엔터키**
		슬라이스 된 솔리드의 두 반쪽 모두 또는 지정한 반쪽을 유지할 수 있다. 슬라이스 된 솔리드는 원래 솔리드의 도면층과 색상 특성을 유지한다.
		Specify a point on desired side or [keep Both sides] 〈Both〉: **점을 지정하거나 b를 입력**
	원하는 면에 점	슬라이스 된 솔리드 중 도면에 유지할 쪽을 점을 사용하여 결정한다. 절단 평면에는 점이 놓일 수 없다.
		Specify a point on desired side or [keep Both sides] 〈Both〉: **점 지정**
	양쪽 유지	슬라이스 된 솔리드의 양쪽 모두를 유지한다. 단일 솔리드를 두 조각으로 슬라이스하면 평면의 양쪽 조각들에서 두 개의 솔리드가 작성된다. SLICE는 선택한 각 솔리드에 대해 새로운 복합 솔리드를 두 개 이상 작성한다.
		Specify a point on desired side or [keep Both sides] 〈Both〉: **both**
ZX		절단 평면을 현재 UCS의 ZX 평면에 정렬한다. 점을 지정하면 절단 평면의 위치가 정의된다.
		Specify start point of slicing plane or [planar Object/Surface/Zaxis/View/XY/YZ/ZX/3points] 〈3points〉: **zx** Specify a point on the ZX-plane 〈0,0,0〉: **점(1)을 지정하거나 엔터키**
		단일 솔리드를 3개 이상의 객체로 슬라이스 할 경우, 하나의 솔리드는 평면의 한쪽 면에 있는 객체로부터 작성되고 또 하나의 솔리드는 나머지 한쪽 면의 객체로부터 작성된다.
		슬라이스 된 솔리드의 두 반쪽 모두 또는 지정한 반쪽을 유지할 수 있다. 슬라이스 된 솔리드는 원래 솔리드의 도면층과 색상 특성을 유지한다.
		Specify a point on desired side or [keep Both sides] 〈Both〉: **점을 지정하거나 b를 입력**
	원하는 면에 점	슬라이스 된 솔리드 중 도면에 유지할 쪽을 점을 사용하여 결정한다. 절단 평면에는 점이 놓일 수 없다.
		Specify a point on desired side or [keep Both sides] 〈Both〉: **점 지정**
	양쪽 유지	슬라이스 된 솔리드의 양쪽 모두를 유지한다. 단일 솔리드를 두 조각으로 슬라이스하면 평면의 양쪽 조각들에서 두 개의 솔리드가 작성된다. SLICE는 선택한 각 솔리드에 대해 새로운 복합 솔리드를 두 개 이상 작성한다.
		Specify a point on desired side or [keep Both sides] 〈Both〉: **both**
3점		3개의 점을 사용하여 절단 평면을 정의한다.
		Specify start point of slicing plane or [planar Object/Surface/Zaxis/View/XY/YZ/ZX/3points] 〈3points〉: **3points** Specify first point on plane: **점(1) 지정** Specify second point on plane: **점(2) 지정** Specify third point on plane: **점(3) 지정**
		슬라이스 된 솔리드의 두 반쪽 모두 또는 지정한 반쪽을 유지할 수 있다. 슬라이스 된 솔리드는 원래 솔리드의 도면층과 색상 특성을 유지한다.
		Specify a point on desired side or [keep Both sides] 〈Both〉: **점을 지정하거나 b를 입력**
	원하는 면에 점	슬라이스 된 솔리드 중 도면에 유지할 쪽을 점을 사용하여 결정한다. 절단 평면에는 점이 놓일 수 없다.
		Specify a point on desired side or [keep Both sides] 〈Both〉: **점 지정**
	양쪽 유지	슬라이스 된 솔리드의 양쪽 모두를 유지한다. 단일 솔리드를 두 조각으로 슬라이스하면 평면의 양쪽 조각들에서 두 개의 솔리드가 작성된다. SLICE는 선택한 각 솔리드에 대해 새로운 복합 솔리드를 두 개 이상 작성한다.
		Specify a point on desired side or [keep Both sides] 〈Both〉: **both**

4.11 SECTION

평면과 솔리드의 교차점을 사용하여 영역을 작성한다.

AutoCAD는 현재 도면층에 영역을 작성하고 이들을 횡단면의 위치에 삽입한다. 솔리드를 여러 개 선택하면 각 솔리드에 대해 별개의 영역이 작성된다.

명 령	
메뉴	
명령행	section
도구막대	

Command: **section**

명 령 옵 션	
Select objects: **객체 선택 방법을 사용**	
Specify first point on Section plane by [Object/Zaxis/View/XY/YZ/ZX/3points] ⟨3points⟩: **점을 지정하거나 옵션을 입력**	
첫 번째 점, 3 점	3개의 점을 사용하여 단면 평면을 정의한다. 첫 번째 점을 지정하면 다음과 같은 프롬프트가 표시된다. Specify first point on Section plane by [Object/Zaxis/View/XY/YZ/ZX/3points] ⟨3points⟩: **점(1) 지정** Specify second point on plane: **점(2) 지정** Specify third point on plane: **점(3) 지정**
객체	단면 평면을 원, 호, 원형 또는 타원형 호, 2D 스플라인, 또는 2D 폴리선 세그먼트에 정렬한다. Specify first point on Section plane by [Object/Zaxis/View/XY/YZ/ZX/3points] ⟨3points⟩: **object** Select a circle, ellipse, arc, 2D-spline, or 2D-polyline: **원, 타원, 호, 2D 스플라인 또는 2D 폴리선 선택**
Z축	단면 평면 위의 점과 단면 평면의 Z축 또는 법선 위에 다른 한 점을 지정하여 단면 평면을 정의한다. Specify first point on Section plane by [Object/Zaxis/View/XY/YZ/ZX/3points] ⟨3points⟩: **z** Specify a point on the section plane: **점(1) 지정** Specify a point on the Z-axis (normal) of the plane: **점(2) 지정**
뷰	단면 평면을 현재 뷰포트의 뷰 평면에 정렬한다. 점을 지정하면 단면 평면의 위치가 정의된다. Specify first point on Section plane by [Object/Zaxis/View/XY/YZ/ZX/3points] ⟨3points⟩: **view** Specify a point on the current view plane ⟨0,0,0⟩: **점(1)을 지정하거나 엔터키**
XY	단면 평면을 현재 UCS의 XY 평면에 정렬한다. 점을 지정하면 단면 평면의 위치가 정의된다. Specify first point on Section plane by [Object/Zaxis/View/XY/YZ/ZX/3points] ⟨3points⟩: **xy** Specify a point on the XY-plane ⟨0,0,0⟩: **점(1)을 지정하거나 엔터키**
YZ	단면 평면을 현재 UCS의 YZ 평면에 정렬한다. 점을 지정하면 단면 평면의 위치가 정의된다. Specify first point on Section plane by [Object/Zaxis/View/XY/YZ/ZX/3points] ⟨3points⟩: **yz** Specify a point on the YZ-plane ⟨0,0,0⟩: **점(1)을 지정하거나 엔터키**
ZX	단면 평면을 현재 UCS의 ZX 평면에 정렬한다. 점을 지정하면 단면 평면의 위치가 정의된다. Specify first point on Section plane by [Object/Zaxis/View/XY/YZ/ZX/3points] ⟨3points⟩: **zx** Specify a point on the ZX-plane ⟨0,0,0⟩: **점(1)을 지정하거나 엔터키**

4.12 따라하기

4.12.1 solid

명 령 줄(solid)	
	File ▶ New...
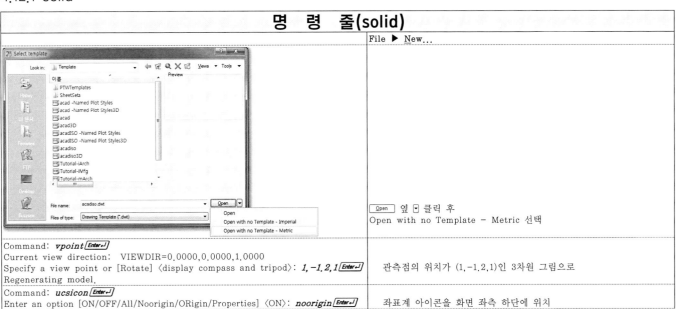	Open 옆 ⊡ 클릭 후 Open with no Template - Metric 선택
Command: **vpoint** Enter↵ Current view direction: VIEWDIR=0.0000,0.0000,1.0000 Specify a view point or [Rotate] ⟨display compass and tripod⟩: **1,-1.2,1** Enter↵ Regenerating model.	관측점의 위치가 (1,-1.2,1)인 3차원 그림으로
Command: **ucsicon** Enter↵ Enter an option [ON/OFF/All/Noorigin/ORigin/Properties] ⟨ON⟩: **noorigin** Enter↵	좌표계 아이콘을 화면 좌측 하단에 위치

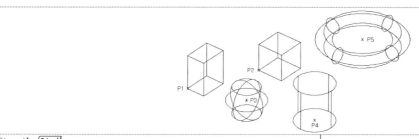

Command: *ortho* `Enter↵` Enter mode [ON/OFF] ⟨OFF⟩: *on* `Enter↵`	직교모드 켬
Command: *box* `Enter↵` Specify first corner or [Center]: Specify other corner or [Cube/Length]: *length* `Enter↵` Specify length: *5* `Enter↵` Specify width: *7* `Enter↵` Specify height or [2Point]: *9* `Enter↵`	≫P1(임의점) 마우스를 x축 + 방향으로 끌어 보조선을 만든 후 5 입력 마우스를 y축 + 방향으로 끌어 보조선을 만든 후 7 입력
Command: *zoom* `Enter↵` Specify corner of window, enter a scale factor (nX or nXP), or [All/Center/Dynamic/Extents/Previous/Scale/Window] ⟨real time⟩: *all* `Enter↵`	
Command: *hide* `Enter↵` Regenerating model.	
Command: *box* `Enter↵` Specify first corner or [Center]: Specify other corner or [Cube/Length]: *cube* `Enter↵` Specify height or [2Point] ⟨5.0000⟩: *7* `Enter↵`	≫P2(임의점) 마우스를 x축 + 방향으로 끌어 보조선을 만든 후 7 입력
Command: *ortho* `Enter↵` Enter mode [ON/OFF] ⟨ON⟩: *off* `Enter↵`	직교모드 끔
Command: *sphere* `Enter↵` Specify center point or [3P/2P/Ttr]: Specify radius or [Diameter]: *5* `Enter↵`	≫P3(임의점)
Command: *zoom* `Enter↵` Specify corner of window, enter a scale factor (nX or nXP), or [All/Center/Dynamic/Extents/Previous/Scale/Window] ⟨real time⟩: *all* `Enter↵`	
Command: *hide* `Enter↵` Regenerating model.	
Command: *cylinder* `Enter↵` Specify center point of base or [3P/2P/Ttr/Elliptical]: Specify base radius or [Diameter] ⟨5.0000⟩: *5* `Enter↵` Specify height or [2Point/Axis endpoint] ⟨7.0000⟩: *10* `Enter↵`	≫P4(임의점)
Command: *torus* `Enter↵` Specify center point or [3P/2P/Ttr]: Specify radius or [Diameter] ⟨5.0000⟩: *9* `Enter↵` Specify tube radius or [2Point/Diameter]: *2* `Enter↵`	≫P5(임의점)
Command: *zoom* `Enter↵` Specify corner of window, enter a scale factor (nX or nXP), or [All/Center/Dynamic/Extents/Previous/Scale/Window] ⟨real time⟩: *all* `Enter↵`	
Command: *hide* `Enter↵` Regenerating model.	
Command: *isolines* `Enter↵` Enter new value for ISOLINES ⟨4⟩: *10* `Enter↵`	isolines(뼈대) 개수를 늘리면 면의 개수가 늘어나는 것이 아님
Command: *regen* `Enter↵` Regenerating model.	
Command: *hide* `Enter↵` Regenerating model.	
Command: *isolines* `Enter↵` Enter new value for ISOLINES ⟨10⟩: *4* `Enter↵`	isolines(뼈대) 개수 원래대로
Command: *facetres* `Enter↵` Enter new value for FACETRES ⟨0.5000⟩: *2* `Enter↵`	hide 했을 때 면의 개수가 증가
Command: *hide* `Enter↵` Regenerating model.	
Command: *dispsilh* `Enter↵` Enter new value for DISPSILH ⟨0⟩: *1* `Enter↵`	
Command: *hide* `Enter↵` Regenerating model.	선들이 지저분해서 선들을 없앤 상태로 정리
Command: *dispsilh* `Enter↵` Enter new value for DISPSILH ⟨1⟩: *0* `Enter↵`	
Command: *hide* `Enter↵` Regenerating model.	

File ▶ Save As… [filename: 4121_solids]

dispsilh – 3D 와이어프레임 또는 3D 와이어프레임 뷰 스타일에서 3D 솔리드 객체의 윤곽 모서리 표시를 제어한다(0: 끄기, 1: 켜기).

facetres – 음영처리된 객체 및 은선이 제거된 객체의 다듬기를 조정한다. 유효한 값의 범위는 0.01에서 10.0까지이다.

isolines – 객체에서 표면당 윤곽선의 수를 지정한다. 적합한 정수 값은 0에서 2047까지이다.

4.12.2 solid edit

<table>
<tr><td colspan="2" align="center">명 령 줄(union, subtract, intersect)</td></tr>
</table>

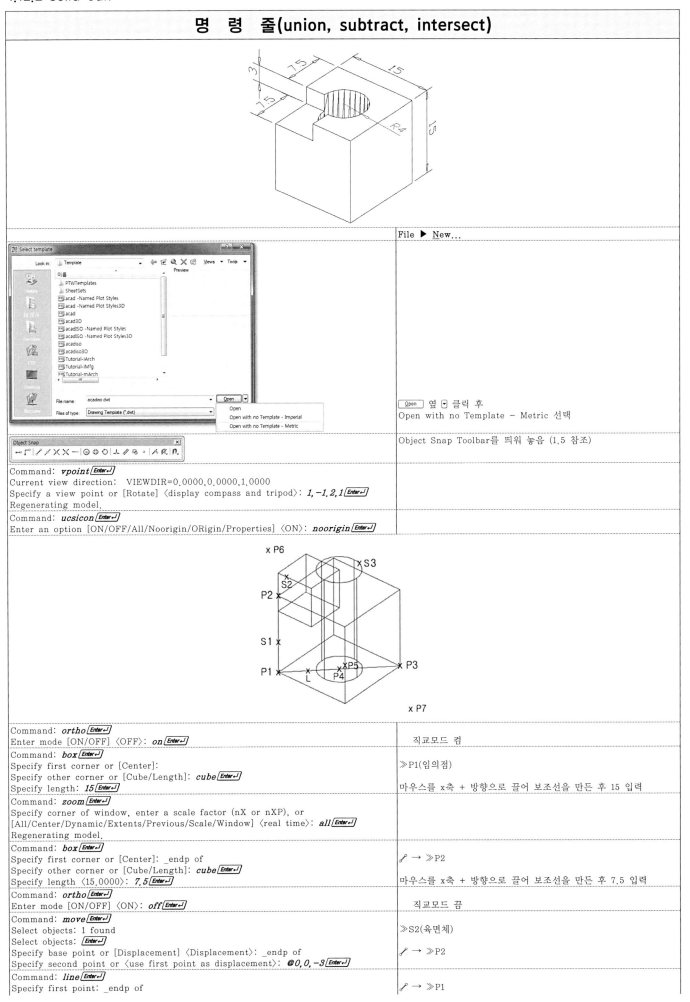

	File ▶ New...
(Select template dialog)	
	`Open` 옆 🔽 클릭 후 Open with no Template – Metric 선택
(Object Snap toolbar)	Object Snap Toolbar를 띄워 놓음 (1.5 참조)
Command: **vpoint** `Enter↵` Current view direction: VIEWDIR=0.0000,0.0000,1.0000 Specify a view point or [Rotate] ⟨display compass and tripod⟩: **1,-1.2,1** `Enter↵` Regenerating model.	
Command: **ucsicon** `Enter↵` Enter an option [ON/OFF/All/Noorigin/ORigin/Properties] ⟨ON⟩: **noorigin** `Enter↵`	

(Isometric drawing with labeled points: x P6, x S3, x S2, P2 x, S1 x, P1 x, L, x P5, P4, x P3, x P7)

Command: **ortho** `Enter↵` Enter mode [ON/OFF] ⟨OFF⟩: **on** `Enter↵`	직교모드 켬
Command: **box** `Enter↵` Specify first corner or [Center]: Specify other corner or [Cube/Length]: **cube** `Enter↵` Specify length: **15** `Enter↵`	≫P1(임의점) 마우스를 x축 + 방향으로 끌어 보조선을 만든 후 15 입력
Command: **zoom** `Enter↵` Specify corner of window, enter a scale factor (nX or nXP), or [All/Center/Dynamic/Extents/Previous/Scale/Window] ⟨real time⟩: **all** `Enter↵` Regenerating model.	
Command: **box** `Enter↵` Specify first corner or [Center]: _endp of Specify other corner or [Cube/Length]: **cube** `Enter↵` Specify length ⟨15.0000⟩: **7.5** `Enter↵`	∮ → ≫P2 마우스를 x축 + 방향으로 끌어 보조선을 만든 후 7.5 입력
Command: **ortho** `Enter↵` Enter mode [ON/OFF] ⟨ON⟩: **off** `Enter↵`	직교모드 끔
Command: **move** `Enter↵` Select objects: 1 found Select objects: `Enter↵` Specify base point or [Displacement] ⟨Displacement⟩: _endp of Specify second point or ⟨use first point as displacement⟩: **@0,0,-3** `Enter↵`	≫S2(육면체) ∮ → ≫P2
Command: **line** `Enter↵` Specify first point: _endp of	∮ → ≫P1

Specify next point or [Undo]: _endp of Specify next point or [Undo]: [Enter↵]	⟋ → ≫P3
Command: *cylinder* [Enter↵] Specify center point of base or [3P/2P/Ttr/Elliptical]: _mid of Specify base radius or [Diameter] : *4* [Enter↵] Specify height or [2Point/Axis endpoint] ⟨7.5000⟩: *19.5* [Enter↵]	⟋ → ≫P4
Command: *zoom* [Enter↵] Specify corner of window, enter a scale factor (nX or nXP), or [All/Center/Dynamic/Extents/Previous/Scale/Window] ⟨real time⟩: *all* [Enter↵] Regenerating model.	
Command: *erase* [Enter↵] Select objects: 1 found Select objects: [Enter↵]	≫L
Command: *union* [Enter↵] Select objects: 1 found Select objects: 1 found, 2 total Select objects: [Enter↵]	≫S2 ≫S1 union된 후 다시 원상태로 되돌릴 수 없음
Command: *hide* [Enter↵] Regenerating model	
Command: *undo* [Enter↵] Current settings: Auto = On, Control = All, Combine = Yes Enter the number of operations to undo or [Auto/Control/BEgin/End /Mark/Back] ⟨1⟩: *2* [Enter↵] HIDE UNION	취소는 u(union 취소는 UNDO만 가능) 2단계 이전까지 취소
Command: *subtract* [Enter↵] Select solids and regions to subtract from .. Select objects: 1 found Select objects: [Enter↵] Select solids and regions to subtract .. Select objects: 1 found Select objects: [Enter↵]	 ≫S1 ≫S2 subtract는 선택 순서에 따라 결과가 틀려짐
Command: *hide* [Enter↵] Regenerating model.	
Command: *subtract* [Enter↵] Select solids and regions to subtract from .. Select objects: 1 found Select objects: [Enter↵] Select solids and regions to subtract .. Select objects: 1 found Select objects: [Enter↵]	 ≫S1 ≫S3
Command: *hide* [Enter↵] Regenerating model.	
Command: *sphere* [Enter↵] Specify center point or [3P/2P/Ttr]: _mid of Specify radius or [Diameter] ⟨4.0000⟩: *7.5* [Enter↵]	⟋ → ≫P5
Command: *intersect* [Enter↵] Select objects: Specify opposite corner: 2 found Select objects: [Enter↵]	≫P7 ≫P6 전체 선택 intersect는 공통된 부분만 남김
Command: *hide* [Enter↵] Regenerating model.	
Command: *undo* [Enter↵] Current settings: Auto = On, Control = All, Combine = Yes Enter the number of operations to undo or [Auto/Control/BEgin/End/Mark/Back] ⟨1⟩: *3* [Enter↵] HIDE INTERSECT SPHERE	취소는 u(union 취소는 UNDO만 가능) 세 단계 이전까지 취소
	File ▶ Save As... [filename: 4122_solidedit]

UNION   SUBTRACT   INTERSECT

4.12.3 tetrapod

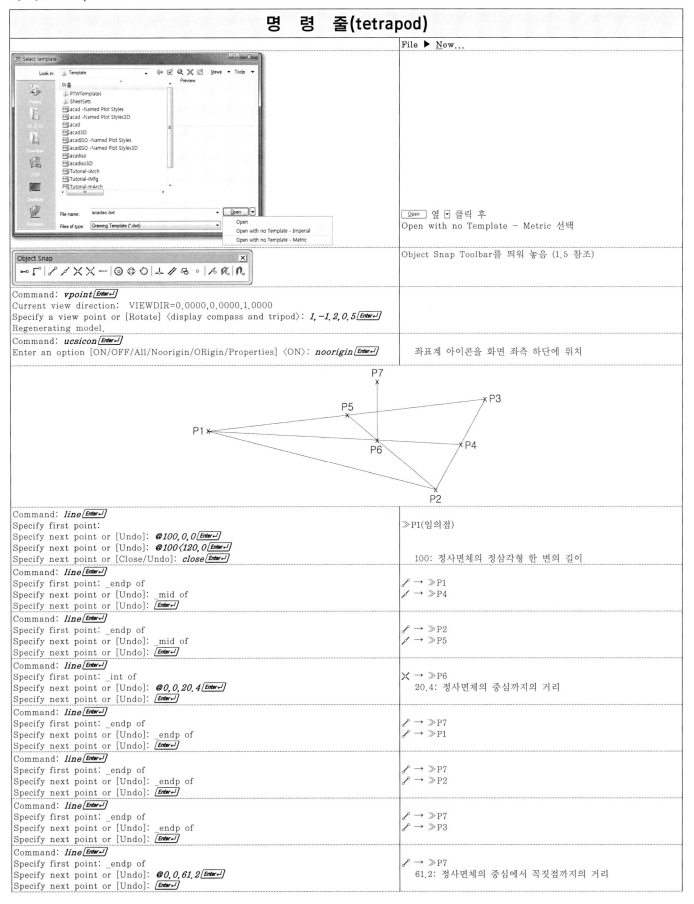

명 령 줄(tetrapod)	
	File ▶ New...
(Select template 대화상자)	Open 옆 ꙰ 클릭 후 Open with no Template - Metric 선택
(Object Snap Toolbar)	Object Snap Toolbar를 띄워 놓음 (1.5 참조)
Command: **vpoint** [Enter↵] Current view direction: VIEWDIR=0.0000,0.0000,1.0000 Specify a view point or [Rotate] ⟨display compass and tripod⟩: *1,−1.2,0.5* [Enter↵] Regenerating model.	
Command: **ucsicon** [Enter↵] Enter an option [ON/OFF/All/Noorigin/ORigin/Properties] ⟨ON⟩: *noorigin* [Enter↵]	좌표계 아이콘을 화면 좌측 하단에 위치
(P1~P7 도면)	
Command: **line** [Enter↵] Specify first point: Specify next point or [Undo]: *@100,0,0* [Enter↵] Specify next point or [Undo]: *@100⟨120,0* [Enter↵] Specify next point or [Close/Undo]: *close* [Enter↵]	≫P1(임의점) 100: 정사면체의 정삼각형 한 변의 길이
Command: **line** [Enter↵] Specify first point: _endp of Specify next point or [Undo]: _mid of Specify next point or [Undo]: [Enter↵]	⌐ → ≫P1 ⌐ → ≫P4
Command: **line** [Enter↵] Specify first point: _endp of Specify next point or [Undo]: _mid of Specify next point or [Undo]: [Enter↵]	⌐ → ≫P2 ⌐ → ≫P5
Command: **line** [Enter↵] Specify first point: _int of Specify next point or [Undo]: *@0,0,20.4* [Enter↵] Specify next point or [Undo]: [Enter↵]	✕ → ≫P6 20.4: 정사면체의 중심까지의 거리
Command: **line** [Enter↵] Specify first point: _endp of Specify next point or [Undo]: _endp of Specify next point or [Undo]: [Enter↵]	⌐ → ≫P7 ⌐ → ≫P1
Command: **line** [Enter↵] Specify first point: _endp of Specify next point or [Undo]: _endp of Specify next point or [Undo]: [Enter↵]	⌐ → ≫P7 ⌐ → ≫P2
Command: **line** [Enter↵] Specify first point: _endp of Specify next point or [Undo]: _endp of Specify next point or [Undo]: [Enter↵]	⌐ → ≫P7 ⌐ → ≫P3
Command: **line** [Enter↵] Specify first point: _endp of Specify next point or [Undo]: *@0,0,61.2* [Enter↵] Specify next point or [Undo]: [Enter↵]	⌐ → ≫P7 61.2: 정사면체의 중심에서 꼭짓점까지의 거리

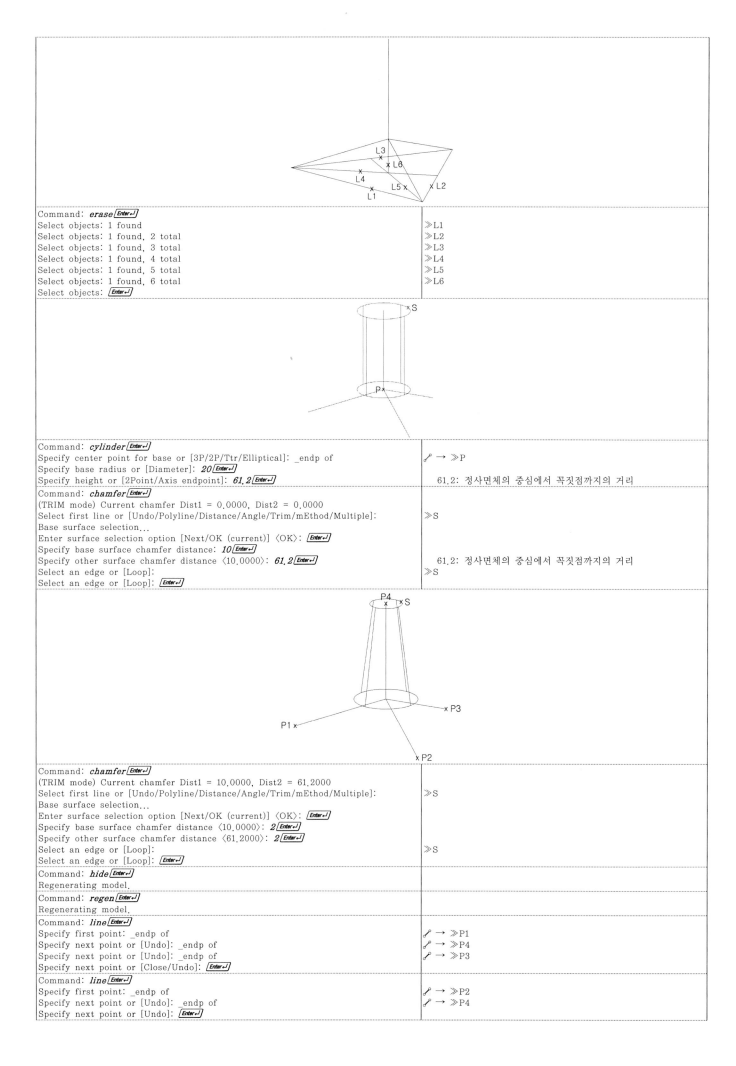

Command: *erase* [Enter↵]
Select objects: 1 found   ≫L1
Select objects: 1 found, 2 total   ≫L2
Select objects: 1 found, 3 total   ≫L3
Select objects: 1 found, 4 total   ≫L4
Select objects: 1 found, 5 total   ≫L5
Select objects: 1 found, 6 total   ≫L6
Select objects: [Enter↵]

Command: *cylinder* [Enter↵]
Specify center point for base or [3P/2P/Ttr/Elliptical]: _endp of   ✐ → ≫P
Specify base radius or [Diameter]: *20* [Enter↵]
Specify height or [2Point/Axis endpoint]: *61.2* [Enter↵]   61.2: 정사면체의 중심에서 꼭짓점까지의 거리

Command: *chamfer* [Enter↵]
(TRIM mode) Current chamfer Dist1 = 0.0000, Dist2 = 0.0000
Select first line or [Undo/Polyline/Distance/Angle/Trim/mEthod/Multiple]:   ≫S
Base surface selection...
Enter surface selection option [Next/OK (current)] ⟨OK⟩: [Enter↵]
Specify base surface chamfer distance: *10* [Enter↵]
Specify other surface chamfer distance ⟨10.0000⟩: *61.2* [Enter↵]   61.2: 정사면체의 중심에서 꼭짓점까지의 거리
Select an edge or [Loop]:   ≫S
Select an edge or [Loop]: [Enter↵]

Command: *chamfer* [Enter↵]
(TRIM mode) Current chamfer Dist1 = 10.0000, Dist2 = 61.2000
Select first line or [Undo/Polyline/Distance/Angle/Trim/mEthod/Multiple]:   ≫S
Base surface selection...
Enter surface selection option [Next/OK (current)] ⟨OK⟩: [Enter↵]
Specify base surface chamfer distance ⟨10.0000⟩: *2* [Enter↵]
Specify other surface chamfer distance ⟨61.2000⟩: *2* [Enter↵]
Select an edge or [Loop]:   ≫S
Select an edge or [Loop]: [Enter↵]

Command: *hide* [Enter↵]
Regenerating model.

Command: *regen* [Enter↵]
Regenerating model.

Command: *line* [Enter↵]
Specify first point: _endp of   ✐ → ≫P1
Specify next point or [Undo]: _endp of   ✐ → ≫P4
Specify next point or [Undo]: _endp of   ✐ → ≫P3
Specify next point or [Close/Undo]: [Enter↵]

Command: *line* [Enter↵]
Specify first point: _endp of   ✐ → ≫P2
Specify next point or [Undo]: _endp of   ✐ → ≫P4
Specify next point or [Undo]: [Enter↵]

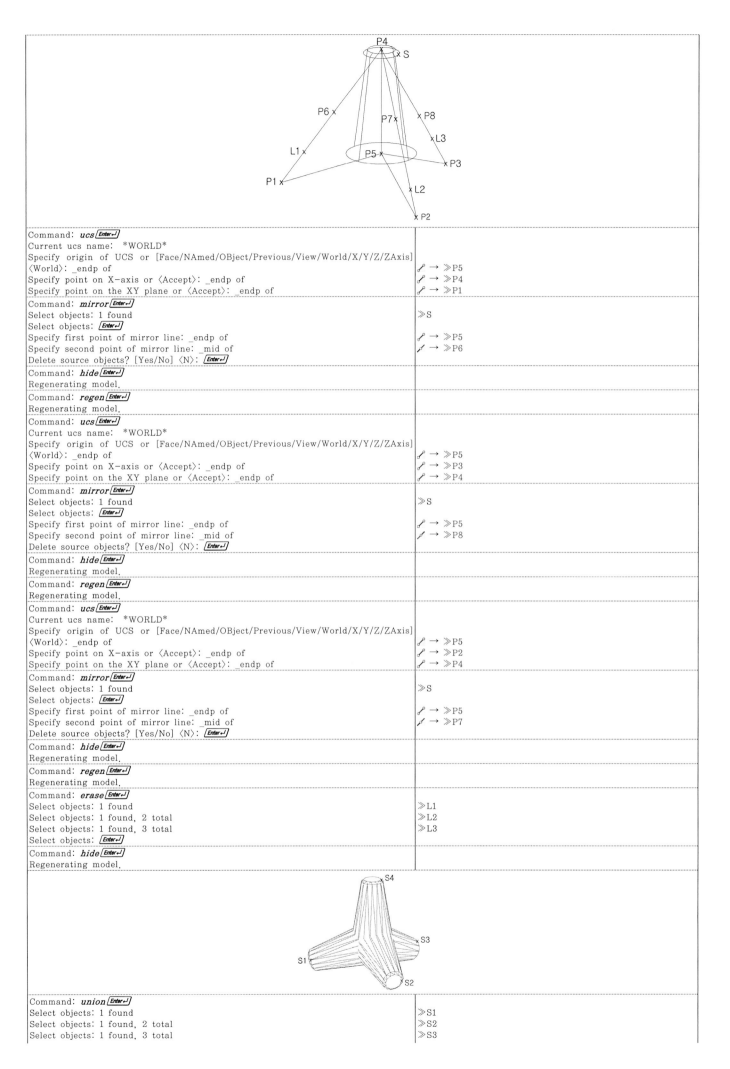

Command: *ucs* Enter⏎
Current ucs name: *WORLD*
Specify origin of UCS or [Face/NAmed/OBject/Previous/View/World/X/Y/Z/ZAxis]
⟨World⟩: _endp of ⟶ ≫P5
Specify point on X-axis or ⟨Accept⟩: _endp of ⟶ ≫P4
Specify point on the XY plane or ⟨Accept⟩: _endp of ⟶ ≫P1

Command: *mirror* Enter⏎
Select objects: 1 found ≫S
Select objects: Enter⏎
Specify first point of mirror line: _endp of ⟶ ≫P5
Specify second point of mirror line: _mid of ⟶ ≫P6
Delete source objects? [Yes/No] ⟨N⟩: Enter⏎

Command: *hide* Enter⏎
Regenerating model.

Command: *regen* Enter⏎
Regenerating model.

Command: *ucs* Enter⏎
Current ucs name: *WORLD*
Specify origin of UCS or [Face/NAmed/OBject/Previous/View/World/X/Y/Z/ZAxis]
⟨World⟩: _endp of ⟶ ≫P5
Specify point on X-axis or ⟨Accept⟩: _endp of ⟶ ≫P3
Specify point on the XY plane or ⟨Accept⟩: _endp of ⟶ ≫P4

Command: *mirror* Enter⏎
Select objects: 1 found ≫S
Select objects: Enter⏎
Specify first point of mirror line: _endp of ⟶ ≫P5
Specify second point of mirror line: _mid of ⟶ ≫P8
Delete source objects? [Yes/No] ⟨N⟩: Enter⏎

Command: *hide* Enter⏎
Regenerating model.

Command: *regen* Enter⏎
Regenerating model.

Command: *ucs* Enter⏎
Current ucs name: *WORLD*
Specify origin of UCS or [Face/NAmed/OBject/Previous/View/World/X/Y/Z/ZAxis]
⟨World⟩: _endp of ⟶ ≫P5
Specify point on X-axis or ⟨Accept⟩: _endp of ⟶ ≫P2
Specify point on the XY plane or ⟨Accept⟩: _endp of ⟶ ≫P4

Command: *mirror* Enter⏎
Select objects: 1 found ≫S
Select objects: Enter⏎
Specify first point of mirror line: _endp of ⟶ ≫P5
Specify second point of mirror line: _mid of ⟶ ≫P7
Delete source objects? [Yes/No] ⟨N⟩: Enter⏎

Command: *hide* Enter⏎
Regenerating model.

Command: *regen* Enter⏎
Regenerating model.

Command: *erase* Enter⏎
Select objects: 1 found ≫L1
Select objects: 1 found, 2 total ≫L2
Select objects: 1 found, 3 total ≫L3
Select objects: Enter⏎

Command: *hide* Enter⏎
Regenerating model.

Command: *union* Enter⏎
Select objects: 1 found ≫S1
Select objects: 1 found, 2 total ≫S2
Select objects: 1 found, 3 total ≫S3

Select objects: 1 found, 4 total Select objects: [Enter⏎]	≫S4
Command: *hide* [Enter⏎] Regenerating model.	
Command: *ucs* [Enter⏎] Current ucs name: *NO NAME* Specify origin of UCS or [Face/NAmed/OBject/Previous/View/World/X/Y/Z/ZAxis] 〈World〉: *world* [Enter⏎]	좌표계를 표준좌표계(WCS)로
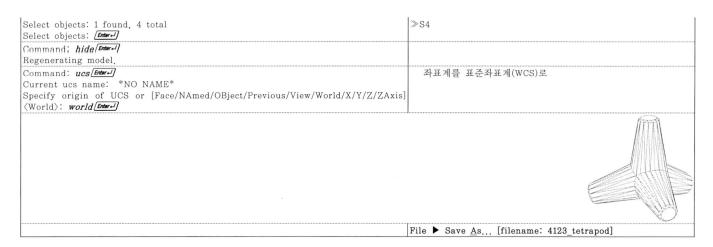	File ▶ Save <u>A</u>s… [filename: 4123_tetrapod]

4.12.4 dimension

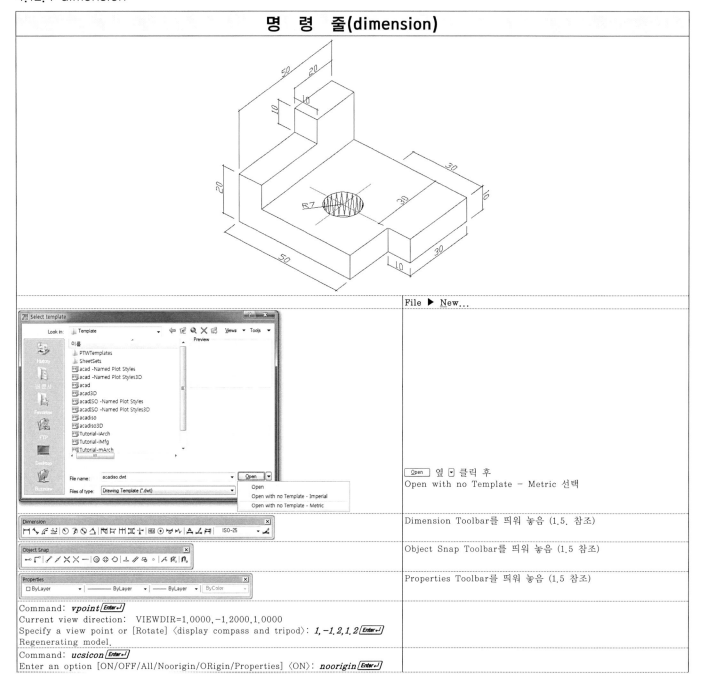

명 령 줄(dimension)	
	File ▶ New…
	[Open] 옆 🔽 클릭 후 Open with no Template - Metric 선택
Dimension	Dimension Toolbar를 띄워 놓음 (1.5. 참조)
Object Snap	Object Snap Toolbar를 띄워 놓음 (1.5 참조)
Properties	Properties Toolbar를 띄워 놓음 (1.5 참조)
Command: *vpoint* [Enter⏎] Current view direction: VIEWDIR=1.0000,-1.2000,1.0000 Specify a view point or [Rotate] 〈display compass and tripod〉: *1,-1.2,1.2* [Enter⏎] Regenerating model. Command: *ucsicon* [Enter⏎] Enter an option [ON/OFF/All/Noorigin/ORigin/Properties] 〈ON〉: *noorigin* [Enter⏎]	

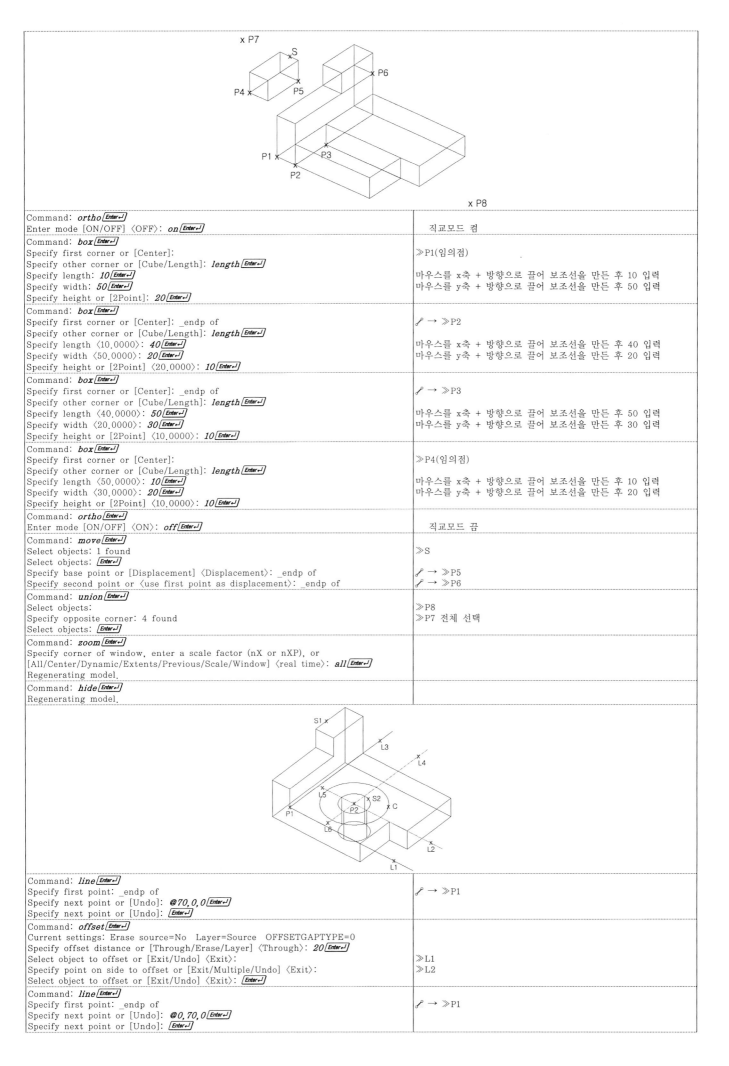

Command	
Command: *ortho* `Enter↵` Enter mode [ON/OFF] ⟨OFF⟩: *on* `Enter↵`	직교모드 켬
Command: *box* `Enter↵` Specify first corner or [Center]: Specify other corner or [Cube/Length]: *length* `Enter↵` Specify length: *10* `Enter↵` Specify width: *50* `Enter↵` Specify height or [2Point]: *20* `Enter↵`	≫P1(임의점) 마우스를 x축 + 방향으로 끌어 보조선을 만든 후 10 입력 마우스를 y축 + 방향으로 끌어 보조선을 만든 후 50 입력
Command: *box* `Enter↵` Specify first corner or [Center]: _endp of Specify other corner or [Cube/Length]: *length* `Enter↵` Specify length ⟨10.0000⟩: *40* `Enter↵` Specify width ⟨50.0000⟩: *20* `Enter↵` Specify height or [2Point] ⟨20.0000⟩: *10* `Enter↵`	✗ → ≫P2 마우스를 x축 + 방향으로 끌어 보조선을 만든 후 40 입력 마우스를 y축 + 방향으로 끌어 보조선을 만든 후 20 입력
Command: *box* `Enter↵` Specify first corner or [Center]: _endp of Specify other corner or [Cube/Length]: *length* `Enter↵` Specify length ⟨40.0000⟩: *50* `Enter↵` Specify width ⟨20.0000⟩: *30* `Enter↵` Specify height or [2Point] ⟨10.0000⟩: *10* `Enter↵`	✗ → ≫P3 마우스를 x축 + 방향으로 끌어 보조선을 만든 후 50 입력 마우스를 y축 + 방향으로 끌어 보조선을 만든 후 30 입력
Command: *box* `Enter↵` Specify first corner or [Center]: Specify other corner or [Cube/Length]: *length* `Enter↵` Specify length ⟨50.0000⟩: *10* `Enter↵` Specify width ⟨30.0000⟩: *20* `Enter↵` Specify height or [2Point] ⟨10.0000⟩: *10* `Enter↵`	≫P4(임의점) 마우스를 x축 + 방향으로 끌어 보조선을 만든 후 10 입력 마우스를 y축 + 방향으로 끌어 보조선을 만든 후 20 입력
Command: *ortho* `Enter↵` Enter mode [ON/OFF] ⟨ON⟩: *off* `Enter↵`	직교모드 끔
Command: *move* `Enter↵` Select objects: 1 found Select objects: `Enter↵` Specify base point or [Displacement] ⟨Displacement⟩: _endp of Specify second point or ⟨use first point as displacement⟩: _endp of	≫S ✗ → ≫P5 ✗ → ≫P6
Command: *union* `Enter↵` Select objects: Specify opposite corner: 4 found Select objects: `Enter↵`	≫P8 ≫P7 전체 선택
Command: *zoom* `Enter↵` Specify corner of window, enter a scale factor (nX or nXP), or [All/Center/Dynamic/Extents/Previous/Scale/Window] ⟨real time⟩: *all* `Enter↵` Regenerating model.	
Command: *hide* `Enter↵` Regenerating model.	

Command	
Command: *line* `Enter↵` Specify first point: _endp of Specify next point or [Undo]: *@70,0,0* `Enter↵` Specify next point or [Undo]: `Enter↵`	✗ → ≫P1
Command: *offset* `Enter↵` Current settings: Erase source=No Layer=Source OFFSETGAPTYPE=0 Specify offset distance or [Through/Erase/Layer] ⟨Through⟩: *20* `Enter↵` Select object to offset or [Exit/Undo] ⟨Exit⟩: Specify point on side to offset or [Exit/Multiple/Undo] ⟨Exit⟩: Select object to offset or [Exit/Undo] ⟨Exit⟩: `Enter↵`	 ≫L1 ≫L2
Command: *line* `Enter↵` Specify first point: _endp of Specify next point or [Undo]: *@0,70,0* `Enter↵` Specify next point or [Undo]: `Enter↵`	✗ → ≫P1

Command	
Command: *offset* [Enter↵] Current settings: Erase source=No Layer=Source OFFSETGAPTYPE=0 Specify offset distance or [Through/Erase/Layer] ⟨20.0000⟩: *20* [Enter↵] Select object to offset or [Exit/Undo] ⟨Exit⟩: Specify point on side to offset or [Exit/Multiple/Undo] ⟨Exit⟩: Select object to offset or [Exit/Undo] ⟨Exit⟩: [Enter↵]	 ≫L3 ≫L4
Command: *erase* [Enter↵] Select objects: 1 found Select objects: 1 found, 2 total Select objects: [Enter↵]	 ≫L1 ≫L3
Command: Command:	≫L2 ≫L4
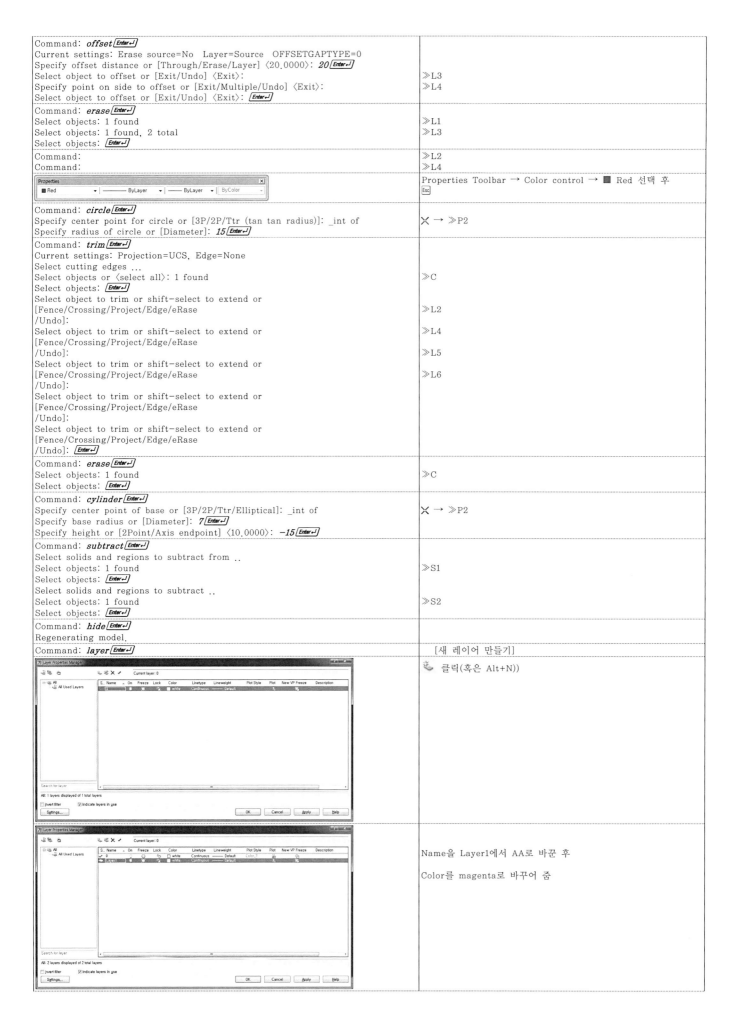	Properties Toolbar → Color control → ■ Red 선택 후 [Esc]
Command: *circle* [Enter↵] Specify center point for circle or [3P/2P/Ttr (tan tan radius)]: _int of Specify radius of circle or [Diameter]: *15* [Enter↵]	✕ → ≫P2
Command: *trim* [Enter↵] Current settings: Projection=UCS, Edge=None Select cutting edges ... Select objects or ⟨select all⟩: 1 found Select objects: [Enter↵] Select object to trim or shift-select to extend or [Fence/Crossing/Project/Edge/eRase /Undo]: Select object to trim or shift-select to extend or [Fence/Crossing/Project/Edge/eRase /Undo]: Select object to trim or shift-select to extend or [Fence/Crossing/Project/Edge/eRase /Undo]: Select object to trim or shift-select to extend or [Fence/Crossing/Project/Edge/eRase /Undo]: Select object to trim or shift-select to extend or [Fence/Crossing/Project/Edge/eRase /Undo]: [Enter↵]	 ≫C ≫L2 ≫L4 ≫L5 ≫L6
Command: *erase* [Enter↵] Select objects: 1 found Select objects: [Enter↵]	 ≫C
Command: *cylinder* [Enter↵] Specify center point of base or [3P/2P/Ttr/Elliptical]: _int of Specify base radius or [Diameter]: *7* [Enter↵] Specify height or [2Point/Axis endpoint] ⟨10.0000⟩: *-15* [Enter↵]	✕ → ≫P2
Command: *subtract* [Enter↵] Select solids and regions to subtract from .. Select objects: 1 found Select objects: [Enter↵] Select solids and regions to subtract .. Select objects: 1 found Select objects: [Enter↵]	 ≫S1 ≫S2
Command: *hide* [Enter↵] Regenerating model.	
Command: *layer* [Enter↵]	[새 레이어 만들기]
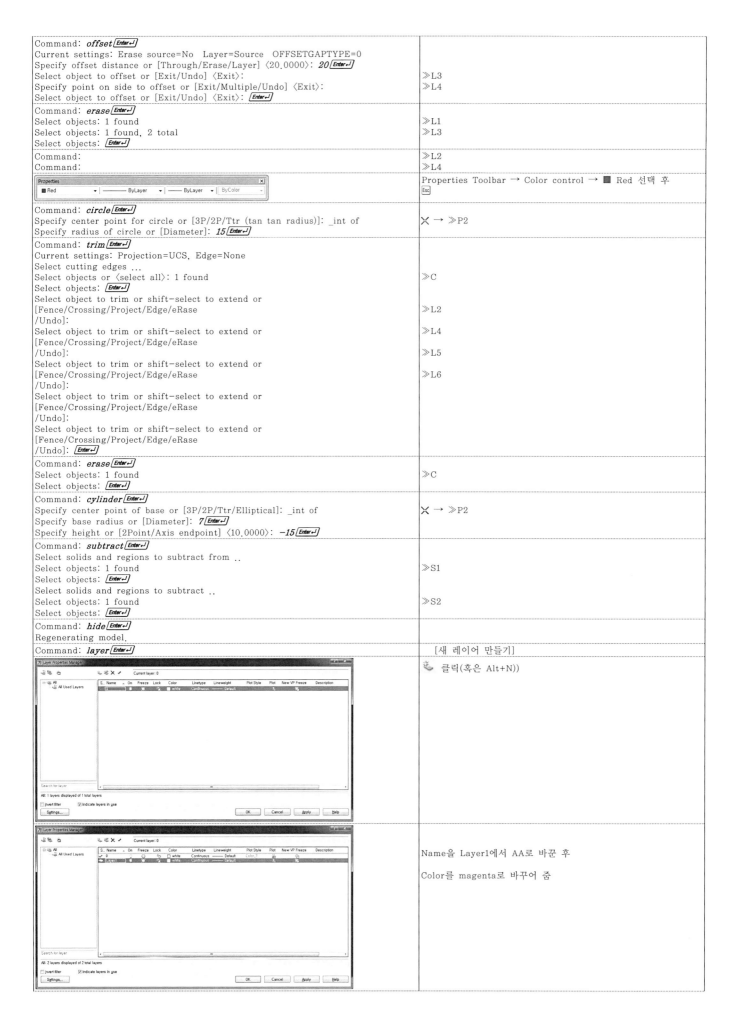	🐢 클릭(혹은 Alt+N))
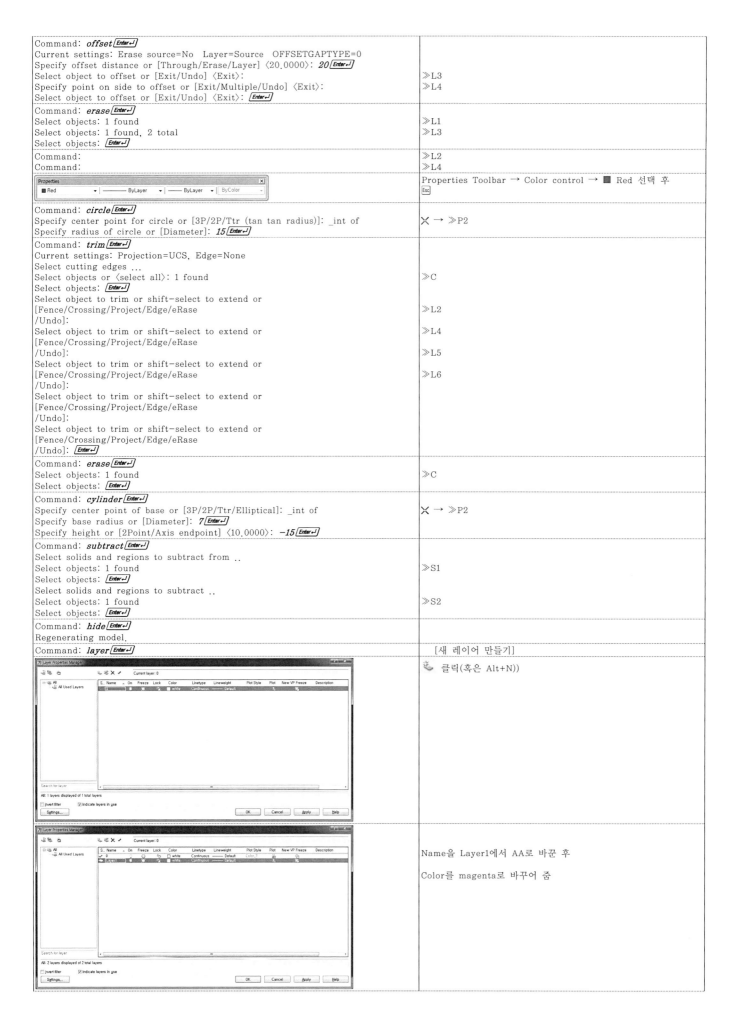	Name을 Layer1에서 AA로 바꾼 후 Color를 magenta로 바꾸어 줌

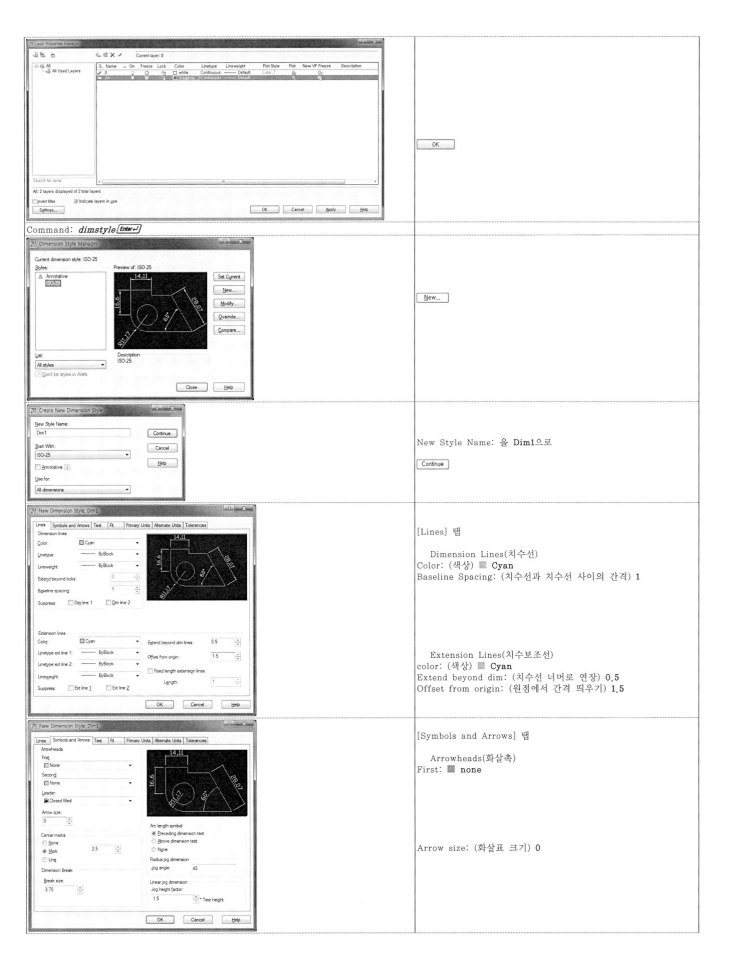

Command: *dimstyle* Enter↵

New...

New Style Name: 을 Dim1으로

Continue

[Lines] 탭

    Dimension Lines(치수선)
Color: (색상) ■ Cyan
Baseline Spacing: (치수선과 치수선 사이의 간격) 1

    Extension Lines(치수보조선)
color: (색상) ■ Cyan
Extend beyond dim: (치수선 너머로 연장) 0.5
Offset from origin: (원점에서 간격 띄우기) 1.5

[Symbols and Arrows] 탭

    Arrowheads(화살촉)
First: ■ none

Arrow size: (화살표 크기) 0

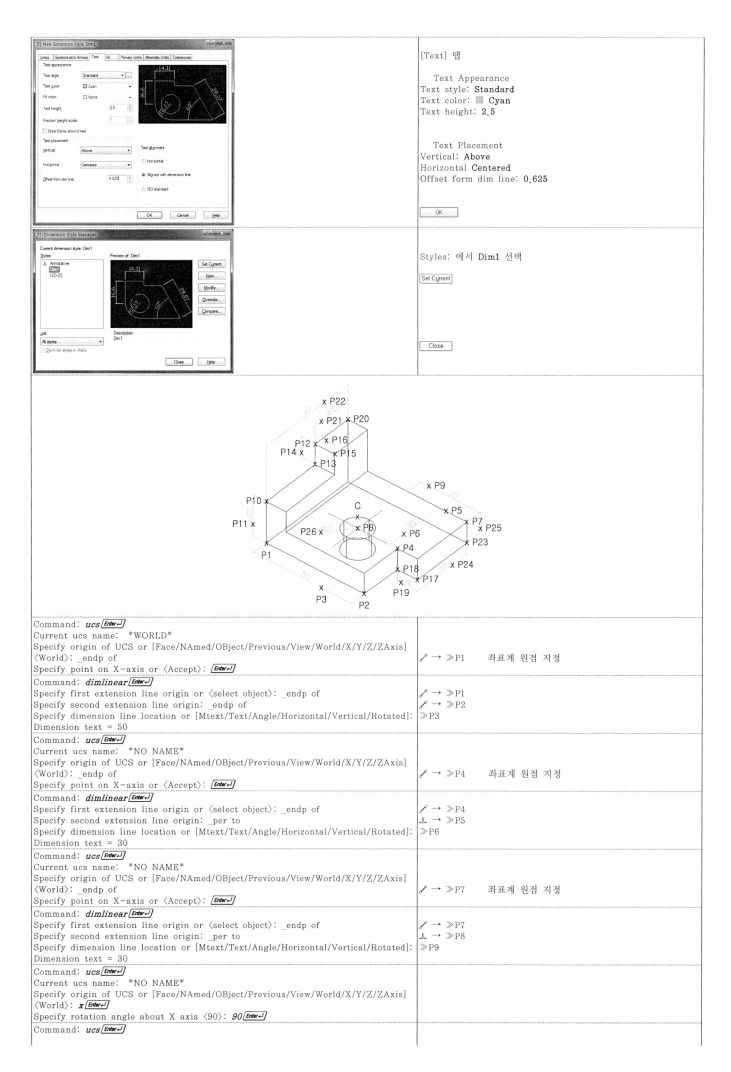

	[Text] 탭
	Text Appearance Text style: **Standard** Text color: ▨ **Cyan** Text height: **2.5**
	Text Placement Vertical: **Above** Horizontal **Centered** Offset form dim line: **0.625**
	▢ OK
	Styles: 에서 **Dim1** 선택 Set Current Close

```
Command: ucs Enter↵
Current ucs name:  *WORLD*
Specify origin of UCS or [Face/NAmed/OBject/Previous/View/World/X/Y/Z/ZAxis]
⟨World⟩: _endp of                                          ✗ → ≫P1      좌표계 원점 지정
Specify point on X-axis or ⟨Accept⟩:  Enter↵
```
```
Command: dimlinear Enter↵
Specify first extension line origin or ⟨select object⟩: _endp of    ✗ → ≫P1
Specify second extension line origin: _endp of                      ✗ → ≫P2
Specify dimension line location or [Mtext/Text/Angle/Horizontal/Vertical/Rotated]: ≫P3
Dimension text = 50
```
```
Command: ucs Enter↵
Current ucs name:  *NO NAME*
Specify origin of UCS or [Face/NAmed/OBject/Previous/View/World/X/Y/Z/ZAxis]
⟨World⟩: _endp of                                          ✗ → ≫P4      좌표계 원점 지정
Specify point on X-axis or ⟨Accept⟩:  Enter↵
```
```
Command: dimlinear Enter↵
Specify first extension line origin or ⟨select object⟩: _endp of    ✗ → ≫P4
Specify second extension line origin: _per to                       ⊥ → ≫P5
Specify dimension line location or [Mtext/Text/Angle/Horizontal/Vertical/Rotated]: ≫P6
Dimension text = 30
```
```
Command: ucs Enter↵
Current ucs name:  *NO NAME*
Specify origin of UCS or [Face/NAmed/OBject/Previous/View/World/X/Y/Z/ZAxis]
⟨World⟩: _endp of                                          ✗ → ≫P7      좌표계 원점 지정
Specify point on X-axis or ⟨Accept⟩:  Enter↵
```
```
Command: dimlinear Enter↵
Specify first extension line origin or ⟨select object⟩: _endp of    ✗ → ≫P7
Specify second extension line origin: _per to                       ⊥ → ≫P8
Specify dimension line location or [Mtext/Text/Angle/Horizontal/Vertical/Rotated]: ≫P9
Dimension text = 30
```
```
Command: ucs Enter↵
Current ucs name:  *NO NAME*
Specify origin of UCS or [Face/NAmed/OBject/Previous/View/World/X/Y/Z/ZAxis]
⟨World⟩: x Enter↵
Specify rotation angle about X axis ⟨90⟩: 90 Enter↵
```
```
Command: ucs Enter↵
```

Current ucs name: *NO NAME* Specify origin of UCS or [Face/NAmed/OBject/Previous/View/World/X/Y/Z/ZAxis] 〈World〉: _endp of Specify point on X-axis or 〈Accept〉: Enter↵	✐ → ≫P1	좌표계 원점 지정
Command: *dimlinear* Enter↵ Specify first extension line origin or 〈select object〉: _endp of Specify second extension line origin: _endp of Specify dimension line location or [Mtext/Text/Angle/Horizontal/Vertical/Rotated]: Dimension text = 20	✐ → ≫P1 ✐ → ≫P10 ≫P11	
Command: *ucs* Enter↵ Current ucs name: *NO NAME* Specify origin of UCS or [Face/NAmed/OBject/Previous/View/World/X/Y/Z/ZAxis] 〈World〉: _endp of Specify point on X-axis or 〈Accept〉: Enter↵	✐ → ≫P12	좌표계 원점 지정
Command: *dimlinear* Enter↵ Specify first extension line origin or 〈select object〉: _endp of Specify second extension line origin: _endp of Specify dimension line location or [Mtext/Text/Angle/Horizontal/Vertical/Rotated]: Dimension text = 10	✐ → ≫P12 ✐ → ≫P13 ≫P14	
Command: *dimlinear* Enter↵ Specify first extension line origin or 〈select object〉: _endp of Specify second extension line origin: _endp of Specify dimension line location or [Mtext/Text/Angle/Horizontal/Vertical/Rotated]: Dimension text = 10	✐ → ≫P12 ✐ → ≫P15 ≫P16	
Command: *ucs* Enter↵ Current ucs name: *NO NAME* Specify origin of UCS or [Face/NAmed/OBject/Previous/View/World/X/Y/Z/ZAxis] 〈World〉: _endp of Specify point on X-axis or 〈Accept〉: Enter↵	✐ → ≫P17	좌표계 원점 지정
Command: *dimlinear* Enter↵ Specify first extension line origin or 〈select object〉: _endp of Specify second extension line origin: _endp of Specify dimension line location or [Mtext/Text/Angle/Horizontal/Vertical/Rotated]: Dimension text = 10	✐ → ≫P17 ✐ → ≫P18 ≫P19	
Command: *ucs* Enter↵ Current ucs name: *NO NAME* Specify origin of UCS or [Face/NAmed/OBject/Previous/View/World/X/Y/Z/ZAxis] 〈World〉: *world* Enter↵	좌표계를 표준좌표계(WCS)로	
Command: *ucs* Enter↵ Current ucs name: *WORLD* Specify origin of UCS or [Face/NAmed/OBject/Previous/View/World/X/Y/Z/ZAxis] 〈World〉: *y* Enter↵ Specify rotation angle about Y axis 〈90〉: *90* Enter↵		
Command: *ucs* Enter↵ Current ucs name: *NO NAME* Specify origin of UCS or [Face/NAmed/OBject/Previous/View/World/X/Y/Z/ZAxis] 〈World〉: _endp of Specify point on X-axis or 〈Accept〉: Enter↵	✐ → ≫P20	좌표계 원점 지정
Command: *dimlinear* Enter↵ Specify first extension line origin or 〈select object〉: _endp of Specify second extension line origin: _endp of Specify dimension line location or [Mtext/Text/Angle/Horizontal/Vertical/Rotated]: Dimension text = 20	✐ → ≫P20 ✐ → ≫P12 ≫P21	
Command: *dimlinear* Enter↵ Specify first extension line origin or 〈select object〉: _endp of Specify second extension line origin: _endp of Specify dimension line location or [Mtext/Text/Angle/Horizontal/Vertical/Rotated]: Dimension text = 50	✐ → ≫P20 ✐ → ≫P10 ≫P22	
Command: *ucs* Enter↵ Current ucs name: *NO NAME* Specify origin of UCS or [Face/NAmed/OBject/Previous/View/World/X/Y/Z/ZAxis] 〈World〉: _endp of Specify point on X-axis or 〈Accept〉: Enter↵	✐ → ≫P23	좌표계 원점 지정
Command: *dimlinear* Enter↵ Specify first extension line origin or 〈select object〉: _endp of Specify second extension line origin: _endp of Specify dimension line location or [Mtext/Text/Angle/Horizontal/Vertical/Rotated]: Dimension text = 30	✐ → ≫P23 ✐ → ≫P17 ≫P24	
Command: *dimlinear* Enter↵ Specify first extension line origin or 〈select object〉: _endp of Specify second extension line origin: _endp of Specify dimension line location or [Mtext/Text/Angle/Horizontal/Vertical/Rotated]: Dimension text = 10	✐ → ≫P23 ✐ → ≫P7 ≫P25	
Command: *ucs* Enter↵ Current ucs name: *WORLD* Specify origin of UCS or [Face/NAmed/OBject/Previous/View/World/X/Y/Z/ZAxis] 〈World〉: *world* Enter↵	좌표계를 표준좌표계(WCS)로	
Command: *ucs* Enter↵ Current ucs name: *WORLD* Specify origin of UCS or [Face/NAmed/OBject/Previous/View/World/X/Y/Z/ZAxis] 〈World〉: _endp of Specify point on X-axis or 〈Accept〉: Enter↵	✐ → ≫P7	좌표계 원점 지정
Command: *dimradius* Enter↵ Select arc or circle: Dimension text = 7 Specify dimension line location or [Mtext/Text/Angle]:	≫C ≫P26	

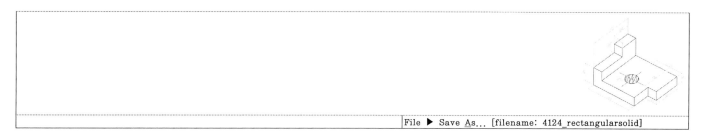

4.12.5 extrude

명 령 줄(extrude)	
	File ▶ New...
	Open 옆 ⊡ 클릭 후 Open with no Template - Metric 선택
Command: *vpoint* Enter↵ Current view direction: VIEWDIR=0.0000,0.0000,1.0000 Specify a view point or [Rotate] ⟨display compass and tripod⟩: *1,-1.2,1* Enter↵ Regenerating model.	
Command: *ucsicon* Enter↵ Enter an option [ON/OFF/All/Noorigin/ORigin/Properties] ⟨ON⟩: *noorigin* Enter↵	
Command: *polygon* Enter↵ Enter number of sides ⟨4⟩: *5* Enter↵ Specify center of polygon or [Edge]: Enter an option [Inscribed in circle/Circumscribed about circle] ⟨I⟩: *inscribed* Enter↵ Specify radius of circle: *3* Enter↵	≫P1(임의점)
Command: *zoom* Enter↵ Specify corner of window, enter a scale factor (nX or nXP), or [All/Center/Dynamic/Extents/Previous/Scale/Window] ⟨real time⟩: *all* Enter↵ Regenerating model.	
Command: *copy* Enter↵ Select objects: 1 found Select objects: Enter↵ Current settings: Copy mode = Multiple Specify base point or [Displacement/mOde] ⟨Displacement⟩: Specify second point or ⟨use first point as displacement⟩: Specify second point or [Exit/Undo] ⟨Exit⟩: Specify second point or [Exit/Undo] ⟨Exit⟩: Enter↵	≫L1 ≫P2 ≫P3(임의점) ≫P4(임의점)
Command: *line* Enter↵ Specify first point: Specify next point or [Undo]: Specify next point or [Undo]: Specify next point or [Close/Undo]: Specify next point or [Close/Undo]: Specify next point or [Close/Undo]: Specify next point or [Close/Undo]: Specify next point or [Close/Undo]: Specify next point or [Close/Undo]: *close* Enter↵	≫P5(임의점) ≫P6(임의점) ≫P7(임의점) ≫P8(임의점) ≫P9(임의점) ≫P10(임의점) ≫P11(임의점) ≫P12(임의점)
Command: *pedit* Enter↵ Select polyline or [Multiple]: Object selected is not a polyline Do you want to turn it into one? ⟨Y⟩: *y* Enter↵ Enter an option [Close/Join/Width/Edit vertex/Fit/Spline/Decurve/Ltype gen /Undo]: *join* Enter↵ Select objects: Specify opposite corner: 8 found Select objects: Enter↵ 7 segments added to polyline	≫L2 ≫P13 ≫P14

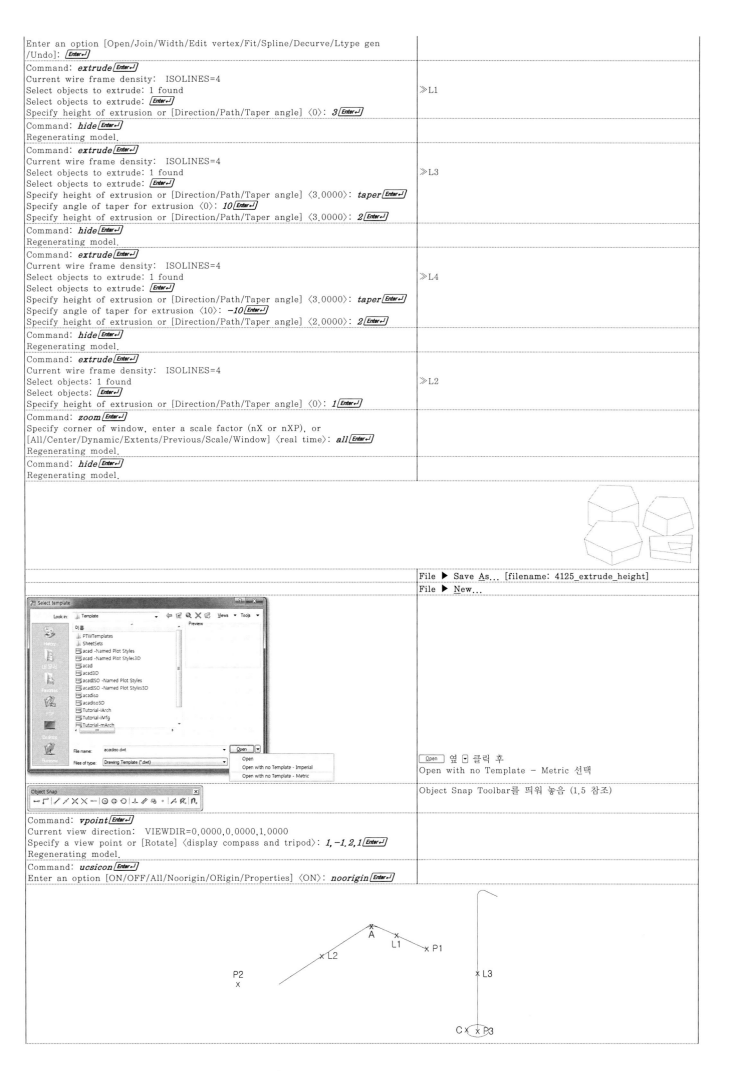

Enter an option [Open/Join/Width/Edit vertex/Fit/Spline/Decurve/Ltype gen
/Undo]: [Enter↵]

Command: **extrude** [Enter↵] Current wire frame density: ISOLINES=4 Select objects to extrude: 1 found Select objects to extrude: [Enter↵] Specify height of extrusion or [Direction/Path/Taper angle] ⟨0⟩: **3** [Enter↵]	≫L1
Command: **hide** [Enter↵] Regenerating model.	
Command: **extrude** [Enter↵] Current wire frame density: ISOLINES=4 Select objects to extrude: 1 found Select objects to extrude: [Enter↵] Specify height of extrusion or [Direction/Path/Taper angle] ⟨3.0000⟩: **taper** [Enter↵] Specify angle of taper for extrusion ⟨0⟩: **10** [Enter↵] Specify height of extrusion or [Direction/Path/Taper angle] ⟨3.0000⟩: **2** [Enter↵]	≫L3
Command: **hide** [Enter↵] Regenerating model.	
Command: **extrude** [Enter↵] Current wire frame density: ISOLINES=4 Select objects to extrude: 1 found Select objects to extrude: [Enter↵] Specify height of extrusion or [Direction/Path/Taper angle] ⟨3.0000⟩: **taper** [Enter↵] Specify angle of taper for extrusion ⟨10⟩: **−10** [Enter↵] Specify height of extrusion or [Direction/Path/Taper angle] ⟨2.0000⟩: **2** [Enter↵]	≫L4
Command: **hide** [Enter↵] Regenerating model.	
Command: **extrude** [Enter↵] Current wire frame density: ISOLINES=4 Select objects: 1 found Select objects: [Enter↵] Specify height of extrusion or [Direction/Path/Taper angle] ⟨0⟩: **1** [Enter↵]	≫L2
Command: **zoom** [Enter↵] Specify corner of window, enter a scale factor (nX or nXP), or [All/Center/Dynamic/Extents/Previous/Scale/Window] ⟨real time⟩: **all** [Enter↵] Regenerating model.	
Command: **hide** [Enter↵] Regenerating model.	

	File ▶ Save As... [filename: 4125_extrude_height]
	File ▶ New...
	[Open] 옆 ⊡ 클릭 후 Open with no Template − Metric 선택
	Object Snap Toolbar를 띄워 놓음 (1.5 참조)
Command: **vpoint** [Enter↵] Current view direction: VIEWDIR=0.0000,0.0000,1.0000 Specify a view point or [Rotate] ⟨display compass and tripod⟩: **1,−1.2,1** [Enter↵] Regenerating model.	
Command: **ucsicon** [Enter↵] Enter an option [ON/OFF/All/Noorigin/ORigin/Properties] ⟨ON⟩: **noorigin** [Enter↵]	

Command: *line* [Enter↵] Specify first point: Specify next point or [Undo]: *@-150, 0, 0* [Enter↵] Specify next point or [Undo]: *@0, -300, 0* [Enter↵] Specify next point or [Close/Undo]: [Enter↵]	≫P1(임의점)
Command: *fillet* [Enter↵] Current settings: Mode = TRIM, Radius = 0.0000 Select first object or [Undo/Polyline/Radius/Trim/Multiple]: *radius* [Enter↵] Specify fillet radius ⟨0.0000⟩: *20* [Enter↵] Select first object or [Undo/Polyline/Radius/Trim/Multiple]: Select second object or shift-select to apply corner:	 ≫L1 ≫L2
Command: *pedit* [Enter↵] Select polyline or [Multiple]: Object selected is not a polyline Do you want to turn it into one? ⟨Y⟩ *yes* [Enter↵] Enter an option [Close/Join/Width/Edit vertex/Fit/Spline/Decurve/Ltype gen /Undo]: *join* [Enter↵] Select objects: 1 found Select objects: 1 found, 2 total Select objects: 1 found, 3 total Select objects: [Enter↵] 2 segments added to polyline Enter an option [Close/Join/Width/Edit vertex/Fit/Spline/Decurve/Ltype gen /Undo]: [Enter↵]	≫L1 ≫L1 ≫A ≫L2
Command: *rotate3d* [Enter↵] Current positive angle: ANGDIR=counterclockwise ANGBASE=0 Select objects: 1 found Select objects: [Enter↵] Specify first point on axis or define axis by [Object/Last/View/Xaxis/Yaxis/Zaxis /2points]: *xaxis* [Enter↵] Specify a point on the X axis ⟨0,0,0⟩: Specify rotation angle or [Reference]: *90* [Enter↵]	 ≫L1 ≫P2
Command: *zoom* [Enter↵] Specify corner of window, enter a scale factor (nX or nXP), or [All/Center/Dynamic/Extents/Previous/Scale/Window] ⟨real time⟩: *all* [Enter↵] Regenerating model.	
Command: *circle* [Enter↵] Specify center point for circle or [3P/2P/Ttr (tan tan radius)]: _endp of Specify radius of circle or [Diameter]: *20* [Enter↵]	⌐ → ≫P3
Command: *extrude* [Enter↵] Current wire frame density: ISOLINES=4 Select objects to extrude: 1 found Select objects to extrude: [Enter↵] Specify height of extrusion or [Direction/Path/Taper angle] ⟨1.0000⟩: *path* [Enter↵] Select extrusion path or [Taper angle]:	 ≫C ≫L3

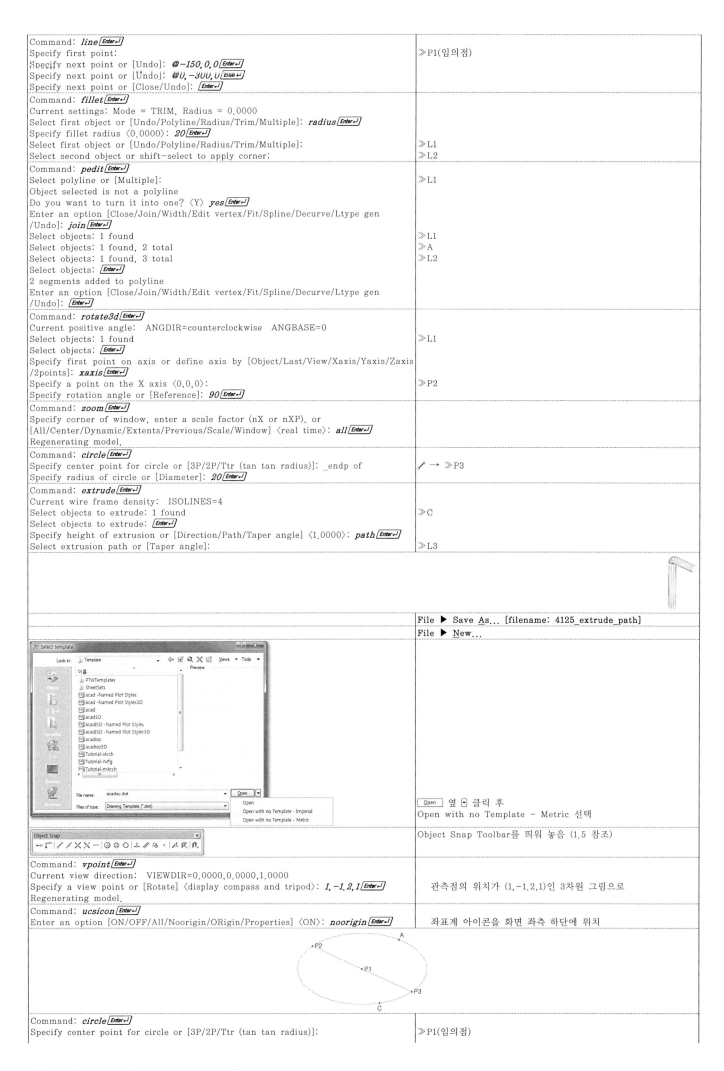

Specify radius of circle or [Diameter]: *10* Enter↵	
Command: *zoom* Enter↵	
Specify corner of window, enter a scale factor (nX or nXP), or	
[All/Center/Dynamic/Extents/Previous/Scale/Window] ⟨real time⟩: *all* Enter↵	
Command: *line* Enter↵	
Specify first point: _qua of	◈ → ≫P2
Specify next point or [Undo]: _qua of	◈ → ≫P3
Specify next point or [Undo]: Enter↵	
Command: *break* Enter↵	
Select object:	≫C
Specify second break point or [First point]: *first* Enter↵	
Specify first break point: _endp of	✗ → ≫P3
Specify second break point: _endp of	✗ → ≫P2
Command: *mirror* Enter↵	
Select objects: 1 found	≫C
Select objects: Enter↵	
Specify first point of mirror line: _endp of	✗ → ≫P2
Specify second point of mirror line: _endp of	✗ → ≫P3
Delete source objects? [Yes/No] ⟨N⟩: *n* Enter↵	
Command: *ucs* Enter↵	
Current ucs name: *WORLD*	
Specify origin of UCS or [Face/NAmed/OBject/Previous/View/World/X/Y/Z/ZAxis]	
⟨World⟩: *x* Enter↵	
Specify rotation angle about X axis ⟨90⟩: *90* Enter↵	
Command: *rotate* Enter↵	
Current positive angle in UCS: ANGDIR=counterclockwise ANGBASE=0	
Select objects: 1 found	≫C
Select objects: Enter↵	
Specify base point: _endp of	✗ → ≫P2
Oblique, non-uniformly scaled objects were ignored.	
Specify rotation angle or [Copy/Reference] ⟨0⟩: *10* Enter↵	
Command: *rotate* Enter↵	
Current positive angle in UCS: ANGDIR=counterclockwise ANGBASE=0	
Select objects: 1 found	≫A
Select objects: Enter↵	
Specify base point: _endp of	✗ → ≫P3
Oblique, non-uniformly scaled objects were ignored.	
Specify rotation angle or [Copy/Reference] ⟨10⟩: *−10* Enter↵	

Command: *move* Enter↵	
Select objects: 1 found	≫A
Select objects: Enter↵	
Specify base point or [Displacement] ⟨Displacement⟩: _endp of	✗ → ≫P2
Oblique, non-uniformly scaled objects were ignored.	
Specify second point or ⟨use first point as displacement⟩: _endp of	✗ → ≫P1
Oblique, non-uniformly scaled objects were ignored.	

Command: *circle* Enter↵	
Specify center point for circle or [3P/2P/Ttr (tan tan radius)]: _endp of	✗ → ≫P1
Specify radius of circle or [Diameter] ⟨10.0000⟩: *1* Enter↵	
Command: *circle* Enter↵	
Specify center point for circle or [3P/2P/Ttr (tan tan radius)]: _endp of	✗ → ≫P2
Specify radius of circle or [Diameter] ⟨1.0000⟩: *1* Enter↵	
Command: *surftab1* Enter↵	
Enter new value for SURFTAB1 ⟨6⟩: *20* Enter↵	
Command: *surftab2* Enter↵	
Enter new value for SURFTAB2 ⟨6⟩: *20* Enter↵	
Command: *extrude* Enter↵	
Current wire frame density: ISOLINES=4	
Select objects: 1 found	≫C2
Select objects: Enter↵	
Specify height of extrusion or [Direction/Path/Taper angle]: *path* Enter↵	
Select extrusion path or [Taper angle]:	≫A2
Command: *extrude* Enter↵	
Current wire frame density: ISOLINES=4	
Select objects: 1 found	≫C1
Select objects: Enter↵	
Specify height of extrusion or [Direction/Path/Taper angle] ⟨−0.1583⟩: *path* Enter↵	
Select extrusion path or [Taper angle]:	≫A1
Command: *hide* Enter↵	

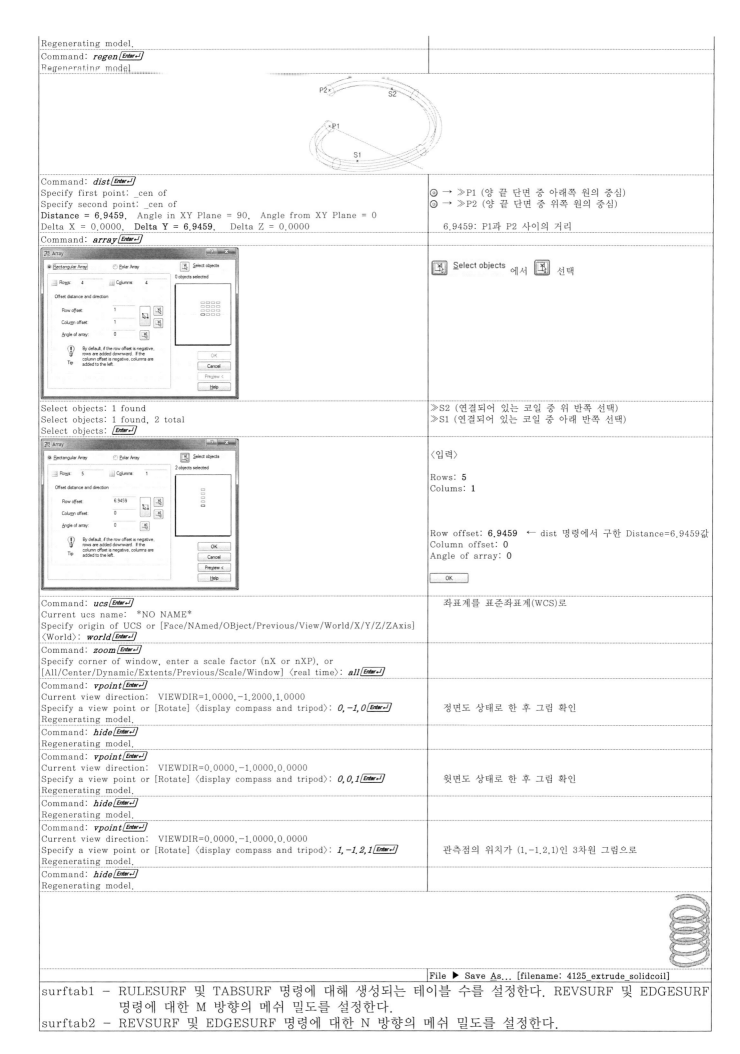

Regenerating model.	
Command: *regen* [Enter↵]	
Regenerating model.	
Command: *dist* [Enter↵]	
Specify first point: _cen of	⊙ → ≫P1 (양 끝 단면 중 아래쪽 원의 중심)
Specify second point: _cen of	⊙ → ≫P2 (양 끝 단면 중 위쪽 원의 중심)
Distance = 6.9459, Angle in XY Plane = 90, Angle from XY Plane = 0	
Delta X = 0.0000, **Delta Y = 6.9459**, Delta Z = 0.0000	6.9459: P1과 P2 사이의 거리
Command: *array* [Enter↵]	
	Select objects 에서 선택
Select objects: 1 found	≫S2 (연결되어 있는 코일 중 위 반쪽 선택)
Select objects: 1 found, 2 total	≫S1 (연결되어 있는 코일 중 아래 반쪽 선택)
Select objects: [Enter↵]	
	〈입력〉
	Rows: **5**
	Colums: **1**
	Row offset: **6.9459** ← dist 명령에서 구한 Distance=6.9459값
	Column offset: **0**
	Angle of array: **0**
	OK
Command: *ucs* [Enter↵]	좌표계를 표준좌표계(WCS)로
Current ucs name: *NO NAME*	
Specify origin of UCS or [Face/NAmed/OBject/Previous/View/World/X/Y/Z/ZAxis]	
〈World〉: *world* [Enter↵]	
Command: *zoom* [Enter↵]	
Specify corner of window, enter a scale factor (nX or nXP), or	
[All/Center/Dynamic/Extents/Previous/Scale/Window] 〈real time〉: *all* [Enter↵]	
Command: *vpoint* [Enter↵]	
Current view direction: VIEWDIR=1.0000,−1.2000,1.0000	
Specify a view point or [Rotate] 〈display compass and tripod〉: *0,−1,0* [Enter↵]	정면도 상태로 한 후 그림 확인
Regenerating model.	
Command: *hide* [Enter↵]	
Regenerating model.	
Command: *vpoint* [Enter↵]	
Current view direction: VIEWDIR=0.0000,−1.0000,0.0000	
Specify a view point or [Rotate] 〈display compass and tripod〉: *0,0,1* [Enter↵]	윗면도 상태로 한 후 그림 확인
Regenerating model.	
Command: *hide* [Enter↵]	
Regenerating model.	
Command: *vpoint* [Enter↵]	
Current view direction: VIEWDIR=0.0000,−1.0000,0.0000	
Specify a view point or [Rotate] 〈display compass and tripod〉: *1,−1.2,1* [Enter↵]	관측점의 위치가 (1,−1.2,1)인 3차원 그림으로
Regenerating model.	
Command: *hide* [Enter↵]	
Regenerating model.	
	File ▶ Save As... [filename: 4125_extrude_solidcoil]

surftab1 − RULESURF 및 TABSURF 명령에 대해 생성되는 테이블 수를 설정한다. REVSURF 및 EDGESURF 명령에 대한 M 방향의 메쉬 밀도를 설정한다.

surftab2 − REVSURF 및 EDGESURF 명령에 대한 N 방향의 메쉬 밀도를 설정한다.

4.12.6 revolve

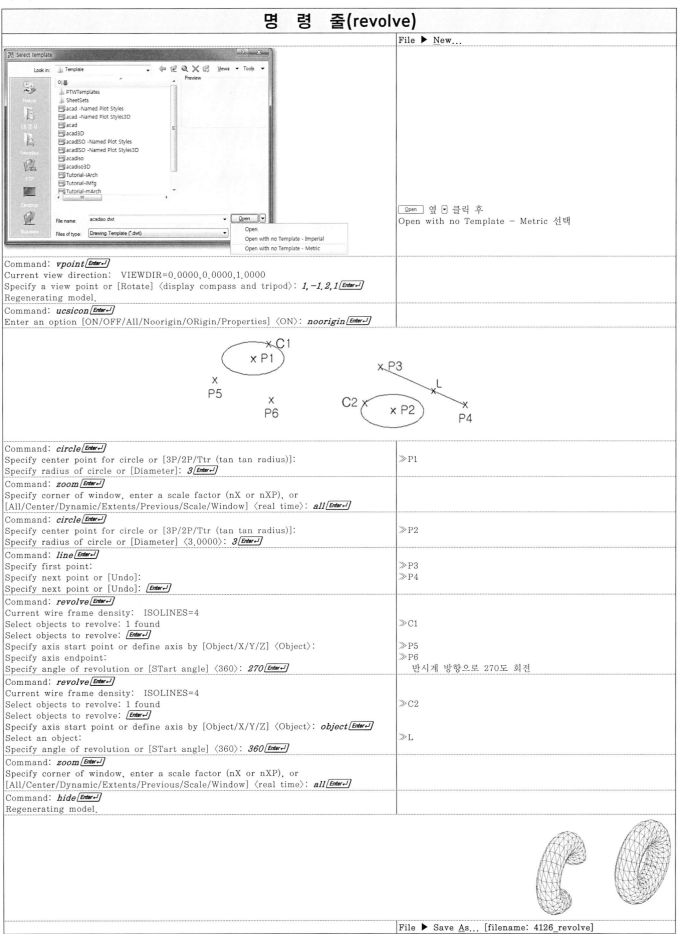

<table>
<tr><td colspan="2" align="center">명 령 줄(revolve)</td></tr>
</table>

File ▶ New...

Open 옆 ⊡ 클릭 후
Open with no Template - Metric 선택

Command: *vpoint* [Enter↵]
Current view direction: VIEWDIR=0.0000,0.0000,1.0000
Specify a view point or [Rotate] 〈display compass and tripod〉: *1,-1.2,1* [Enter↵]
Regenerating model.

Command: *ucsicon* [Enter↵]
Enter an option [ON/OFF/All/Noorigin/ORigin/Properties] 〈ON〉: *noorigin* [Enter↵]

Command: *circle* [Enter↵]
Specify center point for circle or [3P/2P/Ttr (tan tan radius)]: ≫P1
Specify radius of circle or [Diameter]: *3* [Enter↵]

Command: *zoom* [Enter↵]
Specify corner of window, enter a scale factor (nX or nXP), or
[All/Center/Dynamic/Extents/Previous/Scale/Window] 〈real time〉: *all* [Enter↵]

Command: *circle* [Enter↵]
Specify center point for circle or [3P/2P/Ttr (tan tan radius)]: ≫P2
Specify radius of circle or [Diameter] 〈3.0000〉: *3* [Enter↵]

Command: *line* [Enter↵]
Specify first point: ≫P3
Specify next point or [Undo]: ≫P4
Specify next point or [Undo]: [Enter↵]

Command: *revolve* [Enter↵]
Current wire frame density: ISOLINES=4
Select objects to revolve: 1 found ≫C1
Select objects to revolve: [Enter↵]
Specify axis start point or define axis by [Object/X/Y/Z] 〈Object〉: ≫P5
Specify axis endpoint: ≫P6
Specify angle of revolution or [STart angle] 〈360〉: *270* [Enter↵] 반시계 방향으로 270도 회전

Command: *revolve* [Enter↵]
Current wire frame density: ISOLINES=4
Select objects to revolve: 1 found ≫C2
Select objects to revolve: [Enter↵]
Specify axis start point or define axis by [Object/X/Y/Z] 〈Object〉: *object* [Enter↵]
Select an object: ≫L
Specify angle of revolution or [STart angle] 〈360〉: *360* [Enter↵]

Command: *zoom* [Enter↵]
Specify corner of window, enter a scale factor (nX or nXP), or
[All/Center/Dynamic/Extents/Previous/Scale/Window] 〈real time〉: *all* [Enter↵]

Command: *hide* [Enter↵]
Regenerating model.

File ▶ Save As... [filename: 4126_revolve]

4.12.7 slice

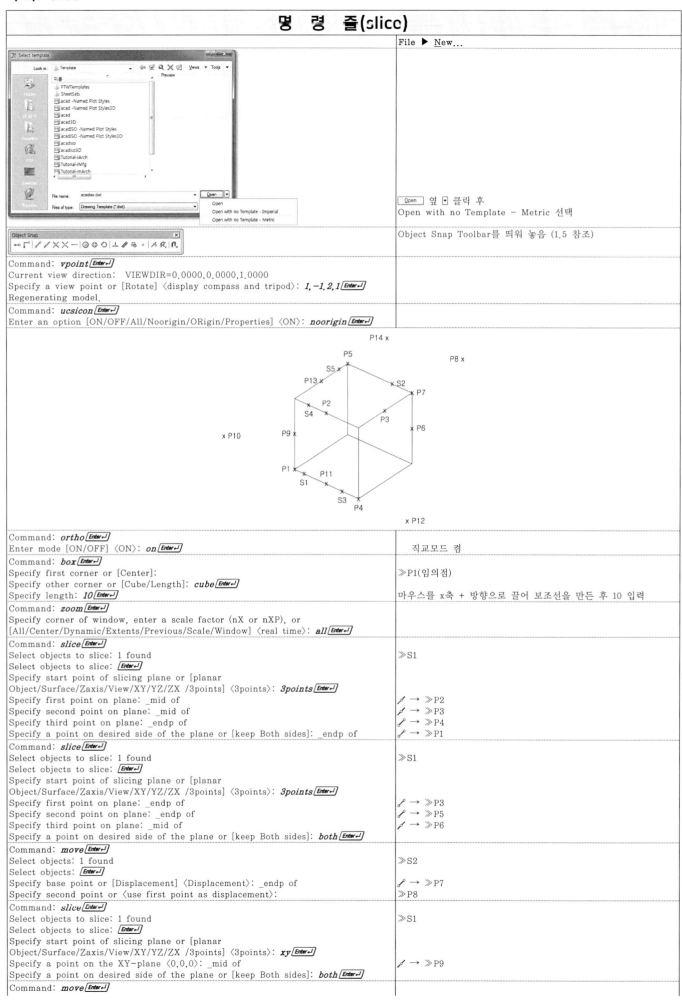

<table>
<tr><th colspan="2" align="center">명 령 줄(slice)</th></tr>
<tr><td></td><td>File ▶ New...</td></tr>
<tr><td>(Select template dialog)</td><td>Open 옆 ▣ 클릭 후
Open with no Template – Metric 선택</td></tr>
<tr><td>(Object Snap toolbar)</td><td>Object Snap Toolbar를 띄워 놓음 (1.5 참조)</td></tr>
</table>

Command: **vpoint** [Enter↵]
Current view direction: VIEWDIR=0.0000,0.0000,1.0000
Specify a view point or [Rotate] ⟨display compass and tripod⟩: **1,-1.2,1** [Enter↵]
Regenerating model.

Command: **ucsicon** [Enter↵]
Enter an option [ON/OFF/All/Noorigin/ORigin/Properties] ⟨ON⟩: **noorigin** [Enter↵]

Command: **ortho** [Enter↵]
Enter mode [ON/OFF] ⟨ON⟩: **on** [Enter↵] | 직교모드 켬

Command: **box** [Enter↵]
Specify first corner or [Center]: | ≫P1(임의점)
Specify other corner or [Cube/Length]: **cube** [Enter↵]
Specify length: **10** [Enter↵] | 마우스를 x축 + 방향으로 끌어 보조선을 만든 후 10 입력

Command: **zoom** [Enter↵]
Specify corner of window, enter a scale factor (nX or nXP), or
[All/Center/Dynamic/Extents/Previous/Scale/Window] ⟨real time⟩: **all** [Enter↵]

Command: **slice** [Enter↵]
Select objects to slice: 1 found | ≫S1
Select objects to slice: [Enter↵]
Specify start point of slicing plane or [planar
Object/Surface/Zaxis/View/XY/YZ/ZX /3points] ⟨3points⟩: **3points** [Enter↵]
Specify first point on plane: _mid of | ∕ → ≫P2
Specify second point on plane: _mid of | ∕ → ≫P3
Specify third point on plane: _endp of | ∕ → ≫P4
Specify a point on desired side of the plane or [keep Both sides]: _endp of | ∕ → ≫P1

Command: **slice** [Enter↵]
Select objects to slice: 1 found | ≫S1
Select objects to slice: [Enter↵]
Specify start point of slicing plane or [planar
Object/Surface/Zaxis/View/XY/YZ/ZX /3points] ⟨3points⟩: **3points** [Enter↵]
Specify first point on plane: _endp of | ∕ → ≫P3
Specify second point on plane: _endp of | ∕ → ≫P5
Specify third point on plane: _mid of | ∕ → ≫P6
Specify a point on desired side of the plane or [keep Both sides]: **both** [Enter↵]

Command: **move** [Enter↵]
Select objects: 1 found | ≫S2
Select objects: [Enter↵]
Specify base point or [Displacement] ⟨Displacement⟩: _endp of | ∕ → ≫P7
Specify second point or ⟨use first point as displacement⟩: | ≫P8

Command: **slice** [Enter↵]
Select objects to slice: 1 found | ≫S1
Select objects to slice: [Enter↵]
Specify start point of slicing plane or [planar
Object/Surface/Zaxis/View/XY/YZ/ZX /3points] ⟨3points⟩: **xy** [Enter↵]
Specify a point on the XY-plane ⟨0,0,0⟩: _mid of | ∕ → ≫P9
Specify a point on desired side of the plane or [keep Both sides]: **both** [Enter↵]

Command: **move** [Enter↵]

Select objects: 1 found	≫S1
Select objects: `Enter↵`	
Specify base point or [Displacement] ⟨Displacement⟩: _endp of	↗→ ≫P1
Specify second point or ⟨use first point as displacement⟩:	≫P10
Command: *slice* `Enter↵`	
Select objects to slice: 1 found	≫S1
Select objects to slice: `Enter↵`	
Specify start point of slicing plane or [planar	
Object/Surface/Zaxis/View/XY/YZ/ZX /3points] ⟨3points⟩: *yz* `Enter↵`	
Specify a point on the YZ-plane ⟨0,0,0⟩: _mid of	↗ → ≫P11
Specify a point on desired side of the plane or [keep Both sides]: *both* `Enter↵`	
Command: *move* `Enter↵`	
Select objects: 1 found	≫S3
Select objects: `Enter↵`	
Specify base point or [Displacement] ⟨Displacement⟩: _endp of	↗ → ≫P4
Specify second point or ⟨use first point as displacement⟩:	≫P12
Command: *slice* `Enter↵`	
Select objects to slice: 1 found	≫S4
Select objects to slice: `Enter↵`	
Specify start point of slicing plane or [planar	
Object/Surface/Zaxis/View/XY/YZ/ZX /3points] ⟨3points⟩: *zx* `Enter↵`	
Specify a point on the ZX-plane ⟨0,0,0⟩: _mid of	↗ → ≫P13
Specify a point on desired side of the plane or [keep Both sides]: *both* `Enter↵`	
Command: *move* `Enter↵`	
Select objects: 1 found	≫S5
Select objects: `Enter↵`	
Specify base point or [Displacement] ⟨Displacement⟩:	≫P5
Specify second point or ⟨use first point as displacement⟩:	≫P14
Command: *ortho* `Enter↵`	
Enter mode [ON/OFF] ⟨ON⟩: *off* `Enter↵`	직교모드 끔
Command: *zoom* `Enter↵`	
Specify corner of window, enter a scale factor (nX or nXP), or	
[All/Center/Dynamic/Extents/Previous/Scale/Window] ⟨real time⟩: *all* `Enter↵`	
Command: *hide* `Enter↵`	
Regenerating model.	
	File ▶ Save As... [filename: 4127_slice_cube]
	File ▶ New...
	`Open` 옆 🔽 클릭 후 Open with no Template – Metric 선택
	Object Snap Toolbar를 띄워 놓음 (1.5 참조)
Command: *vpoint* `Enter↵`	
Current view direction: VIEWDIR=0.0000,0.0000,1.0000	
Specify a view point or [Rotate] ⟨display compass and tripod⟩: *1,-1.2,1* `Enter↵`	
Regenerating model.	
Command: *ucsicon* `Enter↵`	
Enter an option [ON/OFF/All/Noorigin/ORigin/Properties] ⟨ON⟩: *noorigin* `Enter↵`	

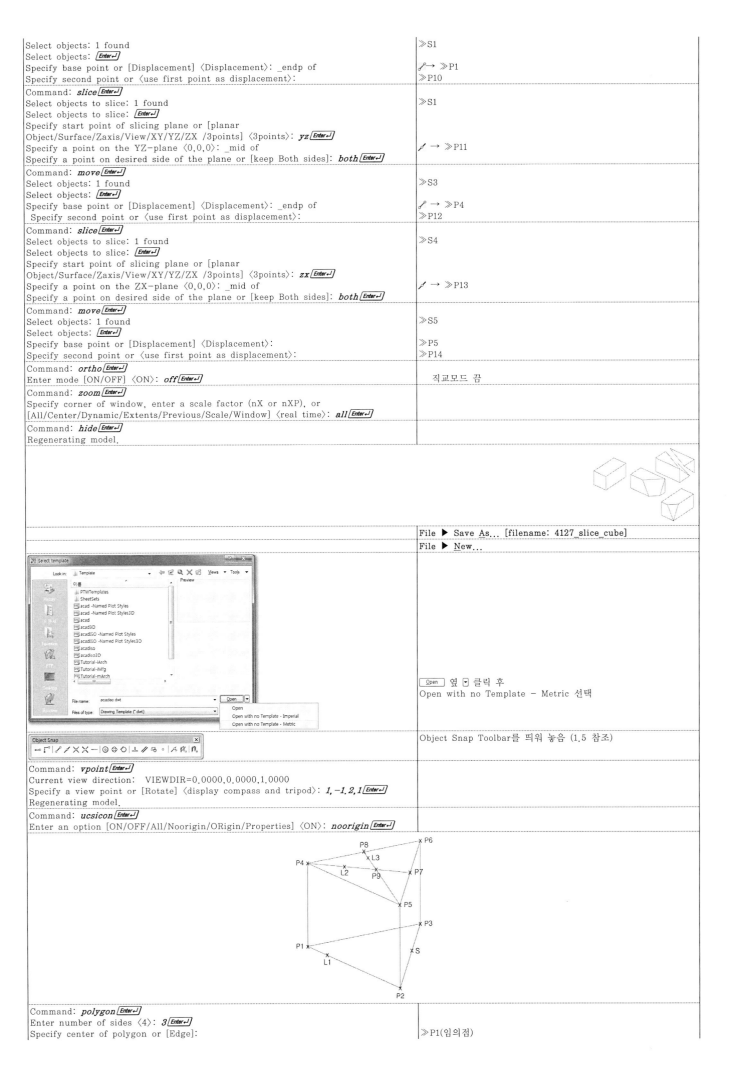

Command: *polygon* `Enter↵`	
Enter number of sides ⟨4⟩: *3* `Enter↵`	
Specify center of polygon or [Edge]:	≫P1(임의점)

Enter an option [Inscribed in circle/Circumscribed about circle] ⟨I⟩: *i* [Enter↵]	
Specify radius of circle: *57.7* [Enter↵]	57.7: 한 변의 길이가 100인 정삼각형의 외접원 반경
Command: *extrude* [Enter↵]	
Current wire frame density: ISOLINES=4	
Select objects to extrude: 1 found	≫L1
Select objects to extrude: [Enter↵]	
Specify height of extrusion or [Direction/Path/Taper angle]: *81.6* [Enter↵]	81.6: 한 변의 길이가 100인 정사면체의 높이
Command: *zoom* [Enter↵]	
Specify corner of window, enter a scale factor (nX or nXP), or	
[All/Center/Dynamic/Extents/Previous/Scale/Window] ⟨real time⟩: *all* [Enter↵]	
Command: *line* [Enter↵]	
Specify first point: _endp of	✏ → ≫P4
Specify next point or [Undo]: _mid of	✏ → ≫P7
Specify next point or [Undo]: [Enter↵]	
Command: *line* [Enter↵]	
Specify first point: _endp of	✏ → ≫P5
Specify next point or [Undo]: _mid of	✏ → ≫P8
Specify next point or [Undo]: [Enter↵]	
Command: *slice* [Enter↵]	
Select objects to slice: 1 found	≫S
Select objects to slice: [Enter↵]	
Specify start point of slicing plane or [planar	
Object/Surface/Zaxis/View/XY/YZ/ZX /3points] ⟨3points⟩: *3points* [Enter↵]	
Specify first point on plane: _endp of	✏ → ≫P2
Specify second point on plane: _endp of	✏ → ≫P3
Specify third point on plane: _int of	✖ → ≫P9
Specify a point on desired side of the plane or [keep Both sides]: _endp of	✏ → ≫P1
Command: *slice* [Enter↵]	
Select objects to slice: 1 found	≫S
Select objects to slice: [Enter↵]	
Specify start point of slicing plane or [planar	
Object/Surface/Zaxis/View/XY/YZ/ZX /3points] ⟨3points⟩: *3points* [Enter↵]	
Specify first point on plane: _endp of	✏ → ≫P1
Specify second point on plane: _endp of	✏ → ≫P3
Specify third point on plane: _int of	✖ → ≫P9
Specify a point on desired side of the plane or [keep Both sides]: _endp of	✏ → ≫P2
Command: *slice* [Enter↵]	
Select objects to slice: 1 found	≫S
Select objects to slice: [Enter↵]	
Specify start point of slicing plane or [planar	
Object/Surface/Zaxis/View/XY/YZ/ZX /3points] ⟨3points⟩: *3points* [Enter↵]	
Specify first point on plane: _endp of	✏ → ≫P1
Specify second point on plane: _endp of	✏ → ≫P2
Specify third point on plane: _int of	✖ → ≫P9
Specify a point on desired side of the plane or [keep Both sides]: _endp of	✏ → ≫P3
Command: *erase* [Enter↵]	
Select objects: 1 found	≫L2
Select objects: 1 found, 2 total	≫L3
Select objects: [Enter↵]	
Command: *zoom* [Enter↵]	
Specify corner of window, enter a scale factor (nX or nXP), or	
[All/Center/Dynamic/Extents/Previous/Scale/Window] ⟨real time⟩: *all* [Enter↵]	
Command: *hide* [Enter↵]	
Regenerating model.	
	File ▶ Save As... [filename: 4127_slice_tetrahedron]
	File ▶ New...
	[Open] 옆 ▣ 클릭 후
	Open with no Template – Metric 선택
Command: *vpoint* [Enter↵]	
Current view direction: VIEWDIR=0.0000,0.0000,1.0000	
Specify a view point or [Rotate] ⟨display compass and tripod⟩: *1,-1,2,1* [Enter↵]	
Regenerating model.	
Command: *ucsicon* [Enter↵]	
Enter an option [ON/OFF/All/Noorigin/ORigin/Properties] ⟨ON⟩: *noorigin* [Enter↵]	

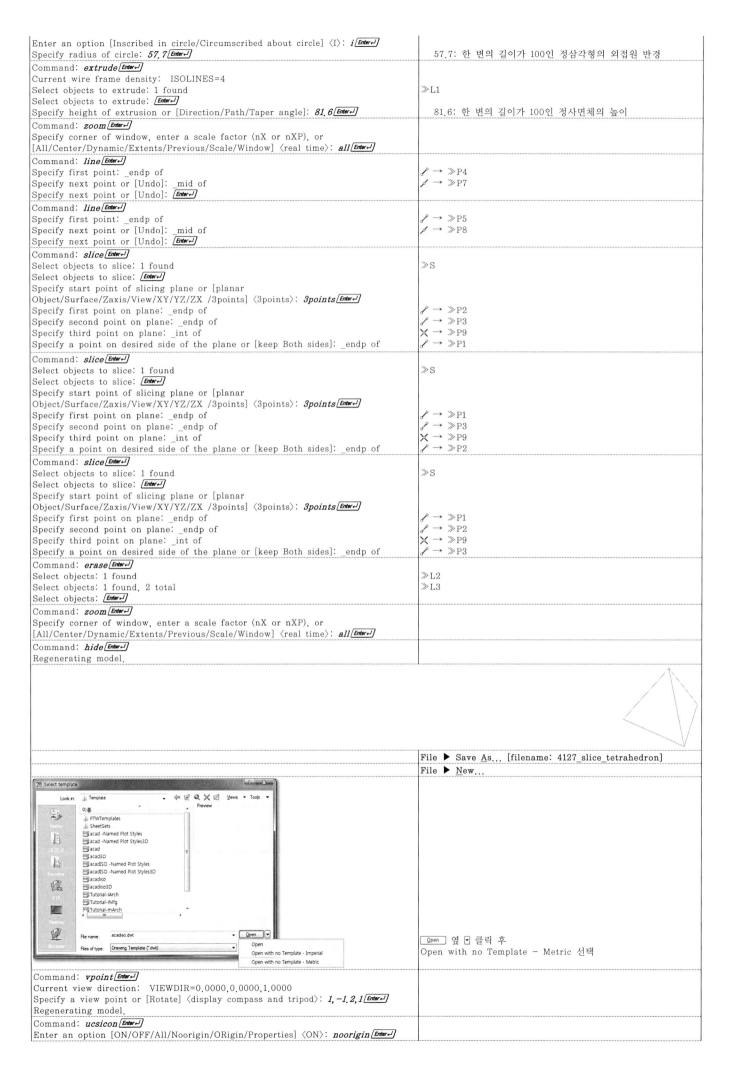

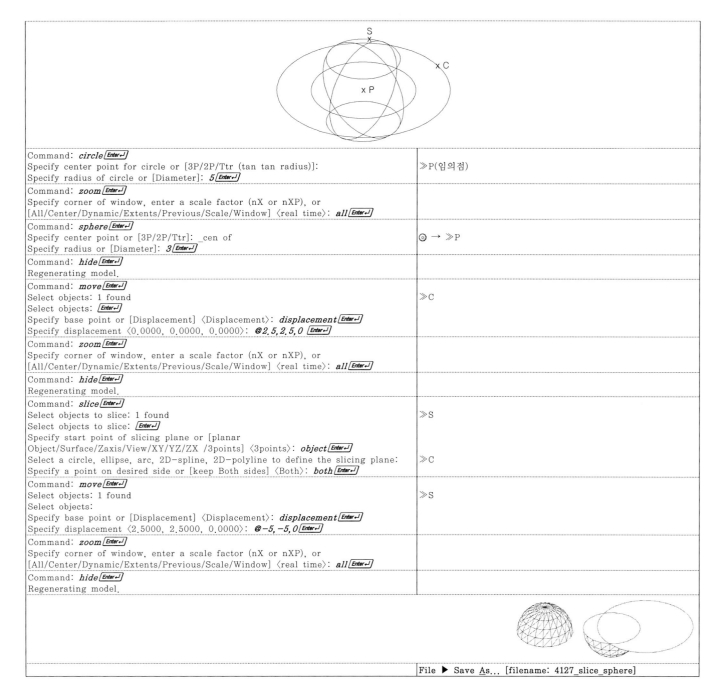

Command: *circle* [Enter↵] Specify center point for circle or [3P/2P/Ttr (tan tan radius)]: Specify radius of circle or [Diameter]: *5* [Enter↵]	≫P(임의점)
Command: *zoom* [Enter↵] Specify corner of window, enter a scale factor (nX or nXP), or [All/Center/Dynamic/Extents/Previous/Scale/Window] 〈real time〉: *all* [Enter↵]	
Command: *sphere* [Enter↵] Specify center point or [3P/2P/Ttr]: _cen of Specify radius or [Diameter]: *3* [Enter↵]	◎ → ≫P
Command: *hide* [Enter↵] Regenerating model.	
Command: *move* [Enter↵] Select objects: 1 found Select objects: [Enter↵] Specify base point or [Displacement] 〈Displacement〉: *displacement* [Enter↵] Specify displacement 〈0.0000, 0.0000, 0.0000〉: *@2.5,2.5,0* [Enter↵]	≫C
Command: *zoom* [Enter↵] Specify corner of window, enter a scale factor (nX or nXP), or [All/Center/Dynamic/Extents/Previous/Scale/Window] 〈real time〉: *all* [Enter↵]	
Command: *hide* [Enter↵] Regenerating model.	
Command: *slice* [Enter↵] Select objects to slice: 1 found Select objects to slice: [Enter↵] Specify start point of slicing plane or [planar Object/Surface/Zaxis/View/XY/YZ/ZX /3points] 〈3points〉: *object* [Enter↵] Select a circle, ellipse, arc, 2D-spline, 2D-polyline to define the slicing plane: Specify a point on desired side or [keep Both sides] 〈Both〉: *both* [Enter↵]	≫S ≫C
Command: *move* [Enter↵] Select objects: 1 found Select objects: Specify base point or [Displacement] 〈Displacement〉: *displacement* [Enter↵] Specify displacement 〈2.5000, 2.5000, 0.0000〉: *@-5,-5,0* [Enter↵]	≫S
Command: *zoom* [Enter↵] Specify corner of window, enter a scale factor (nX or nXP), or [All/Center/Dynamic/Extents/Previous/Scale/Window] 〈real time〉: *all* [Enter↵]	
Command: *hide* [Enter↵] Regenerating model.	
	File ▶ Save As... [filename: 4127_slice_sphere]

4.12.8 section

명 령 줄(section)	
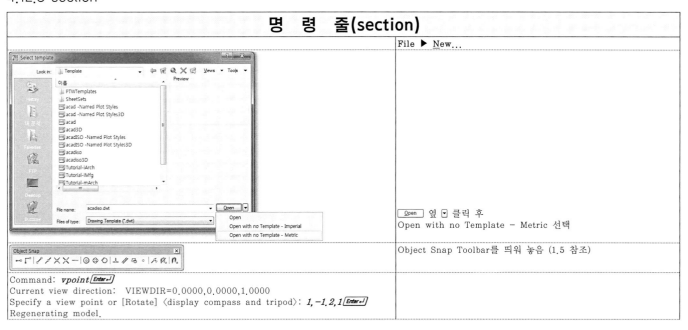	File ▶ New...
	[Open] 옆 ⊡ 클릭 후 Open with no Template - Metric 선택
(Object Snap Toolbar)	Object Snap Toolbar를 띄워 놓음 (1.5 참조)
Command: *vpoint* [Enter↵] Current view direction: VIEWDIR=0.0000,0.0000,1.0000 Specify a view point or [Rotate] 〈display compass and tripod〉: *1,-1.2,1* [Enter↵] Regenerating model.	

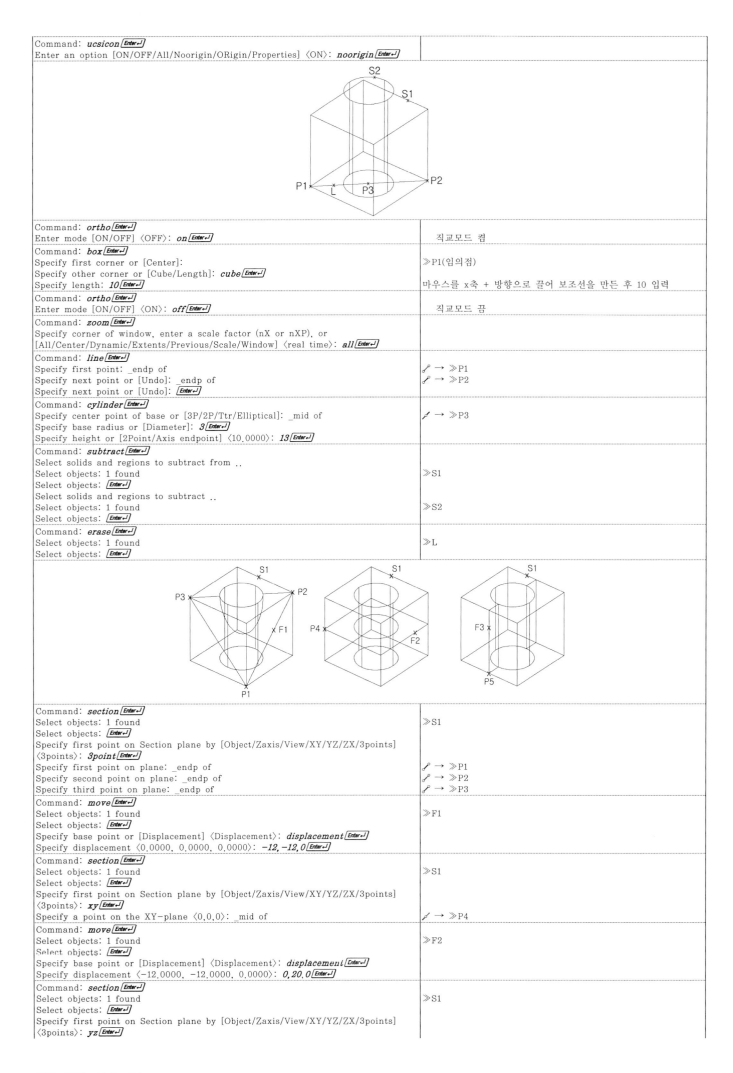

```
Command: ucsicon Enter↵
Enter an option [ON/OFF/All/Noorigin/ORigin/Properties] ⟨ON⟩: noorigin Enter↵
```

Command: *ortho* Enter↵ Enter mode [ON/OFF] ⟨OFF⟩: *on* Enter↵	직교모드 켬
Command: *box* Enter↵ Specify first corner or [Center]: Specify other corner or [Cube/Length]: *cube* Enter↵ Specify length: *10* Enter↵	≫P1(임의점) 마우스를 x축 + 방향으로 끌어 보조선을 만든 후 10 입력
Command: *ortho* Enter↵ Enter mode [ON/OFF] ⟨ON⟩: *off* Enter↵	직교모드 끔
Command: *zoom* Enter↵ Specify corner of window, enter a scale factor (nX or nXP), or [All/Center/Dynamic/Extents/Previous/Scale/Window] ⟨real time⟩: *all* Enter↵	
Command: *line* Enter↵ Specify first point: _endp of Specify next point or [Undo]: _endp of Specify next point or [Undo]: Enter↵	⌐ → ≫P1 ⌐ → ≫P2
Command: *cylinder* Enter↵ Specify center point of base or [3P/2P/Ttr/Elliptical]: _mid of Specify base radius or [Diameter]: *3* Enter↵ Specify height or [2Point/Axis endpoint] ⟨10.0000⟩: *13* Enter↵	⌐ → ≫P3
Command: *subtract* Enter↵ Select solids and regions to subtract from .. Select objects: 1 found Select objects: Enter↵ Select solids and regions to subtract .. Select objects: 1 found Select objects: Enter↵	≫S1 ≫S2
Command: *erase* Enter↵ Select objects: 1 found Select objects: Enter↵	≫L

Command: *section* Enter↵ Select objects: 1 found Select objects: Enter↵ Specify first point on Section plane by [Object/Zaxis/View/XY/YZ/ZX/3points] ⟨3points⟩: *3point* Enter↵ Specify first point on plane: _endp of Specify second point on plane: _endp of Specify third point on plane: _endp of	≫S1 ⌐ → ≫P1 ⌐ → ≫P2 ⌐ → ≫P3
Command: *move* Enter↵ Select objects: 1 found Select objects: Enter↵ Specify base point or [Displacement] ⟨Displacement⟩: *displacement* Enter↵ Specify displacement ⟨0.0000, 0.0000, 0.0000⟩: *−12,−12,0* Enter↵	≫F1
Command: *section* Enter↵ Select objects: 1 found Select objects: Enter↵ Specify first point on Section plane by [Object/Zaxis/View/XY/YZ/ZX/3points] ⟨3points⟩: *xy* Enter↵ Specify a point on the XY−plane ⟨0,0,0⟩: _mid of	≫S1 ⌐ → ≫P4
Command: *move* Enter↵ Select objects: 1 found Select objects: Enter↵ Specify base point or [Displacement] ⟨Displacement⟩: *displacement* Enter↵ Specify displacement ⟨−12.0000, −12.0000, 0.0000⟩: *0,20,0* Enter↵	≫F2
Command: *section* Enter↵ Select objects: 1 found Select objects: Enter↵ Specify first point on Section plane by [Object/Zaxis/View/XY/YZ/ZX/3points] ⟨3points⟩: *yz* Enter↵	≫S1

Specify a point on the YZ-plane ⟨0,0,0⟩: _mid of	↗ → ≫P5
Command: *move* ⏎ Select objects: 1 found Select objects: ⏎ Specify base point or [Displacement] ⟨Displacement⟩: *displacement* ⏎ Specify displacement ⟨0.0000, 20.0000, 0.0000⟩: *15, 0, 0* ⏎	≫F3
Command: *zoom* ⏎ Specify corner of window, enter a scale factor (nX or nXP), or [All/Center/Dynamic/Extents/Previous/Scale/Window] ⟨real time⟩: *all* ⏎	
	File ▶ Save As... [filename: 4128_section]

4.12.9 3차원 솔리드

명 령 줄(3D SOLID)	
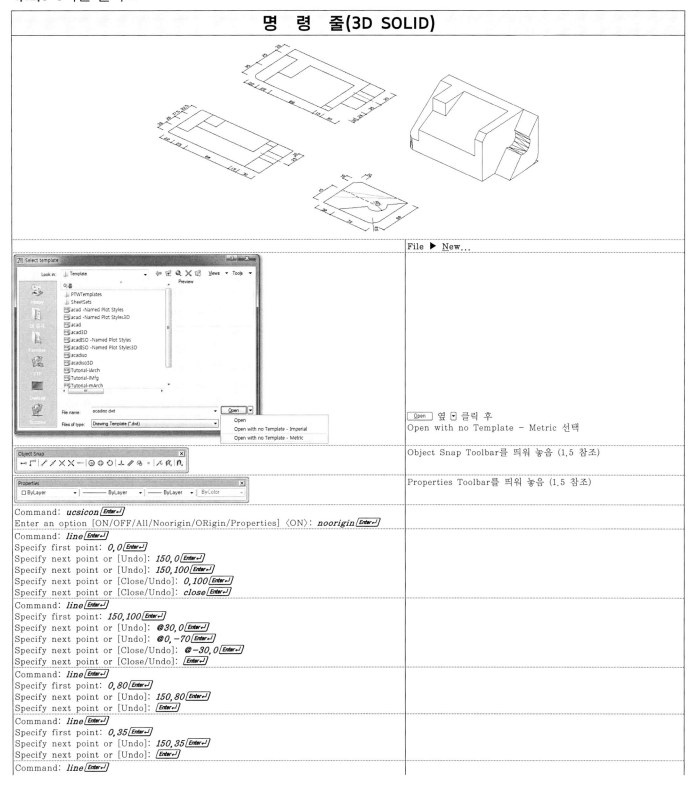	
	File ▶ New...
	Open 옆 ⊡ 클릭 후 Open with no Template - Metric 선택
	Object Snap Toolbar를 띄워 놓음 (1.5 참조)
	Properties Toolbar를 띄워 놓음 (1.5 참조)
Command: *ucsicon* ⏎ Enter an option [ON/OFF/All/Noorigin/ORigin/Properties] ⟨ON⟩: *noorigin* ⏎	
Command: *line* ⏎ Specify first point: *0, 0* ⏎ Specify next point or [Undo]: *150, 0* ⏎ Specify next point or [Undo]: *150,100* ⏎ Specify next point or [Close/Undo]: *0,100* ⏎ Specify next point or [Close/Undo]: *close* ⏎	
Command: *line* ⏎ Specify first point: *150,100* ⏎ Specify next point or [Undo]: *@30, 0* ⏎ Specify next point or [Undo]: *@0, −70* ⏎ Specify next point or [Close/Undo]: *@−30, 0* ⏎ Specify next point or [Close/Undo]: ⏎	
Command: *line* ⏎ Specify first point: *0, 80* ⏎ Specify next point or [Undo]: *150,80* ⏎ Specify next point or [Undo]: ⏎	
Command: *line* ⏎ Specify first point: *0, 35* ⏎ Specify next point or [Undo]: *150, 35* ⏎ Specify next point or [Undo]: ⏎	
Command: *line* ⏎	

Specify first point: *0,10* [Enter↵]
Specify next point or [Undo]: *150,10* [Enter↵]
Specify next point or [Undo]: [Enter↵]

Command: *line* [Enter↵]
Specify first point: *22,0* [Enter↵]
Specify next point or [Undo]: *22,100* [Enter↵]
Specify next point or [Undo]: [Enter↵]

Command: *line* [Enter↵]
Specify first point: *47,0* [Enter↵]
Specify next point or [Undo]: *47,100* [Enter↵]
Specify next point or [Undo]: [Enter↵]

Command: *line* [Enter↵]
Specify first point: *135,0* [Enter↵]
Specify next point or [Undo]: *135,100* [Enter↵]
Specify next point or [Undo]: [Enter↵]

Properties
■ Red ▼ — ByLayer ▼ — ByLayer ▼ ByColor ▼

Properties Toolbar → Color control → ■ Red 선택

Command: *line* [Enter↵]
Specify first point: *145,65* [Enter↵]
Specify next point or [Undo]: *185,65* [Enter↵]
Specify next point or [Undo]: [Enter↵]

Properties
□ ByLayer ▼ — ByLayer ▼ — ByLayer ▼ ByColor ▼

Properties Toolbar → Color control → □ ByLayer 선택

Command: *zoom* [Enter↵]
Specify corner of window, enter a scale factor (nX or nXP), or
[All/Center/Dynamic/Extents/Previous/Scale/Window] ⟨real time⟩: *extents* [Enter↵]

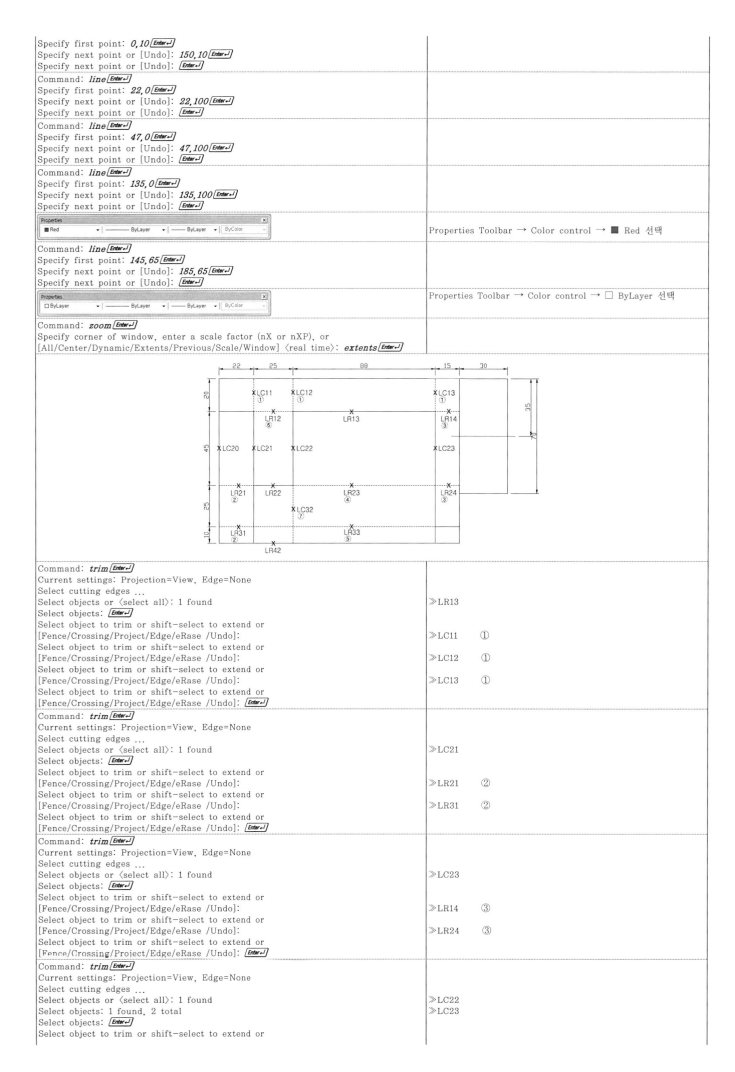

Command: *trim* [Enter↵]
Current settings: Projection=View, Edge=None
Select cutting edges ...
Select objects or ⟨select all⟩: 1 found   ≫LR13
Select objects: [Enter↵]
Select object to trim or shift-select to extend or
[Fence/Crossing/Project/Edge/eRase /Undo]:   ≫LC11   ①
Select object to trim or shift-select to extend or
[Fence/Crossing/Project/Edge/eRase /Undo]:   ≫LC12   ①
Select object to trim or shift-select to extend or
[Fence/Crossing/Project/Edge/eRase /Undo]:   ≫LC13   ①
Select object to trim or shift-select to extend or
[Fence/Crossing/Project/Edge/eRase /Undo]: [Enter↵]

Command: *trim* [Enter↵]
Current settings: Projection=View, Edge=None
Select cutting edges ...
Select objects or ⟨select all⟩: 1 found   ≫LC21
Select objects: [Enter↵]
Select object to trim or shift-select to extend or
[Fence/Crossing/Project/Edge/eRase /Undo]:   ≫LR21   ②
Select object to trim or shift-select to extend or
[Fence/Crossing/Project/Edge/eRase /Undo]:   ≫LR31   ②
Select object to trim or shift-select to extend or
[Fence/Crossing/Project/Edge/eRase /Undo]: [Enter↵]

Command: *trim* [Enter↵]
Current settings: Projection=View, Edge=None
Select cutting edges ...
Select objects or ⟨select all⟩: 1 found   ≫LC23
Select objects: [Enter↵]
Select object to trim or shift-select to extend or
[Fence/Crossing/Project/Edge/eRase /Undo]:   ≫LR14   ③
Select object to trim or shift-select to extend or
[Fence/Crossing/Project/Edge/eRase /Undo]:   ≫LR24   ③
Select object to trim or shift-select to extend or
[Fence/Crossing/Project/Edge/eRase /Undo]: [Enter↵]

Command: *trim* [Enter↵]
Current settings: Projection=View, Edge=None
Select cutting edges ...
Select objects or ⟨select all⟩: 1 found   ≫LC22
Select objects: 1 found, 2 total   ≫LC23
Select objects: [Enter↵]
Select object to trim or shift-select to extend or

[Fence/Crossing/Project/Edge/eRase /Undo]: Select object to trim or shift-select to extend or [Fence/Crossing/Project/Edge/eRase /Undo]: [Enter↵]	≫LR23　　④
Command: *trim* [Enter↵] Current settings: Projection=View, Edge=None Select cutting edges ... Select objects or 〈select all〉: 1 found Select objects: 1 found, 2 total Select objects: [Enter↵] Select object to trim or shift-select to extend or [Fence/Crossing/Project/Edge/eRase /Undo]: Select object to trim or shift-select to extend or [Fence/Crossing/Project/Edge/eRase /Undo]: [Enter↵]	≫LC21 ≫LC23 ≫LR33　　⑤
Command: *trim* [Enter↵] Current settings: Projection=View, Edge=None Select cutting edges ... Select objects or 〈select all〉: 1 found Select objects: 1 found, 2 total Select objects: [Enter↵] Select object to trim or shift-select to extend or [Fence/Crossing/Project/Edge/eRase /Undo]: Select object to trim or shift-select to extend or [Fence/Crossing/Project/Edge/eRase /Undo]: [Enter↵]	≫LC21 ≫LC22 ≫LR12　　⑥
Command: *trim* [Enter↵] Current settings: Projection=View, Edge=None Select cutting edges ... Select objects or 〈select all〉: 1 found Select objects: 1 found, 2 total Select objects: [Enter↵] Select object to trim or shift-select to extend or [Fence/Crossing/Project/Edge/eRase /Undo]: Select object to trim or shift-select to extend or [Fence/Crossing/Project/Edge/eRase /Undo]: [Enter↵]	≫LR22 ≫LR42 ≫LC32　　⑦
Command: *fillet* [Enter↵] Current settings: Mode = TRIM, Radius = 0.0000 Select first object or [Undo/Polyline/Radius/Trim/Multiple]: *radius* [Enter↵] Specify fillet radius 〈0.0000〉: *10* [Enter↵] Select first object or [Undo/Polyline/Radius/Trim/Multiple]: Select second object or shift-select to apply corner:	 ≫LR42 ≫LC20

Command: *vpoint* [Enter↵] Current view direction:　VIEWDIR=0.0000,0.0000,1.0000 Specify a view point or [Rotate] 〈display compass and tripod〉: *1, -1.2, 1* [Enter↵] Regenerating model.	관측점의 위치가 (1,-1.2,1)인 3차원 그림으로
	Properties Toolbar → Color control → ■ Blue 선택
Command: *box* [Enter↵] Specify first corner or [Center]: _endp of Specify other corner or [Cube/Length]: _endp of Specify height or [2Point]: *80* [Enter↵]	✎ → ≫P1 ✎ → ≫P2
Command: *box* [Enter↵] Specify first corner or [Center]: _endp of Specify other corner or [Cube/Length]: _endp of Specify height or [2Point] 〈80.0000〉: *80* [Enter↵]	✎ → ≫P2 ✎ → ≫P3
Command: *box* [Enter↵] Specify first corner or [Center]: _endp of Specify other corner or [Cube/Length]: _endp of Specify height or [2Point] 〈80.0000〉: *80* [Enter↵]	✎ → ≫P3 ✎ → ≫P4
Command: *box* [Enter↵] Specify first corner or [Center]: _endp of Specify other corner or [Cube/Length]: _endp of Specify height or [2Point] 〈80.0000〉: *80* [Enter↵]	✎ → ≫P5 ✎ → ≫P1
Command: *box* [Enter↵] Specify first corner or [Center]: _endp of Specify other corner or [Cube/Length]: _endp of Specify height or [2Point] 〈80.0000〉: *50* [Enter↵]	✎ → ≫P6 ✎ → ≫P7
Command: *move* [Enter↵] Select objects: 1 found Select objects: [Enter↵] Specify base point or [Displacement] 〈Displacement〉: _endp of Specify second point or 〈use first point as displacement〉: *@0,0,30* [Enter↵]	≫S ✎ → ≫P7

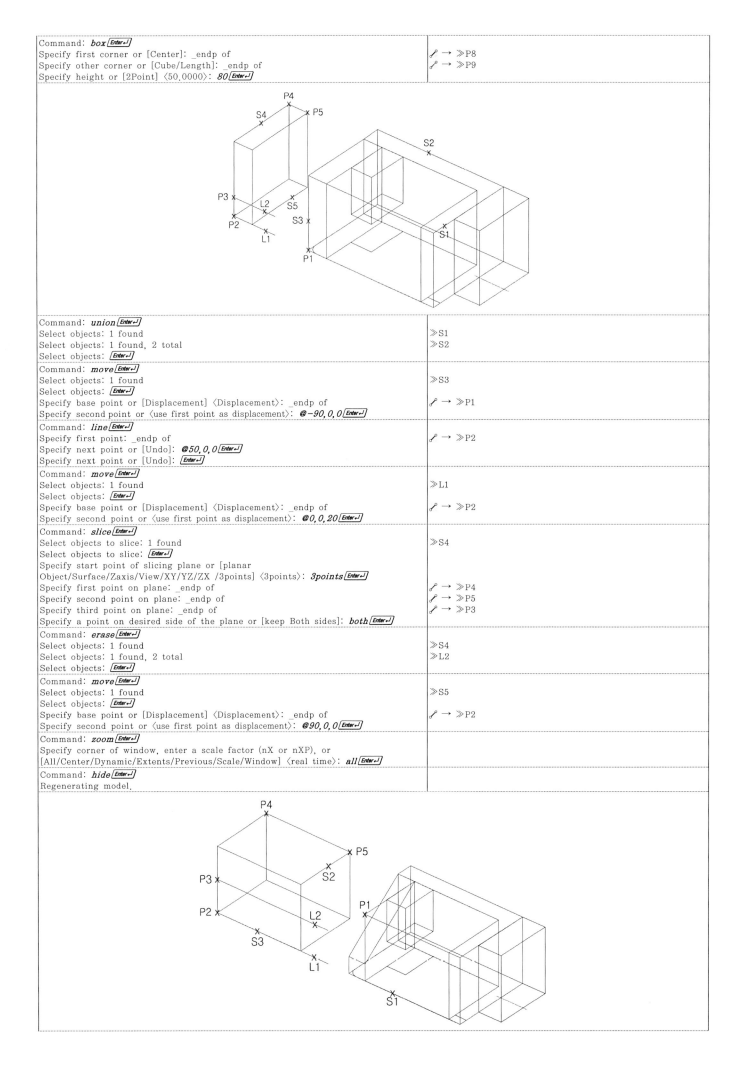

Command: **box** `Enter↵`
Specify first corner or [Center]: _endp of
Specify other corner or [Cube/Length]: _endp of
Specify height or [2Point] ⟨50.0000⟩: **80** `Enter↵`

🖉 → ≫P8
🖉 → ≫P9

Command: **union** `Enter↵`
Select objects: 1 found
Select objects: 1 found, 2 total
Select objects: `Enter↵`

≫S1
≫S2

Command: **move** `Enter↵`
Select objects: 1 found
Select objects: `Enter↵`
Specify base point or [Displacement] ⟨Displacement⟩: _endp of
Specify second point or ⟨use first point as displacement⟩: **@-90,0,0** `Enter↵`

≫S3

🖉 → ≫P1

Command: **line** `Enter↵`
Specify first point: _endp of
Specify next point or [Undo]: **@50,0,0** `Enter↵`
Specify next point or [Undo]: `Enter↵`

🖉 → ≫P2

Command: **move** `Enter↵`
Select objects: 1 found
Select objects: `Enter↵`
Specify base point or [Displacement] ⟨Displacement⟩: _endp of
Specify second point or ⟨use first point as displacement⟩: **@0,0,20** `Enter↵`

≫L1

🖉 → ≫P2

Command: **slice** `Enter↵`
Select objects to slice: 1 found
Select objects to slice: `Enter↵`
Specify start point of slicing plane or [planar
Object/Surface/Zaxis/View/XY/YZ/ZX /3points] ⟨3points⟩: **3points** `Enter↵`
Specify first point on plane: _endp of
Specify second point on plane: _endp of
Specify third point on plane: _endp of
Specify a point on desired side of the plane or [keep Both sides]: **both** `Enter↵`

≫S4

🖉 → ≫P4
🖉 → ≫P5
🖉 → ≫P3

Command: **erase** `Enter↵`
Select objects: 1 found
Select objects: 1 found, 2 total
Select objects: `Enter↵`

≫S4
≫L2

Command: **move** `Enter↵`
Select objects: 1 found
Select objects: `Enter↵`
Specify base point or [Displacement] ⟨Displacement⟩: _endp of
Specify second point or ⟨use first point as displacement⟩: **@90,0,0** `Enter↵`

≫S5

🖉 → ≫P2

Command: **zoom** `Enter↵`
Specify corner of window, enter a scale factor (nX or nXP), or
[All/Center/Dynamic/Extents/Previous/Scale/Window] ⟨real time⟩: **all** `Enter↵`

Command: **hide** `Enter↵`
Regenerating model.

Command: *move* `Enter↵` Select objects: 1 found Select objects: `Enter↵` Specify base point or [Displacement] ⟨Displacement⟩: _endp of Specify second point or ⟨use first point as displacement⟩: *@-200,0,0* `Enter↵`	≫S1 ⌀ → ≫P1
Command: *zoom* `Enter↵` Specify corner of window, enter a scale factor (nX or nXP), or [All/Center/Dynamic/Extents/Previous/Scale/Window] ⟨real time⟩: *all* `Enter↵`	
Command: *line* `Enter↵` Specify first point: _endp of Specify next point or [Undo]: *@150,0,0* `Enter↵` Specify next point or [Undo]: `Enter↵`	⌀ → ≫P2
Command: *move* `Enter↵` Select objects: 1 found Select objects: `Enter↵` Specify base point or [Displacement] ⟨Displacement⟩: _endp of Specify second point or ⟨use first point as displacement⟩: *@0,0,40* `Enter↵`	≫L1 ⌀ → ≫P2
Command: *slice* `Enter↵` Select objects to slice: 1 found Select objects to slice: `Enter↵` Specify start point of slicing plane or [planar Object/Surface/Zaxis/View/XY/YZ/ZX /3points] ⟨3points⟩: *3points* `Enter↵` Specify first point on plane: _endp of Specify second point on plane: _endp of Specify third point on plane: _endp of Specify a point on desired side of the plane or [keep Both sides]: *both* `Enter↵`	≫S2 ⌀ → ≫P4 ⌀ → ≫P5 ⌀ → ≫P3
Command: *erase* `Enter↵` Select objects: 1 found Select objects: 1 found, 2 total Select objects: `Enter↵`	≫S2 ≫L2
Command: *move* `Enter↵` Select objects: 1 found Select objects: `Enter↵` Specify base point or [Displacement] ⟨Displacement⟩: _endp of Specify second point or ⟨use first point as displacement⟩: *@200,0,0* `Enter↵`	≫S3 ⌀ → ≫P2
Command: *zoom* `Enter↵` Specify corner of window, enter a scale factor (nX or nXP), or [All/Center/Dynamic/Extents/Previous/Scale/Window] ⟨real time⟩: *all* `Enter↵`	
Command: *hide* `Enter↵` Regenerating model.	

Command: *slice* `Enter↵` Select objects to slice: 1 found Select objects to slice: `Enter↵` Specify start point of slicing plane or [planar Object/Surface/Zaxis/View/XY/YZ/ZX /3points] ⟨3points⟩: *3points* `Enter↵` Specify first point on plane: _endp of Specify second point on plane: _endp of Specify third point on plane: _endp of Specify a point on desired side or [keep Both sides] ⟨Both⟩: _endp of	≫S ⌀ → ≫P1 ⌀ → ≫P2 ⌀ → ≫P3 ⌀ → ≫P4
Command: *move* `Enter↵` Select objects: 1 found Select objects: `Enter↵` Specify base point or [Displacement] ⟨Displacement⟩: _int of Specify second point or ⟨use first point as displacement⟩: _mid of	≫L1 ✕ → ≫P5 ⌀ → ≫P6
Command: *ucs* `Enter↵` Current ucs name: *WORLD* Specify origin of UCS or [Face/NAmed/OBject/Previous/View/World/X/Y/Z/ZAxis] ⟨World⟩: *y* `Enter↵` Specify rotation angle about Y axis ⟨90⟩: *-90* `Enter↵`	
Command: *circle* `Enter↵` Specify center point for circle or [3P/2P/Ttr (tan tan radius)]: _endp of	⌀ → ≫P7

Command	
Specify radius of circle or [Diameter]: *15* `Enter↵`	
Command: *extrude* `Enter↵` Current wire frame density: ISOLINES=4 Select objects to extrude: 1 found Select objects to extrude: `Enter↵` Specify height of extrusion or [Direction/Path/Taper angle] ⟨0⟩: *40* `Enter↵`	≫C
Command: *subtract* `Enter↵` Select solids and regions to subtract from .. Select objects: 1 found Select objects: `Enter↵` Select solids and regions to subtract .. Select objects: 1 found Select objects: `Enter↵`	≫S ≫C
Command: *erase* `Enter↵` Select objects: 1 found Select objects: `Enter↵`	≫L2
Command: *union* `Enter↵` Select objects: Specify opposite corner: 20 found Select objects: `Enter↵`	≫P8 ≫P9
Command: *ucs* `Enter↵` Current ucs name: *NO NAME* Specify origin of UCS or [Face/NAmed/OBject/Previous/View/World/X/Y/Z/ZAxis] ⟨World⟩: *world* `Enter↵`	좌표계를 표준좌표계(WCS)로
Command: *zoom* `Enter↵` Specify corner of window, enter a scale factor (nX or nXP), or [All/Center/Dynamic/Extents/Previous/Scale/Window] ⟨real time⟩: *all* `Enter↵`	
Command: *hide* `Enter↵` Regenerating model.	

Command	
Command: *regen* `Enter↵` Regenerating model.	
Command: *chamfer* `Enter↵` (TRIM mode) Current chamfer Dist1 = 0.0000, Dist2 = 0.0000 Select first line or [Undo/Polyline/Distance/Angle/Trim/mEthod/Multiple]: Base surface selection... Enter surface selection option [Next/OK (current)] ⟨OK⟩: `Enter↵` Specify base surface chamfer distance: *10* `Enter↵` Specify other surface chamfer distance ⟨10.0000⟩: *10* `Enter↵` Select an edge or [Loop]: Select an edge or [Loop]: `Enter↵`	≫P1 ≫P1
Command: *fillet* `Enter↵` Current settings: Mode = TRIM, Radius = 10.0000 SSelect first object or [Undo/Polyline/Radius/Trim/Multiple]: Enter fillet radius ⟨10.0000⟩: *10* `Enter↵` Select an edge or [Chain/Radius]: `Enter↵` 1 edge(s) selected for fillet.	≫P2
Command: *fillet* `Enter↵` Current settings: Mode = TRIM, Radius = 10.0000 Select first object or [Undo/Polyline/Radius/Trim/Multiple]: Enter fillet radius ⟨10.0000⟩: *15* `Enter↵` Select an edge or [Chain/Radius]: `Enter↵` 1 edge(s) selected for fillet.	≫P3
Command: *hide* `Enter↵` Regenerating model.	

	File ▶ Save As... [filename: 4129_boxedsolid]
Command: *vpoint* `Enter↵` Current view direction: VIEWDIR-1.0000,-1.2000,1.0000 Specify a view point or [Rotate] ⟨display compass and tripod⟩: *0,0,1* `Enter↵` Regenerating model.	
	Properties Toolbar → Color control → □ ByLayer 선택
	다음과 같이 작도(왼쪽 1개, 아래 2개)

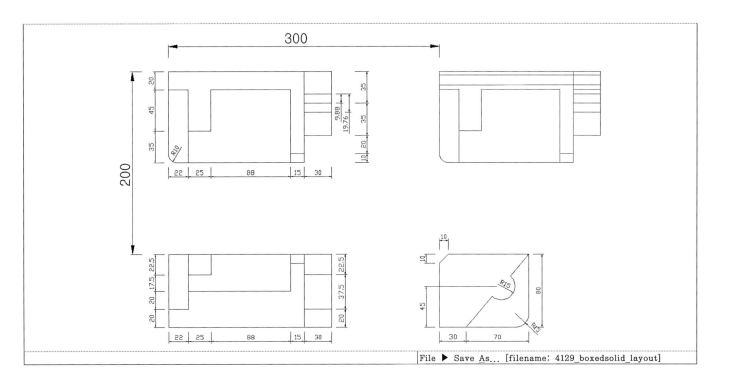

File ▶ Save As... [filename: 4129_boxedsolid_layout]

4.13 SOLID 예제

4.13.1 용기 만들기

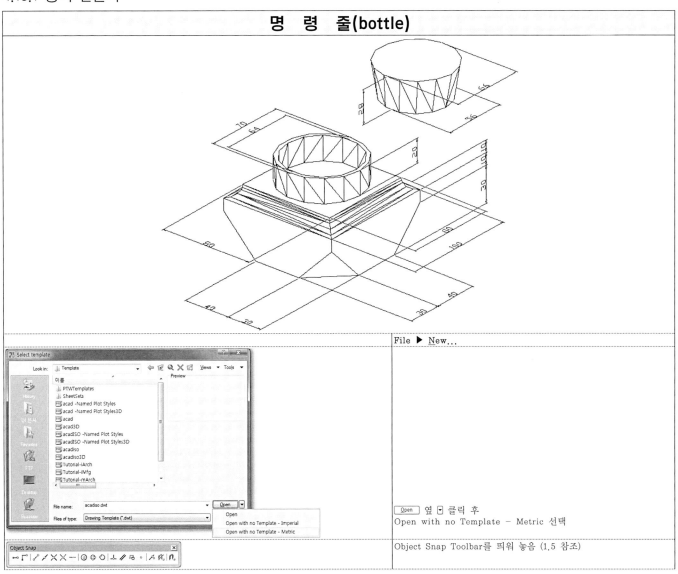

명 령 줄(bottle)

File ▶ New...

Open 옆 ⊡ 클릭 후
Open with no Template - Metric 선택

Object Snap Toolbar를 띄워 놓음 (1.5 참조)

Command: ***vpoint*** [Enter↵]
Current view direction:　VIEWDIR=0.0000,0.0000,1.0000
Specify a view point or [Rotate] ⟨display compass and tripod⟩: *1,−1.2,1* [Enter↵]
Regenerating model.

Command: ***ucsicon*** [Enter↵]
Enter an option [ON/OFF/All/Noorigin/ORigin/Properties] ⟨ON⟩: *noorigin* [Enter↵]

S ×	×S4	×P7

(diagram with points S, S4, P7, P5, P4, S1, P6, P3, P1, S3, P2, S2)

Command: ***ortho*** [Enter↵] Enter mode [ON/OFF] ⟨OFF⟩: *on* [Enter↵]	직교모드 켬
Command: ***box*** [Enter↵] Specify first corner or [Center]: Specify other corner or [Cube/Length]: *length* [Enter↵] Specify length: *100* [Enter↵] Specify width: *100* [Enter↵] Specify height or [2Point] ⟨771.6214⟩: *50* [Enter↵]	≫P1(임의점) 마우스를 x축 + 방향으로 끌어 보조선을 만든 후 100 입력 마우스를 y축 + 방향으로 끌어 보조선을 만든 후 100 입력
Command: ***ortho*** [Enter↵] Enter mode [ON/OFF] ⟨ON⟩: *off* [Enter↵]	직교모드 끔
Command: ***zoom*** [Enter↵] Specify corner of window, enter a scale factor (nX or nXP), or [All/Center/Dynamic/Extents/Previous/Scale/Window] ⟨real time⟩: *all* [Enter↵] Regenerating model.	
Command: ***ucsicon*** [Enter↵] Enter an option [ON/OFF/All/Noorigin/ORigin/Properties] ⟨ON⟩: *origin* [Enter↵]	
Command: ***ucs*** [Enter↵] Current ucs name:　*WORLD* Specify origin of UCS or [Face/NAmed/OBject/Previous/View/World/X/Y/Z/ZAxis] ⟨World⟩: _endp of Specify point on X-axis or ⟨Accept⟩: [Enter↵]	🖉 → ≫P1　　좌표계 원점 지정
Command: ***slice*** [Enter↵] Select objects to slice: 1 found Select objects to slice: [Enter↵] Specify start point of slicing plane or [planar Object/Surface/Zaxis/View/XY/YZ/ZX /3points] ⟨3points⟩: *3point* [Enter↵] Specify first point on plane: *30,0,0* [Enter↵] Specify second point on plane: *0,30,0* [Enter↵] Specify third point on plane: *0,0,30* [Enter↵] Specify a point on desired side of the plane or [keep Both sides]: *both* [Enter↵]	≫S
Command: ***ucs*** [Enter↵] Current ucs name:　*NO NAME* Specify origin of UCS or [Face/NAmed/OBject/Previous/View/World/X/Y/Z/ZAxis] ⟨World⟩: *z* [Enter↵] Specify rotation angle about Z axis ⟨90⟩: *90* [Enter↵]	
Command: ***ucs*** [Enter↵] Current ucs name:　*NO NAME* Specify origin of UCS or [Face/NAmed/OBject/Previous/View/World/X/Y/Z/ZAxis] ⟨World⟩: _endp of Specify point on X-axis or ⟨Accept⟩: [Enter↵]	🖉 → ≫P2　　좌표계 원점 지정
Command: ***slice*** [Enter↵] Select objects to slice: 1 found Select objects to slice: [Enter↵] Specify start point of slicing plane or [planar Object/Surface/Zaxis/View/XY/YZ/ZX /3points] ⟨3points⟩: *3point* [Enter↵] Specify first point on plane: *30,0,0* [Enter↵] Specify second point on plane: *0,30,0* [Enter↵] Specify third point on plane: *0,0,30* [Enter↵] Specify a point on desired side of the plane or [keep Both sides]: *both* [Enter↵]	≫S
Command: ***ucs*** [Enter↵] Current ucs name:　*NO NAME* Specify origin of UCS or [Face/NAmed/OBject/Previous/View/World/X/Y/Z/ZAxis] ⟨World⟩: *z* [Enter↵] Specify rotation angle about Z axis ⟨90⟩: *90* [Enter↵]	
Command: ***ucs*** [Enter↵] Current ucs name:　*NO NAME* Specify origin of UCS or [Face/NAmed/OBject/Previous/View/World/X/Y/Z/ZAxis] ⟨World⟩: _endp of Specify point on X-axis or ⟨Accept⟩: [Enter↵]	🖉 → ≫P3　　좌표계 원점 지정
Command: ***slice*** [Enter↵] Select objects to slice: 1 found Select objects to slice: [Enter↵] Specify start point of slicing plane or [planar Object/Surface/Zaxis/View/XY/YZ/ZX /3points] ⟨3points⟩: *3point* [Enter↵] Specify first point on plane: *30,0,0* [Enter↵] Specify second point on plane: *0,30,0* [Enter↵] Specify third point on plane: *0,0,30* [Enter↵]	≫S

Specify a point on desired side of the plane or [keep Both sides] ⟨Both⟩: *both* [Enter↵]	
Command: *ucs* [Enter↵] Current ucs name: *NO NAME* Specify origin of UCS or [Face/NAmed/OBject/Previous/View/World/X/Y/Z/ZAxis] ⟨World⟩: *z* [Enter↵] Specify rotation angle about Z axis ⟨90⟩: *90* [Enter↵]	
Command: *ucs* [Enter↵] Current ucs name: *NO NAME* Specify origin of UCS or [Face/NAmed/OBject/Previous/View/World/X/Y/Z/ZAxis] ⟨World⟩: _endp of Specify point on X-axis or ⟨Accept⟩: [Enter↵]	✐ → ≫P4 좌표계 원점 지정
Command: *slice* [Enter↵] Select objects to slice: 1 found Select objects to slice: [Enter↵] Specify start point of slicing plane or [planar Object/Surface/Zaxis/View/XY/YZ/ZX /3points] ⟨3points⟩: *3point* [Enter↵] Specify first point on plane: *30,0,0* [Enter↵] Specify second point on plane: *0,30,0* [Enter↵] Specify third point on plane: *0,0,30* [Enter↵] Specify a point on desired side of the plane or [keep Both sides] ⟨Both⟩: *both* [Enter↵]	≫S
Command: *ucsicon* [Enter↵] Enter an option [ON/OFF/All/Noorigin/ORigin/Properties] ⟨ON⟩: *noorigin* [Enter↵]	
Command: *ucs* [Enter↵] Current ucs name: *NO NAME* Specify origin of UCS or [Face/NAmed/OBject/Previous/View/World/X/Y/Z/ZAxis] ⟨World⟩: *world* [Enter↵]	좌표계를 표준좌표계(WCS)로
Command: *erase* [Enter↵] Select objects: 1 found Select objects: 1 found, 2 total Select objects: 1 found, 3 total Select objects: 1 found, 4 total Select objects: [Enter↵]	≫S1 ≫S2 ≫S3 ≫S4
Command: *hide* [Enter↵] Regenerating model.	
Command: *ucs* [Enter↵] Current ucs name: *WORLD* Specify origin of UCS or [Face/NAmed/OBject/Previous/View/World/X/Y/Z/ZAxis] ⟨World⟩: *x* [Enter↵] Specify rotation angle about X axis ⟨90⟩: *−90* [Enter↵]	
Command: *cylinder* [Enter↵] Specify center point of base or [3P/2P/Ttr/Elliptical]: _endp of Specify base radius or [Diameter]: *10* [Enter↵] Specify height or [2Point/Axis endpoint] ⟨50.0000⟩: *100* [Enter↵]	✐ → ≫P5
Command: *cylinder* [Enter↵] Specify center point of base or [3P/2P/Ttr/Elliptical]: _endp of Specify base radius or [Diameter] ⟨10.0000⟩: *10* [Enter↵] Specify height or [2Point/Axis endpoint] ⟨100.0000⟩: *100* [Enter↵]	✐ → ≫P6
Command: *ucs* [Enter↵] Current ucs name: *NO NAME* Specify origin of UCS or [Face/NAmed/OBject/Previous/View/World/X/Y/Z/ZAxis] ⟨World⟩: *y* [Enter↵] Specify rotation angle about Y axis ⟨90⟩: *−90* [Enter↵]	
Command: *cylinder* [Enter↵] Specify center point of base or [3P/2P/Ttr/Elliptical]: _endp of Specify base radius or [Diameter] ⟨10.0000⟩: *10* [Enter↵] Specify height or [2Point/Axis endpoint] ⟨100.0000⟩: *100* [Enter↵]	✐ → ≫P6
Command: *cylinder* [Enter↵] Specify center point of base or [3P/2P/Ttr/Elliptical]: _endp of Specify base radius or [Diameter] ⟨10.0000⟩: *10* [Enter↵] Specify height or [2Point/Axis endpoint] ⟨100.0000⟩: *100* [Enter↵]	✐ → ≫P7
Command: *ucs* [Enter↵] Current ucs name: *NO NAME* Specify origin of UCS or [Face/NAmed/OBject/Previous/View/World/X/Y/Z/ZAxis] ⟨World⟩: *world* [Enter↵]	좌표계를 표준좌표계(WCS)로
Command: *hide* [Enter↵] Regenerating model.	
Command: *subtract* [Enter↵] Select solids and regions to subtract from .. Select objects: 1 found Select objects: [Enter↵] Select solids and regions to subtract .. Select objects: 1 found Select objects: 1 found, 2 total Select objects: 1 found, 3 total Select objects: Specify opposite corner: 1 found, 4 total Select objects: [Enter↵]	≫S1 ≫S2 ≫S3 ≫S4 ≫S5
Command: *hide* [Enter↵]	

Regenerating model.

| Command: *regen* [Enter↵] | |
| Regenerating model. | |

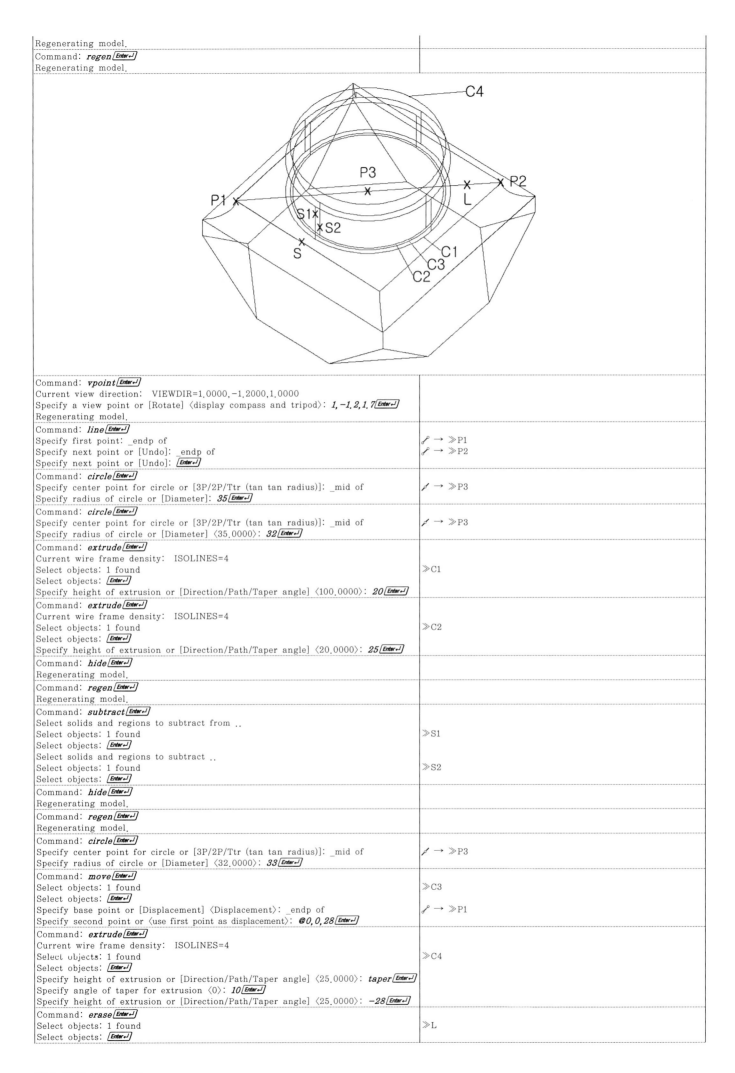

Command: *vpoint* [Enter↵]	
Current view direction: VIEWDIR=1.0000,−1.2000,1.0000	
Specify a view point or [Rotate] ⟨display compass and tripod⟩: *1,−1.2,1.7* [Enter↵]	
Regenerating model.	

Command: *line* [Enter↵]	
Specify first point: _endp of	✐ → ≫P1
Specify next point or [Undo]: _endp of	✐ → ≫P2
Specify next point or [Undo]: [Enter↵]	

Command: *circle* [Enter↵]	
Specify center point for circle or [3P/2P/Ttr (tan tan radius)]: _mid of	✐ → ≫P3
Specify radius of circle or [Diameter]: *35* [Enter↵]	

Command: *circle* [Enter↵]	
Specify center point for circle or [3P/2P/Ttr (tan tan radius)]: _mid of	✐ → ≫P3
Specify radius of circle or [Diameter] ⟨35.0000⟩: *32* [Enter↵]	

Command: *extrude* [Enter↵]	
Current wire frame density: ISOLINES=4	
Select objects: 1 found	≫C1
Select objects: [Enter↵]	
Specify height of extrusion or [Direction/Path/Taper angle] ⟨100.0000⟩: *20* [Enter↵]	

Command: *extrude* [Enter↵]	
Current wire frame density: ISOLINES=4	
Select objects: 1 found	≫C2
Select objects: [Enter↵]	
Specify height of extrusion or [Direction/Path/Taper angle] ⟨20.0000⟩: *25* [Enter↵]	

| Command: *hide* [Enter↵] | |
| Regenerating model. | |

| Command: *regen* [Enter↵] | |
| Regenerating model. | |

Command: *subtract* [Enter↵]	
Select solids and regions to subtract from ..	
Select objects: 1 found	≫S1
Select objects: [Enter↵]	
Select solids and regions to subtract ..	
Select objects: 1 found	≫S2
Select objects: [Enter↵]	

| Command: *hide* [Enter↵] | |
| Regenerating model. | |

| Command: *regen* [Enter↵] | |
| Regenerating model. | |

Command: *circle* [Enter↵]	
Specify center point for circle or [3P/2P/Ttr (tan tan radius)]: _mid of	✐ → ≫P3
Specify radius of circle or [Diameter] ⟨32.0000⟩: *33* [Enter↵]	

Command: *move* [Enter↵]	
Select objects: 1 found	≫C3
Select objects: [Enter↵]	
Specify base point or [Displacement] ⟨Displacement⟩: _endp of	✐ → ≫P1
Specify second point or ⟨use first point as displacement⟩: *@0,0,28* [Enter↵]	

Command: *extrude* [Enter↵]	
Current wire frame density: ISOLINES=4	
Select objects: 1 found	≫C4
Select objects: [Enter↵]	
Specify height of extrusion or [Direction/Path/Taper angle] ⟨25.0000⟩: *taper* [Enter↵]	
Specify angle of taper for extrusion ⟨0⟩: *10* [Enter↵]	
Specify height of extrusion or [Direction/Path/Taper angle] ⟨25.0000⟩: *−28* [Enter↵]	

Command: *erase* [Enter↵]	
Select objects: 1 found	≫L
Select objects: [Enter↵]	

Command: *union* `Enter↵` Select objects: 1 found Select objects: 1 found, 2 total Select objects: `Enter↵`	≫S ≫S1
Command: *vpoint* `Enter↵` Current view direction: VIEWDIR=1.0000,−1.2000,1.7000 Specify a view point or [Rotate] ⟨display compass and tripod⟩: *1,−1.2,1* `Enter↵` Regenerating model.	
Command: *hide* `Enter↵` Regenerating model.	
Command: *fillet* `Enter↵` Current settings: Mode = TRIM, Radius = 0.0000 Select first object or [Undo/Polyline/Radius/Trim/Multiple]: Enter fillet radius: *4* `Enter↵` Select an edge or [Chain/Radius]: `Enter↵` 1 edge(s) selected for fillet.	≫C1
Command: *hide* `Enter↵` Regenerating model.	
Command: *regen* `Enter↵` Regenerating model.	
Command: *chamfer* `Enter↵` (TRIM mode) Current chamfer Dist1 = 3.0000, Dist2 = 3.0000 Select first line or [Undo/Polyline/Distance/Angle/Trim/mEthod/Multiple]: *distance* `Enter↵` Specify first chamfer distance ⟨0.0000⟩: *3* `Enter↵` Specify second chamfer distance ⟨3.0000⟩: *3* `Enter↵` Select first line or [Undo/Polyline/Distance/Angle/Trim/mEthod/Multiple]: Base surface selection... Enter surface selection option [Next/OK (current)] ⟨OK⟩: `Enter↵` Specify base surface chamfer distance ⟨3.0000⟩: `Enter↵` Specify other surface chamfer distance ⟨3.0000⟩: `Enter↵` Select an edge or [Loop]: Select an edge or [Loop]: `Enter↵`	≫C4 ≫C4
Command: *hide* `Enter↵` Regenerating model.	
Command: *regen* `Enter↵` Regenerating model.	

Command: *fillet* `Enter↵` Current settings: Mode = TRIM, Radius = 4.0000 Select first object or [Undo/Polyline/Radius/Trim/Multiple]: Enter fillet radius ⟨4.0000⟩: *2* `Enter↵` Select an edge or [Chain/Radius]: `Enter↵` 1 edge(s) selected for fillet.	≫L1
Command: *fillet* `Enter↵` Current settings: Mode = TRIM, Radius = 2.0000 Select first object or [Undo/Polyline/Radius/Trim/Multiple]: Enter fillet radius ⟨2.0000⟩: `Enter↵` Select an edge or [Chain/Radius]: `Enter↵` 1 edge(s) selected for fillet.	L2부터 L28까지 반복 선택하여 실행
Command: *hide* `Enter↵` Regenerating model.	

File ▶ Save As... [filename: 4131_bottle]

명 령 줄(street lamp)

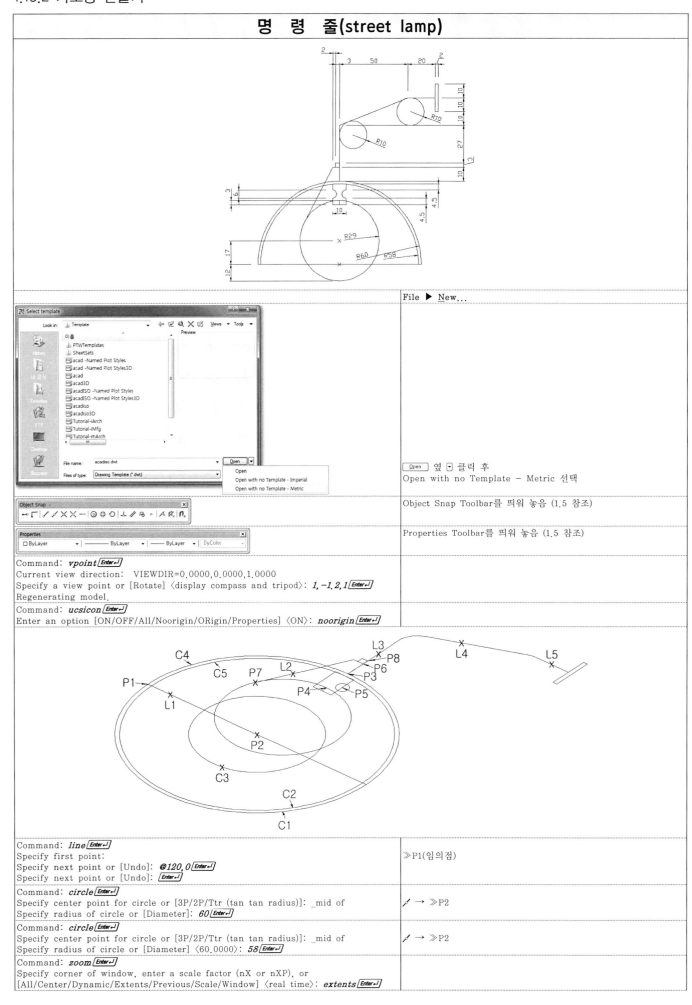

File ▶ New...

Open 옆 ☐ 클릭 후
Open with no Template - Metric 선택

Object Snap Toolbar를 띄워 놓음 (1.5 참조)

Properties Toolbar를 띄워 놓음 (1.5 참조)

Command: **vpoint** Enter↵
Current view direction: VIEWDIR=0.0000,0.0000,1.0000
Specify a view point or [Rotate] 〈display compass and tripod〉: *1,-1.2,1* Enter↵
Regenerating model.

Command: **ucsicon** Enter↵
Enter an option [ON/OFF/All/Noorigin/ORigin/Properties] 〈ON〉: *noorigin* Enter↵

Command: **line** Enter↵	≫P1(임의점)
Specify first point:	
Specify next point or [Undo]: *@120,0* Enter↵	
Specify next point or [Undo]: Enter↵	

Command: **circle** Enter↵	∕ → ≫P2
Specify center point for circle or [3P/2P/Ttr (tan tan radius)]: _mid of	
Specify radius of circle or [Diameter]: *60* Enter↵	

Command: **circle** Enter↵	∕ → ≫P2
Specify center point for circle or [3P/2P/Ttr (tan tan radius)]: _mid of	
Specify radius of circle or [Diameter] 〈60.0000〉: *58* Enter↵	

Command: **zoom** Enter↵
Specify corner of window, enter a scale factor (nX or nXP), or
[All/Center/Dynamic/Extents/Previous/Scale/Window] 〈real time〉: *extents* Enter↵

Command: *trim* `Enter↵` Current settings: Projection=View, Edge=None Select cutting edges ... Select objects or ⟨select all⟩: 1 found Select objects: `Enter↵` Select object to trim or shift-select to extend or [Fence/Crossing/Project/Edge/eRase /Undo]: Select object to trim or shift-select to extend or [Fence/Crossing/Project/Edge/eRase /Undo]: Select object to trim or shift-select to extend or [Fence/Crossing/Project/Edge/eRase /Undo]: `Enter↵`	 ≫L1 ≫C1 ≫C2
Command: *circle* `Enter↵` Specify center point for circle or [3P/2P/Ttr (tan tan radius)]: _mid of Specify radius of circle or [Diameter] ⟨58.0000⟩: *29* `Enter↵`	⟋ → ≫P2
Command: *move* `Enter↵` Select objects: 1 found Select objects: `Enter↵` Specify base point or [Displacement] ⟨Displacement⟩: _mid of Specify second point or ⟨use first point as displacement⟩: *@0,17* `Enter↵`	 ≫C3 ⟋ → ≫P2
Command: *line* `Enter↵` Specify first point: _qua of Specify next point or [Undo]: *@0,10* `Enter↵` Specify next point or [Undo]: *@-5,0* `Enter↵` Specify next point or [Close/Undo]: _tan to Specify next point or [Close/Undo]: `Enter↵`	✦ → ≫P3 ⟲ → ≫P7
Command: *line* `Enter↵` Specify first point: _endp of Specify next point or [Undo]: *@0,3* `Enter↵` Specify next point or [Undo]: *@-3,0* `Enter↵` Specify next point or [Close/Undo]: *@0,-3* `Enter↵` Specify next point or [Close/Undo]: `Enter↵`	⟋ → ≫P6
Command: *line* `Enter↵` Specify first point: _endp of Specify next point or [Undo]: *@0,40* `Enter↵` Specify next point or [Undo]: *@50,20* `Enter↵` Specify next point or [Close/Undo]: *@20,0* `Enter↵` Specify next point or [Close/Undo]: *@0,10* `Enter↵` Specify next point or [Close/Undo]: *@2,0* `Enter↵` Specify next point or [Close/Undo]: *@0,-20* `Enter↵` Specify next point or [Close/Undo]: *@-2,0* `Enter↵` Specify next point or [Close/Undo]: *@0,10* `Enter↵` Specify next point or [Close/Undo]: `Enter↵`	⟋ → ≫P8
Command: *zoom* `Enter↵` Specify corner of window, enter a scale factor (nX or nXP), or [All/Center/Dynamic/Extents/Previous/Scale/Window] ⟨real time⟩: *extents* `Enter↵`	
Command: *fillet* `Enter↵` Current settings: Mode = TRIM, Radius = 0.0000 Select first object or [Undo/Polyline/Radius/Trim/Multiple]: *radius* `Enter↵` Specify fillet radius ⟨0.0000⟩: *10* `Enter↵` Select first object or [Undo/Polyline/Radius/Trim/Multiple]: Select second object:	 ≫L3 ≫L4
Command: *fillet* `Enter↵` Current settings: Mode = TRIM, Radius = 10.0000 Select first object or [Undo/Polyline/Radius/Trim/Multiple]: *radius* `Enter↵` Specify fillet radius ⟨10.0000⟩: *10* `Enter↵` Select first object or [Undo/Polyline/Radius/Trim/Multiple]: Select second object:	 ≫L4 ≫L5
Command: *line* `Enter↵` Specify first point: _qua of Specify next point or [Undo]: *@0,-3* `Enter↵` Specify next point or [Undo]: *@5,0* `Enter↵` Specify next point or [Close/Undo]: *@0,15* `Enter↵` Specify next point or [Close/Undo]: *@-10,0* `Enter↵` Specify next point or [Close/Undo]: *@0,-15* `Enter↵` Specify next point or [Close/Undo]: *@5,0* `Enter↵` Specify next point or [Close/Undo]: `Enter↵`	✦ → ≫P4
Command: *circle* `Enter↵` Specify center point for circle or [3P/2P/Ttr (tan tan radius)]: _mid of Specify radius of circle or [Diameter] ⟨29.0000⟩: *3* `Enter↵`	⟋ → ≫P5
Command: *trim* `Enter↵` Current settings: Projection=View, Edge=None Select cutting edges ... Select objects or ⟨select all⟩: 1 found Select objects: `Enter↵` Select object to trim or shift-select to extend or [Fence/Crossing/Project/Edge/eRase /Undo]: Select object to trim or shift-select to extend or [Fence/Crossing/Project/Edge/eRase /Undo]: `Enter↵`	 ≫C5 ≫L2
Command: *vpoint* `Enter↵` Current view direction: VIEWDIR=1.0000,-1.20000,1.0000 Specify a view point or [Rotate] ⟨display compass and tripod⟩: *0,0,1* `Enter↵` Regenerating model.	

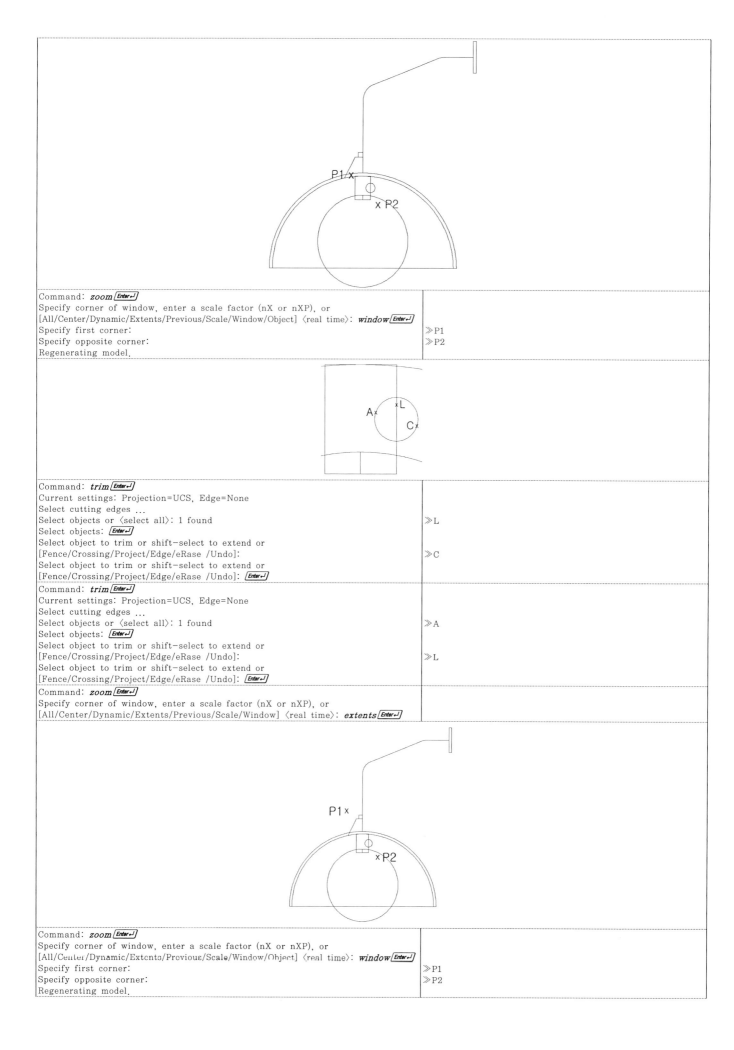

Command: *zoom* [Enter↵]
Specify corner of window, enter a scale factor (nX or nXP), or
[All/Center/Dynamic/Extents/Previous/Scale/Window/Object] ⟨real time⟩: *window* [Enter↵]
Specify first corner: ≫P1
Specify opposite corner: ≫P2
Regenerating model.

Command: *trim* [Enter↵]
Current settings: Projection=UCS, Edge=None
Select cutting edges ...
Select objects or ⟨select all⟩: 1 found   ≫L
Select objects: [Enter↵]
Select object to trim or shift−select to extend or
[Fence/Crossing/Project/Edge/eRase /Undo]:   ≫C
Select object to trim or shift−select to extend or
[Fence/Crossing/Project/Edge/eRase /Undo]: [Enter↵]

Command: *trim* [Enter↵]
Current settings: Projection=UCS, Edge=None
Select cutting edges ...
Select objects or ⟨select all⟩: 1 found   ≫A
Select objects: [Enter↵]
Select object to trim or shift−select to extend or
[Fence/Crossing/Project/Edge/eRase /Undo]:   ≫L
Select object to trim or shift−select to extend or
[Fence/Crossing/Project/Edge/eRase /Undo]: [Enter↵]

Command: *zoom* [Enter↵]
Specify corner of window, enter a scale factor (nX or nXP), or
[All/Center/Dynamic/Extents/Previous/Scale/Window] ⟨real time⟩: *extents* [Enter↵]

Command: *zoom* [Enter↵]
Specify corner of window, enter a scale factor (nX or nXP), or
[All/Center/Dynamic/Extents/Previous/Scale/Window/Object] ⟨real time⟩: *window* [Enter↵]
Specify first corner: ≫P1
Specify opposite corner: ≫P2
Regenerating model.

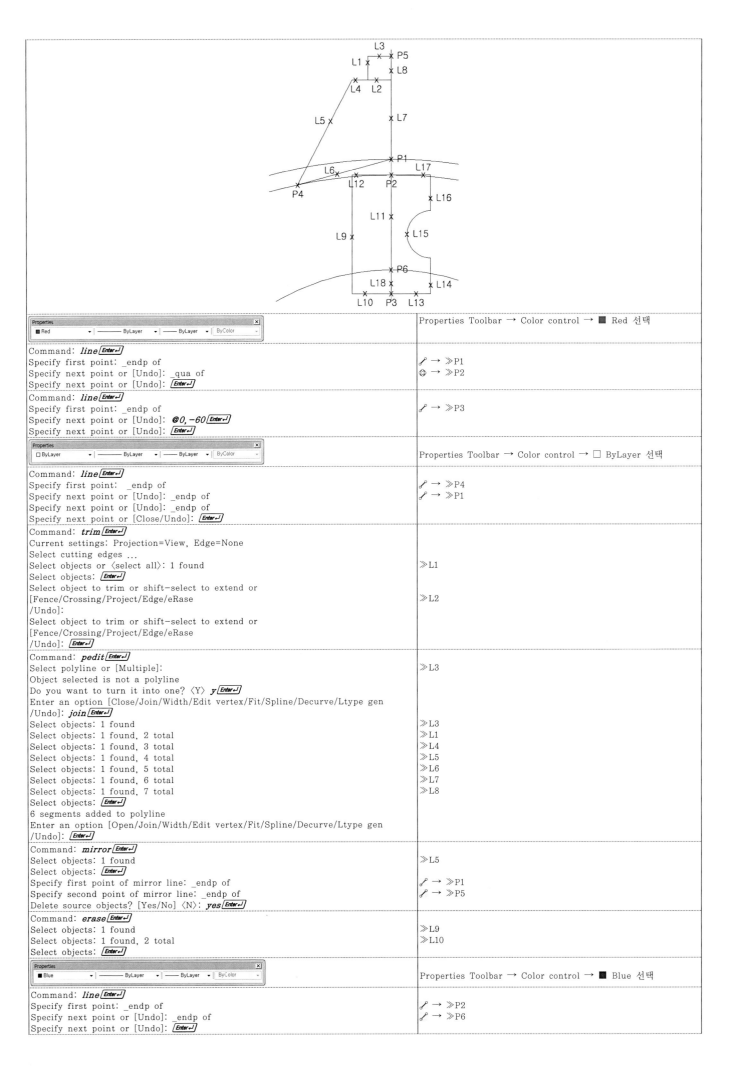

<div style="border:1px solid">Properties ■ Red ▾ ── ByLayer ▾ ── ByLayer ▾ ByColor</div>	Properties Toolbar → Color control → ■ Red 선택
Command: *line* `Enter↵` Specify first point: _endp of Specify next point or [Undo]: _qua of Specify next point or [Undo]: `Enter↵`	✐ → ≫P1 ✥ → ≫P2
Command: *line* `Enter↵` Specify first point: _endp of Specify next point or [Undo]: *@0,−60* `Enter↵` Specify next point or [Undo]: `Enter↵`	✐ → ≫P3
<div style="border:1px solid">Properties □ ByLayer ▾ ── ByLayer ▾ ── ByLayer ▾ ByColor</div>	Properties Toolbar → Color control → □ ByLayer 선택
Command: *line* `Enter↵` Specify first point: _endp of Specify next point or [Undo]: _endp of Specify next point or [Undo]: _endp of Specify next point or [Close/Undo]: `Enter↵`	✐ → ≫P4 ✐ → ≫P1
Command: *trim* `Enter↵` Current settings: Projection=View, Edge=None Select cutting edges … Select objects or ⟨select all⟩: 1 found Select objects: `Enter↵` Select object to trim or shift−select to extend or [Fence/Crossing/Project/Edge/eRase /Undo]: Select object to trim or shift−select to extend or [Fence/Crossing/Project/Edge/eRase /Undo]: `Enter↵`	≫L1 ≫L2
Command: *pedit* `Enter↵` Select polyline or [Multiple]: Object selected is not a polyline Do you want to turn it into one? ⟨Y⟩ *y* `Enter↵` Enter an option [Close/Join/Width/Edit vertex/Fit/Spline/Decurve/Ltype gen /Undo]: *join* `Enter↵` Select objects: 1 found Select objects: 1 found, 2 total Select objects: 1 found, 3 total Select objects: 1 found, 4 total Select objects: 1 found, 5 total Select objects: 1 found, 6 total Select objects: 1 found, 7 total Select objects: `Enter↵` 6 segments added to polyline Enter an option [Open/Join/Width/Edit vertex/Fit/Spline/Decurve/Ltype gen /Undo]: `Enter↵`	≫L3 ≫L3 ≫L1 ≫L4 ≫L5 ≫L6 ≫L7 ≫L8
Command: *mirror* `Enter↵` Select objects: 1 found Select objects: `Enter↵` Specify first point of mirror line: _endp of Specify second point of mirror line: _endp of Delete source objects? [Yes/No] ⟨N⟩: *yes* `Enter↵`	≫L5 ✐ → ≫P1 ✐ → ≫P5
Command: *erase* `Enter↵` Select objects: 1 found Select objects: 1 found, 2 total Select objects: `Enter↵`	≫L9 ≫L10
<div style="border:1px solid">Properties ■ Blue ▾ ── ByLayer ▾ ── ByLayer ▾ ByColor</div>	Properties Toolbar → Color control → ■ Blue 선택
Command: *line* `Enter↵` Specify first point: _endp of Specify next point or [Undo]: _endp of Specify next point or [Undo]: `Enter↵`	✐ → ≫P2 ✐ → ≫P6

	Properties Toolbar → Color control → □ ByLayer 선택
Command: *trim* [Enter↵] Current settings: Projection=UCS, Edge=None Select cutting edges ... Select objects or ⟨select all⟩: 1 found Select objects: [Enter↵] Select object to trim or shift-select to extend or [Fence/Crossing/Project/Edge/eRase /Undo]: Select object to trim or shift-select to extend or [Fence/Crossing/Project/Edge/eRase /Undo]: [Enter↵]	≫L11 ≫L12
Command: *pedit* [Enter↵] Select polyline or [Multiple]: Object selected is not a polyline Do you want to turn it into one? ⟨Y⟩ *y* [Enter↵] Enter an option [Close/Join/Width/Edit vertex/Fit/Spline/Decurve/Ltype gen /Undo]: *join* [Enter↵] Select objects: 1 found Select objects: 1 found, 2 total Select objects: 1 found, 3 total Select objects: 1 found, 4 total Select objects: 1 found, 5 total Select objects: 1 found, 6 total Select objects: 1 found, 7 total Select objects: [Enter↵] 6 segments added to polyline Enter an option [Open/Join/Width/Edit vertex/Fit/Spline/Decurve/Ltype gen /Undo]: [Enter↵]	≫L13 ≫L13 ≫L14 ≫L15 ≫L16 ≫L17 ≫L11 ≫L18
Command: *zoom* [Enter↵] Specify corner of window, enter a scale factor (nX or nXP), or [All/Center/Dynamic/Extents/Previous/Scale/Window] ⟨real time⟩: *extents* [Enter↵]	

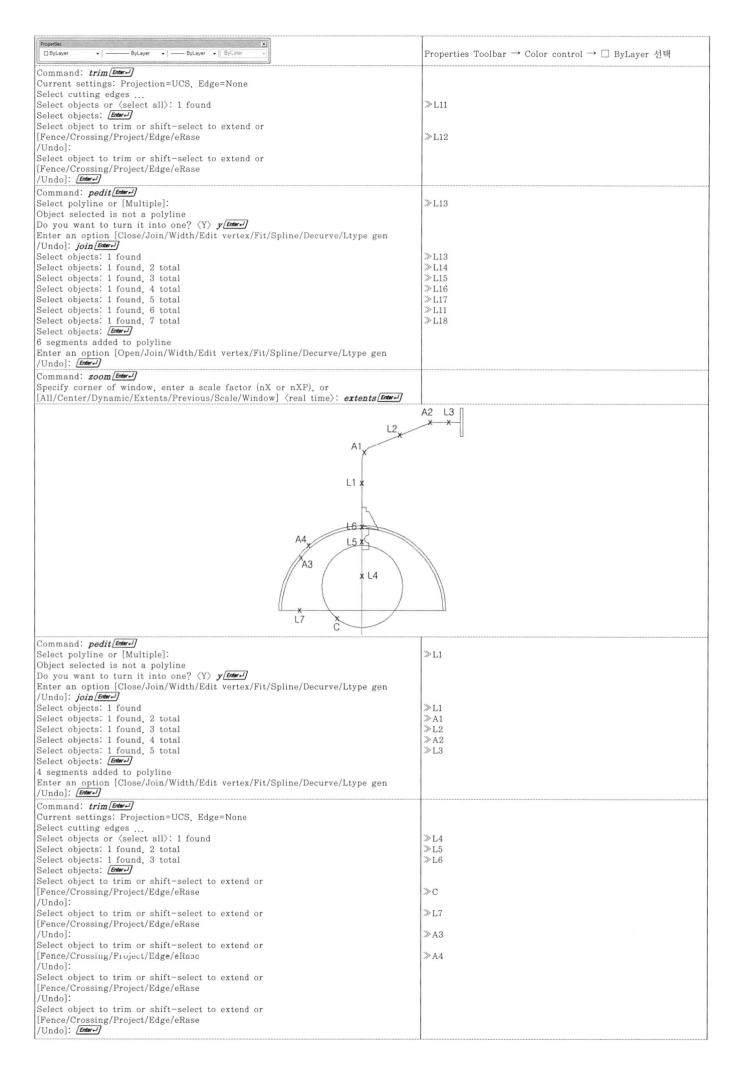

| Command: *pedit* [Enter↵]
Select polyline or [Multiple]:
Object selected is not a polyline
Do you want to turn it into one? ⟨Y⟩ *y* [Enter↵]
Enter an option [Close/Join/Width/Edit vertex/Fit/Spline/Decurve/Ltype gen
/Undo]: *join* [Enter↵]
Select objects: 1 found
Select objects: 1 found, 2 total
Select objects: 1 found, 3 total
Select objects: 1 found, 4 total
Select objects: 1 found, 5 total
Select objects: [Enter↵]
4 segments added to polyline
Enter an option [Close/Join/Width/Edit vertex/Fit/Spline/Decurve/Ltype gen
/Undo]: [Enter↵] | ≫L1

≫L1
≫A1
≫L2
≫A2
≫L3 |
| Command: *trim* [Enter↵]
Current settings: Projection=UCS, Edge=None
Select cutting edges ...
Select objects or ⟨select all⟩: 1 found
Select objects: 1 found, 2 total
Select objects: 1 found, 3 total
Select objects: [Enter↵]
Select object to trim or shift-select to extend or
[Fence/Crossing/Project/Edge/eRase
/Undo]:
Select object to trim or shift-select to extend or
[Fence/Crossing/Project/Edge/eRase
/Undo]:
Select object to trim or shift-select to extend or
[Fence/Crossing/Project/Edge/eRase
/Undo]:
Select object to trim or shift-select to extend or
[Fence/Crossing/Project/Edge/eRase
/Undo]:
Select object to trim or shift-select to extend or
[Fence/Crossing/Project/Edge/eRase
/Undo]:
Select object to trim or shift-select to extend or
[Fence/Crossing/Project/Edge/eRase
/Undo]: [Enter↵] | ≫L4
≫L5
≫L6

≫C

≫L7

≫A3

≫A4 |

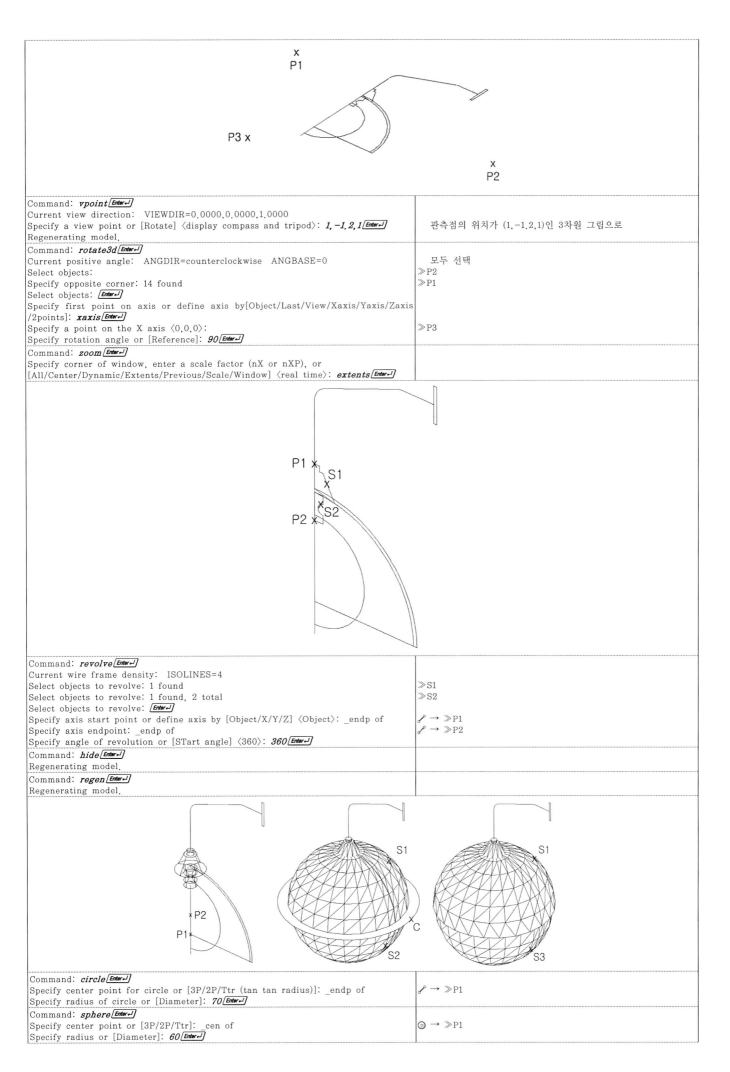

Command: *vpoint* [Enter↵] Current view direction: VIEWDIR=0.0000,0.0000,1.0000 Specify a view point or [Rotate] ⟨display compass and tripod⟩: *1,−1.2,1* [Enter↵] Regenerating model.	관측점의 위치가 (1,−1.2,1)인 3차원 그림으로
Command: *rotate3d* [Enter↵] Current positive angle: ANGDIR=counterclockwise ANGBASE=0 Select objects: Specify opposite corner: 14 found Select objects: [Enter↵] Specify first point on axis or define axis by[Object/Last/View/Xaxis/Yaxis/Zaxis /2points]: *xaxis* [Enter↵] Specify a point on the X axis ⟨0,0,0⟩: Specify rotation angle or [Reference]: *90* [Enter↵]	모두 선택 ≫P2 ≫P1 ≫P3
Command: *zoom* [Enter↵] Specify corner of window, enter a scale factor (nX or nXP), or [All/Center/Dynamic/Extents/Previous/Scale/Window] ⟨real time⟩: *extents* [Enter↵]	
Command: *revolve* [Enter↵] Current wire frame density: ISOLINES=4 Select objects to revolve: 1 found Select objects to revolve: 1 found, 2 total Select objects to revolve: [Enter↵] Specify axis start point or define axis by [Object/X/Y/Z] ⟨Object⟩: _endp of Specify axis endpoint: _endp of Specify angle of revolution or [STart angle] ⟨360⟩: *360* [Enter↵]	≫S1 ≫S2 ⌖ → ≫P1 ⌖ → ≫P2
Command: *hide* [Enter↵] Regenerating model.	
Command: *regen* [Enter↵] Regenerating model.	
Command: *circle* [Enter↵] Specify center point for circle or [3P/2P/Ttr (tan tan radius)]: _endp of Specify radius of circle or [Diameter]: *70* [Enter↵]	⌖ → ≫P1
Command: *sphere* [Enter↵] Specify center point or [3P/2P/Ttr]: _cen of Specify radius or [Diameter]: *60* [Enter↵]	⊚ → ≫P1

Command: *zoom* Enter↵ Specify corner of window, enter a scale factor (nX or nXP), or [All/Center/Dynamic/Extents/Previous/Scale/Window] ⟨real time⟩: *extents* Enter↵ Regenerating model.	
Command: *hide* Enter↵ Regenerating model.	
Command: *slice* Enter↵ Select objects to slice: 1 found Select objects to slice: Enter↵ Specify start point of slicing plane or [planar Object/Surface/Zaxis/View/XY/YZ/ZX /3points] ⟨3points⟩: *object* Enter↵ Select a circle, ellipse, arc, 2D-spline, 2D-polyline to define the slicing plane: Specify a point on desired side of the plane or [keep Both sides] ⟨Both⟩: *both* Enter↵	≫S1 ≫C
Command: *erase* Enter↵ Select objects: 1 found Select objects: 1 found, 2 total Select objects: Enter↵	≫C ≫S2
Command: *hide* Enter↵ Regenerating model.	
Command: *regen* Enter↵ Regenerating model.	
Command: *sphere* Enter↵ Specify center point or [3P/2P/Ttr]: _endp of Specify radius or [Diameter] ⟨50.0000⟩: *58* Enter↵	∮ → ≫P1
Command: *subtract* Enter↵ Select solids and regions to subtract from .. Select objects: 1 found Select objects: Enter↵ Select solids and regions to subtract .. Select objects: 1 found Select objects: Enter↵	≫S1 ≫S3
Command: *regen* Enter↵ Regenerating model.	
Command: *sphere* Enter↵ Specify center point or [3P/2P/Ttr]: _cen of Specify radius or [Diameter] ⟨58.0000⟩: *29* Enter↵	◎ → ≫P2

Command: *circle* Enter↵ Specify center point for circle or [3P/2P/Ttr (tan tan radius)]: _endp of Specify radius of circle or [Diameter]: *2* Enter↵	∮ → ≫P1
Command: *extrude* Enter↵ Current wire frame density: ISOLINES=4 Select objects: 1 found Select objects: Enter↵ Specify height of extrusion or [Direction/Path/Taper angle] ⟨0⟩: *path* Enter↵ Select extrusion path or [Taper angle]:	≫C1 ≫L
Command: *ucs* Enter↵ Current ucs name: *NO NAME* Specify origin of UCS or [Face/NAmed/OBject/Previous/View/World/X/Y/Z/ZAxis] ⟨World⟩: *y* Enter↵ Specify rotation angle about Y axis ⟨90⟩: *90* Enter↵	
Command: *circle* Enter↵ Specify center point for circle or [3P/2P/Ttr (tan tan radius)]: _endp of Specify radius of circle or [Diameter] ⟨20.0000⟩: *10* Enter↵	∮ → ≫P2
Command: *extrude* Enter↵ Current wire frame density: ISOLINES=4 Select objects: 1 found Select objects: Enter↵ Specify height of extrusion or [Direction/Path/Taper angle] ⟨0⟩: *2* Enter↵	≫C2
Command: *ucs* Enter↵ Current ucs name: *NO NAME* Specify origin of UCS or [Face/NAmed/OBject/Previous/View/World/X/Y/Z/ZAxis] ⟨World⟩: *world* Enter↵	좌표계를 표준좌표계(WCS)로
Command: *zoom* Enter↵ Specify corner of window, enter a scale factor (nX or nXP), or [All/Center/Dynamic/Extents/Previous/Scale/Window] ⟨real time⟩: *extents* Enter↵	
Command: *facetres* Enter↵ Enter new value for FACETRES ⟨0.5000⟩: *5* Enter↵	
Command: *hide* Enter↵ Regenerating model.	

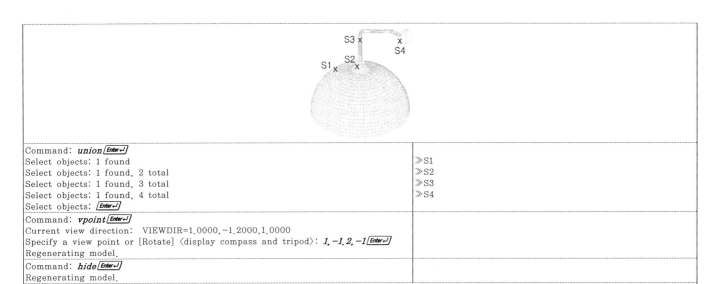

Command: *union* `Enter↵` Select objects: 1 found Select objects: 1 found, 2 total Select objects: 1 found, 3 total Select objects: 1 found, 4 total Select objects: `Enter↵`	≫S1 ≫S2 ≫S3 ≫S4
Command: *vpoint* `Enter↵` Current view direction: VIEWDIR=1.0000,-1.2000,1.0000 Specify a view point or [Rotate] ⟨display compass and tripod⟩: *1,-1.2,-1* `Enter↵` Regenerating model.	
Command: *hide* `Enter↵` Regenerating model.	
	File ▶ Save As... [filename: 4132_streetlamp]

facetres - 음영처리된 객체 및 은선이 제거된 객체의 다듬기를 조정한다. 유효한 값의 범위는 0.01에서 10.0까지이다.

MEMO

5

레이아웃

5. 레이아웃

5.1 LAYOUT

도면 배치탭을 작성하거나 수정한다.

배치는 플로팅을 위해 도면을 구성하거나 배치하는 데 사용된다. 배치는 제목 블록, 하나 이상의 뷰포트 및 주석으로 구성될 수 있다.

주 이들 옵션 중 다수는 배치탭 이름을 마우스 오른쪽 버튼으로 클릭하여 사용할 수 있다.

명 령	
메뉴	메뉴 삽입(I) ▶ 배치(L)
명령행	layout
도구막대	🖼

Command: **layout**

명 령 옵 션	
Enter layout option [Copy/Delete/New/Template/Rename/SAveas/Set/?] ⟨set⟩: **옵션 입력**	
복사	배치를 복사한다. 이름을 제공하지 않으면 새 배치는 괄호 안에 증분 숫자가 있는 복사된 배치 이름을 사용한다. 새로운 탭은 복사된 배치탭 앞에 삽입된다. Enter layout option [Copy/Delete/New/Template/Rename/SAveas/Set/?] ⟨set⟩: **copy** Enter name of layout to copy ⟨Layout1⟩: **복사할 배치 이름 입력** Enter layout name for copy ⟨Layout1 (2)⟩: **복사할 배치 이름 입력**
삭제	배치를 삭제한다. 현재 배치가 기본 값이다. Enter layout option [Copy/Delete/New/Template/Rename/SAveas/Set/?] ⟨set⟩: **delete** Enter name of layout to delete ⟨Layout1⟩: **삭제할 배치 이름 입력** 모형탭은 삭제할 수 없다. 모형탭에서 모든 형상을 제거하려면 모든 형상을 선택하고 ERASE 명령을 사용해야 한다.
신규	새로운 배치탭을 작성한다. 한 도면에 최대 255개까지 배치를 작성할 수 있다. Enter layout option [Copy/Delete/New/Template/Rename/SAveas/Set/?] ⟨set⟩: **new** Enter new Layout name ⟨Layout3⟩: **새 배치 이름 입력** 배치 이름은 고유해야 한다. 배치 이름은 255자까지 가능하며 대소문자를 구분하지 않는다. 처음 31자만이 탭에 표시된다.
템플릿	템플릿(DWT), 도면(DWG) 또는 도면 교환(DXF) 파일의 기존 배치를 기준으로 새 배치탭을 작성한다. FILEDIA 시스템 변수가 1로 설정되면 DWT, DWG 또는 DXF 파일을 선택할 수 있도록 표준 파일 선택 대화상자가 표시된다. 파일을 선택하면 AutoCAD는 선택된 파일에 저장된 배치를 표시하는 배치 삽입 대화상자를 표시한다. 배치를 선택하면 지정된 템플릿 또는 도면 파일의 모든 객체 및 배치가 현재 도면에 삽입된다. Enter layout option [Copy/Delete/New/Template/Rename/SAveas/Set/?] ⟨set⟩: **template**
이름 바꾸기	배치의 이름을 바꾼다. 마지막 현재 배치가 이름을 바꿀 배치의 기본 값으로 사용된다. Enter layout option [Copy/Delete/New/Template/Rename/SAveas/Set/?] ⟨set⟩: **rename** Enter layout to rename ⟨Layout1⟩: **이름을 바꿀 배치 입력** Enter new layout name: **새 배치 이름 입력** 배치 이름은 고유해야 한다. 배치 이름은 255자까지 가능하며 대소문자를 구분하지 않는다. 처음 31자만이 탭에 표시된다.
다른 이름으로 저장	참조되지 않은 기호 테이블과 블록 정의 정보를 저장하지 않고 배치를 도면 템플릿(DWT) 파일로 저장한다. 그런 다음 필요 없는 정보를 제거할 필요 없이 템플릿을 사용하여 도면에 새로운 배치를 작성할 수 있다. 사용자 안내서의 템플릿을 사용하여 배치 작성을 참고한다. Enter layout option [Copy/Delete/New/Template/Rename/SAveas/Set/?] ⟨set⟩: **saveas** Enter layout to save to template ⟨Layout1⟩: **템플릿으로 저장할 배치 입력** 마지막 현재 배치가 템플릿으로 저장할 배치의 기본 값으로 사용된다. FILEDIA 시스템 변수가 1로 설정되어 있으면 배치를 저장할 템플릿 파일을 지정할 수 있는 표준 파일 선택 대화상자가 표시된다. 기본 배치 템플릿 디렉터리는 옵션 대화상자에서 지정된다.
설정	배치를 현재 배치로 만든다. Enter layout option [Copy/Delete/New/Template/Rename/SAveas/Set/?] ⟨set⟩: **set** Enter layout to make current ⟨Layout1⟩: **현재 배치로 만들 배치 입력**
?—배치 나열	도면에 정의된 모든 배치를 나열한다. Enter layout option [Copy/Delete/New/Template/Rename/SAveas/Set/?] ⟨set⟩: **?**

5.2 MVIEW

배치 뷰포트를 작성하고 조정한다.

배치탭에서 작업하는 경우 MVIEW가 배치 뷰포트의 작성 및 화면표시를 조정한다. 모형탭에서 작업하는 경우 VPORTS를 사용하여 모형 뷰포트를 작성할 수 있다.

명 령	
메뉴	메뉴 뷰(V) ▶ 뷰포트(V) ▶ 1개의 뷰포트, 2개의 뷰포트, 3개의 뷰포트, 4개의 뷰포트
명령행	mview
도구막대	

Command: **mview**

배치에서는 원하는 수만큼 뷰포트를 작성할 수 있지만 한 번에 64개의 뷰포트까지만 활성화될 수 있다 (MAXACTVP 참고). 모형 공간의 객체는 활성 뷰포트에서만 보인다. 활성화되지 않은 뷰포트는 비어 있다. 켜 기(On)와 끄기(Off) 옵션을 사용하여 뷰포트의 활성 여부를 조정한다.

명 령 옵 션		
Specify corner of viewport or [ON/OFF/Fit/Shadeplot/Lock/Object/Polygonal/Restore/LAyer/2/3/4] ⟨Fit⟩: **옵션을 입력하거나 점을 지정**		
뷰포트의 구석	직사각형 뷰포트의 구석을 지정한다. Specify corner of viewport or [ON/OFF/Fit/Shadeplot/Lock/Object/Polygonal/Restore/LAyer/2/3/4] ⟨Fit⟩: **첫 번째 구석 지정** Specify opposite corner: **반대 구석 지정**	
켜기	선택한 뷰포트를 활성화한다. 활성 뷰포트는 모형 공간의 객체를 표시한다. MAXACTVP 시스템 변수는 한 번에 활성화될 수 있는 최대 뷰포트 수를 조정한다. MAXACTVP에 지정된 것보다 많은 수의 뷰포트가 도면에 포함되어 있으면 하나의 뷰포트를 꺼야만 또 하나의 뷰포트를 활성화할 수 있다. Specify corner of viewport or [ON/OFF/Fit/Shadeplot/Lock/Object/Polygonal/Restore/LAyer/2/3/4] ⟨Fit⟩: **on** Select objects: **하나 이상의 뷰포트 선택**	
끄기	선택한 뷰포트를 비활성화 한다. 모형 공간의 객체는 비활성 뷰포트에는 표시되지 않는다. Specify corner of viewport or [ON/OFF/Fit/Shadeplot/Lock/Object/Polygonal/Restore/LAyer/2/3/4] ⟨Fit⟩: **off** Select objects: **하나 이상의 뷰포트 선택**	
맞춤	용지 여백의 모서리까지 배치를 채우는 하나의 뷰포트를 작성한다. 용지 배경과 여백이 꺼지면 화면표시가 뷰포트로 채워진다. Specify corner of viewport or [ON/OFF/Fit/Shadeplot/Lock/Object/Polygonal/Restore/LAyer/2/3/4] ⟨Fit⟩: **fit** Regenerating model.	
음영 플롯	배치의 뷰포트가 플롯되는 방법을 지정한다. Specify corner of viewport or [ON/OFF/Fit/Shadeplot/Lock/Object/Polygonal/Restore/LAyer/2/3/4] ⟨Fit⟩: **shadeplot** Shade plot? [As Displayed/Wireframe/Hidden/Visual styles/Rendered] ⟨As Displayed⟩: **음영 플롯 옵션 입력**	
	표시되는 대로	뷰포트가 화면에 표시되는 그대로 플롯되도록 지정한다. Shade plot? [As Displayed/Wireframe/Hidden/Visual styles/Rendered] ⟨As Displayed⟩: **a** Select objects: **하나 이상의 뷰포트 선택**
	와이어프레임	뷰포트가 현재 화면표시에 관계없이 와이어프레임으로 플롯되도록 지정한다. Shade plot? [As Displayed/Wireframe/Hidden/Visual styles/Rendered] ⟨As Displayed⟩: **wireframe** Select objects: **하나 이상의 뷰포트 선택**
	숨김	뷰포트가 현재 화면표시에 관계없이 은선을 제거하고 플롯되도록 지정한다. Shade plot? [As Displayed/Wireframe/Hidden/Visual styles/Rendered] ⟨As Displayed⟩: **hidden** Select objects: **하나 이상의 뷰포트 선택**
	렌더 됨	뷰포트가 현재 화면표시에 관계없이 렌더링된 이미지로 플롯되도록 지정한다. Shade plot? [As Displayed/Wireframe/Hidden/Visual styles/Rendered] ⟨As Displayed⟩: **rendered** Specify render preset [Current/Draft/Low/Medium/High/Presentation/Other] ⟨Current⟩: **옵션 입력**
잠금	선택한 뷰포트의 줌 축척 비율이 모형 공간에서 작업할 때 변경되지 못하도록 한다. Specify corner of viewport or [ON/OFF/Fit/Shadeplot/Lock/Object/Polygonal/Restore/LAyer/2/3/4] ⟨Fit⟩: **lock** Viewport View Locking [ON/OFF]: **on 또는 off 입력** Select objects: **하나 이상의 뷰포트 선택**	
객체	닫힌 폴리선, 타원, 스플라인, 영역 또는 원을 지정하여 뷰포트로 변환한다. 지정하는 폴리선은 닫혀 있어야 하고 최소한 세 개의 정점을 포함해야 한다. 폴리선은 자체 교차할 수 있으며 호와 선 세그먼트를 포함할 수 있다. Specify corner of viewport or [ON/OFF/Fit/Shadeplot/Lock/Object/Polygonal/Restore/LAyer/2/3/4] ⟨Fit⟩: **object** Select object to clip viewport: **객체 선택**	
다각형	지정한 점을 사용하여 불규칙한 모양의 뷰포트를 작성한다. 프롬프트는 외부참조(xref)에 대한 다각형 자르기 경계를 지정할 때 표시되는 프롬프트와 유사하지만 다각형 뷰포트 경계를 작성할 때는 호를 지정할 수 있다.	

		Specify corner of viewport or [ON/OFF/Fit/Shadeplot/Lock/Object/Polygonal/Restore/LAyer/2/3/4] 〈Fit〉: **polygonal** Specify start point: **점을 지정** Specify next point or [Arc/Length/Undo]: **점을 지정하거나 옵션 입력** Specify next point or [Arc/Close/Length/Undo]: **점을 지정하거나 옵션 입력**

	호	다각형 뷰포트에 호 세그먼트를 추가한다.
		
		    Specify next point or [Arc/Length/Undo]: **arc**
		    Enter an arc boundary option [Angle/CEnter/Direction/Line/Radius/Second pt/Undo/Endpoint of arc] 〈Endpoint〉:
		                        옵션을 입력하거나 엔터키
		
		호 세그먼트를 작성하는 옵션들에 대한 설명은 호를 참고한다.

	닫기	Specify next point or [Arc/Close/Length/Undo]: **close** Clip polyline must have at least 3 vertices. 경계를 닫는다. 적어도 세 개의 점을 지정한 후 엔터키를 누르면 경계가 자동으로 닫힌다.

	길이	지정한 길이의 선 세그먼트를 이전 세그먼트와 같은 각도로 그린다. 이전 세그먼트가 호이면 그 호 세그먼트에 접하는 새로운 선 세그먼트가 그려진다.
		
		    Specify next point or [Arc/Close/Length/Undo]: **length**
		    Specify length of line:

	명령취소	다각형 뷰포트에 추가된 가장 최근의 선 또는 호 세그먼트를 제거한다. Specify next point or [Arc/Close/Length/Undo]: **undo**

복원		VPORTS 명령을 사용하여 저장된 뷰포트 구성을 복원한다.
		
		    Specify corner of viewport or [ON/OFF/Fit/Shadeplot/Lock/Object/Polygonal/Restore/LAyer/2/3/4] 〈Fit〉: **restore**
		    Enter viewport configuration name or [?] 〈*Active〉: **?를 입력하거나, 이름을 입력하거나, 엔터키**
		    Specify first corner or [Fit] 〈Fit〉: **점을 지정하거나 엔터키**

	첫 번째 구석	윈도우 선택 방법을 사용하여 새 뷰포트의 위치를 지정하고 크기를 조절한다. AutoCAD는 선택한 영역 내에 뷰포트를 맞춘다.
		
		    Specify first corner or [Fit] 〈Fit〉: **점을 지정**
		    Specify opposite corner: **점을 지정**
		    Regenerating model.

	맞춤	뷰포트의 크기를 조절하여 도면 영역을 채운다.
		
		    Specify first corner or [Fit] 〈Fit〉: **fit**
		    Regenerating model.

2		지정한 영역을 동일한 크기의 두 개의 뷰포트로 수평 또는 수직 분할한다.
		
		    Specify corner of viewport or [ON/OFF/Fit/Shadeplot/Lock/Object/Polygonal/Restore/LAyer/2/3/4] 〈Fit〉: **2**
		    Enter viewport arrangement [Horizontal/Vertical] 〈Vertical〉: **h를 입력하거나 엔터키**
		    Specify first corner or [Fit] 〈Fit〉: **점을 지정하거나 엔터키**

	첫 번째 구석	윈도우 선택 방법을 사용하여 새 뷰포트의 위치를 지정하고 크기를 조절한다. AutoCAD는 선택한 영역 내에 뷰포트를 맞춘다.
		
		    Specify first corner or [Fit] 〈Fit〉: **점을 지정**
		    Specify opposite corner: **점을 지정**
		    Regenerating model.

	맞춤	뷰포트의 크기를 조절하여 도면 영역을 채운다.
		
		    Specify first corner or [Fit] 〈Fit〉: **fit**
		    Regenerating mode

3		지정한 영역을 세 개의 뷰포트로 분할한다.
		
		    Specify corner of viewport or [ON/OFF/Fit/Shadeplot/Lock/Object/Polygonal/Restore/LAyer/2/3/4] 〈Fit〉: **3**
		    Enter viewport arrangement [Horizontal/Vertical/Above/Below/Left/Right] 〈Right〉: **옵션을 입력하거나 엔터키**
		
		수평과 수직 옵션은 지정한 영역을 3단으로 분할한다. 나머지 옵션은 영역을 세 개의 뷰포트 즉 큰 뷰포트 하나와 더 작은 뷰포트 두 개로 분할한다. 위, 아래, 왼쪽 및 오른쪽 옵션은 더 큰 뷰포트의 위치를 지정한다.
		
		    Specify first corner or [Fit] 〈Fit〉: **점을 지정하거나 엔터키**

	첫 번째 구석	윈도우 선택 방법을 사용하여 새 뷰포트의 위치를 지정하고 크기를 조절한다. AutoCAD는 선택한 영역 내에 뷰포트를 맞춘다.
		
		    Specify first corner or [Fit] 〈Fit〉: **점을 지정**
		    Specify opposite corner: **점을 지정**
		    Regenerating model.

	맞춤	뷰포트의 크기를 조절하여 도면 영역을 채운다.
		
		    Specify first corner or [Fit] 〈Fit〉: **fit**
		    Regenerating mode

4		지정한 영역을 동일한 크기의 네 개의 뷰포트로 수평 및 수직 분할한다.
		
		    Specify corner of viewport or [ON/OFF/Fit/Shadeplot/Lock/Object/Polygonal/Restore/LAyer/2/3/4] 〈Fit〉: **4**
		    Specify first corner or [Fit] 〈Fit〉: **점을 지정하거나 엔터키**

	첫 번째 구석	윈도우 선택 방법을 사용하여 새 뷰포트의 위치를 지정하고 크기를 조절한다. AutoCAD는 선택한 영역 내에 뷰포트를 맞춘다.
		
		    Specify first corner or [Fit] 〈Fit〉: **점을 지정**
		    Specify opposite corner: **점을 지정**
		    Regenerating model.

	맞춤	뷰포트의 크기를 조절하여 도면 영역을 채운다.
		
		    Specify first corner or [Fit] 〈Fit〉: **fit**
		    Regenerating mode

5.3 MVSETUP

도면의 지정사항을 설정한다.

명 령	
메뉴	
명령행	mvsetup
도구막대	

명령행에서 mvsetup을 입력하면 표시되는 프롬프트는 모형탭(모형 공간)에서 작업 중인지 배치탭(도면 공간)에서 작업 중인지에 따라 다르다.

모형탭에서는 명령행에서 MVSETUP을 사용하여 단위 유형, 도면 축척 비율 및 용지 크기를 설정한다. 사용자가 제공하는 설정 값을 사용하여 도면 한계 내에 직사각형 경계가 그려진다.

배치탭에서는 미리 정의된 몇 개의 제목 블록 중 하나를 도면에 삽입하고 제목 블록 내에 배치 뷰포트 세트를 작성할 수 있다. 배치에 있는 제목 블록의 축척과 모형탭에 있는 도면의 축척 사이의 비율로 전역 축척을 지정할 수 있다. 모형탭의 가장 유용한 기능은 단일 경계 내에서 도면의 다중 뷰를 플롯할 수 있다는 것이다.

손쉽게 모든 배치 페이지 설정 값을 지정하고 도면을 플롯할 수 있도록 준비하려면, 새로운 도면 세션에서 배치를 선택하며 자동으로 표시되는 페이지 설정 대화상자를 사용하면 된다.

5.3.1 모형탭(모형 공간)에서 MVSETUP 사용하기

명 령 옵 션	
TILEMODE 시스템 변수가 켜진 경우(기본 값임) 다음과 같은 프롬프트가 표시된다. 　Command: **mvsetup** 　Enable paper space? [No/Yes] ⟨Y⟩: **n**을 입력하거나 엔터키	
No	엔터키를 누르면 TILEMODE가 꺼지고 다음 절 배치탭에서 MVSETUP 사용하기에 설명된 것처럼 진행한다. 　　Enable paper space? [No/Yes] ⟨Y⟩: **yes** 　　Restoring cached viewports – Regenerating layout. 　　Enter an option [Align/Create/Scale viewports/Options/Title block/Undo]:
Yes	n을 입력하면 다음과 같은 프롬프트가 표시된다. 　　Enable paper space? [No/Yes] ⟨Y⟩: **no** 　　Enter units type [Scientific/Decimal/Engineering/Architectural/Metric]: **옵션 입력** AutoCAD는 사용 가능한 단위의 리스트를 표시하고 축척 비율 및 용지 크기에 대해 프롬프트를 표시한다. 　　Enter the scale factor: **값 입력** 　　Enter the paper width: **값 입력** 　　Enter the paper height: **값 입력** 경계 상자가 그려지고 명령이 종료된다.

5.3.2 배치탭(도면 공간)에서 MVSETUP 사용하기

명 령 옵 션		
Command: **mvsetup** Enable paper space? [No/Yes] ⟨Y⟩: **y**를 입력하거나 엔터키를 누르는 경우에는 다음과 같은 프롬프트가 표시된다. Regenerating layout. Regenerating layout. Regenerating model – caching viewports. Enter an option [Align/Create/Scale viewports/Options/Title block/Undo]: : **옵션을 입력하거나 엔터키**		
정렬	뷰포트의 뷰를 초점이동하여 다른 뷰포트의 기준점에 정렬되도록 한다. 현재 뷰포트가 다른 점이 이동하는 대상 뷰포트이다. 　　Enter an option [Angled/Horizontal/Vertical alignment/Rotate view/Undo]: **옵션 입력**	
	각도	뷰포트의 뷰를 지정한 방향으로 초점이동한다. 　　Enter an option [Angled/Horizontal/Vertical alignment/Rotate view/Undo]: **angled** 　　Specify basepoint: **점 지정** 　　Specify point in viewport to be panned: **초점이동 할 뷰포트에 점 지정** 다음 두 개의 프롬프트는 기준점에서 두 번째 점까지의 거리와 각도를 지정한다.

		Specify the distance and angle to the new alignment point in the current viewport where you specified the basepoint. Specify distance from basepoint: **거리 지정** Specify angle from basepoint: **각도 지정**
	수평	한 뷰포트의 뷰를 초점이동하여 다른 뷰포트의 기준점에 수평으로 정렬되도록 한다. 이 옵션은 두 뷰포트의 방향이 수평인 경우에만 사용해야 한다. 그렇지 않으면 뷰가 뷰포트의 한계 밖으로 초점이동될 수 있다. Enter an option [Angled/Horizontal/Vertical alignment/Rotate view/Undo]: **horizontal** Specify basepoint: **점 지정** Specify point in viewport to be panned: **초점이동 할 뷰포트에 점 지정**
	수직 정렬	한 뷰포트의 뷰를 초점이동하여 다른 뷰포트의 기준점에 수직으로 정렬되도록 한다. 이 옵션은 두 뷰포트의 방향이 수직인 경우에만 사용해야 한다. 그렇지 않으면 뷰가 뷰포트의 한계 밖으로 초점이동될 수 있다. Enter an option [Angled/Horizontal/Vertical alignment/Rotate view/Undo]: **vertical** Specify basepoint: **점 지정** Specify point in viewport to be panned: **초점이동 할 뷰포트에 점 지정**
	뷰 회전	뷰포트의 뷰를 기준점 둘레로 회전한다. Enter an option [Angled/Horizontal/Vertical alignment/Rotate view/Undo]: **rotate** Specify basepoint in the viewport with the view to be rotated: **점 지정** Specify angle from basepoint: **각도 지정**
	명령취소	현재 MVSETUP 세션에서 수행한 작업을 되돌린다. Enter an option [Angled/Horizontal/Vertical alignment/Rotate view/Undo]: **undo**
작성		뷰포트를 작성한다. Enter an option [Align/Create/Scale viewports/Options/Title block/Undo]: **create** Enter option [Delete objects/Create viewports/Undo] 〈Create〉: **옵션을 입력하거나 엔터키**
	객체 삭제	기존 뷰포트를 삭제한다. Enter option [Delete objects/Create viewports/Undo] 〈Create〉: **delete** Select the objects to delete... Select objects: **삭제할 뷰포트를 선택하고 엔터키**
	뷰포트 작성	뷰포트를 작성하기 위한 옵션을 표시한다. Enter option [Delete objects/Create viewports/Undo] 〈Create〉: **create** Available layout options: **. . .** 　0:　　None 　1:　　Single 　2:　　Std. Engineering 　3:　　Array of Viewports Enter layout number to load or [Redisplay]: **옵션 번호(03)를 입력하거나, r을 입력하여 뷰포트 배치 옵션을 다시 표시**

		로드할 배치 개수	뷰포트 작성을 조정한다. Enter layout number to load or [Redisplay]: **옵션 번호 입력**
			0을 입력하거나 엔터키를 누르면 뷰포트가 작성되지 않는다. Enter layout number to load or [Redisplay]: **0**
			1을 입력하면 다음과 같은 프롬프트에 의해 크기가 결정되는 단일 뷰포트가 작성된다. Enter layout number to load or [Redisplay]: **1** Specify first corner of bounding area for viewport(s): **첫 번째 구석을 위한 점 지정** Specify opposite corner: **반대 구석을 위한 점 지정**
			2를 입력하면 지정한 영역을 4등분하여 네 개의 뷰포트가 작성된다. 분할할 영역과 뷰포트들 사이의 거리를 확인하는 프롬프트가 표시된다. Enter layout number to load or [Redisplay]: **2** Specify first corner of bounding area for viewport(s): **첫 번째 구석을 위한 점 지정** Specify opposite corner: **반대 구석을 위한 점 지정** Specify distance between viewports in X direction 〈0〉: **거리를 지정하거나 엔터키** Specify distance between viewports in Y direction 〈0〉: **거리를 지정하거나 엔터키** 각 사분면의 관측 각도는 다음 표에서와 같이 설정된다. _표준 공학 뷰포트_ <table><tr><th>사분점</th><th>뷰</th></tr><tr><td>왼쪽 위</td><td>평면도 (UCS의 XY 평면)</td></tr><tr><td>오른쪽 위</td><td>SE 등각투영 뷰</td></tr><tr><td>왼쪽 아래</td><td>정면도 (UCS의 XZ 평면)</td></tr><tr><td>오른쪽 아래</td><td>우측면도 (UCS의 YZ 평면)</td></tr></table>
			3을 입력하면 X축과 Y축을 따라 뷰포트의 행렬이 정의된다. 다음 두 개의 프롬프트에서 점을 지정하면 뷰포트 구성이 포함된 직사각형 도면 영역이 정의된다. 제목 블록을 삽입한 경우에는 첫 번째 구석 지정 프롬프트에 기본 영역 선택을 위한 옵션도 포함된다. Enter layout number to load or [Redisplay]: **3** Specify first corner of bounding area for viewport(s): **첫 번째 구석을 위한 점 지정** Specify opposite corner: **반대 구석을 위한 점 지정** Enter number of viewports in X direction 〈1〉: **X축을 따라 배치할 뷰포트의 수 입력** Enter number of viewports in Y direction 〈1〉: **Y축을 따라 배치할 뷰포트의 수 입력** 각 방향에 두 개 이상의 뷰포트를 입력하면 다음과 같은 프롬프트가 표시된다. Specify distance between viewports in X direction 〈0〉: **거리 지정** Specify distance between viewports in Y direction 〈0〉: **거리 지정** 정의한 영역에 뷰포트의 배열이 삽입된다.

		다시 표시	뷰포트 배치 옵션 리스트를 다시 표시한다. Enter layout number to load or [Redisplay]: **redisplay** Available layout options: . . . 　0:　　None 　1:　　Single 　2:　　Std. Engineering 　3:　　Array of Viewports Enter layout number to load or [Redisplay]:
	명령취소		현재 MVSETUP 세션에서 수행한 작업을 되돌린다. Enter option [Delete objects/Create viewports/Undo] 〈Create〉: **undo**
뷰포트 축척	뷰포트에 표시되는 객체의 줌 축척 비율을 조정한다. 줌 축척 비율은 도면 공간 경계의 축척과 뷰포트에 표시되는 도면 객체의 축척 사이의 비율이다. Enter an option [Align/Create/Scale viewports/Options/Title block/Undo]: **scale** Select the viewports to scale... Select objects: **축척할 뷰포트 선택** 뷰포트를 하나만 선택하면 다음 프롬프트가 생략된다. Set zoom scale factors for viewports. Interactively/〈Uniform〉: **i를 입력하거나 엔터키** Set the ratio of paper space units to model space units...		
	대화식		한 번에 하나의 뷰포트를 선택하고 각각에 대해 다음과 같은 프롬프트가 표시된다. Set zoom scale factors for viewports. Interactively/〈Uniform〉: **interactively** Set the ratio of paper space units to model space units... Enter the number of paper space units 〈1.0〉: **값을 입력하거나 엔터키** Enter the number of model space units 〈1.0〉: **값을 입력하거나 엔터키** 예를 들어, 1:4 즉 4분의 1 축척인 경우 도면 공간 단위는 1을, 모형 공간 단위는 4를 입력한다.
	균일함		모든 뷰포트에 대해 같은 축척 비율을 설정한다. Set zoom scale factors for viewports. Interactively/〈Uniform〉: **uniform** Set the ratio of paper space units to model space units... Enter the number of paper space units 〈1.0〉: **값을 입력하거나 엔터키** Enter the number of model space units 〈1.0〉: **값을 입력하거나 엔터키**
옵션	도면을 변경하기 전에 MVSETUP의 기본 설정을 한다. Enter an option [Align/Create/Scale viewports/Options/Title block/Undo]: **options** Enter an option [Layer/LImits/Units/Xref] 〈exit〉: **옵션을 입력하거나 엔터키를 눌러 이전 프롬프트로 복귀**		
	도면층		제목 블록을 삽입할 도면층을 지정한다. Enter an option [Layer/LImits/Units/Xref] 〈exit〉: **layer** Enter layer name for title block or [. (for current layer)]: **기존 또는 새로운 도면층 이름을 입력하거나, 현재 도면층인 경우는 마침표(.)를 입력하거나, 또는 엔터키**
	한계		제목 블록을 삽입한 다음 도면 범위의 한계를 다시 설정할지 여부를 지정한다. Enter an option [Layer/LImits/Units/Xref] 〈exit〉: **limits** Set drawing limits? [Yes/No] 〈N〉: **y를 입력하거나 엔터키**
	단위		크기와 점의 위치가 인치와 밀리미터 도면 단위 중 어느 것으로 변환될 여부를 지정한다. Enter an option [Layer/LImits/Units/Xref] 〈exit〉: **units** Enter paper space units type [Feet/Inches/MEters/Millimeters] 〈in〉: **옵션을 입력하거나 엔터키**
	외부참조		제목 블록이 삽입될지 외부참조될지 여부를 지정한다. Enter an option [Layer/LImits/Units/Xref] 〈exit〉: **xref** Enter title block placement method [Xref attach/Insert] 〈Insert〉: **x를 입력하거나, i를 입력하거나, 엔터키**
제목 블록	도면 공간을 준비하고, 원점을 설정하여 도면의 방향을 정하며, 도면 경계와 제목 블록을 작성한다. Enter an option [Align/Create/Scale viewports/Options/Title block/Undo]: **title** Enter title block option [Delete objects/Origin/Undo/Insert] 〈Insert〉: **옵션을 입력하거나 엔터키**		
	객체 삭제		도면 공간에서 객체를 삭제한다. Enter title block option [Delete objects/Origin/Undo/Insert] 〈Insert〉: **delete** Select the objects to delete... Select objects: **객체 선택 방식을 사용**
	원점		이 시트의 원점을 다시 배치한다. Enter title block option [Delete objects/Origin/Undo/Insert] 〈Insert〉: **origin** Specify new origin point for this sheet: **점 지정**
	명령취소		현재 MVSETUP 세션에서 수행한 작업을 되돌린다. Enter title block option [Delete objects/Origin/Undo/Insert] 〈Insert〉: **undo**
	삽입		제목 블록 옵션을 표시한다. Enter title block option [Delete objects/Origin/Undo/Insert] 〈Insert〉: **insert** Available title blocks: ... 　0:　　None 　1:　　ISO A4 Size(mm) 　2:　　ISO A3 Size(mm) 　3:　　ISO A2 Size(mm) 　4:　　ISO A1 Size(mm) 　5:　　ISO A0 Size(mm) 　6:　　ANSI-V Size(in)

		7:	ANSI-A Size(in)	
		8:	ANSI-B Size(in)	
		9:	ANSI-C Size(in)	
		10:	ANSI-D Size(in)	
		11:	ANSI-E Size(in)	
		12:	Arch/Engineering (24 x 36in)	
		13:	Generic D size Sheet (24 x 36in)	
		Enter number of title block to load or [Add/Delete/Redisplay]: **옵션 번호(0~13)를 입력하거나 옵션을 입력**	

로드할 제목 블록	경계와 제목 블록을 삽입한다. 0을 입력하거나 엔터키를 누르면 경계가 삽입되지 않는다. 1에서 13까지를 입력하면 해당 크기의 표준 경계가 작성된다. 리스트에는 ANSI 및 DIN/ISO 표준 시트가 포함되어 있다. Enter number of title block to load or [Add/Delete/Redisplay]: **1에서 13까지의 번호 입력**	

추가	리스트에 제목 블록 옵션을 추가한다. 이 옵션을 선택하면 리스트에 표시될 제목 블록 설명과 삽입할 도면의 이름을 입력할지 묻는다.
	
	Enter number of title block to load or [Add/Delete/Redisplay]: **add**
	Enter title block description: **설명을 입력**
	Enter drawing name to insert (without extension): **파일 이름 입력**
	Define default usable area? [Yes/No] ⟨Y⟩: **n을 입력하거나 엔터키**
	
	엔터키를 누르면 다음과 같은 프롬프트가 표시된다.
	
	Specify lower-left corner: **점을 지정**
	Specify upper-right corner: **점을 지정**
	Available title blocks: ...
	  0: None
	  1: ISO A4 Size(mm)
	  2: ISO A3 Size(mm)
	  3: ISO A2 Size(mm)
	  4: ISO A1 Size(mm)
	  5: ISO A0 Size(mm)
	  6: ANSI-V Size(in)
	  7: ANSI-A Size(in)
	  8: ANSI-B Size(in)
	  9: ANSI-C Size(in)
	  10: ANSI-D Size(in)
	  11: ANSI-E Size(in)
	  12: Arch/Engineering (24 x 36in)
	  13: Generic D size Sheet (24 x 36in)
	
	AutoCAD는 mvsetup.dfs 기본 파일의 마지막 항목 다음에 다음 예제와 유사한 행을 추가한다.
	A/E (24 x 18in),arch-b.dwg,(1.12 0.99 0.00),(18.63 17.02 0.00),in
	행의 마지막 필드는 제목 블록이 인치와 밀리미터 중 어느 단위로 작성되었는지를 지정한다. 단위 필드는 인치와 밀리미터 단위 체계 중 하나로 작성된 제목 블록을 옵션에서 단위 유형을 설정해 변경할 수 있도록 한다.
	변수 속성을 가진 제목 블록을 추가할 수도 있다.	

삭제	리스트에서 항목을 제거한다. Enter number of title block to load or [Add/Delete/Redisplay]: **delete** Enter number of entry to delete from list: **삭제할 항목 번호 입력**	
다시 표시	제목 블록 옵션의 리스트를 다시 표시한다. Enter number of title block to load or [Add/Delete/Redisplay]: **redisplay**	

명령취소	현재 MVSETUP 세션에서 수행한 작업을 되돌린다 Enter an option [Align/Create/Scale viewports/Options/Title block/Undo]: **undo**	

5.4 MATCHPROP

특성 일치를 사용하여 객체의 일부 또는 전체 특성을 다른 객체에 복사할 수 있다.

복사할 수 있는 특성 스타일에는 색상, 도면층, 선종류, 선종류 축척, 선가중치, 플롯 스타일, 뷰포트 특성 재지정 및 3D 두께 등이 있다.

기본적으로 적용할 수 있는 모든 특성은 선택한 첫 번째 객체에서 다른 객체로 자동으로 복사된다. 특정한 특성이 복사되지 않도록 하려면 설정 값 옵션을 사용하여 해당 특성의 복사를 억제한다. 명령이 수행되는 동안 언제든지 설정 값 옵션을 선택할 수 있다.

선택한 객체의 특성을 다른 객체에 적용한다.

명 령	
메뉴	수정(F) ▶ 특성 일치(M)
명령행	matchprop
도구막대	✎

Command: **matchprop**

<table>
<tr><td colspan="2" align="center">명 령 옵 션</td></tr>
<tr><td colspan="2">Select source object: 복사할 특성을 가진 객체를 선택
Current active settings: Color Layer Ltype Ltscale Lineweight Thickness
PlotStyle Dim Text Hatch Polyline Viewport Table Material Shadow display
Multileader
Select destination object(s) or [Settings]: 옵션 입력</td></tr>
<tr><td>대상 객체</td><td>원본 객체의 특성을 복사할 객체를 지정한다. 대상 객체 선택을 계속하거나 ENTER 키를 눌러 특성을 적용하고 명령을 종료할 수 있다.

    Select destination object(s) or [Settings]: 특성을 복사할 하나 이상의 객체를 선택
    Select destination object(s) or [Settings]:</td></tr>
<tr><td>설정 값</td><td>대상 객체에 복사할 객체 특성을 제어할 수 있는 특성 설정 대화상자를 표시한다. 기본적으로 특성 설정 대화상자에서 모든 객체 특성이 복사하기 위한 것으로 선택된다.

    Select destination object(s) or [Settings]: settings
    Current active settings: Color Layer Ltype Ltscale Lineweight Thickness Dim
    Text Hatch Polyline Viewport Table Material Shadow display Multileader
    Select destination object(s) or [Settings]:</td></tr>
</table>

5.5 PSPACE

모형 공간에서 도면 공간으로 전환한다.

Command: **pspace**

프로그램은 배치 탭에서 작업할 때 모형 공간에서 도면 공간으로 전환한다.

배치 탭에서 도면 공간을 사용하여 인쇄할 도면의 마무리된 배치를 작성한다. 배치 설계의 일부로 배치 뷰포트를 작성한다. 배치 뷰포트는 모형의 서로 다른 뷰가 들어 있는 윈도우이다. 도면 공간에서 모형 공간(MSPACE 참고)으로 전환하여 현재 배치 뷰포트에 있는 모형과 뷰를 편집할 수 있다.

뷰포트 내부를 두 번 클릭하여 현재 뷰포트로 만들 수 있다. 뷰포트에 없는 도면 공간 배치 영역을 두 번 클릭하여 도면 공간으로 전환할 수 있다.

상태 막대의 모형 또는 도면을 선택하여 모형 공간과 도면 공간을 전환할 수도 있다.

5.6 PLOT

도면을 플로터, 프린터 또는 파일 플롯

<table>
<tr><td colspan="2" align="center">명 령</td></tr>
<tr><td>메뉴</td><td>파일(F) ▶ 플롯(P)...</td></tr>
<tr><td>명령행</td><td>plot</td></tr>
<tr><td>도구막대</td><td>🖶</td></tr>
</table>

Command: **plot**

플롯 대화상자가 표시된다. 확인을 선택하여 현재 설정 값으로 플로팅을 시작하고 플롯 진행 중 대화상자를 표시한다.

명 령 옵 션

플롯 대화상자

장치 및 매체 설정 값을 지정하고 도면을 플롯한다. 플롯 대화상자의 제목은 현재 배치의 이름을 나타낸다.

⊙ 많은 옵션 버튼을 클릭하여 플롯 대화상자에 더 많은 옵션을 표시할 수 있다.

페이지 설정	도면에서 명명되어 저장된 페이지 설정 리스트를 표시한다. 도면에 저장된 명명된 페이지 설정의 현재 페이지 설정을 기본으로 하거나, 추가를 클릭하여 플롯 대화상자의 현재 설정 값에 기반한 새로운 명명된 페이지 설정을 작성할 수 있다.	
	이름	현재 페이지 설정의 이름을 표시한다.
	추가	플롯 대화상자의 현재 설정 값을 명명된 페이지 설정에 저장할 수 있는 페이지 설정 추가 대화상자를 표시한다. 페이지 설정 관리자를 통해 이 페이지 설정을 수정할 수 있다.
프린터/ 플로터	배치를 플로팅 할 때 사용하도록 구성된 플로팅 장치를 지정한다. 선택한 플로터가 배치의 선택된 용지 크기를 지원하지 않는 경우 경고가 표시되고 플로터의 기본 용지 크기 또는 사용자 용지 크기를 선택할 수 있다.	
	이름	현재 배치를 플롯하기 위해 선택할 수 있는 적합한 PC3 파일 또는 시스템 프린터를 나열한다. 장치 이름 앞의 아이콘은 해당 장치가 PC3 파일인지 시스템 프린터인지를 나타낸다. PC3 파일 아이콘 : PC3 파일을 표시한다. 시스템 프린터 아이콘 : 시스템 프린터를 나타낸다.
	특성	현재 플로터 구성, 포트, 장치 및 매체 설정 값을 보거나 수정할 수 있는 플로터 구성 편집기(PC3 편집기)를 표시한다. 플로터 구성 편집기를 사용하여 PC3 파일을 변경하면 프린터 구성 파일을 변경 대화상자가 표시된다.
	플로터	현재 선택한 페이지 설정에서 지정된 플롯 장치를 표시한다.
	여기서	현재 선택한 페이지 설정에서 지정된 출력 장치의 실제 위치를 표시한다.
	설명	현재 선택한 페이지 설정에서 지정된 출력 장치에 대한 설명문을 표시한다. 이 문자들을 플로터 구성 편집기에서 편집할 수 있다.
	파일에 플롯	플로터 또는 프린터로 플롯하지 않고 파일에 출력을 플롯한다. 플롯 파일의 기본 위치는 파일에 플롯 작업의 기본 위치에 있는 옵션 대화상자, 플롯 및 게시 탭에서 지정된다. 파일에 플롯 옵션이 설정되어 있는 경우, 플롯 대화상자에서 확인을 클릭하면 파일에 플롯 대화상자(표준 파일 탐색 대화상자)가 표시된다.
	부분적 미리보기	용지 크기 및 인쇄 영역을 기준으로 한 유효한 플롯 영역의 정확한 표현을 보여준다. 툴팁은 용지 크기 및 인쇄 가능 영역을 표시한다.
용지 크기	선택된 플로팅 장치에 사용할 수 있는 표준 용지 크기를 표시한다. 플로터를 선택하지 않으면 전체 표준 용지 크기 리스트가 표시되어 선택할 수 있다. 선택한 플로터가 배치의 선택된 용지 크기를 지원하지 않는 경우 경고가 표시되고 플로터의 기본 용지 크기 또는 사용자 용지 크기를 선택할 수 있다. 기본 용지 크기는 플로터 추가 마법사를 사용하여 PC3 파일을 작성할 때 플롯 장치에 설정된다. 이 마법사에 대한 내용은 드라이버 및 주변기기 안내서의 플로터 및 프린터 설정을 참고한다. 페이지 설정 대화상자에서 선택한 용지 크기는 배치와 함께 저장되고 PC3 파일 설정 값을 덮어쓴다. 선택한 플로팅 장치 및 용지 크기로 결정되는 페이지의 실제 인쇄 영역은 파선으로 배치에 표시된다. BMP 또는 TIFF 파일과 같이 래스터 이미지를 플롯할 때는 플롯의 크기가 인치나 밀리미터가 아닌 픽셀로 지정된다.	
사본 수	플롯할 사본의 개수를 지정한다. 파일에 플롯할 때 이 옵션을 사용할 수 없다.	
플롯 영역	도면에서 플롯할 부분을 지정한다. 플롯 대상에서 플롯될 도면의 영역을 선택할 수 있다.	
	배치/한계	배치를 플롯할 때에는 배치의 0,0에서 계산된 원점이 있는 지정된 용지 크기의 인쇄 가능한 영역 내에 있는 모든 객체를 플롯한다. 모형탭에서 플롯할 때에는 모눈 한계로 정의되는 전체 도면 영역을 플롯한다. 현재 뷰포트에 평면도가 표시되어 있지 않으면 이 옵션은 범위 옵션과 동일한 효과를 갖는다.
	범위	도면에서 객체를 포함하고 있는 현재 공간 부분을 플롯한다. 현재 공간에 있는 모든 형상이 플롯된다. AutoCAD는 플롯 전에 범위를 다시 계산하기 위해 도면을 재생성할 수 있다.
	화면표시	선택된 모형탭의 현재 뷰포트에 있는 뷰나 배치의 현재 도면 공간 뷰를 플롯한다.
	View	이전에 VIEW 명령을 사용하여 저장된 뷰를 플롯한다. 리스트에서 명명된 뷰를 선택할 수 있다. 도면에 저장된 뷰가 없으면 이 옵션을 사용할 수 없다. 뷰 옵션을 선택하면 현재 도면에 저장된 명명된 뷰를 나열하는 뷰 리스트가 표시된다. 이 리스트에서 플롯할 뷰를 선택할 수 있다.
	Window	사용자가 지정하는 모든 도면 부분을 플롯한다. 플롯할 영역의 두 구석을 지정하면 윈도우 버튼이 사용 가능해진다. 윈도우 버튼을 클릭하여 좌표 입력 장치로 플롯할 영역의 두 개 구석을 지정하거나 좌표값을 입력한다. Specify window for printing Specify first corner: 점 지정 Specify opposite corner: 점 지정
플롯 간격 띄우기	플롯 간격띄우기 기준 지정 옵션(옵션 대화상자, 플롯 및 게시 탭)에서 지정한 설정 값에 따라, 인쇄 가능 영역의 왼쪽 아래 구석 또는 용지의 모서리를 기준으로 플롯 영역의 간격띄우기를 지정한다. 플롯 대화상자의 플롯 간격띄우기 영역은 지정된 플롯 간격띄우기 옵션을 괄호 안에 표시한다. 도면 시트의 인쇄 영역은 선택한 출력 장치에 의해 정의되고 배치에서 파선으로 표현된다. 다른 출력 장치로 변경할 때 인쇄 가능 영역이 바뀔 수 있다. X 및 Y 간격띄우기 상자에 양수 또는 음수 값을 입력하여 도면에 있는 형상을 간격띄우기 할 수 있다. 플로터 단위 값은 용지에서 인치 또는 밀리미터이다.	
	플롯의 중심	용지 중앙에 플롯을 배치하기 위한 X 및 Y 간격띄우기 값을 자동으로 계산한다. 플롯 영역이 배치로 설정되어 있을 때는 이 옵션을 사용할 수 없다.
	X	플롯 간격띄우기 정의 옵션의 설정에 대해 X 방향으로 플롯 원점을 지정한다.
	Y	플롯 간격띄우기 정의 옵션의 설정에 대해 Y 방향으로 플롯 원점을 지정한다.
플롯 축척	도면 단위의 크기를 플롯 단위와 상대적으로 조정한다. 배치를 플롯할 때 기본 축척 설정 값은 1: 1 이다. 모형탭을 플롯할 때 기본 설정 값은 용지에 맞춤이다.	
	용지에 맞춤	플롯을 선택한 용지 크기에 맞게 축척하고 축척, 인치 및 단위 상자에 사용자 축척 비율을 표시한다.

	Scale	플롯의 정확한 축척을 정의한다. • 사용자 : 사용자 정의 축척을 정의한다. 도면 단위 값과 같은 인치 또는 밀리미터 값을 입력하여 사용자 축척을 작성할 수 있다. 인치 =/mm =/픽셀 = 지정된 단위의 수와 동일한 인치, 밀리미터 또는 픽셀 수를 지정한다. 현재 선택된 용지 크기는 단위가 인치, 밀리미터 또는 픽셀인지 결정한다.
	단위	지정된 인치, 밀리미터 또는 픽셀 수와 동일한 단위 수를 지정한다.
	선가중치 축척	플롯 축척에 비례하여 선가중치를 축척한다. 일반적으로 선가중치는 플롯된 객체의 선폭을 지정하며 플롯 축척과 관계없이 선폭 크기에 따라 플롯된다.
미리보기		PREVIEW 명령을 실행하여 도면에 플롯할 때 나타나는 대로 도면을 표시한다. 인쇄 미리보기를 종료하고 플롯 대화상자로 돌아가려면, ESC, 엔터키를 누르거나, 오른쪽 클릭하고 바로 가기 메뉴에서 나가기를 클릭한다.
배치에 적용		현재 플롯 대화상자 설정 값을 현재 배치에 저장한다.
자세히 옵션		플롯 대화상자에 다음의 추가 옵션을 표시한다. ⊙ • 플롯 유형 테이블(펜 지정) • 음영처리된 뷰포트 옵션 • 플롯 옵션 • 도면 방향
플롯 유형 테이블 (펜 지정)		플롯 스타일 테이블을 설정하거나, 플롯 스타일 테이블을 편집하거나, 새 플롯 스타일 테이블을 작성한다.
	이름(레이블이 지정되지 않음)	현재 모형 또는 배치탭에 지정된 플롯 스타일 테이블을 표시하고 현재 사용할 수 있는 플롯 스타일 테이블 리스트를 제공한다. 신규를 선택할 경우, 새로운 플롯 스타일 테이블 작성에 사용할 수 있는 플롯 스타일 테이블 추가 마법사가 표시된다. 현재 도면이 색상 종속 모드인지 명명된 플롯 스타일 모드인지에 따라 다른 마법사가 표시된다.
	편집 ✎	플롯 스타일 테이블 편집기를 표시하고, 여기서 현재 지정된 플롯 스타일 테이블의 플롯 스타일을 보거나 수정할 수 있다.
음영 처리된 뷰포트 옵션		음영처리된 뷰포트와 렌더링된 뷰포트가 플롯되는 방법을 지정하고 해상도 수준 및 dpi를 결정한다.
	음영 플롯	뷰가 플롯되는 방법을 지정한다. 배치탭의 뷰포트에 대해 이 설정을 지정하려면 해당 뷰포트를 선택한 다음 도구 메뉴에서 특성을 클릭한다. 모형탭에서는 다음과 같은 옵션 중에서 선택할 수 있다. • 표시 : 객체를 화면에 표시되는 방식대로 플롯한다. • 와이어프레임 : 객체를 화면에 표시되는 방식에 관계없이 와이어프레임으로 플롯한다. • 숨김 : 객체를 화면에 표시되는 방식에 관계없이 은선을 제거하고 플롯한다. • 렌더 : 객체를 화면에 표시되는 방식에 관계없이 렌더링된 상태로 플롯한다.
	품질	음영처리 뷰포트와 렌더링된 뷰포트가 플롯될 해상도를 지정한다. 다음 옵션 중에서 선택할 수 있다. • 초안 : 렌더링 및 음영처리된 모형 공간 뷰를 와이어프레임으로 플롯되도록 설정한다. • 미리보기 : 렌더링 및 음영처리된 모형 공간 뷰를 현재 장치 해상도의 1/4로 최대 150 dpi까지 플롯되도록 설정한다. • 보통 : 렌더링 및 음영처리된 모형 공간 뷰를 현재 장치 해상도의 1/2로 최대 300 dpi까지 플롯되도록 설정한다. • 프레젠테이션 : 렌더링 및 음영처리된 모형 공간 뷰를 현재 장치 해상도로 최대 600 dpi까지 플롯되도록 설정한다. • 최대 : 렌더링 및 음영처리된 모형 공간 뷰를 현재 장치 해상도로 최대 한계 없이 플롯되도록 설정한다. • 사용자 : 렌더링 및 음영처리된 모형 공간 뷰를 사용자가 DPI 상자에 지정한 해상도 설정(최대 현재 장치 해상도까지 설정 가능함)으로 플롯되도록 설정한다.
	DPI	음영처리 및 렌더링된 뷰의 dpi를 현재 플롯 장치의 최대 해상도까지 지정한다. 이 옵션은 품질 상자에서 사용자를 선택한 경우에 사용할 수 있다.
플롯 옵션		선가중치, 플롯 스타일, 음영 플롯 및 객체가 플롯되는 순서에 대한 옵션을 지정한다.
	배경에 플롯	플롯이 배경에서 처리됨을 지정한다(BACKGROUNDPLOT 시스템 변수).
	객체 선가중치 플롯	객체와 도면층에 지정된 선가중치가 플롯될지 여부를 지정한다.
	플롯 유형을 적용	객체 및 도면층에 적용된 플롯 스타일의 플롯 여부를 지정한다. 이 옵션을 선택하면 객체의 선가중치를 플롯도 자동으로 선택된다.
	도면공간을 마지막에	모형 공간 형상을 먼저 플롯한다. 용지 공간 형상은 일반적으로 모형 공간 형상보다 먼저 플롯된다.
	도면 공간 객체 숨기기	숨기기 작업이 도면 공간 뷰포트의 객체에 적용될지 여부를 지정한다. 이 옵션은 배치탭에서만 사용할 수 있다. 이 설정 값의 효과는 플롯 미리보기에 반영되지만 배치에는 반영되지 않는다.
	플롯 스탬프 켜기 ✎	플롯 스탬프를 켠다. 각 도면의 지정된 구석에 플롯 스탬프를 배치한다. 또한 플롯 스탬프는 로그 파일에 저장될 수 있다. 플롯 스탬프 설정 값이 플롯 스탬프 대화상자에 지정되어 있다. 여기서 도면 이름, 날짜 및 시간, 플롯 축척 등과 같이 플롯 스탬프에 적용할 정보를 지정할 수 있다. 플롯 스탬프 대화상자를 열려면 플롯 스탬프 켜기 옵션을 선택한 다음 옵션의 오른쪽에 표시되는 플롯 스탬프 설정 값 버튼을 클릭한다. 또한 옵션 대화상자의 플롯 및 게시 탭에서 플롯 스탬프 설정 값 버튼을 클릭하여 플롯 스탬프 대화상자를 열 수 있다. 플롯 스탬프 설정 값 버튼 플롯 스탬프 켜기 옵션을 플롯 대화상자에서 선택하면 플롯 스탬프 대화상자가 표시된다.
	변경 사항을 배치로 저장	플롯 대화상자에서 변경한 사항을 배치에 저장한다.
도면 방향		가로 방향 및 세로 방향을 지원하는 플로터에 대해 용지의 도면 방향을 지정한다. 세로, 가로 또는 위아래를 뒤집어 플롯을 선택하여 도면 방향을 변경하면 0도, 90도, 180도 또는 270도로 플롯을 회전할 수 있다. 용지 아이콘은 선택된 용지의 매체 방향을 나타낸다. 문자 아이콘은 페이지에서 도면의 방향을 나타낸다.
	세로	용지의 폭이 짧은 쪽이 페이지 위가 되도록 도면의 방향을 맞추고 플롯한다.
	가로	용지의 폭이 긴 쪽이 페이지 위가 되도록 도면의 방향을 맞추고 플롯한다.
	상하를 뒤집어 플롯	도면의 위아래를 뒤집어 플롯한다.
	주 도면 방향은 PLOTROTMODE 시스템 변수에 의해서도 영향을 받는다.	
적은 옵션		플롯 대화상자에서 다음 옵션을 숨긴다.

- 플롯 유형 테이블(펜 지정)
- 음영처리된 뷰포트 옵션
- 플롯 옵션
- 도면 방향

5.7 따라하기

5.7.1 layout

<table>
<tr><th colspan="2" style="text-align:center">명 령 줄(layout)</th></tr>
<tr><td></td><td>File ▶ Open...[filename: 4129_boxedsolid]</td></tr>
<tr><td>
Properties
□ ByLayer ▼ | ——— ByLayer ▼ | ——— ByLayer ▼ | ByColor ▼
</td><td>Properties Toolbar를 띄워 놓음 (1.5 참조)</td></tr>
<tr><td>Command:
Specify opposite corner:</td><td>그림 전체 선택</td></tr>
<tr><td>
Properties
□ ByLayer ▼ | ——— ByLayer ▼ | ——— ByLayer ▼ | ByColor ▼
</td><td>Properties Toolbar → Color control → □ ByLayer 선택 후
Esc</td></tr>
<tr><td>Command: vports [Enter↵]
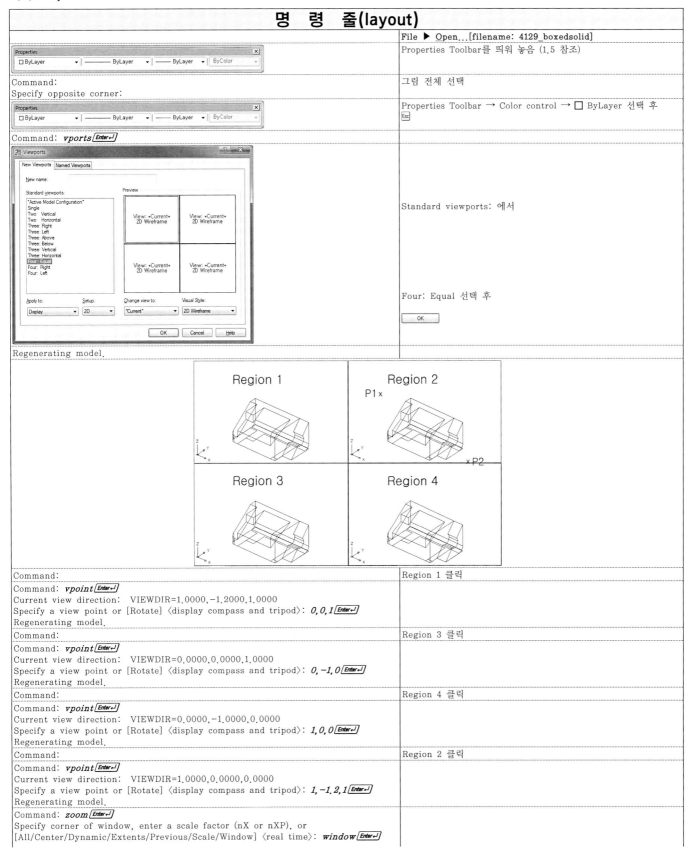</td><td>Standard viewports: 에서

Four: Equal 선택 후

OK</td></tr>
<tr><td>Regenerating model.</td><td></td></tr>
</table>

Region 1

Region 2
P1 ×

Region 3

Region 4
× P2

Command:	Region 1 클릭
Command: ***vpoint*** [Enter↵] Current view direction: VIEWDIR=1.0000,−1.2000,1.0000 Specify a view point or [Rotate] ⟨display compass and tripod⟩: ***0,0,1*** [Enter↵] Regenerating model.	
Command:	Region 3 클릭
Command: ***vpoint*** [Enter↵] Current view direction: VIEWDIR=0.0000,0.0000,1.0000 Specify a view point or [Rotate] ⟨display compass and tripod⟩: ***0,−1,0*** [Enter↵] Regenerating model.	
Command:	Region 4 클릭
Command: ***vpoint*** [Enter↵] Current view direction: VIEWDIR=0.0000,−1.0000,0.0000 Specify a view point or [Rotate] ⟨display compass and tripod⟩: ***1,0,0*** [Enter↵] Regenerating model.	
Command:	Region 2 클릭
Command: ***vpoint*** [Enter↵] Current view direction: VIEWDIR=1.0000,0.0000,0.0000 Specify a view point or [Rotate] ⟨display compass and tripod⟩: ***1,−1.2,1*** [Enter↵] Regenerating model.	
Command: ***zoom*** [Enter↵] Specify corner of window, enter a scale factor (nX or nXP), or [All/Center/Dynamic/Extents/Previous/Scale/Window] ⟨real time⟩: ***window*** [Enter↵]	

```
Specify first corner:
Specify opposite corner:
Command: hide Enter↵
Regenerating model.
Command: plot Enter↵
```

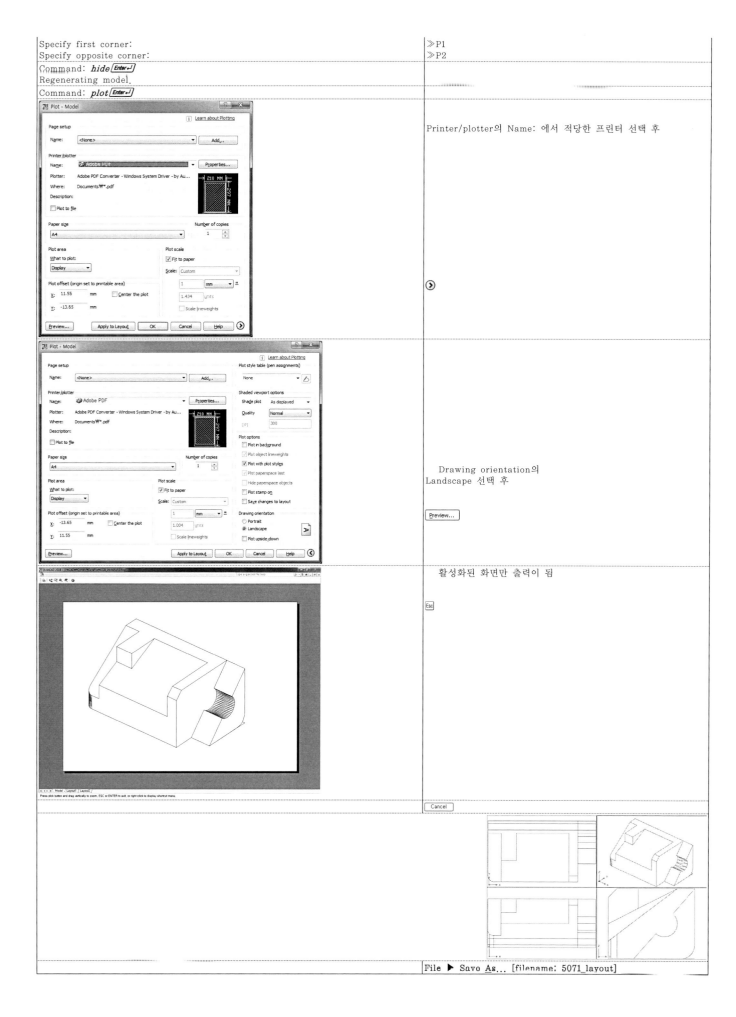

Printer/plotter의 Name: 에서 적당한 프린터 선택 후

Drawing orientation의
Landscape 선택 후

Preview...

활성화된 화면만 출력이 됨

Esc

Cancel

File ▶ Save As... [filename: 5071_layout]

5.7.2 template

명 령 줄(template)	
	File ▶ New...
	`Open` 옆 ⊡ 클릭 후 Open with no Template - Metric 선택
	Layout1, Layout2는 페이퍼 스페이스 영역임 Layout1 탭 클릭
Command: *plot* `Enter↵`	
	Printer/plotter의 Name: 에서 적당한 디바이스 선택 후 `Properties...`
	User-defined Paper Sizes & calibration의 Modify Standard Paper Sizes(Printable Area) 선택 후 Modify Standard Paper Sizes 메뉴 창에서 A4 선택 후 `Modify...`

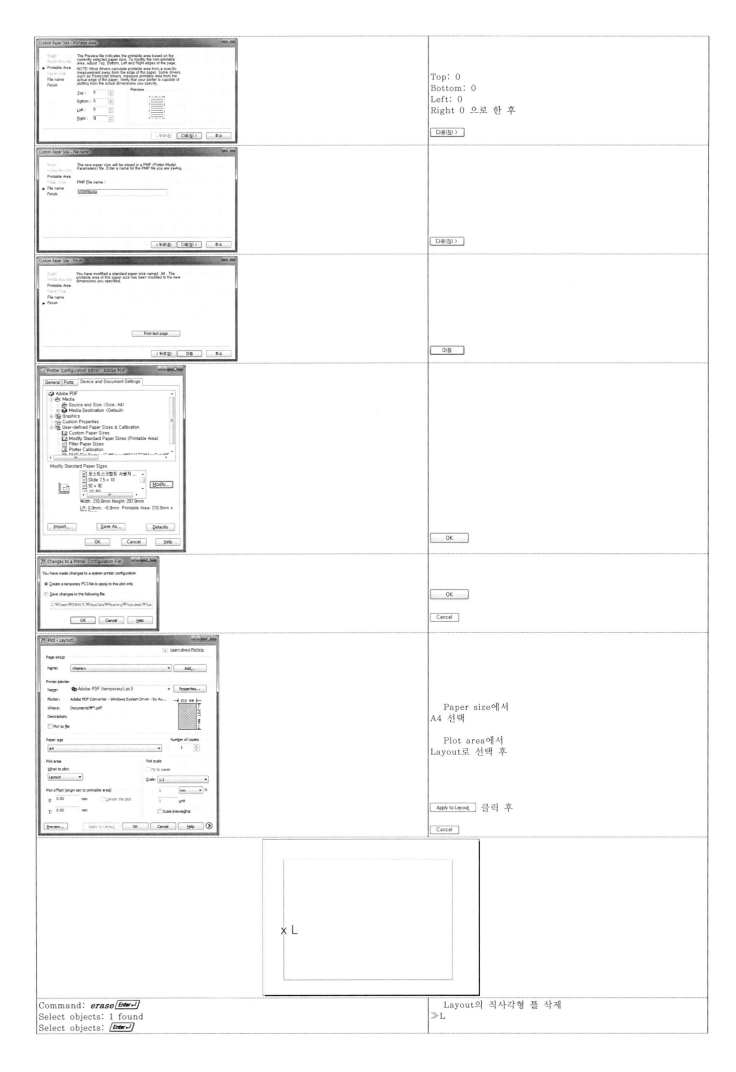

Top: 0
Bottom: 0
Left: 0
Right 0 으로 한 후

다음(N) >

다음(N) >

마침

OK

OK

Cancel

Paper size에서
A4 선택

Plot area에서
Layout로 선택 후

Apply to Layout 클릭 후

Cancel

x L

Command: *erase* Enter↵
Select objects: 1 found
Select objects: Enter↵

Layout의 직사각형 틀 삭제
≫L

Command: *rectangle* [Enter↵]	
Specify first corner point or [Chamfer/Elevation/Fillet/Thickness/Width]: *0,0* [Enter↵]	
Specify other corner point or [Area/Dimensions/Rotation]: *297,210* [Enter↵]	
Command: *layer* [Enter↵]	[새 레이어 만들기]

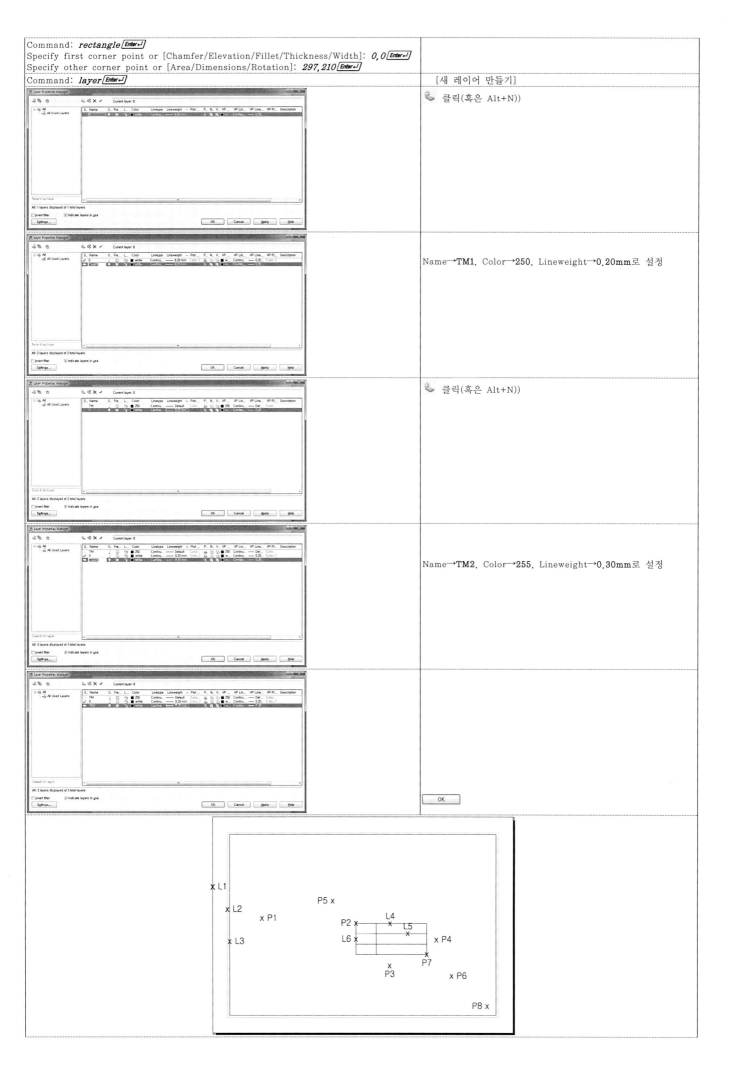

클릭(혹은 Alt+N))

Name→**TM1**, Color→**250**, Lineweight→**0.20mm**로 설정

클릭(혹은 Alt+N))

Name→**TM2**, Color→**255**, Lineweight→**0.30mm**로 설정

OK

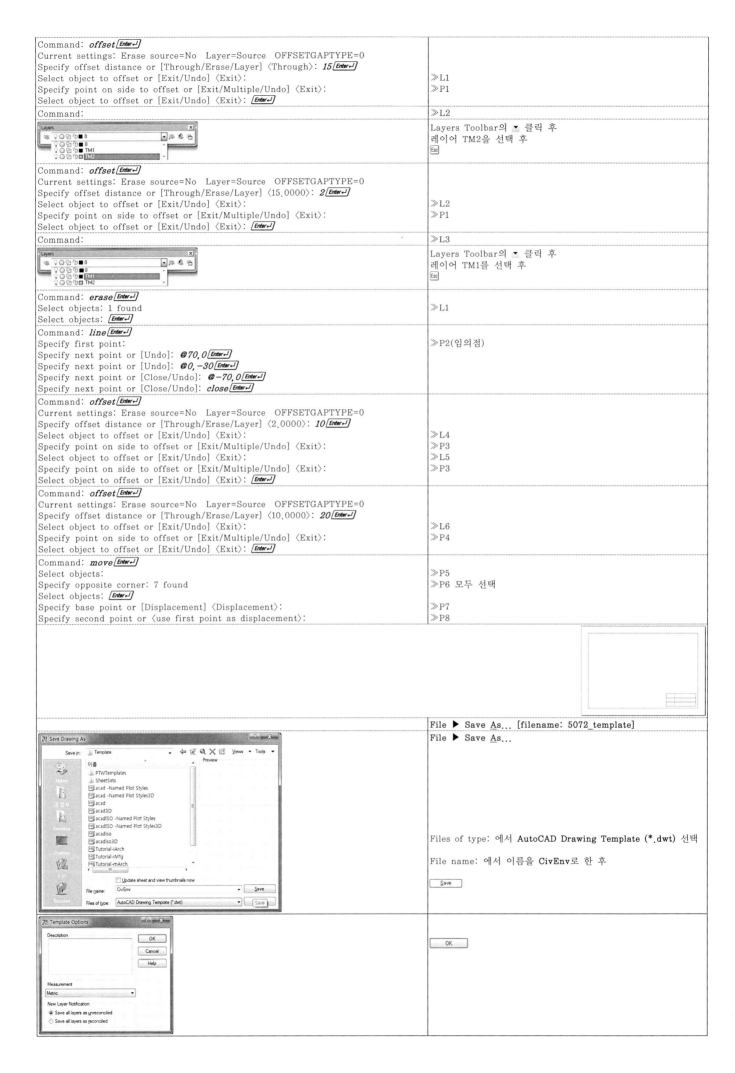

Command: *offset* [Enter↵]	
Current settings: Erase source=No Layer=Source OFFSETGAPTYPE=0	
Specify offset distance or [Through/Erase/Layer] ⟨Through⟩: *15* [Enter↵]	
Select object to offset or [Exit/Undo] ⟨Exit⟩:	≫L1
Specify point on side to offset or [Exit/Multiple/Undo] ⟨Exit⟩:	≫P1
Select object to offset or [Exit/Undo] ⟨Exit⟩: [Enter↵]	
Command:	≫L2
	Layers Toolbar의 ▼ 클릭 후
	레이어 TM2을 선택 후
	[Esc]
Command: *offset* [Enter↵]	
Current settings: Erase source=No Layer=Source OFFSETGAPTYPE=0	
Specify offset distance or [Through/Erase/Layer] ⟨15.0000⟩: *2* [Enter↵]	
Select object to offset or [Exit/Undo] ⟨Exit⟩:	≫L2
Specify point on side to offset or [Exit/Multiple/Undo] ⟨Exit⟩:	≫P1
Select object to offset or [Exit/Undo] ⟨Exit⟩: [Enter↵]	
Command:	≫L3
	Layers Toolbar의 ▼ 클릭 후
	레이어 TM1를 선택 후
	[Esc]
Command: *erase* [Enter↵]	
Select objects: 1 found	≫L1
Select objects: [Enter↵]	
Command: *line* [Enter↵]	
Specify first point:	≫P2(임의점)
Specify next point or [Undo]: *@70,0* [Enter↵]	
Specify next point or [Undo]: *@0,−30* [Enter↵]	
Specify next point or [Close/Undo]: *@−70,0* [Enter↵]	
Specify next point or [Close/Undo]: *close* [Enter↵]	
Command: *offset* [Enter↵]	
Current settings: Erase source=No Layer=Source OFFSETGAPTYPE=0	
Specify offset distance or [Through/Erase/Layer] ⟨2.0000⟩: *10* [Enter↵]	
Select object to offset or [Exit/Undo] ⟨Exit⟩:	≫L4
Specify point on side to offset or [Exit/Multiple/Undo] ⟨Exit⟩:	≫P3
Select object to offset or [Exit/Undo] ⟨Exit⟩:	≫L5
Specify point on side to offset or [Exit/Multiple/Undo] ⟨Exit⟩:	≫P3
Select object to offset or [Exit/Undo] ⟨Exit⟩: [Enter↵]	
Command: *offset* [Enter↵]	
Current settings: Erase source=No Layer=Source OFFSETGAPTYPE=0	
Specify offset distance or [Through/Erase/Layer] ⟨10.0000⟩: *20* [Enter↵]	
Select object to offset or [Exit/Undo] ⟨Exit⟩:	≫L6
Specify point on side to offset or [Exit/Multiple/Undo] ⟨Exit⟩:	≫P4
Select object to offset or [Exit/Undo] ⟨Exit⟩: [Enter↵]	
Command: *move* [Enter↵]	
Select objects:	≫P5
Specify opposite corner: 7 found	≫P6 모두 선택
Select objects: [Enter↵]	
Specify base point or [Displacement] ⟨Displacement⟩:	≫P7
Specify second point or ⟨use first point as displacement⟩:	≫P8
	File ▶ Save As... [filename: 5072_template]
	File ▶ Save As...
	Files of type: 에서 AutoCAD Drawing Template (*.dwt) 선택
	File name: 에서 이름을 CivEnv로 한 후
	[Save]
	[OK]

5.7.3 mview

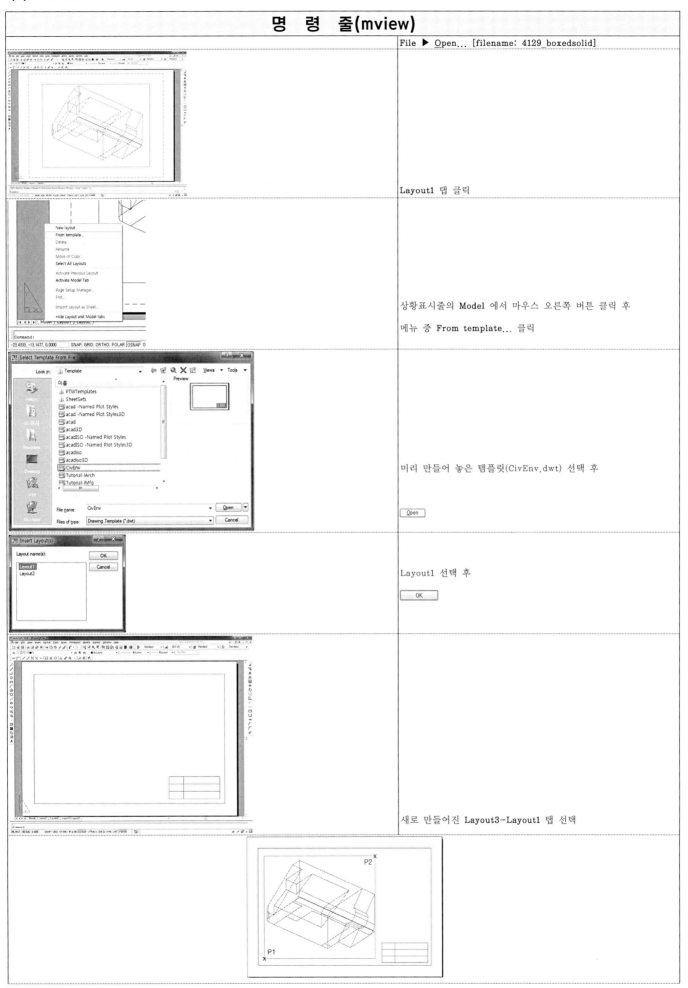

<table>
<tr><td colspan="2" align="center">명 령 줄(mview)</td></tr>
<tr><td></td><td>File ▶ Open... [filename: 4129_boxedsolid]</td></tr>
<tr><td></td><td>Layout1 탭 클릭</td></tr>
<tr><td></td><td>상황표시줄의 Model 에서 마우스 오른쪽 버튼 클릭 후

메뉴 중 From template... 클릭</td></tr>
<tr><td></td><td>미리 만들어 놓은 템플릿(CivEnv.dwt) 선택 후

Open</td></tr>
<tr><td></td><td>Layout1 선택 후

OK</td></tr>
<tr><td></td><td>새로 만들어진 Layout3-Layout1 탭 선택</td></tr>
</table>

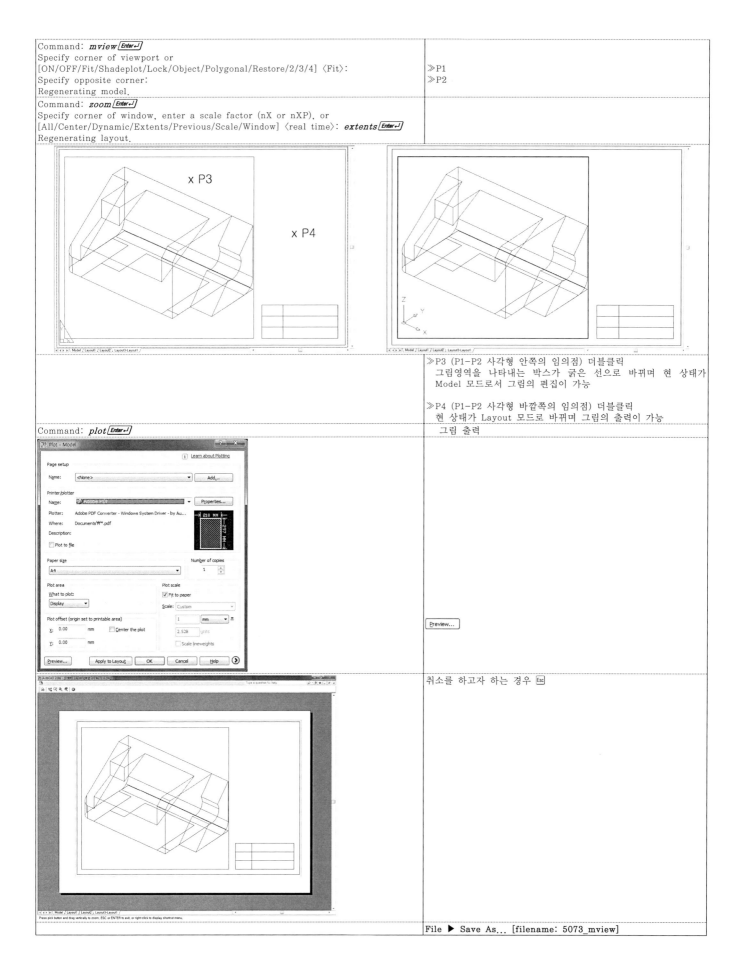

Command: *mview* `Enter↵`
Specify corner of viewport or
[ON/OFF/Fit/Shadeplot/Lock/Object/Polygonal/Restore/2/3/4] 〈Fit〉:
Specify opposite corner:
Regenerating model.

≫P1
≫P2

Command: *zoom* `Enter↵`
Specify corner of window, enter a scale factor (nX or nXP), or
[All/Center/Dynamic/Extents/Previous/Scale/Window] 〈real time〉: *extents* `Enter↵`
Regenerating layout.

≫P3 (P1-P2 사각형 안쪽의 임의점) 더블클릭
그림영역을 나타내는 박스가 굵은 선으로 바뀌며 현 상태가
Model 모드로서 그림의 편집이 가능

≫P4 (P1-P2 사각형 바깥쪽의 임의점) 더블클릭
현 상태가 Layout 모드로 바뀌며 그림의 출력이 가능

Command: *plot* `Enter↵`

그림 출력

취소를 하고자 하는 경우 `Esc`

File ▶ Save As... [filename: 5073_mview]

5.7.4 mvsetup

<table>
<tr><td colspan="2" align="center">명 령 줄(mvsetup)</td></tr>
<tr><td></td><td>File ▶ New…</td></tr>
<tr><td>[Select template 대화상자]</td><td>미리 만들어 놓은 템플릿(CivEnv.dwt) 선택 후

Open</td></tr>
<tr><td>[Layers 툴바]</td><td>Layers Toolbar를 띄워 놓음 (1.5 참조)</td></tr>
<tr><td>[Object Snap 툴바]</td><td>Object Snap Toolbar를 띄워 놓음 (1.5 참조)</td></tr>
<tr><td>Command: layer [Enter↵]</td><td>[새 레이어 만들기]</td></tr>
<tr><td>[Layer Properties Manager]</td><td>🐾 클릭(혹은 Alt+N))</td></tr>
<tr><td>[Layer Properties Manager]</td><td>Name을 ViewP로
Color를 magenta로 바꾸어 줌
Plot check ✗(출력 시 인쇄되지 않음)</td></tr>
<tr><td>[Layer Properties Manager]</td><td>OK</td></tr>
<tr><td>[Layers 툴바]</td><td>Layers Toolbar의 ▼ 클릭 후

레이어 ViewP 선택</td></tr>
<tr><td>[도면 뷰포트 배치 P1, P2]</td><td></td></tr>
<tr><td>Command: mview [Enter↵]
Specify corner of viewport or
[ON/OFF/Fit/Shadeplot/Lock/Object/Polygonal/Restore/2/3/4] ⟨Fit⟩: 3 [Enter↵]
Enter viewport arrangement</td><td></td></tr>
</table>

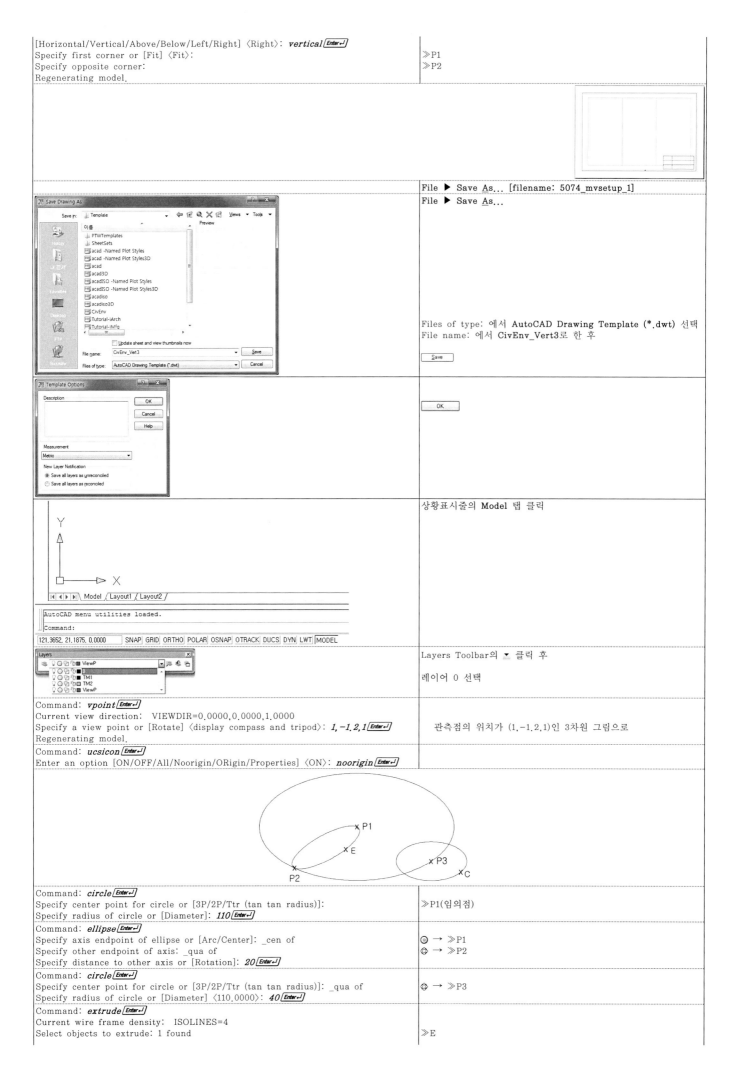

[Horizontal/Vertical/Above/Below/Left/Right] ⟨Right⟩: **vertical** [Enter↵]
Specify first corner or [Fit] ⟨Fit⟩:
Specify opposite corner:
Regenerating model.

≫P1
≫P2

File ▶ Save <u>A</u>s... [filename: 5074_mvsetup_1]

File ▶ Save <u>A</u>s...

Files of type: 에서 AutoCAD Drawing Template (*.dwt) 선택
File name: 에서 CivEnv_Vert3로 한 후

Save

OK

상황표시줄의 Model 탭 클릭

Layers Toolbar의 ▼ 클릭 후

레이어 0 선택

Command: **vpoint** [Enter↵]
Current view direction: VIEWDIR=0.0000,0.0000,1.0000
Specify a view point or [Rotate] ⟨display compass and tripod⟩: **1,-1.2,1** [Enter↵]
Regenerating model.

관측점의 위치가 (1,-1.2,1)인 3차원 그림으로

Command: **ucsicon** [Enter↵]
Enter an option [ON/OFF/All/Noorigin/ORigin/Properties] ⟨ON⟩: **noorigin** [Enter↵]

Command: **circle** [Enter↵]
Specify center point for circle or [3P/2P/Ttr (tan tan radius)]:
Specify radius of circle or [Diameter]: **110** [Enter↵]

≫P1(임의점)

Command: **ellipse** [Enter↵]
Specify axis endpoint of ellipse or [Arc/Center]: _cen of
Specify other endpoint of axis: _qua of
Specify distance to other axis or [Rotation]: **20** [Enter↵]

⊙ → ≫P1
⬧ → ≫P2

Command: **circle** [Enter↵]
Specify center point for circle or [3P/2P/Ttr (tan tan radius)]: _qua of
Specify radius of circle or [Diameter] ⟨110.0000⟩: **40** [Enter↵]

⬧ → ≫P3

Command: **extrude** [Enter↵]
Current wire frame density: ISOLINES=4
Select objects to extrude: 1 found

≫E

Select objects to extrude: 1 found, 2 total	≫C
Select objects to extrude: [Enter↵]	
Specify height of extrusion or [Direction/Path/Taper angle]: *100* [Enter↵]	
Command: *sphere* [Enter↵]	
Current wire frame density: ISOLINES=4	
Specify center of sphere ⟨0,0,0⟩: _cen of	☺ → ≫P1
Specify radius of sphere or [Diameter]: *100* [Enter↵]	
Command: *zoom* [Enter↵]	
Specify corner of window, enter a scale factor (nX or nXP), or	
[All/Center/Dynamic/Extents/Previous/Scale/Window] ⟨real time⟩: *extents* [Enter↵]	
Regenerating layout.	
Command: *hide* [Enter↵]	
Regenerating model.	

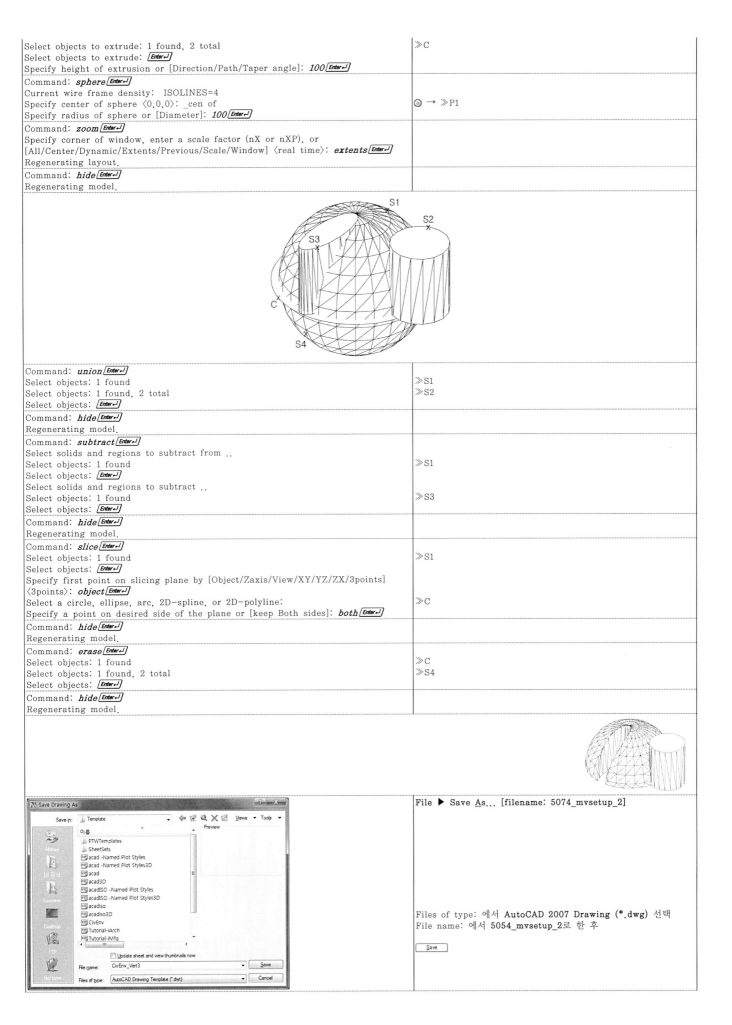

Command: *union* [Enter↵]	
Select objects: 1 found	≫S1
Select objects: 1 found, 2 total	≫S2
Select objects: [Enter↵]	
Command: *hide* [Enter↵]	
Regenerating model.	
Command: *subtract* [Enter↵]	
Select solids and regions to subtract from ..	
Select objects: 1 found	≫S1
Select objects: [Enter↵]	
Select solids and regions to subtract ..	
Select objects: 1 found	≫S3
Select objects: [Enter↵]	
Command: *hide* [Enter↵]	
Regenerating model.	
Command: *slice* [Enter↵]	
Select objects: 1 found	≫S1
Select objects: [Enter↵]	
Specify first point on slicing plane by [Object/Zaxis/View/XY/YZ/ZX/3points]	
⟨3points⟩: *object* [Enter↵]	
Select a circle, ellipse, arc, 2D-spline, or 2D-polyline:	≫C
Specify a point on desired side of the plane or [keep Both sides]: *both* [Enter↵]	
Command: *hide* [Enter↵]	
Regenerating model.	
Command: *erase* [Enter↵]	
Select objects: 1 found	≫C
Select objects: 1 found, 2 total	≫S4
Select objects: [Enter↵]	
Command: *hide* [Enter↵]	
Regenerating model.	

File ▶ Save As... [filename: 5074_mvsetup_2]

Files of type: 에서 AutoCAD 2007 Drawing (*.dwg) 선택
File name: 에서 **5054_mvsetup_2**로 한 후

[Save]

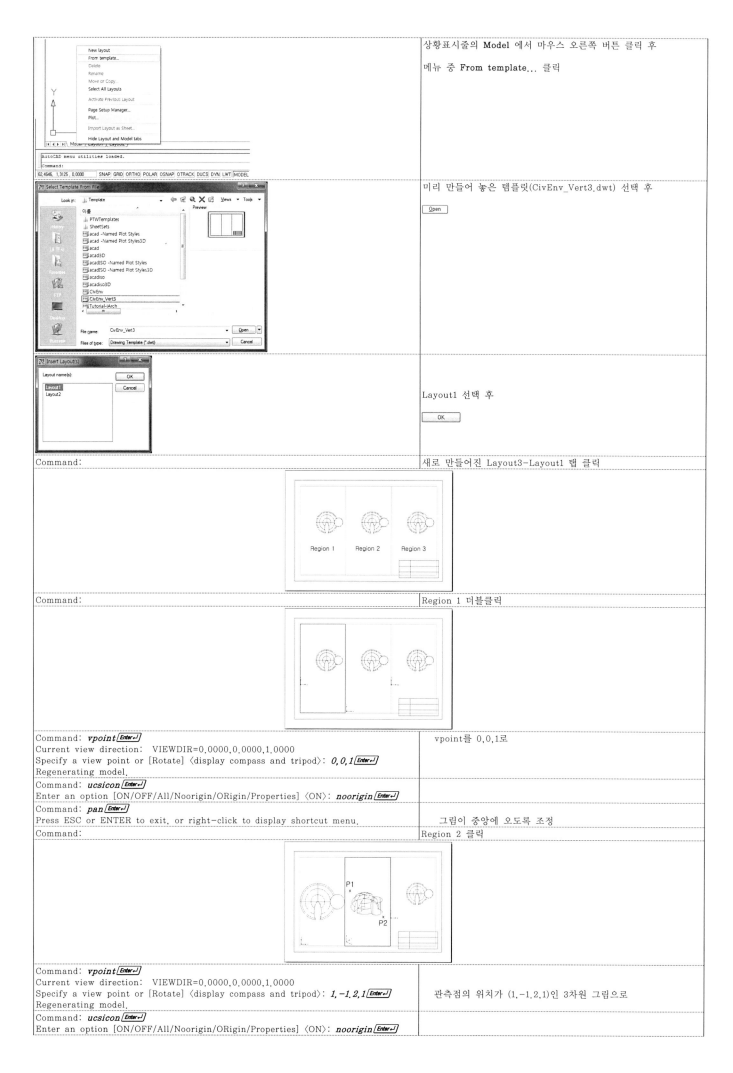

	상황표시줄의 **Model** 에서 마우스 오른쪽 버튼 클릭 후
	메뉴 중 **From template...** 클릭
	미리 만들어 놓은 템플릿(CivEnv_Vert3.dwt) 선택 후 Open
	Layout1 선택 후 OK
Command:	새로 만들어진 Layout3-Layout1 탭 클릭
Command:	Region 1 더블클릭
Command: *vpoint* Enter↵ Current view direction: VIEWDIR=0.0000,0.0000,1.0000 Specify a view point or [Rotate] 〈display compass and tripod〉: *0, 0, 1* Enter↵ Regenerating model.	vpoint를 0,0,1로
Command: *ucsicon* Enter↵ Enter an option [ON/OFF/All/Noorigin/ORigin/Properties] 〈ON〉: *noorigin* Enter↵	
Command: *pan* Enter↵ Press ESC or ENTER to exit, or right-click to display shortcut menu.	그림이 중앙에 오도록 조정
Command:	Region 2 클릭
Command: *vpoint* Enter↵ Current view direction: VIEWDIR=0.0000,0.0000,1.0000 Specify a view point or [Rotate] 〈display compass and tripod〉: *1, -1. 2, 1* Enter↵ Regenerating model.	관측점의 위치가 (1,-1.2,1)인 3차원 그림으로
Command: *ucsicon* Enter↵ Enter an option [ON/OFF/All/Noorigin/ORigin/Properties] 〈ON〉: *noorigin* Enter↵	

Command: **zoom** `Enter↵` Specify corner of window, enter a scale factor (nX or nXP), or [All/Center/Dynamic/Extents/Previous/Scale/Window] ⟨real time⟩: **window** `Enter↵` Specify first corner: Specify opposite corner:	≫P1 ≫P2
Command: **pan** `Enter↵` Press ESC or ENTER to exit, or right-click to display shortcut menu.	그림이 중앙에 오도록 조정
Command: **hide** `Enter↵` Regenerating model.	
Command:	Region 3 클릭
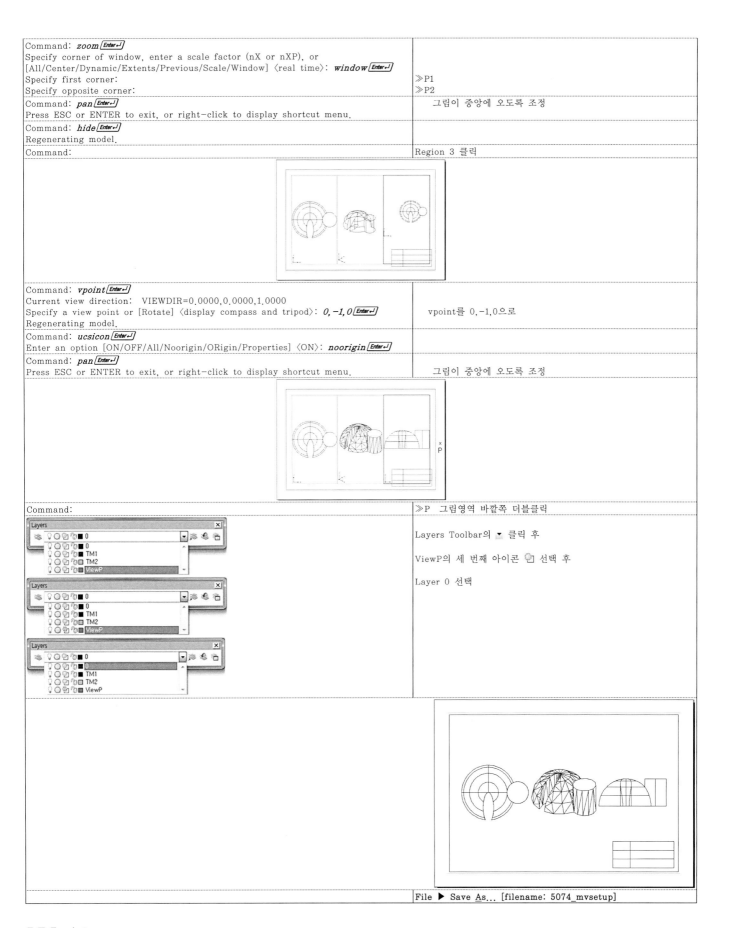	
Command: **vpoint** `Enter↵` Current view direction: VIEWDIR=0.0000,0.0000,1.0000 Specify a view point or [Rotate] ⟨display compass and tripod⟩: **0, -1, 0** `Enter↵` Regenerating model.	vpoint를 0,-1,0으로
Command: **ucsicon** `Enter↵` Enter an option [ON/OFF/All/Noorigin/ORigin/Properties] ⟨ON⟩: **noorigin** `Enter↵`	
Command: **pan** `Enter↵` Press ESC or ENTER to exit, or right-click to display shortcut menu.	그림이 중앙에 오도록 조정
	≫P 그림영역 바깥쪽 더블클릭
	Layers Toolbar의 ▼ 클릭 후 ViewP의 세 번째 아이콘 🔲 선택 후 Layer 0 선택
	File ▶ Save As... [filename: 5074_mvsetup]

5.7.5 plot

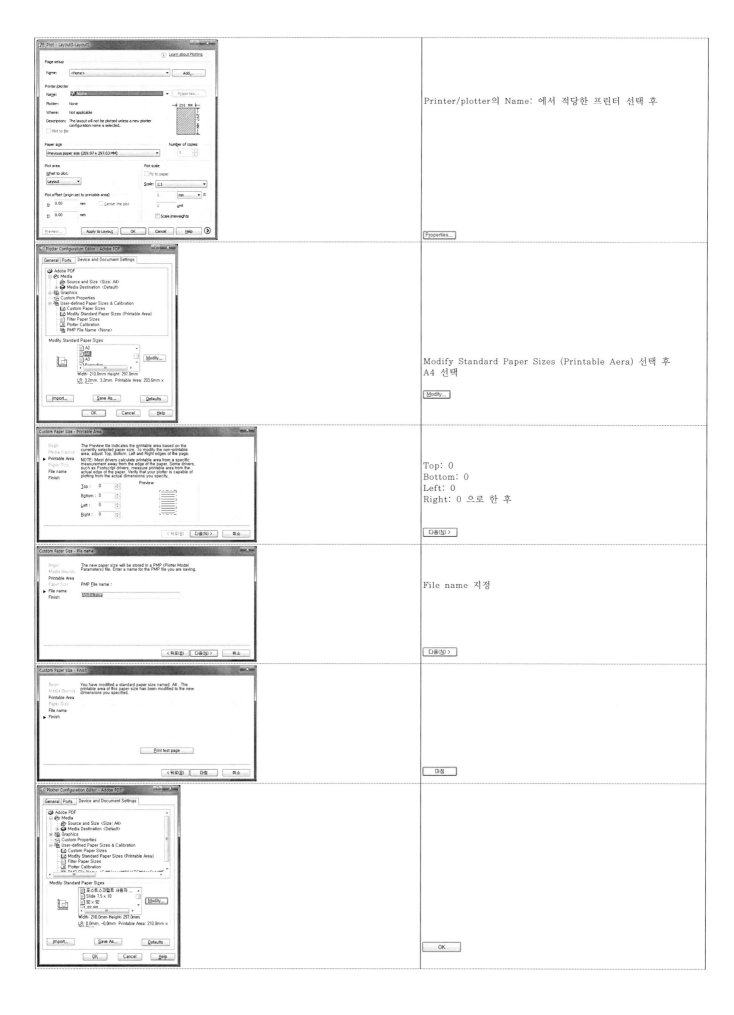

Printer/plotter의 Name: 에서 적당한 프린터 선택 후

Properties...

Modify Standard Paper Sizes (Printable Aera) 선택 후
A4 선택

Modify...

Top: 0
Bottom: 0
Left: 0
Right: 0 으로 한 후

다음(N) >

File name 지정

다음(N) >

마침

OK

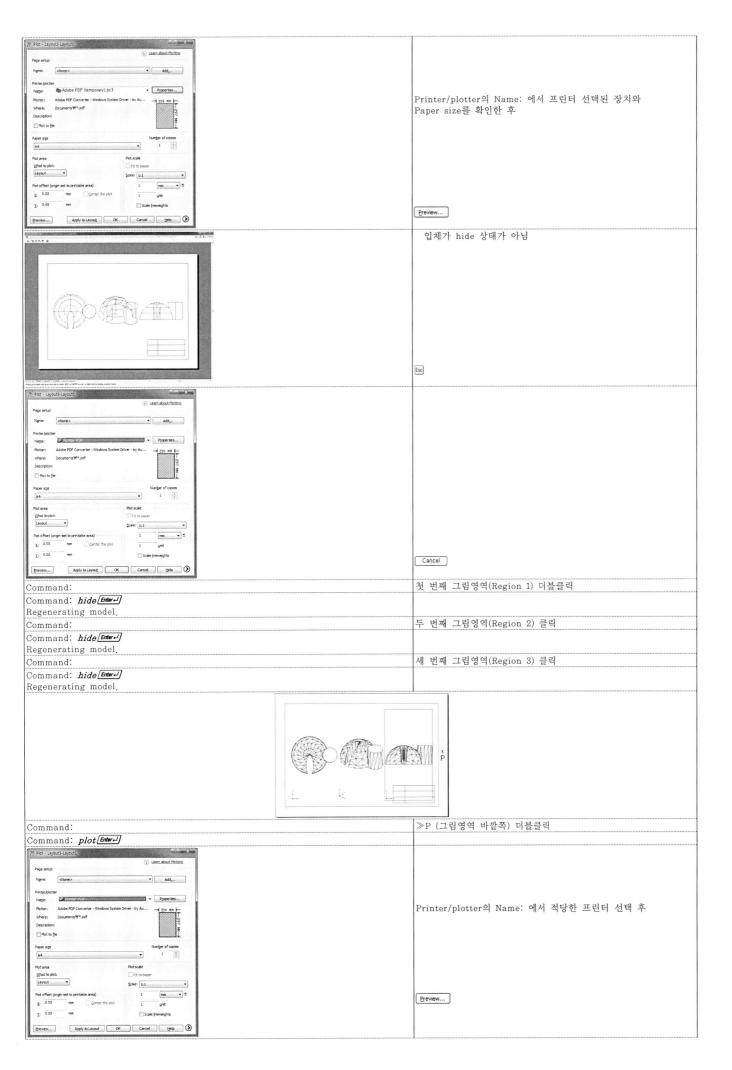

Printer/plotter의 Name: 에서 프린터 선택된 장치와
Paper size를 확인한 후

Preview...

입체가 hide 상태가 아님

Esc

Cancel

Command:	첫 번째 그림영역(Region 1) 더블클릭
Command: *hide* Enter↵ Regenerating model.	
Command:	두 번째 그림영역(Region 2) 클릭
Command: *hide* Enter↵ Regenerating model.	
Command:	세 번째 그림영역(Region 3) 클릭
Command: *hide* Enter↵ Regenerating model.	

| Command: | ≫P (그림영역 바깥쪽) 더블클릭 |
| Command: *plot* Enter↵ | |

Printer/plotter의 Name: 에서 적당한 프린터 선택 후

Preview...

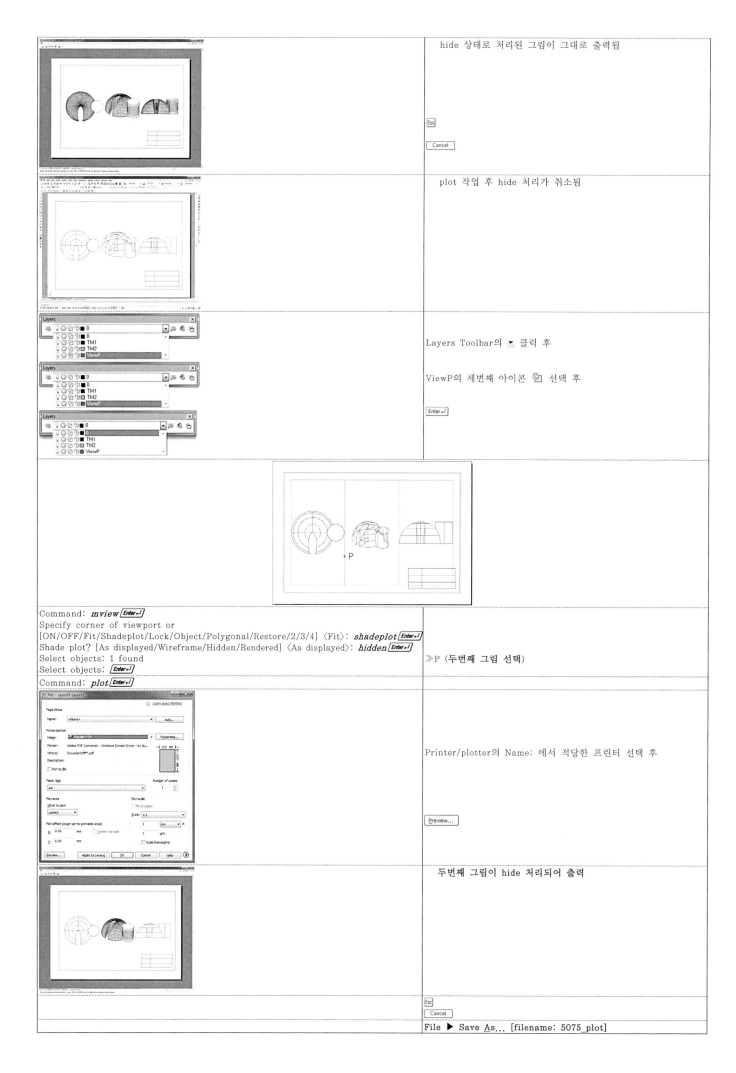

hide 상태로 처리된 그림이 그대로 출력됨

Esc

Cancel

plot 작업 후 hide 처리가 취소됨

Layers Toolbar의 ▾ 클릭 후

ViewP의 세번째 아이콘 ⓐ 선택 후

Enter↵

Command: *mview* Enter↵
Specify corner of viewport or
[ON/OFF/Fit/Shadeplot/Lock/Object/Polygonal/Restore/2/3/4] ⟨Fit⟩: *shadeplot* Enter↵
Shade plot? [As displayed/Wireframe/Hidden/Rendered] ⟨As displayed⟩: *hidden* Enter↵
Select objects: 1 found
Select objects: Enter↵
Command: *plot* Enter↵

≫P (두번째 그림 선택)

Printer/plotter의 Name: 에서 적당한 프린터 선택 후

Preview...

두번째 그림이 hide 처리되어 출력

Esc

Cancel

File ▶ Save As... [filename: 5075_plot]

5.7.6 레이아웃

명 령 줄(layout)	
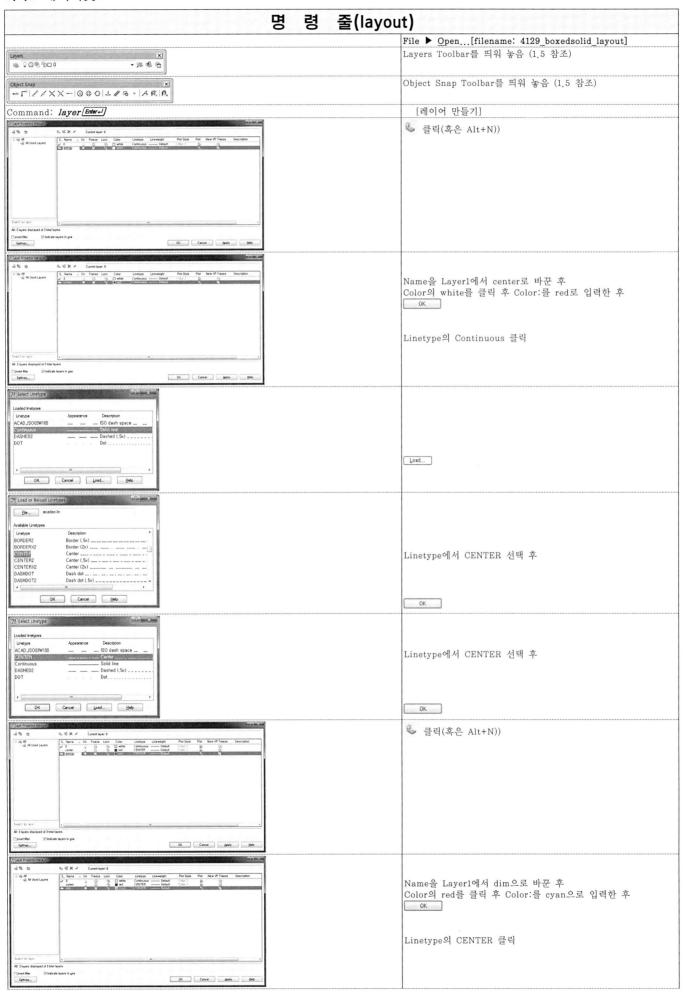	File ▶ Open...[filename: 4129_boxedsolid_layout]
	Layers Toolbar를 띄워 놓음 (1.5 참조)
	Object Snap Toolbar를 띄워 놓음 (1.5 참조)
Command: *layer* Enter↵	[레이어 만들기]
	클릭(혹은 Alt+N))
	Name을 Layer1에서 center로 바꾼 후 Color의 white를 클릭 후 Color:를 red로 입력한 후 [OK] Linetype의 Continuous 클릭
	[Load...]
	Linetype에서 CENTER 선택 후 [OK]
	Linetype에서 CENTER 선택 후 [OK]
	클릭(혹은 Alt+N))
	Name을 Layer1에서 dim으로 바꾼 후 Color의 red를 클릭 후 Color:를 cyan으로 입력한 후 [OK] Linetype의 CENTER 클릭

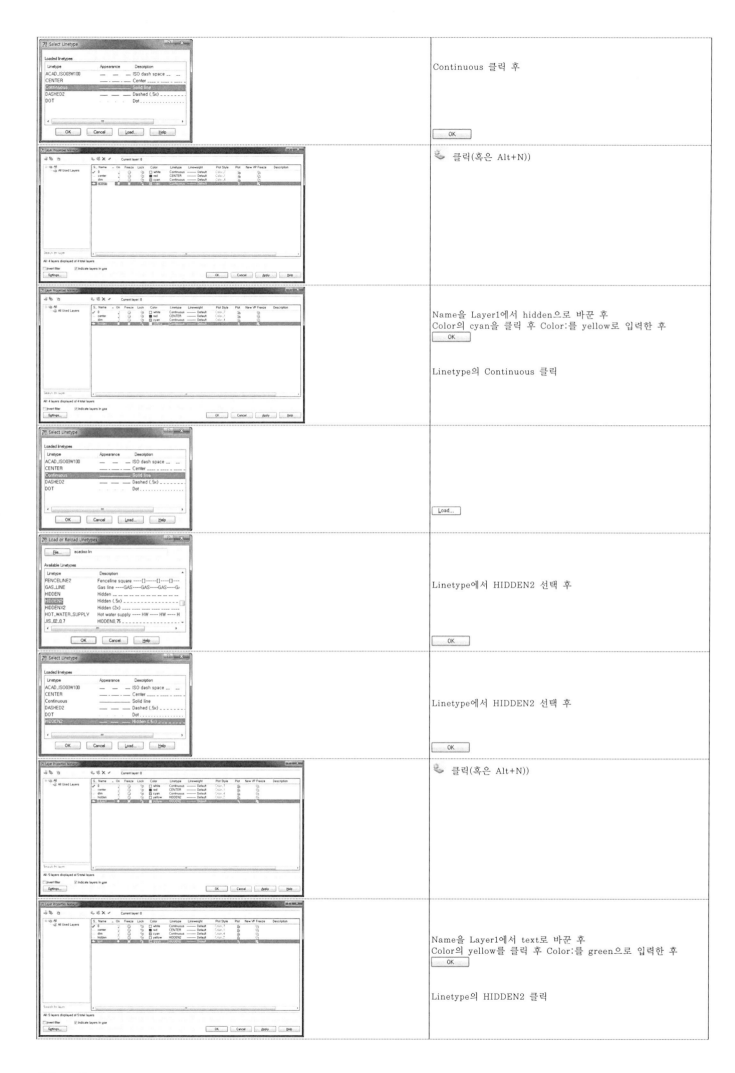

Continuous 클릭 후

OK

🖰 클릭(혹은 Alt+N))

Name을 Layer1에서 hidden으로 바꾼 후
Color의 cyan을 클릭 후 Color:를 yellow로 입력한 후
OK

Linetype의 Continuous 클릭

Load...

Linetype에서 HIDDEN2 선택 후

OK

Linetype에서 HIDDEN2 선택 후

OK

🖰 클릭(혹은 Alt+N))

Name을 Layer1에서 text로 바꾼 후
Color의 yellow를 클릭 후 Color:를 green으로 입력한 후
OK

Linetype의 HIDDEN2 클릭

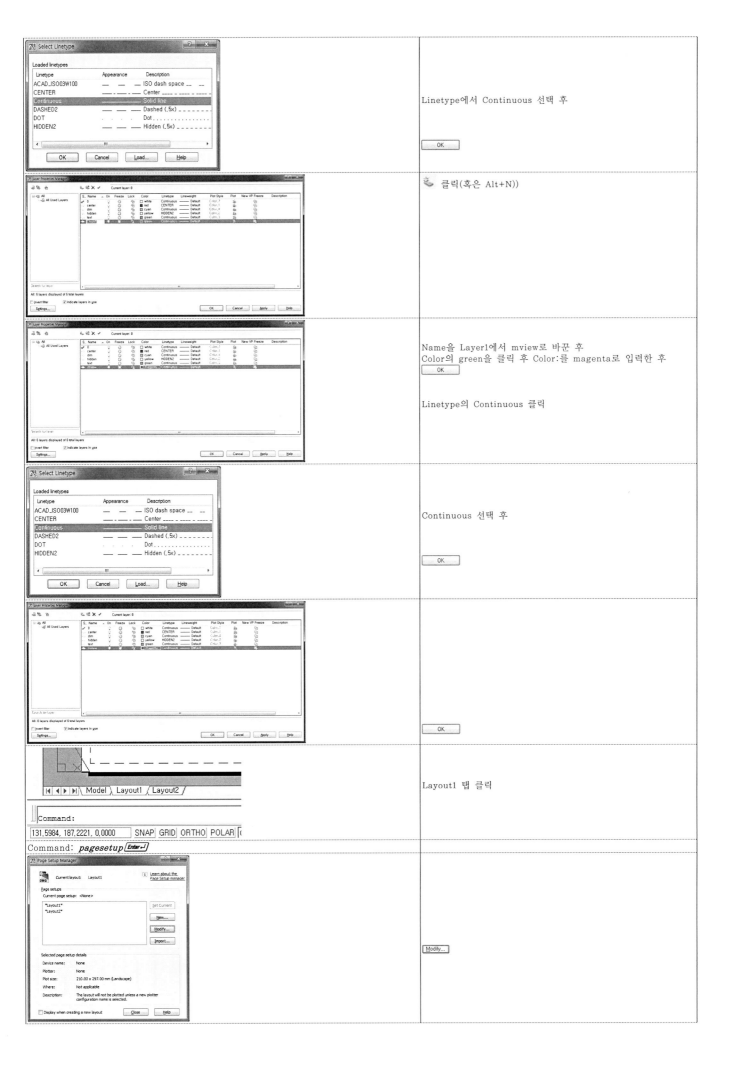

Linetype에서 Continuous 선택 후

OK

🐾 클릭(혹은 Alt+N))

Name을 Layer1에서 mview로 바꾼 후
Color의 green을 클릭 후 Color:를 magenta로 입력한 후
OK

Linetype의 Continuous 클릭

Continuous 선택 후

OK

OK

Layout1 탭 클릭

Command: *pagesetup* Enter↵

Modify...

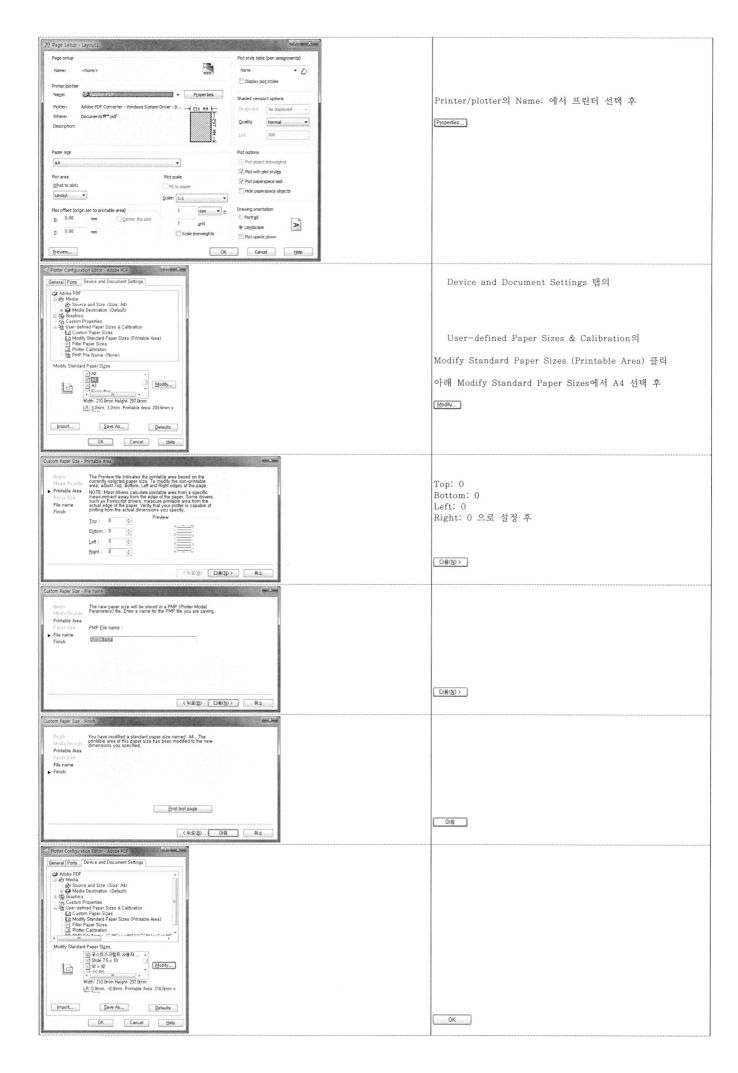

Printer/plotter의 Name: 에서 프린터 선택 후

Properties...

Device and Document Settings 탭의

User-defined Paper Sizes & Calibration의
Modify Standard Paper Sizes (Printable Area) 클릭
아래 Modify Standard Paper Sizes에서 A4 선택 후

Modify...

Top: 0
Bottom: 0
Left: 0
Right: 0 으로 설정 후

다음(N) >

다음(N) >

마침

OK

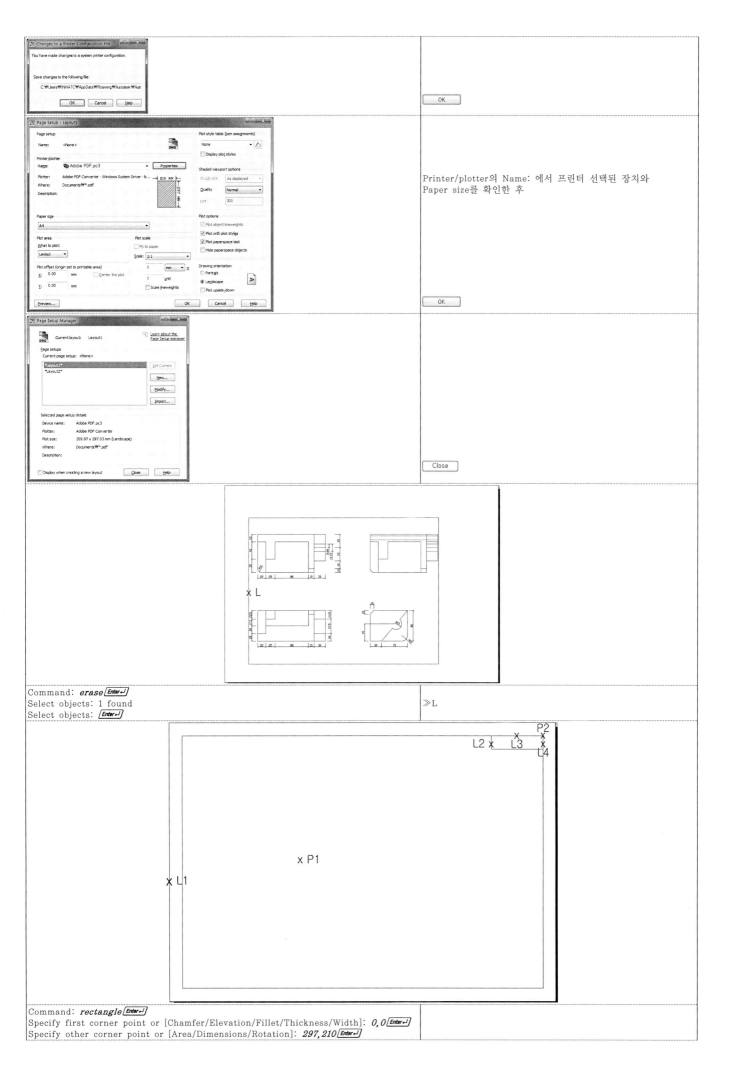

Printer/plotter의 Name: 에서 프린터 선택된 장치와
Paper size를 확인한 후

OK

Close

≫L

Command: *erase* Enter↵
Select objects: 1 found
Select objects: Enter↵

Command: *rectangle* Enter↵
Specify first corner point or [Chamfer/Elevation/Fillet/Thickness/Width]: *0,0* Enter↵
Specify other corner point or [Area/Dimensions/Rotation]: *297,210* Enter↵

Command: *offset* [Enter↵] Current settings: Erase source=No Layer=Source OFFSETGAPTYPE=0 Specify offset distance or [Through/Erase/Layer] ⟨Through⟩: *10* [Enter↵] Select object to offset or [Exit/Undo] ⟨Exit⟩: Specify point on side to offset or [Exit/Multiple/Undo] ⟨Exit⟩: Select object to offset or [Exit/Undo] ⟨Exit⟩: [Enter↵]	≫L1 ≫P1
Command: *rectangle* [Enter↵] Specify first corner point or [Chamfer/Elevation/Fillet/Thickness/Width]: _endp of Specify other corner point or [Area/Dimensions/Rotation]: *dimensions* [Enter↵] Specify length for rectangles ⟨10.0000⟩: *40* [Enter↵] Specify width for rectangles ⟨10.0000⟩: *10* [Enter↵] Specify other corner point or [Area/Dimensions/Rotation]:	⌖ → ≫P2 ≫P1
Command: *explode* [Enter↵] Select objects: 1 found Select objects: [Enter↵]	≫L2
Command: *erase* [Enter↵] Select objects: 1 found Select objects: 1 found, 2 total Select objects: [Enter↵]	≫L3 ≫L4
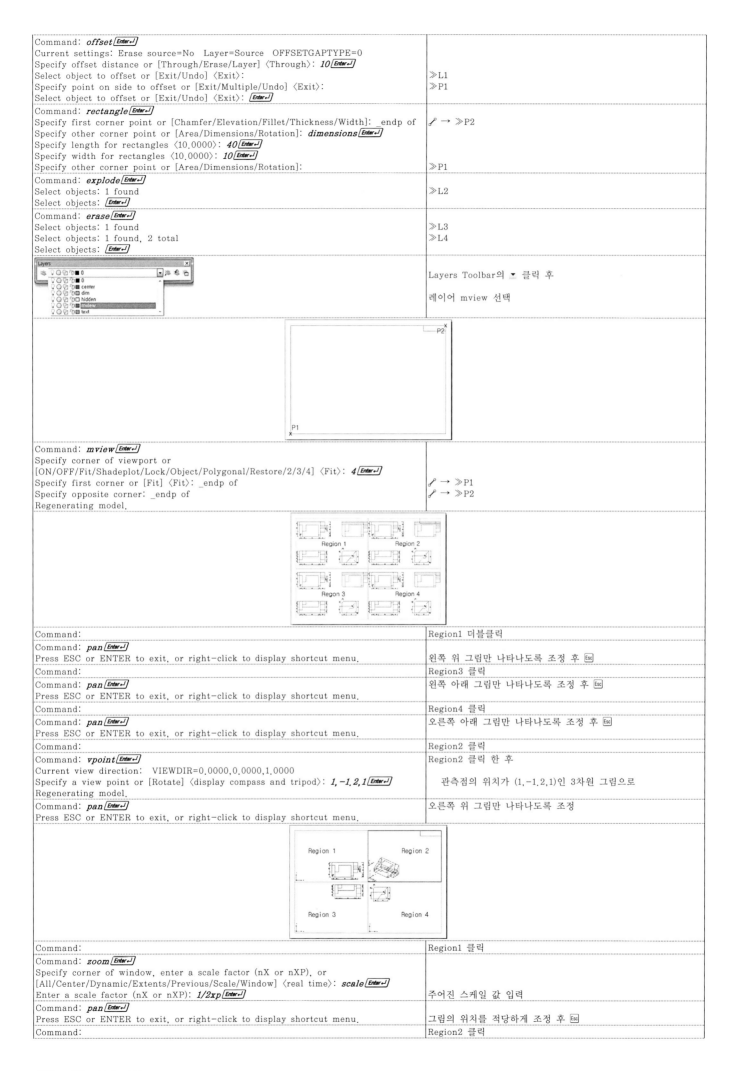	Layers Toolbar의 ▾ 클릭 후 레이어 mview 선택
	P2 / P1
Command: *mview* [Enter↵] Specify corner of viewport or [ON/OFF/Fit/Shadeplot/Lock/Object/Polygonal/Restore/2/3/4] ⟨Fit⟩: *4* [Enter↵] Specify first corner or [Fit] ⟨Fit⟩: _endp of Specify opposite corner: _endp of Regenerating model.	 ⌖ → ≫P1 ⌖ → ≫P2
	Region1/Region2/Region3/Region4
Command:	Region1 더블클릭
Command: *pan* [Enter↵] Press ESC or ENTER to exit, or right-click to display shortcut menu.	왼쪽 위 그림만 나타나도록 조정 후 [Esc]
Command:	Region3 클릭
Command: *pan* [Enter↵] Press ESC or ENTER to exit, or right-click to display shortcut menu.	왼쪽 아래 그림만 나타나도록 조정 후 [Esc]
Command:	Region4 클릭
Command: *pan* [Enter↵] Press ESC or ENTER to exit, or right-click to display shortcut menu.	오른쪽 아래 그림만 나타나도록 조정 후 [Esc]
Command:	Region2 클릭
Command: *vpoint* [Enter↵] Current view direction: VIEWDIR=0.0000,0.0000,1.0000 Specify a view point or [Rotate] ⟨display compass and tripod⟩: *1,-1.2,1* [Enter↵] Regenerating model.	Region2 클릭 한 후 관측점의 위치가 (1,-1.2,1)인 3차원 그림으로
Command: *pan* [Enter↵] Press ESC or ENTER to exit, or right-click to display shortcut menu.	오른쪽 위 그림만 나타나도록 조정
	Region 1/Region 2/Region 3/Region 4
Command:	Region1 클릭
Command: *zoom* [Enter↵] Specify corner of window, enter a scale factor (nX or nXP), or [All/Center/Dynamic/Extents/Previous/Scale/Window] ⟨real time⟩: *scale* [Enter↵] Enter a scale factor (nX or nXP): *1/2xp* [Enter↵]	 주어진 스케일 값 입력
Command: *pan* [Enter↵] Press ESC or ENTER to exit, or right-click to display shortcut menu.	그림의 위치를 적당하게 조정 후 [Esc]
Command:	Region2 클릭

Command: *zoom* [Enter↵] Specify corner of window, enter a scale factor (nX or nXP), or [All/Center/Dynamic/Extents/Previous/Scale/Window] ⟨real time⟩: *scale* [Enter↵] Enter a scale factor (nX or nXP): *1/2xp* [Enter↵]	주어진 스케일 값 입력
Command: *pan* [Enter↵] Press ESC or ENTER to exit, or right-click to display shortcut menu.	그림의 위치를 적당하게 조정 후 [Esc]
Command:	Region3 클릭
Command: *zoom* [Enter↵] Specify corner of window, enter a scale factor (nX or nXP), or [All/Center/Dynamic/Extents/Previous/Scale/Window] ⟨real time⟩: *scale* [Enter↵] Enter a scale factor (nX or nXP): *1/2xp* [Enter↵]	주어진 스케일 값 입력
Command: *pan* [Enter↵] Press ESC or ENTER to exit, or right-click to display shortcut menu.	그림의 위치를 적당하게 조정 후 [Esc]
Command:	Region4 클릭
Command: *zoom* [Enter↵] Specify corner of window, enter a scale factor (nX or nXP), or [All/Center/Dynamic/Extents/Previous/Scale/Window] ⟨real time⟩: *scale* [Enter↵] Enter a scale factor (nX or nXP): *1/2xp* [Enter↵]	주어진 스케일 값 입력
Command: *pan* [Enter↵] Press ESC or ENTER to exit, or right-click to display shortcut menu.	그림의 위치를 적당하게 조정 후 [Esc]

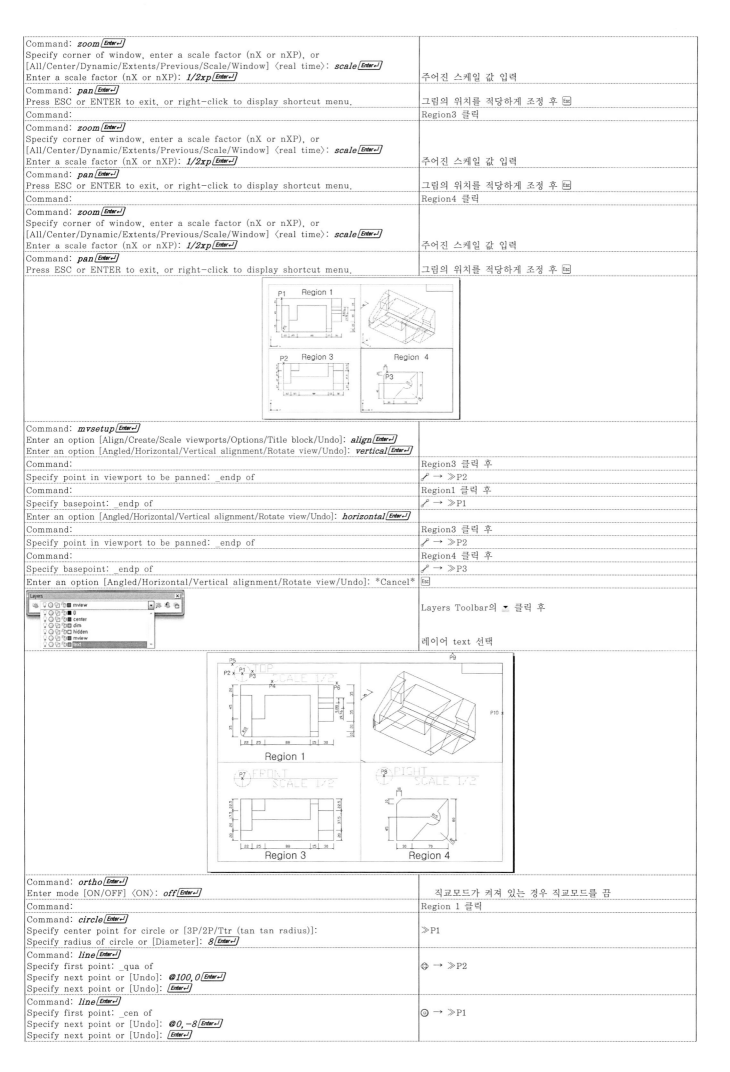

Command: *mvsetup* [Enter↵] Enter an option [Align/Create/Scale viewports/Options/Title block/Undo]: *align* [Enter↵] Enter an option [Angled/Horizontal/Vertical alignment/Rotate view/Undo]: *vertical* [Enter↵]	
Command:	Region3 클릭 후
Specify point in viewport to be panned: _endp of	🔧 → ≫P2
Command:	Region1 클릭 후
Specify basepoint: _endp of	🔧 → ≫P1
Enter an option [Angled/Horizontal/Vertical alignment/Rotate view/Undo]: *horizontal* [Enter↵]	
Command:	Region3 클릭 후
Specify point in viewport to be panned: _endp of	🔧 → ≫P2
Command:	Region4 클릭 후
Specify basepoint: _endp of	🔧 → ≫P3
Enter an option [Angled/Horizontal/Vertical alignment/Rotate view/Undo]: *Cancel*	[Esc]
	Layers Toolbar의 ▼ 클릭 후 레이어 text 선택

Command: *ortho* [Enter↵] Enter mode [ON/OFF] ⟨ON⟩: *off* [Enter↵]	직교모드가 켜져 있는 경우 직교모드를 끔
Command:	Region 1 클릭
Command: *circle* [Enter↵] Specify center point for circle or [3P/2P/Ttr (tan tan radius)]: Specify radius of circle or [Diameter]: *8* [Enter↵]	≫P1
Command: *line* [Enter↵] Specify first point: _qua of Specify next point or [Undo]: *@100,0* [Enter↵] Specify next point or [Undo]: [Enter↵]	◇ → ≫P2
Command: *line* [Enter↵] Specify first point: _cen of Specify next point or [Undo]: *@0,-8* [Enter↵] Specify next point or [Undo]: [Enter↵]	⊙ → ≫P1

Command: *dtext* [Enter↵] Current text style: "Standard" Text height: 2.5000 Annotative: No Specify start point of text or [Justify/Style]: Specify height ⟨2.5000⟩: *7* [Enter↵] Specify rotation angle of text ⟨0⟩: *0* [Enter↵] Enter text: *TOP* [Enter↵] Enter text: [Enter↵]	≫P3
Command: *dtext* [Enter↵] Current text style: "Standard" Text height: 7.0000 Annotative: No Specify start point of text or [Justify/Style]: Specify height ⟨7.0000⟩: *7* [Enter↵] Specify rotation angle of text ⟨0⟩: *0* [Enter↵] Enter text: *SCALE 1/2* [Enter↵] Enter text: [Enter↵]	≫P4
Command: *copy* [Enter↵] Select objects: Specify opposite corner: 5 found Select objects: [Enter↵] Current settings: Copy mode = Multiple Specify base point or [Displacement/mOde] ⟨Displacement⟩: _endp of Specify second point or ⟨use first point as displacement⟩: Specify second point or [Exit/Undo] ⟨Exit⟩: Specify second point or [Exit/Undo] ⟨Exit⟩: [Enter↵]	≫P5 ≫P6 dtext 실행 부분 선택 𝔭 → ≫P1 Region 3 클릭 후 ≫P7 Region 4 클릭 후 ≫P8
Command:	Region 3 클릭
Command: *ddedit* [Enter↵] Select an annotation object or [Undo]: Select an annotation object or [Undo]: [Enter↵]	"TOP" 클릭 후 "FRONT"로 수정
Command:	Region 4 클릭
Command: *ddedit* [Enter↵] Select an annotation object or [Undo]: Select an annotation object or [Undo]: [Enter↵]	"TOP" 클릭 후 "RIGHT"로 수정
Command: *pspace* [Enter↵]	paper space로 전환
Command: *matchprop* [Enter↵] Select source object: Current active settings: Color Layer Ltype Ltscale Lineweight Thickness PlotStyle Text Dim Hatch Polyline Viewport Select destination object(s) or [Settings]: Select destination object(s) or [Settings]: [Enter↵]	≫P9 ≫P10
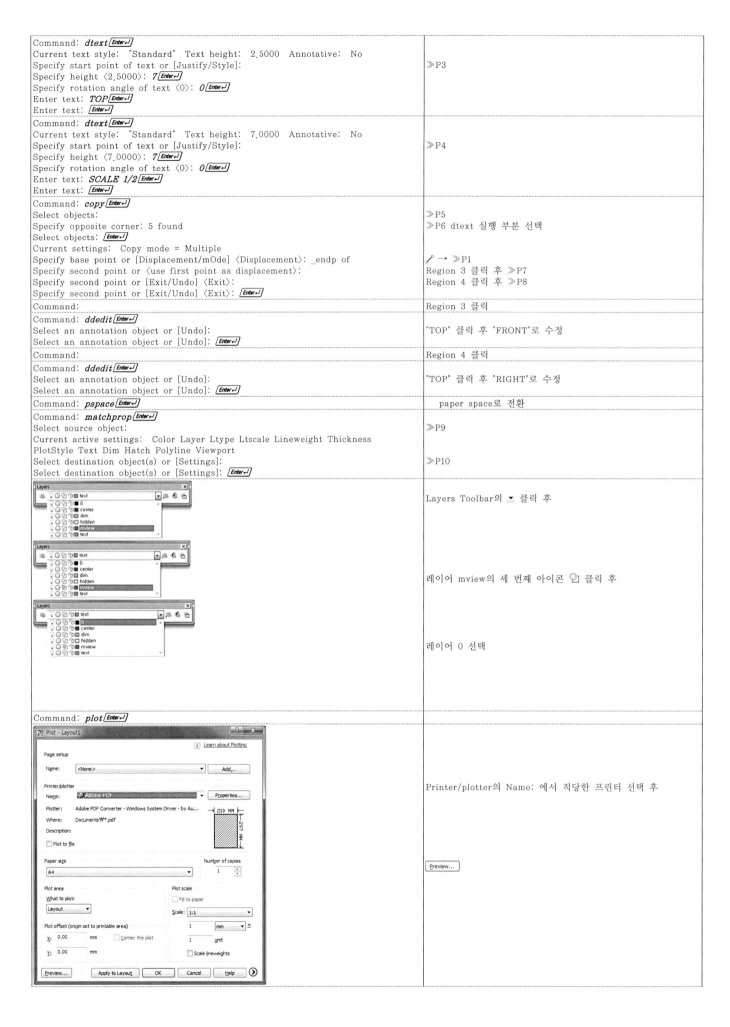	Layers Toolbar의 ▾ 클릭 후 레이어 mview의 세 번째 아이콘 클릭 후 레이어 0 선택
Command: *plot* [Enter↵]	
	Printer/plotter의 Name: 에서 적당한 프린터 선택 후 Preview...

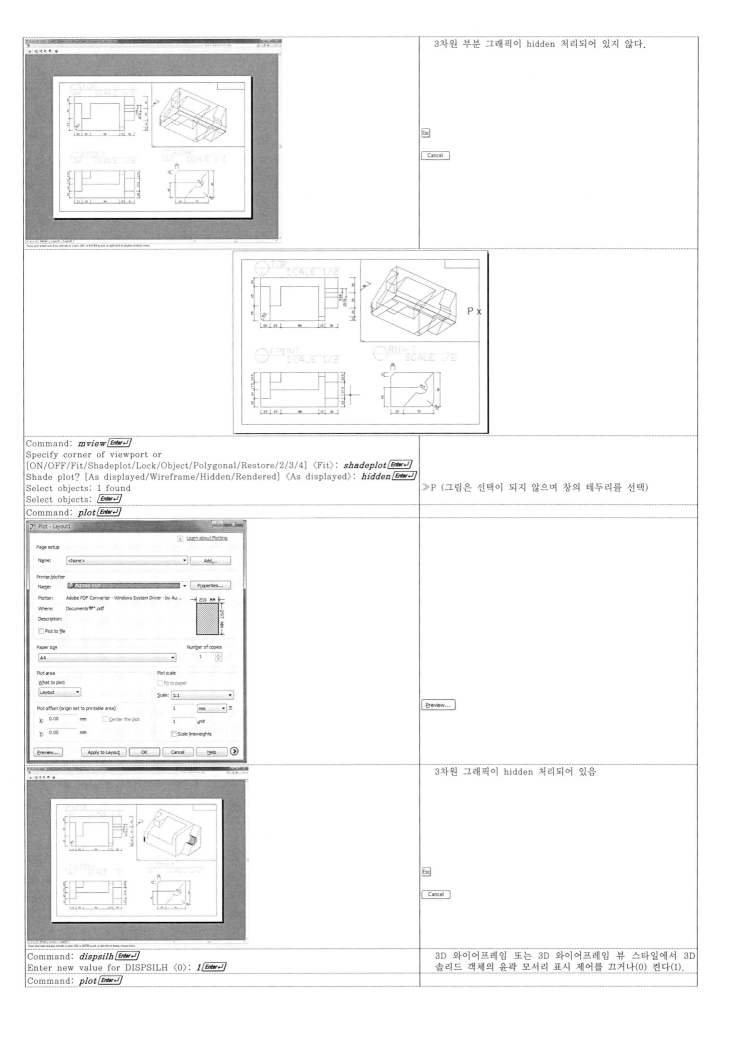

3차원 부분 그래픽이 hidden 처리되어 있지 않다.

Esc

Cancel

Command: *mview* `Enter↵`
Specify corner of viewport or
[ON/OFF/Fit/Shadeplot/Lock/Object/Polygonal/Restore/2/3/4] ⟨Fit⟩: *shadeplot* `Enter↵`
Shade plot? [As displayed/Wireframe/Hidden/Rendered] ⟨As displayed⟩: *hidden* `Enter↵`
Select objects: 1 found
Select objects: `Enter↵`
Command: *plot* `Enter↵`

≫P (그림은 선택이 되지 않으며 창의 테두리를 선택)

Preview...

3차원 그래픽이 hidden 처리되어 있음

Esc

Cancel

Command: *dispsilh* `Enter↵`
Enter new value for DISPSILH ⟨0⟩: *1* `Enter↵`
Command: *plot* `Enter↵`

3D 와이어프레임 또는 3D 와이어프레임 뷰 스타일에서 3D
솔리드 객체의 윤곽 모서리 표시 제어를 끄거나(0) 켠다(1).

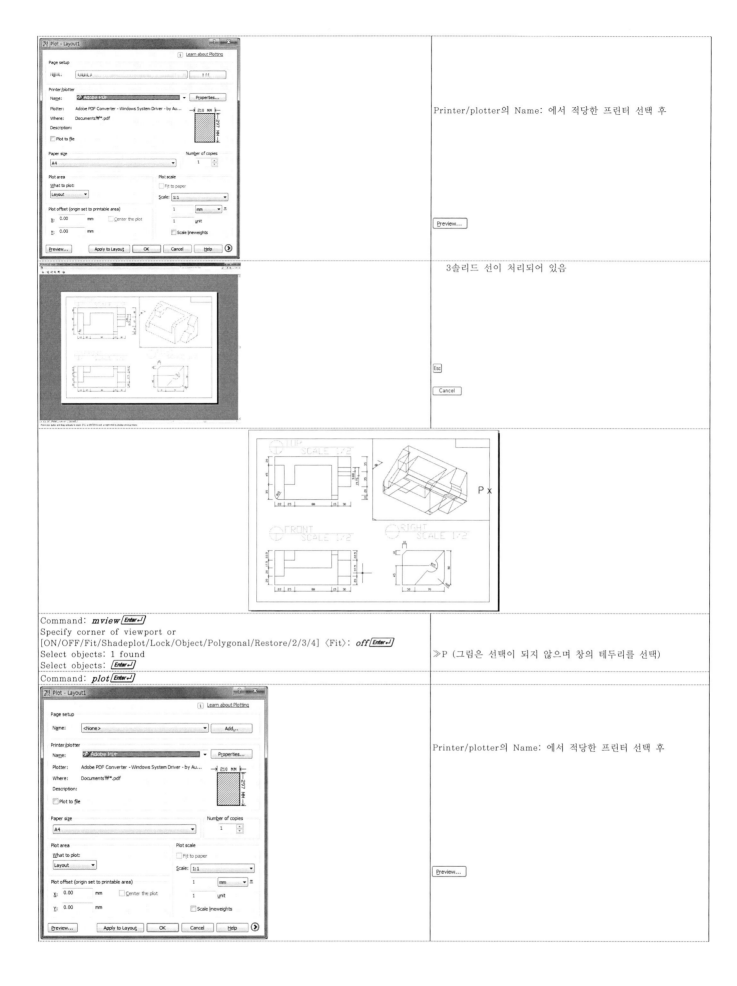

Printer/plotter의 Name: 에서 적당한 프린터 선택 후

Preview...

3솔리드 선이 처리되어 있음

Esc

Cancel

Command: *mview* `Enter↵`
Specify corner of viewport or
[ON/OFF/Fit/Shadeplot/Lock/Object/Polygonal/Restore/2/3/4] 〈Fit〉: *off* `Enter↵`
Select objects: 1 found
Select objects: `Enter↵`
Command: *plot* `Enter↵`

≫P (그림은 선택이 되지 않으며 창의 테두리를 선택)

Printer/plotter의 Name: 에서 적당한 프린터 선택 후

Preview...

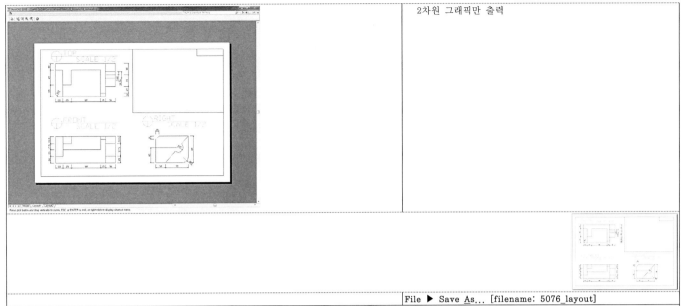

2차원 그래픽만 출력

File ▶ Save <u>A</u>s... [filename: 5076_layout]

dispsilh – 3D 와이어프레임 또는 3D 와이어프레임 뷰 스타일에서 3D 솔리드 객체의 윤곽 모서리 표시를 제어한다. 0: 끄기, 1: 켜기.

MEMO

6

2차원
토목설계도면

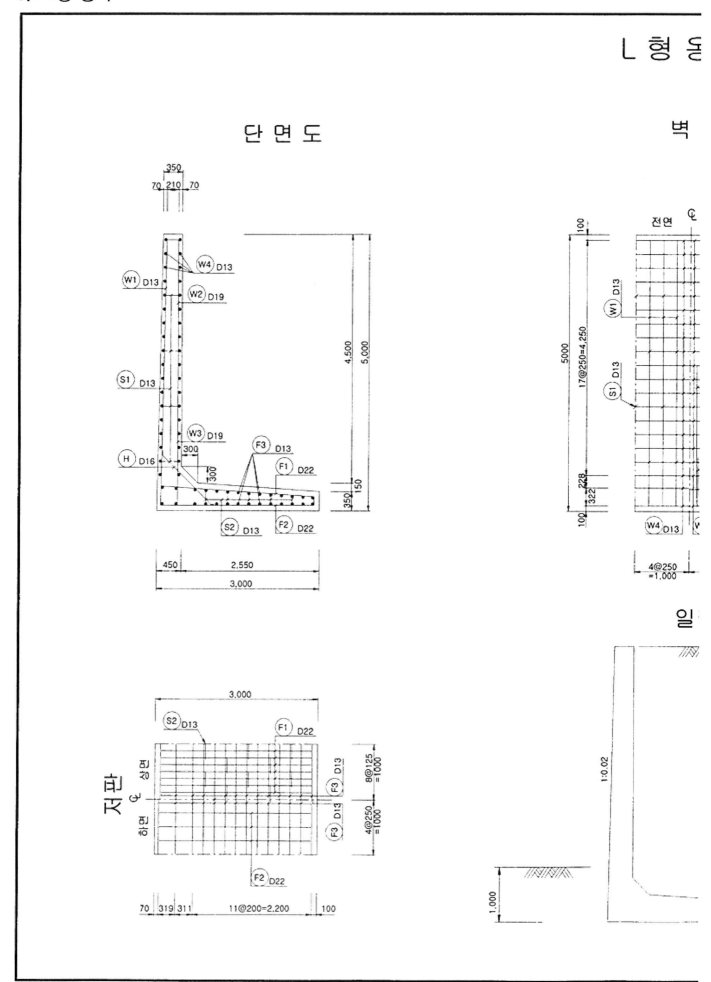

ㄴ 형 옹

단 면 도

벽

롱 벽

체

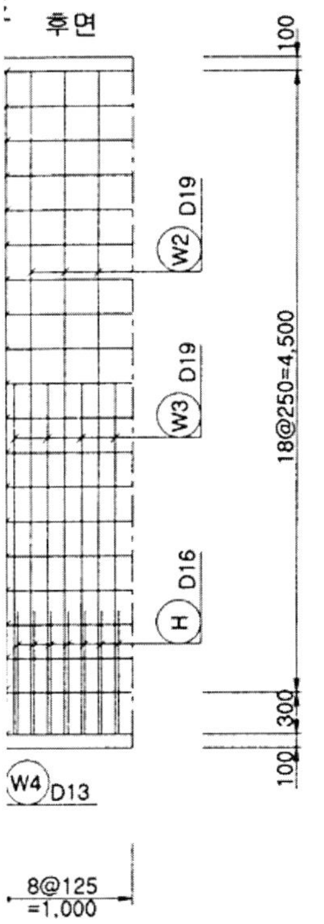

철근상세도

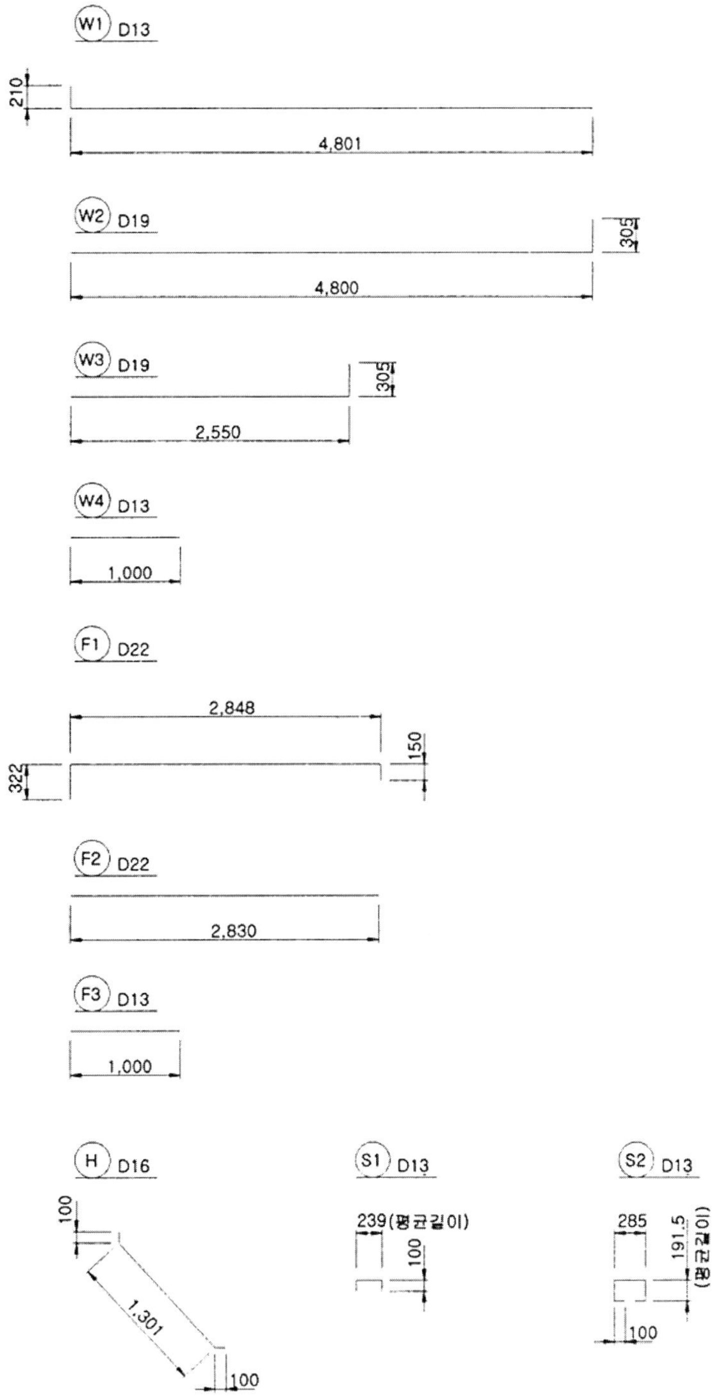

후면

W1 D13
210
4,801

W2 D19
4,800
305

W3 D19
305
2,550

W4 D13
1,000

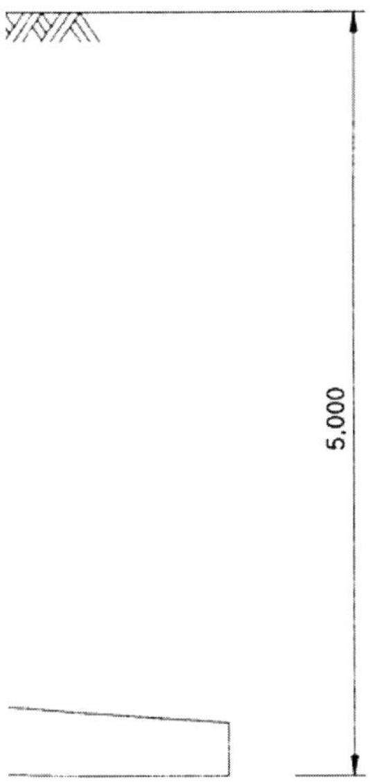

W2 D19

W3 D19

H D16

W4 D13

8@125
=1.000

18@250=4,500

100
300
100

F1 D22
2,848
322
150

F2 D22
2,830

F3 D13
1,000

반도

5,000

H D16
100
1,301
100

S1 D13
239(평균길이)
100

S2 D13
285
191.5
(평균길이)
100

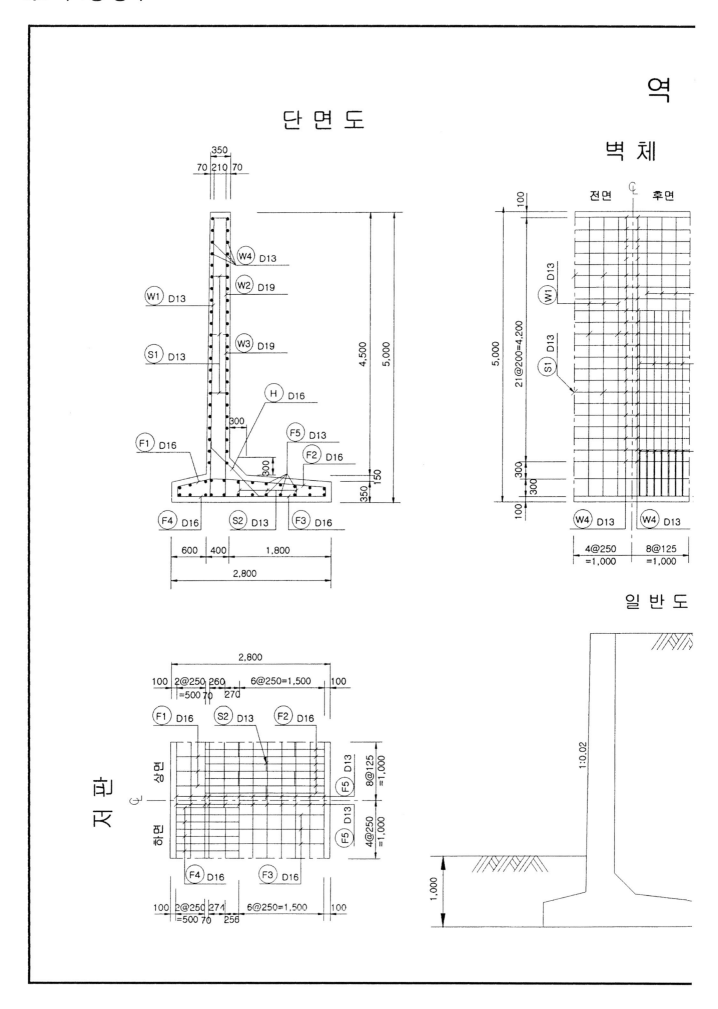

T 형 옹벽

철근상세도

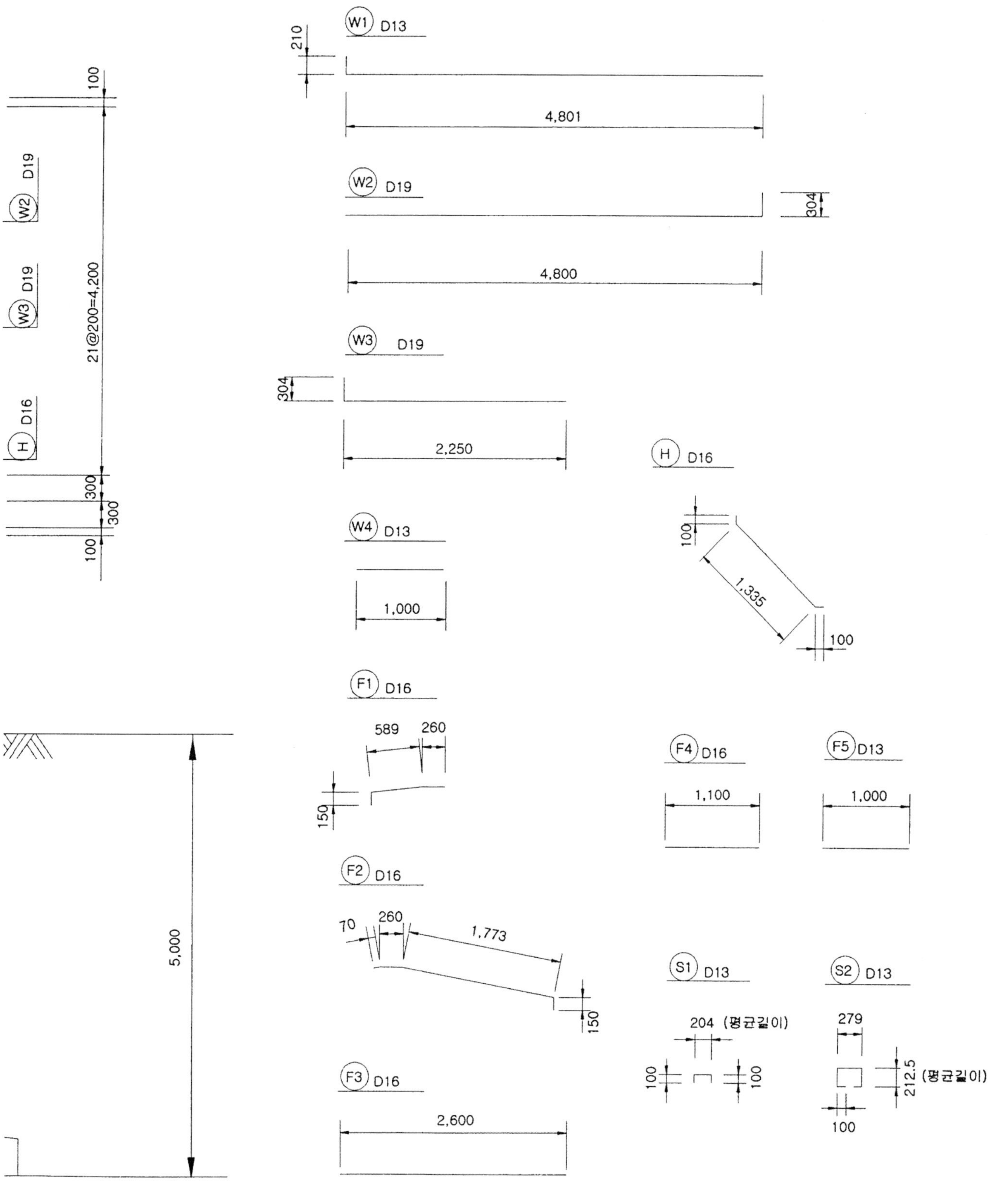

W1 D13 — 210, 4,801

W2 D19 — 4,800, 304

W3 D19 — 304, 2,250

W4 D13 — 1,000

H D16 — 100, 1,335, 100

F1 D16 — 589, 260, 150

F2 D16 — 70, 260, 1,773, 150

F3 D16 — 2,600

F4 D16 — 1,100

F5 D13 — 1,000

S1 D13 — 204 (평균길이), 100, 100

S2 D13 — 279, 212.5 (평균길이), 100

W1 D13
W2 D19
W3 D19
H D16
21@200=4,200
100
300
300
100
5,000

역 T 형

단 면 도

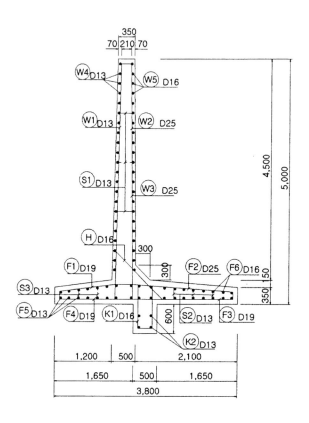

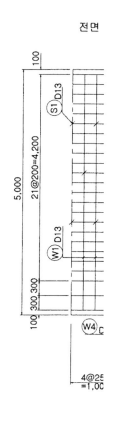

전면

지 판

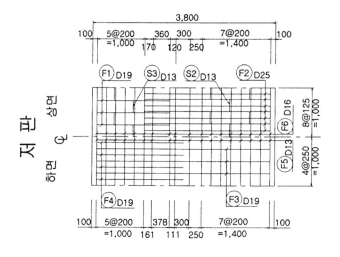

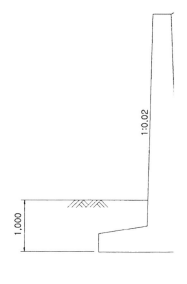

형 옹벽(돌출부)

벽 체

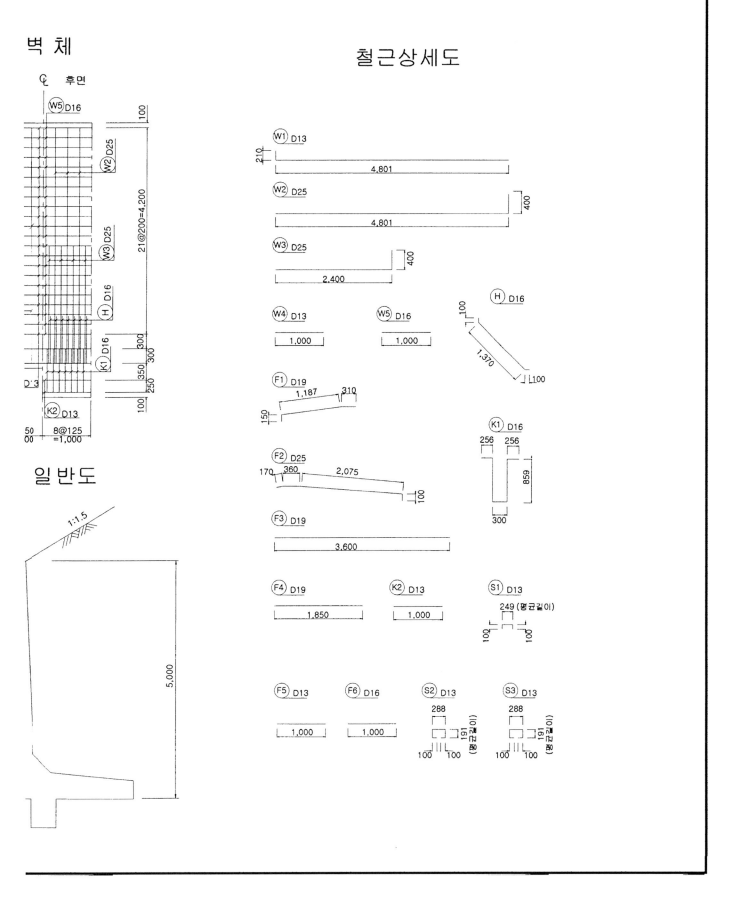

철근상세도

일반도

선반ㅅ

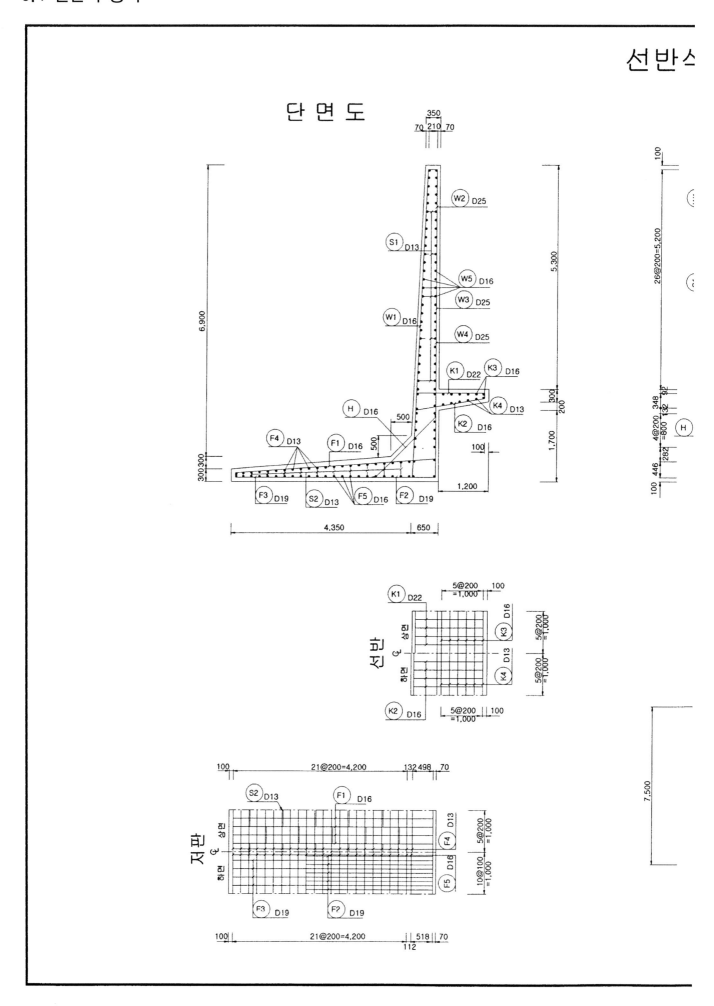

단 면 도

선반

지판

ㄴ 옹벽

벽 체

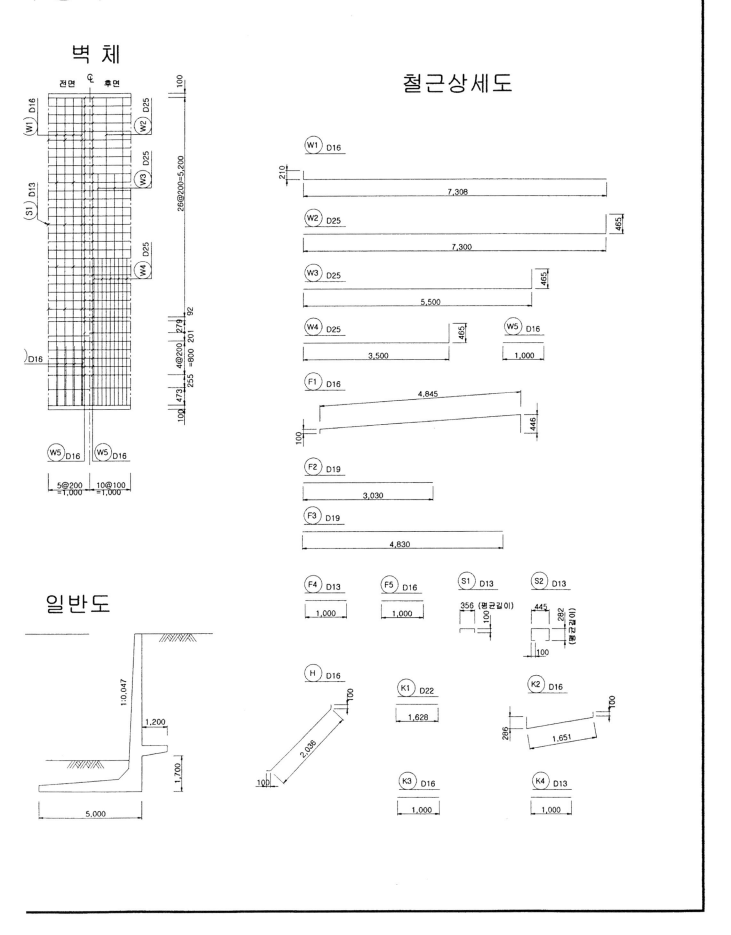

철근상세도

일반도

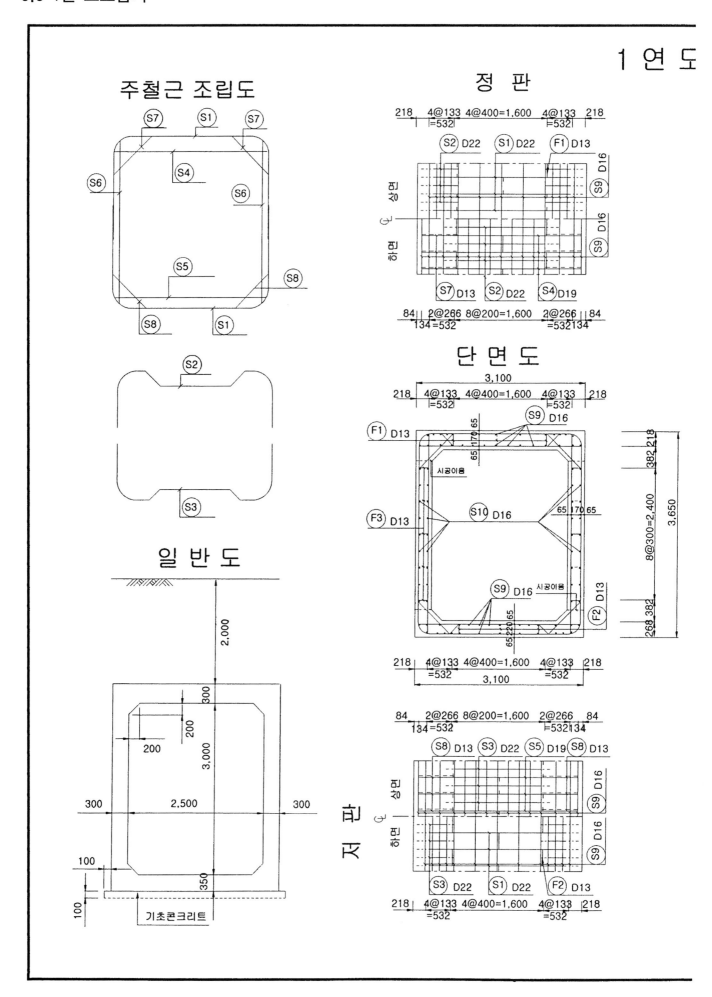

도로 암거

철근상세도

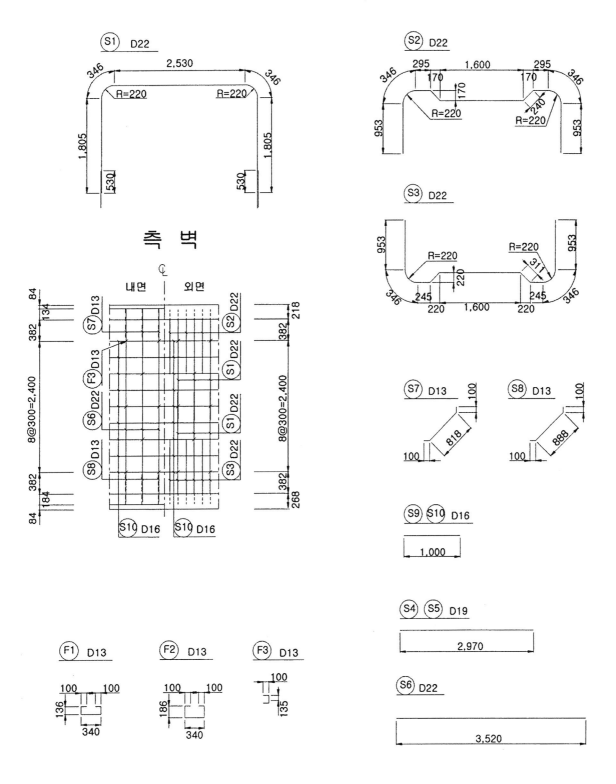

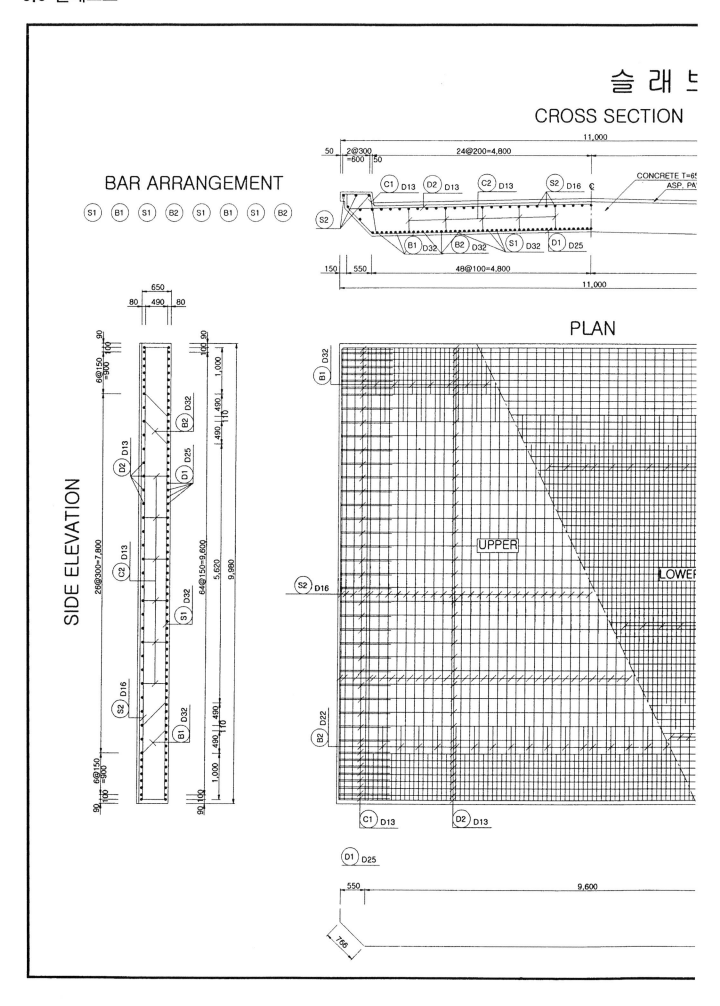

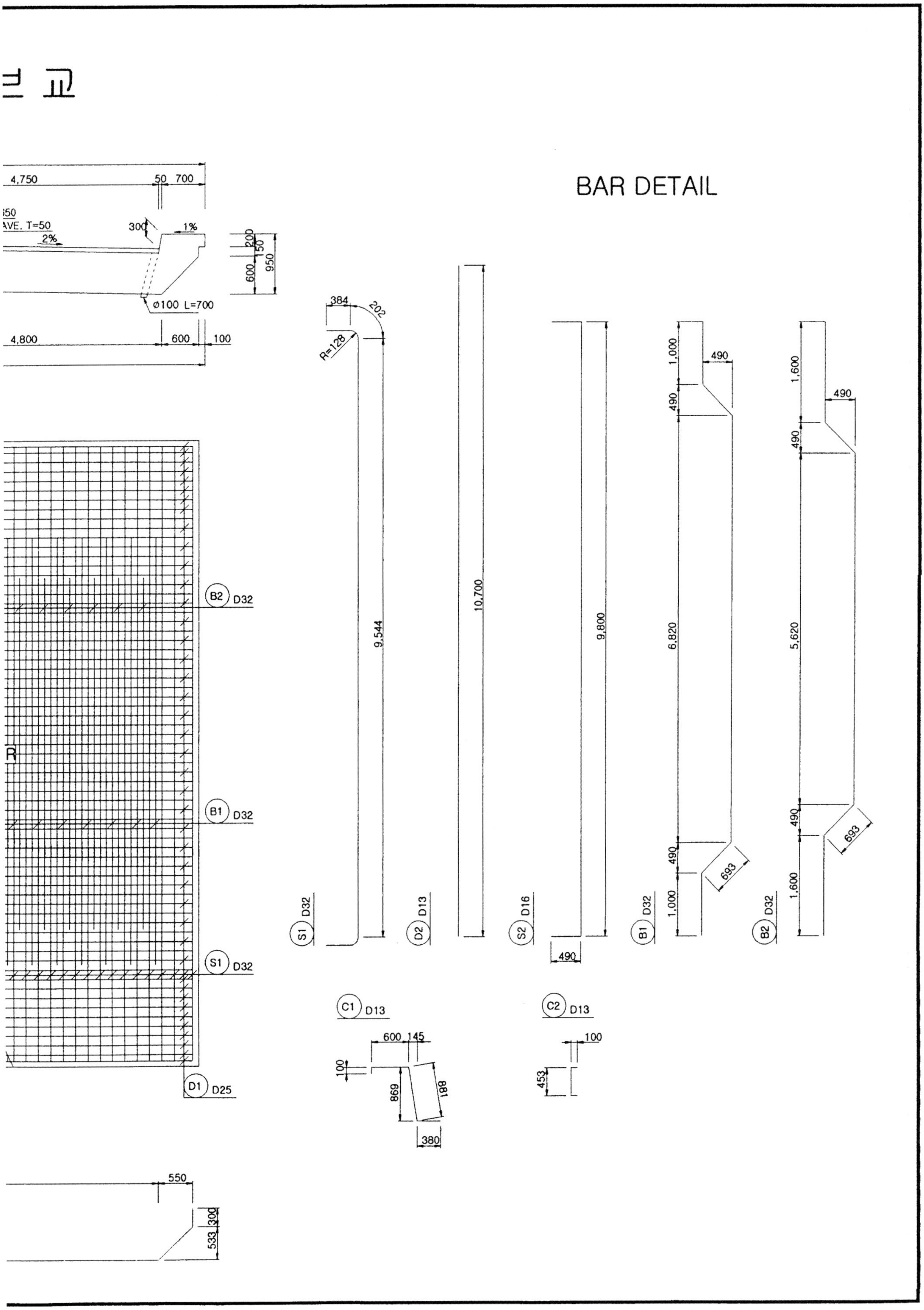

ㄹ 교

BAR DETAIL

4,750　　50　700

50
AVE. T=50
2%　　　300　　1%

600　200
950　150

Ø100 L=700

4,800　　600　100

384　202
R=128

9,544

10,700

9,800

490

1,000
490

6,820

490
1,000

693

1,600

490

490

5,620

490

1,600

693

B2　D32

B1　D32

R

S1　D32

D1　D25

S1　D32

D2　D13

S2　D16

490

490

B1　D32

B2　D32

C1　D13

C2　D13

600　145

100

868　881

380

100

453

550

533　300

MEMO

7

3차원
도면 작성

7. 3차원 도면 작성

7.1 PEDIT

폴리선 및 3차원 다각형 메쉬를 편집한다.

명 령	
메뉴	수정(M) ▶ 객체(O) ▶ 폴리선(P)
명령행	pedit
도구막대	⬦

편집할 폴리선을 선택하고 도면 영역에서 마우스 오른쪽 버튼으로 클릭한 다음 [폴리선 편집]을 선택한다.

Command: **pedit**

<table>
<tr><td colspan="4" align="center">명 령 옵 션</td></tr>
<tr><td colspan="4">Select polyline or [Multiple]: 객체 선택 방법을 사용하거나 m을 입력</td></tr>
<tr><td>다중</td><td colspan="3">하나 이상의 객체를 선택할 수 있다.

Select polyline or [Multiple]: multiple
Select objects: 1 found 객체 선택
Select objects: 1 found, 2 total 객체 선택
Select objects:
Convert Lines and Arcs to polylines [Yes/No]? 〈Y〉 y 또는 n 입력</td></tr>
<tr><td></td><td>YES</td><td colspan="2">y를 입력하면 객체는 편집할 수 있는 단일 세그먼트 2D 폴리선으로 변환된다.

Convert Lines and Arcs to polylines [Yes/No]? 〈Y〉 yes
Enter an option [Close/Open/Join/Width/Fit/Spline/Decurve/Ltype gen/Undo]: 옵션 입력</td></tr>
<tr><td></td><td>No</td><td colspan="2">n을 입력하면 단일 세그먼트 2D 폴리선으로 변환되지 않는다.

Convert Lines and Arcs to polylines [Yes/No]? 〈Y〉 no
Enter an option [Close/Open/Join/Width/Fit/Spline/Decurve/Ltype gen/Undo]: 옵션 입력</td></tr>
<tr><td>2D 폴리선
선택</td><td colspan="3">2D 폴리선을 선택하면 다음 프롬프트가 표시된다.

Select polyline or [Multiple]: 2D 폴리선 선택
Enter an option [Close/Join/Width/Edit vertex/Fit/Spline/Decurve/Ltype gen/Undo]: 옵션을 입력하거나 ENTER 키 입력

선택한 폴리선이 닫힌 폴리선이면 닫기 옵션이 프롬프트에서 열기 옵션으로 대치된다. 2D 폴리선의 법선이 현재 UCS의 Z축과 평행이고 같은 방향인 경우 2D 폴리선을 편집할 수 있다.</td></tr>
<tr><td></td><td>닫기</td><td colspan="2">마지막 세그먼트와 첫 번째 세그먼트를 연결하는 폴리선의 닫는 세그먼트를 작성한다. [닫기] 옵션을 사용하여 닫지 않는 한 폴리선은 열려 있는 것으로 간주된다.

Enter an option [Close/Open/Join/Width/Fit/Spline/Decurve/Ltype gen/Undo]: close</td></tr>
<tr><td></td><td>열기</td><td colspan="2">폴리선의 닫는 세그먼트를 제거한다. [열기] 옵션을 사용하여 열지 않는 한 폴리선은 닫혀 있는 것으로 간주된다.

Enter an option [Close/Open/Join/Width/Fit/Spline/Decurve/Ltype gen/Undo]: open</td></tr>
<tr><td></td><td>결합</td><td colspan="2">선, 호 또는 폴리선을 열린 폴리선의 끝에 추가하고 곡선 맞춤 폴리선에서 곡선 맞춤을 제거한다. 객체를 폴리선과 결합하려면 첫 번째 PEDIT 프롬프트에서 다중 옵션을 사용한 경우를 제외하고는 해당 끝점이 서로 만나야 한다. 이 경우 퍼지 거리가 끝점을 포함하기에 충분히 큰 값으로 설정되면 서로 만나지 않는 폴리선을 결합할 수 있다.

Enter an option [Close/Open/Join/Width/Edit vertex/Fit/Spline/Decurve/Ltype gen/Undo]: join
Select objects: 객체 선택 방법을 사용

이전에 [다중] 옵션을 사용하여 여러 객체를 선택한 경우 다음 프롬프트가 표시된다.

Command: pedit
Select polyline or [Multiple]: multiple
Select objects: 1 found
Select objects: 1 found, 2 total
Convert Lines and Arcs to polylines [Yes/No]? 〈Y〉 yes
Enter an option [Close/Open/Join/Width/Fit/Spline/Decurve/Ltype gen/Undo]: join
Join Type = Extend
Enter fuzz distance or [Jointype] 〈0.0000〉: 거리를 입력하거나 j를 입력</td></tr>
<tr><td></td><td></td><td colspan="2">결합 형태   선택한 폴리선의 결합 방법을 설정한다.
정점 편집 옵션을 입력한다.
    Enter fuzz distance or [Jointype] 〈0.0000〉: jointype
    Enter join type [Extend/Add/Both] 〈Extend〉: e, a 또는 b를 입력</td></tr>
<tr><td></td><td></td><td>연장</td><td>세그먼트를 가장 가까운 끝점으로 연장하거나 자르기하여 선택한 폴리선을 결합한다.

Enter join type [Extend/Add/Both] 〈Extend〉: extend</td></tr>
<tr><td></td><td></td><td>추가</td><td>폴리선의 직선 세그먼트를 가장 가까운 끝점에 추가하여 선택한 폴리선을 결합한다.

Enter join type [Extend/Add/Both] 〈Extend〉: add</td></tr>
</table>

			모두	선택한 폴리선을 가능하면 연장하거나 자르기하여 결합한다. 또는 직선 세그먼트를 가장 가까운 끝점 사이에 추가하여 선택한 폴리선을 결합한다. Enter join type [Extend/Add/Both] 〈Extend〉: **both**
	폭			전체 폴리선의 일정한 새 폭을 지정한다. Enter an option [Close/Join/Width/Edit vertex/Fit/Spline/Decurve/Ltype gen/Undo]: **width** Specify new width for all segments: **새 폭 지정** 정점 편집 옵션의 폭 옵션을 사용하여 세그먼트의 시작 및 끝 폭을 변경할 수 있다.
	정점 편집			화면에 X를 그려 폴리선의 첫 번째 정점을 표시한다. 이 정점의 접선 방향을 지정한 경우 화살표도 그 방향으로 그려진다. 다음과 같은 프롬프트가 표시된다. Enter an option [Close/Join/Width/Edit vertex/Fit/Spline/Decurve/Ltype gen/Undo]: **edit** Enter a vertex editing option [Next/Previous/Break/Insert/Move/Regen/Straighten/Tangent/Width/eXit] 〈N〉: **옵션을 입력하거나 ENTER 키를 입력** ENTER 키를 누르면 현재 기본 값(다음 또는 이전)이 사용된다.
		다음		X 표식기를 다음 정점으로 이동한다. 폴리선이 닫히더라도 폴리선의 끝에서부터 시작 위치까지 표식기로 둘러싸이는 것은 아니다. Enter a vertex editing option [Next/Previous/Break/Insert/Move/Regen/Straighten/Tangent/Width/eXit] 〈N〉: **next**
		이전		X 표식기를 이전 정점으로 이동한다. 폴리선이 닫히더라도 폴리선의 시작 위치에서부터 끝까지 표식기로 둘러싸이는 것은 아니다. Enter a vertex editing option [Next/Previous/Break/Insert/Move/Regen/Straighten/Tangent/Width/eXit] 〈N〉: **previous**
		끊기		X 표식기를 다른 정점으로 이동하는 동안 표시된 정점의 위치를 저장한다. Enter a vertex editing option [Next/Previous/Break/Insert/Move/Regen/Straighten/Tangent/Width/eXit] 〈N〉: **break** Enter an option [Next/Previous/Go/eXit] 〈N〉: **옵션을 입력하거나 ENTER 키를 입력** 지정한 정점 중 하나가 폴리선의 끝에 있으면 잘린 폴리선이 된다. 지정한 정점 모두가 폴리선의 끝점에 있거나 한 정점만 끝점에 지정한 경우 [끊기]를 사용할 수 없다.
			다음	X 표식기를 다음 정점으로 이동한다. 폴리선이 닫히더라도 폴리선의 끝에서부터 시작까지 표식기로 둘러싸이는 것은 아니다. Enter an option [Next/Previous/Go/eXit] 〈N〉: **next**
			이전	X 표식기를 이전 정점으로 이동한다. 폴리선이 닫히더라도 폴리선의 시작 위치에서부터 끝까지 표식기로 둘러싸이는 것은 아니다. Enter an option [Next/Previous/Go/eXit] 〈N〉: **previous**
			가기	지정한 두 정점 사이의 모든 세그먼트와 정점을 삭제하고 정점 편집 모드로 복귀한다. Enter an option [Next/Previous/Go/eXit] 〈N〉: **go**
			종료	[끊기]를 종료하고 정점 편집 모드로 복귀한다. Enter an option [Next/Previous/Go/eXit] 〈N〉: **x**
		삽입		폴리선의 표시된 정점 다음에 새 정점을 추가한다. Enter a vertex editing option [Next/Previous/Break/Insert/Move/Regen/Straighten/Tangent/Width/eXit] 〈N〉: **insert** Specify location for new vertex: **점(1)을 지정**
		이동		표시된 정점을 이동한다. Enter a vertex editing option [Next/Previous/Break/Insert/Move/Regen/Straighten/Tangent/Width/eXit] 〈N〉: **move** Specify location for new vertex: **점(1)을 지정**
		재생성		폴리선을 재생성한다. Enter a vertex editing option [Next/Previous/Break/Insert/Move/Regen/Straighten/Tangent/Width/eXit] 〈N〉: **regen**
		직선화		X 표식기를 다른 정점으로 이동하는 동안 표시된 정점의 위치를 저장한다. 폴리선의 두 직선 세그먼트를 연결하는 호 세그먼트를 제거한 다음 직선 세그먼트가 서로 교차할 때까지 연장하려면 FILLET 명령을 사용하고 모깎기 반지름을 0으로 설정한다. Enter a vertex editing option [Next/Previous/Break/Insert/Move/Regen/Straighten/Tangent/Width/eXit] 〈N〉: **straighten** Enter an option [Next/Previous/Go/eXit] 〈N〉: **옵션을 입력하거나 ENTER 키를 입력**
			다음	X 표식기를 다음 정점으로 이동한다. Enter an option [Next/Previous/Go/eXit] 〈N〉: **next**
			이전	X 표식기를 이전 정점으로 이동한다. Enter an option [Next/Previous/Go/eXit] 〈N〉: **previous**
			가기	지정한 두 정점 사이의 모든 세그먼트와 정점을 삭제하고 이들을 하나의 직선 세그먼트로 대치한 다음, 정점 편집 모드로 복귀한다. X 표식기를 이동하지 않고 go를 입력하여 한 정점만 지정하면 해당 정점 뒤의 세그먼트가 호인 경우 직선화된다. Enter an option [Next/Previous/Go/eXit] 〈N〉: **go**
			종료	[직선화]를 종료하고 정점 편집 모드로 복귀한다.

		Enter an option [Next/Previous/Go/eXit] ⟨N⟩: **x**
	접점	이후에 곡선 맞춤에 사용할 표시된 정점에 접선 방향을 부착한다. 다음과 같은 프롬프트가 표시된다. Enter a vertex editing option [Next/Previous/Break/Insert/Move/Regen/Straighten/Tangent/Width/eXit] ⟨N⟩: **tangent** Specify direction of vertex tangent: **점을 지정하거나 각도를 입력**
	폭	표시된 정점 바로 뒤에 오는 세그먼트의 시작 및 끝 폭을 변경한다. Enter a vertex editing option [Next/Previous/Break/Insert/Move/Regen/Straighten/Tangent/Width/eXit] ⟨N⟩: **width** Specify starting width for next segment ⟨0.0000⟩: **점을 지정하거나 값을 입력하거나 또는 ENTER 키 입력** Specify ending width for next segment ⟨0.0000⟩: **점을 지정하거나 값을 입력하거나 또는 ENTER 키 입력** 새 폭을 표시하려면 폴리선을 재생성해야 한다.
	종료	정점 편집 모드를 종료한다. Enter a vertex editing option [Next/Previous/Break/Insert/Move/Regen/Straighten/Tangent/Width/eXit] ⟨N⟩: **exit**
맞춤		각 정점 쌍을 결합하는 호로 구성된 부드러운 곡선인 호 맞춤 폴리선을 작성한다. 곡선은 폴리선의 모든 정점을 지나고 지정한 접선 방향을 사용한다. Enter an option [Close/Open/Join/Width/Fit/Spline/Decurve/Ltype gen/Undo]: **fit**
스플라인		Enter an option [Close/Open/Join/Width/Fit/Spline/Decurve/Ltype gen/Undo]: **spline** 선택한 폴리선의 정점을 B 스플라인과 유사한 곡선의 조정점 또는 프레임으로 사용한다. 스플라인 맞춤 폴리선이라고 하는 이 곡선은 원래 폴리선이 닫힌 경우를 제외하고 첫 번째 조정점과 마지막 조정점을 통과한다. 곡선은 다른 점들을 향하여 당겨지지만 반드시 통과하는 것은 아니다. 프레임의 특정 부분에서 더 많은 점을 지정할수록 곡선에서 더 많이 당겨진다. 2차원 및 3차원 스플라인 맞춤 폴리선이 생성될 수 있다. 스플라인 맞춤 폴리선은 맞춤 옵션으로 생성된 곡선과 매우 다르다. 맞춤 옵션은 모든 조정점을 통과하는 호의 쌍을 만든다. 이들 곡선은 둘 다 SPLINE 명령을 사용하여 만든 진정한 B 스플라인과 다르다. 원래 폴리선에 호 세그먼트가 포함된 경우 스플라인 프레임이 형성될 때 직선화된다. 프레임에 폭이 있는 경우 그 결과 스플라인은 첫 번째 정점의 폭부터 마지막 정점의 폭까지 부드럽게 테이퍼된다. 모든 중간 폭 정보는 무시된다. 스플라인 맞춤인 프레임이 표시되는 경우 폭이 0(영)인 CONTINUOUS 선종류로 표시된다. 조정점 정점에 대한 접점 사양은 스플라인 맞춤에 영향을 주지 않는다. 스플라인 맞춤 곡선이 폴리선에 맞으면 스플라인 맞춤 곡선의 프레임이 저장되어 다음 비곡선화에 다시 사용할 수 있다. PEDIT 비곡선화 옵션을 사용하여 스플라인 맞춤 곡선을 원래의 프레임 폴리선으로 되돌릴 수 있다. 이 옵션은 스플라인에서와 똑같은 방식으로 맞춤 곡선에 작동한다. 스플라인 프레임은 대개 화면에 표시되지 않는다. 스플라인 프레임을 보려면 SPLFRAME 시스템 변수를 1로 설정한다. 다음에 도면을 재생성할 때는 프레임과 스플라인 곡선이 모두 그려진다. 대부분의 편집 명령은 스플라인 맞춤 폴리선이나 맞춤 곡선에 적용할 때와 마찬가지로 작동한다. • MOVE, ERASE, COPY, MIRROR, ROTATE 및 SCALE은 프레임의 가시성에 관계없이 스플라인 곡선과 그 프레임 모두에서 작동한다. • EXTEND는 프레임의 첫 번째 선이나 마지막 선이 경계 형상과 교차하는 위치에 새 정점을 추가하여 프레임을 변경한다. • BREAK 및 TRIM은 맞춤 스플라인만 있는 폴리선을 생성한다. 이 폴리선은 맞춤 곡선과 일치하며 곡선 맞춤이 영구적이다. • EXPLODE는 프레임을 삭제하고 스플라인 맞춤 폴리선에 가까운 선 및 호를 생성한다. • OFFSET는 맞춤 스플라인만 있는 폴리선을 생성한다. 이 폴리선은 맞춤 곡선에 대한 동작과 일치한다. • DIVIDE, MEASURE 및 AREA와 HATCH의 객체 옵션은 맞춤 스플라인만 인식하며 프레임은 인식하지 않는다. • STRETCH는 스플라인이 신축된 후에 신축된 프레임에 스플라인을 다시 맞춘다. PEDIT의 결합 옵션은 스플라인을 비곡선화하고 원래 폴리선과 추가된 폴리선의 스플라인 정보를 삭제한다. 일단 결합이 완료되면 결과로 생성되는 폴리선에 새 스플라인을 맞출 수 있다. PEDIT의 정점 편집 옵션은 다음과 같은 효과가 있다. • 다음 및 이전 옵션은 X 표식을 스플라인 프레임의 점으로만 가시성에 관계없이 이동한다. • [끊기] 옵션은 스플라인을 버린다. • 삽입, 이동, 직선화 및 폭 옵션은 스플라인을 자동으로 다시 맞춘다. • 접점 옵션은 스플라인에 영향을 주지 않는다. 객체 스냅은 스플라인 맞춤 곡선만 사용하며 프레임은 사용하지 않는다. 프레임 조정점으로 스냅하려면 PEDIT를 사용하여 먼저 폴리선 프레임을 다시 호출한다. SPLINETYPE 시스템 변수는 스플라인 곡선 유형을 대략적으로 조정한다. SPLINETYPE을 5로 설정하면 2차원 B 스플라인에 가깝게 된다. SPLINETYPE을 6으로 설정하면 3차원 B 스플라인에 가깝게 된다. SPLINESEGS 시스템 변수를 사용하여 대략적인 스플라인의 정교함이나 거칠음을 조사하거나 변경할 수 있다. 또는 AutoLISP®를 사용할 수 있다. 기본 값은 8이다. 이 값을 더 높게 설정하면 더 많은 세그먼트 선이 그려지고 이상적인 스플라인에 비해 대략적인 스플라인이 보다 정교하게 된다. 생성된 스플라인은 도면 파일에서 더 많은 공간을 차지하고 생성하는 데 더 오래 걸린다. SPLINESEGS를 음수로 설정하는 경우 프로그램에서는 절대 설정 값을 사용하여 세그먼트를 생성하고 맞춤 유형 곡선을 이 세그먼트에 적용한다. 맞춤 유형 곡선은 유사한 세그먼트로 호를 사용한다. 호를 사용하면 적은 수의 세그먼트가 지정될 때 더 부드러운 곡선이 만들어지지만 생성 시간은 더 오래 걸린다. 기존 스플라인을 맞추는 데 사용되는 세그먼트 수를 변경하려면 SPLINESEGS를 변경하고 곡선을 다시 스플라인으로 만든다. 먼저 비곡선화할 필요는 없다.
비곡선화		맞춤 또는 스플라인 곡선에 의해 삽입된 여분의 정점을 제거하고 폴리선의 모든 세그먼트를 직선으로 만든다. 폴리선 정점에 지정된 접점 정보를 다음 맞춤 곡선 요청에 사용하기 위해 보관한다. BREAK 또는 TRIM과 같은 명령을 사용하여 스플라인 맞춤 폴리-선을 편집하는 경우 비곡선화 옵션을 사용할 수 없다. Enter an option [Close/Open/Join/Width/Fit/Spline/Decurve/Ltype gen/Undo]: **decurve**

선종류 생성	폴리선의 정점을 통해 연속되는 패턴의 선종류를 생성한다. 이 옵션이 꺼져 있는 경우 각 정점에서 대시로 시작하고 끝나는 선종류가 생성된다. 선종류 생성은 테이퍼된 세그먼트가 있는 폴리선에는 적용되지 않는다.	
	Enter an option [Close/Open/Join/Width/Fit/Spline/Decurve/Ltype gen/Undo]: ltype	
	Enter polyline linetype generation option [ON/OFF] (Off): on 또는 off를 입력하거나 ENTER 키 입력	
명령취소	PEDIT 세션이 시작된 시점까지 작업을 되돌린다.	
	Enter an option [Close/Open/Join/Width/Fit/Spline/Decurve/Ltype gen/Undo]: undo	

7.2 평면도 작성

6장 2차원 토목설계 도면의 L형 옹벽 평면도를 작성한다. 특히, 철근의 직경은 실제 스케일로 작도한다.

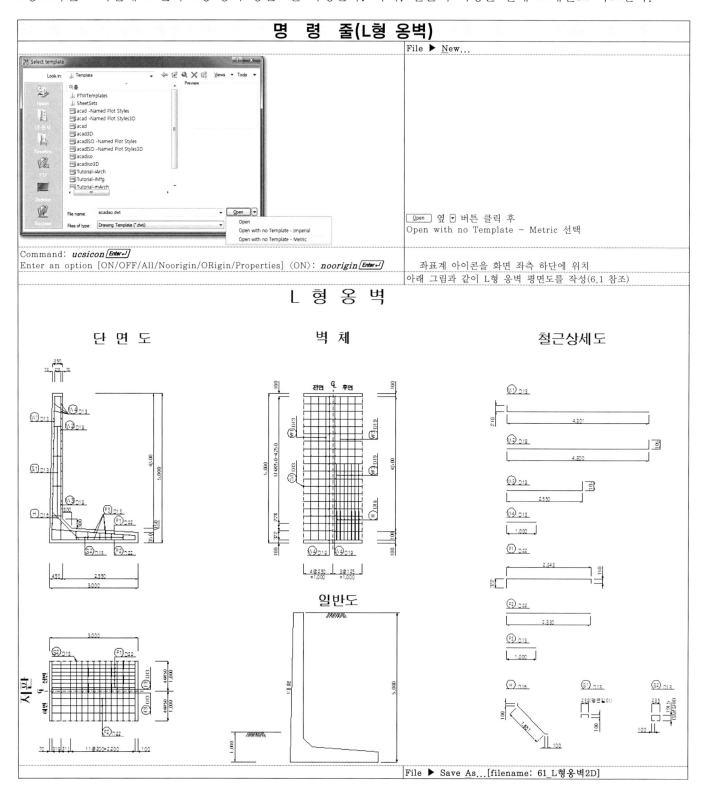

7.3 철근 상세

도면의 철근 상세도를 사용하여 철근을 3차원으로 작성한다.

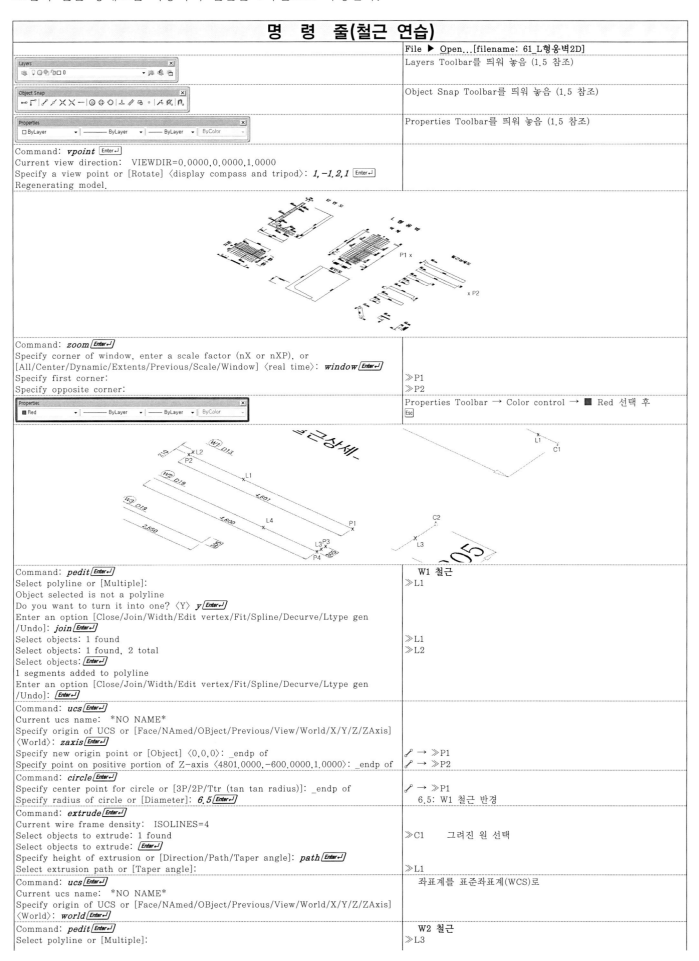

명 령 줄(철근 연습)	
	File ▶ Open...[filename: 61_L형옹벽2D]
(Layers Toolbar 이미지)	Layers Toolbar를 띄워 놓음 (1.5 참조)
(Object Snap Toolbar 이미지)	Object Snap Toolbar를 띄워 놓음 (1.5 참조)
(Properties Toolbar 이미지)	Properties Toolbar를 띄워 놓음 (1.5 참조)
Command: **vpoint** [Enter↵] Current view direction: VIEWDIR=0.0000,0.0000,1.0000 Specify a view point or [Rotate] ⟨display compass and tripod⟩: **1,-1.2,1** [Enter↵] Regenerating model.	
Command: **zoom** [Enter↵] Specify corner of window, enter a scale factor (nX or nXP), or [All/Center/Dynamic/Extents/Previous/Scale/Window] ⟨real time⟩: **window** [Enter↵] Specify first corner: Specify opposite corner:	 ≫P1 ≫P2
(Properties Toolbar 이미지 - Red)	Properties Toolbar → Color control → ■ Red 선택 후 [Esc]
Command: **pedit** [Enter↵] Select polyline or [Multiple]: Object selected is not a polyline Do you want to turn it into one? ⟨Y⟩ **y** [Enter↵] Enter an option [Close/Join/Width/Edit vertex/Fit/Spline/Decurve/Ltype gen /Undo]: **join** [Enter↵] Select objects: 1 found Select objects: 1 found, 2 total Select objects: [Enter↵] 1 segments added to polyline Enter an option [Close/Join/Width/Edit vertex/Fit/Spline/Decurve/Ltype gen /Undo]: [Enter↵]	W1 철근 ≫L1 ≫L1 ≫L2
Command: **ucs** [Enter↵] Current ucs name: *NO NAME* Specify origin of UCS or [Face/NAmed/OBject/Previous/View/World/X/Y/Z/ZAxis] ⟨World⟩: **zaxis** [Enter↵] Specify new origin point or [Object] ⟨0,0,0⟩: _endp of Specify point on positive portion of Z-axis ⟨4801.0000,-600.0000,1.0000⟩: _endp of	 ⟋ → ≫P1 ⟋ → ≫P2
Command: **circle** [Enter↵] Specify center point for circle or [3P/2P/Ttr (tan tan radius)]: _endp of Specify radius of circle or [Diameter]: **6.5** [Enter↵]	 ⟋ → ≫P1 6.5: W1 철근 반경
Command: **extrude** [Enter↵] Current wire frame density: ISOLINES=4 Select objects to extrude: 1 found Select objects to extrude: [Enter↵] Specify height of extrusion or [Direction/Path/Taper angle]: **path** [Enter↵] Select extrusion path or [Taper angle]:	 ≫C1 그려진 원 선택 ≫L1
Command: **ucs** [Enter↵] Current ucs name: *NO NAME* Specify origin of UCS or [Face/NAmed/OBject/Previous/View/World/X/Y/Z/ZAxis] ⟨World⟩: **world** [Enter↵]	좌표계를 표준좌표계(WCS)로
Command: **pedit** [Enter↵] Select polyline or [Multiple]:	W2 철근 ≫L3

<table>
<tr><td>

Object selected is not a polyline
Do you want to turn it into one? ⟨Y⟩ *y* [Enter↵]
Enter an option [Close/Join/Width/Edit vertex/Fit/Spline/Decurve/Ltype gen
/Undo]: *join* [Enter↵]
Select objects: 1 found
Select objects: 1 found, 2 total
Select objects: [Enter↵]
1 segments added to polyline
Enter an option [Close/Join/Width/Edit vertex/Fit/Spline/Decurve/Ltype gen
/Undo]: [Enter↵]

</td><td>

≫L3
≫L4

</td></tr>
<tr><td>

Command: *ucs* [Enter↵]
Current ucs name: *NO NAME*
Specify origin of UCS or [Face/NAmed/OBject/Previous/View/World/X/Y/Z/ZAxis]
⟨World⟩: *zaxis* [Enter↵]
Specify new origin point or [Object] ⟨0,0,0⟩: _endp of
Specify point on positive portion of Z-axis ⟨4801.0000,-600.0000,1.0000⟩: _endp of

</td><td>

⌀ → ≫P3
⌀ → ≫P4

</td></tr>
<tr><td>

Command: *circle* [Enter↵]
Specify center point for circle or [3P/2P/Ttr (tan tan radius)]: _endp of
Specify radius of circle or [Diameter] ⟨6.5000⟩: *9.5* [Enter↵]

</td><td>

⌀ → ≫P3
9.5: W2 철근 반경

</td></tr>
<tr><td>

Command: *extrude* [Enter↵]
Current wire frame density: ISOLINES=4
Select objects to extrude: 1 found
Select objects to extrude: [Enter↵]
Specify height of extrusion or [Direction/Path/Taper angle] ⟨1.0000⟩: *path* [Enter↵]
Select extrusion path or [Taper angle]:

</td><td>

≫C2　　그려진 원 선택

≫L3

</td></tr>
<tr><td>

Command: *ucs* [Enter↵]
Current ucs name: *NO NAME*
Specify origin of UCS or [Face/NAmed/OBject/Previous/View/World/X/Y/Z/ZAxis]
⟨World⟩: *world* [Enter↵]

</td><td>

좌표계를 표준좌표계(WCS)로

</td></tr>
<tr><td></td><td>

같은 방법으로
W3 철근 반경 9.5,
W4 철근 반경 6.5,
F1 철근 반경 11,
F2 철근 반경 11,
F3 철근 반경 6.5,
H 철근 반경 8,
S1 철근 반경 6.5,
S2 철근 반경 6.5 으로 하여 extrude 시킴

</td></tr>
<tr><td>

Properties 툴바 (ByLayer / ByLayer / ByLayer / ByColor)

</td><td>

Properties Toolbar → Color control → □ ByLayer 선택

</td></tr>
<tr><td>

Command: *ucs* [Enter↵]
Current ucs name: *NO NAME*
Specify origin of UCS or [Face/NAmed/OBject/Previous/View/World/X/Y/Z/ZAxis]
⟨World⟩: *world* [Enter↵]

</td><td>

좌표계를 표준좌표계(WCS)로

</td></tr>
<tr><td></td><td>

File ▶ Save As...[filename: 703_L형옹벽3D_철근상세]

</td></tr>
</table>

7.4 레이어 만들기

<table>
<tr><td colspan="2" align="center">

명 령 줄(레이어 만들기)

</td></tr>
<tr><td></td><td>

File ▶ Open...[filename: 703_L형옹벽3D_철근 상세]

</td></tr>
<tr><td>

Command: *zoom* [Enter↵]
Specify corner of window, enter a scale factor (nX or nXP), or
[All/Center/Dynamic/Extents/Previous/Scale/Window] ⟨real time⟩: *extents* [Enter↵]
Regenerating layout.

</td><td></td></tr>
<tr><td>

Command: *layer* [Enter↵]

</td><td>

[새 레이어 만들기]

</td></tr>
<tr><td></td><td>

🐾 버튼 클릭(혹은 Alt+N)) 하여 14개 레이어를 만들어 놓은
후 다음과 같이 설정하여 각 철근 및 치수선에 사용

Name: 3dFrame　Color: white (3차원 프레임 레이어)
Name: Dim&ID　Color: 250 (치수선 및 철근 ID 레이어)
Name: F1　　　Color: 40 (F1 철근 레이어)
Name: F2　　　Color: 45 (F2 철근 레이어)
Name: F3　　　Color: 243 (F3 철근 레이어)
Name: Face　　Color: 8 (면처리 레이어)
Name: H　　　 Color: 60 (H 철근 레이어)
Name: S1　　　Color: 10 (S1 철근 레이어)
Name: S2　　　Color: 12 (S2 철근 레이어)

</td></tr>
</table>

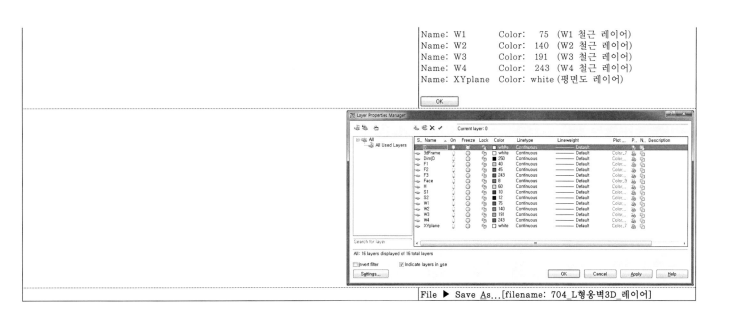

File ▶ Save As...[filename: 704_L형옹벽3D_레이어]

7.5 옹벽 표면

명 령 줄(옹벽 표면)

File ▶ Open...[filename: 704_L형옹벽3D_레이어]

Command: *rotate3d* Enter↵
Current positive angle: ANGDIR=counterclockwise   ANGBASE=0
Select objects: *all* Enter↵
913 found
2 were not in current space.
Select objects: Enter↵
Specify first point on axis or define axis by [Object/Last/View/Xaxis/Yaxis/Zaxis
/2points]: *x* Enter↵
Specify a point on the X axis ⟨0,0,0⟩: Enter↵
Specify rotation angle or [Reference]: *90* Enter↵

Command: *vpoint* Enter↵
Current view direction: VIEWDIR=1.0000,−1.2000,1.0000
Specify a view point or [Rotate] ⟨display compass and tripod⟩: *0,−1,0* Enter↵
Regenerating model.

Command: *zoom* Enter↵
Specify corner of window, enter a scale factor (nX or nXP), or
[All/Center/Dynamic/Extents/Previous/Scale/Window] ⟨real time⟩: *all* Enter↵

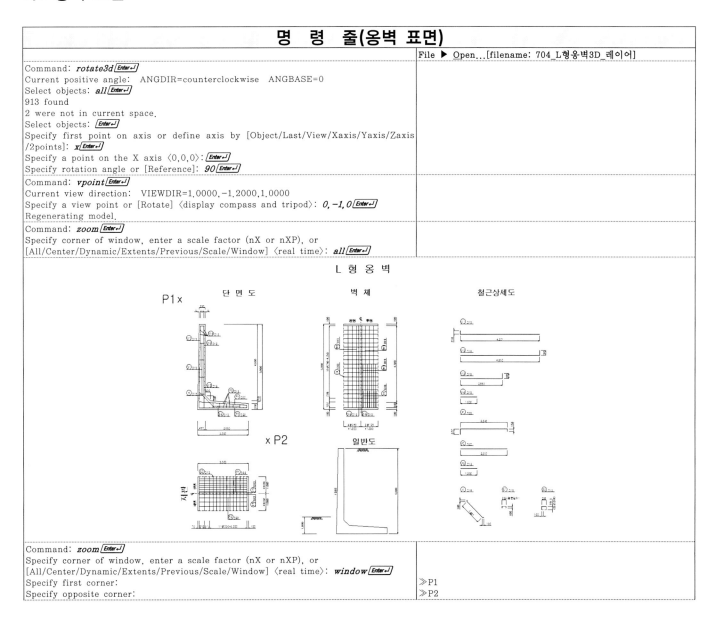

Command: *zoom* Enter↵
Specify corner of window, enter a scale factor (nX or nXP), or
[All/Center/Dynamic/Extents/Previous/Scale/Window] ⟨real time⟩: *window* Enter↵
Specify first corner: ≫P1
Specify opposite corner: ≫P2

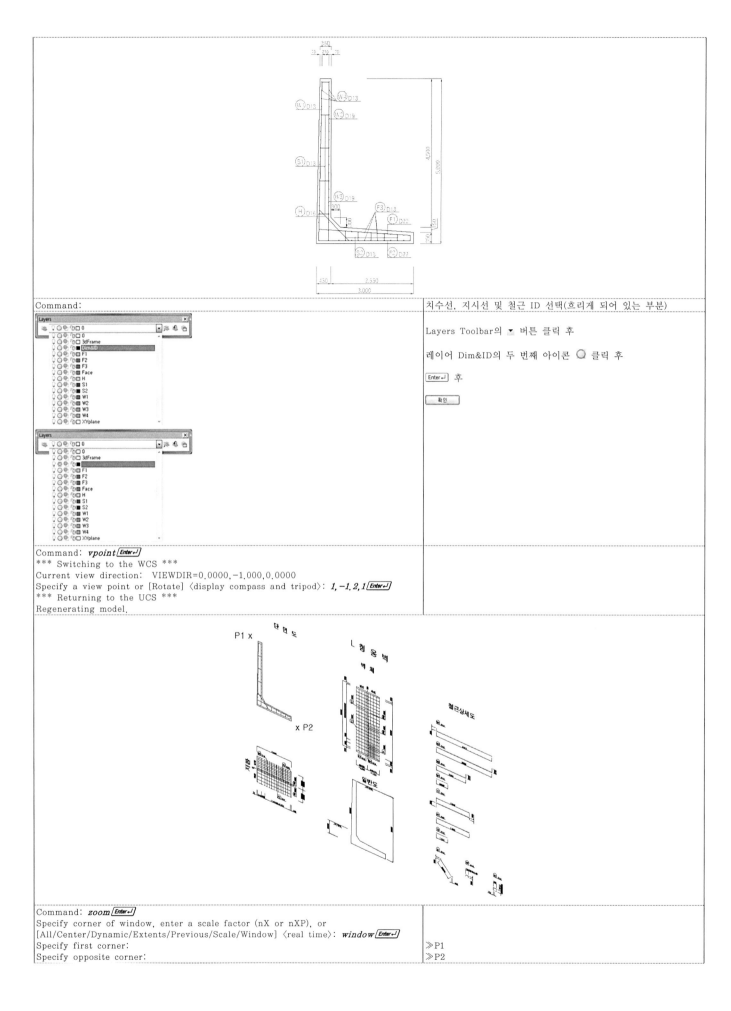

Command:	치수선, 지시선 및 철근 ID 선택(흐리게 되어 있는 부분)
	Layers Toolbar의 ▾ 버튼 클릭 후
	레이어 Dim&ID의 두 번째 아이콘 ◯ 클릭 후
	Enter↵ 후
	확인

Command: **vpoint** Enter↵
*** Switching to the WCS ***
Current view direction: VIEWDIR=0.0000,−1.000,0.0000
Specify a view point or [Rotate] 〈display compass and tripod〉: **1,−1.2,1** Enter↵
*** Returning to the UCS ***
Regenerating model.

Command: **zoom** Enter↵	
Specify corner of window, enter a scale factor (nX or nXP), or	
[All/Center/Dynamic/Extents/Previous/Scale/Window] 〈real time〉: **window** Enter↵	
Specify first corner:	≫P1
Specify opposite corner:	≫P2

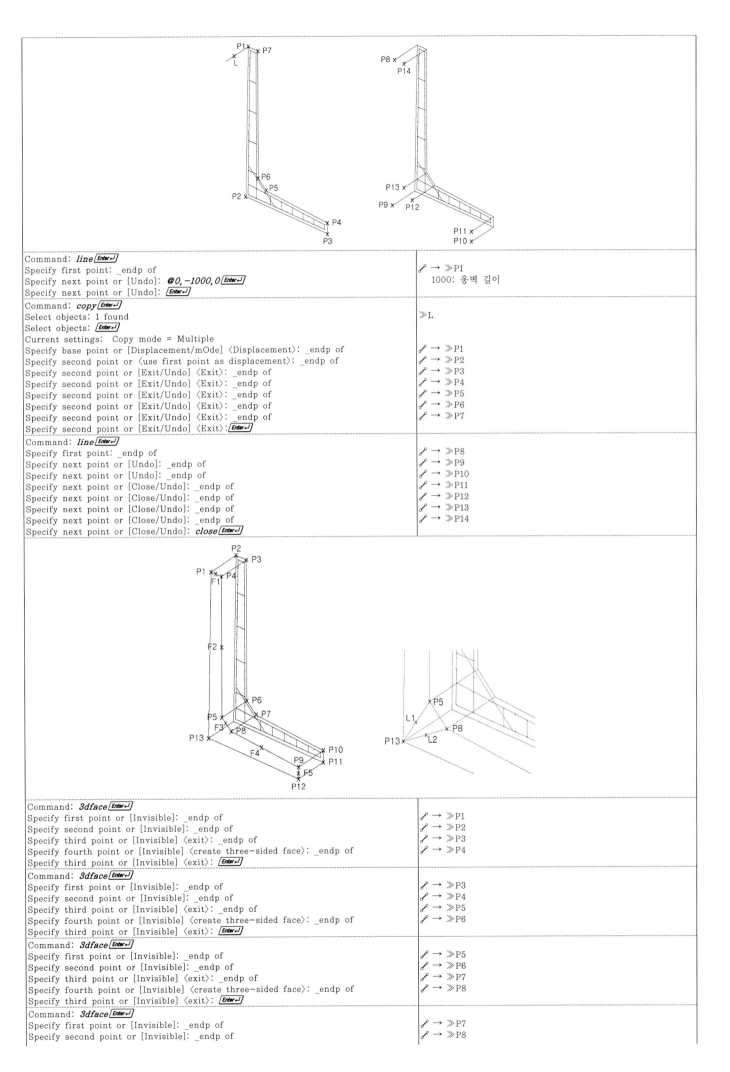

Command: *line* `Enter↵`
Specify first point: _endp of
Specify next point or [Undo]: *@0,−1000,0* `Enter↵`
Specify next point or [Undo]: `Enter↵`

✗ → ≫P1
1000: 옹벽 길이

Command: *copy* `Enter↵`
Select objects: 1 found
Select objects: `Enter↵`
Current settings: Copy mode = Multiple
Specify base point or [Displacement/mOde] ⟨Displacement⟩: _endp of
Specify second point or ⟨use first point as displacement⟩: _endp of
Specify second point or [Exit/Undo] ⟨Exit⟩: _endp of
Specify second point or [Exit/Undo] ⟨Exit⟩: _endp of
Specify second point or [Exit/Undo] ⟨Exit⟩: _endp of
Specify second point or [Exit/Undo] ⟨Exit⟩: _endp of
Specify second point or [Exit/Undo] ⟨Exit⟩: _endp of
Specify second point or [Exit/Undo] ⟨Exit⟩: `Enter↵`

≫L

✗ → ≫P1
✗ → ≫P2
✗ → ≫P3
✗ → ≫P4
✗ → ≫P5
✗ → ≫P6
✗ → ≫P7

Command: *line* `Enter↵`
Specify first point: _endp of
Specify next point or [Undo]: _endp of
Specify next point or [Undo]: _endp of
Specify next point or [Close/Undo]: _endp of
Specify next point or [Close/Undo]: _endp of
Specify next point or [Close/Undo]: _endp of
Specify next point or [Close/Undo]: *close* `Enter↵`

✗ → ≫P8
✗ → ≫P9
✗ → ≫P10
✗ → ≫P11
✗ → ≫P12
✗ → ≫P13
✗ → ≫P14

Command: *3dface* `Enter↵`
Specify first point or [Invisible]: _endp of
Specify second point or [Invisible]: _endp of
Specify third point or [Invisible] ⟨exit⟩: _endp of
Specify fourth point or [Invisible] ⟨create three-sided face⟩: _endp of
Specify third point or [Invisible] ⟨exit⟩: `Enter↵`

✗ → ≫P1
✗ → ≫P2
✗ → ≫P3
✗ → ≫P4

Command: *3dface* `Enter↵`
Specify first point or [Invisible]: _endp of
Specify second point or [Invisible]: _endp of
Specify third point or [Invisible] ⟨exit⟩: _endp of
Specify fourth point or [Invisible] ⟨create three-sided face⟩: _endp of
Specify third point or [Invisible] ⟨exit⟩: `Enter↵`

✗ → ≫P3
✗ → ≫P4
✗ → ≫P5
✗ → ≫P6

Command: *3dface* `Enter↵`
Specify first point or [Invisible]: _endp of
Specify second point or [Invisible]: _endp of
Specify third point or [Invisible] ⟨exit⟩: _endp of
Specify fourth point or [Invisible] ⟨create three-sided face⟩: _endp of
Specify third point or [Invisible] ⟨exit⟩: `Enter↵`

✗ → ≫P5
✗ → ≫P6
✗ → ≫P7
✗ → ≫P8

Command: *3dface* `Enter↵`
Specify first point or [Invisible]: _endp of
Specify second point or [Invisible]: _endp of

✗ → ≫P7
✗ → ≫P8

Specify third point or [Invisible] ⟨exit⟩: _endp of Specify fourth point or [Invisible] ⟨create three-sided face⟩: _endp of Specify third point or [Invisible] ⟨exit⟩: [Enter↵]	✗ → ≫P9 ✗ → ≫P10
Command: *3dface* [Enter↵] Specify first point or [Invisible]: _endp of Specify second point or [Invisible]: _endp of Specify third point or [Invisible] ⟨exit⟩: _endp of Specify fourth point or [Invisible] ⟨create three-sided face⟩: _endp of Specify third point or [Invisible] ⟨exit⟩: [Enter↵]	✗ → ≫P9 ✗ → ≫P10 ✗ → ≫P11 ✗ → ≫P12
Command: Command: Command: Command: Command:	≫F1　　처리된 면 선택 ≫F2 ≫F3 ≫F4 ≫F5

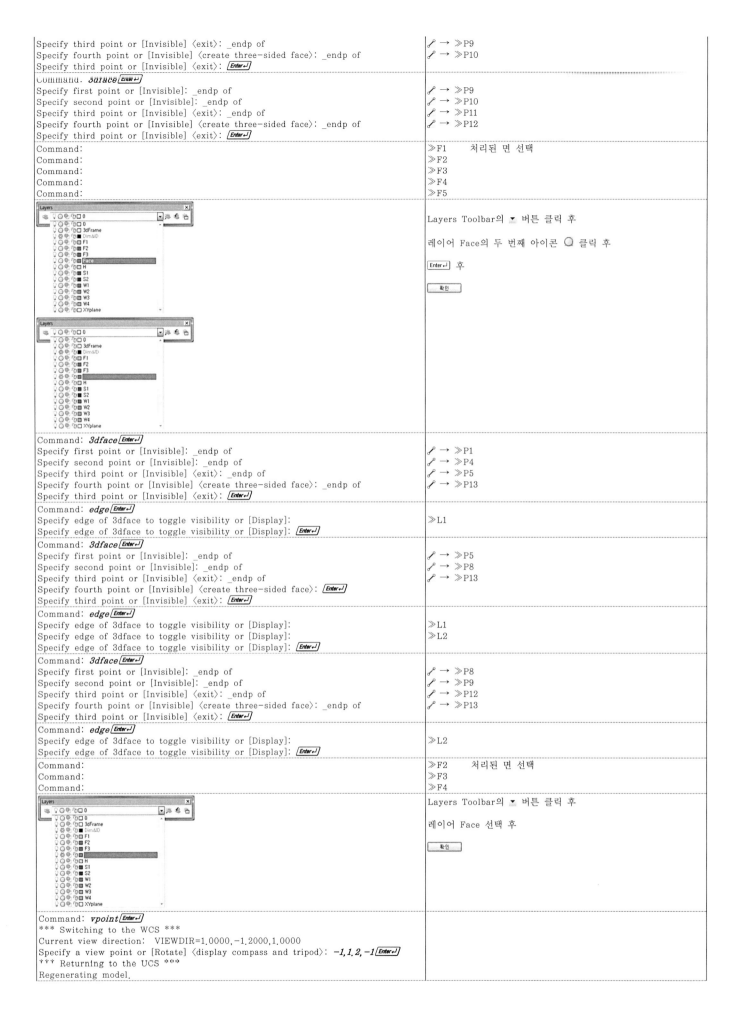

	Layers Toolbar의 ▾ 버튼 클릭 후 레이어 Face의 두 번째 아이콘 ◯ 클릭 후 [Enter↵] 후 확인
Command: *3dface* [Enter↵] Specify first point or [Invisible]: _endp of Specify second point or [Invisible]: _endp of Specify third point or [Invisible] ⟨exit⟩: _endp of Specify fourth point or [Invisible] ⟨create three-sided face⟩: _endp of Specify third point or [Invisible] ⟨exit⟩: [Enter↵]	✗ → ≫P1 ✗ → ≫P4 ✗ → ≫P5 ✗ → ≫P13
Command: *edge* [Enter↵] Specify edge of 3dface to toggle visibility or [Display]: Specify edge of 3dface to toggle visibility or [Display]: [Enter↵]	≫L1
Command: *3dface* [Enter↵] Specify first point or [Invisible]: _endp of Specify second point or [Invisible]: _endp of Specify third point or [Invisible] ⟨exit⟩: _endp of Specify fourth point or [Invisible] ⟨create three-sided face⟩: [Enter↵] Specify third point or [Invisible] ⟨exit⟩: [Enter↵]	✗ → ≫P5 ✗ → ≫P8 ✗ → ≫P13
Command: *edge* [Enter↵] Specify edge of 3dface to toggle visibility or [Display]: Specify edge of 3dface to toggle visibility or [Display]: Specify edge of 3dface to toggle visibility or [Display]: [Enter↵]	≫L1 ≫L2
Command: *3dface* [Enter↵] Specify first point or [Invisible]: _endp of Specify second point or [Invisible]: _endp of Specify third point or [Invisible] ⟨exit⟩: _endp of Specify fourth point or [Invisible] ⟨create three-sided face⟩: _endp of Specify third point or [Invisible] ⟨exit⟩: [Enter↵]	✗ → ≫P8 ✗ → ≫P9 ✗ → ≫P12 ✗ → ≫P13
Command: *edge* [Enter↵] Specify edge of 3dface to toggle visibility or [Display]: Specify edge of 3dface to toggle visibility or [Display]: [Enter↵]	≫L2
Command: Command: Command:	≫F2　　처리된 면 선택 ≫F3 ≫F4
	Layers Toolbar의 ▾ 버튼 클릭 후 레이어 Face 선택 후 확인
Command: *vpoint* [Enter↵] *** Switching to the WCS *** Current view direction:　VIEWDIR=1.0000,-1.2000,1.0000 Specify a view point or [Rotate] ⟨display compass and tripod⟩: *-1,1.2,-1* [Enter↵] *** Returning to the UCS *** Regenerating model.	

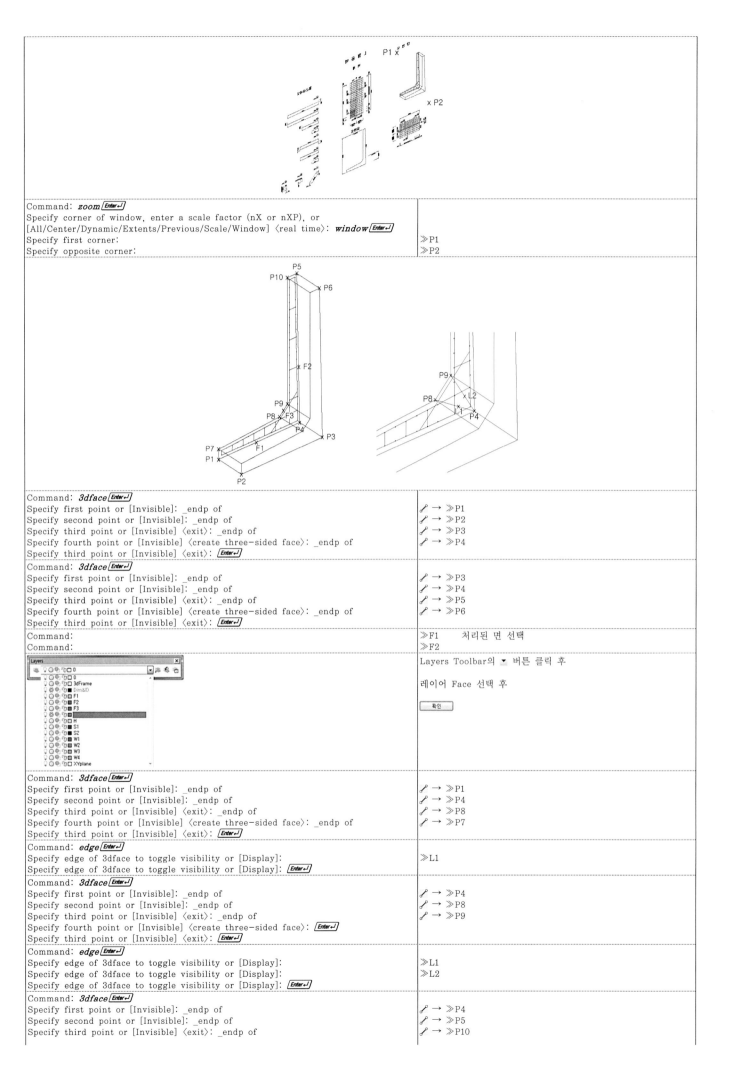

Command: _zoom_ Enter↵ Specify corner of window, enter a scale factor (nX or nXP), or [All/Center/Dynamic/Extents/Previous/Scale/Window] ⟨real time⟩: _window_ Enter↵ Specify first corner: Specify opposite corner:	 ≫P1 ≫P2

Command: _3dface_ Enter↵ Specify first point or [Invisible]: _endp of Specify second point or [Invisible]: _endp of Specify third point or [Invisible] ⟨exit⟩: _endp of Specify fourth point or [Invisible] ⟨create three-sided face⟩: _endp of Specify third point or [Invisible] ⟨exit⟩: Enter↵	✐ → ≫P1 ✐ → ≫P2 ✐ → ≫P3 ✐ → ≫P4
Command: _3dface_ Enter↵ Specify first point or [Invisible]: _endp of Specify second point or [Invisible]: _endp of Specify third point or [Invisible] ⟨exit⟩: _endp of Specify fourth point or [Invisible] ⟨create three-sided face⟩: _endp of Specify third point or [Invisible] ⟨exit⟩: Enter↵	✐ → ≫P3 ✐ → ≫P4 ✐ → ≫P5 ✐ → ≫P6
Command: Command:	≫F1　처리된 면 선택 ≫F2
Layers 대화상자	Layers Toolbar의 ▼ 버튼 클릭 후 레이어 Face 선택 후 확인
Command: _3dface_ Enter↵ Specify first point or [Invisible]: _endp of Specify second point or [Invisible]: _endp of Specify third point or [Invisible] ⟨exit⟩: _endp of Specify fourth point or [Invisible] ⟨create three-sided face⟩: _endp of Specify third point or [Invisible] ⟨exit⟩: Enter↵	✐ → ≫P1 ✐ → ≫P4 ✐ → ≫P8 ✐ → ≫P7
Command: _edge_ Enter↵ Specify edge of 3dface to toggle visibility or [Display]: Specify edge of 3dface to toggle visibility or [Display]: Enter↵	≫L1
Command: _3dface_ Enter↵ Specify first point or [Invisible]: _endp of Specify second point or [Invisible]: _endp of Specify third point or [Invisible] ⟨exit⟩: _endp of Specify fourth point or [Invisible] ⟨create three-sided face⟩: Enter↵ Specify third point or [Invisible] ⟨exit⟩: Enter↵	✐ → ≫P4 ✐ → ≫P8 ✐ → ≫P9
Command: _edge_ Enter↵ Specify edge of 3dface to toggle visibility or [Display]: Specify edge of 3dface to toggle visibility or [Display]: Specify edge of 3dface to toggle visibility or [Display]: Enter↵	≫L1 ≫L2
Command: _3dface_ Enter↵ Specify first point or [Invisible]: _endp of Specify second point or [Invisible]: _endp of Specify third point or [Invisible] ⟨exit⟩: _endp of	✐ → ≫P4 ✐ → ≫P5 ✐ → ≫P10

Specify fourth point or [Invisible] ⟨create three-sided face⟩: _endp of Specify third point or [Invisible] ⟨exit⟩: [Enter↵]	↗ → ≫P9
Command: *edge* [Enter↵] Specify edge of 3dface to toggle visibility or [Display]: Specify edge of 3dface to toggle visibility or [Display]: [Enter↵]	≫L2
Command: Command: Command:	≫F1 처리된 면 선택 ≫F2 ≫F3
(Layers dialog box image)	Layers Toolbar의 ▾ 버튼 클릭 후 레이어 Face 선택 후 [확인]
Command: *vpoint* [Enter↵] *** Switching to the WCS *** Current view direction: VIEWDIR=-1.0000,1.2000,-1.0000 Specify a view point or [Rotate] ⟨display compass and tripod⟩: *1,-1.2,1* [Enter↵] *** Returning to the UCS *** Regenerating model.	
(3D isometric drawings)	File ▶ Save As...[filename: 705_L형옹벽3D_표면]

7.6 철근 배치

7.6.1 W1 철근 배치

<table>
<tr><td colspan="2" align="center">명 령 줄(W1 철근)</td></tr>
<tr><td></td><td>File ▶ Open...[filename: 705_L형옹벽3D_표면]</td></tr>
<tr><td colspan="2">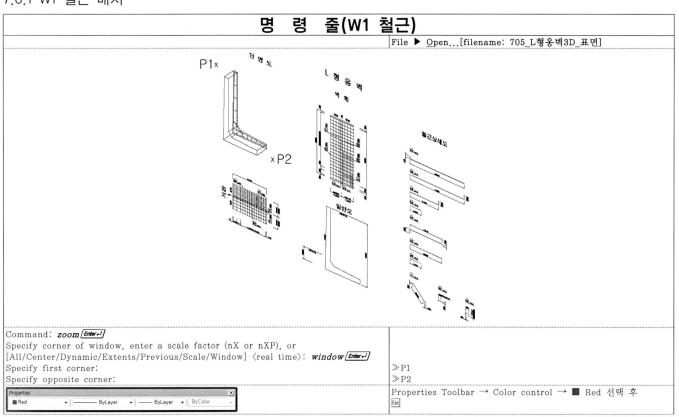</td></tr>
<tr><td>Command: zoom [Enter↵]
Specify corner of window, enter a scale factor (nX or nXP), or
[All/Center/Dynamic/Extents/Previous/Scale/Window] ⟨real time⟩: window [Enter↵]
Specify first corner:
Specify opposite corner:</td><td>

≫P1
≫P2</td></tr>
<tr><td>(Properties toolbar: Red, ByLayer, ByLayer, ByColor)</td><td>Properties Toolbar → Color control → ■ Red 선택 후
[Esc]</td></tr>
</table>

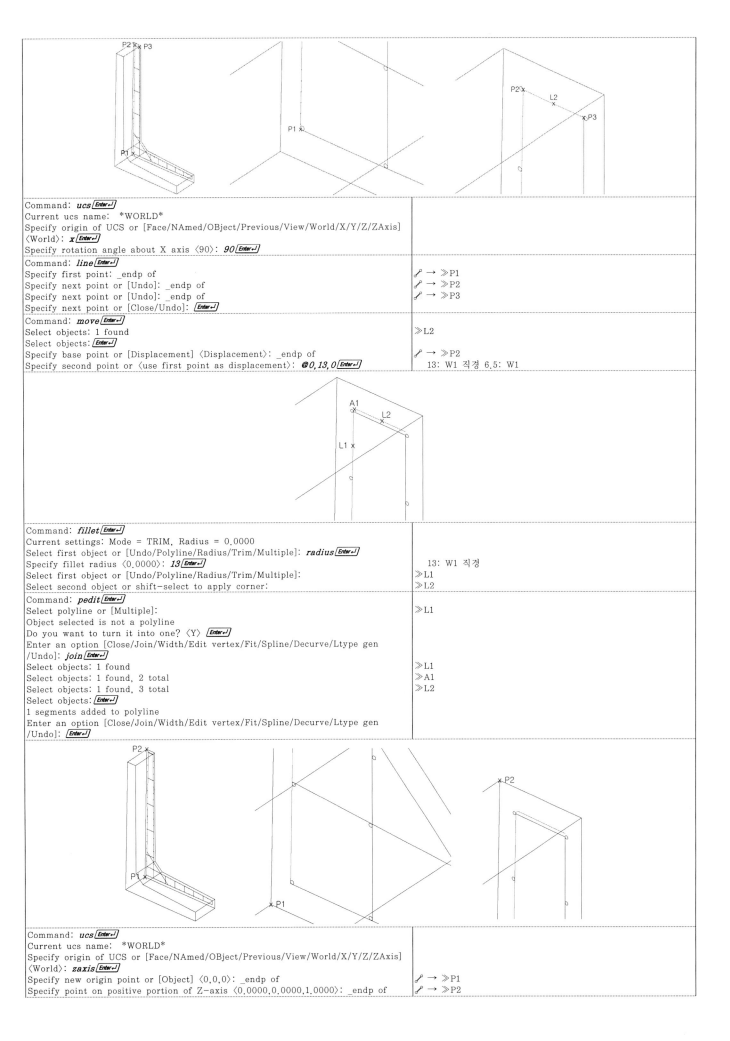

Command: *ucs* [Enter↵]
Current ucs name: *WORLD*
Specify origin of UCS or [Face/NAmed/OBject/Previous/View/World/X/Y/Z/ZAxis]
⟨World⟩: *x* [Enter↵]
Specify rotation angle about X axis ⟨90⟩: *90* [Enter↵]

Command: *line* [Enter↵]
Specify first point: _endp of   ✏ → ≫P1
Specify next point or [Undo]: _endp of   ✏ → ≫P2
Specify next point or [Undo]: _endp of   ✏ → ≫P3
Specify next point or [Close/Undo]: [Enter↵]

Command: *move* [Enter↵]
Select objects: 1 found   ≫L2
Select objects: [Enter↵]
Specify base point or [Displacement] ⟨Displacement⟩: _endp of   ✏ → ≫P2
Specify second point or ⟨use first point as displacement⟩: *@0,13,0* [Enter↵]   13: W1 직경 6.5: W1

Command: *fillet* [Enter↵]
Current settings: Mode = TRIM, Radius = 0.0000
Select first object or [Undo/Polyline/Radius/Trim/Multiple]: *radius* [Enter↵]
Specify fillet radius ⟨0.0000⟩: *13* [Enter↵]   13: W1 직경
Select first object or [Undo/Polyline/Radius/Trim/Multiple]:   ≫L1
Select second object or shift-select to apply corner: ≫L2

Command: *pedit* [Enter↵]
Select polyline or [Multiple]:   ≫L1
Object selected is not a polyline
Do you want to turn it into one? ⟨Y⟩ [Enter↵]
Enter an option [Close/Join/Width/Edit vertex/Fit/Spline/Decurve/Ltype gen
/Undo]: *join* [Enter↵]
Select objects: 1 found   ≫L1
Select objects: 1 found, 2 total   ≫A1
Select objects: 1 found, 3 total   ≫L2
Select objects: [Enter↵]
1 segments added to polyline
Enter an option [Close/Join/Width/Edit vertex/Fit/Spline/Decurve/Ltype gen
/Undo]: [Enter↵]

Command: *ucs* [Enter↵]
Current ucs name: *WORLD*
Specify origin of UCS or [Face/NAmed/OBject/Previous/View/World/X/Y/Z/ZAxis]
⟨World⟩: *zaxis* [Enter↵]
Specify new origin point or [Object] ⟨0,0,0⟩: _endp of   ✏ → ≫P1
Specify point on positive portion of Z-axis ⟨0.0000,0.0000,1.0000⟩: _endp of   ✏ → ≫P2

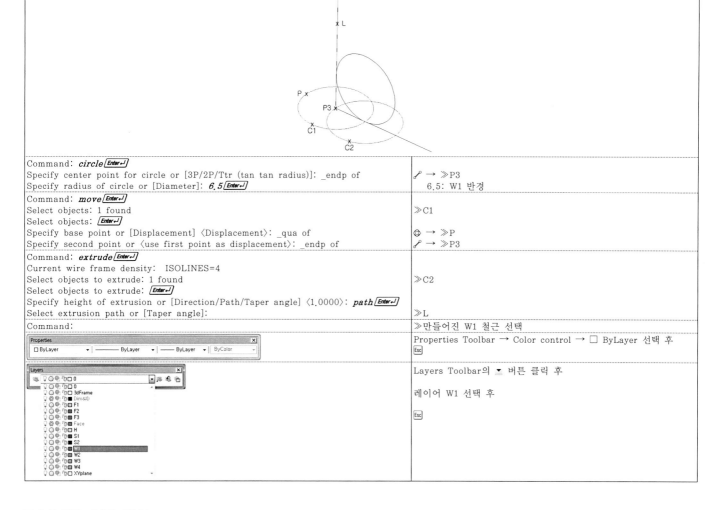

Command: *circle* Enter↵ Specify center point for circle or [3P/2P/Ttr (tan tan radius)]: _endp of Specify radius of circle or [Diameter]: *6.5* Enter↵	✎ → ≫P3 6.5: W1 반경
Command: *move* Enter↵ Select objects: 1 found Select objects: Enter↵ Specify base point or [Displacement] ⟨Displacement⟩: _qua of Specify second point or ⟨use first point as displacement⟩: _endp of	≫C1 ✛ → ≫P ✎ → ≫P3
Command: *extrude* Enter↵ Current wire frame density: ISOLINES=4 Select objects to extrude: 1 found Select objects to extrude: Enter↵ Specify height of extrusion or [Direction/Path/Taper angle] ⟨1.0000⟩: *path* Enter↵ Select extrusion path or [Taper angle]:	 ≫C2 ≫L
Command:	≫만들어진 W1 철근 선택
Properties toolbar image	Properties Toolbar → Color control → ☐ ByLayer 선택 후 Esc
Layers toolbar image	Layers Toolbar의 ▾ 버튼 클릭 후 레이어 W1 선택 후 Esc

7.6.2 W2 철근 배치

명 령 줄(W2 철근)	
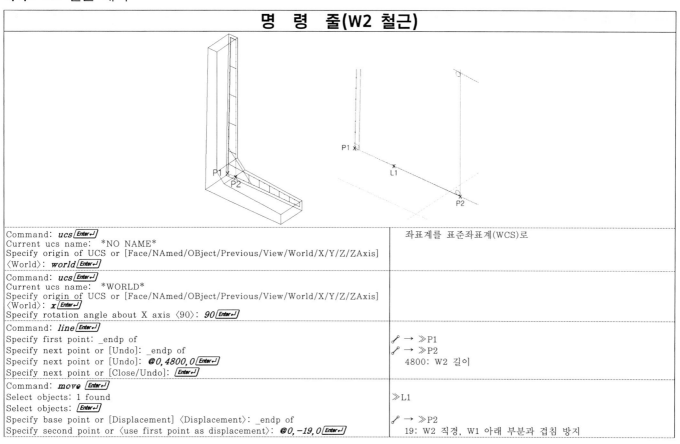	
Command: *ucs* Enter↵ Current ucs name: *NO NAME* Specify origin of UCS or [Face/NAmed/OBject/Previous/View/World/X/Y/Z/ZAxis] ⟨World⟩: *world* Enter↵	좌표계를 표준좌표계(WCS)로
Command: *ucs* Enter↵ Current ucs name: *WORLD* Specify origin of UCS or [Face/NAmed/OBject/Previous/View/World/X/Y/Z/ZAxis] ⟨World⟩: *x* Enter↵ Specify rotation angle about X axis ⟨90⟩: *90* Enter↵	
Command: *line* Enter↵ Specify first point: _endp of Specify next point or [Undo]: _endp of Specify next point or [Undo]: *@0,4800,0* Enter↵ Specify next point or [Close/Undo]: Enter↵	✎ → ≫P1 ✎ → ≫P2 4800: W2 길이
Command: *move* Enter↵ Select objects: 1 found Select objects: Enter↵ Specify base point or [Displacement] ⟨Displacement⟩: _endp of Specify second point or ⟨use first point as displacement⟩: *@0,-19,0* Enter↵	≫L1 ✎ → ≫P2 19: W2 직경, W1 아래 부분과 겹침 방지

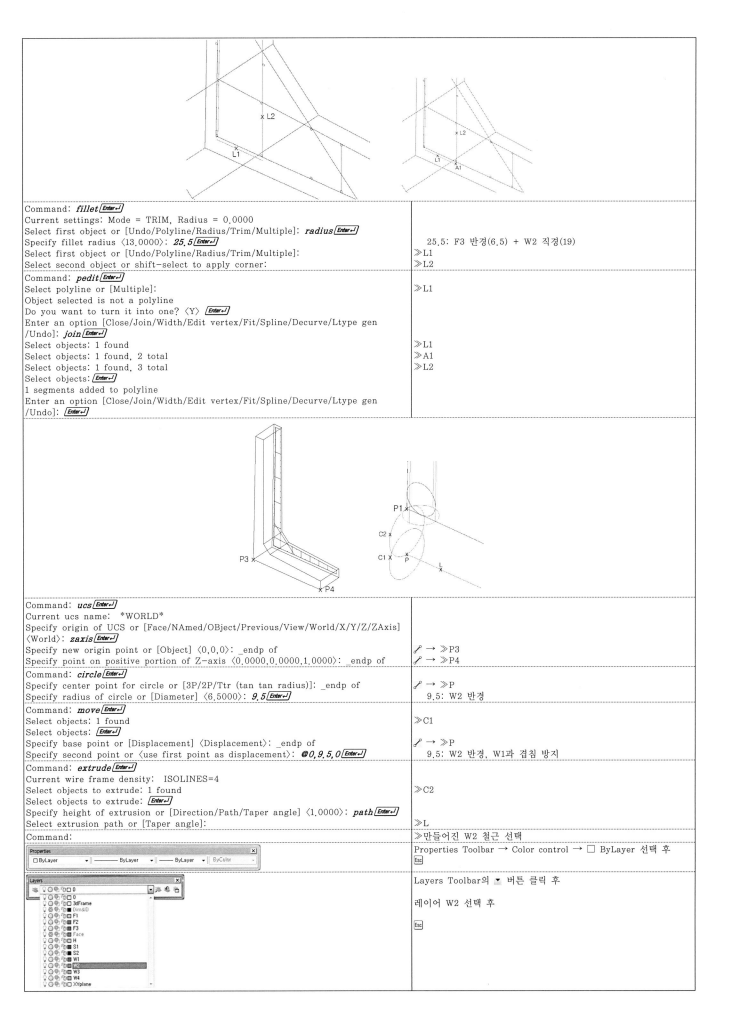

Command: *fillet* [Enter↵]	
Current settings: Mode = TRIM, Radius = 0.0000	
Select first object or [Undo/Polyline/Radius/Trim/Multiple]: *radius* [Enter↵]	
Specify fillet radius ⟨13.0000⟩: **25.5** [Enter↵]	25.5: F3 반경(6.5) + W2 직경(19)
Select first object or [Undo/Polyline/Radius/Trim/Multiple]:	≫L1
Select second object or shift-select to apply corner:	≫L2
Command: *pedit* [Enter↵]	
Select polyline or [Multiple]:	≫L1
Object selected is not a polyline	
Do you want to turn it into one? ⟨Y⟩ [Enter↵]	
Enter an option [Close/Join/Width/Edit vertex/Fit/Spline/Decurve/Ltype gen	
/Undo]: *join* [Enter↵]	
Select objects: 1 found	≫L1
Select objects: 1 found, 2 total	≫A1
Select objects: 1 found, 3 total	≫L2
Select objects: [Enter↵]	
1 segments added to polyline	
Enter an option [Close/Join/Width/Edit vertex/Fit/Spline/Decurve/Ltype gen	
/Undo]: [Enter↵]	

Command: *ucs* [Enter↵]	
Current ucs name: *WORLD*	
Specify origin of UCS or [Face/NAmed/OBject/Previous/View/World/X/Y/Z/ZAxis]	
⟨World⟩: *zaxis* [Enter↵]	
Specify new origin point or [Object] ⟨0,0,0⟩: _endp of	✐ → ≫P3
Specify point on positive portion of Z-axis ⟨0.0000,0.0000,1.0000⟩: _endp of	✐ → ≫P4
Command: *circle* [Enter↵]	
Specify center point for circle or [3P/2P/Ttr (tan tan radius)]: _endp of	✐ → ≫P
Specify radius of circle or [Diameter] ⟨6.5000⟩: **9.5** [Enter↵]	9.5: W2 반경
Command: *move* [Enter↵]	
Select objects: 1 found	≫C1
Select objects: [Enter↵]	
Specify base point or [Displacement] ⟨Displacement⟩: _endp of	✐ → ≫P
Specify second point or ⟨use first point as displacement⟩: **@0,9.5,0** [Enter↵]	9.5: W2 반경, W1과 겹침 방지
Command: *extrude* [Enter↵]	
Current wire frame density: ISOLINES=4	
Select objects to extrude: 1 found	≫C2
Select objects to extrude: [Enter↵]	
Specify height of extrusion or [Direction/Path/Taper angle] ⟨1.0000⟩: *path* [Enter↵]	
Select extrusion path or [Taper angle]:	≫L
Command:	≫만들어진 W2 철근 선택
	Properties Toolbar → Color control → □ ByLayer 선택 후 [Esc]
	Layers Toolbar의 ▾ 버튼 클릭 후 레이어 W2 선택 후 [Esc]

명 령 줄(F1 철근)

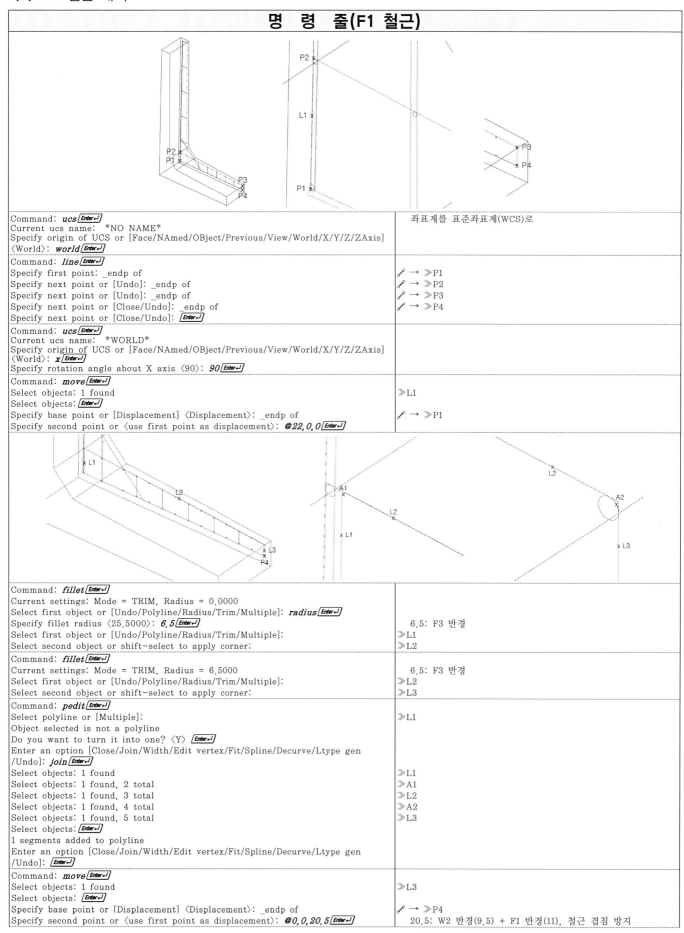

Command: *ucs* [Enter↵]	좌표계를 표준좌표계(WCS)로
Current ucs name: *NO NAME*	
Specify origin of UCS or [Face/NAmed/OBject/Previous/View/World/X/Y/Z/ZAxis] ⟨World⟩: *world* [Enter↵]	
Command: *line* [Enter↵]	
Specify first point: _endp of	✐ → ≫P1
Specify next point or [Undo]: _endp of	✐ → ≫P2
Specify next point or [Undo]: _endp of	✐ → ≫P3
Specify next point or [Close/Undo]: _endp of	✐ → ≫P4
Specify next point or [Close/Undo]: [Enter↵]	
Command: *ucs* [Enter↵]	
Current ucs name: *WORLD*	
Specify origin of UCS or [Face/NAmed/OBject/Previous/View/World/X/Y/Z/ZAxis] ⟨World⟩: *x* [Enter↵]	
Specify rotation angle about X axis ⟨90⟩: *90* [Enter↵]	
Command: *move* [Enter↵]	
Select objects: 1 found	≫L1
Select objects: [Enter↵]	
Specify base point or [Displacement] ⟨Displacement⟩: _endp of	✐ → ≫P1
Specify second point or ⟨use first point as displacement⟩: *@22,0,0* [Enter↵]	

Command: *fillet* [Enter↵]	
Current settings: Mode = TRIM, Radius = 0.0000	
Select first object or [Undo/Polyline/Radius/Trim/Multiple]: *radius* [Enter↵]	
Specify fillet radius ⟨25.5000⟩: *6.5* [Enter↵]	6.5: F3 반경
Select first object or [Undo/Polyline/Radius/Trim/Multiple]:	≫L1
Select second object or shift-select to apply corner:	≫L2
Command: *fillet* [Enter↵]	
Current settings: Mode = TRIM, Radius = 6.5000	6.5: F3 반경
Select first object or [Undo/Polyline/Radius/Trim/Multiple]:	≫L2
Select second object or shift-select to apply corner:	≫L3
Command: *pedit* [Enter↵]	
Select polyline or [Multiple]:	≫L1
Object selected is not a polyline	
Do you want to turn it into one? ⟨Y⟩ [Enter↵]	
Enter an option [Close/Join/Width/Edit vertex/Fit/Spline/Decurve/Ltype gen /Undo]: *join* [Enter↵]	
Select objects: 1 found	≫L1
Select objects: 1 found, 2 total	≫A1
Select objects: 1 found, 3 total	≫L2
Select objects: 1 found, 4 total	≫A2
Select objects: 1 found, 5 total	≫L3
Select objects: [Enter↵]	
1 segments added to polyline	
Enter an option [Close/Join/Width/Edit vertex/Fit/Spline/Decurve/Ltype gen /Undo]: [Enter↵]	
Command: *move* [Enter↵]	
Select objects: 1 found	≫L3
Select objects: [Enter↵]	
Specify base point or [Displacement] ⟨Displacement⟩: _endp of	✐ → ≫P4
Specify second point or ⟨use first point as displacement⟩: *@0,0,20.5* [Enter↵]	20.5: W2 반경(9.5) + F1 반경(11), 철근 겹침 방지

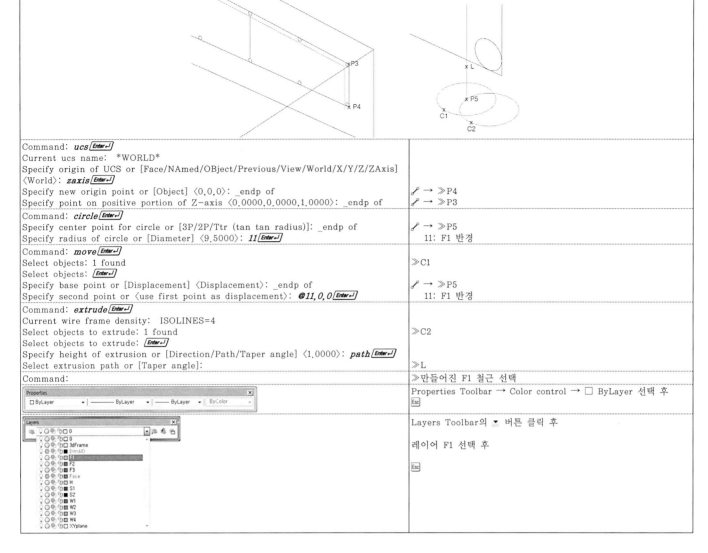

Command: *ucs* Enter↵	
Current ucs name: *WORLD*	
Specify origin of UCS or [Face/NAmed/OBject/Previous/View/World/X/Y/Z/ZAxis]	
⟨World⟩: *zaxis* Enter↵	
Specify new origin point or [Object] ⟨0,0,0⟩: _endp of	✐ → ≫P4
Specify point on positive portion of Z−axis ⟨0.0000,0.0000,1.0000⟩: _endp of	✐ → ≫P3
Command: *circle* Enter↵	
Specify center point for circle or [3P/2P/Ttr (tan tan radius)]: _endp of	✐ → ≫P5
Specify radius of circle or [Diameter] ⟨9.5000⟩: *11* Enter↵	11: F1 반경
Command: *move* Enter↵	
Select objects: 1 found	≫C1
Select objects: Enter↵	
Specify base point or [Displacement] ⟨Displacement⟩: _endp of	✐ → ≫P5
Specify second point or ⟨use first point as displacement⟩: *@11,0,0* Enter↵	11: F1 반경
Command: *extrude* Enter↵	
Current wire frame density: ISOLINES=4	
Select objects to extrude: 1 found	≫C2
Select objects to extrude: Enter↵	
Specify height of extrusion or [Direction/Path/Taper angle] ⟨1.0000⟩: *path* Enter↵	≫L
Select extrusion path or [Taper angle]:	
Command:	≫만들어진 F1 철근 선택
Properties 바 (Properties Toolbar ▢ ByLayer ▼ ─── ByLayer ▼ ─── ByLayer ▼ ByColor)	Properties Toolbar → Color control → □ ByLayer 선택 후 Esc
Layers 바 (Layers 0 / 0 / 3dFrame / Dim&ID / F1 / F2 / F3 / Face / H / S1 / S2 / W1 / W2 / W3 / W4 / XYplane)	Layers Toolbar의 ▼ 버튼 클릭 후 레이어 F1 선택 후 Esc

7.6.4 F2 철근 배치

명 령 줄(F2 철근)	
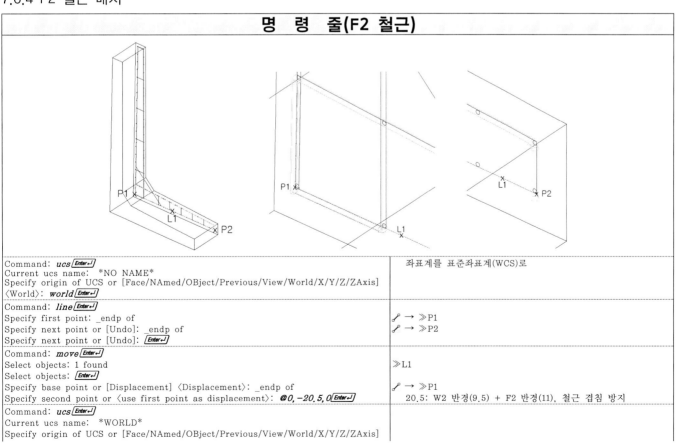	
Command: *ucs* Enter↵	좌표계를 표준좌표계(WCS)로
Current ucs name: *NO NAME*	
Specify origin of UCS or [Face/NAmed/OBject/Previous/View/World/X/Y/Z/ZAxis]	
⟨World⟩: *world* Enter↵	
Command: *line* Enter↵	
Specify first point: _endp of	✐ → ≫P1
Specify next point or [Undo]: _endp of	✐ → ≫P2
Specify next point or [Undo]: Enter↵	
Command: *move* Enter↵	
Select objects: 1 found	≫L1
Select objects: Enter↵	
Specify base point or [Displacement] ⟨Displacement⟩: _endp of	✐ → ≫P1
Specify second point or ⟨use first point as displacement⟩: *@0,−20.5,0* Enter↵	20.5: W2 반경(9.5) + F2 반경(11), 철근 겹침 방지
Command: *ucs* Enter↵	
Current ucs name: *WORLD*	
Specify origin of UCS or [Face/NAmed/OBject/Previous/View/World/X/Y/Z/ZAxis]	

⟨World⟩: **zaxis** [Enter↵] Specify new origin point or [Object] ⟨0,0,0⟩: _endp of Specify point on positive portion of Z-axis ⟨0.0000,0.0000,1.0000⟩: _endp of	↗ → ≫P1 ↗ → ≫P2

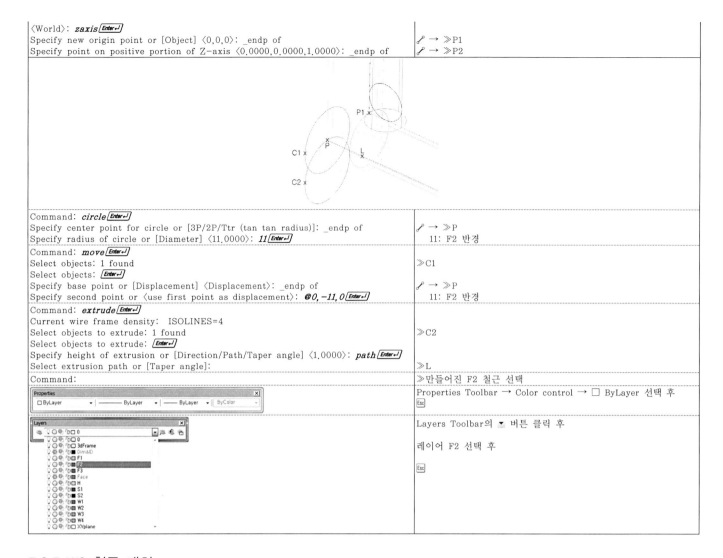

Command: **circle** [Enter↵] Specify center point for circle or [3P/2P/Ttr (tan tan radius)]: _endp of Specify radius of circle or [Diameter] ⟨11.0000⟩: **11** [Enter↵]	↗ → ≫P 11: F2 반경
Command: **move** [Enter↵] Select objects: 1 found Select objects: [Enter↵] Specify base point or [Displacement] ⟨Displacement⟩: _endp of Specify second point or ⟨use first point as displacement⟩: **@0,−11,0** [Enter↵]	≫C1 ↗ → ≫P 11: F2 반경
Command: **extrude** [Enter↵] Current wire frame density: ISOLINES=4 Select objects to extrude: 1 found Select objects to extrude: [Enter↵] Specify height of extrusion or [Direction/Path/Taper angle] ⟨1.0000⟩: **path** [Enter↵] Select extrusion path or [Taper angle]:	≫C2 ≫L
Command:	≫만들어진 F2 철근 선택
[Properties Toolbar]	Properties Toolbar → Color control → □ ByLayer 선택 후 [Esc]
[Layers Toolbar]	Layers Toolbar의 ▼ 버튼 클릭 후 레이어 F2 선택 후 [Esc]

7.6.5 W3 철근 배치

명 령 줄(W3 철근)	
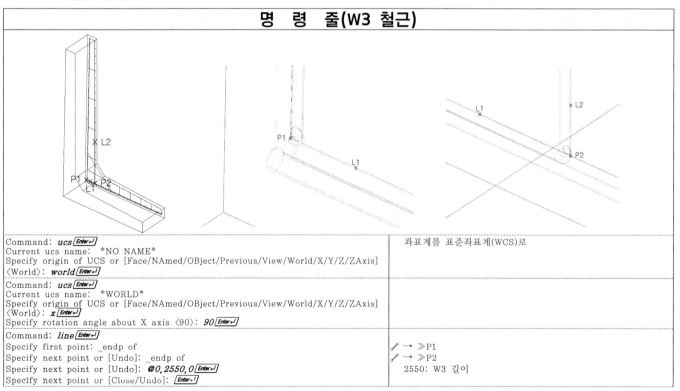	
Command: **ucs** [Enter↵] Current ucs name: *NO NAME* Specify origin of UCS or [Face/NAmed/OBject/Previous/View/World/X/Y/Z/ZAxis] ⟨World⟩: **world** [Enter↵]	좌표계를 표준좌표계(WCS)로
Command: **ucs** [Enter↵] Current ucs name: *WORLD* Specify origin of UCS or [Face/NAmed/OBject/Previous/View/World/X/Y/Z/ZAxis] ⟨World⟩: **x** [Enter↵] Specify rotation angle about X axis ⟨90⟩: **90** [Enter↵]	
Command: **line** [Enter↵] Specify first point: _endp of Specify next point or [Undo]: _endp of Specify next point or [Undo]: **@0,2550,0** [Enter↵] Specify next point or [Close/Undo]: [Enter↵]	↗ → ≫P1 ↗ → ≫P2 2550: W3 길이

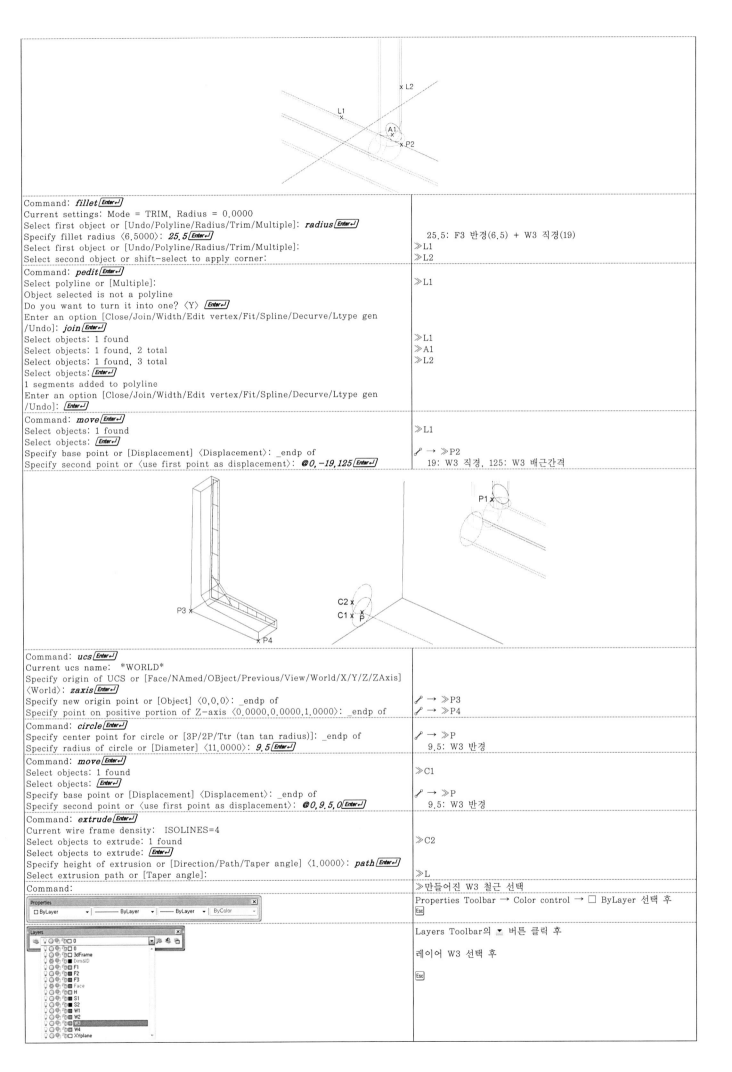

Command: *fillet* `Enter↵`
Current settings: Mode = TRIM, Radius = 0.0000
Select first object or [Undo/Polyline/Radius/Trim/Multiple]: *radius* `Enter↵`
Specify fillet radius 〈6.5000〉: *25.5* `Enter↵` | 25.5: F3 반경(6.5) + W3 직경(19)
Select first object or [Undo/Polyline/Radius/Trim/Multiple]: | ≫L1
Select second object or shift-select to apply corner: | ≫L2

Command: *pedit* `Enter↵`
Select polyline or [Multiple]: | ≫L1
Object selected is not a polyline
Do you want to turn it into one? 〈Y〉 `Enter↵`
Enter an option [Close/Join/Width/Edit vertex/Fit/Spline/Decurve/Ltype gen
/Undo]: *join* `Enter↵`
Select objects: 1 found | ≫L1
Select objects: 1 found, 2 total | ≫A1
Select objects: 1 found, 3 total | ≫L2
Select objects: `Enter↵`
1 segments added to polyline
Enter an option [Close/Join/Width/Edit vertex/Fit/Spline/Decurve/Ltype gen
/Undo]: `Enter↵`

Command: *move* `Enter↵`
Select objects: 1 found | ≫L1
Select objects: `Enter↵`
Specify base point or [Displacement] 〈Displacement〉: _endp of | ✏ → ≫P2
Specify second point or 〈use first point as displacement〉: *@0,-19,125* `Enter↵` | 19: W3 직경, 125: W3 배근간격

Command: *ucs* `Enter↵`
Current ucs name: *WORLD*
Specify origin of UCS or [Face/NAmed/OBject/Previous/View/World/X/Y/Z/ZAxis]
〈World〉: *zaxis* `Enter↵`
Specify new origin point or [Object] 〈0,0,0〉: _endp of | ✏ → ≫P3
Specify point on positive portion of Z-axis 〈0.0000,0.0000,1.0000〉: _endp of | ✏ → ≫P4

Command: *circle* `Enter↵`
Specify center point for circle or [3P/2P/Ttr (tan tan radius)]: _endp of | ✏ → ≫P
Specify radius of circle or [Diameter] 〈11.0000〉: *9.5* `Enter↵` | 9.5: W3 반경

Command: *move* `Enter↵`
Select objects: 1 found | ≫C1
Select objects: `Enter↵`
Specify base point or [Displacement] 〈Displacement〉: _endp of | ✏ → ≫P
Specify second point or 〈use first point as displacement〉: *@0,9.5,0* `Enter↵` | 9.5: W3 반경

Command: *extrude* `Enter↵`
Current wire frame density: ISOLINES=4
Select objects to extrude: 1 found | ≫C2
Select objects to extrude: `Enter↵`
Specify height of extrusion or [Direction/Path/Taper angle] 〈1.0000〉: *path* `Enter↵`
Select extrusion path or [Taper angle]: | ≫L

Command: | ≫만들어진 W3 철근 선택
Properties Toolbar → Color control → □ ByLayer 선택 후 `Esc`

Layers Toolbar의 ▾ 버튼 클릭 후

레이어 W3 선택 후

`Esc`

7.6.6 H 철근 배치

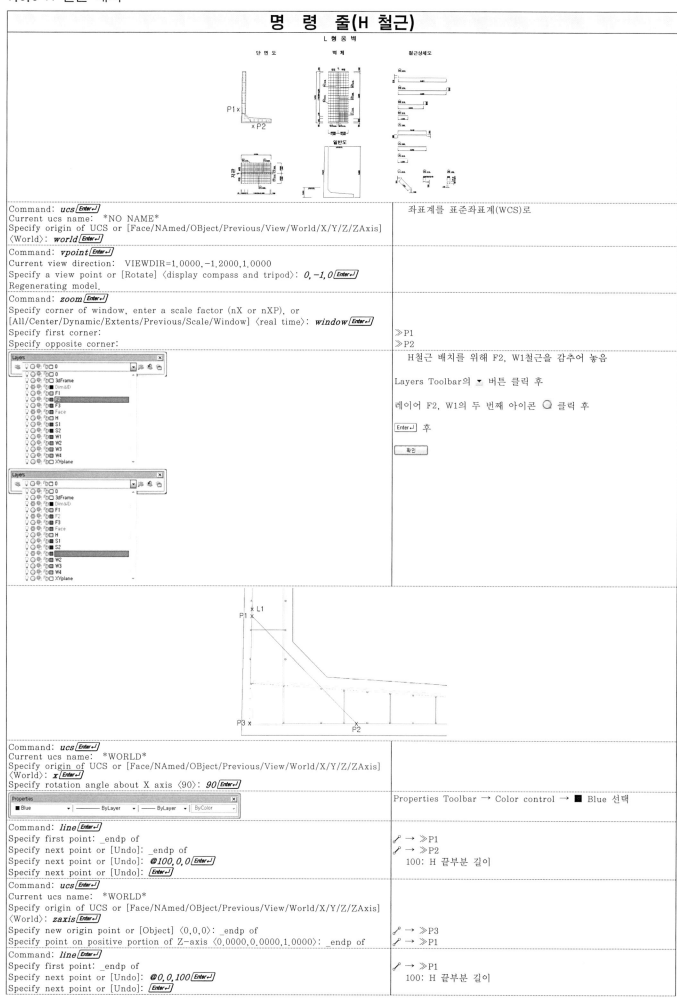

Command: **ucs** `Enter↵` Current ucs name: *NO NAME* Specify origin of UCS or [Face/NAmed/OBject/Previous/View/World/X/Y/Z/ZAxis] ⟨World⟩: **world** `Enter↵`	좌표계를 표준좌표계(WCS)로
Command: **vpoint** `Enter↵` Current view direction: VIEWDIR=1.0000,−1.2000,1.0000 Specify a view point or [Rotate] ⟨display compass and tripod⟩: **0, −1, 0** `Enter↵` Regenerating model.	
Command: **zoom** `Enter↵` Specify corner of window, enter a scale factor (nX or nXP), or [All/Center/Dynamic/Extents/Previous/Scale/Window] ⟨real time⟩: **window** `Enter↵` Specify first corner: Specify opposite corner:	≫P1 ≫P2
	H철근 배치를 위해 F2, W1철근을 감추어 놓음 Layers Toolbar의 ▼ 버튼 클릭 후 레이어 F2, W1의 두 번째 아이콘 ◯ 클릭 후 `Enter↵` 후 확인
Command: **ucs** `Enter↵` Current ucs name: *WORLD* Specify origin of UCS or [Face/NAmed/OBject/Previous/View/World/X/Y/Z/ZAxis] ⟨World⟩: **x** `Enter↵` Specify rotation angle about X axis ⟨90⟩: **90** `Enter↵`	
	Properties Toolbar → Color control → ■ Blue 선택
Command: **line** `Enter↵` Specify first point: _endp of Specify next point or [Undo]: _endp of Specify next point or [Undo]: **@100, 0, 0** `Enter↵` Specify next point or [Undo]: `Enter↵`	✐ → ≫P1 ✐ → ≫P2 100: H 끝부분 길이
Command: **ucs** `Enter↵` Current ucs name: *WORLD* Specify origin of UCS or [Face/NAmed/OBject/Previous/View/World/X/Y/Z/ZAxis] ⟨World⟩: **zaxis** `Enter↵` Specify new origin point or [Object] ⟨0,0,0⟩: _endp of Specify point on positive portion of Z−axis ⟨0.0000,0.0000,1.0000⟩: _endp of	✐ → ≫P3 ✐ → ≫P1
Command: **line** `Enter↵` Specify first point: _endp of Specify next point or [Undo]: **@0, 0, 100** `Enter↵` Specify next point or [Undo]: `Enter↵`	✐ → ≫P1 100: H 끝부분 길이

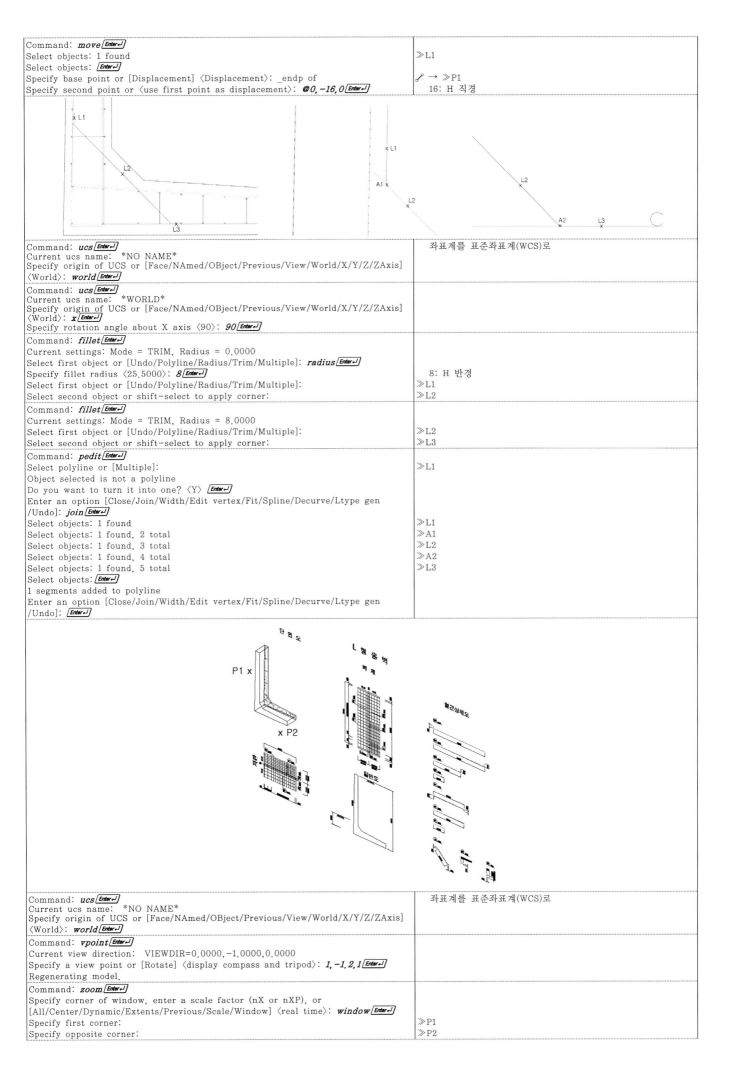

Command	
Command: *move* [Enter↵]	≫L1
Select objects: 1 found	
Select objects: [Enter↵]	
Specify base point or [Displacement] ⟨Displacement⟩: _endp of	⌐ → ≫P1
Specify second point or ⟨use first point as displacement⟩: *@0,-16,0* [Enter↵]	16: H 직경

Command: *ucs* [Enter↵]	좌표계를 표준좌표계(WCS)로
Current ucs name: *NO NAME*	
Specify origin of UCS or [Face/NAmed/OBject/Previous/View/World/X/Y/Z/ZAxis] ⟨World⟩: *world* [Enter↵]	

Command: *ucs* [Enter↵]	
Current ucs name: *WORLD*	
Specify origin of UCS or [Face/NAmed/OBject/Previous/View/World/X/Y/Z/ZAxis] ⟨World⟩: *x* [Enter↵]	
Specify rotation angle about X axis ⟨90⟩: *90* [Enter↵]	

Command: *fillet* [Enter↵]	
Current settings: Mode = TRIM, Radius = 0.0000	
Select first object or [Undo/Polyline/Radius/Trim/Multiple]: *radius* [Enter↵]	
Specify fillet radius ⟨25.5000⟩: *8* [Enter↵]	8: H 반경
Select first object or [Undo/Polyline/Radius/Trim/Multiple]:	≫L1
Select second object or shift-select to apply corner:	≫L2

Command: *fillet* [Enter↵]	
Current settings: Mode = TRIM, Radius = 8.0000	
Select first object or [Undo/Polyline/Radius/Trim/Multiple]:	≫L2
Select second object or shift-select to apply corner:	≫L3

Command: *pedit* [Enter↵]	
Select polyline or [Multiple]:	≫L1
Object selected is not a polyline	
Do you want to turn it into one? ⟨Y⟩ [Enter↵]	
Enter an option [Close/Join/Width/Edit vertex/Fit/Spline/Decurve/Ltype gen /Undo]: *join* [Enter↵]	
Select objects: 1 found	≫L1
Select objects: 1 found, 2 total	≫A1
Select objects: 1 found, 3 total	≫L2
Select objects: 1 found, 4 total	≫A2
Select objects: 1 found, 5 total	≫L3
Select objects: [Enter↵]	
1 segments added to polyline	
Enter an option [Close/Join/Width/Edit vertex/Fit/Spline/Decurve/Ltype gen /Undo]: [Enter↵]	

Command: *ucs* [Enter↵]	좌표계를 표준좌표계(WCS)로
Current ucs name: *NO NAME*	
Specify origin of UCS or [Face/NAmed/OBject/Previous/View/World/X/Y/Z/ZAxis] ⟨World⟩: *world* [Enter↵]	

Command: *vpoint* [Enter↵]	
Current view direction: VIEWDIR=0.0000,-1.0000,0.0000	
Specify a view point or [Rotate] ⟨display compass and tripod⟩: *1,-1.2,1* [Enter↵]	
Regenerating model.	

Command: *zoom* [Enter↵]	
Specify corner of window, enter a scale factor (nX or nXP), or [All/Center/Dynamic/Extents/Previous/Scale/Window] ⟨real time⟩: *window* [Enter↵]	
Specify first corner:	≫P1
Specify opposite corner:	≫P2

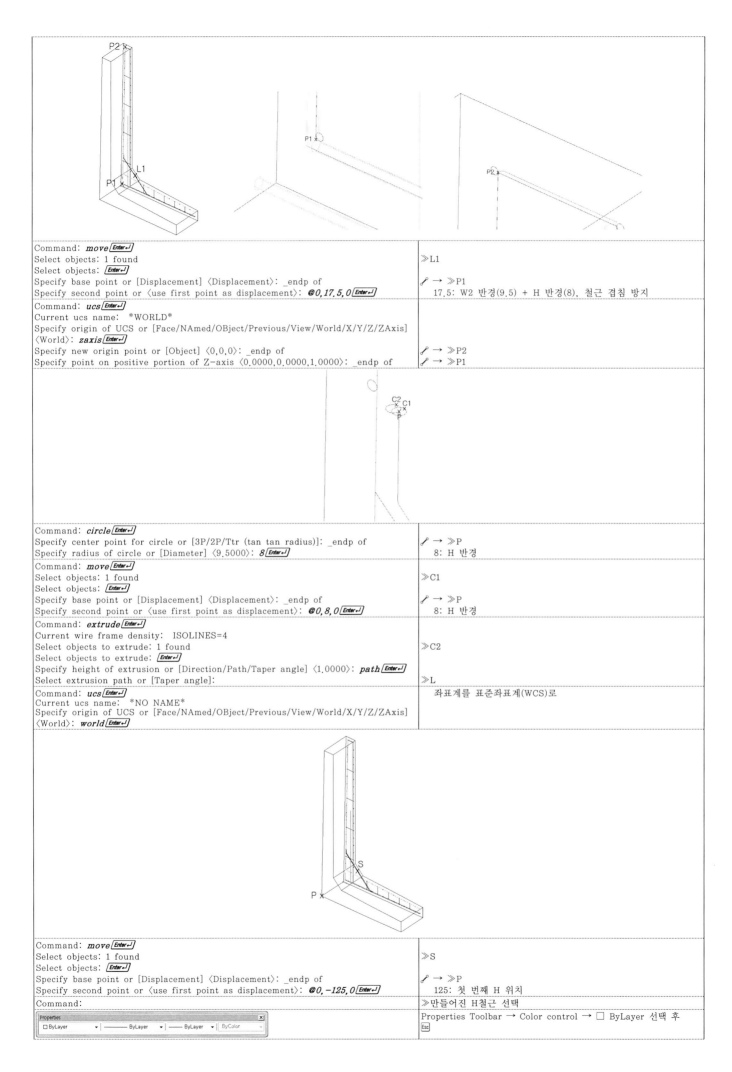

Command: *move* `Enter↵` Select objects: 1 found Select objects: `Enter↵` Specify base point or [Displacement] ⟨Displacement⟩: _endp of Specify second point or ⟨use first point as displacement⟩: *@0,17.5,0* `Enter↵`	≫L1 ⌁ → ≫P1 17.5: W2 반경(9.5) + H 반경(8), 철근 겹침 방지
Command: *ucs* `Enter↵` Current ucs name: *WORLD* Specify origin of UCS or [Face/NAmed/OBject/Previous/View/World/X/Y/Z/ZAxis] ⟨World⟩: *zaxis* `Enter↵` Specify new origin point or [Object] ⟨0,0,0⟩: _endp of Specify point on positive portion of Z-axis ⟨0.0000,0.0000,1.0000⟩: _endp of	 ⌁ → ≫P2 ⌁ → ≫P1

Command: *circle* `Enter↵` Specify center point for circle or [3P/2P/Ttr (tan tan radius)]: _endp of Specify radius of circle or [Diameter] ⟨9.5000⟩: *8* `Enter↵`	⌁ → ≫P 8: H 반경
Command: *move* `Enter↵` Select objects: 1 found Select objects: `Enter↵` Specify base point or [Displacement] ⟨Displacement⟩: _endp of Specify second point or ⟨use first point as displacement⟩: *@0,8,0* `Enter↵`	≫C1 ⌁ → ≫P 8: H 반경
Command: *extrude* `Enter↵` Current wire frame density: ISOLINES=4 Select objects to extrude: 1 found Select objects to extrude: `Enter↵` Specify height of extrusion or [Direction/Path/Taper angle] ⟨1.0000⟩: *path* `Enter↵` Select extrusion path or [Taper angle]:	 ≫C2 ≫L
Command: *ucs* `Enter↵` Current ucs name: *NO NAME* Specify origin of UCS or [Face/NAmed/OBject/Previous/View/World/X/Y/Z/ZAxis] ⟨World⟩: *world* `Enter↵`	좌표계를 표준좌표계(WCS)로

Command: *move* `Enter↵` Select objects: 1 found Select objects: `Enter↵` Specify base point or [Displacement] ⟨Displacement⟩: _endp of Specify second point or ⟨use first point as displacement⟩: *@0,-125,0* `Enter↵`	≫S ⌁ → ≫P 125: 첫 번째 H 위치
Command:	≫만들어진 H철근 선택
	Properties Toolbar → Color control → □ ByLayer 선택 후 `Esc`

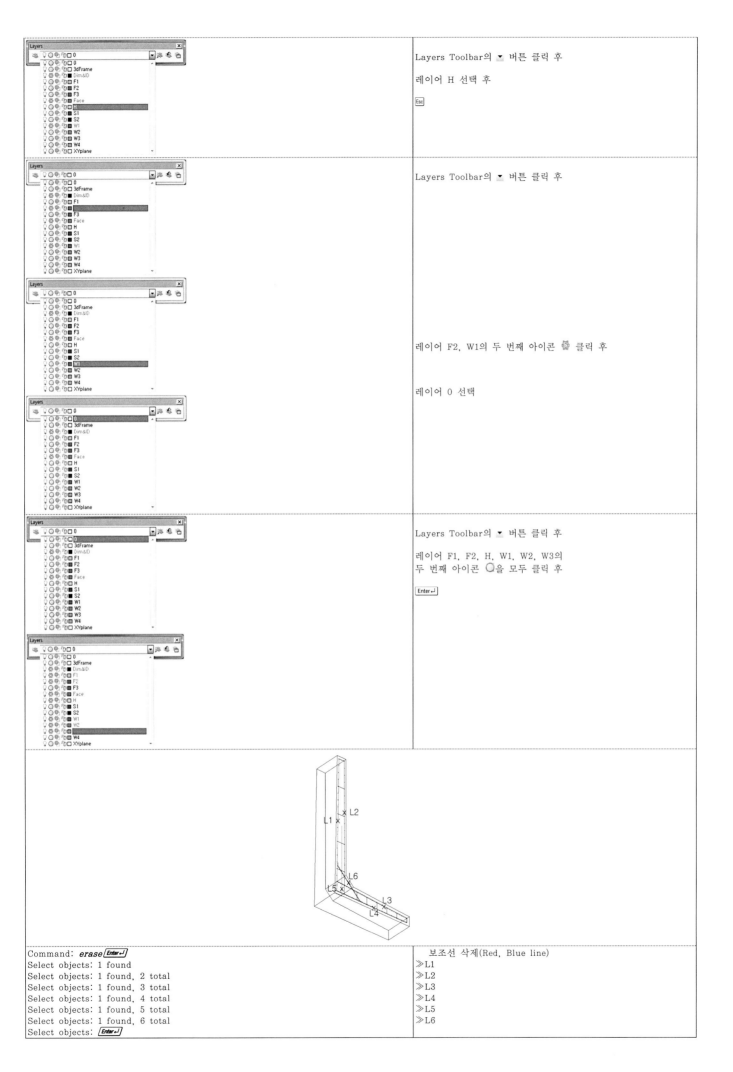

	Layers Toolbar의 ▾ 버튼 클릭 후 레이어 H 선택 후 [Esc]
	Layers Toolbar의 ▾ 버튼 클릭 후
	레이어 F2, W1의 두 번째 아이콘 ⚙ 클릭 후 레이어 0 선택
	Layers Toolbar의 ▾ 버튼 클릭 후 레이어 F1, F2, H, W1, W2, W3의 두 번째 아이콘 ◯을 모두 클릭 후 [Enter↵]

```
Command: erase Enter↵
Select objects: 1 found
Select objects: 1 found, 2 total
Select objects: 1 found, 3 total
Select objects: 1 found, 4 total
Select objects: 1 found, 5 total
Select objects: 1 found, 6 total
Select objects: Enter↵
```

보조선 삭제(Red, Blue line)
≫L1
≫L2
≫L3
≫L4
≫L5
≫L6

7.6.7.1 F3 철근 위치 조정

명 령 줄(F3 철근 위치 조정)

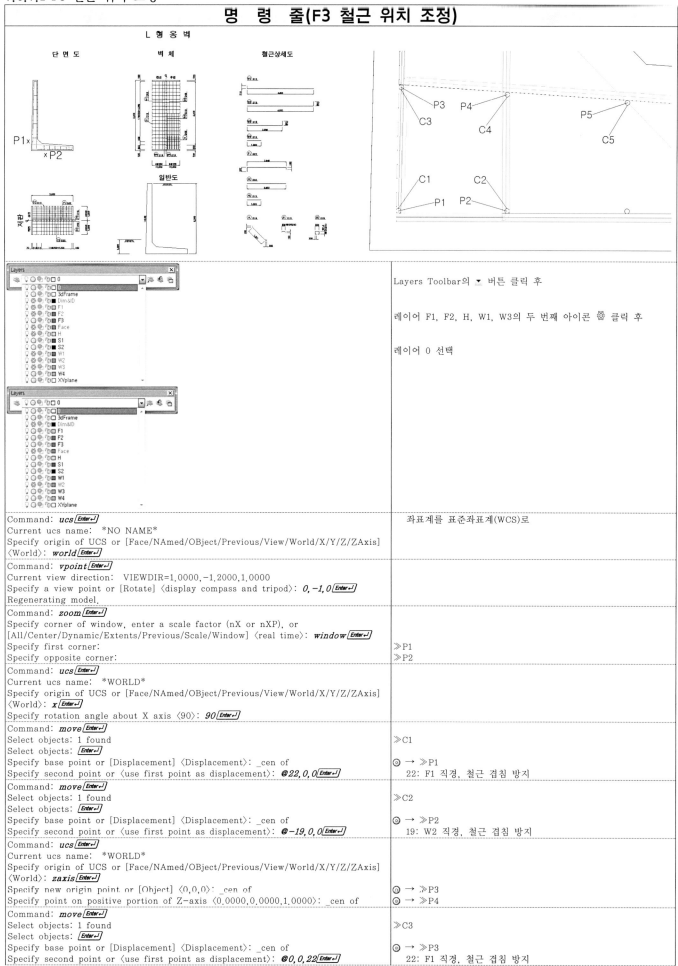

Command: **ucs** [Enter↲] Current ucs name: *NO NAME* Specify origin of UCS or [Face/NAmed/OBject/Previous/View/World/X/Y/Z/ZAxis] ⟨World⟩: **world** [Enter↲]	좌표계를 표준좌표계(WCS)로
Command: **vpoint** [Enter↲] Current view direction: VIEWDIR=1.0000,−1.2000,1.0000 Specify a view point or [Rotate] ⟨display compass and tripod⟩: **0,−1,0** [Enter↲] Regenerating model.	
Command: **zoom** [Enter↲] Specify corner of window, enter a scale factor (nX or nXP), or [All/Center/Dynamic/Extents/Previous/Scale/Window] ⟨real time⟩: **window** [Enter↲] Specify first corner: Specify opposite corner:	≫P1 ≫P2
Command: **ucs** [Enter↲] Current ucs name: *WORLD* Specify origin of UCS or [Face/NAmed/OBject/Previous/View/World/X/Y/Z/ZAxis] ⟨World⟩: **x** [Enter↲] Specify rotation angle about X axis ⟨90⟩: **90** [Enter↲]	
Command: **move** [Enter↲] Select objects: 1 found Select objects: [Enter↲] Specify base point or [Displacement] ⟨Displacement⟩: _cen of Specify second point or ⟨use first point as displacement⟩: **@22,0,0** [Enter↲]	≫C1 ◎ → ≫P1 22: F1 직경, 철근 겹침 방지
Command: **move** [Enter↲] Select objects: 1 found Select objects: [Enter↲] Specify base point or [Displacement] ⟨Displacement⟩: _cen of Specify second point or ⟨use first point as displacement⟩: **@−19,0,0** [Enter↲]	≫C2 ◎ → ≫P2 19: W2 직경, 철근 겹침 방지
Command: **ucs** [Enter↲] Current ucs name: *WORLD* Specify origin of UCS or [Face/NAmed/OBject/Previous/View/World/X/Y/Z/ZAxis] ⟨World⟩: **zaxis** [Enter↲] Specify new origin point or [Object] ⟨0,0,0⟩: _cen of Specify point on positive portion of Z-axis ⟨0.0000,0.0000,1.0000⟩: _cen of	◎ → ≫P3 ◎ → ≫P4
Command: **move** [Enter↲] Select objects: 1 found Select objects: [Enter↲] Specify base point or [Displacement] ⟨Displacement⟩: _cen of Specify second point or ⟨use first point as displacement⟩: **@0,0,22** [Enter↲]	≫C3 ◎ → ≫P3 22: F1 직경, 철근 겹침 방지

Command: *move* Enter↵ Select objects: 1 found Select objects: Enter↵ Specify base point or [Displacement] ⟨Displacement⟩: _cen of Specify second point or ⟨use first point as displacement⟩: @0,0,−19 Enter↵	≫C4 ◎ → ≫P4 　19: W2 직경, 철근 겹침 방지
Command: *move* Enter↵ Select objects: 1 found Select objects: Enter↵ Specify base point or [Displacement] ⟨Displacement⟩: _cen of Specify second point or ⟨use first point as displacement⟩: @0,0,−22 Enter↵	≫C5 ◎ → ≫P5 　22: H 철근과 겹치지 않는 적절한 거리

7.6.7.2 F3 철근 배치

명　령　줄(F3 철근)	
Command: *ucs* Enter↵ Current ucs name: *NO NAME* Specify origin of UCS or [Face/NAmed/OBject/Previous/View/World/X/Y/Z/ZAxis] ⟨World⟩: *world* Enter↵	좌표계를 표준좌표계(WCS)로
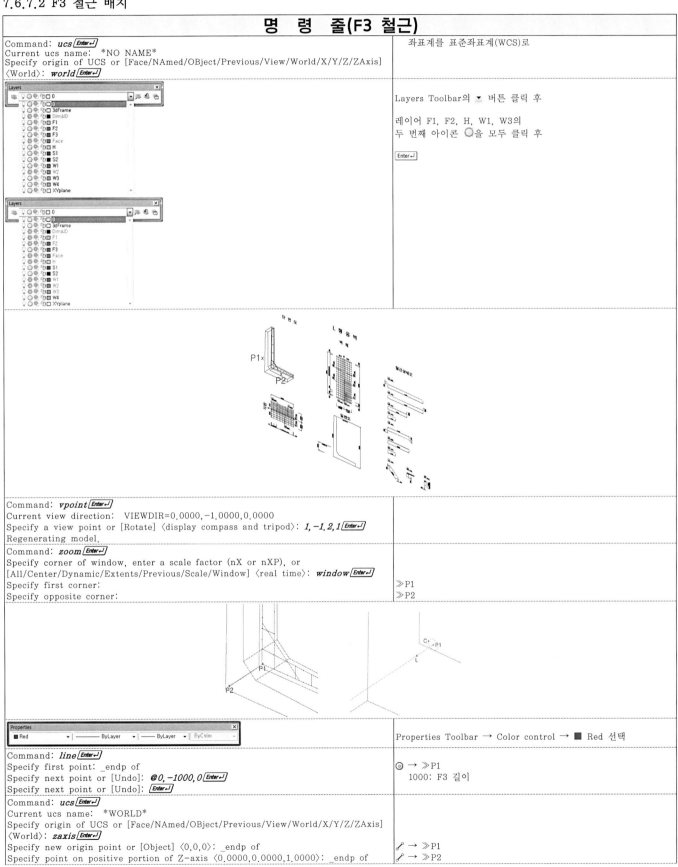	Layers Toolbar의 ▾ 버튼 클릭 후 레이어 F1, F2, H, W1, W3의 두 번째 아이콘 ◯을 모두 클릭 후 Enter↵
Command: *vpoint* Enter↵ Current view direction: VIEWDIR=0.0000,−1.0000,0.0000 Specify a view point or [Rotate] ⟨display compass and tripod⟩: *1,−1.2,1* Enter↵ Regenerating model.	
Command: *zoom* Enter↵ Specify corner of window, enter a scale factor (nX or nXP), or [All/Center/Dynamic/Extents/Previous/Scale/Window] ⟨real time⟩: *window* Enter↵ Specify first corner: Specify opposite corner:	 ≫P1 ≫P2
	Properties Toolbar → Color control → ■ Red 선택
Command: *line* Enter↵ Specify first point: _endp of Specify next point or [Undo]: *@0,−1000,0* Enter↵ Specify next point or [Undo]: Enter↵	◎ → ≫P1 　1000: F3 길이
Command: *ucs* Enter↵ Current ucs name: *WORLD* Specify origin of UCS or [Face/NAmed/OBject/Previous/View/World/X/Y/Z/ZAxis] ⟨World⟩: *zaxis* Enter↵ Specify new origin point or [Object] ⟨0,0,0⟩: _endp of Specify point on positive portion of Z-axis ⟨0.0000,0.0000,1.0000⟩: _endp of	 ✐ → ≫P1 ✐ → ≫P2

Command: *circle* `Enter↵` Specify center point for circle or [3P/2P/Ttr (tan tan radius)]: _endp of Specify radius of circle or [Diameter] ⟨8.0000⟩: *6.5* `Enter↵`	✐ → ≫P1 6.5: F3철근의 반경
Command: *extrude* `Enter↵` Current wire frame density: ISOLINES=4 Select objects to extrude: 1 found Select objects to extrude: `Enter↵` Specify height of extrusion or [Direction/Path/Taper angle] ⟨1.0000⟩: *path* `Enter↵` Select extrusion path or [Taper angle]:	≫C ≫L
Command:	≫만들어진 F3철근 선택
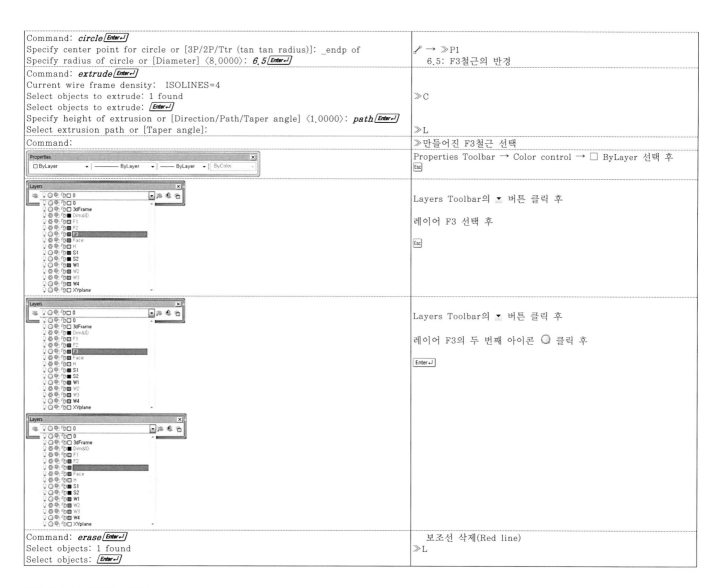	Properties Toolbar → Color control → □ ByLayer 선택 후 `Esc`
	Layers Toolbar의 ▾ 버튼 클릭 후 레이어 F3 선택 후 `Esc`
	Layers Toolbar의 ▾ 버튼 클릭 후 레이어 F3의 두 번째 아이콘 ◯ 클릭 후 `Enter↵`
Command: *erase* `Enter↵` Select objects: 1 found Select objects: `Enter↵`	보조선 삭제(Red line) ≫L

7.6.8 W4 철근 배치

명 령 줄(W4 철근)
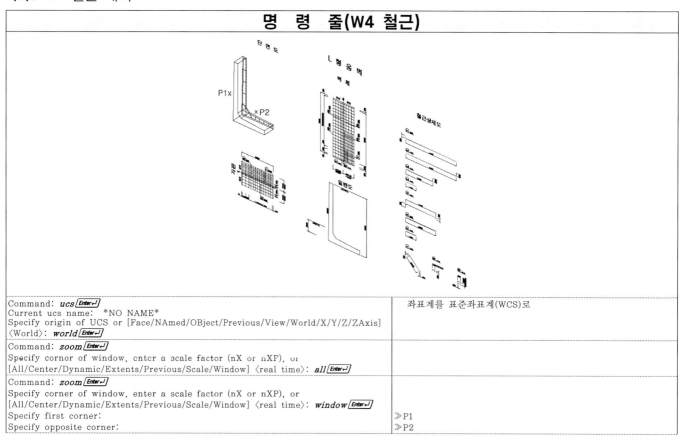

Command: *ucs* `Enter↵` Current ucs name: *NO NAME* Specify origin of UCS or [Face/NAmed/OBject/Previous/View/World/X/Y/Z/ZAxis] ⟨World⟩: *world* `Enter↵`	좌표계를 표준좌표계(WCS)로
Command: *zoom* `Enter↵` Specify corner of window, enter a scale factor (nX or nXP), or [All/Center/Dynamic/Extents/Previous/Scale/Window] ⟨real time⟩: *all* `Enter↵`	
Command: *zoom* `Enter↵` Specify corner of window, enter a scale factor (nX or nXP), or [All/Center/Dynamic/Extents/Previous/Scale/Window] ⟨real time⟩: *window* `Enter↵` Specify first corner: Specify opposite corner:	 ≫P1 ≫P2

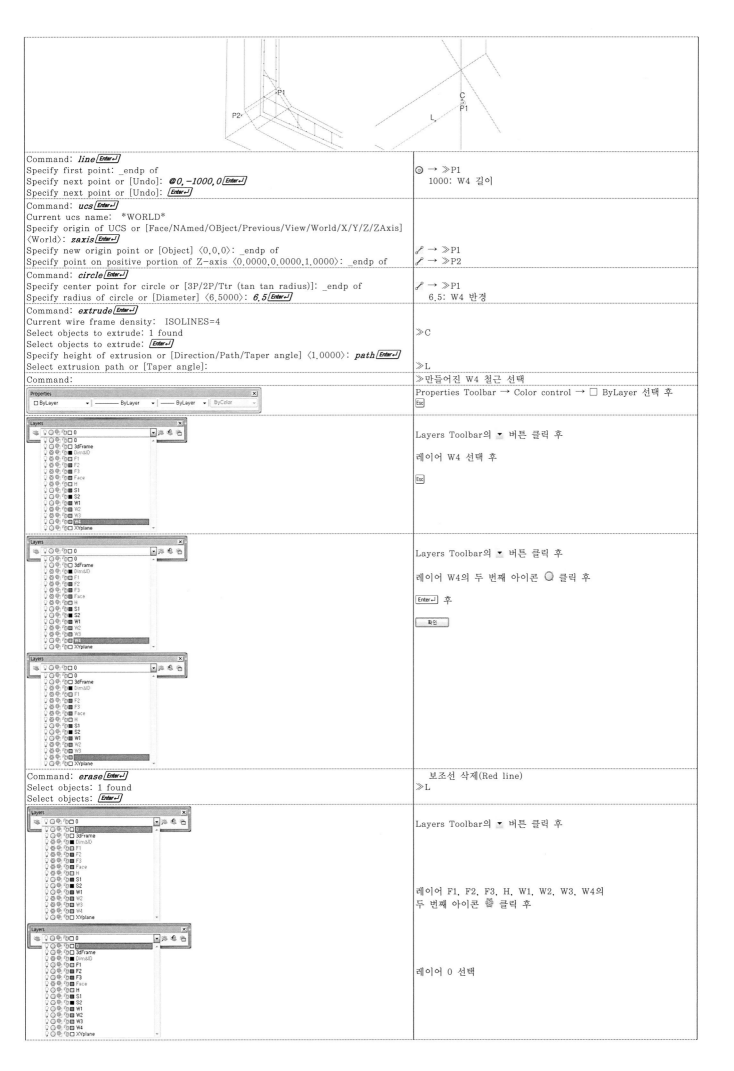

Command: *line* `Enter↵` Specify first point: _endp of Specify next point or [Undo]: *@0,-1000,0* `Enter↵` Specify next point or [Undo]: `Enter↵`	◎ → ≫P1 1000: W4 길이
Command: *ucs* `Enter↵` Current ucs name: *WORLD* Specify origin of UCS or [Face/NAmed/OBject/Previous/View/World/X/Y/Z/ZAxis] 〈World〉: *zaxis* `Enter↵` Specify new origin point or [Object] 〈0,0,0〉: _endp of Specify point on positive portion of Z-axis 〈0.0000,0.0000,1.0000〉: _endp of	✗ → ≫P1 ✗ → ≫P2
Command: *circle* `Enter↵` Specify center point for circle or [3P/2P/Ttr (tan tan radius)]: _endp of Specify radius of circle or [Diameter] 〈6.5000〉: *6.5* `Enter↵`	✗ → ≫P1 6.5: W4 반경
Command: *extrude* `Enter↵` Current wire frame density: ISOLINES=4 Select objects to extrude: 1 found Select objects to extrude: `Enter↵` Specify height of extrusion or [Direction/Path/Taper angle] 〈1.0000〉: *path* `Enter↵` Select extrusion path or [Taper angle]:	 ≫C ≫L
Command:	≫만들어진 W4 철근 선택
<image: Properties toolbar>	Properties Toolbar → Color control → □ ByLayer 선택 후 `Esc`
<image: Layers dialog with W4 selected>	Layers Toolbar의 ▾ 버튼 클릭 후 레이어 W4 선택 후 `Esc`
<image: Layers dialog>	Layers Toolbar의 ▾ 버튼 클릭 후 레이어 W4의 두 번째 아이콘 ○ 클릭 후 `Enter↵` 후 확인
<image: Layers dialog>	
Command: *erase* `Enter↵` Select objects: 1 found Select objects: `Enter↵`	보조선 삭제(Red line) ≫L
<image: Layers dialog>	Layers Toolbar의 ▾ 버튼 클릭 후 레이어 F1, F2, F3, H, W1, W2, W3, W4의 두 번째 아이콘 클릭 후
<image: Layers dialog>	 레이어 0 선택

Command: *ucs* `Enter↵` Current ucs name: *NO NAME* Specify origin of UCS or [Face/NAmed/OBject/Previous/View/World/X/Y/Z/ZAxis] ⟨World⟩: *world* `Enter↵`	좌표계를 표준좌표계(WCS)로
Command: *zoom* `Enter↵` Specify corner of window, enter a scale factor (nX or nXP), or [All/Center/Dynamic/Extents/Previous/Scale/Window] ⟨real time⟩: *all* `Enter↵`	
Properties Toolbar → Color control → □ ByLayer 선택	

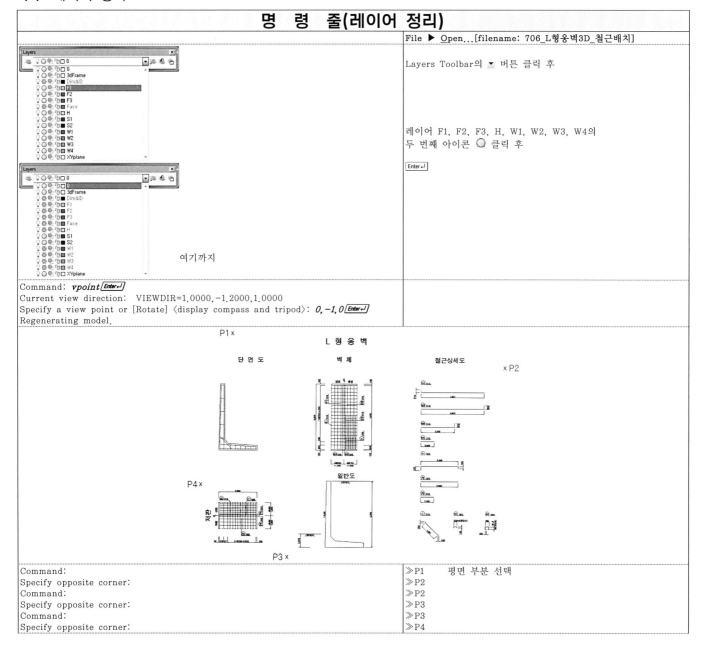

File ▶ Save As...[filename: 706_L형옹벽3D_철근배치]

7.7 철근 복사

7.7.1 레이어 정리

명 령 줄(레이어 정리)	
	File ▶ Open...[filename: 706_L형옹벽3D_철근배치]
	Layers Toolbar의 ▼ 버튼 클릭 후
	레이어 F1, F2, F3, H, W1, W2, W3, W4의 두 번째 아이콘 ◯ 클릭 후 `Enter↵`
여기까지	
Command: *vpoint* `Enter↵` Current view direction: VIEWDIR=1.0000,−1.2000,1.0000 Specify a view point or [Rotate] ⟨display compass and tripod⟩: *0,−1,0* `Enter↵` Regenerating model.	

L 형 옹 벽

단 면 도   벽 체   철근상세도

P1 ×   × P2

P4 ×   일반도   P3 ×

Command:	≫P1 평면 부분 선택
Specify opposite corner:	≫P2
Command:	≫P2
Specify opposite corner:	≫P3
Command:	≫P3
Specify opposite corner:	≫P4

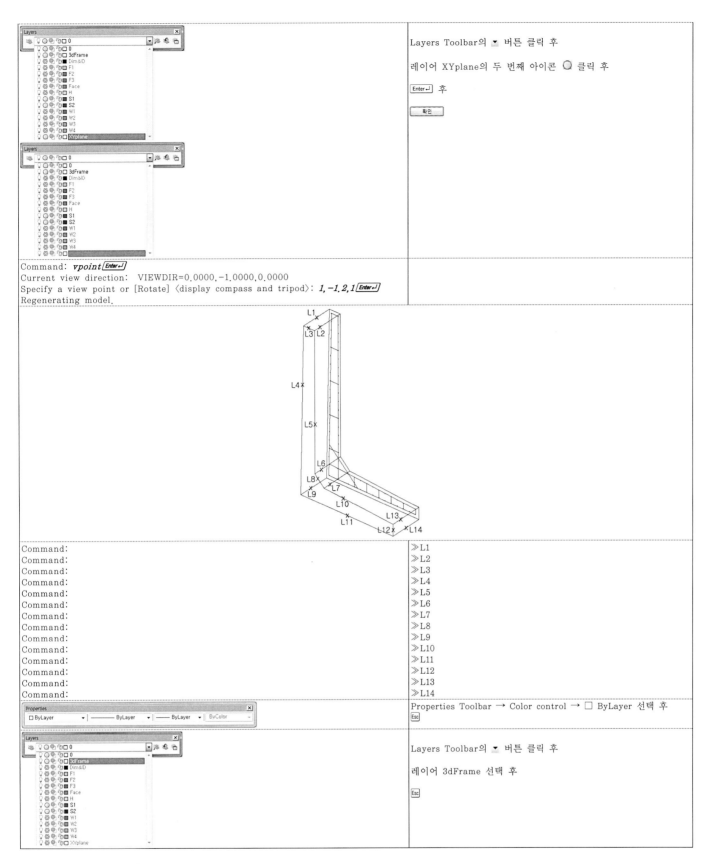

	Layers Toolbar의 ▼ 버튼 클릭 후
	레이어 XYplane의 두 번째 아이콘 ◯ 클릭 후
	Enter↵ 후
	확인
Command: **vpoint** Enter↵ Current view direction: VIEWDIR=0.0000,−1.0000,0.0000 Specify a view point or [Rotate] ⟨display compass and tripod⟩: **1,−1,2,1** Enter↵ Regenerating model.	

Command:	≫L1
Command:	≫L2
Command:	≫L3
Command:	≫L4
Command:	≫L5
Command:	≫L6
Command:	≫L7
Command:	≫L8
Command:	≫L9
Command:	≫L10
Command:	≫L11
Command:	≫L12
Command:	≫L13
Command:	≫L14
	Properties Toolbar → Color control → □ ByLayer 선택 후 Esc
	Layers Toolbar의 ▼ 버튼 클릭 후 레이어 3dFrame 선택 후 Esc

7.7.2 F3 철근 복사

명 령 줄(F3 철근)	
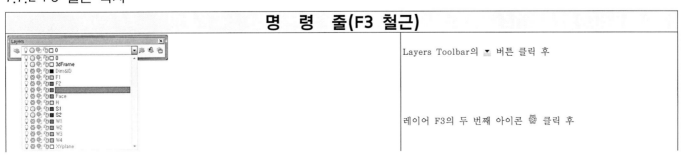	Layers Toolbar의 ▼ 버튼 클릭 후 레이어 F3의 두 번째 아이콘 ⚙ 클릭 후

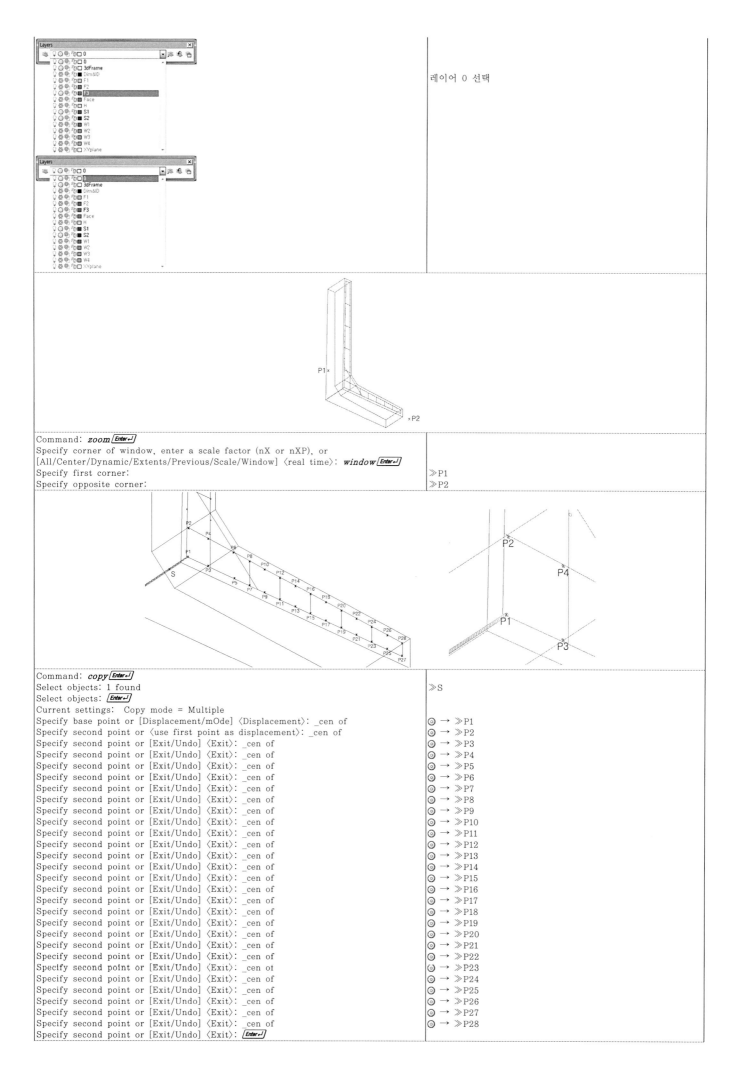

레이어 0 선택

Command: *zoom* Enter↵
Specify corner of window, enter a scale factor (nX or nXP), or
[All/Center/Dynamic/Extents/Previous/Scale/Window] ⟨real time⟩: *window* Enter↵
Specify first corner: ≫P1
Specify opposite corner: ≫P2

Command: *copy* Enter↵
Select objects: 1 found   ≫S
Select objects: Enter↵
Current settings: Copy mode = Multiple
Specify base point or [Displacement/mOde] ⟨Displacement⟩: _cen of   ⊚ → ≫P1
Specify second point or ⟨use first point as displacement⟩: _cen of   ⊚ → ≫P2
Specify second point or [Exit/Undo] ⟨Exit⟩: _cen of   ⊚ → ≫P3
Specify second point or [Exit/Undo] ⟨Exit⟩: _cen of   ⊚ → ≫P4
Specify second point or [Exit/Undo] ⟨Exit⟩: _cen of   ⊚ → ≫P5
Specify second point or [Exit/Undo] ⟨Exit⟩: _cen of   ⊚ → ≫P6
Specify second point or [Exit/Undo] ⟨Exit⟩: _cen of   ⊚ → ≫P7
Specify second point or [Exit/Undo] ⟨Exit⟩: _cen of   ⊚ → ≫P8
Specify second point or [Exit/Undo] ⟨Exit⟩: _cen of   ⊚ → ≫P9
Specify second point or [Exit/Undo] ⟨Exit⟩: _cen of   ⊚ → ≫P10
Specify second point or [Exit/Undo] ⟨Exit⟩: _cen of   ⊚ → ≫P11
Specify second point or [Exit/Undo] ⟨Exit⟩: _cen of   ⊚ → ≫P12
Specify second point or [Exit/Undo] ⟨Exit⟩: _cen of   ⊚ → ≫P13
Specify second point or [Exit/Undo] ⟨Exit⟩: _cen of   ⊚ → ≫P14
Specify second point or [Exit/Undo] ⟨Exit⟩: _cen of   ⊚ → ≫P15
Specify second point or [Exit/Undo] ⟨Exit⟩: _cen of   ⊚ → ≫P16
Specify second point or [Exit/Undo] ⟨Exit⟩: _cen of   ⊚ → ≫P17
Specify second point or [Exit/Undo] ⟨Exit⟩: _cen of   ⊚ → ≫P18
Specify second point or [Exit/Undo] ⟨Exit⟩: _cen of   ⊚ → ≫P19
Specify second point or [Exit/Undo] ⟨Exit⟩: _cen of   ⊚ → ≫P20
Specify second point or [Exit/Undo] ⟨Exit⟩: _cen of   ⊚ → ≫P21
Specify second point or [Exit/Undo] ⟨Exit⟩: _cen of   ⊚ → ≫P22
Specify second point or [Exit/Undo] ⟨Exit⟩: _cen ot   ⊚ → ≫P23
Specify second point or [Exit/Undo] ⟨Exit⟩: _cen of   ⊚ → ≫P24
Specify second point or [Exit/Undo] ⟨Exit⟩: _cen of   ⊚ → ≫P25
Specify second point or [Exit/Undo] ⟨Exit⟩: _cen of   ⊚ → ≫P26
Specify second point or [Exit/Undo] ⟨Exit⟩: _cen of   ⊚ → ≫P27
Specify second point or [Exit/Undo] ⟨Exit⟩: _cen of   ⊚ → ≫P28
Specify second point or [Exit/Undo] ⟨Exit⟩: Enter↵

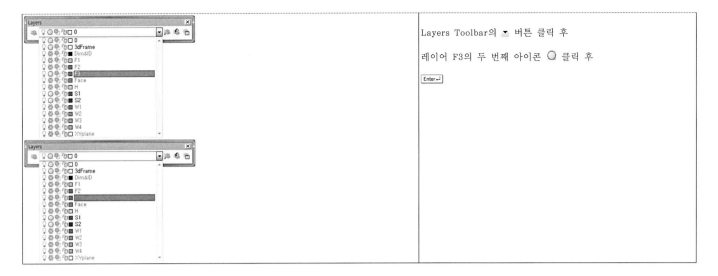

| | Layers Toolbar의 ▼ 버튼 클릭 후

레이어 F3의 두 번째 아이콘 ◯ 클릭 후

Enter↵ |

7.7.3 W4 철근 복사

명 령 줄(W4 철근)

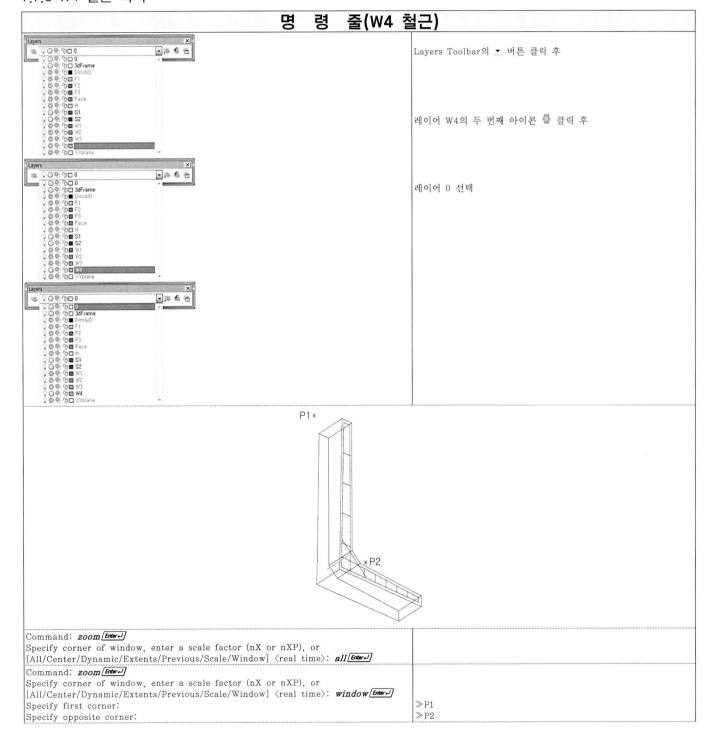

	Layers Toolbar의 ▼ 버튼 클릭 후
	레이어 W4의 두 번째 아이콘 ⚙ 클릭 후
	레이어 0 선택

P1 ×
×P2

Command: *zoom* Enter↵ Specify corner of window, enter a scale factor (nX or nXP), or [All/Center/Dynamic/Extents/Previous/Scale/Window] ⟨real time⟩: *all* Enter↵	
Command: *zoom* Enter↵ Specify corner of window, enter a scale factor (nX or nXP), or [All/Center/Dynamic/Extents/Previous/Scale/Window] ⟨real time⟩: *window* Enter↵ Specify first corner: Specify opposite corner:	≫P1 ≫P2

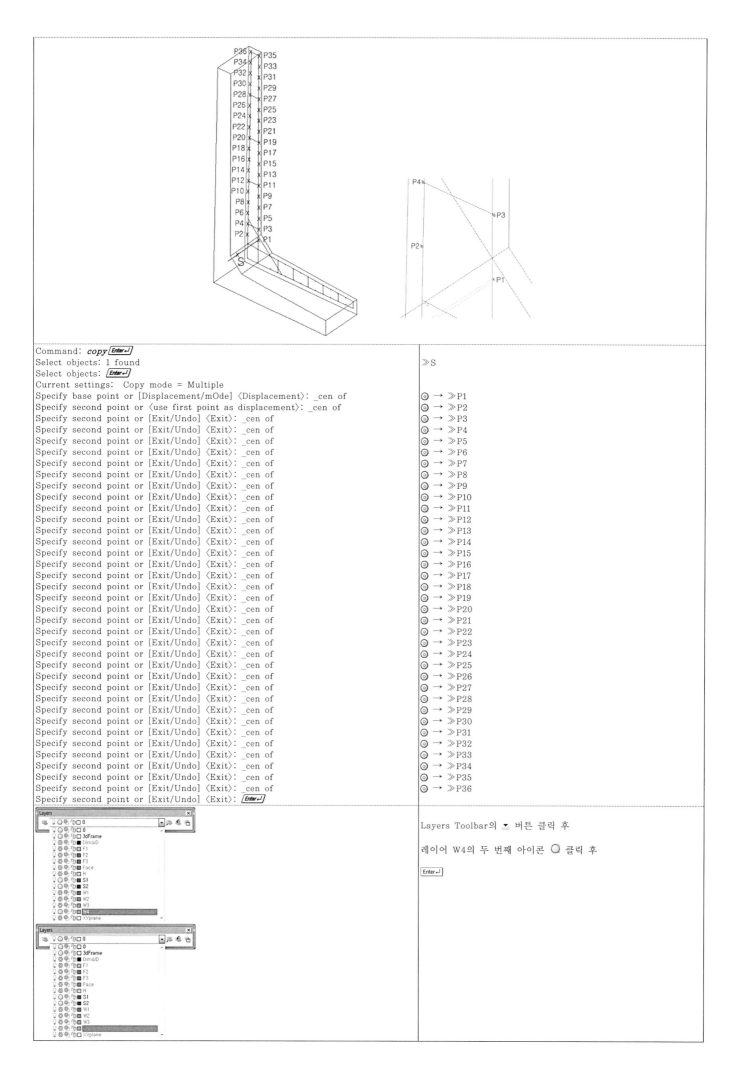

Command: *copy* Enter↵
Select objects: 1 found
Select objects: Enter↵
Current settings: Copy mode = Multiple
Specify base point or [Displacement/mOde] ⟨Displacement⟩: _cen of
Specify second point or ⟨use first point as displacement⟩: _cen of
Specify second point or [Exit/Undo] ⟨Exit⟩: _cen of
Specify second point or [Exit/Undo] ⟨Exit⟩: _cen of
Specify second point or [Exit/Undo] ⟨Exit⟩: _cen of
Specify second point or [Exit/Undo] ⟨Exit⟩: _cen of
Specify second point or [Exit/Undo] ⟨Exit⟩: _cen of
Specify second point or [Exit/Undo] ⟨Exit⟩: _cen of
Specify second point or [Exit/Undo] ⟨Exit⟩: _cen of
Specify second point or [Exit/Undo] ⟨Exit⟩: _cen of
Specify second point or [Exit/Undo] ⟨Exit⟩: _cen of
Specify second point or [Exit/Undo] ⟨Exit⟩: _cen of
Specify second point or [Exit/Undo] ⟨Exit⟩: _cen of
Specify second point or [Exit/Undo] ⟨Exit⟩: _cen of
Specify second point or [Exit/Undo] ⟨Exit⟩: _cen of
Specify second point or [Exit/Undo] ⟨Exit⟩: _cen of
Specify second point or [Exit/Undo] ⟨Exit⟩: _cen of
Specify second point or [Exit/Undo] ⟨Exit⟩: _cen of
Specify second point or [Exit/Undo] ⟨Exit⟩: _cen of
Specify second point or [Exit/Undo] ⟨Exit⟩: _cen of
Specify second point or [Exit/Undo] ⟨Exit⟩: _cen of
Specify second point or [Exit/Undo] ⟨Exit⟩: _cen of
Specify second point or [Exit/Undo] ⟨Exit⟩: _cen of
Specify second point or [Exit/Undo] ⟨Exit⟩: _cen of
Specify second point or [Exit/Undo] ⟨Exit⟩: _cen of
Specify second point or [Exit/Undo] ⟨Exit⟩: _cen of
Specify second point or [Exit/Undo] ⟨Exit⟩: _cen of
Specify second point or [Exit/Undo] ⟨Exit⟩: _cen of
Specify second point or [Exit/Undo] ⟨Exit⟩: _cen of
Specify second point or [Exit/Undo] ⟨Exit⟩: _cen of
Specify second point or [Exit/Undo] ⟨Exit⟩: _cen of
Specify second point or [Exit/Undo] ⟨Exit⟩: _cen of
Specify second point or [Exit/Undo] ⟨Exit⟩: _cen of
Specify second point or [Exit/Undo] ⟨Exit⟩: _cen of
Specify second point or [Exit/Undo] ⟨Exit⟩: _cen of
Specify second point or [Exit/Undo] ⟨Exit⟩: _cen of
Specify second point or [Exit/Undo] ⟨Exit⟩: Enter↵

≫S

⊚ → ≫P1
⊚ → ≫P2
⊚ → ≫P3
⊚ → ≫P4
⊚ → ≫P5
⊚ → ≫P6
⊚ → ≫P7
⊚ → ≫P8
⊚ → ≫P9
⊚ → ≫P10
⊚ → ≫P11
⊚ → ≫P12
⊚ → ≫P13
⊚ → ≫P14
⊚ → ≫P15
⊚ → ≫P16
⊚ → ≫P17
⊚ → ≫P18
⊚ → ≫P19
⊚ → ≫P20
⊚ → ≫P21
⊚ → ≫P22
⊚ → ≫P23
⊚ → ≫P24
⊚ → ≫P25
⊚ → ≫P26
⊚ → ≫P27
⊚ → ≫P28
⊚ → ≫P29
⊚ → ≫P30
⊚ → ≫P31
⊚ → ≫P32
⊚ → ≫P33
⊚ → ≫P34
⊚ → ≫P35
⊚ → ≫P36

Layers Toolbar의 ▾ 버튼 클릭 후

레이어 W4의 두 번째 아이콘 ◯ 클릭 후

Enter↵

7.7.4 W1 철근 복사

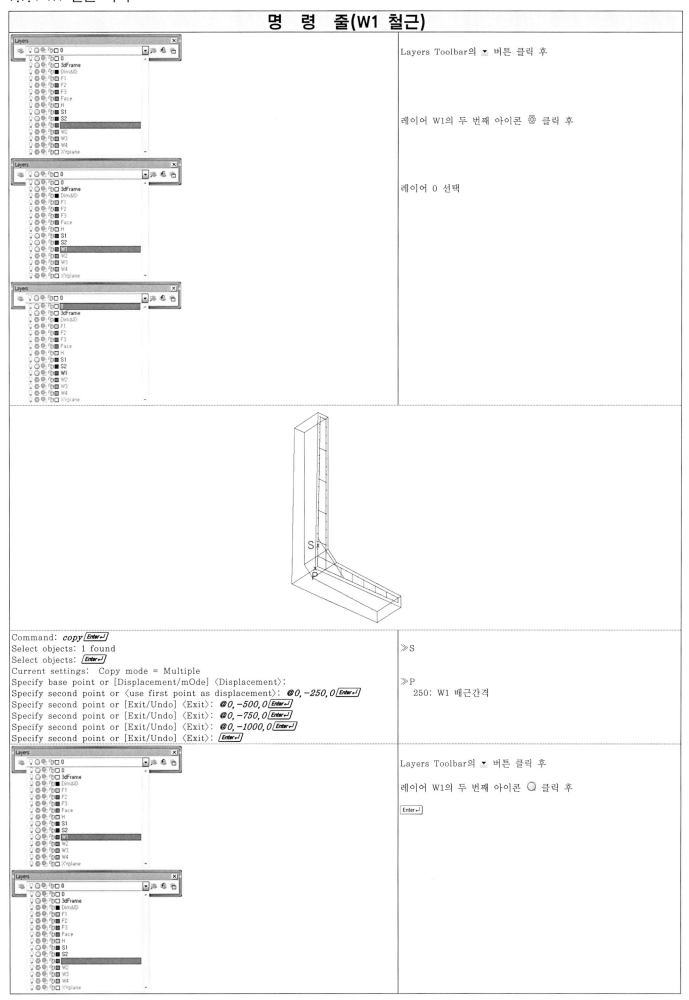

<table>
<tr><td colspan="2" align="center">명　령　줄(W1 철근)</td></tr>
<tr>
<td></td>
<td>Layers Toolbar의 ▼ 버튼 클릭 후

레이어 W1의 두 번째 아이콘 ☼ 클릭 후

레이어 0 선택</td>
</tr>
<tr>
<td></td>
<td></td>
</tr>
<tr>
<td>
Command: <i>copy</i> [Enter↵]
Select objects: 1 found
Select objects: [Enter↵]
Current settings:　Copy mode = Multiple
Specify base point or [Displacement/mOde] 〈Displacement〉:
Specify second point or 〈use first point as displacement〉: <i>@0,−250,0</i> [Enter↵]
Specify second point or [Exit/Undo] 〈Exit〉: <i>@0,−500,0</i> [Enter↵]
Specify second point or [Exit/Undo] 〈Exit〉: <i>@0,−750,0</i> [Enter↵]
Specify second point or [Exit/Undo] 〈Exit〉: <i>@0,−1000,0</i> [Enter↵]
Specify second point or [Exit/Undo] 〈Exit〉: [Enter↵]
</td>
<td>
≫S

≫P
　250: W1 배근간격
</td>
</tr>
<tr>
<td></td>
<td>Layers Toolbar의 ▼ 버튼 클릭 후

레이어 W1의 두 번째 아이콘 ○ 클릭 후

[Enter↵]</td>
</tr>
</table>

7.7.5 W2 철근 복사

명 령 줄(W2 철근)	
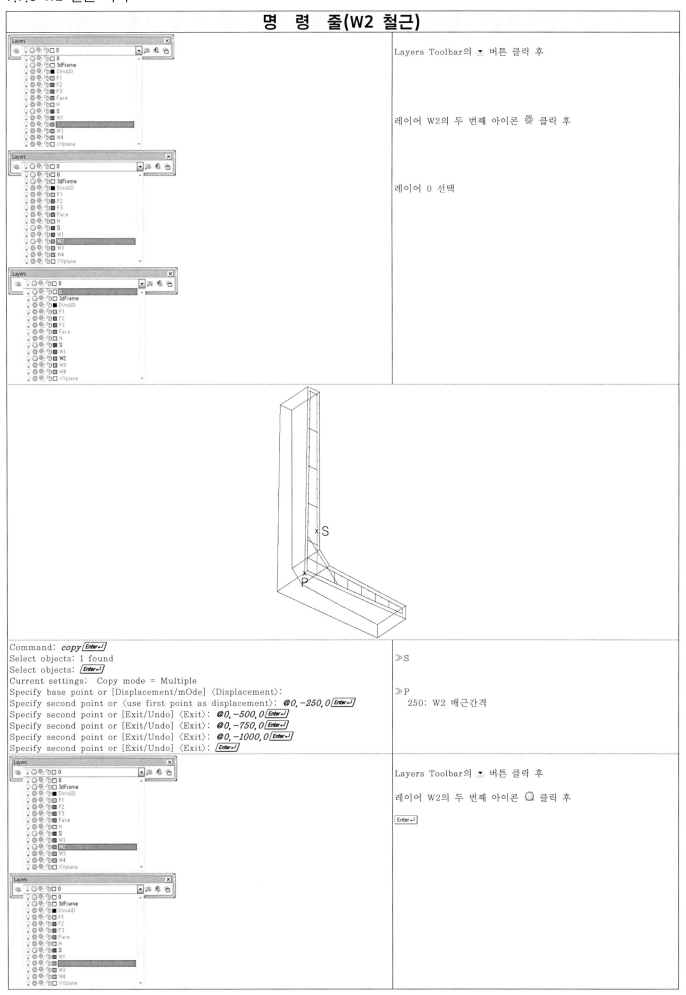	Layers Toolbar의 ▼ 버튼 클릭 후
	레이어 W2의 두 번째 아이콘 ⚙ 클릭 후
	레이어 0 선택
	≫S
Command: *copy* `Enter↵` Select objects: 1 found Select objects: `Enter↵` Current settings: Copy mode = Multiple Specify base point or [Displacement/mOde] ⟨Displacement⟩: Specify second point or ⟨use first point as displacement⟩: *@0,−250,0* `Enter↵` Specify second point or [Exit/Undo] ⟨Exit⟩: *@0,−500,0* `Enter↵` Specify second point or [Exit/Undo] ⟨Exit⟩: *@0,−750,0* `Enter↵` Specify second point or [Exit/Undo] ⟨Exit⟩: *@0,−1000,0* `Enter↵` Specify second point or [Exit/Undo] ⟨Exit⟩: `Enter↵`	≫P 250: W2 배근간격
	Layers Toolbar의 ▼ 버튼 클릭 후 레이어 W2의 두 번째 아이콘 ◯ 클릭 후 `Enter↵`

7.7.6 F1 철근 복사

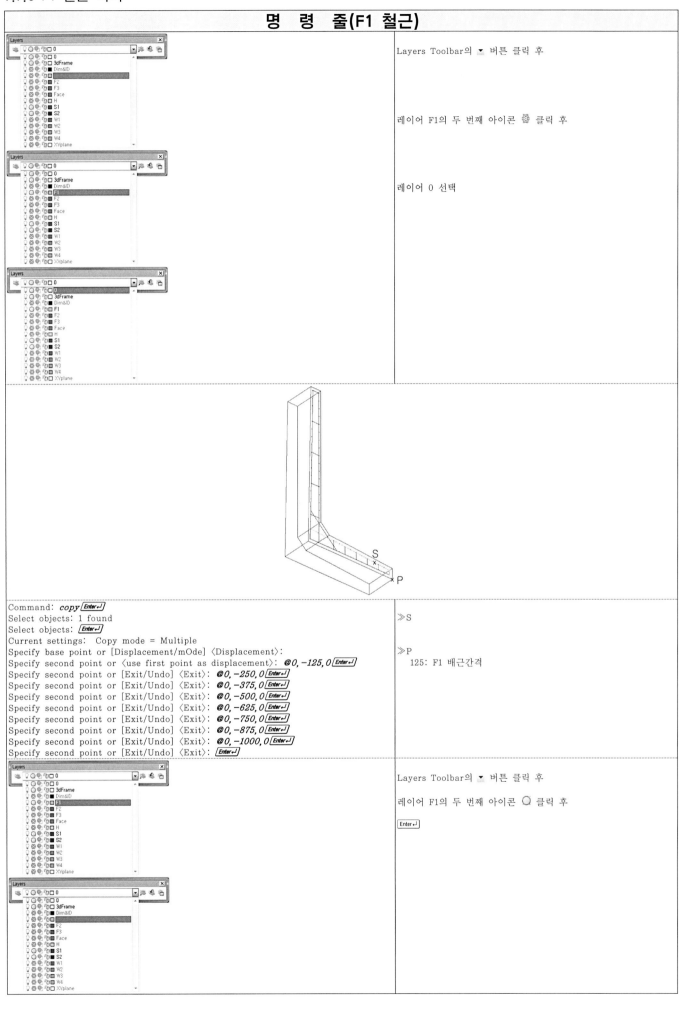

명 령 줄(F1 철근)	
	Layers Toolbar의 ▾ 버튼 클릭 후
	레이어 F1의 두 번째 아이콘 ❀ 클릭 후
	레이어 0 선택
Command: *copy* [Enter↵] Select objects: 1 found Select objects: [Enter↵] Current settings: Copy mode = Multiple Specify base point or [Displacement/mOde] ⟨Displacement⟩: Specify second point or ⟨use first point as displacement⟩: *@0,-125,0* [Enter↵] Specify second point or [Exit/Undo] ⟨Exit⟩: *@0,-250,0* [Enter↵] Specify second point or [Exit/Undo] ⟨Exit⟩: *@0,-375,0* [Enter↵] Specify second point or [Exit/Undo] ⟨Exit⟩: *@0,-500,0* [Enter↵] Specify second point or [Exit/Undo] ⟨Exit⟩: *@0,-625,0* [Enter↵] Specify second point or [Exit/Undo] ⟨Exit⟩: *@0,-750,0* [Enter↵] Specify second point or [Exit/Undo] ⟨Exit⟩: *@0,-875,0* [Enter↵] Specify second point or [Exit/Undo] ⟨Exit⟩: *@0,-1000,0* [Enter↵] Specify second point or [Exit/Undo] ⟨Exit⟩: [Enter↵]	≫S ≫P 　125: F1 배근간격
	Layers Toolbar의 ▾ 버튼 클릭 후 레이어 F1의 두 번째 아이콘 ○ 클릭 후 [Enter↵]

7.7.7 F2 철근 복사

명　령　줄(F2 철근)	
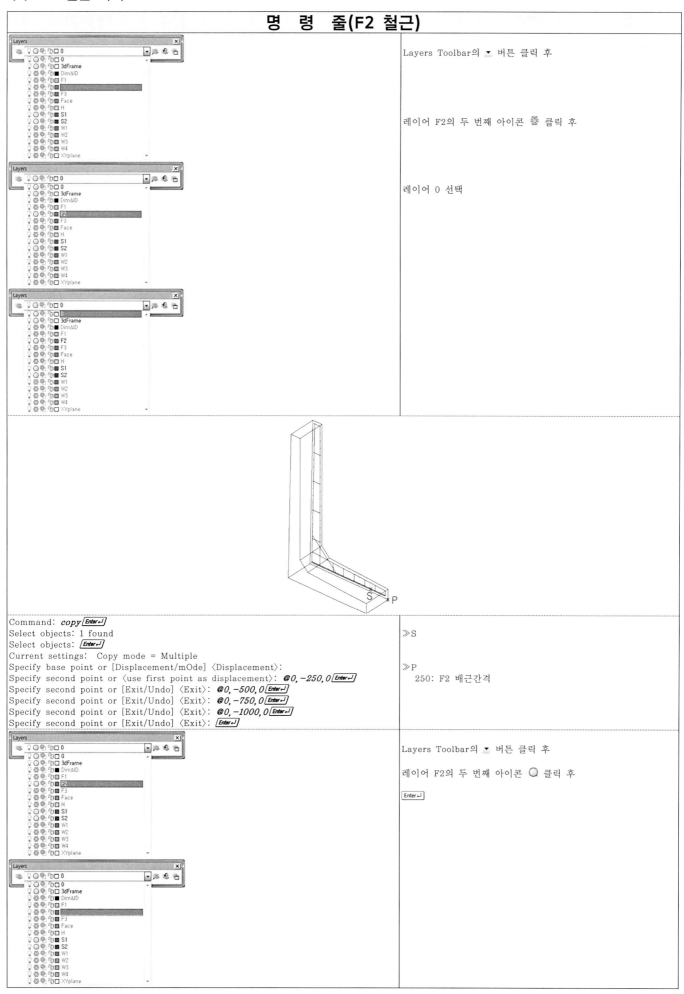	Layers Toolbar의 ▾ 버튼 클릭 후
	레이어 F2의 두 번째 아이콘 ⚙ 클릭 후
	레이어 0 선택
	≫S
Command: *copy* `Enter↵` Select objects: 1 found Select objects: `Enter↵` Current settings:　Copy mode = Multiple Specify base point or [Displacement/mOde] 〈Displacement〉: Specify second point or 〈use first point as displacement〉: *@0,−250,0* `Enter↵` Specify second point or [Exit/Undo] 〈Exit〉: *@0,−500,0* `Enter↵` Specify second point or [Exit/Undo] 〈Exit〉: *@0,−750,0* `Enter↵` Specify second point or [Exit/Undo] 〈Exit〉: *@0,−1000,0* `Enter↵` Specify second point or [Exit/Undo] 〈Exit〉: `Enter↵`	≫P 　250: F2 배근간격
	Layers Toolbar의 ▾ 버튼 클릭 후 레이어 F2의 두 번째 아이콘 ○ 클릭 후 `Enter↵`

7.7.8 W3 철근 복사

<table>
<tr><th colspan="2">명 령 줄(W3 철근)</th></tr>
<tr>
<td rowspan="2">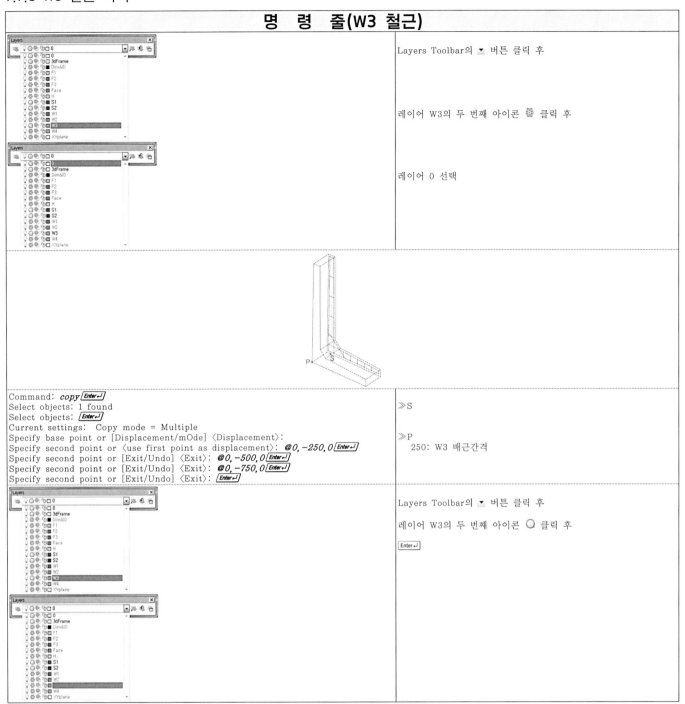</td>
<td>Layers Toolbar의 ▾ 버튼 클릭 후

레이어 W3의 두 번째 아이콘 ⚙ 클릭 후

레이어 0 선택</td>
</tr>
<tr>
<td>

```
Command: copy Enter↵
Select objects: 1 found
Select objects: Enter↵
Current settings:  Copy mode = Multiple
Specify base point or [Displacement/mOde] ⟨Displacement⟩:
Specify second point or ⟨use first point as displacement⟩: @0,-250,0 Enter↵
Specify second point or [Exit/Undo] ⟨Exit⟩: @0,-500,0 Enter↵
Specify second point or [Exit/Undo] ⟨Exit⟩: @0,-750,0 Enter↵
Specify second point or [Exit/Undo] ⟨Exit⟩: Enter↵
```

≫S

≫P
  250: W3 배근간격

Layers Toolbar의 ▾ 버튼 클릭 후

레이어 W3의 두 번째 아이콘 ○ 클릭 후

Enter↵

</td>
</tr>
</table>

7.7.9 H 철근 복사

<table>
<tr><th colspan="2">명 령 줄(H 철근)</th></tr>
<tr>
<td>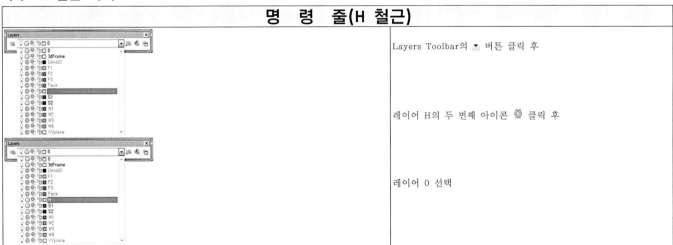</td>
<td>Layers Toolbar의 ▾ 버튼 클릭 후

레이어 H의 두 번째 아이콘 ⚙ 클릭 후

레이어 0 선택</td>
</tr>
</table>

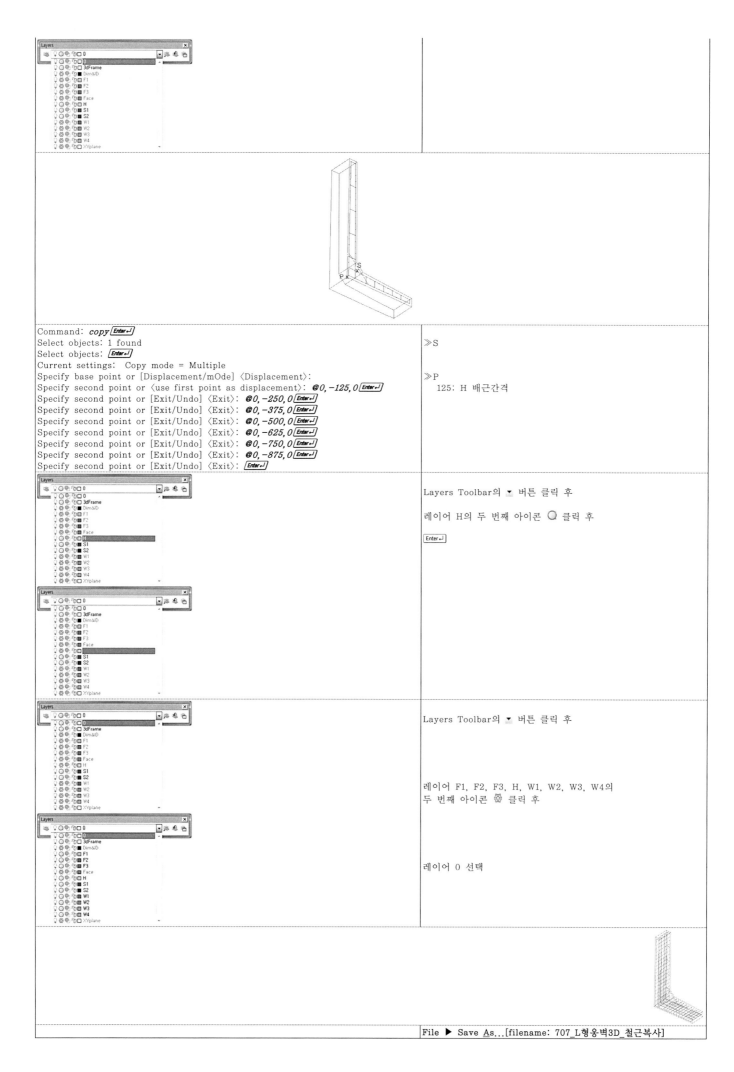

Command: *copy* Enter↵
Select objects: 1 found
Select objects: Enter↵
Current settings: Copy mode = Multiple
Specify base point or [Displacement/mOde] 〈Displacement〉:
Specify second point or 〈use first point as displacement〉: *@0, -125, 0* Enter↵
Specify second point or [Exit/Undo] 〈Exit〉: *@0, -250, 0* Enter↵
Specify second point or [Exit/Undo] 〈Exit〉: *@0, -375, 0* Enter↵
Specify second point or [Exit/Undo] 〈Exit〉: *@0, -500, 0* Enter↵
Specify second point or [Exit/Undo] 〈Exit〉: *@0, -625, 0* Enter↵
Specify second point or [Exit/Undo] 〈Exit〉: *@0, -750, 0* Enter↵
Specify second point or [Exit/Undo] 〈Exit〉: *@0, -875, 0* Enter↵
Specify second point or [Exit/Undo] 〈Exit〉: Enter↵

≫S

≫P
  125: H 배근간격

Layers Toolbar의 ▼ 버튼 클릭 후

레이어 H의 두 번째 아이콘 ◯ 클릭 후

Enter↵

Layers Toolbar의 ▼ 버튼 클릭 후

레이어 F1, F2, F3, H, W1, W2, W3, W4의
두 번째 아이콘 🌣 클릭 후

레이어 0 선택

File ▶ Save As...[filename: 707_L형옹벽3D_철근복사]

7.8 스터럽 철근

7.8.1 S2 철근

<table>
<tr><th colspan="2">명 령 줄(S2 철근 배치)</th></tr>
<tr><td></td><td>File ▶ Open...[filename: 707_L형옹벽3D_철근복사]</td></tr>
<tr><td>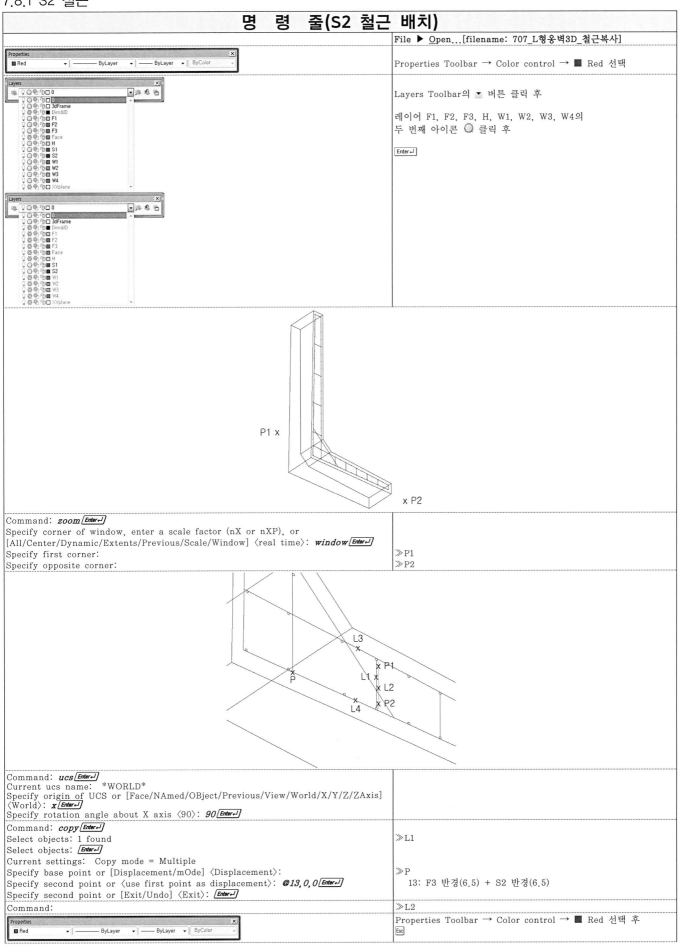</td><td>Properties Toolbar → Color control → ■ Red 선택</td></tr>
<tr><td></td><td>Layers Toolbar의 ▼ 버튼 클릭 후

레이어 F1, F2, F3, H, W1, W2, W3, W4의
두 번째 아이콘 ◯ 클릭 후

Enter↵</td></tr>
<tr><td></td><td></td></tr>
<tr><td>Command: zoom Enter↵
Specify corner of window, enter a scale factor (nX or nXP), or
[All/Center/Dynamic/Extents/Previous/Scale/Window] ⟨real time⟩: window Enter↵
Specify first corner:
Specify opposite corner:</td><td>

≫P1
≫P2</td></tr>
<tr><td></td><td></td></tr>
<tr><td>Command: ucs Enter↵
Current ucs name: *WORLD*
Specify origin of UCS or [Face/NAmed/OBject/Previous/View/World/X/Y/Z/ZAxis]
⟨World⟩: x Enter↵
Specify rotation angle about X axis ⟨90⟩: 90 Enter↵</td><td></td></tr>
<tr><td>Command: copy Enter↵
Select objects: 1 found
Select objects: Enter↵
Current settings: Copy mode = Multiple
Specify base point or [Displacement/mOde] ⟨Displacement⟩:
Specify second point or ⟨use first point as displacement⟩: @13,0,0 Enter↵
Specify second point or [Exit/Undo] ⟨Exit⟩: Enter↵</td><td>≫L1

≫P
  13: F3 반경(6.5) + S2 반경(6.5)
</td></tr>
<tr><td>Command:</td><td>≫L2</td></tr>
<tr><td></td><td>Properties Toolbar → Color control → ■ Red 선택 후
Esc</td></tr>
</table>

Command: **extend** [Enter↵] View is not plan to UCS. Command results may not be obvious. Current settings: Projection=UCS, Edge=None Select boundary edges ... Select objects or ⟨select all⟩: 1 found Select objects: [Enter↵] Select object to extend or shift-select to trim or [Fence/Crossing/Project/Edge /Undo]: Select object to extend or shift-select to trim or [Fence/Crossing/Project/Edge /Undo]: [Enter↵]	≫L3 ≫P1
Command: **extend** [Enter↵] View is not plan to UCS. Command results may not be obvious. Current settings: Projection=UCS, Edge=None Select boundary edges ... Select objects or ⟨select all⟩: 1 found Select objects: [Enter↵] Select object to extend or shift-select to trim or [Fence/Crossing/Project/Edge /Undo]: Select object to extend or shift-select to trim or [Fence/Crossing/Project/Edge /Undo]: [Enter↵]	≫L4 ≫P2
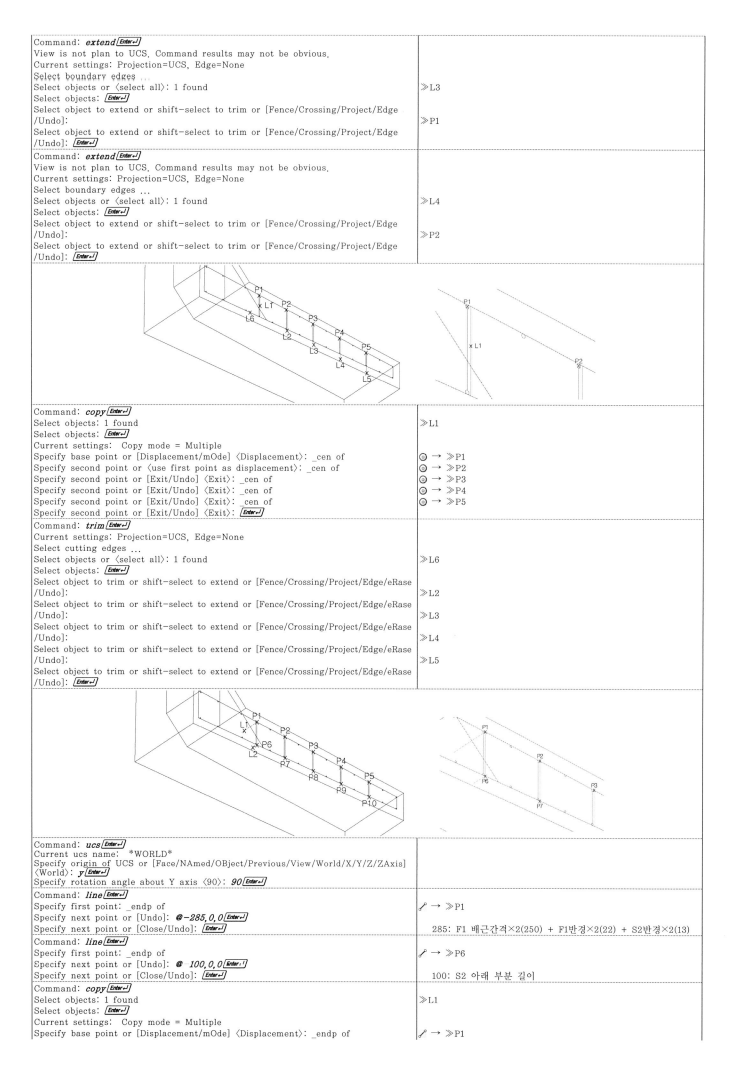	
Command: **copy** [Enter↵] Select objects: 1 found Select objects: [Enter↵] Current settings: Copy mode = Multiple Specify base point or [Displacement/mOde] ⟨Displacement⟩: _cen of Specify second point or ⟨use first point as displacement⟩: _cen of Specify second point or [Exit/Undo] ⟨Exit⟩: _cen of Specify second point or [Exit/Undo] ⟨Exit⟩: _cen of Specify second point or [Exit/Undo] ⟨Exit⟩: _cen of Specify second point or [Exit/Undo] ⟨Exit⟩: [Enter↵]	≫L1 ◎ → ≫P1 ◎ → ≫P2 ◎ → ≫P3 ◎ → ≫P4 ◎ → ≫P5
Command: **trim** [Enter↵] Current settings: Projection=UCS, Edge=None Select cutting edges ... Select objects or ⟨select all⟩: 1 found Select objects: [Enter↵] Select object to trim or shift-select to extend or [Fence/Crossing/Project/Edge/eRase /Undo]: Select object to trim or shift-select to extend or [Fence/Crossing/Project/Edge/eRase /Undo]: Select object to trim or shift-select to extend or [Fence/Crossing/Project/Edge/eRase /Undo]: Select object to trim or shift-select to extend or [Fence/Crossing/Project/Edge/eRase /Undo]: Select object to trim or shift-select to extend or [Fence/Crossing/Project/Edge/eRase /Undo]: [Enter↵]	≫L6 ≫L2 ≫L3 ≫L4 ≫L5
Command: **ucs** [Enter↵] Current ucs name: *WORLD* Specify origin of UCS or [Face/NAmed/OBject/Previous/View/World/X/Y/Z/ZAxis] ⟨World⟩: **y** [Enter↵] Specify rotation angle about Y axis ⟨90⟩: **90** [Enter↵]	
Command: **line** [Enter↵] Specify first point: _endp of Specify next point or [Undo]: **@-285,0,0** [Enter↵] Specify next point or [Close/Undo]: [Enter↵]	✐ → ≫P1 285: F1 배근간격×2(250) + F1반경×2(22) + S2반경×2(13)
Command: **line** [Enter↵] Specify first point: _endp of Specify next point or [Undo]: **@-100,0,0** [Enter↵] Specify next point or [Close/Undo]: [Enter↵]	✐ → ≫P6 100: S2 아래 부분 길이
Command: **copy** [Enter↵] Select objects: 1 found Select objects: [Enter↵] Current settings: Copy mode = Multiple Specify base point or [Displacement/mOde] ⟨Displacement⟩: _endp of	≫L1 ✐ → ≫P1

```
Specify second point or 〈use first point as displacement〉: _endp of          ✐ → ≫P2
Specify second point or [Exit/Undo] 〈Exit〉: _endp of                          ✐ → ≫P3
Specify second point or [Exit/Undo] 〈Exit〉: _endp of                          ✐ → ≫P4
Specify second point or [Exit/Undo] 〈Exit〉: _endp of                          ✐ → ≫P5
Specify second point or [Exit/Undo] 〈Exit〉: Enter↵
Command: copy Enter↵
Select objects: 1 found                                                       ≫L2
Select objects: Enter↵
Current settings:  Copy mode = Multiple
Specify base point or [Displacement/mOde] 〈Displacement〉: _endp of            ✐ → ≫P6
Specify second point or 〈use first point as displacement〉: _endp of          ✐ → ≫P7
Specify second point or [Exit/Undo] 〈Exit〉: _endp of                          ✐ → ≫P8
Specify second point or [Exit/Undo] 〈Exit〉: _endp of                          ✐ → ≫P9
Specify second point or [Exit/Undo] 〈Exit〉: _endp of                          ✐ → ≫P10
Specify second point or [Exit/Undo] 〈Exit〉: Enter↵
```

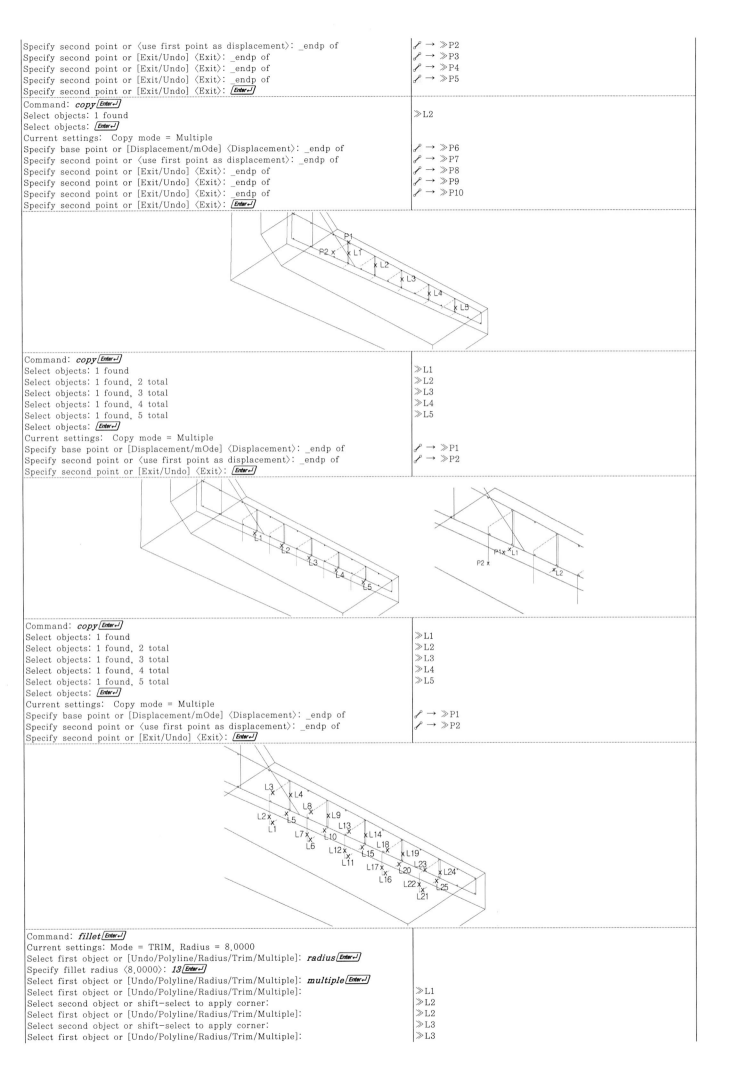

```
Command: copy Enter↵
Select objects: 1 found                                                       ≫L1
Select objects: 1 found, 2 total                                              ≫L2
Select objects: 1 found, 3 total                                              ≫L3
Select objects: 1 found, 4 total                                              ≫L4
Select objects: 1 found, 5 total                                              ≫L5
Select objects: Enter↵
Current settings:  Copy mode = Multiple
Specify base point or [Displacement/mOde] 〈Displacement〉: _endp of            ✐ → ≫P1
Specify second point or 〈use first point as displacement〉: _endp of          ✐ → ≫P2
Specify second point or [Exit/Undo] 〈Exit〉: Enter↵
```

```
Command: copy Enter↵
Select objects: 1 found                                                       ≫L1
Select objects: 1 found, 2 total                                              ≫L2
Select objects: 1 found, 3 total                                              ≫L3
Select objects: 1 found, 4 total                                              ≫L4
Select objects: 1 found, 5 total                                              ≫L5
Select objects: Enter↵
Current settings:  Copy mode = Multiple
Specify base point or [Displacement/mOde] 〈Displacement〉: _endp of            ✐ → ≫P1
Specify second point or 〈use first point as displacement〉: _endp of          ✐ → ≫P2
Specify second point or [Exit/Undo] 〈Exit〉: Enter↵
```

```
Command: fillet Enter↵
Current settings: Mode = TRIM, Radius = 8.0000
Select first object or [Undo/Polyline/Radius/Trim/Multiple]: radius Enter↵
Specify fillet radius 〈8.0000〉: 13 Enter↵
Select first object or [Undo/Polyline/Radius/Trim/Multiple]: multiple Enter↵
Select first object or [Undo/Polyline/Radius/Trim/Multiple]:                  ≫L1
Select second object or shift-select to apply corner:                         ≫L2
Select first object or [Undo/Polyline/Radius/Trim/Multiple]:                  ≫L2
Select second object or shift-select to apply corner:                         ≫L3
Select first object or [Undo/Polyline/Radius/Trim/Multiple]:                  ≫L3
```

Select second object or shift-select to apply corner:	≫L4
Select first object or [Undo/Polyline/Radius/Trim/Multiple]:	≫L4
Select second object or shift-select to apply corner:	≫L5
Select first object or [Undo/Polyline/Radius/Trim/Multiple]: *Enter↵*	
Command: *fillet Enter↵*	
Current settings: Mode = TRIM, Radius = 13.0000	
Select first object or [Undo/Polyline/Radius/Trim/Multiple]: *multiple Enter↵*	
Select first object or [Undo/Polyline/Radius/Trim/Multiple]:	≫L6
Select second object or shift-select to apply corner:	≫L7
Select first object or [Undo/Polyline/Radius/Trim/Multiple]:	≫L7
Select second object or shift-select to apply corner:	≫L8
Select first object or [Undo/Polyline/Radius/Trim/Multiple]:	≫L8
Select second object or shift-select to apply corner:	≫L9
Select first object or [Undo/Polyline/Radius/Trim/Multiple]:	≫L9
Select second object or shift-select to apply corner:	≫L10
Select first object or [Undo/Polyline/Radius/Trim/Multiple]: *Enter↵*	
Command: *fillet Enter↵*	
Current settings: Mode = TRIM, Radius = 13.0000	
Select first object or [Undo/Polyline/Radius/Trim/Multiple]: *multiple Enter↵*	
Select first object or [Undo/Polyline/Radius/Trim/Multiple]:	≫L11
Select second object or shift-select to apply corner:	≫L12
Select first object or [Undo/Polyline/Radius/Trim/Multiple]:	≫L12
Select second object or shift-select to apply corner:	≫L13
Select first object or [Undo/Polyline/Radius/Trim/Multiple]:	≫L13
Select second object or shift-select to apply corner:	≫L14
Select first object or [Undo/Polyline/Radius/Trim/Multiple]:	≫L14
Select second object or shift-select to apply corner:	≫L15
Select first object or [Undo/Polyline/Radius/Trim/Multiple]: *Enter↵*	
Command: *fillet Enter↵*	
Current settings: Mode = TRIM, Radius = 13.0000	
Select first object or [Undo/Polyline/Radius/Trim/Multiple]: *multiple Enter↵*	
Select first object or [Undo/Polyline/Radius/Trim/Multiple]:	≫L16
Select second object or shift-select to apply corner:	≫L17
Select first object or [Undo/Polyline/Radius/Trim/Multiple]:	≫L17
Select second object or shift-select to apply corner:	≫L18
Select first object or [Undo/Polyline/Radius/Trim/Multiple]:	≫L18
Select second object or shift-select to apply corner:	≫L19
Select first object or [Undo/Polyline/Radius/Trim/Multiple]:	≫L19
Select second object or shift-select to apply corner:	≫L20
Select first object or [Undo/Polyline/Radius/Trim/Multiple]: *Enter↵*	
Command: *fillet Enter↵*	
Current settings: Mode = TRIM, Radius = 13.0000	
Select first object or [Undo/Polyline/Radius/Trim/Multiple]: *multiple Enter↵*	
Select first object or [Undo/Polyline/Radius/Trim/Multiple]:	≫L21
Select second object or shift-select to apply corner:	≫L22
Select first object or [Undo/Polyline/Radius/Trim/Multiple]:	≫L22
Select second object or shift-select to apply corner:	≫L23
Select first object or [Undo/Polyline/Radius/Trim/Multiple]:	≫L23
Select second object or shift-select to apply corner:	≫L24
Select first object or [Undo/Polyline/Radius/Trim/Multiple]:	≫L24
Select second object or shift-select to apply corner:	≫L25
Select first object or [Undo/Polyline/Radius/Trim/Multiple]: *Enter↵*	

Command: *pedit Enter↵*	
Select polyline or [Multiple]:	≫L1
Object selected is not a polyline	
Do you want to turn it into one? ⟨Y⟩ *Enter↵*	
Enter an option [Close/Join/Width/Edit vertex/Fit/Spline/Decurve/Ltype gen/Undo]: *join Enter↵*	
Select objects: 1 found	≫L1
Select objects: 1 found, 2 total	≫A1
Select objects: 1 found, 3 total	≫L2
Select objects: 1 found, 4 total	≫A2
Select objects: 1 found, 5 total	≫L3
Select objects: 1 found, 6 total	≫A3
Select objects: 1 found, 7 total	≫L4
Select objects: 1 found, 8 total	≫A4
Select objects: 1 found, 9 total	≫L5
Select objects: *Enter↵*	
1 segments added to polyline	
Enter an option [Close/Join/Width/Edit vertex/Fit/Spline/Decurve/Ltype gen/Undo]: *Enter↵*	

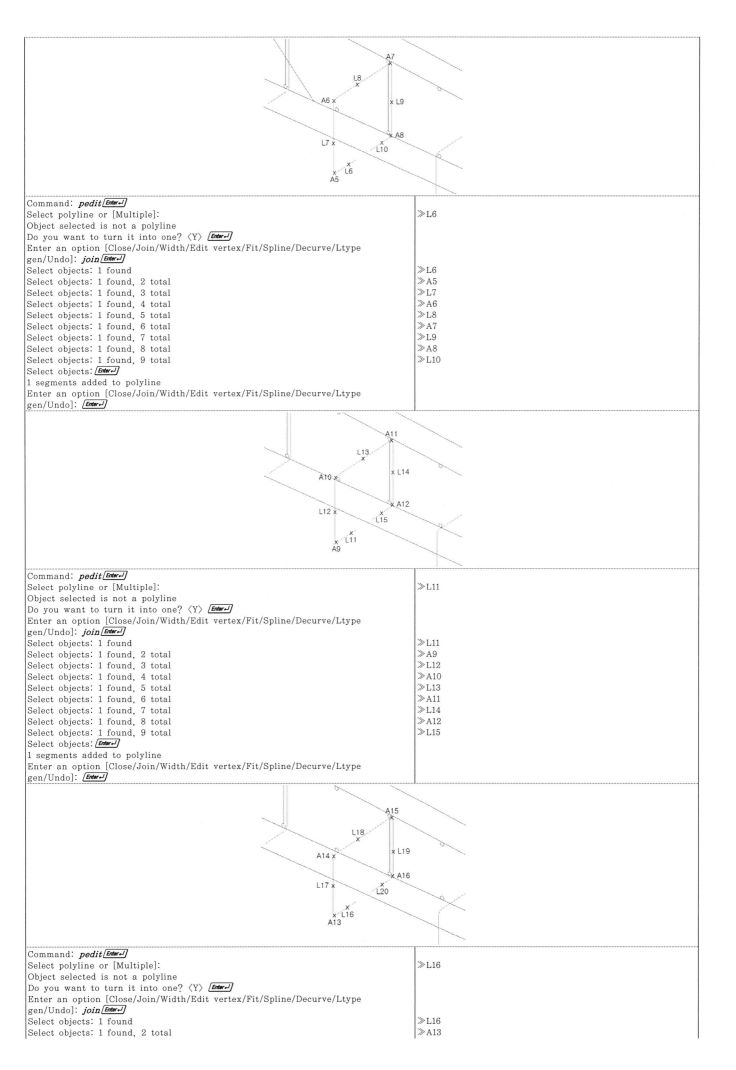

```
Command: pedit [Enter↵]
Select polyline or [Multiple]:                                          ≫L6
Object selected is not a polyline
Do you want to turn it into one? ⟨Y⟩ [Enter↵]
Enter an option [Close/Join/Width/Edit vertex/Fit/Spline/Decurve/Ltype
gen/Undo]: join [Enter↵]
Select objects: 1 found                                                 ≫L6
Select objects: 1 found, 2 total                                        ≫A5
Select objects: 1 found, 3 total                                        ≫L7
Select objects: 1 found, 4 total                                        ≫A6
Select objects: 1 found, 5 total                                        ≫L8
Select objects: 1 found, 6 total                                        ≫A7
Select objects: 1 found, 7 total                                        ≫L9
Select objects: 1 found, 8 total                                        ≫A8
Select objects: 1 found, 9 total                                        ≫L10
Select objects: [Enter↵]
1 segments added to polyline
Enter an option [Close/Join/Width/Edit vertex/Fit/Spline/Decurve/Ltype
gen/Undo]: [Enter↵]
```

```
Command: pedit [Enter↵]
Select polyline or [Multiple]:                                          ≫L11
Object selected is not a polyline
Do you want to turn it into one? ⟨Y⟩ [Enter↵]
Enter an option [Close/Join/Width/Edit vertex/Fit/Spline/Decurve/Ltype
gen/Undo]: join [Enter↵]
Select objects: 1 found                                                 ≫L11
Select objects: 1 found, 2 total                                        ≫A9
Select objects: 1 found, 3 total                                        ≫L12
Select objects: 1 found, 4 total                                        ≫A10
Select objects: 1 found, 5 total                                        ≫L13
Select objects: 1 found, 6 total                                        ≫A11
Select objects: 1 found, 7 total                                        ≫L14
Select objects: 1 found, 8 total                                        ≫A12
Select objects: 1 found, 9 total                                        ≫L15
Select objects: [Enter↵]
1 segments added to polyline
Enter an option [Close/Join/Width/Edit vertex/Fit/Spline/Decurve/Ltype
gen/Undo]: [Enter↵]
```

```
Command: pedit [Enter↵]
Select polyline or [Multiple]:                                          ≫L16
Object selected is not a polyline
Do you want to turn it into one? ⟨Y⟩ [Enter↵]
Enter an option [Close/Join/Width/Edit vertex/Fit/Spline/Decurve/Ltype
gen/Undo]: join [Enter↵]
Select objects: 1 found                                                 ≫L16
Select objects: 1 found, 2 total                                        ≫A13
```

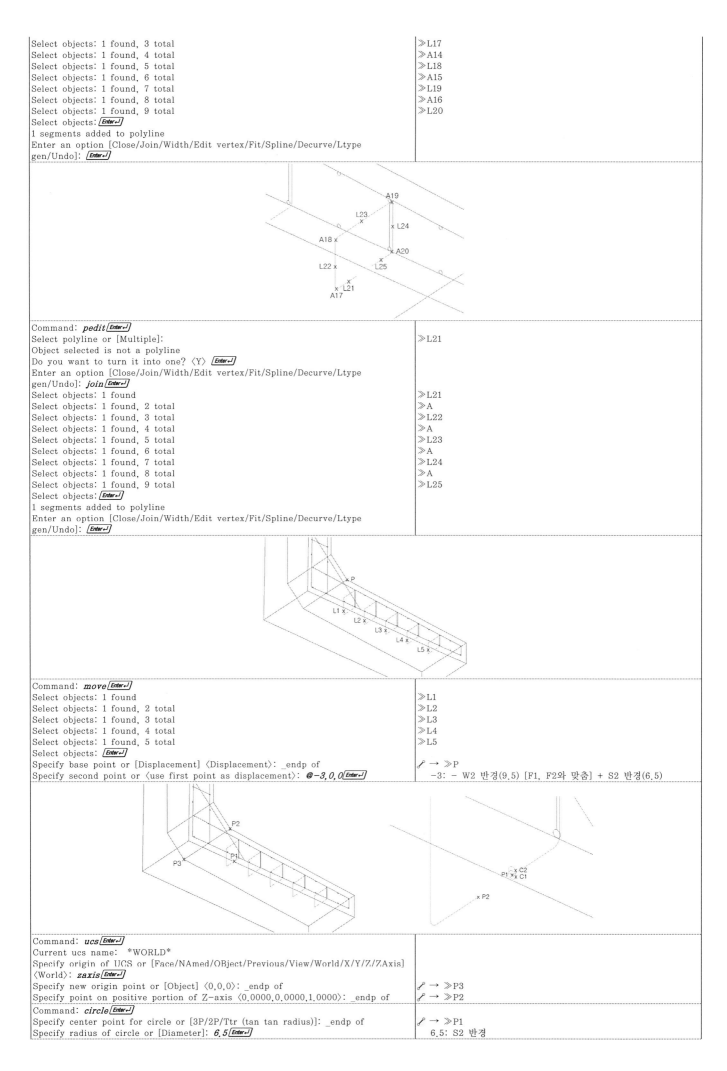

```
Select objects: 1 found, 3 total                                          ≫L17
Select objects: 1 found, 4 total                                          ≫A14
Select objects: 1 found, 5 total                                          ≫L18
Select objects: 1 found, 6 total                                          ≫A15
Select objects: 1 found, 7 total                                          ≫L19
Select objects: 1 found, 8 total                                          ≫A16
Select objects: 1 found, 9 total                                          ≫L20
Select objects: Enter↵
1 segments added to polyline
Enter an option [Close/Join/Width/Edit vertex/Fit/Spline/Decurve/Ltype
gen/Undo]: Enter↵
```

```
Command: pedit Enter↵
Select polyline or [Multiple]:                                            ≫L21
Object selected is not a polyline
Do you want to turn it into one? ⟨Y⟩ Enter↵
Enter an option [Close/Join/Width/Edit vertex/Fit/Spline/Decurve/Ltype
gen/Undo]: join Enter↵
Select objects: 1 found                                                   ≫L21
Select objects: 1 found, 2 total                                          ≫A
Select objects: 1 found, 3 total                                          ≫L22
Select objects: 1 found, 4 total                                          ≫A
Select objects: 1 found, 5 total                                          ≫L23
Select objects: 1 found, 6 total                                          ≫A
Select objects: 1 found, 7 total                                          ≫L24
Select objects: 1 found, 8 total                                          ≫A
Select objects: 1 found, 9 total                                          ≫L25
Select objects: Enter↵
1 segments added to polyline
Enter an option [Close/Join/Width/Edit vertex/Fit/Spline/Decurve/Ltype
gen/Undo]: Enter↵
```

```
Command: move Enter↵
Select objects: 1 found                                                   ≫L1
Select objects: 1 found, 2 total                                          ≫L2
Select objects: 1 found, 3 total                                          ≫L3
Select objects: 1 found, 4 total                                          ≫L4
Select objects: 1 found, 5 total                                          ≫L5
Select objects: Enter↵
Specify base point or [Displacement] ⟨Displacement⟩: _endp of            ✐ → ≫P
Specify second point or ⟨use first point as displacement⟩: @-3,0,0 Enter↵   -3: - W2 반경(9.5) [F1, F2와 맞춤] + S2 반경(6.5)
```

```
Command: ucs Enter↵
Current ucs name:  *WORLD*
Specify origin of UCS or [Face/NAmed/OBject/Previous/View/World/X/Y/Z/ZAxis]
⟨World⟩: zaxis Enter↵
Specify new origin point or [Object] ⟨0,0,0⟩: _endp of                    ✐ → ≫P3
Specify point on positive portion of Z-axis ⟨0.0000,0.0000,1.0000⟩: _endp of  ✐ → ≫P2
Command: circle Enter↵
Specify center point for circle or [3P/2P/Ttr (tan tan radius)]: _endp of  ✐ → ≫P1
Specify radius of circle or [Diameter]: 6.5 Enter↵                        6.5: S2 반경
```

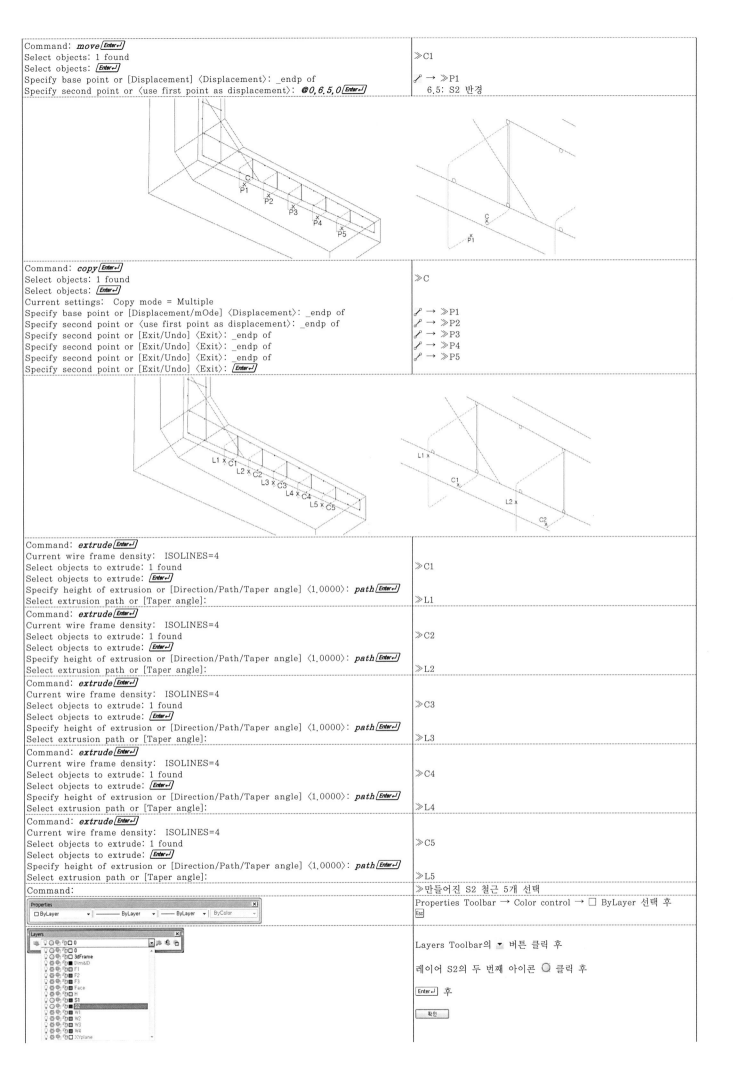

Command: *move* Enter↵	≫C1
Select objects: 1 found	
Select objects: Enter↵	
Specify base point or [Displacement] ⟨Displacement⟩: _endp of	↗ → ≫P1
Specify second point or ⟨use first point as displacement⟩: *@0,6.5,0* Enter↵	6.5: S2 반경

Command: *copy* Enter↵	≫C
Select objects: 1 found	
Select objects: Enter↵	
Current settings: Copy mode = Multiple	
Specify base point or [Displacement/mOde] ⟨Displacement⟩: _endp of	↗ → ≫P1
Specify second point or ⟨use first point as displacement⟩: _endp of	↗ → ≫P2
Specify second point or [Exit/Undo] ⟨Exit⟩: _endp of	↗ → ≫P3
Specify second point or [Exit/Undo] ⟨Exit⟩: _endp of	↗ → ≫P4
Specify second point or [Exit/Undo] ⟨Exit⟩: _endp of	↗ → ≫P5
Specify second point or [Exit/Undo] ⟨Exit⟩: Enter↵	

Command: *extrude* Enter↵	
Current wire frame density: ISOLINES=4	
Select objects to extrude: 1 found	≫C1
Select objects to extrude: Enter↵	
Specify height of extrusion or [Direction/Path/Taper angle] ⟨1.0000⟩: *path* Enter↵	
Select extrusion path or [Taper angle]:	≫L1

Command: *extrude* Enter↵	
Current wire frame density: ISOLINES=4	
Select objects to extrude: 1 found	≫C2
Select objects to extrude: Enter↵	
Specify height of extrusion or [Direction/Path/Taper angle] ⟨1.0000⟩: *path* Enter↵	
Select extrusion path or [Taper angle]:	≫L2

Command: *extrude* Enter↵	
Current wire frame density: ISOLINES=4	
Select objects to extrude: 1 found	≫C3
Select objects to extrude: Enter↵	
Specify height of extrusion or [Direction/Path/Taper angle] ⟨1.0000⟩: *path* Enter↵	
Select extrusion path or [Taper angle]:	≫L3

Command: *extrude* Enter↵	
Current wire frame density: ISOLINES=4	
Select objects to extrude: 1 found	≫C4
Select objects to extrude: Enter↵	
Specify height of extrusion or [Direction/Path/Taper angle] ⟨1.0000⟩: *path* Enter↵	
Select extrusion path or [Taper angle]:	≫L4

Command: *extrude* Enter↵	
Current wire frame density: ISOLINES=4	
Select objects to extrude: 1 found	≫C5
Select objects to extrude: Enter↵	
Specify height of extrusion or [Direction/Path/Taper angle] ⟨1.0000⟩: *path* Enter↵	
Select extrusion path or [Taper angle]:	≫L5
Command:	≫만들어진 S2 철근 5개 선택
	Properties Toolbar → Color control → □ ByLayer 선택 후 Esc
	Layers Toolbar의 ▼ 버튼 클릭 후
	레이어 S2의 두 번째 아이콘 ◯ 클릭 후
	Enter↵ 후
	확인

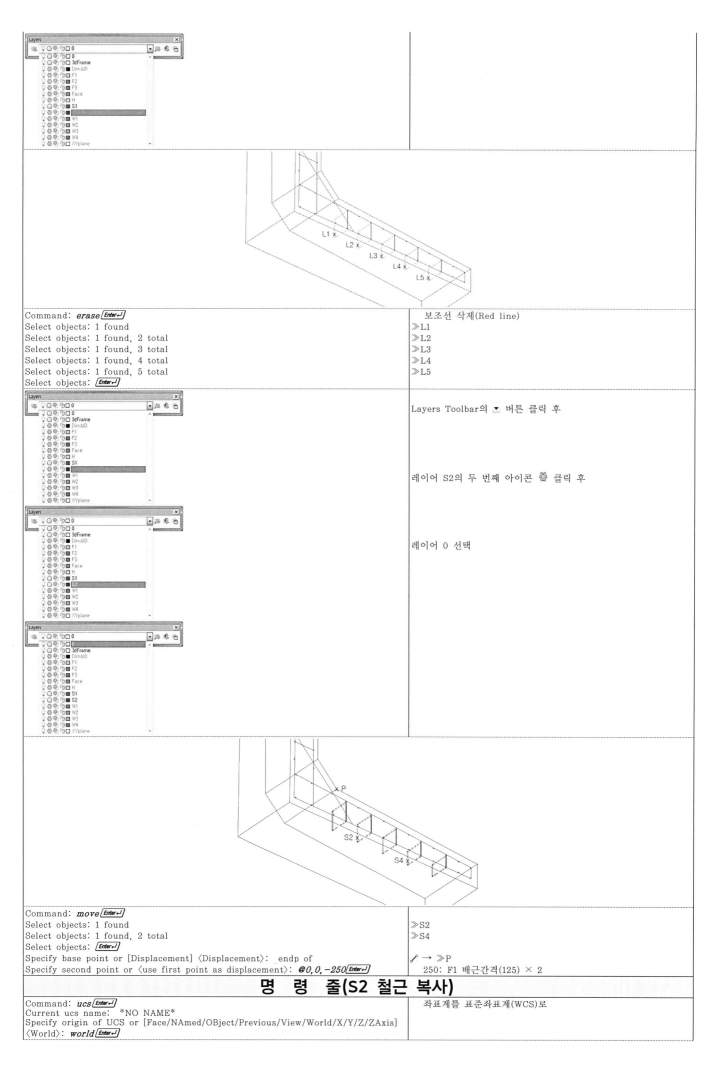

Command: *erase* [Enter↵]
Select objects: 1 found
Select objects: 1 found, 2 total
Select objects: 1 found, 3 total
Select objects: 1 found, 4 total
Select objects: 1 found, 5 total
Select objects: [Enter↵]

보조선 삭제(Red line)
≫L1
≫L2
≫L3
≫L4
≫L5

Layers Toolbar의 ▾ 버튼 클릭 후

레이어 S2의 두 번째 아이콘 🛞 클릭 후

레이어 0 선택

Command: *move* [Enter↵]
Select objects: 1 found
Select objects: 1 found, 2 total
Select objects: [Enter↵]
Specify base point or [Displacement] ⟨Displacement⟩: _endp of
Specify second point or ⟨use first point as displacement⟩: *@0,0,−250* [Enter↵]

≫S2
≫S4
⌀ → ≫P
250: F1 배근간격(125) × 2

명 령 줄(S2 철근 복사)

Command: *ucs* [Enter↵]
Current ucs name: *NO NAME*
Specify origin of UCS or [Face/NAmed/OBject/Previous/View/World/X/Y/Z/ZAxis]
⟨World⟩: *world* [Enter↵]

좌표계를 표준좌표계(WCS)로

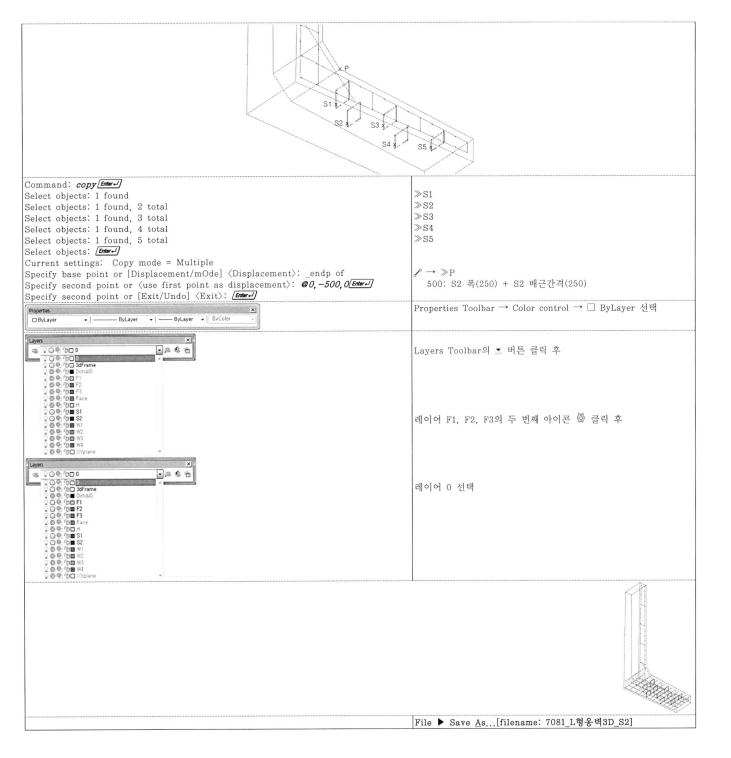

Command: *copy* Enter↵	≫S1
Select objects: 1 found	≫S2
Select objects: 1 found, 2 total	≫S3
Select objects: 1 found, 3 total	≫S4
Select objects: 1 found, 4 total	≫S5
Select objects: 1 found, 5 total	
Select objects: Enter↵	
Current settings: Copy mode = Multiple	
Specify base point or [Displacement/mOde] ⟨Displacement⟩: _endp of	✐ → ≫P
Specify second point or ⟨use first point as displacement⟩: *@0,-500,0* Enter↵	500: S2 폭(250) + S2 배근간격(250)
Specify second point or [Exit/Undo] ⟨Exit⟩: Enter↵	

	Properties Toolbar → Color control → ☐ ByLayer 선택
	Layers Toolbar의 ▼ 버튼 클릭 후
	레이어 F1, F2, F3의 두 번째 아이콘 🕸 클릭 후
	레이어 0 선택
	File ▶ Save As…[filename: 7081_L형옹벽3D_S2]

7.8.2 S1 철근

명 령 줄(S1 철근 배치)

	File ▶ Open…[filename: 7081_L형옹벽3D_S2]
Command: *ucs* Enter↵ Current ucs name: *NO NAME* Specify origin of UCS or [Face/NAmed/OBject/Previous/View/World/X/Y/Z/ZAxis] ⟨World⟩: *world* Enter↵	좌표계를 표준좌표계(WCS)로
	Properties Toolbar → Color control → ■ Red 선택
	Layers Toolbar의 ▼ 버튼 클릭 후 레이어 F1, F2, F3, S2의 두 번째 아이콘 ◯ 클릭 후 Enter↵

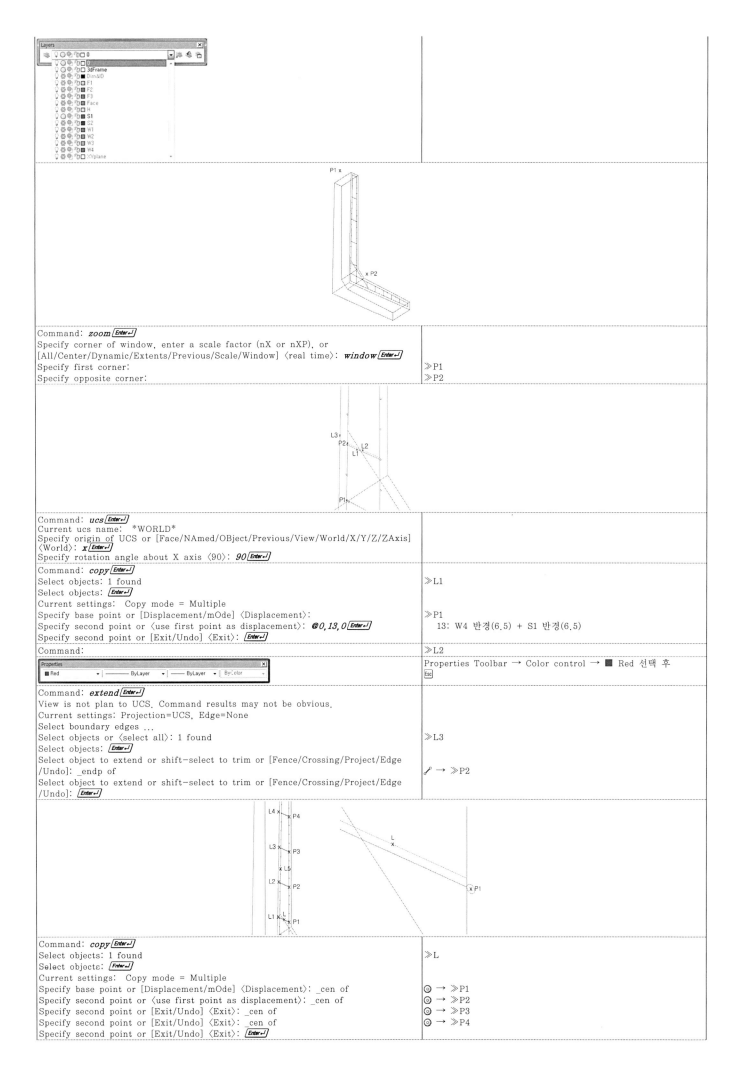

Command: *zoom* [Enter↵]
Specify corner of window, enter a scale factor (nX or nXP), or
[All/Center/Dynamic/Extents/Previous/Scale/Window] ⟨real time⟩: *window* [Enter↵]   ≫P1
Specify first corner: ≫P1
Specify opposite corner: ≫P2

Command: *ucs* [Enter↵]
Current ucs name: *WORLD*
Specify origin of UCS or [Face/NAmed/OBject/Previous/View/World/X/Y/Z/ZAxis]
⟨World⟩: *x* [Enter↵]
Specify rotation angle about X axis ⟨90⟩: *90* [Enter↵]

Command: *copy* [Enter↵]
Select objects: 1 found   ≫L1
Select objects: [Enter↵]
Current settings: Copy mode = Multiple
Specify base point or [Displacement/mOde] ⟨Displacement⟩:   ≫P1
Specify second point or ⟨use first point as displacement⟩: *@0,13,0* [Enter↵]   13: W4 반경(6.5) + S1 반경(6.5)
Specify second point or [Exit/Undo] ⟨Exit⟩: [Enter↵]

Command: ≫L2

Properties Toolbar → Color control → ■ Red 선택 후
[Esc]

Command: *extend* [Enter↵]
View is not plan to UCS. Command results may not be obvious.
Current settings: Projection=UCS, Edge=None
Select boundary edges ...
Select objects or ⟨select all⟩: 1 found   ≫L3
Select objects: [Enter↵]
Select object to extend or shift-select to trim or [Fence/Crossing/Project/Edge
/Undo]: _endp of   ✗ → ≫P2
Select object to extend or shift-select to trim or [Fence/Crossing/Project/Edge
/Undo]: [Enter↵]

Command: *copy* [Enter↵]
Select objects: 1 found   ≫L
Select objects: [Enter↵]
Current settings: Copy mode = Multiple
Specify base point or [Displacement/mOde] ⟨Displacement⟩: _cen of   ⊙ → ≫P1
Specify second point or ⟨use first point as displacement⟩: _cen of   ⊙ → ≫P2
Specify second point or [Exit/Undo] ⟨Exit⟩: _cen of   ⊙ → ≫P3
Specify second point or [Exit/Undo] ⟨Exit⟩: _cen of   ⊙ → ≫P4
Specify second point or [Exit/Undo] ⟨Exit⟩: [Enter↵]

Command: *trim* [Enter↵] Current settings: Projection=UCS, Edge=None Select cutting edges ... Select objects or ⟨select all⟩: 1 found Select objects: [Enter↵] Select object to trim or shift-select to extend or [Fence/Crossing/Project/Edge/eRase /Undo]: Select object to trim or shift-select to extend or [Fence/Crossing/Project/Edge/eRase /Undo]: Select object to trim or shift-select to extend or [Fence/Crossing/Project/Edge/eRase /Undo]: Select object to trim or shift-select to extend or [Fence/Crossing/Project/Edge/eRase /Undo]: Select object to trim or shift-select to extend or [Fence/Crossing/Project/Edge/eRase /Undo]: [Enter↵]	≫L5 ≫L1 ≫L2 ≫L3 ≫L4

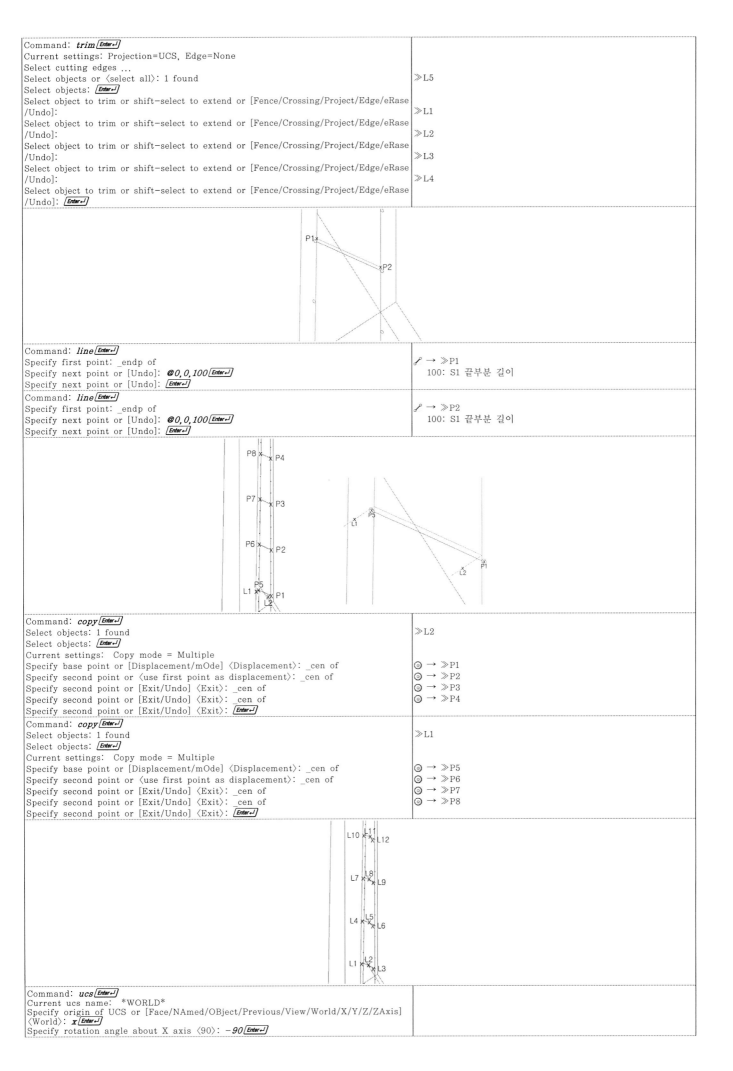

Command: *line* [Enter↵] Specify first point: _endp of Specify next point or [Undo]: *@0,0,100* [Enter↵] Specify next point or [Undo]: [Enter↵]	✏ → ≫P1 100: S1 끝부분 길이
Command: *line* [Enter↵] Specify first point: _endp of Specify next point or [Undo]: *@0,0,100* [Enter↵] Specify next point or [Undo]: [Enter↵]	✏ → ≫P2 100: S1 끝부분 길이

Command: *copy* [Enter↵] Select objects: 1 found Select objects: [Enter↵] Current settings: Copy mode = Multiple Specify base point or [Displacement/mOde] ⟨Displacement⟩: _cen of Specify second point or ⟨use first point as displacement⟩: _cen of Specify second point or [Exit/Undo] ⟨Exit⟩: _cen of Specify second point or [Exit/Undo] ⟨Exit⟩: _cen of Specify second point or [Exit/Undo] ⟨Exit⟩: [Enter↵]	≫L2 ⊚ → ≫P1 ⊚ → ≫P2 ⊚ → ≫P3 ⊚ → ≫P4
Command: *copy* [Enter↵] Select objects: 1 found Select objects: [Enter↵] Current settings: Copy mode = Multiple Specify base point or [Displacement/mOde] ⟨Displacement⟩: _cen of Specify second point or ⟨use first point as displacement⟩: _cen of Specify second point or [Exit/Undo] ⟨Exit⟩: _cen of Specify second point or [Exit/Undo] ⟨Exit⟩: _cen of Specify second point or [Exit/Undo] ⟨Exit⟩: [Enter↵]	≫L1 ⊚ → ≫P5 ⊚ → ≫P6 ⊚ → ≫P7 ⊚ → ≫P8

Command: *ucs* [Enter↵] Current ucs name: *WORLD* Specify origin of UCS or [Face/NAmed/OBject/Previous/View/World/X/Y/Z/ZAxis] ⟨World⟩: *x* [Enter↵] Specify rotation angle about X axis ⟨90⟩: *-90* [Enter↵]	

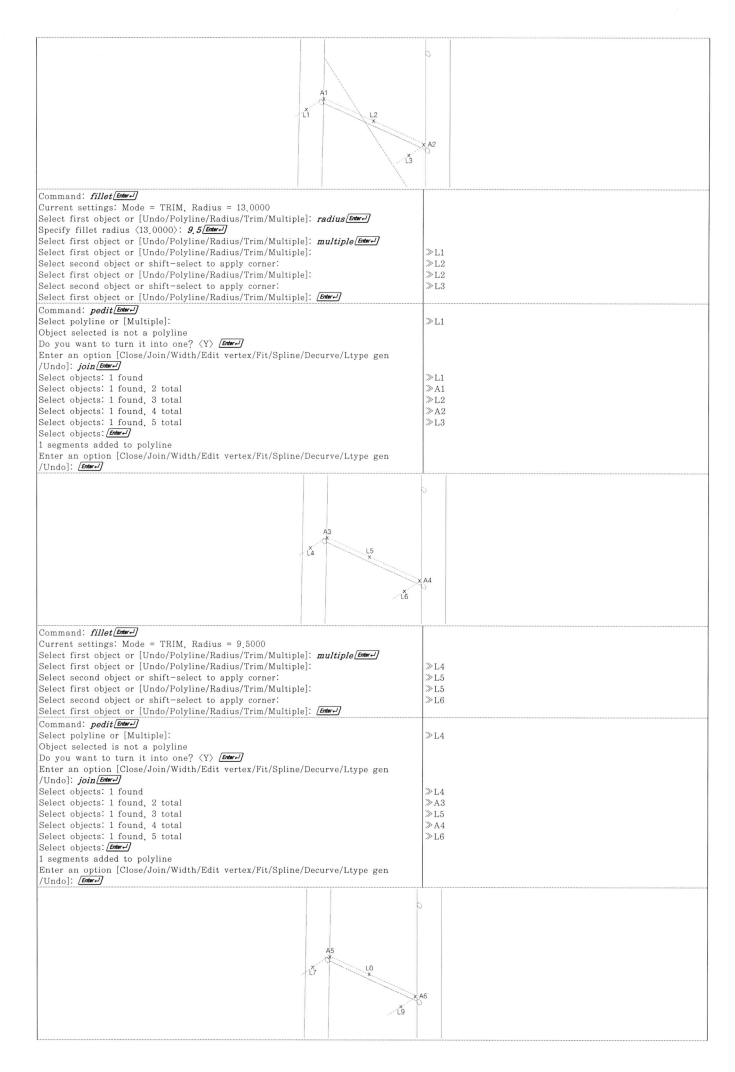

```
Command: fillet [Enter↵]
Current settings: Mode = TRIM, Radius = 13.0000
Select first object or [Undo/Polyline/Radius/Trim/Multiple]: radius [Enter↵]
Specify fillet radius ⟨13.0000⟩: 9.5 [Enter↵]
Select first object or [Undo/Polyline/Radius/Trim/Multiple]: multiple [Enter↵]
Select first object or [Undo/Polyline/Radius/Trim/Multiple]:                 ≫L1
Select second object or shift-select to apply corner:                        ≫L2
Select first object or [Undo/Polyline/Radius/Trim/Multiple]:                 ≫L2
Select second object or shift-select to apply corner:                        ≫L3
Select first object or [Undo/Polyline/Radius/Trim/Multiple]: [Enter↵]
Command: pedit [Enter↵]
Select polyline or [Multiple]:                                               ≫L1
Object selected is not a polyline
Do you want to turn it into one? ⟨Y⟩ [Enter↵]
Enter an option [Close/Join/Width/Edit vertex/Fit/Spline/Decurve/Ltype gen
/Undo]: join [Enter↵]
Select objects: 1 found                                                      ≫L1
Select objects: 1 found, 2 total                                             ≫A1
Select objects: 1 found, 3 total                                             ≫L2
Select objects: 1 found, 4 total                                             ≫A2
Select objects: 1 found, 5 total                                             ≫L3
Select objects: [Enter↵]
1 segments added to polyline
Enter an option [Close/Join/Width/Edit vertex/Fit/Spline/Decurve/Ltype gen
/Undo]: [Enter↵]
```

```
Command: fillet [Enter↵]
Current settings: Mode = TRIM, Radius = 9.5000
Select first object or [Undo/Polyline/Radius/Trim/Multiple]: multiple [Enter↵]
Select first object or [Undo/Polyline/Radius/Trim/Multiple]:                 ≫L4
Select second object or shift-select to apply corner:                        ≫L5
Select first object or [Undo/Polyline/Radius/Trim/Multiple]:                 ≫L5
Select second object or shift-select to apply corner:                        ≫L6
Select first object or [Undo/Polyline/Radius/Trim/Multiple]: [Enter↵]
Command: pedit [Enter↵]
Select polyline or [Multiple]:                                               ≫L4
Object selected is not a polyline
Do you want to turn it into one? ⟨Y⟩ [Enter↵]
Enter an option [Close/Join/Width/Edit vertex/Fit/Spline/Decurve/Ltype gen
/Undo]: join [Enter↵]
Select objects: 1 found                                                      ≫L4
Select objects: 1 found, 2 total                                             ≫A3
Select objects: 1 found, 3 total                                             ≫L5
Select objects: 1 found, 4 total                                             ≫A4
Select objects: 1 found, 5 total                                             ≫L6
Select objects: [Enter↵]
1 segments added to polyline
Enter an option [Close/Join/Width/Edit vertex/Fit/Spline/Decurve/Ltype gen
/Undo]: [Enter↵]
```

Command: *fillet* `Enter↵` Current settings: Mode = TRIM, Radius = 9.5000 Select first object or [Undo/Polyline/Radius/Trim/Multiple]: *multiple* `Enter↵` Select first object or [Undo/Polyline/Radius/Trim/Multiple]: Select second object or shift-select to apply corner: Select first object or [Undo/Polyline/Radius/Trim/Multiple]: Select second object or shift-select to apply corner: Select first object or [Undo/Polyline/Radius/Trim/Multiple]: `Enter↵`	 ≫L7 ≫L8 ≫L8 ≫L9
Command: *pedit* `Enter↵` Select polyline or [Multiple]: Object selected is not a polyline Do you want to turn it into one? ⟨Y⟩ `Enter↵` Enter an option [Close/Join/Width/Edit vertex/Fit/Spline/Decurve/Ltype gen /Undo]: *join* `Enter↵` Select objects: 1 found Select objects: 1 found, 2 total Select objects: 1 found, 3 total Select objects: 1 found, 4 total Select objects: 1 found, 5 total Select objects: `Enter↵` 1 segments added to polyline Enter an option [Close/Join/Width/Edit vertex/Fit/Spline/Decurve/Ltype gen /Undo]: `Enter↵`	≫L7 ≫L7 ≫A5 ≫L8 ≫A6 ≫L9

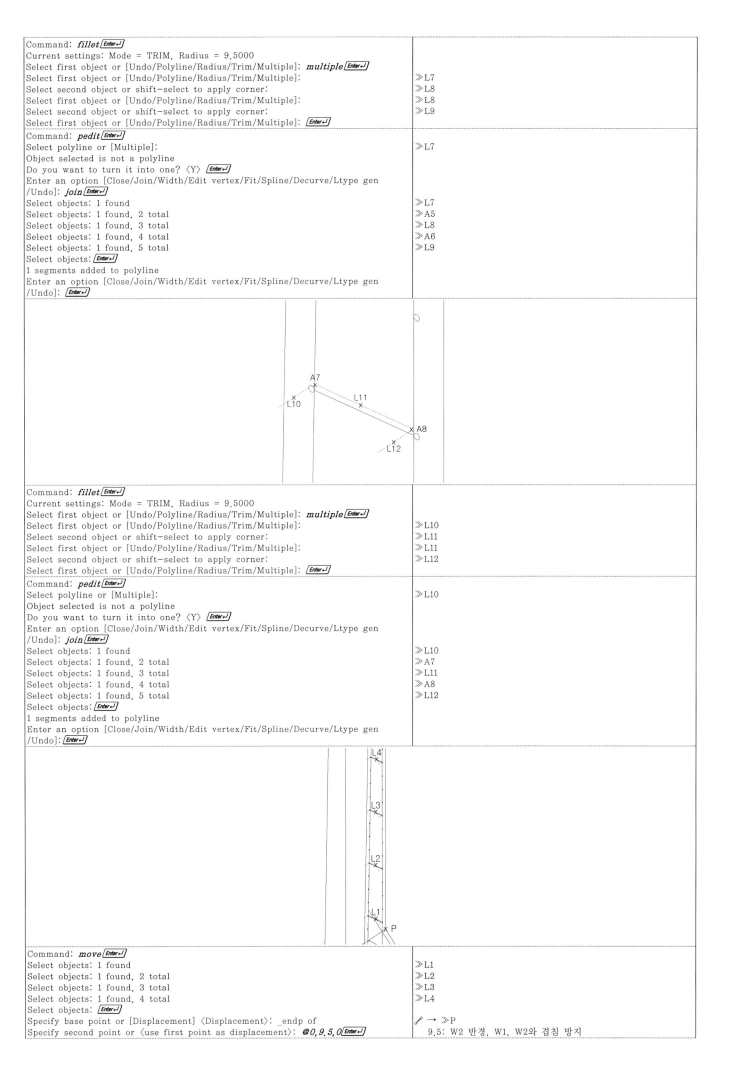

Command: *fillet* `Enter↵` Current settings: Mode = TRIM, Radius = 9.5000 Select first object or [Undo/Polyline/Radius/Trim/Multiple]: *multiple* `Enter↵` Select first object or [Undo/Polyline/Radius/Trim/Multiple]: Select second object or shift-select to apply corner: Select first object or [Undo/Polyline/Radius/Trim/Multiple]: Select second object or shift-select to apply corner: Select first object or [Undo/Polyline/Radius/Trim/Multiple]: `Enter↵`	 ≫L10 ≫L11 ≫L11 ≫L12
Command: *pedit* `Enter↵` Select polyline or [Multiple]: Object selected is not a polyline Do you want to turn it into one? ⟨Y⟩ `Enter↵` Enter an option [Close/Join/Width/Edit vertex/Fit/Spline/Decurve/Ltype gen /Undo]: *join* `Enter↵` Select objects: 1 found Select objects: 1 found, 2 total Select objects: 1 found, 3 total Select objects: 1 found, 4 total Select objects: 1 found, 5 total Select objects: `Enter↵` 1 segments added to polyline Enter an option [Close/Join/Width/Edit vertex/Fit/Spline/Decurve/Ltype gen /Undo]: `Enter↵`	≫L10 ≫L10 ≫A7 ≫L11 ≫A8 ≫L12
Command: *move* `Enter↵` Select objects: 1 found Select objects: 1 found, 2 total Select objects: 1 found, 3 total Select objects: 1 found, 4 total Select objects: `Enter↵` Specify base point or [Displacement] ⟨Displacement⟩: _endp of Specify second point or ⟨use first point as displacement⟩: *@0,9.5,0* `Enter↵`	≫L1 ≫L2 ≫L3 ≫L4 ✗ → ≫P 9.5: W2 반경, W1, W2와 겹침 방지

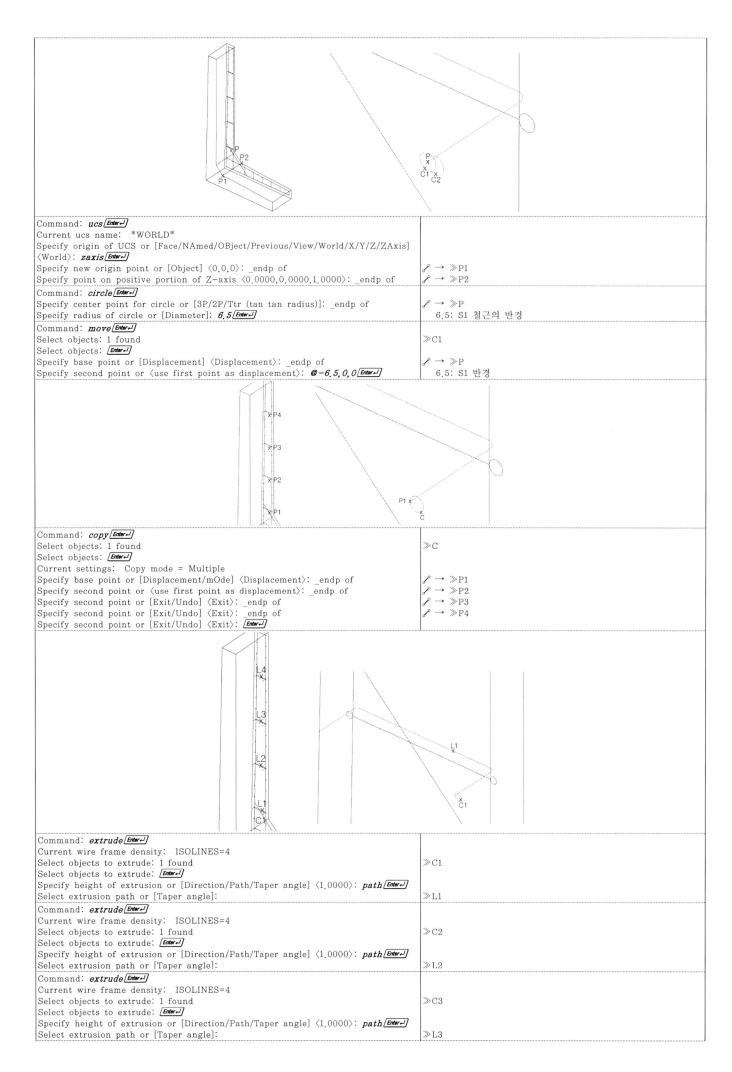

Command: **ucs** [Enter↵]
Current ucs name: *WORLD*
Specify origin of UCS or [Face/NAmed/OBject/Previous/View/World/X/Y/Z/ZAxis]
⟨World⟩: **zaxis** [Enter↵]
Specify new origin point or [Object] ⟨0,0,0⟩: _endp of ⌀ → ≫P1
Specify point on positive portion of Z-axis ⟨0.0000,0.0000,1.0000⟩: _endp of ⌀ → ≫P2

Command: **circle** [Enter↵]
Specify center point for circle or [3P/2P/Ttr (tan tan radius)]: _endp of ⌀ → ≫P
Specify radius of circle or [Diameter]: **6.5** [Enter↵] 6.5: S1 철근의 반경

Command: **move** [Enter↵]
Select objects: 1 found ≫C1
Select objects: [Enter↵]
Specify base point or [Displacement] ⟨Displacement⟩: _endp of ⌀ → ≫P
Specify second point or ⟨use first point as displacement⟩: **@-6.5,0,0** [Enter↵] 6.5: S1 반경

Command: **copy** [Enter↵]
Select objects: 1 found ≫C
Select objects: [Enter↵]
Current settings: Copy mode = Multiple
Specify base point or [Displacement/mOde] ⟨Displacement⟩: _endp of ⌀ → ≫P1
Specify second point or ⟨use first point as displacement⟩: _endp of ⌀ → ≫P2
Specify second point or [Exit/Undo] ⟨Exit⟩: _endp of ⌀ → ≫P3
Specify second point or [Exit/Undo] ⟨Exit⟩: _endp of ⌀ → ≫P4
Specify second point or [Exit/Undo] ⟨Exit⟩: [Enter↵]

Command: **extrude** [Enter↵]
Current wire frame density: ISOLINES=4
Select objects to extrude: 1 found ≫C1
Select objects to extrude: [Enter↵]
Specify height of extrusion or [Direction/Path/Taper angle] ⟨1.0000⟩: **path** [Enter↵]
Select extrusion path or [Taper angle]: ≫L1

Command: **extrude** [Enter↵]
Current wire frame density: ISOLINES=4
Select objects to extrude: 1 found ≫C2
Select objects to extrude: [Enter↵]
Specify height of extrusion or [Direction/Path/Taper angle] ⟨1.0000⟩: **path** [Enter↵]
Select extrusion path or [Taper angle]: ≫L2

Command: **extrude** [Enter↵]
Current wire frame density: ISOLINES=4
Select objects to extrude: 1 found ≫C3
Select objects to extrude: [Enter↵]
Specify height of extrusion or [Direction/Path/Taper angle] ⟨1.0000⟩: **path** [Enter↵]
Select extrusion path or [Taper angle]: ≫L3

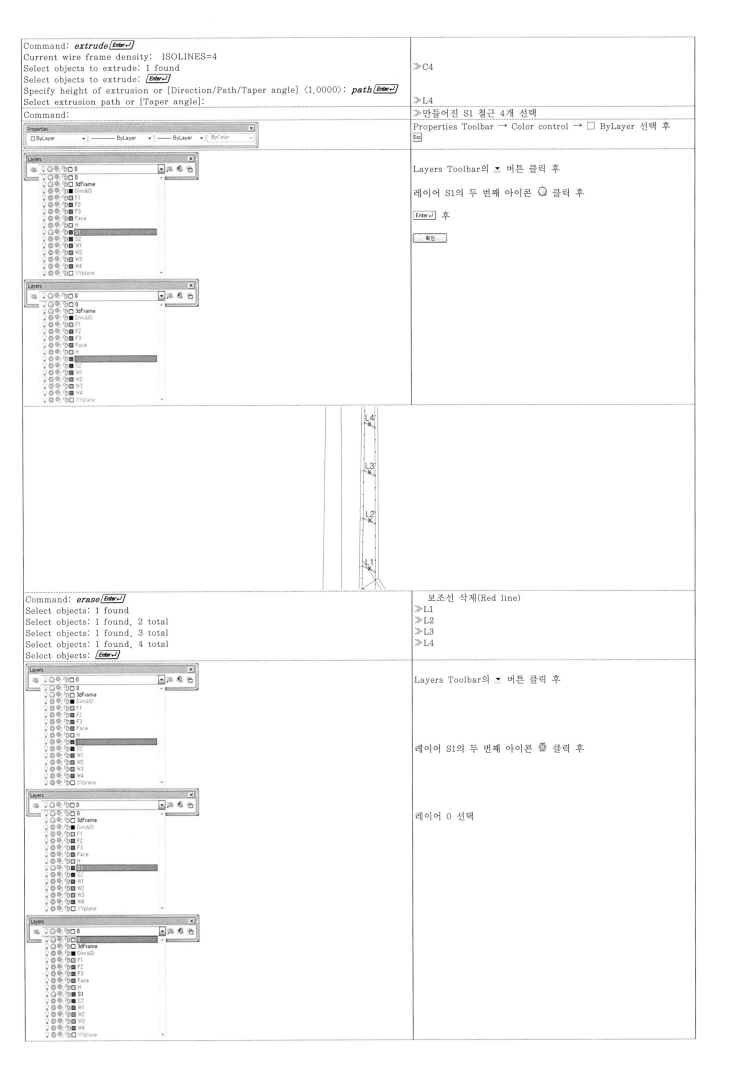

Command: *extrude* Enter↵ Current wire frame density: ISOLINES=4 Select objects to extrude: 1 found Select objects to extrude: Enter↵ Specify height of extrusion or [Direction/Path/Taper angle] ⟨1.0000⟩: *path* Enter↵ Select extrusion path or [Taper angle]: Command:	≫C4 ≫L4 ≫만들어진 S1 철근 4개 선택
	Properties Toolbar → Color control → □ ByLayer 선택 후 Esc
	Layers Toolbar의 ▾ 버튼 클릭 후 레이어 S1의 두 번째 아이콘 ○ 클릭 후 Enter↵ 후 확인
Command: *erase* Enter↵ Select objects: 1 found Select objects: 1 found, 2 total Select objects: 1 found, 3 total Select objects: 1 found, 4 total Select objects: Enter↵	보조선 삭제(Red line) ≫L1 ≫L2 ≫L3 ≫L4
	Layers Toolbar의 ▾ 버튼 클릭 후 레이어 S1의 두 번째 아이콘 🌨 클릭 후 레이어 0 선택

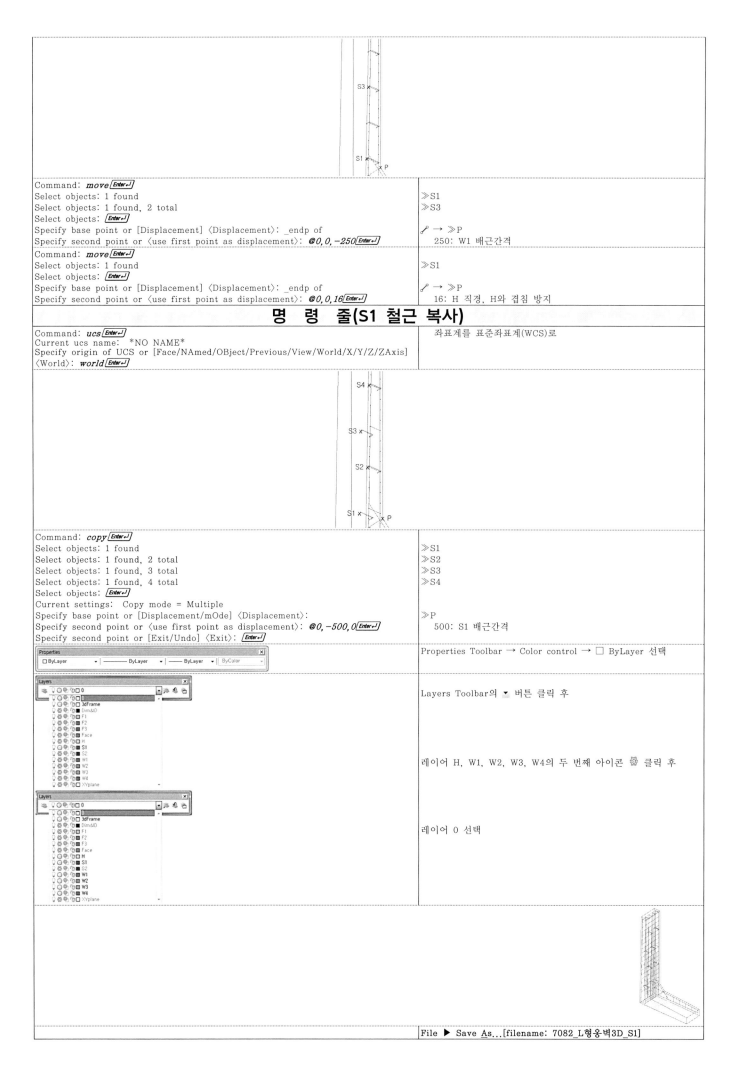

Command: *move* Enter↵	≫S1
Select objects: 1 found	≫S3
Select objects: 1 found, 2 total	
Select objects: Enter↵	✎ → ≫P
Specify base point or [Displacement] ⟨Displacement⟩: _endp of	250: W1 배근간격
Specify second point or ⟨use first point as displacement⟩: *@0,0,−250* Enter↵	
Command: *move* Enter↵	≫S1
Select objects: 1 found	
Select objects: Enter↵	✎ → ≫P
Specify base point or [Displacement] ⟨Displacement⟩: _endp of	16: H 직경, H와 겹침 방지
Specify second point or ⟨use first point as displacement⟩: *@0,0,16* Enter↵	

명　령　줄(S1 철근 복사)

Command: *ucs* Enter↵	좌표계를 표준좌표계(WCS)로
Current ucs name: *NO NAME*	
Specify origin of UCS or [Face/NAmed/OBject/Previous/View/World/X/Y/Z/ZAxis] ⟨World⟩: *world* Enter↵	

Command: *copy* Enter↵	≫S1
Select objects: 1 found	≫S2
Select objects: 1 found, 2 total	≫S3
Select objects: 1 found, 3 total	≫S4
Select objects: 1 found, 4 total	
Select objects: Enter↵	
Current settings: Copy mode = Multiple	
Specify base point or [Displacement/mOde] ⟨Displacement⟩:	≫P
Specify second point or ⟨use first point as displacement⟩: *@0,−500,0* Enter↵	500: S1 배근간격
Specify second point or [Exit/Undo] ⟨Exit⟩: Enter↵	
	Properties Toolbar → Color control → □ ByLayer 선택
	Layers Toolbar의 ▾ 버튼 클릭 후
	레이어 H, W1, W2, W3, W4의 두 번째 아이콘 ☼ 클릭 후
	레이어 0 선택
	File ▶ Save As...[filename: 7082_L형옹벽3D_S1]

7.9 3D L형 옹벽

<table>
<tr><td colspan="2" align="center">명 령 줄(3D L형 옹벽)</td></tr>
<tr><td></td><td>File ▶ Open...[filename: 7082_L형옹벽3D_S1]</td></tr>
<tr><td>Command: ucs [Enter↵]
Current ucs name: *NO NAME*
Specify origin of UCS or [Face/NAmed/OBject/Previous/View/World/X/Y/Z/ZAxis]
⟨World⟩: world [Enter↵]</td><td></td></tr>
<tr><td>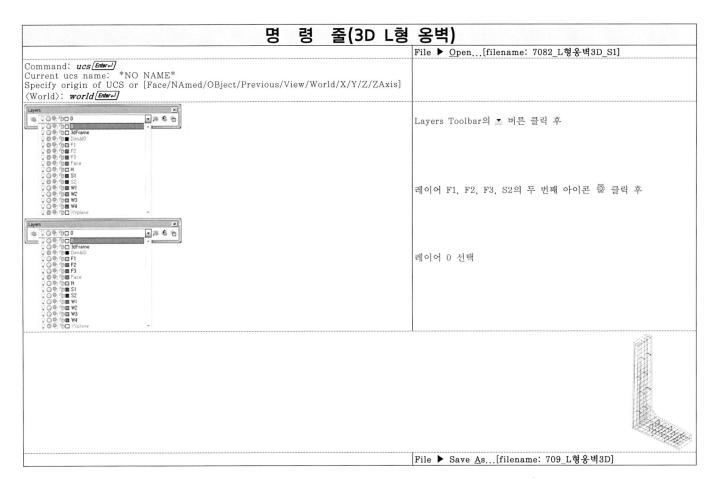</td><td>Layers Toolbar의 ▼ 버튼 클릭 후

레이어 F1, F2, F3, S2의 두 번째 아이콘 ❀ 클릭 후

레이어 0 선택</td></tr>
<tr><td></td><td>File ▶ Save As...[filename: 709_L형옹벽3D]</td></tr>
</table>

7.10 3D L형 옹벽 확장

<table>
<tr><td colspan="2" align="center">명 령 줄(3D L형 옹벽)</td></tr>
<tr><td></td><td>File ▶ Open...[filename: 709_L형옹벽3D]</td></tr>
<tr><td>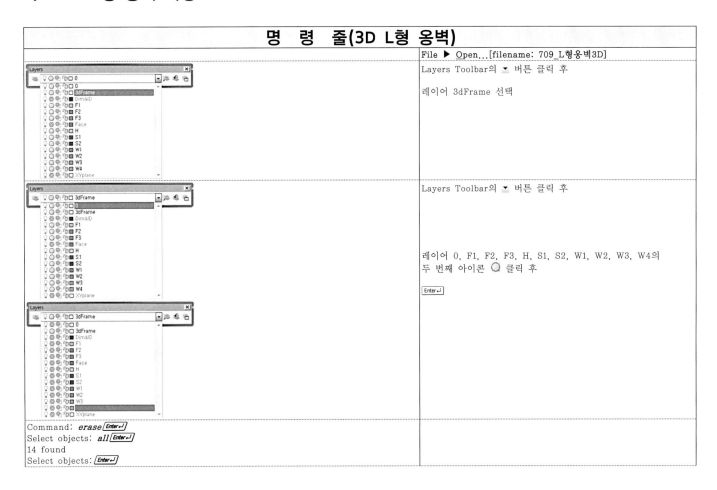</td><td>Layers Toolbar의 ▼ 버튼 클릭 후
레이어 3dFrame 선택

Layers Toolbar의 ▼ 버튼 클릭 후

레이어 0, F1, F2, F3, H, S1, S2, W1, W2, W3, W4의
두 번째 아이콘 ○ 클릭 후
[Enter↵]</td></tr>
<tr><td>Command: erase [Enter↵]
Select objects: all [Enter↵]
14 found
Select objects: [Enter↵]</td><td></td></tr>
</table>

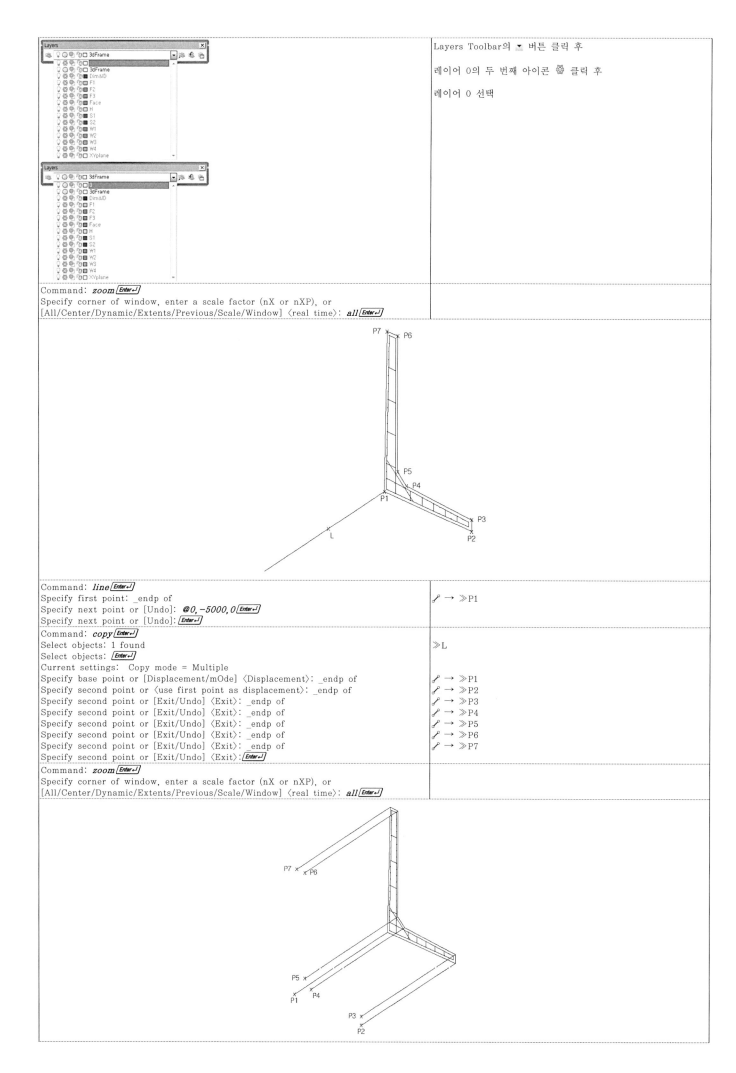

Command: *zoom* Enter↵
Specify corner of window, enter a scale factor (nX or nXP), or
[All/Center/Dynamic/Extents/Previous/Scale/Window] ⟨real time⟩: *all* Enter↵

Layers Toolbar의 ▼ 버튼 클릭 후

레이어 0의 두 번째 아이콘 🖲 클릭 후

레이어 0 선택

Command: *line* Enter↵
Specify first point: _endp of
Specify next point or [Undo]: *@0,-5000,0* Enter↵
Specify next point or [Undo]: Enter↵

✐ → ≫P1

Command: *copy* Enter↵
Select objects: 1 found
Select objects: Enter↵
Current settings: Copy mode = Multiple
Specify base point or [Displacement/mOde] ⟨Displacement⟩: _endp of
Specify second point or ⟨use first point as displacement⟩: _endp of
Specify second point or [Exit/Undo] ⟨Exit⟩: _endp of
Specify second point or [Exit/Undo] ⟨Exit⟩: _endp of
Specify second point or [Exit/Undo] ⟨Exit⟩: _endp of
Specify second point or [Exit/Undo] ⟨Exit⟩: _endp of
Specify second point or [Exit/Undo] ⟨Exit⟩: Enter↵

≫L

✐ → ≫P1
✐ → ≫P2
✐ → ≫P3
✐ → ≫P4
✐ → ≫P5
✐ → ≫P6
✐ → ≫P7

Command: *zoom* Enter↵
Specify corner of window, enter a scale factor (nX or nXP), or
[All/Center/Dynamic/Extents/Previous/Scale/Window] ⟨real time⟩: *all* Enter↵

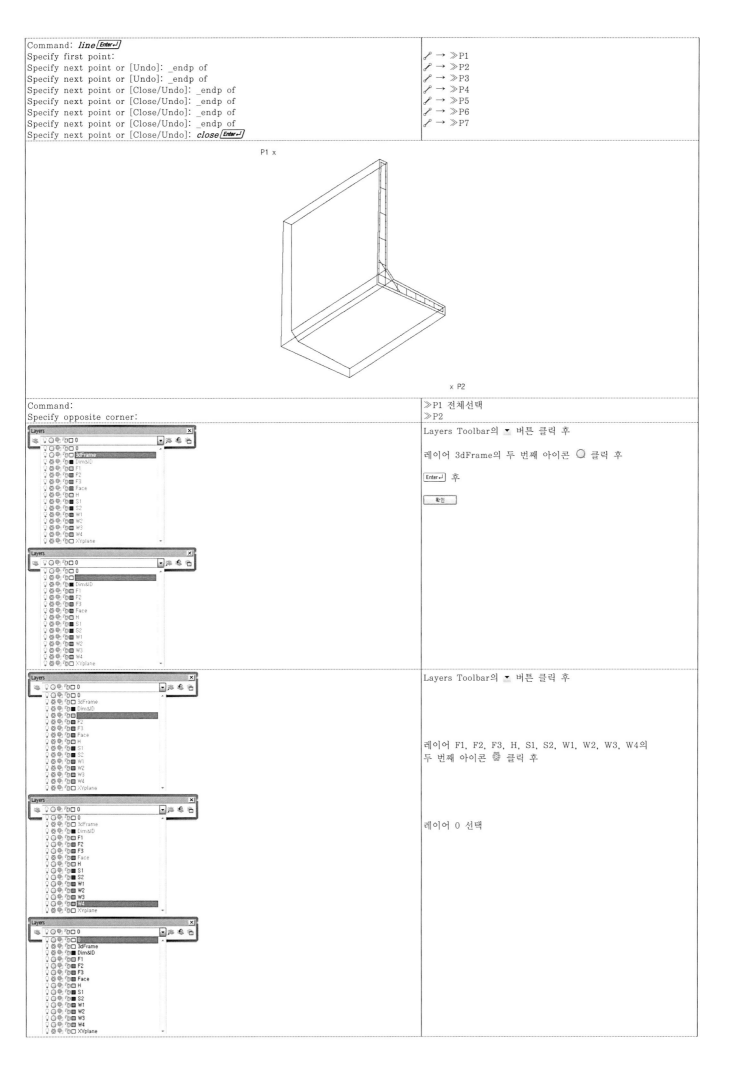

Command: *line* `Enter↵`	
Specify first point:	✐ → ≫P1
Specify next point or [Undo]: _endp of	✐ → ≫P2
Specify next point or [Undo]: _endp of	✐ → ≫P3
Specify next point or [Close/Undo]: _endp of	✐ → ≫P4
Specify next point or [Close/Undo]: _endp of	✐ → ≫P5
Specify next point or [Close/Undo]: _endp of	✐ → ≫P6
Specify next point or [Close/Undo]: _endp of	✐ → ≫P7
Specify next point or [Close/Undo]: *close* `Enter↵`	

P1 x

x P2

Command:	≫P1 전체선택
Specify opposite corner:	≫P2
	Layers Toolbar의 ▾ 버튼 클릭 후 레이어 3dFrame의 두 번째 아이콘 ◯ 클릭 후 `Enter↵` 후 [확인]
	Layers Toolbar의 ▾ 버튼 클릭 후 레이어 F1, F2, F3, H, S1, S2, W1, W2, W3, W4의 두 번째 아이콘 ⚙ 클릭 후 레이어 0 선택

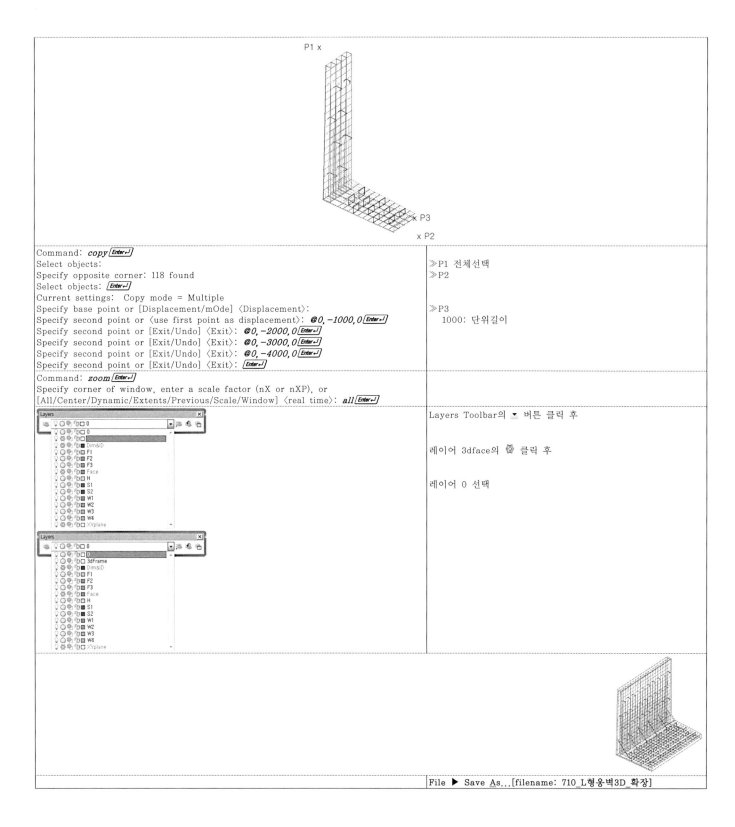

P1 x

x P3

x P2

Command: *copy* [Enter↵]	
Select objects:	≫P1 전체선택
Specify opposite corner: 118 found	≫P2
Select objects: [Enter↵]	
Current settings: Copy mode = Multiple	
Specify base point or [Displacement/mOde] ⟨Displacement⟩:	≫P3
Specify second point or ⟨use first point as displacement⟩: *@0, −1000, 0* [Enter↵]	1000: 단위길이
Specify second point or [Exit/Undo] ⟨Exit⟩: *@0, −2000, 0* [Enter↵]	
Specify second point or [Exit/Undo] ⟨Exit⟩: *@0, −3000, 0* [Enter↵]	
Specify second point or [Exit/Undo] ⟨Exit⟩: *@0, −4000, 0* [Enter↵]	
Specify second point or [Exit/Undo] ⟨Exit⟩: [Enter↵]	

Command: *zoom* [Enter↵]	
Specify corner of window, enter a scale factor (nX or nXP), or	
[All/Center/Dynamic/Extents/Previous/Scale/Window] ⟨real time⟩: *all* [Enter↵]	
	Layers Toolbar의 ▼ 버튼 클릭 후
	레이어 3dface의 ⚙ 클릭 후
	레이어 0 선택

File ▶ Save As...[filename: 710_L형옹벽3D_확장]

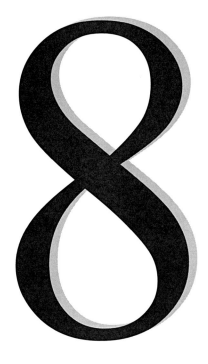

8

3차원
토목설계도면

8. 3차원 토목설계도면

8.1 역 T형 옹벽

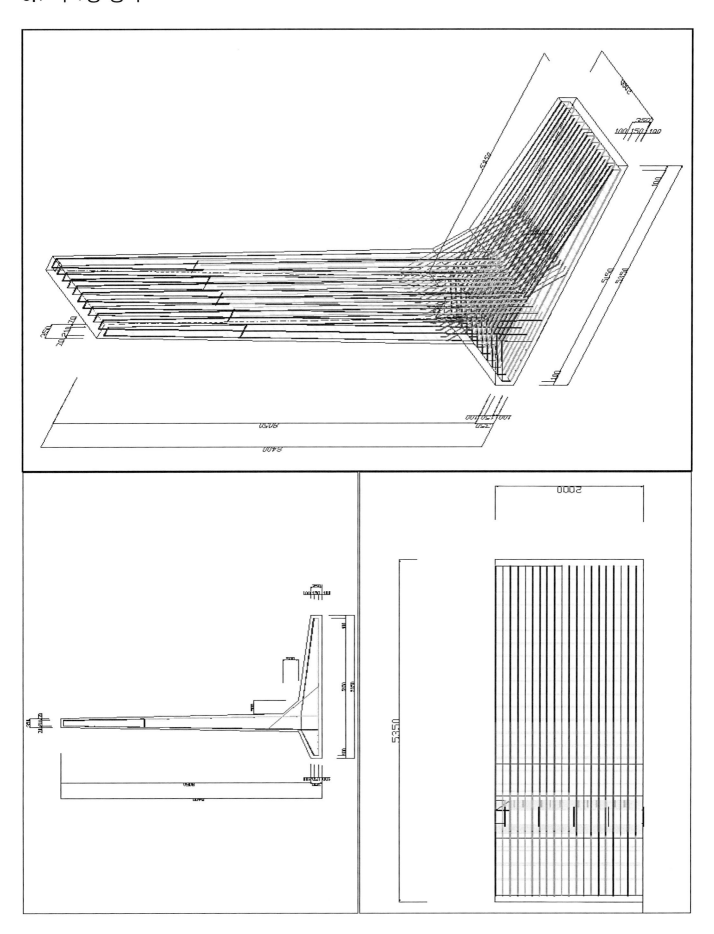

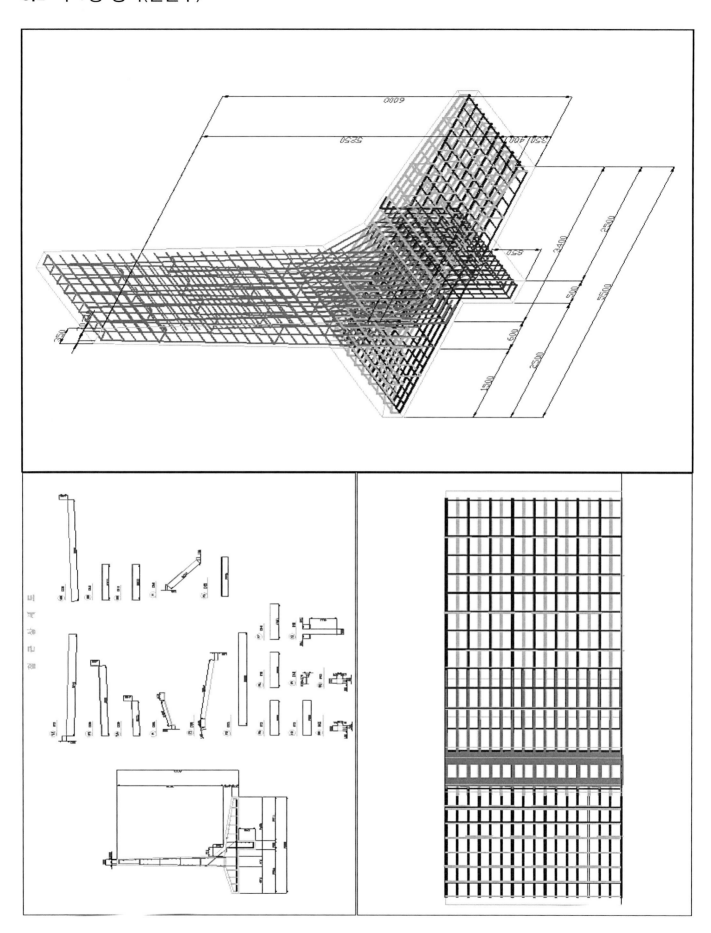

8.3 선반식 옹벽

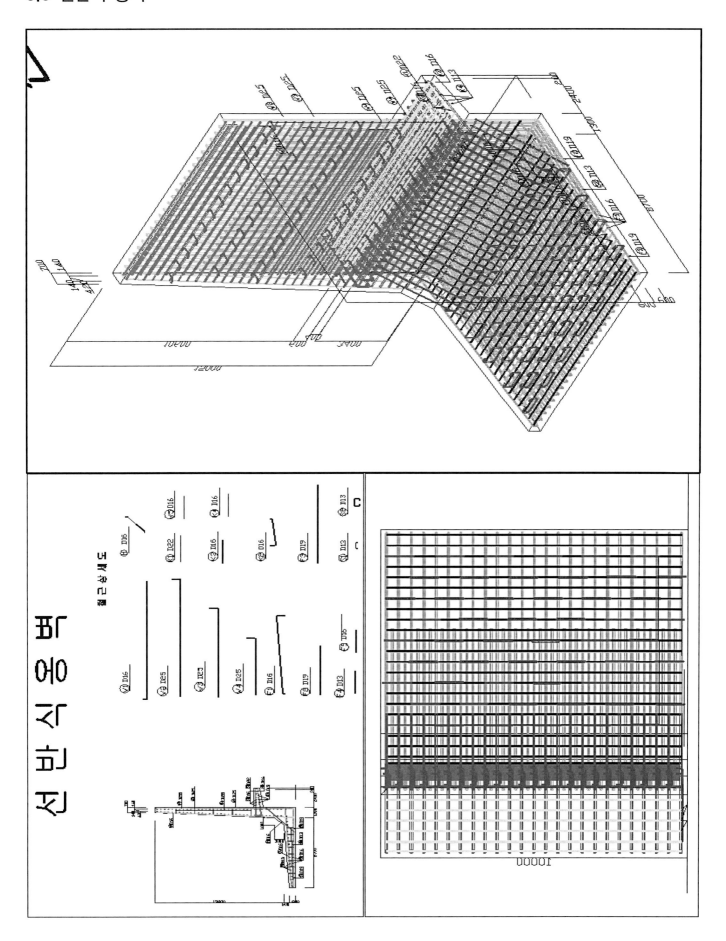

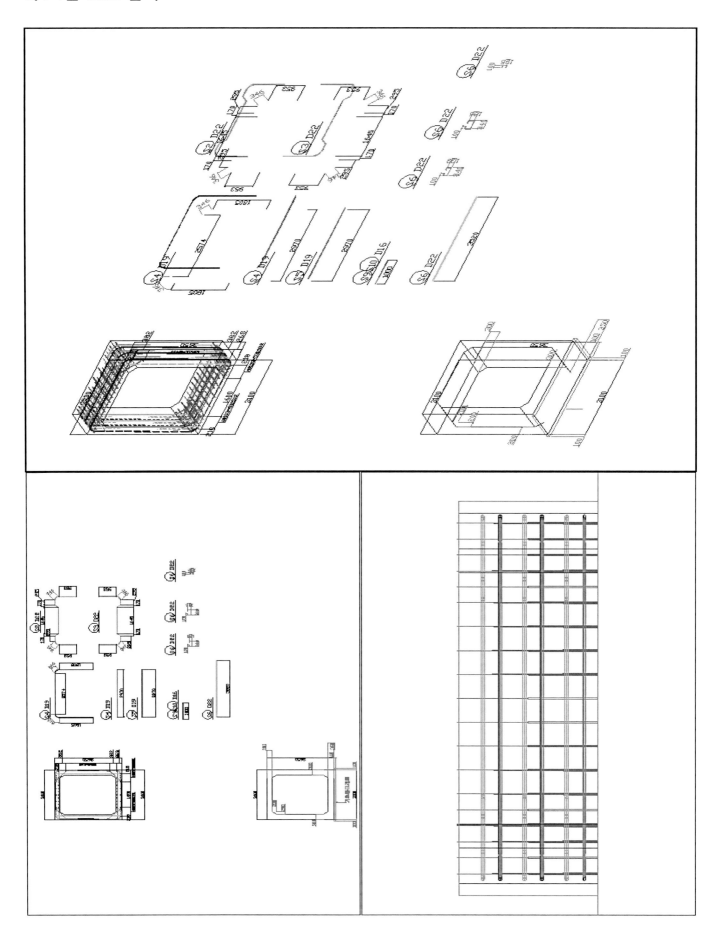

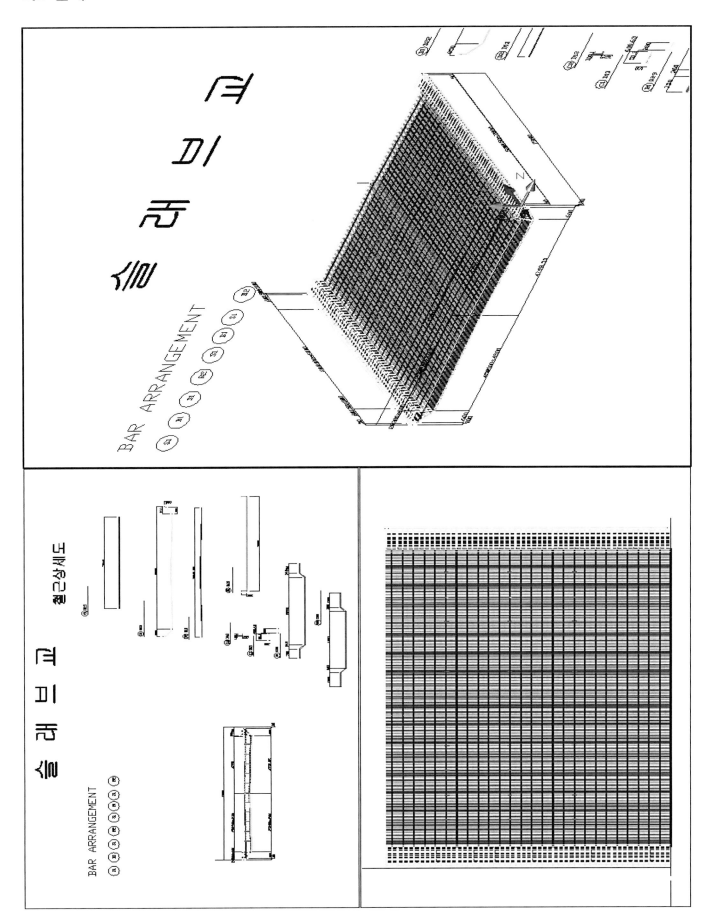

MEMO

부 록

부 록

가. 툴바

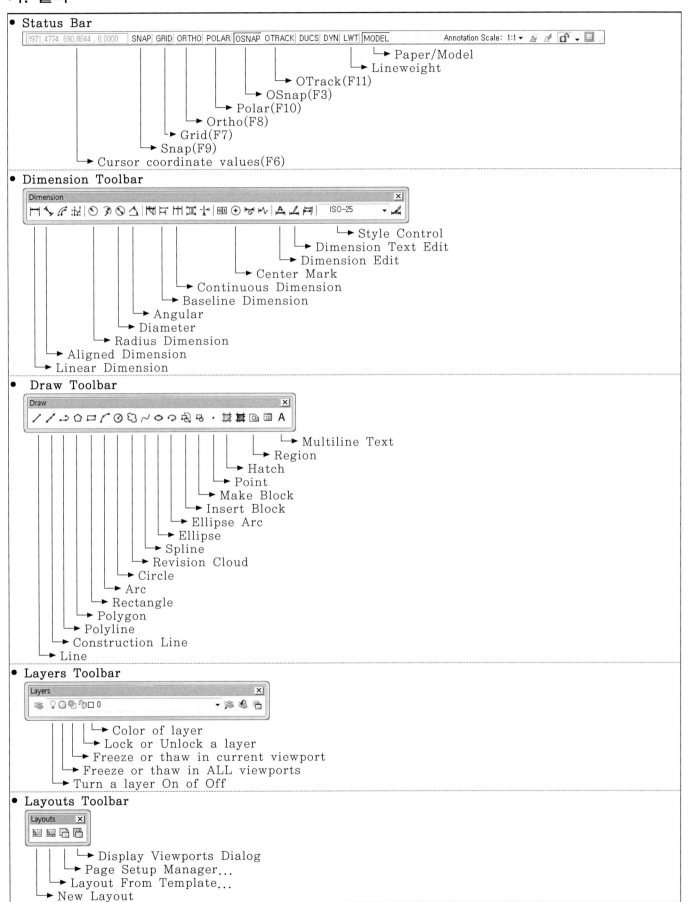

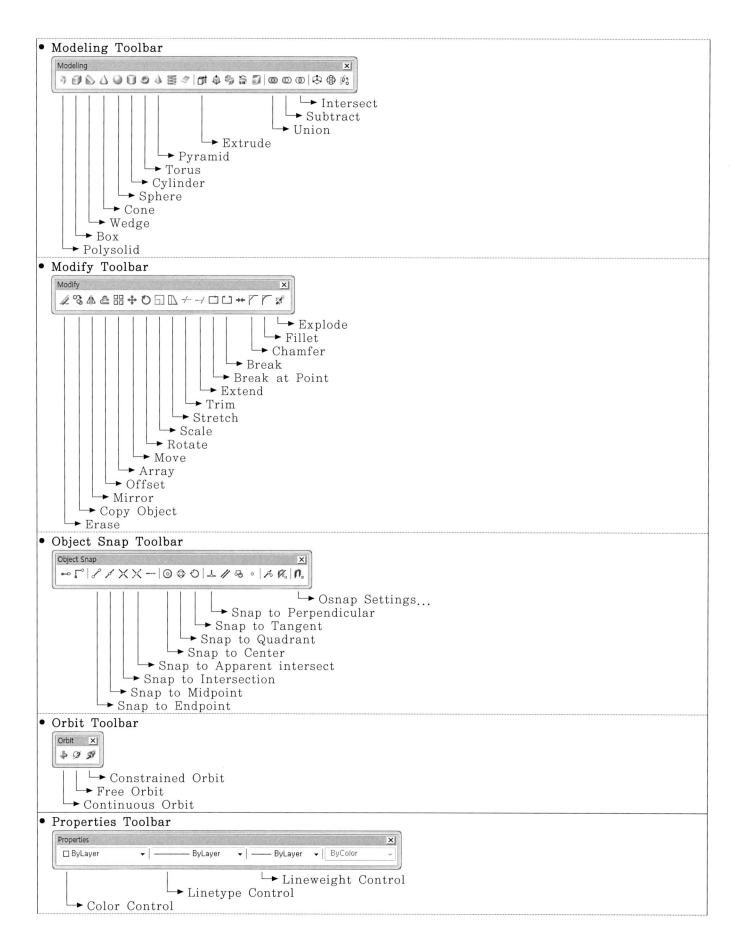

- Modeling Toolbar

  Modeling

  ```
  └→ Intersect
  └→ Subtract
  └→ Union
  └→ Extrude
  └→ Pyramid
  └→ Torus
  └→ Cylinder
  └→ Sphere
  └→ Cone
  └→ Wedge
  └→ Box
  └→ Polysolid
  ```

- Modify Toolbar

  Modify

  ```
  └→ Explode
  └→ Fillet
  └→ Chamfer
  └→ Break
  └→ Break at Point
  └→ Extend
  └→ Trim
  └→ Stretch
  └→ Scale
  └→ Rotate
  └→ Move
  └→ Array
  └→ Offset
  └→ Mirror
  └→ Copy Object
  └→ Erase
  ```

- Object Snap Toolbar

  Object Snap

  ```
  └→ Osnap Settings...
  └→ Snap to Perpendicular
  └→ Snap to Tangent
  └→ Snap to Quadrant
  └→ Snap to Center
  └→ Snap to Apparent intersect
  └→ Snap to Intersection
  └→ Snap to Midpoint
  └→ Snap to Endpoint
  ```

- Orbit Toolbar

  Orbit

  ```
  └→ Constrained Orbit
  └→ Free Orbit
  └→ Continuous Orbit
  ```

- Properties Toolbar

  Properties

  □ ByLayer — ByLayer — ByLayer ByColor

  ```
  └→ Lineweight Control
  └→ Linetype Control
  └→ Color Control
  ```

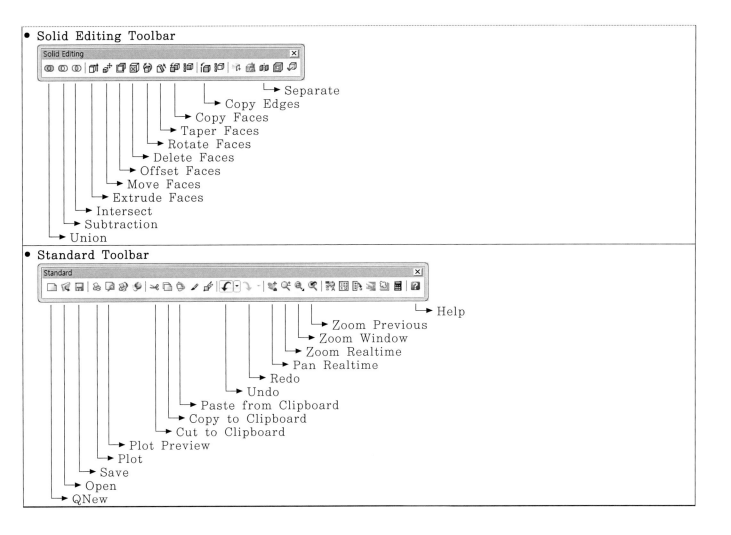

- Solid Editing Toolbar

⌐→ Separate
⌐→ Copy Edges
⌐→ Copy Faces
⌐→ Taper Faces
⌐→ Rotate Faces
⌐→ Delete Faces
⌐→ Offset Faces
⌐→ Move Faces
⌐→ Extrude Faces
⌐→ Intersect
⌐→ Subtraction
⌐→ Union

- Standard Toolbar

⌐→ Help
⌐→ Zoom Previous
⌐→ Zoom Window
⌐→ Zoom Realtime
⌐→ Pan Realtime
⌐→ Redo
⌐→ Undo
⌐→ Paste from Clipboard
⌐→ Copy to Clipboard
⌐→ Cut to Clipboard
⌐→ Plot Preview
⌐→ Plot
⌐→ Save
⌐→ Open
⌐→ QNew

나. 툴바 아이콘

3dface	::	⬦	:: Draw ▶ Modeling ▶ Meshes ▶ 3D Face
arc	::	⌒	:: Draw ▶ Arc
array	::	▦	:: Modify ▶ Array
box	::	▥	:: Draw ▶ Modeling ▶ Box
break	::	⎕	:: Modify ▶ Break
chamfer	::	⌐	:: Modify ▶ Chamfer
circle	::	⊘	:: Draw ▶ Circle
copy	::	⊗	:: Modify ▶ Copy
cylinder	::	⬚	:: Draw ▶ Modeling ▶ Cylinder
ddedit	::	A⃥	::
dimlinear	::	⊢⊣	:: Dimension ▶ Linear
dimradius	::	⊙	:: Dimension ▶ Radius
dimstyle	::	⬟	:: Dimension ▶ Dimension Style
dist	::	▦	:: Tools ▶ Inquiry ▶ Distance
dtext	::	A	:: Tools ▶ Palettes ▶ DesignCenter
edge	::	◇	:: Draw ▶ Modeling ▶ Meshes ▶ Edge
edgesurf	::	⬠	:: Draw ▶ Modeling ▶ Meshes ▶ Edge Mesh
ellipse	::	⬭	:: Draw ▶ Ellipse
erase	::	⬦	:: Modify ▶ Erase
explode	::	⬚	:: Modify ▶ Explode
extrude	::	⬚	:: Draw ▶ Modeling ▶ Extrude
fillet	::	⌐	:: Modify ▶ Fillet
hide	::	⬚	:: View ▶ Hide
intersect	::	⊙	:: Modify ▶ Solids Editing ▶ Intersect
layer	::	▤	:: Format ▶ Layer

line	:: /	:: Draw ▶ Line
matchprop	::	:: Modify ▶ Match Properties
mirror	::	:: Modify ▶ Mirror
move	:: ✛	:: Modify ▶ Move
mview	::	:: View ▶ Viewports
offset	::	:: Modify ▶ Offset
ortho	:: ORTHO	:: Status bar ▶ Ortho
osnap	::	:: Tools ▶ Drafting settings...
pan	::	:: View ▶ Pan ▶ Realtime
pedit	::	:: Modify ▶ Object ▶ Polyline
pline	::	:: Draw ▶ Polyline
plot	::	:: File ▶ Plot
point	:: ·	:: Draw ▶ Point ▶ Single Point
polygon	::	:: Draw ▶ Polygon
rectangle	::	:: Draw ▶ Rectangle
regen	::	:: View ▶ Regen
revolve	::	:: Draw ▶ Modeling ▶ Revolve
revsurf	::	:: Draw ▶ Modeling ▶ Meshes ▶ Revolved Mesh
rotate	::	:: Modify ▶ Rotate
rotate3D	::	:: Modify ▶ 3D Operation ▶ 3D Rotate
rulesurf	::	:: Draw ▶ Modeling ▶ Meshes ▶ Ruled Mesh
slice	::	:: Modify ▶ 3D Operation ▶ Slice
sphere	::	:: Draw ▶ Modeling ▶ Sphere
subtract	::	:: Modify ▶ Solid Editing ▶ Subtract
tabsurf	::	:: Draw ▶ Modeling Meshes ▶ Tabulated Mesh
torus	::	:: Draw ▶ Modeling ▶ Tours
trim	::	:: Modify ▶ Trim
ucs	::	:: Tool ▶ New UCS
ucsicon	::	:: View ▶ Display ▶ UCS Icon
union	::	:: Modify ▶ Solid Editing ▶ Union
vpoint	::	:: View ▶ 3D Views ▶ Viewpoint
vports	::	:: View ▶ Viewports
zoom	::	:: View ▶ Zoom

다. 객체 스냅 아이콘

✕ – 교차점으로 스냅 아이콘
⚲ – 끝점으로 스냅 아이콘
◈ – 사분점으로 스냅 아이콘
⊥ – 수직점으로 스냅 아이콘
⟳ – 접선으로 스냅 아이콘
∕ – 중간점으로 스냅 아이콘
◎ – 중심점으로 스냅 아이콘

라. 시스템 변수

dispsilh – 3D 와이어프레임 또는 3D 와이어프레임 뷰 스타일에서 3D 솔리드 객체의 윤곽 모서리 표시를 제어한다. 0: 끄기, 1: 켜기.

facetres – 음영처리된 객체 및 은선이 제거된 객체의 다듬기를 조정한다. 유효한 값의 범위는 0.01에서 10.0까지이다.

isolines – 객체에서 표면당 윤곽선의 수를 지정한다. 적합한 정수 값은 0에서 2047까지이다.

pspace – 모형 공간에서 도면 공간으로 전환한다. 배치 탭에서 작업할 때 모형 공간에서 도면 공간으로 전환한다.

surftab1 – RULESURF 및 TABSURF 명령에 대해 생성되는 테이블 수를 설정한다. REVSURF 및 EDGESURF 명령에 대한 M 방향의 메쉬 밀도도 설정한다.

surftab2 – REVSURF 및 EDGESURF 명령에 대한 N 방향의 메쉬 밀도를 설정한다.

저자 소개

함경재

현재   인하공업전문대학 토목환경과 교수

3차원 토목캐드 연습

초 판 발 행 2016년 9월 9일
초판 2쇄 2020년 7월 30일

저   자 함경재
펴 낸 이 김성배
펴 낸 곳 도서출판 씨아이알

책 임 편 집 박영지, 최장미
디 자 인 김나리, 윤미경
제 작 책 임 김문갑

등 록 번 호 제2-3285호
등 록 일 2001년 3월 19일
주   소 (04626) 서울특별시 중구 필동로8길 43(예장동 1-151)
전 화 번 호 02-2275-8603(대표)
팩 스 번 호 02-2275-8604
홈 페 이 지 www.circom.co.kr

I S B N 979-11-5610-239-7 (93530)
정   가 18,000원